Collana Highlander
La guerra di Hitler - Volume I gennaio 1933, luglio 1941
di David Irving
Prima ristampa: luglio 2023

Edizioni Clandestine
Via P. Calamandrei, 1
Cinisello B. Milano 20092
340.9481047
www.edizioniclandestine.com

Edizioni Clandestine è un marchio di proprietà del Gruppo Editoriale Santelli
www.grupposantelli.it

Titolo originale: Hitler's war, Millennium Editon
Lingua originale: Inglese
Traduzione a cura di Barbara Gambaccini e Andrea Montemagni

Collana

Highlander

David Irving

LA GUERRA DI HITLER

Volume I
gennaio 1933, luglio 1941

Edizioni clandestine
GRUPPO SANTELLI

Per Josephine Irving in memoria,
1963 1999

Un medico racconta il punto di vista di Hitler in merito ai biografi, agosto 1944.

"Uno straniero", sostiene Hitler, *"probabilmente troverà più semplice esprimere un giudizio su un uomo di stato, purché sufficientemente preparato in merito al paese, al popolo, alla lingua e alla storia di colui che si appresta a giudicare".*

"Presumibilmente," dico io, *"Chamier non conosceva il Kaiser personalmente, come si può dedurre dalla sua giovane età. Eppure il suo libro non solo mostra una perfetta conoscenza di archivi e documenti, ma altresì fa riferimento a informazioni piuttosto personali, come le lettere del Kaiser e appunti di sue conversazioni con amici e nemici".*

"Hitler ha aggiunto in seguito che per molto tempo lui stesso ha dovuto controllare che tutte le più importanti discussioni e conferenze militari fossero accuratamente registrate da alcuni stenografi per i posteri. Forse, allorché egli sarà morto e sepolto, qualche scrittore inglese dotato di obiettività gli garantirà quel trattamento imparziale che l'attuale generazione non può e non vuole riservargli".

Il diario del Dott. Erwin Giesing, estratti di una discussione con Hitler in merito alla biografia del Kaiser Guglielmo II, scritta da J. D. Chamier.

Introduzione

"Agli storici è dato un potere che persino agli dèi è precluso: quello di mutare a posteriori gli avvenimenti antecedentemente occorsi".

Avevo ben presente questa estrema massima quando decisi di intraprendere lo studio dei dodici anni della dittatura di Adolf Hitler: mi immaginavo come un restauratore intento a togliere anni di lerciume dalla superficie di un'opera sepolcrale senza esprimere alcun giudizio personale sulla valenza architettonica della stessa. Decisi, allora, di riportare gli avvenimenti come se, trovandomi alle spalle del Führer, assistessi al loro quotidiano svolgersi attraverso i suoi stessi occhi.

Una prospettiva che, se anche restringe il campo della visuale, aiuta a comprendere meglio decisioni che altrimenti risulterebbero incomprensibili. Che io sappia, nessuno si è mai prefisso un tale compito. A me è parso ne valesse la pena: dopotutto, la guerra di Hitler ha lasciato dietro di sé quaranta milioni di morti, la devastazione dell'intera Europa e di una buona parte dell'Asia; ha cancellato il Terzo *Reich*, condotto la Gran Bretagna alla bancarotta privandola del suo impero coloniale e gettato nel caos l'intera economia mondiale; inoltre è valsa l'affermarsi e il consolidarsi del comunismo in un continente e il suo manifestarsi in un altro.

In alcune precedenti pubblicazioni, mi ero già basato su documenti originali dell'epoca, evitando di ricorrere alla letteratura esistente, disseminata di insidiose trappole per il lavoro di uno storico. Con una buona dose di ingenuità, attenendomi a tale metodologia a me congeniale, supponevo di poter affrontare, nell'arco di cinque anni, un esauriente studio su Hitler.

In realtà ne occorsero tredici affinché, nel 1977, il volume della prima edizione de *La guerra di Hitler* fosse portato a compimento e altri venti per completare e aggiornare il materiale in mio possesso. Rammento di essermi recato, nel 1965, al porto di Tilbury per ritirare una cassa di microfilm di cui avevo fatto richiesta al governo statunitense: la nave che trasportò quella cassa è stata da tempo smantellata e persino la banchina non esiste più. Mi chiedo se non ho lavorato con esagerata lentezza. Forse, ma spero che questa biografia di Hitler, adesso riveduta e aggiornata, riesca a sopravvivere alla concorrenza e che un numero sempre maggiore di futuri scrittori non manchi di consultarla al fine di trovarvi informazioni difficilmente reperibili altrove.

Durante i miei numerosi viaggi ho appurato quanto questo libro, soprattutto riguardo alla ormai nota controversia sull'olocausto, abbia generato una profonda spaccatura nella comunità degli storici. Facendo riferimento alla sola Australia, alcuni studenti delle università del New South Wales e dell'Australia occidentale mi hanno detto di essere stati penalizzati per aver citato, nei loro scritti, *La guerra di Hitler*. Negli atenei di Wollongong e Canberra accade, invece, l'esatto contrario. La lettura di questa biografia era perfino richiesta agli ufficiali delle accademie militari di Sandhurst e West Point, nello stato di New York e di Carisle, in Pennsylvenia, finché gruppi di 'interesse speciale' fecero pressioni sugli ufficiali che dirigevano tali scuole. Allo stesso modo essa ricevette le lodi di numerosi esperti di fama mondiale.

Non tutti però mi sono favorevoli. Per aver scritto questo libro ho avuto l'abitazione devastata da teppisti, la famiglia minacciata, il nome diffamato. I tipografi che lo hanno stampato sono stati vittime di attentati e io stesso tratto in arresto e successivamente espulso dalla democratica Austria: un atto illegittimo, come ha poi stabilito un tribunale austriaco, grazie al quale i funzionari colpevoli sono stati sanzionati. Negli anni successivi, su sollecito di colleghi a me avversi e personaggi influenti, sono stato espulso dal Canada (1992) e respinto alle frontiere di Australia, Nuova Zelanda, Italia, Sud Africa e altre nazioni civili (1993). A mia insaputa, organizzazioni internazionali hanno fatto pervenire alle librerie esortazioni scritte affinché non mettessero in vendita questo volume; io stesso ho ricevuto copie di quelle missive. Nel 1988, un giornalista del *Times*, cenando con me a New York, ebbe a dirmi: "Prima di incontrarla, mi sono documentato in archivio su tutti gli articoli che la riguardano. Fino all'uscita de *La guerra di Hitler*, lei era il beniamino dei media. Adesso, invece, tutti la denigrano".

Non ho intenzione di scusarmi per aver rivisitato Hitler come essere umano. Ho cercato di accordargli un processo come quello cui l'avrebbe sottoposto un tribunale inglese, dove si applicano le normali procedure per le prove, ma dove è pure naturale servirsi di una certa dose di intuito. Alcuni scettici hanno messo in dubbio che il basarsi su fonti private (inevitabilmente di parte) sia un metodo di investigazione migliore di quello tradizionale. La mia risposta è che talune fonti hanno un valore oggettivo. Come riportava il *Washington Post* nella sua recensione alla prima edizione (1977) di questo libro, "gli storici britannici sono sempre stati più obiettivi, nei confronti di Hitler, di quanto lo siano i corrispondenti americani e tedeschi.".

Le conclusioni cui sono arrivato alla fine di questo lungo studio hanno sorpreso persino me. Hitler era un Führer meno onnipotente di quanto è dato credere e il controllo che aveva sui suoi subordinati, anno dopo anno, appariva sempre più aleatorio. Tre episodi – le conseguenze dell'affare Ernst Röhm del 30 giugno 1934, l'assassinio di Dollfuss un mese più tardi e le violenze anti ebraiche del novembre 1938 – dimostrano come il potere gli fosse stato in qualche modo sottratto da uomini, nei cui confronti egli si sentiva in qualche modo debitore. Nel mio Hitler le ambizioni fondamentali del periodo prebellico rimangono costanti, ma i metodi e le strategie sono impregnati di opportunismo. Hitler credeva infatti fermamente nella necessità di cogliere l'attimo: "La Dea fortuna sfiora un solo istante", disse ai suoi aiutanti nel 1938, "e se non siete lesti ad afferrarla per la veste, non avrete mai una seconda possibilità!" Il modo in cui egli approfittò del duplice scandalo, avvenuto nel gennaio di quello stesso anno, per liberarsi dell'ultraconservatore comandante in capo dell'esercito, Werner von Fritsch, e assumere lui stesso la carica di comandante supremo, ne è un valido esempio.

Le sue mire espansionistiche, col tempo, non mutarono. Non ebbe mai alcuna pretesa territoriale nei confronti della Gran Bretagna o del suo impero coloniale, e questo è confermato, senza ombra di dubbio, da tutti i documenti di cui siamo in possesso. Non c'è dubbio, infatti, che l'aviazione e la marina da lui create fossero inadatte a una campagna prolungata contro le isole britanniche. E alcune sue disposizioni, come quelle impartite a Fritz Todt di erigere enormi monumenti alle frontiere occidentali del *Reich*, avvalorano l'ipotesi che Hitler ritenesse quei confini permanenti. Ci sono prove altrettanto inoppugnabili dei suoi piani di invadere l'Est il discorso segreto da lui tenuto nel febbraio del 1933, il memorandum datato agosto 1936, le disposizioni del giugno 1937 inerenti lo sviluppo di Pillau come base navale sul Mar Baltico e la promessa fatta a Benito Mussolini nel maggio del 1938, "la Germania marcerà lungo l'antico sentiero teutonico, verso est". Più avanti, nel corso di quello stesso mese, Hitler si rassegnò all'idea che la Gran Bretagna e la Francia potessero non restare neutrali.

Gli ultimi anni antecedenti al conflitto videro crescere la fiducia di Hitler nelle tecniche di guerra psicologica. Il principio non era affatto nuovo. Lo stesso Napoleone l'aveva sintetizzato così: "In guerra l'essere ritenuti forti equivale a esserlo". Avvalendomi dei documenti presenti negli archivi del ministero della Propaganda e quelli di vari altri uffici, ho cercato di illustrare quanto avanzati fossero i nazisti nell'attuazione delle strategie di *guerra fredda*. Per questo motivo ho dato molto peso alle fonti vicine ai servizi segreti di Hitler. Il servizio nazista di intercettazioni telefoniche e decodificazione, il *Forschungsamt*, che nel 1945 riuscì nell'intento di distruggere i propri archivi prima di farli cadere in mani alleate, è la chiave di molti dei successi ottenuti da Hitler. Quell'organizzazione spiò i diplomatici stranieri di stanza a Berlino e, ciò che più conta, fornì a Hitler le trascrizioni delle incaute conversazioni telefoniche che, nel settembre 1938, ebbero luogo tra Praga e i diplomatici cecoslovacchi residenti a Londra e Parigi. Dai giorni di Monaco fino allo scoppio del conflitto con la Gran Bretagna, Hitler fu dunque in grado di seguire, passo dopo passo, il modo in cui i nemici reagivano a ogni sua impresa: così, il 22 agosto 1939, egli giunse alla conclusione che, per quanto i governi occidentali gli avrebbero probabilmente dichiarato guerra, si sarebbe trattato, perlomeno inizialmente, di un atto formale privo di un immediato impegno bellico.

Gli anni della guerra videro Hitler nei panni di potente e infallibile capo militare, ispiratore di grandi vittorie quali la battaglia di Francia nel maggio 1940 e quella di Charkiv del maggio 1942; persino il maresciallo Zukov più tardi ammise, in privato, che la strategia militare dettata da Hitler nell'estate 1941, contraria all'opinione generale del suo staff, che avrebbe voluto un attacco frontale su Mosca, era assolutamente azzeccata. Al tempo stesso però Hitler divenne un leader politico indolente e indeciso, tale da lasciare ristagnare gli affari di stato. Benché spesso brutale e insensibile, gli venne meno la capacità di essere spietato quando ciò era necessario. Si rifiutò di bombardare Londra finché Churchill, verso la fine dell'agosto 1940, non lo costrinse a farlo. Fu riluttante a imporre la mobilitazione totale della *razza eletta* tedesca finché non fu troppo tardi perché la cosa avesse peso: e così, mentre le fabbriche di munizioni palesavano la mancanza di manodopera, le casalinghe tedesche si avvalevano di 500.000 domestici per tenere in ordine le abitazioni e lucidare mobilia e pavimenti. Hitler mostrò anche una certa titubanza nelle scelte militari: ad esempio l'inspiegabile esitazione in momenti critici, come quando, nel 1940, era in corso di svolgimento la battaglia di Narvik. Troppo a lungo Hitler adottò misure inefficaci verso i nemici interni, al punto da non saper agire in modo risolutivo nei confronti della forte opposizione formatasi nel cuore del suo stesso Alto Comando. Tollerò ministri e generali incompetenti molto più a lungo di quanto non avrebbero fatto i leader alleati. Non riuscì a conciliare le litigiose correnti formatesi all'interno del partito e della *Wehrmacht* (Forze Armate), limitandosi a sollecitarle a battersi per una causa comune, e si dimostrò incapace di porre fine all'acredine e ai contenziosi di potere esistenti tra il comando supremo dell'esercito (*OKH, Oberkommando des Heeres*) e il comando supremo della *Wehrmacht* (*OKW*, *Oberkommando des Wehrmacht*). Credo di aver dimostrato in questo libro che più Hitler si trincerava dietro il filo spinato e i campi minati del suo remoto quartier generale, più la Germania mutava in un *Führer Staat* privo di Führer. La politica interna era controllata e determinata da chiunque, nei vari settori, risultasse più potente: Hermann Göring, responsabile della poderosa struttura economica, sintetizzata nel piano quadriennale; Hans Lammers, capo della cancelleria del *Reich*; Martin Bormann, capo del partito nazista; Heinrich Himmler, ministro dell'Interno e comandante delle tristemente note *SS*.

Hitler era un enigma, un rompicapo financo per i suoi più intimi consiglieri. Così scriveva, nel 1945, Joachim Ribbentrop, il suo ex ministro degli Esteri, da cella del carcere di Norimberga:

"Ho cominciato a conoscere Hitler da vicino nel 1933. Ma se oggi qualcuno mi domandasse se lo conoscessi a fondo, se avessi chiaro il suo pensiero di politico e di statista o che tipo di uomo egli fosse, sarei costretto a confessare che di lui posso dire ben poco. Anzi, non posso asserire alcunché. Benché io ne abbia condiviso innumerevoli e significative esperienze, in tanti anni non sono riuscito a sentirlo più vicino del primo giorno in cui ci siamo incontrati, sia per quanto concerne i rapporti personali che sotto qualsiasi altro punto di vista".

La complessità del personaggio appare evidente laddove si mettano a confronto la brutalità espressa in talune circostanze, lo stucchevole sentimentalismo in altre e il caparbio attenersi a convenzioni militari che molti, da tempo, avevano abbandonato. Ordinò freddamente che, per ogni soldato tedesco ucciso nei territori occupati, venissero giustiziati 100 ostaggi; nel 1943 impose il massacro dei graduati italiani che avevano impugnato le armi contro le truppe tedesche; pretese l'eliminazione dei commissari dell'Armata Rossa, delle truppe d'assalto e dei piloti alleati catturati, nel 1942 annunciò che tutta la popolazione maschile di Stalingrado e Leningrado sarebbe stata sterminata; giustificò la durezza di quelle disposizioni con le necessità della guerra. Eppure, nel corso della sua ultima settimana di vita, rimase inorridito di come i carri armati sovietici usassero l'espediente di innalzare il vessillo con la svastica durante i combattimenti nelle strade di Berlino e proibì seccamente alla *Wehrmacht* di fare altrettanto e trasgredire così alle disposizioni sulla bandiera. Allo stesso modo, aveva precedentemente respinto la richiesta di far ricorso alle armi chimiche, per non violare la Convenzione di Ginevra. Eppure, in quei giorni, solo la Germania deteneva i letali gas nervini *Sarin* e *Tabun* che avrebbero potuto rimettere in discussione l'esito della guerra.

In un'epoca in cui i governi delle democrazie progettavano o consentivano l'assassinio, riuscito o meno, di alcuni personaggi scomodi[1] – dal generale Sikorski all'ammiraglio Darlan, dal feldmaresciallo Rommel a re Boris di Bulgaria e, negli anni a seguire, a Fidel Castro, Patrice Lumumba e Salvator Allende – apprendiamo che Hitler, il dittatore con meno scrupoli che il mondo abbia mai conosciuto, non solo non ricorse all'assassinio di capi politici stranieri, ma proibì persino al servizio segreto tedesco, di avvalersene. In particolare respinse i piani dell'ammiraglio Canaris atti all'assassinio dello Stato Maggiore dell'Armata Rossa.

La difficoltà più grande, per chi voglia occuparsi analiticamente di Hitler, consiste nell'avversione che è stata deliberatamente creata nei suoi confronti, per anni, sia dalla propaganda bellica, che dall'emotiva storiografia postbellica. Io mi sono avvicinato al personaggio senza pregiudizi. I miei personali ricordi di guerra si limitano a qualche fotogramma: un picnic, nell'estate del 1940, intorno al relitto di un bombardiere *Heinkel* a Bluebell Woods; l'infernale rumore prodotto dalle bombe volanti, le *V-1*, che sfrecciavano sopra le nostre teste; i convogli dei grigi autocarri dell'esercito che affollavano i sentieri delle campagne inglesi; il quotidiano computo dei velivoli mancanti nelle formazioni delle squadriglie

---

1 Nda. Importanti documenti della CIA relativi ai vari progetti di omicidio e alle modalità di attuazione sono oggi reperibili sul sito web www.gwu.edu della George Washington University.

di bombardieri che tornavano dalla Germania; il salutare con la mano le navi stracolme di soldati che, nel giugno del 1944, partivano dalla spiaggia di Southsea, dirette in Normandia; e, naturalmente, il giorno della vittoria, con i falò e i rintocchi della campana di famiglia. Noi non eravamo del tutto consapevoli che i tedeschi fossero i responsabili di tutto questo. Rammento le caricature che settimanalmente comparivano nella rubrica *Ferrier's World Searchlight*, della rivista *Everybody's*, ormai dimenticata, che ritraevano un nano dal piede deforme chiamato Goebbels e, sempre in chiave comica, altri personaggi nazisti.

Da allora, nella storia moderna, i ritratti caricaturali l'hanno fatta da padrone. Messi al cospetto del 'fenomeno Hitler', molti storici tendono a trascurarne il lato umano, dimenticando ch'egli parlava e camminava come tutti, pesava circa 70 chilogrammi, aveva i capelli grigi, molti denti finti e disturbi cronici di digestione. In lui, vedevano esclusivamente l'incarnazione del demonio: del resto, solo tale convinzione poteva giustificare gli enormi sacrifici sostenuti per distruggerlo.

Quella visione caricaturale si ammantò di ufficialità con il processo di Norimberga. Da allora la Storia è stata inquinata dalla metodologia adottata dall'accusa per selezionare le prove, dalla successiva pubblicazione di queste in volumi ben stampati e rubricati e dalla distruzione di qualsiasi documento che potesse intralciare gli sforzi dell'accusa. A Norimberga ogni responsabilità venne rimpallata dal generale al ministro, da quegli al funzionario di partito e da tutti costoro, immancabilmente, a Hitler. Grazie al sistema di editori e testate giornalistiche *autorizzate* decretato dai vincitori nella Germania postbellica, le leggende prosperarono. Nei libri di Storia come nelle biografie, nessuna favola era troppo assurda da non risultare credibile.

Tra questi scrittori ricchi di immaginazione spiccano i generali dello Stato Maggiore tedesco. Senza l'avvento di Hitler, pochi di loro sarebbero riusciti ad andare oltre il grado di colonnello: a lui dovevano i ruoli di prestigio ricoperti, le medaglie, le loro tenute e le ricchezze e, non di rado, anche le vittorie. A guerra conclusa, quelli che sopravvissero (la qual cosa a volte accadde perché, congedati anzitempo, erano stati allontanati dai rischi del fronte) fecero di tutto per schivare le colpe della disfatta finale. Negli archivi della Pubblica Accusa di Norimberga, rappresentata dal giudice Robert H. Jackson, ho rinvenuto un appunto che metteva in guardia contro le tattiche difensive che il generale Franz Halder, ex capo dello Stato Maggiore generale, si proponeva di adottare:

"Vorrei richiamare la vostra attenzione sulle intercettazioni delle conversazioni di Halder con gli altri generali. Egli è estremamente franco su ciò che pensa debba essere soppresso o distorto e, in particolare, si preoccupa che lo Stato Maggiore generale tedesco possa essere considerato responsabile di qualsiasi cosa, specialmente delle strategie di guerra".

Forttamente, questo imbarazzante gioco congiunto di coscienza e memoria è stato ampiamente registrato e tramandato ai posteri dai microfoni del *CSDIC* (servizi segreti britannici). Grazie a queste registrazioni si può apprendere come il generale di cavalleria Rothkirch, comandante del III° Corpo, catturato a Bitburg il 6 marzo 1945, avesse personalmente eliminato degli ebrei in una cittadina nei pressi di Vitebsk, in Unione Sovietica, e come fosse stato invitato a non preoccuparsi delle fosse comuni vicino a Minsk, in quanto i corpi lì sepolti sarebbero stati riesumati e bruciati allo scopo di distruggere ogni traccia.

"Ho deciso", disse ai suoi compagni di prigionia, "di distorcere ogni mia affermazione per far sì che il corpo ufficiali sia riabilitato e lo farò con ostinazione, con assoluta ostinazione![2]". E quando gli americani che li avevano catturati li invitarono a descrivere, a modo loro, gli eventi della guerra, il generale Heinz Guderian e l'arrogante e altezzoso pari grado Leo Geyr von Schweppenburg chiesero prima il permesso del feldmaresciallo Wilhelm Leeb, in quanto ufficiale più elevato in grado. Ancora una volta, un microfono nascosto registrò la loro conversazione:

LEEB: "Bene, posso darvi unicamente la mia personale opinione... Dovrete pesare attentamente le vostre risposte quando queste riguarderanno gli obiettivi, le cause e i progressi delle ope-

---

2 Nda. Rapporto SRGG 1133 del CSDIC britannico, 9 marzo 1945. Custodito presso l'Archivio Pubblico di Stato a Londra, fascicolo Wo. 208/4169.

razioni militari, in modo da non ledere gli interessi della nostra patria. È necessario altresì tenere presente che gli americani conoscono a fondo lo sviluppo delle operazioni: sono persino a conoscenza di quali unità vennero impiegate da parte nostra. Però non ne conoscono le motivazioni. C'è poi una questione su cui è auspicabile procedere con la massima cautela, affinché il mondo intero non si burli di noi. Non so quali siano stati i vostri rapporti con Hitler, ma conoscevo le sue capacità militari... Dovrete soppesare con attenzione le vostre risposte quando approfondirete questo argomento, in modo da non rilasciare dichiarazioni che possano essere in qualche modo motivo d'imbarazzo per il nostro paese".

GEYR VON SCHWEPPENBURG: "Le patologie psichiatriche fino a oggi conosciute non reggono al confronto di ciò da cui era affetto il Führer. Un folle circondato da lacché. Non ritengo necessario esprimerlo brutalmente, ma ne dovremmo comunque fare menzione, al fine di scagionare o alleggerire la posizione di alcune persone".

Dopo aver a lungo dibattuto su se e chi, tra i graduati tedeschi, avesse perorato la guerra nel 1939, Leeb suggerì: "La questione ora è se dobbiamo o meno ammettere tutto ciò di cui siamo a conoscenza".

GEYR: "Qualsiasi osservatore neutrale dovrà convenire su quanto il nazionalsocialismo abbia elevato lo status sociale del lavoratore e sotto alcuni aspetti anche il suo tenore di vita".

LEEB: "Questa è una delle grandi conquiste del nazionalsocialismo. Gli eccessi e gli estremismi sono imputabili solo ed esclusivamente alla personalità deviata del Führer".

GUDERIAN: "I precetti di base erano lodevoli".

LEEB: "Senza ombra di dubbio".

Nel redigere questa biografia ho quindi adottato, per selezionare il materiale in mio possesso, criteri molto severi. Non mi sono avvalso esclusivamente di documentazioni e archivi militari, ma ho scavato in profondità anche negli scritti dei membri dello staff personale più vicini a Hitler, cercando la chiave della verità nei memoriali e nella corrispondenza privata con familiari e amici. Per le poche opere autobiografiche consultate, ho preferito basarmi sui manoscritti originali piuttosto che sui testi stampati, poiché, negli anni immediatamente successivi al conflitto, alcuni editori (specialmente quelli *autorizzati* in Germania) vi operarono drastici tagli, come per esempio accadde al memoriale di Karl-Wilhelm Krause, il cameriere di Hitler. Allo stesso modo mi sono basato sul manoscritto originale delle memorie di Walter Schellenberg, capo dei servizi segreti di Himmler, anziché sulla versione censurata, pubblicata successivamente da André Deutsch.

Mi spingerei sino a mettere in guardia gli studiosi su alcuni lavori fino ad oggi accertati come fonti *ufficiali*, in special modo su quelli scritti da Konrad Heiden, dal doppiogiochista *Abwehr/OSS* Hans Bernd Gisevius, da Erich Kordt e da Fritz Wiedemann, assistente di Hitler, poi destituito. Quest'ultimo, in una lettera inviata a un amico nel 1940, non ebbe vergogna a scrivere: "Non ha alcuna importanza se si diffondono esagerazioni o persino menzogne". Il diario che il professore Carl-Jacob Burckhardt citò nelle sue memorie intitolate *Meine Danziger Mission 1937-1939* non si concilia con i reali movimenti di Hitler; mentre il libro *Conversations with Hitler di Hermann Rauschning* (Zurigo, 1940), da quando è stato pubblicato dallo sciagurato propagandista Emery Reves (Imre Revész) insieme a una moltitudine di altre fantasticherie, ha gettato in una sconcertante confusione l'analisi della politica hitleriana. Rauschning, ex politicante nazista di Danzica, ebbe ad incontrare Hitler soltanto in un paio di formali occasioni. Il libro è stato successivamente editato a Vienna nel 1973, benché persino lo storico tedesco-orientale Ebergard Jackel (che incluse ben 78 falsi in un volume di manoscritti di Hitler e poi giudicò irrilevante il fatto, in quanto disse non corrispondevano neppure al 5% dell'intero volume) avesse sottolineato, in un attento editoriale apparso su *Geschichte in Wissenschaft und Unterricht* (n.11, 1977), che al volume di Rauschning non poteva essere attribuita alcuna credibilità. Reves è stato anche l'editore di quell'altra famosa fonte di notizie sul primo nazismo, le 'memorie' di Fritz Thyssen, *I paid Hitler* (Londra, 1943). Henry Ashby Turner Jr. ha fatto presente, in un articolo su *Vierteljahrsheft fur Zeitgeschichte* (n.3, 1971), che lo sventurato Thyssen morì senza neppure aver visto otto dei diciannove capitoli del libro, e che le bozze dei rimanenti vennero redatte in francese! La lista di questi volumi apocrifi è infinita. Le memorie della recentemente passata a miglior vita Christa Schroeder, *Hitler Privat* (Düsseldorf, 1949), vennero scritte da Albert Zoller, un ufficiale francese di collegamento con la Settima Armata americana. I cosiddetti appunti di Martin Bormann sulle ultime conversazioni di Hitler nel bunker, pubblicati con un'introduzione del professor Hugh Trevor-Roper nel 1961, sotto il titolo *The testament of Adolf Hitler*, e pubblicati in tedesco dalla *Albrecht Knaus Verlag* col titolo *Hitlers Politisches Testament: Die BormannDiktate* (Amburgo, 1981), sono a mio parere falsi: possiedo una copia del documento originale, in parte trascritta a macchina e in parte riportata a mano, e un'accurata perizia non lascia dubbi.

Ma gli storici sono incorreggibili e citeranno sempre e comunque ogni fonte indipendentemente dall'attendibilità. Il volume *Inside the Third Reich* fruttò ad Albert Speer una consistente fortuna quando, nel 1969, fu pubblicato dalla berlinese *Propyläen*.

Il suo ripudiare Hitler gli procurò stima e rispetto, ma alcuni critici rimasero perplessi notando che l'edizione americana differenziava notevolmente dall'originale tedesco, *Erinnerungen*, e dall'edizione inglese. Essendo stato io uno dei primi scrittori a intervistare Speer, dopo il suo rilascio dalla prigione di Spandau nel 1966, ho appreso la verità dal diretto interessato. L'ex ministro del *Reich* trascorse un intero pomeriggio leggendomi ad alta voce brani tratti dalle bozze delle sue memorie. Il libro successivamente pubblicato differiva sostanzialmente, essendo stato rivisitato, egli mi spiegò, dalla stessa redattrice che cura i miei libri presso la casa editrice *Ullstein* (Annette Engel Etienne), dal capo redattore Wolf-Jobst Siedler e dallo storico Joachim Fest, direttore del prestigioso *Frankfurter Allgemeine Zeitung*. Ne ebbi conferma dalla stessa Etienne. Quando, durante una cena a Francoforte, nell'ottobre del 1979, invitai Speer a dare alle stampe la versione originale delle sue memorie, rispose che avrebbe desiderato farlo: "Purtroppo, penso sia impossibile. Quel manoscritto non è in linea con la tendenza contemporanea. Persino i titoli dei capitoli susciterebbero imbarazzo".

Un audace autore berlinese, Matthias Schmidt, qualche anno più tardi pubblicò un libro[3] che smascherava la vicenda delle memorie di Speer, eppure sono queste ultime che i miei pigri colleghi custodiscono nelle loro biblioteche, non il libro di Schmidt, dimostrando in questo quanto sia appropriata la frase con cui ho aperto questa introduzione.

È sintomatico della fedeltà di Speer alla Storia il fatto che, mentre si trovava a Spandau, egli abbia pagato affinché i diari completi del periodo bellico del suo ufficio (*Dienststelle*) venissero riscritti, omettendo i passaggi più sconvenienti, e che abbia poi donato quei documenti artefatti al *Bundesarchiv* (Archivio federale) di Coblenza. Tutto ciò appare con chiarezza dal confronto, da me fatto, tra il volume del 1943, il cui originale è custodito negli archivi del *British Cabinet Office* e la copia esistente presso il *Bundesarchiv*. Anche Matthias Schmidt ha confermato la falsificazione. Devo ammettere di essere rimasto stupefatto dalla quantità di diari che, a un attento esame, risultano manomessi o falsati, invariabilmente a scapito di Hitler.

Due persone hanno sostenuto di essere in possesso dei diari integrali dell'ammiraglio Wilhelm Canaris, il celeberrimo capo dell'*Abwehr* che Hitler fece impiccare nel 1945. La prima, Klaus Benzing, produsse a sostegno delle proprie affermazioni "alcuni documenti del servizio segreto tedesco (*BND*) post bellico e alcuni documenti firmati dallo stesso Canaris".

La seconda, il giudice della Corte Suprema tedesca Fabian von Schlabrendorff, affermò che i diari in suo possesso erano stati da poco restituiti dal generalissimo Francisco Franco al governo della Germania Federale. Un'analisi in sede legale della carta e dell'inchiostro di un "documento di Canaris" fornito dal primo personaggio, da me condotta presso il laboratorio londinese della *Hehner & Cox Ltd.*, ne dimostrò la falsità. Un'intervista con il capo gabinetto di Franco, il cognato don

3 Nda. Matthias Schmidt, Albert Speer: The End of a Myth (New York, 1984).

Felipe Polo Valdes, a Madrid, mise a tacere le altrettanto inverosimili affermazioni del giudice tedesco.

Anche i diari di Eva Braun, pubblicati dall'attore cinematografico Luis Trenker, sono dei falsi attinti dalle memorie scritte qualche decennio addietro dalla contessa Irma Larisch-Wallersee: la falsificazione venne appurata dal tribunale di Monaco nell'ottobre 1948. Gli autentici diari di Eva Braun e la sua ingente corrispondenza intima con Hitler vennero acquistati dal reparto *CIC* del colonnello americano Robert A. Gutierrez che, nell'agosto 1945, era di base a Stoccarda e Backnang: dopo un breve esame di Ursula Göhler per conto di Gutierrez, quei documenti sono spariti dalla circolazione. Mi sono recato due volte da Gutierrez, nel New Mexico, (in seguito, lo stesso cedette al mio collega, Willi Korte, l'abito nuziale e il servizio di posate d'argento di Eva Braun che ammise di avere rubato -) ma non sono riuscito a strappargli alcuna notizia circa la scomparsa dei diari.

Gli spesso citati diari del massaggiatore berlinese di Himmler e di Ribbentrop, Felix Kersten, sono altrettanto falsi: ne è prova il "dossier medico di 26 pagine su Hitler", descritto nel capitolo XXIII di quel libro, se confrontato con gli autentici diari del medico di Hitler, Theo Morell, da me reperiti e pubblicati la prima volta nel 1983. Gli autentici diari di Kersten che il professor Hugh TrevorRoper vide in Svezia non vennero mai pubblicati, forse, a causa del loro contenuto politicamente sconveniente per numerosi personaggi svedesi di spicco, come ad esempio l'editore Albert Bonnier che, si dice, abbia offerto a Himmler, in cambio di concessioni in caso di invasione nazista, gli indirizzi di tutti gli ebrei residenti nel paese. Anche i diari pubblicati da Rudolf Semler in *Goebbels, the man next to Hitler* (Londra, 1947) sono falsi, come dimostrano le annotazioni riportate sotto la data del 12 gennaio 1945: vi si parla di Hitler ospite di Goebbels a Berlino, ma in realtà sappiamo con certezza che il Führer stava dirigendo la battaglia del Bulge dal suo quartier generale sito nella Germania occidentale.

E si evidenziano vistosi anacronismi anche nei famosi *diari* del conte Galeazzo Ciano: per esempio, le "rimostranze nei confronti di Rommel" da parte del maresciallo Rodolfo Graziani annotate il 12 dicembre del 1940, vale a dire ben due mesi prima che Rommel fosse inviato nel Nord Africa italiano! In effetti Ciano trascorse i mesi che seguirono la sua destituzione, avvenuta nel febbraio 1943, riscrivendo e *migliorando* il proprio memoriale, cosa che fece di quelle pagine una lettura piacevole, ma superflua ai fini storici. Ribbentrop, nelle sue memorie scritte dal carcere, denunciò quella falsificazione (sostenne di aver visionato i veri scritti di Galeazzo Ciano nel settembre 1943) e l'esponente nazista Eugen Dollmann riferì, nelle proprie memorie, come la frode fosse stata avvalorata in sua presenza, in un campo di prigionia, da un ufficiale britannico. Gli incartamenti dell'*OSS* relativi a questo argomento sono custoditi negli archivi di Allen W. Dulles (purtroppo ancora inaccessibili) presso la *Mudd Library* dell'università di Princeton. Persino un esame superficiale dei manoscritti originali palesa sino a che punto Ciano (o altri) li abbiano contraffatti. Ciò nonostante, numerosi e stimati storici li hanno citati senza esitazioni, così come hanno fatto con i cosiddetti *documenti di Lisbona* di Ciano, benché anche questi mostrino con chiarezza di essere stati redatti successivamente (sono stati tutti scritti con la stessa macchina da scrivere, benché apparentemente venuti alla luce nell'arco di sei anni, dal 1936 al 1942). Taluni sono stati contraffatti in modo ingenuo: il vero diario stenografato del capo di Stato Maggiore della *Luftwaffe*, Karl Koller, in alcuni passaggi non ha alcuna rassomiglianza con la versione che lo stesso pubblicò col titolo *Der letzte Monat*, (Mannheim 1949). Ed Helmut Greiner, che aveva tenuto il diario di guerra ufficiale dell'*OKW* fino al 1943, quando nel 1945 gli americani gli chiesero di trascrivere i suoi appunti originali inerenti al periodo agosto 1942 – marzo 1943, i cui volumi erano andati smarriti, approfittò dell'occasione per eliminare i passaggi che potevano nuocere ai suoi amici imprigionati, quali il generale Adolf Heusinger, o quelli troppo favorevoli a Hitler. Inoltre, sicuramente per accattivarsi il favore degli americani, aggiunse lunghi paragrafi carichi di pungenti critiche sul modo in cui Hitler aveva condotto la guerra: frasi, queste, di cui i suoi appunti originali non recano traccia. Il desiderio di mettere Hitler alla berlina appare con evidenza anche nei 'diari' del defunto generale Gerhard Engel, che fu suo assistente nell'esercito dal marzo 1938 all'ottobre 1943.

L'evidenza storiografica (ad esempio, il confronto con i diari personali del 1940 del ministro del *Reich* Fritz Todt o con quelli della moglie del generale Rudolf Schmundt, oppure con gli archivi del Gruppo d'Armate del Don del maresciallo von Manstein nei giorni di Stalingrado) indica che, qualsiasi cosa essi siano, non si tratta di scritti coevi. Lo hanno confermato anche i test effettuati sulla datazione della carta. Purtroppo, il celeberrimo Istituto di Storia contemporanea di Monaco li ha nondimeno pubblicati nel volume *Heeresadjutant bei Hitler 1938-1943* (Stoccarda, 1974), limitandosi, in una breve introduzione, ad accennare vagamente alle contraddizioni in essi presenti. Con la brillante eccezione di Trevor-Roper, il cui volume the *Last Days of Hitler* è basato su documenti dell'epoca e quindi praticamente incontestabile, ogni biografo successivo ha ripercorso e riproposto le leggende inventate dai predecessori, o al più ha consultato solo le opere di riferimento più facilmente reperibili. Negli anni sessanta e settanta, sulle librerie si sono abbattute cataste di biografie di Hitler ripetitive e superficiali che non rivelavano alcunché del personaggio. La più caldeggiata è quella scritta da una personalità della televisione tedesca, Joachim Fest: ma successivamente egli stesso dovette ammettere, durante un'intervista, di non aver mai neppure visitato l'Archivio nazionale di Washington che conserva il più ampio assortimento di documentazione inerente la recente Storia europea. Stilisticamente, l'uso della lingua tedesca fatto da Fest è ottimo, ma il suo lavoro rispolvera antiche credenze, sia pure modernizzandole per dar loro un solenne alone di veridicità. La stessa casa editrice berlinese pubblicò a seguire anche il mio libro, sotto il titolo *Hitler und seine Feldherren*. Ebbene, il loro redattore capo, Siedler, reputando aberranti e persino pericolose molte delle mie argomentazioni, non esitò a sopprimerle o mutarne il significato senza neppure informarmi. Così, nel libro da lui pubblicato, Hitler non disse a Himmler (il 30 novembre 1941) che non avrebbe dovuto esserci "alcuna liquidazione" di un gruppo di ebrei in partenza da Berlino, bensì di non usare pubblicamente il termine "liquidare" in relazione a un programma di sterminio! Questo è uno dei modi più correnti per falsificare gli accadimenti storici. Due giorni dopo l'uscita dell'edizione tedesca, ne vietai ulteriori ristampe e litigai per dieci anni affinché esso fosse pubblicato nella versione originale. Per giustificare il loro comportamento, gli editori sostennero che i concetti espressi nel mio manoscritto costituivano "un affronto all'opinione storica ormai consolidata" nel loro paese.

I miei indolenti predecessori si sono bonariamente rammaricati del fatto che la maggior parte dei documenti siano andati distrutti. Ma la verità è un'altra: quei documenti sono sopravvissuti in una quantità a dir poco imbarazzante. Gli incartamenti ufficiali del feldmaresciallo della *Luftwaffe* Erhard Milch, il vice di Göring, sequestrati dagli inglesi, constano di oltre 60.000 pagine. L'intero diario di guerra dello Stato Maggiore navale tedesco, il cui immenso valore va ben oltre le questioni prettamente nautiche, è sopravvissuto: mi sono occorsi diversi mesi, a Washington, per leggerne i 69 volumi (alcuni lunghi più di 900 pagine) e per esaminare alcuni tra i più probanti dei 3.900 microfilm della marina militare tedesca lì custoditi. Quando, dopo la prima edizione di questo libro, apparsa nel 1977, in Occidente venne autorizzata la pubblicazione di alcuni volumi dei diari di Joseph Goebbels, temetti che essi potessero smentire alcune delle mie supposizioni più azzardate. Ciò non accadde. Tutt'altro, i diari di Goebbels pubblicati, così come gli ulteriori volumi da me esaminati a Mosca nel 1992, dimostravano che non ero in errore.

Molte fonti di primaria importanza mancano ancora. Il motivo per cui questi tanto diplomatici storici neppure una volta in trent'anni si siano preoccupati di far visita alla vedova di Ernst von Weizsäcker, segretario di stato di Joachim von Ribbentrop e padre del successivo Presidente della Germania Occidentale, rimane per me uno sconcertante mistero. Se avessero cercato la vedova di Walther Hewel, ufficiale di collegamento di Ribbentrop con Hitler, sarebbero venuti a conoscenza anche del suo memoriale. E chi sono quegli storici dell'olocausto ebraico che non si sono mai presi la briga, finché io stesso non lo feci, di consultare il facilmente disponibile archivio degli appunti telefonici scritti di proprio pugno dal capo delle *SS*, Heinrich Himmler, o di leggere i suoi promemoria inerenti alle riunioni segrete con Hitler?

Purtroppo, a parte alcuni taccuini datati 1935 e 1939, di cui ho donato una copia al *Bundesarchiv*, i diari di Himmler sono per lo più svaniti nel nulla. Tra quelli portati a Mosca come un trofeo, sono state recentemente ritrovate le pagine relative agli anni 1941-42[4], mentre sembra che altri si trovino in Israele. Difatti, nel 1982, Chaim Rosenthal, un ex addetto al consolato israeliano a New York, con mezzi molto discutibili entrò in possesso dei diari di Himmler e li regalò all'università di Tel Aviv. In seguito alla lunga diatriba legale mossa contro Rosenthal, divenuto persona non gradita negli Stati Uniti, l'università gli restituì gli incartamenti.

Anche altri diari sono purtroppo scomparsi. Quelli dell'ex esponente della Gestapo Werner Best furono visti per l'ultima volta nel 1945, negli Archivi Reali danesi di Copenhagen. Quelli di Karl Wolff furono avvistati per l'ultima volta a Norimberga. I diari di Hans Lammers, di Wilhelm Brückner e di Karl Bodenschatz sparirono nelle mani degli americani o dei francesi.

Svanirono anche quelli del professor Theo Morell, per ricomparire miracolosamente, in mia presenza, a Washington nel 1981. Ne pubblicai il contenuto due anni dopo. In Italia sono usciti nel 2007 con il titolo *I diari segreti del medico di Hitler* (Edizioni Clandestine). Quanto alle memorie di Nikolaus Below, esse molto probabilmente si trovano a Mosca. I rimanenti diari non pubblicati di Alfred Rosemberg sono illecitamente trattenuti da un avvocato americano residente a Francoforte, il dottor Robert M. W. Kempner. I suoi documenti, recuperati a Lansdowne, Pennsylvenia, sono oggi oggetto di un'indecente disputa tra gli archivi ebraici e la sua famiglia.

Il restante memoriale di Milch, del quale nel 1967 ottenni 5.000 pagine che registrai in microfilm, è sparito, come altrettan-

4 Nda. Der Dienstkalender Heinrich Himmlers 1941/42, ed. Peter Witte, prefazione di Uwe Lohalm e Wolfgang Scheffler, (Amburgo, 1999). Nessun prezzo è troppo alto per questa edizione.

to sono scomparsi i diari del generale Alfred Jodl riguardanti il periodo che va dal 1940 al 1943: vennero sottratti a Flensburg nel maggio del 1945, insieme ad altri oggetti di sua proprietà, dall'Undicesima Divisione Corazzata britannica. Del diario di Mussolini rimane solo un breve frammento: le *SS* copiarono gli originali e glieli restituirono nel gennaio del 1945, ma adesso mancano sia gli originali che la copia custodita nell'archivio di Ribbentrop. L'importante diario di Rudolf Schmundt fu invece bruciato su sua richiesta dal suo assistente, l'ammiraglio Karl-Jesco von Puttkamer, nell'aprile 1945, assieme a quello di Puttkamer medesimo. Negli inaccessibili archivi della *Hoover Institution* di Stanford, in California, è fra l'altro conservato l'importante memoriale del generale delle *SS* Friedrich-Wilhelm Krüger, ostinatamente ignorato dagli storici della Germania Occidentale.

La mia ricerca di fonti che potessero gettare un po' di luce sul carattere di Hitler non sempre è stata coronata da successo. Settimane di ricerche con un protonmagnetometro (una sorta di rilevatore di mine) in un bosco della Germania orientale non mi hanno consentito di disseppellire un vaso di vetro contenente i testi stenografati degli ultimissimi diari di Goebbels, benché più volte, secondo la mappa in mio possesso, dobbiamo esserci passati sopra. Ma nel redigere questa biografia ho rintracciato un significativo numero di memoriali autentici e poco conosciuti, scritti da persone vicine a Hitler, tra cui una parte inedita del diario di Jodl; il diario ufficiale tenuto per conto del capo dell'*OKW*, Wilhelm Keitel dal suo assistente Wolf Eberhard, e il diario dello stesso Eberhard relativo agli anni 1936-1939; quello di Nikolaus von Vorman, ufficiale di collegamento di Hitler nell'agosto e nel settembre del 1939; e i memoriali lasciati da Martin Bormann e dall'assistente personale di Hitler, Max Wünsche, in relazione ai viaggi del Führer.

Inoltre mi sono avvalso dei memoriali inediti di Fedor von Bock, Erhard Milch, Erich von Manstein, Wilhelm Leeb, Erwin Lahousen ed Eduard Wagner, la cui vedova mi ha consentito di copiare circa 2.000 pagine tratte dalla sua corrispondenza privata. Christa Schroeder, una delle segretarie personali di Hitler, mi ha messo a disposizione, in esclusiva, i suoi importanti incartamenti. La famiglia di Julius Schaub mi ha permesso di copiare tutti i manoscritti di quest'ultimo, riguardanti i vent'anni trascorsi come assistente di Hitler e così ha fatto anche il figlio di Wilhelm Brückner.

Io sono il primo biografo che abbia usato le carte private del segretario di stato Herbert Backe e del ministro Richard Walter Darré, oltre che i quaderni di appunti e i documenti di Fritz Todt. Il governo britannico ha gentilmente messo a mia disposizione preziosi frammenti del diario dell'ammiraglio Canaris. Ho rinvenuto altresì, sparpagliate in Germania e in America, pagine stenografate e dattiloscritte dei memoriali di Erwin Rommel e gli ermetici appunti che il maresciallo del *Reich* Hermann Göring aveva tenuto fin dall'infanzia.

Tra i documenti più rivelatori usati in questa biografia figurano i manoscritti del generale Werner Freiherr von Fritsch del 1938 e 1939, ottenuti da una fonte del Soviet. La baronessa Jutta von Richthofen mi ha consentito di consultare i volumi mai pubblicati dei diari del marito, il defunto feldmaresciallo.

In breve, pare che ogni membro dello staff di Hitler o del suo Alto Comando, da me rintracciato, abbia accuratamente conservato diari o documenti. Questi mi sono stati mostrati senza alcun riserbo, affinché potessi servirmene. La maggior parte era in tedesco, ma alcuni mi sono giunti nelle più svariate lingue: italiano, russo, francese, spagnolo, ungherese, romeno, ceco. Alcuni oscuri riferimenti a Hitler e a Ribbentrop presenti nei diari di Hewel hanno irriso a lungo i miei goffi tentativi di interpretazione: alla fine venne fuori che erano scritti in indonesiano! Ho regalato tutti questi documenti all'Istituto di Storia contemporanea di Monaco, dove sono conservati in una raccolta denominata *Irving Collection*. Coloro interessati alla Seconda Guerra Mondiale potranno trovare i microfilm di tutto il materiale raccolto durante le mie ricerche, per la stesura di questo e altri volumi, presso la *Microform Academic Publisher Ltd.*, East Ardsley, Wakefield, Yorkshire, WF3 2AT (tel. +44 1924-825700; info@microform.co.uk).

Alcuni archivi, recentemente resi accessibili, contengono quattro incartamenti degni di nota: i resoconti degli interrogatori della serie *CSDIC*, un tempo classificati top secret nella sezione 208 del *War Office* presso il *Public Records Office*, Kew, Londra; i messaggi in codice delle *SS* e delle unità di polizia tedesca, intercettati e decodificati dagli inglesi a Bletchley Park[5] e ora qui archiviati come HW1, HW3 e HW16; la *Adolf Hitler Collection*, conservata in tre scatole nell'archivio della *Seeley G. Mudd Library*, università di Princeton, nel New Jersey; e le circa 500 pagine delle lettere e memorandum inviati a Hitler tra il 1933 e il 1936 da Joachim von Ribbentrop prima di divenire ministro, trovate tra le rovine della cancelleria del *Reich* e adesso inserite nel carteggio di Louis Lochner negli archivi della *Hoover Institution* di Stanford, in California.

La *Hitler Collection*, sottratta dalla residenza di Hitler a Monaco da Erich Hamm, appartenente ai servizi delle forze americane che si occupavano dei crimini di guerra, fu in seguito messa in vendita da una casa d'aste di Chicago. Questa documentazione, che riflette bene la carriera di Hitler, contiene fotografie di archivio dei suoi schizzi e dei suoi dipinti, dispacci di ambasciatori, rapporti sull'uccisione di "criminali professionisti" mentre "si opponevano all'arresto", una registrazione alberghiera del 1925 compilata da Hitler (in cui definiva se stesso apolide), documenti sulla guerra civile spagnola, i progetti di Röhm per il tentato colpo di stato del 1923, un ordine di Martin Bormann in cui quegli asseriva che Hitler accettava di ripianare i debiti accumulati dalla principessa Hohenlohe come ultima intercessione in suo favore, e un'ampia documentazione sui rapporti del partito con le autorità ecclesiastiche.

Il 20 dicembre 1940 Pierre Laval scrisse a Hitler: "Augurandomi dal profondo del cuore che la mia patria non debba soffrire" e "la politica di collaborazione con la Germania è auspi-

5 Ndt. Bletchley Park, nota anche come Stazione X, è una proprietà situata a Bletchley, un paese a circa 75 km a nord-ovest di Londra. Durante la Seconda Guerra Mondiale, Bletchley Park ospitò l'unità principale di crittoanalisi del Regno Unito. Numerosi codici e messaggi cifrati dei paesi dell'Asse vi sono stati decifrati.

cabile dalla stragrande maggioranza della popolazione francese". Hjalmar Schacht protestò innumerevoli volte con Hitler per il danno economico derivante dalle restrizioni antiebraiche e il 24 agosto 1935, lo stesso, in merito alla disposizione di Robert Ley che la *Woolworth Co.* non acquistasse da fornitori ebrei, scrisse che questo avrebbe significato la rinuncia, da parte dell'azienda, di importazioni della Germania a 10 milioni di marchi annui. "Non mi è chiaro e non mi è mai stato chiaro, come si presuma, laddove si persista in questa logica politica, che io possa far arrivare nel paese valuta estera".

Il 30 marzo 1936, Schacht chiese a Hitler di ricevere un certo produttore di seta americano cui il Presidente Roosevelt aveva raccomandato di "portare i suoi personali saluti al Führer".

Il 20 giugno 1938, il conte Helldorff, capo della polizia di Berlino, mandò a Hitler un rapporto sulle devastazioni antiebraiche verificatesi nella città.

Più avanti, nel corso di quello stesso anno, la polizia fornì a Hitler un rapporto sull'assassino ebreo Herschel Grynszpan, confermando che i genitori di questi erano stati spediti a Neu Bentschen, oltre il confine polacco, in data 29 ottobre (pochi giorni prima, Grynszpan aveva ammazzato a Parigi un diplomatico tedesco), in conformità alle direttive del *Reich* contro gli ebrei polacchi che si erano stabiliti in Germania. Nel febbraio 1939, Hitler avvallò il rifiuto della sua ambasciata a Washington di pagare un sussidio a Kurt Ludecke, ex nazista che aveva invitato la casa editrice del partito e altre organizzazione del *Reich* ad acquistare le sue memorie, qualora avessero voluto evitarne la pubblicazione. Lo stesso dossier mostra Hitler prodigarsi per impedire al peso massimo nazista Max Schmeling di disputare l'incontro con il nero Joe Louis: "Come lei ben sa", scrisse Julius Schaub al ministro dello Sport il 2 marzo 1939, "il Führer è sempre stato contrario a questo match". Il più enigmatico di questi documenti è un fascicolo, palesemente redatto dalla Gestapo dopo il 1940 e riportato con la speciale "macchina da scrivere del Führer", che riferisce di alcuni pettegolezzi riguardo alle origini di Hitler: "Era un bambino illegittimo figlio adottivo di Alois; prima dell'adozione il nome di sua madre era

Schicklgruber[6], la cui stirpe aveva generato numerosi idioti". Tra questi un impiegato del fisco, Joseph Veit, deceduto a Klagenfurt, in Austria, nel 1904. Uno dei suoi figli era morto suicida, una delle figlie fu internata in un manicomio, l'altra, sopravvissutagli, aveva altresì problemi psichici e perfino la terza risultò essere minorata mentale. La Gestapo venne a conoscenza che la famiglia Pracher, di Graz, disponeva di un dossier corredato di certificati e fotografie che avvaloravano la faccenda. Himmler lo fece sequestrare "per scongiurarne un cattivo impiego". Gli archivi di Ribbentrop riflettono le tortuose relazioni di questi, quale "ambasciatore straordinario", con Hitler e i suoi avversari. Ribbentrop aveva consolidato la propria autorità stabilendo buoni rapporti con influenti personalità inglesi, tra le quali non c'erano soltanto industriali come E. W. D. Tennant ed eminenze della carta stampata come Lord Rothermere, Lord Astor e Lord Camrose, ma anche ministri del governo in carica, quali Lord Hailsham, Lord Lloyd, Lord Londonderry e il giovane Anthony Eden in cui egli, giustamente, vide l'astro nascente del partito conservatore.

Gli archivi contengono registrazioni degli incontri di Ribbentrop con Stanley Baldwin e Ramsay Mac Donald nel 1933-34, e riflettono anche i tenui legami che si erano stabiliti tra Sir Oswald Mosley e i suoi luogotenenti con i responsabili a Berlino del partito nazista. Un tipico esempio delle molte lettere scritte a mano da Ribbentrop a Hitler è una missiva, datata 6 gennaio 1935, nella quale egli ringrazia il Führer per la fiducia in lui riposta nell'affidargli l'incarico di comndante del *Reich*:

"Non solo questa nomina definisce chiaramente il mio ruolo nel partito, cancellando ogni dubbio circa le sue opinioni nei riguardi miei e delle mie attività, ma mi colloca anche in una posizione diversa nei confronti del ministro degli Esteri, sia all'interno che fuori dal paese. Il suo fedele Ribbentrop".

6 Nda. In realtà, era il padre di Hitler a risultare figlio illegittimo di Maria Anna Schicklgruber. Alla stampa nazista venne più volte proibito (il 16/12/1939) di indagare sulla famiglia di Hitler. Nel libro Die Frühgeschichte der NSDAP (Bonn, 1965), Werner Maser afferma che, il 4 agosto 1942, Himmler ordinò alla Gestapo di avviare indagini sui genitori del Führer; ciò che ne risultò fu classificato come segreto e il documento sopra citato ricevette la più alta classificazione: segreto imperiale.

Quando la presente biografia venne pubblicata per la prima volta, niente suscitò tanto putiferio quanto la mia analisi del ruolo ricoperto da Hitler nella tragedia ebraica. Le penne dei critici versarono vetriolo, ma non vedo perché dovrei modificare la mia tesi, essendo questa basata su documenti dell'epoca. Hitler intuì molto presto che sostenere l'antisemitismo in Germania sarebbe valso a conquistare una grossa fetta di elettorato; se ne servì dunque senza farsi alcuno scrupolo per il raggiungimento del potere ma, dopo il 1933, personalmente, lo professò più a parole che non nei fatti.

I suoi subalterni, tuttavia, per niente inclini a recedere dai propri intenti, procedettero nella progressiva persecuzione anche laddove Hitler – ad esempio nel 1939 – impartì ordini diversi.

Per quanto riguarda i campi di concentramento, Hitler fu ben lieto di delegare a Himmler la gestione di quel lato oscuro della politica nazista. Non ne visitò mai alcuno: gli ufficiali di alto grado, gli stranieri e i deputati britannici che ebbero il privilegio di accedere a Dachau negli anni 1933 e 1934 ne rimasero (ma si era agli inizi) favorevolmente impressionati[7]. È certo che Himmler si recò ad Auschwitz nel 1941 e nel 1942. Hitler non vi mise mai piede. La misura del problema ebraico in Germania è testimoniata in un manoscritto, mai pubblicato, del predecessore di Hitler nel ruolo di cancelliere, il dottor Heinrich Brüning. Nel 1943, dal suo esilio americano, egli asserì che, a seguito dell'inflazione, rimaneva solo una banca tedesca non controllata dagli ebrei, alcuni dei quali seriamente corrotti. Nel 1931, raccontò Brüning, avendo posto l'amministrazione degli istituti di credito sotto il controllo del governo, si era trovato a dover celare all'opinione pubblica numerose frodi compiute dai banchieri "per timore di provocare sommosse antisemite".

Egli biasimò inoltre i corrispondenti della stampa estera per aver esagerato la portata degli "occasionali maltrattamenti ai dan-

7 Nda. Louis Lochner, famoso giornalista americano, visitò un campo di concentramento nel maggio del 1933 e riferì in una missiva indirizzata al figlio, che i prigionieri venivano trattati umanamente, ma trattenuti senza alcuna procedura giuridica; Lochner papers, State Historical Society of Wisconsin.

ni di ebrei" verificatisi nei primi mesi del regime nazista: "Nella primavera del 1933 la stampa estera riferì che la superficie del fiume Sprea (a Berlino) era coperta di cadaveri di ebrei assassinati. Ma all'epoca, se si escludono i dirigenti del partito comunista, nessun ebreo aveva subìto ancora alcuna aggressione... Se gli ebrei fossero stati maltrattati fin dall'inizio del regime", aggiunse Brüning, "non si spiegherebbe perché, prima del 1938, ben pochi furono coloro che lasciarono il paese".

Nel 1938 Brüning scrisse agli editori di *Life* proibendogli di pubblicare una sua lettera dell'agosto 1937, indirizzata a Winston Churchill, in cui lo informava che "fin dall'ottobre 1928, i due più generosi e costanti finanziatori del partito nazista furono i direttori generali di una delle più prestigiose banche di Berlino, entrambi di fede ebraica, uno di essi addirittura a capo del movimento sionista tedesco"[8].

Mi sono avvicinato alla persecuzione nazista degli ebrei dal punto di vista tradizionale, che negli anni Sessanta era quello prevalente.

Supponendo che Hitler fosse un abile statista e un capace comandante, la domanda maggiormente ricorrente era: "Come si spiega lo sterminio di sei milioni di ebrei?"

Se la presente biografia fosse una semplice descrizione dell'ascesa e della caduta del *Reich* di Hitler, sarebbe lecito concludere: "Hitler uccise gli ebrei". Dopotutto, negli anni trenta era stato lui a creare l'atmosfera di odio nei loro confronti. Lui e Himmler avevano istituito le *SS*; i suoi discorsi pubblici, sebbene mai espliciti, lasciavano intendere chiaramente quale destino avesse in serbo per loro.

A me è parso che per una biografia di Hitler, estesa a tutto il periodo del conflitto mondiale, fosse necessario un approccio maggiormente analitico agli aspetti chiave di quel problema. Ho così scoperto che il ruolo di Hitler nella "soluzione finale" (quale

---

8 Nda. Il manoscritto di Brüning del 1943 si trova nella collezione Dorothy Thompson della George Arents Research Library, Syracuse University New York. La sua lettera del 27 febbraio 1948 a Daniel Longwell, direttore di Life, è conservata tra le carte di Longwell presso la Butler Library della Columbia University, New York.

che fosse il significato di quelle parole) non era mai stato esaminato. Gli storici tedeschi, celebri per le loro meticolose indagini su qualsiasi altro argomento, quando si tratta di Hitler sono artisti dell'omissione. Spesso hanno fatto affermazioni inverosimili ed espresso biasimo senza supportare le loro tesi con prove di valore storico. Gli storici britannici e americani ne hanno volutamente seguito l'esempio. Altri scrittori successivamente citarono le loro affermazioni quale verità storica, contribuendo a divulgare molte inesattezze. Per trent'anni, la nostra conoscenza del ruolo ricoperto da Hitler nelle atrocità imputategli si è basata su una sorta di incesto tra storici.

Molte persone, specialmente in Germania e Austria, hanno interesse a divulgare la versione, largamente accettata, che l'intera tragedia sia stata generata dall'ordine e dalla volontà di un pazzo. Tutti, però, lasciano nel vago il momento in cui quell'ordine sarebbe stato impartito.

Insomma, dall'epoca del tentato colpo di stato della birreria del 1923 (quando Hitler punì il tenente di una squadra nazista per aver saccheggiato una pasticceria ebrea) fino al 1943/44, qualsiasi documento che leghi seriamente Hitler al trattamento riservato agli ebrei non va al di là di un embargo economico.

I diari di Goebbels, recentemente emersi, hanno rivelato che, nel settembre 1935, Hitler impartì ai gerarchi distrettuali nazisti una direttiva in base alla quale "in primo luogo" non dovevano compiersi eccessi contro gli ebrei, né persecuzioni contro i "non ariani". Goebbels tentò di fargli abbandonare questa linea morbida, ma poi annotò: "Il problema ebraico non è stato risolto neppure stavolta. Ne abbiamo discusso a lungo, ma il Führer non è giunto ad alcuna decisione".

E come interpretare l'urgente editto indirizzato "a tutti gli uffici dei dirigenti comunali per azione immediata" dal suo vice, Rudolf Hess, durante la tristemente famosa *Notte dei Cristalli* del novembre 1938 che ordinava l'immediata cessazione di quelle violenze "per ordini provenienti dai massimi livelli?" Tutti gli storici hanno chiuso gli occhi e sperato che quello sgradito e scomodo documento in qualche modo sparisse. Invece, se ne sono aggiunti altri, come lo straordinario memorandum (il documento originario è conservato nel fascicolo R22/52 del ministero della Giustizia, negli archivi di Coblenza) dettato dal segretario di stato Schlegelberger, presso il ministero della Giustizia del *Reich*, nella primavera del 1942:

"Il ministro del *Reich* Lammers", dice il memorandum riferendosi al più alto grado della burocrazia statale, "mi informa che il Führer ha più volte dichiarato di volere che la soluzione del problema ebraico sia posticipata alla conclusione della guerra".

Da qualsiasi parte lo si guardi, questo documento è incompatibile con la tesi secondo la quale Hitler abbia predisposto un immediato piano di sterminio. È altresì documentato che lo stesso Hermann Göring, durante una riunione tenutasi a Berlino il 6 luglio 1942, rimarcò quanto il Führer deprecasse, ad esempio, la persecuzione, a priori, degli scienziati giudei:

"Ho discusso questo argomento con il Führer in persona. A Vienna, per due anni, abbiamo avuto modo di lavorare con alcuni ebrei. Costoro a volte hanno peculiarità di cui noi abbisogniamo. Sarebbe folle dire: 'Deve necessariamente andarsene. È un eccellente ricercatore, un cervello dotato, ma sua moglie è ebrea e quindi non può essergli permesso di lavorare all'università'. Il Führer ha fatto simili distinguo nelle arti, giù giù sino all'operetta, ed è ancora più probabile che faccia delle eccezioni, laddove siano coinvolti importanti progetti o qualificati ricercatori."[9]

Naturalmente, a partire dal 1939, Hitler emise molteplici comunicati pubblici piuttosto duri sulla questione, ma in più occasioni, nel 1942 e nel 1943, fece privatamente affermazioni inconciliabili con l'ipotesi che allora fosse a conoscenza di un programma di liquidazione in atto.

Nell'ottobre 1943, persino quando Himmler rivelava a un gruppo ristretto di generali delle *SS* e di *Gauleiter* (gerarchi nazisti) che alcune comunità ebraiche europee erano state sistematicamente sterminate, Hitler proibiva il perseverare su quella strada (impedendo, ad esempio a Roma, l'uccisione degli ebrei

9 Nda. Prima sessione del Consiglio di Ricerca del Reich, 6 luglio 1942; una registrazione stenografata è inserita nella documentazione Milch, vol. 58, pag. 3640 e seg.

italiani) ordinando invece che si procedesse all'internamento. Ma le *SS* disobbedirono a quest'ordine. Nel luglio 1944, nonostante la contrarietà di Himmler, dispose che gli ebrei fossero scambiati con viveri e valuta straniera: c'è qualche prova che, come oggi accade con i terroristi, egli vedesse in quei prigionieri una potenziale fonte di scambio, un mezzo con cui ricattare il nemico. Ma, coerentemente con il suo carattere, persino quando posto di fronte ai fatti, Hitler non fece alcunché per punire il colpevole: Himmler fu destituito dall'incarico di comandante delle *SS* solo nei suoi ultimi giorni di vita. È plausibile imputare a Hitler l'inclinazione di molti capi di stato a fidarsi troppo dei propri consiglieri, oltre all'inconscio desiderio di "non sapere e non vedere." Dimostrare tutto ciò va però ben oltre le competenze di uno storico.

In mancanza di prove concrete – nel 1977 offrii personalmente mille sterline a chiunque, in ogni parte del mondo, potesse produrre anche un solo documento del periodo di guerra che mostrasse, senza ombra di dubbio, che Hitler fosse a conoscenza, per esempio, di Auschwitz – i miei denigratori ricorsero ad argomentazioni che andavano dalle sottigliezze al martello da fabbro. Paventarono, senza alcuna prova scritta, l'esistenza di precise disposizioni del Führer. John Toland, vincitore di un premio Pulitzer e autore di una biografia di Hitler pubblicata negli Stati Uniti, si spinse a pubblicare su *Der Spiegel* un commosso appello rivolto agli storici affinché confutassero la mia tesi, cosa che alcuni provarono a fare con mezzi leciti e illeciti.

Perplessi di fronte a un appunto di Himmler a proposito di una conversazione telefonica tra Hitler e Heydrich, dopo che questi fece visita al bunker il 30 novembre 1941 ("Arresto [del] dottor Jekelius. Si dice sia figlio di Molotov. Carico [trasporto] di ebrei da Berlino. Niente liquidazione".), questi mistificatori della storia moderna conclusero che probabilmente si pensava che il figlio di Molotov fosse a bordo di un treno carico di ebrei di Berlino, sotto la falsa identità di 'Dottor Jekelius' e che quegli per nessuna ragione dovesse essere ucciso. In realtà Molotov non aveva figli, Jekelius era un neurologo viennese implicato nel programma di eutanasia[10], e il carico di ebrei di Berlino, giunto quel mattino a Riga era già stato liquidato dal comandante locale delle *SS* prima che Himmler annotasse l'ordine di Hitler[11]. Per quale motivo una direttiva urgente "dal bunker" se non perché essa era voluta da Hitler?

Fino ad oggi gli storici tedeschi non sono riusciti ad aiutare Toland: si sono limitati a suggerire che "ovviamente" l'intero progetto era così segreto che erano emessi solo ordini verbali. Ma per quale ragione Hitler avrebbe dovuto essere così prudente, quando non aveva esitato a firmare l'ordine di sterminio di migliaia di cittadini tedeschi (vedi il *programma di eutanasia T4* di Philipp Bouhler). Perfino la sua insistenza per l'esecuzione di ostaggi sulla base di uno a cento, le disposizioni relative all'uccisione di prigionieri nemici (ordine *Commando*), degli aviatori alleati (ordine *Lynch*) e dei funzionari sovietici (ordine *Commissari del popolo*) sono documentati in ogni loro passaggio, dal quartier generale del Führer agli esecutori materiali.

La maggioranza dei miei detrattori si basa su verità deboli e poco professionali. Ad esempio, sono state presentate traduzioni spesso capziose dei discorsi di Hitler (quasi che la "soluzione finale" fosse argomento troppo segreto perché egli potesse trasferirlo in ordini scritti, ma al tempo stesso non abbastanza da impedirgli di vantarsene pubblicamente!) e citazioni prese da singoli documenti, scartati dagli storici perché privi di valore o falsi,

10 Nda. Vedasi in Benno Müller-Hill, Tödliche Wissenschaft, Die Aussonderung von Juden, Zigeunern und Geisteskranken 1933-1945 (Rowohlt, Amburgo), pag. 107. Gli editori di Der Dienstkalender Heinrich Himmler, 1941/42 (Christian Verlag, Amburgo, 1999) giunsero alla medesima conclusione, pag. 207. op. cit.

11 Nda. Il racconto agghiacciante della cattura e del metodico assassinio di quegli ebrei a Riga è conservato nel rapporto SRGG 1158 della CSDIC britannica (docu. WO.208/4169 dell'Archivio di Stato): un testimone oculare, il general maggiore Walther Bruns, lo descrisse il 25 aprile 1945 ai graduati con lui prigionieri delle truppe britanniche, senza sapere della presenza di alcuni microfoni nascosti, che registravano il suo racconto. In esso emerge con chiarezza la sua preoccupazione per il fatto che quanto accaduto venisse a conoscenza del Führer e i rinnovati ordini di quest'ultimo affinché quegli eccidi di massa terminassero immediatamente. Con il permesso dell'Istituto Poligrafico di Stato, pubblicherò presto un volume di queste straordinariamente rivelatorie trascrizioni della CSDIC.

come il *rapporto Gerstein*[12] o le "conversazioni nel bunker" a cui ho già accennato sopra.

Mai è stata prodotta, in riferimento al periodo bellico, una sola riga di prove esplicite scritte, quel tipo di prove che potrebbero portare un uomo al patibolo. Così nel suo, per altri aspetti meticoloso, studio *Hitler and the Final Solution* (Londra 1983), il professor Gerald Fleming si è basato su testimonianze del processo per crimini di guerra, che tutto sono fuorché probanti. Dopo aver letto quel libro, il professor Gordon Craig giunse alla conclusione che neppure Fleming fosse riuscito a confutare la mia ipotesi. Il professor Martin Broszat, direttore dell'Istituto di Storia contemporanea di Monaco, ha sommariamente avversato la mia biografia in una recensione di 37 pagine sul giornale dell'Istituto, rifiutandosi di concedermi lo spazio per una mia doverosa e legittima replica. Non essendo a conoscenza delle mie fonti e ignorando che, in molti casi, mi ero avvalso di documenti originali, dei quali lui e altri storici avevano conosciuto solo la traduzione inglese, mi accusò di aver distorto e persino inventato delle citazioni[13].

Tra tante diffamazioni e calunnie, Broszat fu tuttavia costretto ad ammettere: "David Irving ha detto una cosa esatta quando ha affermato che lo sterminio ebraico è stato in parte una *Verlegenheitslösung* (una via di uscita da un problema imbarazzante)".

Il corollario di Broszat, secondo cui non sussisteva un supremo ordine di Hitler per ciò che era occorso, gettò lo scompiglio

12 Nda. A proposito del quale è utile consultare l'accurata tesi di laurea di Henri Rocques: Les confessions de Kurt Gerstein. Etude comparative des différentes versions, presentata all'università di Nantes nel giugno 1985. Questo studio rivela fino a che punto gli storici precedenti siano stati tratti in inganno dalle varie versioni del "rapporto". Tanto fu lo scalpore suscitato, che Rocques fu privato della laurea! Ho fatto in modo che la sua tesi di 372 pagine sia disponibile nella Irving Collection dell'Istituto di Storia contemporanea di Monaco.

13 Nda. Hitler and the Genesis of the Final Solution, an Assessment of David Irving's Thesis, in Vierteljahrshefte für Zeitgeschichte, n. 25, 1977, pagg. 739-75; ripubblicato senza correzioni in Aspects of the Third Reich (ed. H. W. Koch, Macmillan, New York, 1985) pagg. 390-429, e in Yad Vashem Studies, n.13, 1979, pagg. 73-125 e, di nuovo, sempre non corretto in Nach Hitler: der schwierige Umgang mit unserer Geschichte (Oldenburg, 1988); ed estesamente citato da Charles W. Sydnor in The Selling of Adolf Hitler, in Central European History, n. 12, 1979, pagg. 169-99, 402-5.

tra gli storici di tutto il pianeta. La mia conclusione va oltre: in tempo di guerra, le dittature sono fondamentalmente fragili. Il dittatore stesso, benché vigile, non è nelle condizioni di controllare tutte le azioni dei subalterni; nel caso specifico, la responsabilità dell'assurdo e brutale sterminio della popolazione ebraica ricade su un gran numero di tedeschi, molti dei quali ancora vivi, e non unicamente su un despota pazzo, ai cui ordini bisognava incondizionatamente sottostare.

Ho ritenuto necessario altresì porre accenti storici molto diversi sui vari aspetti della politica estera di Hitler, dalla sua apparente riluttanza a umiliare la Gran Bretagna quando, nel 1940, era praticamente sopraffatta, al suo nocivo e irragionevole odio per i serbi, alla sua illogica ed eccessiva ammirazione per Mussolini, fino ai sentimenti contrastanti provati nei confronti di Stalin. Come moderno storico inglese, non posso negare di aver provato un certo fascino morboso nell'indagare sino a che punto Hitler volesse veramente distruggere la Gran Bretagna e il suo impero: non per nulla, a partire dal 1940, fu quella la motivazione utilizzata per giustificare il nostro ingresso in quella rovinosa guerra, in sostituzione di quella, meno plausibile, adottata nell'agosto del 1939 (la liberazione della Polonia dall'oppressione straniera). Poiché, nei capitoli che seguiranno, le prove ricavate dalle fonti più vicine a Hitler (ad esempio le sue conversazioni private tenute con le segretarie nel giugno 1940) indicano che in origine, il Führer non aveva l'intenzione, né il desiderio, di danneggiare la Gran Bretagna e distruggerne l'impero, sicuramente molti inglesi si domanderanno per cosa i nostri soldati stessero combattendo. Dato che il popolo britannico si ridusse alla rovina economica e perse il proprio impero per sconfiggere Hitler, non aveva forse torto il Führer nell'osservare che il comportamento britannico rifletteva una profonda indifferenza per le conseguenze delle proprie azioni, seguendo la logica della frase di Luigi XV "*Aprés moi le déluge...*". L'importante era liberarsi dell'odiata Germania nazionalsocialista.

Non condizionato dal peso dell'ideologia, nel luglio 1940, lo stesso duca di Windsor sospettò che la guerra continuasse soltanto per consentire ad alcuni statisti britannici (alludeva a Winston Churchill e ai suoi amici) di salvare la faccia, anche se ciò significava trascinare la nazione al collasso. Altri con decisione ribattono che non potevano esserci compromessi con Hitler e il nazismo, ma i leader britannici lo pensavano veramente? Il dottor Bernd Martin dell'università di Friburgo ha rivelato il susseguirsi di trattative segrete di pace tra la Gran Bretagna e la Germania, sia nell'ottobre 1939, che successivamente: è inoltre piuttosto strano che gli archivi di Churchill concernenti questi negoziati siano stati ufficialmente sigillati sino al XXI secolo e gli incartamenti governativi restino tutt'ora inaccessibili. Simili contrattazioni furono portate avanti nel giugno del 1940, quando persino Churchill nelle riunioni di governo si dimostrò momentaneamente disposto, qualora il prezzo della pace fosse stato ragionevole, a trattare con Hitler.

Naturalmente, per valutare il reale valore di quei negoziati e delle intenzioni di Hitler, pubblicamente dichiarate, va ricordato che quegli, il 2 giugno 1941, confidò a Walther Hewel: "Per il mio bene, non mentirei mai, ma non esistono falsità di cui non mi renderei artefice per la salvezza della Germania!"

Tuttavia c'è da chiedersi se e quante sofferenze avrebbero potuto essere risparmiate qualora entrambe le parti avessero proseguito nei negoziati: si sarebbero forse potuti evitare i bombardamenti a tappeto, le deportazioni, le epidemie, lo stesso olocausto? Gli interrogativi sono enormi, eppure la storiografia moderna ha scelto di ignorarli, condannandoli al pari di un'eresia.

I fatti qui rivelati a proposito delle azioni, motivazioni e opinioni documentate di Hitler vorrebbero fornire lo spunto per un rinnovato dibattito.

Gli americani troveranno molte cose inedite riguardo ai mesi che precedettero Pearl Harbor; i francesi ulteriori prove del fatto che il trattamento riservato da Hitler alla loro nazione sconfitta dipese più dal risentimento per quanto inflitto dalla Francia alla Germania alla conclusione della prima guerra mondiale che dal desiderio di soddisfare la volontà di Mussolini. I sovietici potranno provare a immaginare quali prospettive avrebbero potuto aprirsi se Stalin, nel novembre 1940, avesse accettato l'invito di Hitler ad entrare nell'Asse, o se, avendo ottenuto il suo "secondo Trattato di pace di Brest Litovsk" (come momentaneamente proposto il 28 giugno 1941), Stalin avesse accettato la condizione posta da Hitler di ricostruire il potere militare sovietico solo al di là degli Urali; o se Hitler avesse preso sul serio la presunta offerta di pace di Stalin nel settembre 1944.

Qual è il risultato di questa ventennale fatica di ricerche? Per quanto a fondo si possa investigare, Hitler rimarrà un mistero. Anche le persone a lui intime si rendevano conto di conoscerlo ben poco. Ho già detto delle perplessità di Ribbentrop; ma anche il generale Alfred Jodl, il consigliere strategico più vicino a Hitler, scrisse dalla sua cella di Norimberga, il 10 marzo 1946:

"... Ma allora, mi chiedo, ho mai veramente conosciuto l'uomo al cui fianco ho intrapreso una vita tanto difficile e ascetica? Forse egli ha giocato con il mio idealismo, approfittandosene per scopi oscuri che ha tenuto celati dentro di sé? Come posso io pretendere di conoscere un uomo che, nel dolore e nella gioia, mai mi ha aperto il proprio cuore? Tutt'oggi io non so cosa egli pensasse, sapesse o volesse realmente. Ero solo con i miei pensieri e i miei dubbi. E adesso, caduto a terra il velo che copriva una scultura che noi speravamo fosse un'opera d'arte e che invece si è rivelata un mostro, adesso noi lasciamo agli storici il compito di discutere se quella statua era così sin dall'origine o se le circostanze l'abbiano mutata. Io continuo a perseverare nello stesso errore: riconduco le colpe attribuitegli ai suoi umili natali. Ma poi mi sovviene quanti figli del popolo hanno meritato dalla Storia l'appellativo di *Grande*."

Hitler *il Grande*?, No, è improbabile che la Storia moderna possa avvallare questa espressione. Sin dal primo giorno in cui salì al potere, il 30 gennaio 1933, Hitler era consapevole che qualora, nel tentativo di ridare vigore e un impero alla Germania post Versailles, avesse fallito, altro non gli sarebbe spettata che una morte violenta. Il suo intimo amico e assistente Julius Schaub annotò la frase soddisfatta con cui Hitler si vantò davanti ai propri collaboratori quella stessa sera, mentre gli ultimi ospiti lasciavano il palazzo della cancelleria di Berlino: "Nessuna forza al mondo potrà farmi uscire vivo da questo palazzo!" La Storia vide l'avverarsi di quella profezia, quando un manipolo di fedeli nazisti riuniti nello studio sotterraneo del Führer, il 30 aprile 1945, ne contemplò il cadavere ancora caldo – riverso sul divano, un foro di proiettile nella tempia e il sangue che colava dalla mascella – mentre un acre odore di mandorle aleggiava ancora nell'aria.

Il corpo, avvolto in una coperta grigia dell'esercito e trasportato nel giardino della cancelleria semidistrutta dai bombardamenti, fu deposto nel cratere ancora fumante di una bomba e cosparso di benzina. Infine, gli venne dato fuoco, mentre i suoi ex collaboratori, accennato un frettoloso saluto, tornavano nel rifugio. Terminavano così i sei anni della guerra di Hitler. Vedremo tra poco come erano cominciati.

David Irving Londra, gennaio 1976 e gennaio 1989

Un appunto alla nuova edizione

Questa aggiornata edizione offre al Lettore aggiornamenti basati su documenti provenienti dagli archivi americani e dell'ex Unione Sovietica, emersi successivamente alla precedente edizione.

Nel 1992, fui il primo scrittore autorizzato a consultare a Mosca i diari microfilmati del Dott. Joseph Goebbels contenenti notizie fondamentali sul ruolo svolto da Hitler nell'epurazione del gruppo guidato da Röhm, nella *Notte dei Cristalli* del 1938, nell'attuazione della *Soluzione Finale* e in altri fatti di indubbia importanza storica. Da una fonte californiana ho poi ottenuto il testo originale degli interrogatori cui la Gestapo sottopose i collaboratori di Rudolf Hess, pochi giorni dopo il suo volo in Scozia. Recentemente i servizi segreti britannici mi hanno consentito l'accesso alle intercettazioni dei messaggi cifrati che Him mler e altri esponenti delle *SS* erano soliti trasmettere.

Quelli che precedono sono solo alcuni esempi di quanto ho inserito in questa nuova edizione. Sono fiero di poter dire che, in conseguenza di ciò, non ho dovuto modificare quanto avevo affermato precedentemente: sono sempre stato convinto del fatto che uno studioso, se si attiene alle documentazioni originali, difficilmente si discosta dalla verità. Il nuovo materiale di archivio di cui mi sono servito in questa edizione, tuttavia, ha certamente consentito di arricchire la narrazione e di dare ulteriore forza a quanto in passato avevo scritto.

David Irving Londra, 12 gennaio 2002

Prologo

Come possiamo conoscere quali fossero le reali ambizioni di Hitler?

Tra gli uomini che più furono vicini al Führer, colui che, dal 1937 all'epilogo, lo servì quale consigliere per l'aeronautica ha rimarcato che, anche quando leggiamo di qualche sorprendente sfuriata di Hitler nei confronti dei propri collaboratori e pensiamo di esserci avvicinati tanto alla sua natura, è necessario ancora domandarci: era quello il vero Hitler, oppure si trattava di un'immagine ch'egli intendeva proporre di sé a quelle specifiche persone in quella particolare circostanza? È necessario scavare a fondo nei recessi della Storia prima di trovare la tenebrosa venatura dell'ambizione, di cui gli ultimi sei anni della sua esistenza furono la violenta manifestazione.

Esistono eccellenti fonti, anche precedenti al *Mein Kampf*. I rapporti riservati della polizia su venti dei primi discorsi tenuti da Hitler nelle sale affollate e fumose della rivoluzionaria Monaco dei Soviet del 1919 e 1920, ci consentono di lanciare uno sguardo, seppur superficiale, sulle sue convinzioni. In quelle occasioni Hitler, appena trentenne, non espresse mai grandiose idee di geopolitica. I suoi dibattiti erano imperniati sulle condizioni di resa imposte a Versailles ai "vili e corrotti" rappresentanti di Berlino e sul tentativo di convincere i suoi ascoltatori che la sconfitta subìta nella guerra mondiale era stata causata non dal nemico straniero, ma da un male interno, identificabile in quei politici di Berlino manovrati dagli ebrei.

Privati del loro elemento demagogico, quei discorsi avevano significato unicamente per il ripetitivo concetto che una Germania disarmata era possibile preda delle arbitrarie pretese delle potenze confinanti. Hitler voleva che la Germania diventasse una nazione senza differenze di classe, nella quale braccianti, operai e intellettuali tenessero nel dovuto conto l'importanza dei rispettivi ruoli all'interno della collettività. In un'occasione, nell'aprile 1920, giunse al punto di proclamare: "Se vogliamo risollevarci, abbisogniamo di un dittatore dotato di particolare genialità".

Già allora, i suoi obiettivi apparivano tutt'altro che modesti: egli intendeva ricostituire il *Reich* tedesco da Memel, a est, fino a Strasburgo, a ovest, e da Königsberg a Bratislava. In un altro discorso segreto, tenuto a Salisburgo il 7 o 8 agosto dello stesso anno, Hitler provocò i suoi compatrioti austriaci, proponendo gli stessi ideali: "In primo luogo, *Deutschland über alles in der Welt*. Secondo, il dominio della nostra Germania si estende fin dove si parla tedesco".

Quel discorso tenuto a Salisburgo, di cui è rimasta soltanto una sbiadita trascrizione stenografata mai pubblicata fino ad oggi, ci avvicina alla conoscenza delle sue idee e aspirazioni di quei primi anni.

"Questa è la prima richiesta che dobbiamo avanzare e che facciamo: che il nostro popolo sia liberato, che queste catene siano spezzate e la Germania torni ad essere padrona della propria anima e del proprio destino, insieme a quanti vogliano unirsi a tale paese. (*Applauso*)

L'esaudimento di questa prima richiesta aprirà la strada alle successive riforme. Ed ecco, adesso, in merito al nostro programma, la cosa che forse ci distingue da voi ma che rientra nello spirito delle cose: ovvero, il nostro atteggiamento nei confronti della questione ebraica. Per noi questa non è una faccenda che possa essere ignorata o risolta con piccole concessioni. Occorre capire se la nostra nazione riuscirà a recuperare il proprio benessere e lo spirito ebraico potrà mai essere realmente sradicato. Non siate erroneamente indotti a credere di poter sconfiggere una patologia senza debellarne il portatore e il bacillo contaminante. Non pensate di poter combattere una tubercolosi razziale senza liberare la nazione da coloro che ne favoriscono il contagio. La contaminazione ebraica non avrà fine finché l'ebreo stesso non sarà bandito dalla nostra comunità. (*Applauso*)."

Parole come queste non trovavano alcun ostacolo. Eppure, ben presto, Hitler si avvide che non era quello il linguaggio che le folle volevano sentire. Così passò a reclamare l'impiccagione dei profittatori di guerra, che identificò negli ebrei. Il 13 agosto 1920, come mostrano i rapporti di polizia, dedicò per la prima volta un intero discorso agli ebrei, adducendo loro la responsabilità della Guerra mondiale e accusandoli di aver approfittato della stessa per arricchirsi ulteriormente. Il partito nazista, dichiarò, doveva rendersi promotore di una crociata contro la razza ebraica. "Non desideriamo suscitare un'atmosfera da *pogrom*", ammonì, "ma è necessario essere animati dalla spietata determinazione di estirpare questo demone alla radice e distruggerlo in tutto il suo insieme". Poche settimane dopo dichiarava esplicitamente: "Non possiamo girare intorno al problema degli ebrei. Dobbiamo risolverlo".

Gli avvenimenti occorsi tra il 1920 e il 1933, anno in cui Hitler ascese alla guida del paese, possono essere delineati sommariamente. Comunque sarà utile riportare parte del resoconto, fino a questo momento mai pubblicato, di un incontro segreto avvenuto il 21 dicembre 1921 nel rinomato *Hotel Regina Palace* di Monaco tra Hitler e due dei finanziatori del suo partito, il principe Wrede e il console generale Scharrer. Quest'ultimo si accompagnava ad uno stenografo che annotò i concetti espressi da Hitler nel manifestare, con sorprendente chiarezza, i suoi ideali e le intenzioni politiche. "So per certo che se il bolscevismo, in Germania, prendesse il sopravvento", disse Hitler, "io finirei impiccato al più vicino lampione o rinchiuso in cella. Perciò il problema non è cosa io voglia fare, ma se riusciremo o meno a impedire una presa di potere da parte dei bolscevichi. Ho un'illimitata fiducia nella vittoria del nostro movimento. Abbiamo cominciato tre anni e mezzo or sono con sei uomini, e oggi posso asserire con una certa sicurezza che la nostra causa prevarrà".

Continuò affermando che, con la loro recente messa al bando

del partito nazista, le autorità locali avevano favorito il diffondersi del movimento ben oltre i confini della Baviera. Tuttavia i comunisti si stavano rafforzando intorno ad Amburgo, nel nord della Germania. "Non credo", ammise, "che al nord saremo nelle condizioni di organizzare qualcosa di significativo a breve termine. Così se adesso qualche incidente generasse uno scontro, noi perderemmo il Nord. Il massimo che riusciremmo a fare da qui sarebbe organizzare un contrattacco. Tutti quei discorsi sulle organizzazioni nazionaliste del nord altro non sono che un bluff... Non dispongono di una struttura sufficientemente forte. E le città, che dovrebbero essere i centri dell'organizzazione, sono nelle mani dei nostri avversari politici".

Dopo aver esaminato la debolezza dei Consigli dei Soldati ("Sono convinto che a Monaco il bolscevismo sia un'utopia", disse), Hitler proseguì: "In Baviera non abbiamo motivo di ricorrere alla violenza perché la nostra forza cresce di giorno in giorno. Ogni settimana ci porta una o due nuove *Hundertschaften* (brigate d'assalto naziste) e parecchie migliaia di nuovi iscritti. Finché le nostre idee si propagheranno e il numero dei nostri seguaci sarà in crescita, non avremo bisogno di scendere sul sentiero di guerra". Poi aggiunse, in tono confidenziale, che sarebbe ricorso alla forza solo se avesse avuto la sensazione che il partito non potesse più espandersi e che "non avremmo da guadagnare alcunché rinunciandovi". Sperava che, quando fosse giunto il momento, l'esercito bavarese gli fornisse le armi. "Dispongo di diciassette *Hundertschaften*", si vantò, "con il loro sostegno posso spazzare via dalle strade tutto ciò che non mi piace". Poi rammentò ai suoi due ricchi ascoltatori il modo in cui, con l'ausilio di appena 1.800 fascisti, Mussolini, in Italia, aveva avuto la meglio su uno sciopero generale. "Qualora si presentasse l'occorrenza, getterò i miei uomini, riuniti in una forza compatta e dinamica, nella mischia e niente riuscirà a contrastarmi".

Poi Hitler spiegò come immaginava lo sviluppo del nuovo stato tedesco: "In principio ci sarà la guerra civile e una strenua lotta per il potere. I paesi europei interessati a una rinascita della Germania, soprattutto la Gran Bretagna, ci appoggeranno. La Francia, invece, poiché ha interesse a mantenere il più a lungo possibile il nostro paese in condizioni di instabilità – così da avere mano libera nella Renania e nella Ruhr, si schiererà dalla parte dei bolscevichi".

Hitler confidava nel sostegno britannico a un futuro governo tedesco, purché questo offrisse un'immagine di affidabilità: ciò perché la distruzione della Germania avrebbe portato all'egemonia della Francia in Europa, con la conseguenza di declassare la Gran Bretagna al livello di "potenza mondiale di terza classe".

Confidava sul fatto che l'Italia condividesse il desiderio britannico e americano di porre un freno al diffondersi del bolscevismo: "Dobbiamo mantenere viva l'attenzione dell'Italia su questa questione ed evitare di indisporla propagandando eccessivamente la nostra riunificazione all'Austria e il recupero del Sud Tirolo (italiano). Io non ho assolutamente tempo", sottolineò Hitler sviluppando l'argomento, "per quanti vedono la nostra politica estera legata alla liberazione del Sud Tirolo... Ci troveremmo in pessimi rapporti con l'Italia e, ricordate, nel caso di un conflitto con la Francia, l'Italia sarebbe l'unica via attraverso la quale potremmo ricevere carbone e materie prime. Non ho la minima intenzione di versare sangue tedesco per il Sud Tirolo. Non avremmo alcuna difficoltà a convincere i tedeschi a combattere sul Reno, ma non potremo mai persuaderli a morire per Merano o Bolzano... Per il momento", dichiarò, "non deve esserci alcun scontro con i popoli latini". Poi, aggiunse: "Ritengo tuttavia che entro i prossimi venti o trent'anni, noi saremo in marcia contro la Francia".

Le sue osservazioni sulla Gran Bretagna erano improntate alla benevolenza, ma non si attendeva certo che essa consentisse alla Germania di ergersi, come potenza mondiale, oltre il secondo posto.

"Per quanto ben disposta possa essere nei nostri confronti, la Gran Bretagna non ci permetterà mai di diventare nuovamente una grande potenza. Non adesso che ha avuto un assaggio delle nostre capacità, e cioè del nostro valore in campo scientifico prima della Grande Guerra [1914-1918] e del nostro valore militare nel corso del conflitto. ...Non appena la Germania avrà ritrovato una certa stabilità, dovremo rimediare a tutti i danni che sono stati fatti. Possiamo perseguire sia una strategia mondiale [*Weltpolitik*] che una strategia europea. Il primo requisito per un piano di portata mondiale è disporre di un'ampia e consolidata base in ambito europeo. Se intraprenderemo una strategia mondiale, ci troveremo in rotta di collisione con la Gran Bretagna: avremmo potuto imboccare tale strada prima della guerra, ma l'alleanza con l'Unione Sovietica si sarebbe rivelata fondamentale. Nel tal caso, se la Gran Bretagna fosse stata distrutta, la Germania non ne avrebbe tratto alcun giovamento; l'Unione Sovietica, invece, avrebbe guadagnato l'India...". Perciò Hitler concluse: "Probabilmente sarà meglio adottare una strategia europea. Nel 1899 avremmo dovuto allearci con la Gran Bretagna. Solo così avremmo potuto sconfiggere la Russia e avere mano libera contro la Francia. Con la Germania padrona del continente, non si sarebbe mai giunti a una guerra con la Gran Bretagna".

In merito all'Unione Sovietica, Hitler rivolse queste sorprendenti parole ai suoi ascoltatori: "L'attuale governo nazionale [bolscevico] della Russia è per noi un pericolo. Appena ne avranno la possibilità, i sovietici taglieranno la gola a coloro che ne hanno favorito l'ascesa al potere. Per questo sarà di vitale importanza frantumare l'impero e spezzettare i suoi territori per farli colonizzare da tedeschi che ne dissodino la terra con i nostri aratri. A quel punto... qualora fossimo in buoni rapporti con la Gran Bretagna, potremmo finalmente risolvere il problema francese senza interferenze anglosassoni".

Poi affrontò la questione del *Lebensraum* della Germania:

"Innanzitutto", disse senza avvalersi del termine non ancora, "dobbiamo disporre del nostro spazio vitale. Questa è la nostra imprescindibile priorità... Soltanto allora il nostro governo potrà nuovamente lavorare nell'interesse nazionale a favore di una guerra nazionalista, che verrà certamente portata a una conclusione vittoriosa. Dovremo però assicurarci che su molte cose venga mantenuto il necessario riserbo. Prima della Grande Guerra, segreti riguardanti armi quali il mortaio da 42 centimetri e il lanciafiamme vennero rigorosamente mantenuti".

Pur convinto che la Gran Bretagna fosse troppo "guardinga" per garantire esplicitamente il proprio appoggio alla Germania, Hitler confidava nel suo aiuto contro la Francia, a condizione che ciascuno dei due paesi definisse con chiarezza i reciproci interessi. Affrontando la crescente crisi economica tedesca, Hitler così si espresse.

"Credo che la perdita di valore del marco cesserà allorché ci si asterrà dallo stampare ulteriore moneta. Il governo, per nascondere l'imminente bancarotta, continua a stampare enormi quantità di carta moneta... Dovunque nelle organizzazioni governative dove un tempo c'era un impiegato, adesso ce ne sono tre o quattro. Tutto questo deve finire. Solo un governo estremamente duro può fare qualcosa contro questo paradiso per parassiti e sanguisughe: solo un dittatore per il quale la popolarità personale non conti niente".

La Germania, sosteneva dunque Hitler, aveva bisogno di un nuovo Bismarck.

Per quanto lo riguardava, qualora fosse arrivato al potere avrebbe concesso poco tempo ai suoi nemici:

"Il dittatore, nel momento in cui fa la sua comparsa, può ben affrontare uno sciopero generale", spiegò. "Anzi, esso gli darà un'ottima opportunità per ripulire le strutture statali. Chiunque si rifiuterà di lavorare alle condizioni stabilite dal dittatore sarà licenziato. Soltanto gli uomini migliori saranno assunti. Le persone che hanno trovato impiego nelle strutture pubbliche, grazie ad amicizie o all'intercessione del partito a cui appartengono, verranno cacciate".

Ribadì la propria convinzione che il popolo tedesco abbisognasse di "un idolo sul genere monarca"; non di un re dalle maniere gentili, bensì di un "sovrano vigoroso e integerrimo", un dittatore capace di governare col pugno di ferro come Oliver Cromwell. Tra le persone di sangue reale che aspiravano al trono nessuno, secondo il suo parere, paventava quelle peculiarità.

"Quando dopo anni di ferreo regime, il popolo desidererà una guida moderata, allora sarà giunto il momento di un monarca benevolo che possa essere idolatrato. È un po' come addestrare un cane: prima lo si affida ad un istruttore duro e successivamente, dopo che avrà avuto la vita difficile, a un padrone affettuoso che egli servirà con fedeltà e devozione".

Così parlava Adolf Hitler nel dicembre 1922, all'età di trentatré anni. Trattando l'argomento della religione, Hitler disse semplicemente che il cristianesimo era per la Germania l'unica istituzione etica possibile e che una guerra religiosa costituiva la peggiore catastrofe che potesse accadere a una nazione. A proposito della legge, affermò:

"Considero il giudice di professione, che abbia prestato debito giuramento, l'unico arbitro accettabile per un sistema giudiziario". Con ciò, palesò la sua contrarietà a tribunali e giudici profani, qualsiasi fosse la loro provenienza.

La questione ebraica sembrava preoccuparlo particolarmente, giacché, a conclusione del discorso, tornò sull'argomento. Si mostrò ammirato della soluzione adottata da Federico *il Grande:*

"Eliminò [*augeschaltet*] gli ebrei da tutti i posti in cui sarebbero stati nocivi, ma continuò a impiegarli laddove potevano risultare utili. Nella nostra vita politica", continuò, "gli ebrei sono indiscutibilmente deleteri. Stanno metodicamente avvelenando il nostro popolo. Personalmente, ho sempre reputato inumano l'antisemitismo, ma l'esperienza mi ha convertito nel più fanatico nemico del giudaismo, a proposito del quale io combatto gli ebrei non come religione, ma come razza". Disse che vedeva gli ebrei non come dominatori, bensì come distruttori congeniti, privi di un'arte e di un bagaglio di conoscenze proprio e soprattutto incapaci di sviluppare una loro architettura, cosa che rappresenta "la più valida espressione della cultura di un popolo".

"Mentre tutti i popoli hanno un'anima", aggiunse Hitler, "gli ebrei ne sono sprovvisti: altro non sono che avidi calcolatori. Ciò spiega perchè soltanto loro possono aver fondato il marxismo, che nega e distrugge la base stessa di ogni cultura. Per mezzo del marxismo, essi speravano di creare una vasta massa di stupidi plebei privi di ogni vera intelligenza, un ottuso strumento nelle loro mani".

Avrebbe dovuto la Germania, domandava, sopportare ancora

a lungo il giogo ebraico?

"Il leone è un animale predatore," aggiunse come risposta, "non può farne a meno, è nella sua natura. Ma l'uomo non è obbligato a lasciare che il leone lo sbrani. Deve salvare la pelle con ogni mezzo possibile, anche a costo di nuocere alla belva. Si deve dunque arrivare a una soluzione del problema ebraico. Se la questione può essere risolta col buon senso, tanto meglio. Altrimenti ci sono due possibilità: o un sanguinoso conflitto, oppure un'*armenizzazione*".

Si riferiva Hitler all'ancora "segreta" eliminazione di 1.500.000 armeni operata dai turchi all'inizio del secolo? Sull'argomento, egli rimase piuttosto vago.

"Tatticamente e politicamente", spiegò, "ho deciso di instillare nel mio popolo la convinzione che quanti ci avversano siano nostri mortali nemici".

Poche settimane più tardi, il 23 febbraio 1923, la sezione del partito nazista di Monaco ricevette, dal console generale Scharrer, una donazione di un milione di marchi.

Successivamente a questo episodio, nel novembre 1923, Hitler organizzò a Monaco una fallimentare rivoluzione; per questo fu processato, imprigionato nel penitenziario di Landsberg e in seguito rilasciato. Diede alle stampe il *Mein Kampf* e, negli anni a venire, ricostituì il partito facendone una forza disciplinata e gerarchicamente strutturata, con i suoi tribunali interni, le guardie *SA* dalla camicia bruna e quelle "pretoriane" dall'uniforme nera, le *SS*. Infine, alla testa di una poderosa armata costituita da un milione di iscritti al partito, nel gennaio 1933 divenne cancelliere. Un successo non di poco conto per un anonimo caporale nullatenente e mezzo accecato dai gas. Un trionfo conseguito grazie alla propria potente oratoria e alla illimitata ambizione.

Negli anni precedenti al 1933, Hitler dette al suo progetto una forma definitiva. Lo aveva spiegato con maggior coerenza in uno scritto del 1928, rimasto inedito. Il suo progetto di politica estera, di una brutale semplicità, prevedeva l'ampliamento dell'impero tedesco dai 348.000 chilometri quadrati in essere a oltre ottocentomila, a spese dell'Unione Sovietica e della Polonia. I suoi contemporanei, meno avidi, volevano semplicemente riportare la Germania ai confini del 1914. Ma per Hitler questo era "il più sciocco obiettivo di politica estera immaginabile... inadeguato dal punto di vista patriottico e insoddisfacente dal punto di vista militare".

La Germania doveva rinunciare alle sue obsolete mire sui mercati coloniali d'oltremare e tornare a una "nient'affatto ambigua pianificazione territoriale". Essa doveva "costituire una potente forza terrestre", capace di incutere rispetto alle altre nazioni. Poi, scriveva nel 1928, doveva favorire un'intesa con la Gran Bretagna e con il suo impero, per poter "dettare insieme la Storia dell'intero pianeta".

Durante quegli anni la sua oratoria era divenuta sempre più efficace. I suoi discorsi era lunghi e pressoché improvvisati, ma assolutamente logici. La loro forza suggestiva teneva avvinti gli ascoltatori. Come una volta Robespierre disse di Marat: "L'uomo era alquanto pericoloso: credeva in ciò che diceva".

Il potere di Hitler dopo il 1933 si fondava, come David Lloyd George scrisse nel 1936, sul fatto ch'egli aveva mantenuto le proprie promesse. Una volta in carica, abolì la lotta di classe del diciannovesimo secolo ed edificò un paese che offriva pari opportunità all'operaio e all'intellettuale, al ricco e al povero. "Non gli importava alcunché dell'*intellighenzia*", aveva scritto il 14 dicembre 1924 Walther Hewel, suo compagno di cella a Landsberg. "Gli intellettuali, dice, sollevano sempre mille obiezioni per ogni decisione. Gli intellettuali di cui Hitler abbisogna andranno da lui spontaneamente e diventeranno i suoi principali collaboratori".

Vent'anni più tardi, il 27 gennaio 1944, durante un discorso tenuto ai suoi generali, Hitler stesso delineò il processo pseudo-darwiniano da lui seguito per delineare la nuova classe dirigente tedesca: aveva usato il partito come mezzo per scegliere le persone che avrebbero dovuto costituire la futura leadership, uomini dotati dell'indispensabile mancanza di scrupoli, uomini le cui ginocchia, allorché fosse giunto il momento della battaglia, non si sarebbero piegate: "Ho deliberatamente formulato il mio manifesto di lotta progettandolo in modo da attirare, inizialmente, solo la minoranza più dura e decisa del popolo tedesco. Quando eravamo un gruppo esiguo e d'importanza poco rilevante ero solito dire ai miei sostenitori che se fosse stato ripetuto, anno dopo anno, in migliaia di discorsi in tutta la nazione, quel manifesto avrebbe attratto seguaci come una calamita: a poco a poco, le anime di acciaio, disgiunte una dopo l'altra dalla massa, vi si sarebbero attaccate. Formatesi così minoranza e maggioranza, solo la prima avrebbe avuto il merito di riscrivere la Storia, perché la maggioranza, ove una minoranza forte le indica la via, è destinata a seguire". Dopo il 1933, Hitler avrebbe adottato gli stessi metodi per riorganizzare la nazione e temprare i suoi 80 milioni di abitanti in vista dell'imminente conflitto. La sua fiducia in loro era ben riposta: i tedeschi erano gente operosa, inventiva e portata all'arte; da loro erano usciti grandi artigiani, compositori, filosofi e scienziati. Una volta Hitler disse loro che il carattere nazionale non era cambiato da quando lo storico romano Tacito aveva definito le tribù germaniche di quasi duemila anni prima "un popolo dagli occhi azzurri, selvaggio, audace e generoso".

Hitler sosteneva che se la Storia avesse visto più volte i tedeschi travolti dalla marea delle vicende umane, ciò era accaduto perché leader incapaci li avevano ingannati.

È difficile individuare a priori le motivazioni del successo di Hitler nel fortificare il carattere del suo popolo. In vent'anni di dittatura, Mussolini non ottenne il medesimo risultato con gli italiani. Nel 1943, qualche incursioni aerea e la destituzione del Duce furono sufficienti a far crollare la debole struttura del fascismo. Al contrario in Germania, dopo dieci anni di indottrinamento nazista, il popolo di Hilter fu capace di resistere, con uno stoicismo che annichiliva i nemici, agli spaventosi attacchi aerei durante i quali, in una sola notte, venivano uccise fino a 100.000 persone. Perfino in seguito alla sconfitta della Germania, gli Alleati dovettero ricorrere ai metodi punitivi più draconiani, fatti di processi sommari, confische ed espropri, internamento e rieducazione, prima che i semi gettati da Hitler potessero essere sradicati.

Adolf Hitler aveva costituito il movimento nazionalsocialista non su un precario suffragio elettorale, ma sul popolo. E questi, nella grande maggioranza, gli garantì, fino alla fine, il suo appoggio incondizionato.

Parte I
Verso il potere assoluto

Dittatore per consenso

Quando, il 30 gennaio 1933, Hitler divenne cancelliere, la Germania versava in bancarotta e la percentuale di disoccupati era elevatissima. Il 5 marzo 1933, il partito di Hitler rafforzò la propria presenza al parlamento, portandola dai 288 ai 647 seggi. Il partito comunista venne messo al bando (ipotesi a cui Hitler, per timore di uno sciopero generale, si era dichiarato avverso nel corso della sua prima seduta di governo tenutasi il 30 gennaio, sostenendo che: "non è possibile mettere alla berlina 6 milioni di persone") e il Führer prese ad emanare le leggi promesse durante la campagna elettorale, compresi i decreti destinati a impedire agli ebrei di intraprendere carriere professionali e commerciali e, infine, ad allontanarli dalla stessa Germania.

Dell'economia, egli aveva una conoscenza molto più profonda di quanto la gente credesse. Il conte Lutz Schwerin von Krosigk, che Hitler aveva ereditato in qualità di ministro delle Finanze, scrisse in una lettera privata dopo la guerra: "Controbatteva agli avvertimenti sul pericolo dell'inflazione sostenendo (cosa non propriamente esatta) che con un governo forte questa non fosse possibile. A questo proposito, aveva un'incredibile e innata propensione a mantenere in linea le spese con le entrate".

Hitler ridiede alla nazione la fiducia nel futuro, base essenziale per una ripresa economica. Tenne sotto stretto controllo i prezzi e i salari. Contemporaneamente, il dottor Hjalmar Schacht, l'autocratico Presidente della banca imperiale, si impegnò a fondo per ridare credibilità al paese, stipulando accordi commerciali bilaterali e ottenendo crediti per gli ambiziosi programmi di Hitler.

Nel 1933, il suo consenso si basava soprattutto sui lavoratori. Tra le carte di Walther Hewel, lo studente diciannovenne con cui egli, a Landsberg, aveva condiviso la cella, si trova questo precetto scritto dalla mano di Hitler stesso:

"Devono imparare a stimarsi reciprocamente e ad essere onorati: l'intellettuale deve rispettare l'operaio e viceversa. L'uno non può sussistere senza l'apporto dell'altro. Dall'unione di entrambi nascerà l'uomo nuovo: l'uomo del futuro *Reich* tedesco!"

Adolf Hitler, Landsberg, 18 dicembre 1924 (detenuto in fortezza) Dopo il 1933, i lavoratori non furono più i reietti della società. Tutti i sintomi patologici dell'inquietudine industriale (scioperi, serrate, assenteismo) scomparvero. Come avrebbe asserito nel 1945 il successore (per breve tempo) di Hitler, Karl Dönitz[14], "Cosa importava agli operai del problema ebraico e di tutto il resto? Finalmente, oltre a disporre nuovamente di cibo e lavoro, erano da tutti rispettati".

Nell'aprile del 1933, Hitler, resi illegittimi i sindacati, li abolì. Un anno più tardi ne convogliò i dirigenti, i membri e le proprietà in un unico Fronte Tedesco del Lavoro (il *DAF*) che divenne il più efficiente e grande apparato esistente nel mondo a rappresentanza dei lavoratori. Il dottor Robert Ley, un balbuziente e tarchiato funzionario che fu alla guida del *DAF* nei successivi do-

14 Ndt. Karl Dönitz (Grunau, Berlino, 16 settembre 1891 – Amburgo, 24 dicembre 1980) è stato un ammiraglio e politico tedesco. Hitler stesso lo scelse come suo successore a Presidente del Reich carica rimasta vacante dalla morte di Hindenburg, ma i cui poteri erano ricoperti fino a quel momento da Hitler come Führer e Cancelliere dopo aver destituito Göring e Himmler; il primo per aver cercato di autoassegnarsi il titolo di Führer; il secondo per aver portato avanti una trattativa segreta di resa con gli Alleati. Dopo il suicidio di Hitler, il 30 aprile 1945, Dönitz divenne l'ultimo capo della Germania nazista nel cosiddetto "Governo di Flensburg". Fu lui a trattare la resa finale dell'8 maggio e a governare il paese, fino al suo arresto da parte dei britannici. Dönitz fu giudicato criminale di guerra al processo di Norimberga.

dici anni, merita dalla storia un giudizio migliore di quello che gli è stato attribuito. Il *DAF* riceveva regolarmente il 95% di quote di iscrizione che gli erano dovute, una dimostrazione senza uguali della fiducia che vi riponevano i 30 milioni di lavoratori iscritti. Con quelle ingenti ricchezze, il *DAF* dotò i lavoratori di navi da crociera per le vacanze, abitazioni, negozi, alberghi, case di cura e di riposo; finanziò la *Volkswagen*, i cantieri navali *Vulkan*, alcune fabbriche alimentari e la banca tedesca del lavoro. Hitler aveva fiducia nelle capacità di Ley e si faceva volentieri fotografare con la bellissima e bionda prima moglie di costui. Ley rimase al suo fianco fino alla fine.

Durante i mesi trascorsi nella prigione di Landsberg, Hitler aveva fatto cenno a una sua ambizione, la costruzione di una rete autostradale; Schwerin Krosigk avrebbe poi scritto:

"Hitler era solito parlare di come la gente di città tornava dalle gite domenicali su convogli ferroviari stracolmi, dai quali scendeva con i bottoni strappati, il cappello schiacciato, il buon umore rovinato e senza traccia dei benefici della vacanza. Come sarebbe stato diverso se i lavoratori di città si fossero potuti permettere delle automobili per intraprendere delle gite domenicali senza dover patire quelle pene... La costruzione di nuove strade è sempre stata una prerogativa dei governi potenti, dai Romani agli Incas, fino a Napoleone".

Dodici giorni dopo la sua ascesa al potere, nel 1933, Hitler annunciò il programma di costruzione delle autostrade. Il 28 giugno, il governo approvò la legge e pochi giorni più tardi Hitler convocò Fritz Todt[15], un ingegnere che nel 1932 aveva redatto uno studio di 48 pagine sulla tecnica di costruzione delle strade, e gli chiese se fosse interessato all'incarico di ispettore generale per la costruzione della rete stradale. Aggiunse che personalmen-

15 Ndt. Fritz Todt, (Pforzheim, 4 settembre 1891 – Ketrzyn, 8 febbraio 1942) ingegnere e militare tedesco, sotto il Terzo Reich, fu ispettore generale delle strade e artefice della rete autostradale costruita dal regime (1933-1939). Come ministro degli Armamenti e degli Approvvigionamenti, fu il responsabile dell'organizzazione Todt una grande impresa di costruzioni, addetta ai lavori militari, che operò nella Germania nazista e in tutti i paesi occupati, impiegando il lavoro coatto di più di 1.500.000 uomini e ragazzi, e fece erigere la Linea Sigfrido al confine con la Francia (1938-1939).

te aveva sempre preferito l'automobile al treno: "Nei miei quattordici anni di lotta per arrivare al potere, avrò percorso in auto almeno 800.000 chilometri".

Dopo neppure tre minuti, Todt accettò l'incarico. Il 5 luglio Hitler lo incontrò nuovamente, passeggiò con lui per circa novanta minuti, indicandogli quali strade la prima rete avrebbe dovuto comprendere, stabilì la larghezza minima delle corsie e infine, ciò risulta dalle carte private di Todt, lo sollecitò a mettersi immediatamente all'opera.

Dal punto di vista militare, l'importanza delle autostrade è stata esagerata: a tale scopo la rete ferroviaria era senz'altro di maggior valore. Eppure, in quel momento le autostrade sembravano il mezzo migliore con cui enfatizzare l'unità nazionale: Hitler sapeva bene come la lotta contro il provincialismo e le tendenze separatiste sarebbero durate ancora parecchi anni.

Contemporaneamente, Hitler nominò ministro della Propaganda il dottor Joseph Goebbels[16], un renano trentacinquenne, ottimo oratore.

L'11 marzo 1933, Hitler spiegò al Consiglio dei ministri: "Uno dei compiti principali del ministro della Propaganda sarà quello di preparare [la nazione] alle importanti decisioni del governo...

Tutte le misure predisposte dal governo saranno rese operative solo dopo che ci sia stato un processo di sensibilizzazione pubblica".

Hitler vedeva nei disorganici battibecchi dei giornali, tipici delle democrazie, un non scusabile spreco delle risorse vitali della nazione. Era convinto che la stampa potesse diventare un potente strumento di politica nazionale: la libertà degli editori era già stata seriamente limitata dalle leggi promulgate prima di Hitler, dai governi di Heinrich Brüning e Franz von Papen, ma Goebbels li superò entrambi mettendo a tacere le voci dissidenti

16 Ndt. Joseph Paul Goebbels (Rheydt, 29 ottobre 1897 – Berlino, 1º maggio 1945) fu uno dei più importanti gerarchi nazisti: capo della sezione di Berlino del Partito dal 1926 al 1945, ministro della Propaganda nel Terzo Reich dal 1933 al 1945, ministro plenipotenziario per la Mobilizzazione alla guerra totale dall'aprile 1945, generale della Wehrmacht con l'incarico della difesa di Berlino dall'aprile del '45, e, dopo il suicidio di Hitler, per quasi due giorni, Cancelliere del Reich.

e attuando una vera e propria pulizia fra le case editrici, che furono rimesse in linea con le esigenze del governo o, più semplicemente, espropriate.

Per stabilire un effettivo monopolio della stampa da parte del partito nazista, Hitler si avvalse della casa editrice Franz Eher, che il partito aveva rilevato nel 1920 quando questa pubblicava un fallimentare quotidiano di Monaco il *Vökischer Beobachter*, che contava appena 7.000 abbonati.

Nell'aprile del 1922, quando Hitler aveva incaricato Max Amann, che era stato suo sergente maggiore durante la guerra mondiale, di amministrare la Franz Eher, la popolarità del giornale aveva preso a salire. Un anno dopo la presa di potere del 1933, il partito nazista controllava 86 giornali per un totale di 3.200.000 lettori. Vennero emanate delle leggi per la chiusura di 120 tipografie socialiste e comuniste, che furono tutte acquistate dal partito a prezzi stracciati. A breve Max Amann controllò un impero di 700 testate.

A ebrei e marxisti venne proibito di praticare qualsiasi forma di giornalismo. Dalla metà del 1935 anche la stampa cattolica venne purgata di tutte le tendenze religiose che potessero creare divisioni. Goebbels disse pubblicamente: "Respingo l'idea che in Germania ci siano una stampa cattolica e una protestante, o una stampa dei lavoratori, una dei contadini, una della borghesia e una del proletariato. Esiste una sola stampa, quella *tedesca*".

Intanto Hitler configurava il suo stato di polizia. Il controllo delle forze dell'ordine passò gradualmente nelle mani di Heinrich Himmler[17], capo delle *SS*. In principio, dopo l'ascesa al potere di Hitler, Himmler aveva ottenuto il controllo della polizia di Monaco; nel 1935 controllava tutte le forze di polizia del *Reich*. Hitler acconsentì senza difficoltà a che i 'campi di concentramento' di Himmler fossero indispensabili per la rieducazione politi-

17 Ndt. Heinrich Luitpold Himmler (Monaco di Baviera, 7 ottobre 1900 – Lüneburg, 23 maggio 1945) fu uno degli uomini più importanti della Germania nazista: Comandante del Reich e delle SS dal 1929, comandante della polizia dal 1936 e delle forze di sicurezza della Germania nazista dal 1939; nel 1943 venne nominato ministro dell'Interno.

ca non solo dei dissidenti, ma anche dei dissoluti. In effetti, nel 1935, questi luoghi avevano più di uno sfortunato ospite cui la detenzione era stata inflitta come estrema terapia a qualche sgradevole debolezza umana.

"Il Führer non ha ordinato questa punizione per nuocerle", scrisse Himmler il 18 maggio 1937 a un alcolizzato internato a Dachau, "bensì per recuperarla da una condotta sconsiderata che ha portato alla rovina lei e la sua famiglia".

Capo dei servizi di sicurezza era un certo Reinhard Heydrich[18]. Nel marzo 1933, quando Heydrich aveva 29 anni, Himmler lo aveva messo alla guida del comparto politico del quartier generale della polizia di Monaco. Biondo e imponente nella statura ricalcava fisiologicamente i classici tratti ariani Heydrich divenne tristemente famoso negli anni a seguire non per lo spiccato senso dell'umorismo che, nonostante l'irascibilità, lo contraddistingueva, bensì per la crudele spietatezza. Nel 1939 ebbe il coraggio e l'irriverenza di informare Himmler che aveva identificato, tra gli antenati di quest'ultimo, una strega, debitamente mandata al rogo nel 1629.

Sui rapporti intercorsi tra Hitler e Himmler si hanno pochi elementi certi. Con la sua calligrafia spigolosa e pedante Himmler era solito appuntarsi gli argomenti che intendeva discutere con il Führer, aggiungendo a volte, a seconda del caso, le decisioni prese da Hitler. Le lacune che queste annotazioni rivelano sono talmente sbalorditive che viene da pensare che Himmler abbia tenuto Hitler all'oscuro di interi settori inerenti alle sue scellerate attività. Nello stato di polizia di Hitler, uno dei più rilevanti strumenti di controllo non si trovava nelle mani di Himmler, ma in quelle di Hermann Göring[19]. Si trattava del *FA* (*Forschungsamt*,

---

18 Reinhard Tristan Eugen Heydrich (Halle, 7 marzo 1904 – Praga, 4
giugno 1942) è stato uno dei più importanti sostenitori di Hitler. Detto der Henker (il boia), divenne ben presto un gerarca nazista. Stretto collaboratore di Heinrich Himmler nella Gestapo, agì in Boemia e Moravia, nel 1941, compiendo sanguinose repressioni. Fu ucciso l'anno successivo in un attentato organizzato da patrioti cecoslovacchi.

19 Hermann Wilhelm Göring, (Rosenheim, 12 gennaio 1893 – Norimberga, 15 ottobre 1946) politico e militare tedesco, era una delle personalità di primo piano della Germania nazista. Con la nomina di Hitler a Cancelliere e la salita dei nazisti al potere il 30 gennaio 1933,

Istituto di Ricerca e Indagine), costituito nel 1933 per la gestione delle intercettazioni radio. Il *FA* era una sorgente di massima affidabilità per le informazioni di polizia, economiche e politiche. I testi delle intercettazioni, stampati su una caratteristica carta scura che determinò il nome, ad essi attribuito, di 'pagine marroni', erano distribuiti ai ministri di Hitler in cofanetti chiusi a chiave o attraverso posta pneumatica[20] in fascicoli strettamente 'riservati agli interessati'. Purtroppo gli archivi del *FA* andarono completamente distrutti nel 1945. I pochi frammenti pervenuti ne provano la sinistra efficienza, mostrandoci intercettazioni di routine su alcuni marginali personaggi di cui parleremo nei prossimi capitoli, quali il gerarca nazista Julus Streicher, la signorina Unity Mitford, la principessa Stephanie Hohenlohe, le amanti di Goebbels e persino Fritz Wiedemann, l'assistente di campo di Hitler.

Il primo riferimento all'attività svolta dal *FA* emerge da una riunione del Consiglio dei ministri del 29 marzo 1933, allorché Hitler fu informato degli esagerati resoconti che venivano spediti in merito alle atrocità antiebraiche compiute in Germania: "Questi rapporti sono stati inviati principalmente in America dal corrispondente tedesco della *Hearst Press*, Deuss. Ciò è stato appurato senza ombra di dubbio registrando le sue conversazioni telefoniche".

divenne, entro breve tempo, ministro dell'Aviazione. Fu Göring a impartire, per conto di Hitler, l'ordine di preparare una "soluzione finale al problema ebraico" a Reinhard Heydrich, capo del servizio di sicurezza delle SS, il 31 luglio 1941. In seguito alla vittoriosa Campagna di Francia, a Göring venne conferita la carica di 'Maresciallo del Reich'. Meno di un anno dopo, in base al decreto emesso segretamente dal Führer il 29 giugno 1941, Göring divenne il successore designato di Adolf Hitler alla guida del Reich. Nell'aprile 1945, allorché Hitler si rifiutò di lasciare Berlino, quasi cinta d'assedio dall'Armata Rossa, il maresciallo del Reich si autonominò suo sostituto. Pur convinto che spettasse a lui assumere il comando nel Reich, non volle però rinunciare a informare Hitler perché desse la sua approvazione. Questi, ormai soggetto a frequenti crisi nervose, interpretò la richiesta dei pieni poteri avanzata dal suo antico camerata come un tentativo di usurparne il potere e ne ordinò l'arresto. A salvare Göring dall'ordine di esecuzione, firmato da Bormann, fu il suicidio del Führer. Processato a Norimberga, venne riconosciuto colpevole di aver "pianificato, iniziato e intrapreso guerre d'aggressione" e di aver commesso "crimini di guerra" e "crimini contro l'umanità". Si suicidò con una capsula di cianuro il 15 ottobre 1946.

20 Ndt. La 'posta pneumatica', anche nota come 'sistema di tubi pneumatici' o 'tubi di Lamson', era un meccanismo di recapito di oggetti (per lo più contenenti messaggi), in cui alcuni contenitori cilindrici vengono propulsi attraverso una rete di tubi tramite aria compressa oppure vuoto generato da pompe.

Hitler dispose immediatamente l'espulsione di Deuss dal paese.

Anche gli elementi dell'opposizione tedesca erano sotto controllo. Esiste una 'pagina marrone' che riporta una conversazione telefonica avvenuta tra la moglie del generale Kurt von Schleicher e un'amica, in cui si rileva una specie di indovinello: "Cos'è? Senza una i nessuno desidera esserlo; con una i, vogliono diventarlo tutti". La risposta era *arisch*, ariano; *arsch*, invece, non era un gran complimento.

Precedentemente Hitler circondò di attenzioni l'anziano Presidente tedesco, il feldmaresciallo Paul von Hindeburg. Questi, in quanto Comandante supremo, avrebbe potuto opporsi a qualsiasi proposta da lui avanzata. Hitler ne conquistò il favore nominando il dottor Hans Lammers, esperto di diritto costituzionale, direttore della Cancelleria del *Reich*. Inoltre si impegnò a mantenere il dottor Otto Meissner a capo della Cancelleria del Presidente e Franz Seldte nell'incarico di ministro del Lavoro: due promesse che onorò sino al giorno della sua morte, avvenuta dodici anni dopo.

Hitler si impegnò molto anche per conquistare le Forze Armate del *Reich*. Alla Germania era concesso soltanto un esercito di 100.000 unità, cifra numericamente inferiore persino al corpo dei vigili del fuoco della maggior parte delle nazioni ad essa paragonabili: per fare un confronto, l'Italia disponeva, allora, di circa 600.000 soldati. Il Trattato di Versailles proibiva alla Germania di produrre artiglieria pesante, velivoli militari, blindati e armi antiaeree; la sua marina era in disarmo e l'aeronautica militare risultava pressoché nulla. Già prima del 1933, Hitler aveva lusingato coloro a capo delle Forze Armate, con il piglio dell'uomo politico che intende farseli alleati. Eppure, quei primi contatti lo avevano deluso. Aveva lungamente corteggiato il generale in pensione Hans von Seeckt, finché, nel novembre 1932, lo aveva incontrato in forma privata presso la casa di Göring a Berlino. Qui Seeckt aveva descritto i propri stretti rapporti col partito tedesco del popolo. Hitler, alzatosi bruscamente, lo aveva interrotto: "*Herr Generaloberst!* Pensavo di parlare con uno dei più grandi comandanti militari della guerra mondiale. Mi sorprende che lei amoreggi con un partito politico. Questo è tutto!"

I rapporti con il comandante in capo dell'esercito in carica, il frivolo generale Kurt von Hammerstein-Equord erano altrettanto glaciali. Un giorno il generale, con il suo accento affettato, aveva dichiarato: "Herr Hitler, se lei arriverà al potere legalmente tutto bene. Ma se non sarà così, io aprirò il fuoco".

Comunque, il nuovo ministro della Guerra nominato da Hindenburg, il generale Werner von Blomberg, che aveva comandato l'enclave della Prussia orientale, aveva finito con il considerare l'organizzazione locale del partito nazista come un utile rafforzamento delle difese di quella remota provincia contro la costante minaccia di una offensiva polacca. Il generale dichiarò la sua incondizionata lealtà a Hitler. Anche il suo capo di Stato Maggiore[21], Reichenau, anch'egli proveniente dalla Prussia orientale, non era affatto insensibile all'ideologia nazista. Con tutti i generali, Hitler disponeva di un argomento alquanto persuasivo: egli si impegnava, senza badare alle restrizioni di Versailles, a restituire alla Germania la forza militare. Pochissimo tempo dopo la conquista del potere, aveva chiesto di incontrare i generali nel corso di un ricevimento per il quale aveva preso in prestito l'alloggio ufficiale di Hammerstein, al n. 8 di *Bendlerstrasse*. Quando giunse con Lammers e Brückner, il suo corpulento assistente che indossava l'uniforme delle *SA*, Hitler era in preda a un nervosismo che, per tutta la durata della cena, non riuscì a celare. Poi batté sul bicchiere per chiedere silenzio e tenne un discorso di cui l'assistente di Hammerstein, il maggiore Horst von Mellenthin, prese nota. Eccone uno stralcio:

"Due sono i modi possibili per superare la disperata situazio-

21 Ndt. Lo Stato Maggiore generale tedesco fu l'organismo decisionale massimo dell'esercito prussiano prima, di quello tedesco poi, sino al termine del secondo conflitto mondiale. In senso stretto, era un corpo unico responsabile dello studio continuativo di tutti gli aspetti della guerra e della redazione e revisione di piani per la mobilitazione e la campagna. Durante la seconda guerra mondiale, la sua influenza decadde progressivamente. In parte ciò fu dovuto alla crescente importanza delle altre branche delle Forze Armate, in particolare la Luftwaffe. Lo Stato Maggiore si trovò spesso in contrasto con le idee più ardite del Führer, il quale ne limitò fortemente la tradizionale indipendenza.

ne in cui versa il paese: primo, conquistare con la forza nuovi mercati cui destinare la nostra produzione; secondo, ottenere un nuovo spazio vitale per il nostro surplus di popolazione[22]. In entrambi i casi, un'opinione pubblica fanatica della pace non digerirà simili obiettivi: dovrà prima esservi preparata. La Germania deve riconquistare una completa libertà decisionale, ma ciò non sarà possibile se prima non avremo preso il potere politico. Per questo, il mio obiettivo consiste innanzitutto nel ricostruire la nostra forza politica. La mia organizzazione [il partito nazista] è necessaria per rimettere in sesto il nostro popolo. La democrazia è un'utopia. Non la troverete né nell'industria né nelle Forze Armate, perciò è improbabile che sia di grande utilità in un'istituzione complessa come lo Stato. La democrazia è il peggiore di tutti i mali. Solo un uomo può e deve dare ordini. Questo è l'ideale per il quale lavoro dal 1918 e quando penso che il mio movimento, che è cresciuto da 7 a 12 milioni, mi ha innalzato da semplice soldato a cancelliere del *Reich*, mi sembra che ciò dimostri che una grande parte del nostro popolo aspetta ancora di essere convertita al nostro ideale.

Il popolo deve imparare a pensare come una nazione. Questo lo unirà. Tutto questo, però, non può essere attuato con la persuasione, ma unicamente con la forza: a coloro che non saranno d'accordo dovranno essere piegate le braccia dietro la schiena. Il nostro precetto è mantenerci uniti e, in tal senso, ci troviamo sulla buona strada. È per questo che ho creato la mia organizzazione e le ho insegnato a lavorare per lo Stato. Il nostro obiettivo è la ricostruzione della potenza tedesca e per questo ideale io combatto con ogni mezzo. Ma per ricostruire la nostra potenza avremo bisogno delle Forze Armate...

Ciò che conta più di ogni cosa è la nostra politica di difesa, perché una cosa è certa: le nostre ultime battaglie dovranno essere combattute con forza. L'organizzazione [del partito nazista] non è stata da me creata per portare le armi, ma per favorire l'e-

22 Nda. Un altro generale presente, Kurt Liebmann, così annotò quelle parole: "Possiamo combattere per nuovi mercati di esportazione; oppure – e questa sarebbe l'appropriata soluzione – conquistare spazio vitale a Est e germanizzarlo senza scrupoli".

ducazione morale degli individui; e questo lo ottengo avversando il marxismo... La mia organizzazione si limiterà esclusivamente all'educazione ideologica delle masse, per soddisfare la necessità di uomini delle Forze Armate e per tutte le esigenze di politica interna ed estera. Mi sono impegnato all'introduzione della coscrizione obbligatoria [proibita dal trattato di Versailles].

Occorreranno molti anni per percorrere il cammino che vi ho esposto. Se la Francia dispone di veri statisti, si scaglierà contro di noi nel corso del periodo preparatorio, non intervenendo direttamente, ma servendosi dei suoi vassalli dell'Est. Perciò sarebbe erroneo impegnarci troppo al mantenimento di equilibri militari. Dovremo disporre tutti i nostri preparativi economici e militari in gran segreto, e uscire allo scoperto soltanto quando essi saranno ultimati alla perfezione. Solo allora avremo riconquistato la nostra libertà decisionale.

Per allora, dovremo necessariamente decidere: mercati esteri o colonie? Io sono per le seconde... Verrà comunque il giorno in cui disporremo di un potente esercito, ma lasciatemi sottolineare che non userò mai le Forze Armate per combattere un nemico interno: dispongo di altri mezzi per far ciò[23].

Perciò vi chiedo di capire i miei obiettivi e di accettare il mio aiuto politico. Per la nostra patria, il mio movimento è l'artefice di un miracolo. Ma è un miracolo che difficilmente potrà ripetersi, per cui dobbiamo approfittarne".

Hitler non avrebbe potuto essere più chiaro. Ciò nonostante, i suoi ascoltatori restarono indifferenti. Qualcuno borbottò: "È questo l'uomo che dovrebbe diventare il Führer del popolo tedesco?" Ma allora la rivoluzione di Hitler poteva contare solo pochi giorni e tutti avevano ancora molte cose da imparare.

Quattro giorni più tardi, il governo discusse vari modi per ridurre la disoccupazione. Hitler dichiarò: "Ogni progetto pubblico per creare posti di lavoro deve essere giudicato secondo un solo criterio; è o non è utile per la ricostruzione della capacità belligerante

23 Nda. Le SS. Alla sua prima riunione di Gabinetto del 30 gennaio 1933, Hitler decretò che, se anche i comunisti avessero dichiarato uno sciopero generale, lui non si sarebbe servito dell'esercito per reprimerlo.

della nazione tedesca?"

Spiegò che per i successivi cinque anni, fino al 1938, ci sarebbe stato un unico obiettivo: "Tutto per le Forze Armate".

La settimana successiva, Hitler impose l'approvazione del budget di spesa per la grande 'aviazione civile' di Göring. I resoconti delle sedute del Consiglio riferiscono: "Il cancelliere del *Reich* [Hitler] ha spiegato che... si tratta di fornire alla nazione tedesca, in forma artificiosa, una nuova aviazione militare, nonostante essa sia attualmente proibita dalle clausole del trattato di Versailles".

Hitler disse a Blomberg che le ancora embrionali truppe corazzate della *Luftwaffe* per qualche anno sarebbero state favorite come truppe di élite. In particolare, egli desiderava che gli ufficiali della *Luftwaffe* fossero impregnati di un 'turbolento spirito aggressivo'. L'iniziale "rischio *Luftwaffe*" sarebbe stato pronto verso la fine del 1935.

Estremamente significative sono le disposizioni che Hitler diramò alla marina. Il comandante in capo, ammiraglio Erich Raeder[24], venne convocato per un colloquio privato, immediatamente dopo la sua ascesa al potere. La marina aveva già discusso col predecessore di Blomberg, nel novembre 1932, un esteso programma di ricostruzione navale, ma adesso Hitler diede ordine a Raeder di rifare i suoi calcoli basandosi esclusivamente sull'entità della marina francese e sovietica. L'assistente di Raeder, capitano Erich Schulte-Mönting rammenta: "Hitler disse a Raeder che obiettivo della sua politica estera era la coesistenza pacifica con la Gran Bretagna, cosa che si proponeva di mettere in atto mediante la firma di un trattato navale anglo-tedesco. Intendeva mantenere una marina relativamente esigua, perché in considerazione del suo status di potenza planetaria voleva riconoscere alla Gran Bretagna il diritto alla supremazia navale. In tal senso si proponeva di favorire un equilibrio di forze".

---

24 Ndt. Erich Johann Albert Raeder (Amburgo, 24 aprile 1876 – Kiel, 6 novembre 1960) è stato uno dei più importanti comandanti della marina tedesca nazista, prima e durante la seconda guerra mondiale. Raggiunse il grado di Grande ammiraglio nel 1939. Al termine del conflitto, fu catturato dagli Alleati e processato dal tribunale di Norimberga che lo condannò al carcere a vita. Dopo circa nove anni di reclusione, per le sue condizioni di salute, ottenne la grazia e il 26 settembre 1955 poté lasciare il carcere di Spandau. Morì cinque anni più tardi.

I tedeschi poterono constatare quotidianamente il concretizzarsi delle promesse di Hitler. Il 23 settembre 1933, a Francoforte (una città che nel 1932 contava 8.000 disoccupati), Hitler cerimoniosamente dette il primo colpo di pala alla rete autostradale di Fritz Todt. Alle sette del mattino, i primi 700 operai attraversarono a passo di marcia il fiume Meno, accompagnati dalla banda. Alle dieci, Hitler tenne loro un discorso: "So che questo giorno di festa presto sarà un ricordo e verranno momenti in cui la pioggia, la neve e il gelo vi tormenteranno rendendo difficile il vostro lavoro. Ma nessuno potrà aiutarci se non saremo noi stessi a farlo".

Allorché se ne fu andato, molti lavoratori si gettarono sulle zolla ch'egli aveva scavato per portarla a casa come reliquia: tanto era il fervore quasi religioso che Hitler suscitava. Così il 30 settembre 1933, Todt scrisse a un professore: "Sono assolutamente convinto che chiunque si trovi vicino al Führer, anche per soli dieci minuti alla settimana, diventi capace di decuplicare il rendimento del proprio lavoro".

Gradualmente la rete stradale si sviluppò. Furono seguiti dei percorsi che precedentemente gli ingegneri avevano dichiarato impraticabili, per esempio attraverso vaste zone paludose come la sponda meridionale del lago Chiemsee, in Baviera. Lunghi viadotti quali il ponte Mangfall, alto 60 metri, vennero personalmente scelti da Hitler tra una settantina di progetti, in virtù delle loro linee solide ma essenziali. "Ciò che stiamo costruendo", egli spiegò, "resterà in piedi molto tempo dopo la nostra morte". Faceva il giro dei cantieri e parlava agli operai: "Quando avrò la tua età", disse, a Darmstadt, a un operaio di 70 anni, "vorrei essere capace di lavorare come fai tu adesso". Nel novembre 1936, dispose che le frontiere occidentali del *Reich* fossero indicate, lungo le autostrade, da monumenti alti 40 metri. Col programma di riarmo già in via di svolgimento, il passo seguente di Hitler non poteva essere altro che una spaccatura con la Società delle Nazioni. Hitler disse ad Hindenburg che quello di pretendere dagli sconfitti la consegna del bottino della guerra mondiale era, da parte dei vincitori, un atto di banditismo. Per parecchio tempo tuttavia egli aveva pensato di proseguire gli incontri di Ginevra, al contrario dei suoi graduati che erano dell'idea di interromperli. Verso la fine di settembre, anche il ministro degli Esteri Konstantin von Neurath gli consigliò di abbandonare Ginevra, ma ancora una volta Hitler scelse di agire con moderazione. Solo il 4 ottobre Blomberg riuscì a convincerlo. Il 13 ottobre 1933, Hitler notificò ufficialmente al governo la propria decisione e, il giorno seguente, propose il ritiro della Germania dalla Società delle Nazioni.

Fu, quella, una decisione rischiosa, ma quando Hitler inviò Walther Funk, segretario di stato di Goebbels, nella Prussia orientale per ritirare l'atto di approvazione del feldmaresciallo Hindenburg, questi esclamò: "Finalmente un uomo che ha il coraggio delle proprie opinioni!"

Alla riunione di Gabinetto del 13 ottobre, Hitler annunciò altresì che il giorno seguente avrebbe sciolto il Parlamento per dare al popolo la possibilità di esprimere, in un plebiscito, approvazione alla sua "politica di pace".

Fu così che, il 12 novembre, oltre 40 milioni di tedeschi votarono per lui, consegnandogli il 95% del consenso. Due giorni più tardi, il vice cancelliere Papin così si congratulò con Hitler innanzi al Consiglio dei ministri: "Noi, i suoi più fedeli camerati, siamo qui oggi sotto l'impatto del più straordinario voto di fiducia che una nazione abbia mai accordato al proprio leader. Grazie all'abilità della sua guida e agli ideali che ha riportato tra noi, lei, in soli 9 mesi è riuscito a fare di una nazione divisa e priva di speranze un *Reich* unito e pieno di fede nell'avvenire...".

Prevaricando il ministro degli Esteri in carica, Hitler prese a mandare nelle missioni diplomatiche Joachim von Ribbentrop, l'altezzoso ma ben introdotto uomo d'affari che Rudolf Hess aveva nominato capo dell'ufficio esteri interno al partito nazista.

Significativamente il suo primo compito, nel novembre 1933, fu in Gran Bretagna. A Londra, Ribbentrop corteggiò il Primo ministro Ramsay Macdonald e incontrò influenti uomini politici come Stanley Baldwin, sir John Simon e Anthony Eden. I rapporti segreti che Ribbentrop inviava a Hitler per ragguagliarlo su quegli incontri sono stati recentemente ritrovati. Ribbentrop aveva sedato le preoccupazioni di Macdonald sulla questione ebraica. "Gli ho detto," annotava quegli, "l'esperienza insegna che una rivoluzione come la nostra, in altri paesi sarebbe probabilmente costata la vita a decine di migliaia di ebrei; Hitler non è un uomo assetato di sangue e pertanto in Germania abbiamo risolto il problema con un boicottaggio di 24 ore e prendendo alcuni mirati provvedimenti per evitare di essere sottomessi dagli ebrei". Ribbentrop riferì pure di aver respinto un'obiezione del Primo ministro dicendo: "Forse non si è mai trovato un modo più civile per risolvere questa questione. Noi riteniamo sorprendente che il sano popolo britannico abbia permesso agli ebrei immigrati di alzare la testa".

La Germania rimaneva fiduciosa che, infine, l'intero pianeta avrebbe condiviso il suo atteggiamento. Il 20 novembre 1933, Ribbentrop incontrò il leader conservatore Stanley Baldwin. "Ho detto [a Baldwin]", riferì, "che un nuovo conflitto tra la Germania e la Francia è pressoché impossibile e altrettanto lo è una guerra tra la Gran Bretagna e la Germania. Questo precetto per il cancelliere sarà inamovibile per tutta la durata della sua esistenza e lo lascerà a posteriori, come testamento per la sua nazione".

Ribbentrop assicurò alla Gran Bretagna che Hitler non era interessato a condurre una strategia navale planetaria, pertanto i loro due paesi potevano risolvere pacificamente qualsiasi divergenza circa le dimensioni delle rispettive flotte. Più tardi, quello stesso giorno, il Primo ministro si professò, come Ribbentrop disse poi a Hitler, profondamente convinto dell'amicizia della Germania nazista. Sei giorni più tardi Macdonald confermò che il suo governo avrebbe fatto il possibile per raggiungere un accordo con Hitler. "Quando farà rapporto al cancelliere", disse il primo ministro, "la prego di dirgli da parte mia, in via confidenziale, che troveremo sicuramente una via comune da percorrere".

Ribbentrop sostenne che bisognava ringraziare le sue segrete iniziative diplomatiche condotte con Baldwin, Simon e Anthony Eden se quest'ultimo, nel febbraio 1934, si recò in visita a Berlino.

L'ambasciatore britannico, Eric Phipps, fece quanto in suo potere per escludere Ribbentrop dai colloqui. Coerentemente con il suo carattere, Ribbentrop, deciso a risalire i gradini più alti del potere, inviò a Hitler una protesta: "Sono a conoscenza che il cancelliere [Hitler] ha invitato per la prima colazione il signor Eden e l'ambasciatore britannico. Vorrei suggerire che si faccia presente al signor Eden che io godo, in materia di politica estera giacché questa è la mia unica legittimazione, della fiducia del cancelliere".

Scrivendo nuovamente a Hitler il 19 febbraio, per raccomandargli di fare in modo che Eden se ne torni in patria con qualche successo (l'inglese, seppur giovane e francofilo, in guerra aveva combattuto con valore, ed era sicuramente un politico conservatore molto intraprendente), Ribbentrop ripeté: "Vorrei anche ricordare che sarebbe necessario e utile che il cancelliere, durante il colloquio con il signor Eden, menzionasse che sono io, nelle questioni di politica estera, ad avere la sua completa fiducia".

Per un accordo con la Gran Bretagna restava però l'ostacolo dei legami di quest'ultima con la Francia. Poche settimane più tardi, come mostra il suo archivio segreto, Ribbentrop tentò di assicurarsi un patto con i francesi. Il 4 marzo 1934, durante una visita a Parigi al settantenne ministro degli Esteri Louis Barthou, apprese della presenza di "forze oscure" al Quai d'Orsay, come il vice di Barthou, Alexis Léger, da sempre attivo militante anti-tedesco. Barthou sfidò Ribbentrop a spiegare come Hitler potesse parlare di pace, dal momento che tutti gli agenti francesi, e qui indicò un cospicuo dossier, riferivano che la Germania si stava avviando verso un progressivo riarmo. Barthou fece perfino specifico riferimento all'addestramento paramilitare delle *SS* e delle *SA*. Ribbentrop replicò che anche la Francia, in violazione al trattato di Versailles, stava rafforzando il suo esercito.

Il problema francese non sembrava dunque prossimo ad una risoluzione. Il 25 agosto 1934, Ribbentrop riferì a Hitler che, in qualche modo, si sarebbero dovute eliminare le tendenze francofile presenti nel ministero degli Esteri britannico. Forse si sarebbe dovuto cominciare a lavorare su re Giorgio V. "In Inghilterra", scrisse Ribbentrop, "la Corona ha un'influenza molto più rilevante di quanto ci è dato credere. E poiché la famiglia reale evidenzia simpatie per la Germania, nutro la speranza che presso di lei si possa trovare sostegno alla nostra politica estera. Terrò al corrente il cancelliere. Farò un rapporto a parte", aggiunse poi

Ribbentrop di proprio pugno, nella sua elaborazione calligrafica, "sulla fondamentale questione del modo in cui deve essere raggiunto un accordo con la Gran Bretagna".

Nel 1933 Hitler era ancora lontano dal detenere il potere assoluto. Ad esempio, non aveva alcuna influenza sulle nomine delle più alte cariche dell'esercito. Ai suoi occhi, la sezione del personale dell'esercito diretta dal generale Schwedler era un "focolaio di reazionari". Nel febbraio 1934, il comandante in capo dell'esercito Hammerstein venne però sostituito dal barone Werner von Fritsch.

Fritsch portava un ingombrante monocolo, aveva una dialettica pedante, un tono di voce stridulo e un modo personale di sedere dritto con le mani appoggiate sulle ginocchia, come se quella fosse la posizione prescritta da un qualche manuale dell'esercito; ma in compenso era un fervente nazionalista. Condivideva l'odio, comune a molti tedeschi, per gli ebrei e per la "stampa ebraica" e anche l'idea che "i pacifisti, gli ebrei, i democratici, i colori nerorosso-oro (la bandiera nero-rosso-oro fu abolita da Hitler il 12 marzo 1933) e i francesi appartenessero a un'unica entità volta alla rovina della Germania". Nutriva simpatie per Hitler e, nel 1934, dispose che l'esercito inserisse la svastica nelle sue insegne. Dalle lettere e dagli scritti privati emerge chiaramente che Fritsch lavorava volentieri per Hitler, ma provava, per le "teste calde" che lo circondavano, l'identico biasimo che loro riservavano a lui, uomo prudente, dubbioso e conservatore. Il giorno in cui Fritsch fece il primo rapporto, Hitler disse: "Costruisca un esercito forte, che abbia una notevole omogeneità interna e segua il miglior standard di addestramento possibile".

Il successo della 'rivoluzione' di Hitler, nel gennaio 1933, aveva reso superflue le squadracce in camicia bruna di Ernst Röhm.

Le *SA* cresciute fino a raggiungere i 2.500.000 uomini e inizialmente incoraggiate da Blomberg e Reichenau, avevano ricevuto un rudimentale addestramento militare dall'esercito regolare a titolo di dono propiziatorio nei confronti del partito.

Nei primi mesi del 1934, le *SA* iniziarono a pretendere di più, divenendo una minaccia non solo per le Forze Armate ma anche per Hitler stesso. Röhm credeva che Hitler stesse tradendo il carattere "socialista" del suo programma e perorava la creazione di un esercito popolare basato sulle *SA*.

Hitler aveva avvertito l'avvicinarsi di questa 'tempesta' sin dall'estate del 1933, quando a Bad Godesberg, sul Reno, aveva tenuto un discorso a fronte di una platea composta da ufficiali delle *SA* e dell'armata tedesca. Nell'occasione, aveva spiegato come ogni rivoluzione dovesse essere seguita da un periodo di evoluzione, un gioco di parole che generò insoddisfazione nelle *SA*. Nonostante un appello lanciato da Blomberg a Röhm verso la metà del gennaio 1934, nel quale si chiedeva di non provocare guai, l'acredine crebbe. Il primo febbraio, giorno in cui Fritsch assunse l'incarico di capo dell'esercito, Röhm rispose con un memorandum nel quale chiedeva nientemeno che l'assorbimento dell'esercito regolare nelle *SA*, con se stesso, nel ruolo di comandante supremo.

Per Röhm lo 'spirito rivoluzionario' era di vitale importanza. Irrivelante per Fritsch: "L'esercito è fondato sulla disciplina", dichiarò quest'ultimo il 3 febbraio, durante una preoccupata consultazione con Blomberg, "non su un dozzinale spirito rivoluzionario".

Insieme i due decisero di destituire Röhm. Per ragioni diplomatiche, Hitler aveva tentato di posticipare ogni chiarimento. Ma quando il futuro ministro degli Esteri britannico, Eden, si recò a Berlino per protestare contro il programma segreto di ampliamento della *Luftwaffe* e le continue violazioni al trattato di Versailles, Hitler garantì che l'imponente apparato della *SA* sarebbe stato smilitarizzato. Il 28 febbraio, convocati nel palazzo del ministero della Guerra i leader delle *SA* e i generali della Forze Armate, Hitler fece bruscamente cadere ogni speranza di Röhm per un 'esercito popolare' composto di *SA*. Un generale dell'esercito, Kurt Liebmann, quel giorno scrisse: "Hitler ha detto: 'Quando nel gennaio 1933 ho assunto l'incarico di governo, ho avuto l'impressione di procedere lungo una strada ampia e ben asfaltata. Poi la carreggiata si è ristretta e la superficie si è fatta dissestata, fino a mutare in un impervio sentiero, e oggi ho la percezione di procedere sospeso su un filo, mentre da ogni parte, destra e sinistra, mi vengono lanciati nuovi fardelli'".

Le Forze Armate, con i loro esperti ufficiali, erano sufficienti a soddisfare le sue primarie esigenze. Secondo un altro generale, Maximiliam von Weichs, che prese appunti stenografati del discorso, Hitler aggiunse: "Il nuovo esercito dovrà essere esperto in ogni mezzo di difesa entro 5 anni, e in ogni mezzo di attacco entro 8".

Poiché le potenze occidentali potrebbero non consentire alla Germania di disporre dello spazio vitale di cui necessita, a Ovest e successivamente a Est, potrebbero rendersi necessari brevi ma cruenti conflitti.

Hitler apprese più tardi, forse grazie alle intercettazioni telefoniche, che quello stesso giorno Röhm lo aveva deriso definendolo "quell'ignorante caporale della guerra mondiale". L'Istituto di Ricerca e Indagine pose sotto sorveglianza i principali apparecchi telefonici delle *SA* e i movimenti di Röhm vennero sorvegliati. Il capo delle *SA* fu visto incontrarsi con l'ex ministro della Guerra Schleicher e con alcuni diplomatici stranieri. Uno di questi, un francese, gli mise in testa l'idea che sarebbe potuto diventare il 'Bonaparte del terzo *Reich*'. Fu appurato che le *SA* stessero accumulando armamenti, evidentemente per una "seconda rivoluzione", nella quale Hitler sarebbe stato deposto.

Hitler, colpendo Röhm, decise di dare un esempio per tutti.

Eppure, quegli era stato uno dei suoi primi e più cari amici, uno dei pochi al quale si rivolgeva con il tu. Si ha notizia che solo una volta, nel settembre 1939, Hitler abbia parlato in privato di ciò che sapeva delle macchinazioni di Röhm, probabilmente più per trovarne una spiegazione, che per richiamarne il ricordo: "Ero a conoscenza che, specialmente in Francia, sussistevano imponenti forze che peroravano un intervento armato: i termini di Versailles offrivano sufficienti giustificazioni. Devo ringraziare soltanto l'ambasciatore francese [François-Poncet] se non si è arrivati a tanto.

Leggevo tutti i suoi dispacci [intercettati dalle *FA*] e sapevo che Röhm era in combutta con lui e con i francesi. Ma potevo ben vedere che Poncet segretamente consigliava a Parigi di non intervenire: i francesi, secondo lui, avrebbero dovuto attendere che in Germania scoppiasse una guerra civile che avrebbe reso loro le cose più agevoli. Fu solo questa consapevolezza a permettermi di affrontare il 1933 e il 1934".[25]

Alcuni fatti sono chiari. Le *SA* stavano progettando di rovesciare il governo di Hitler: già erano stati nominati alcuni ministri-ombra. Blomberg mostrò a Hitler un ordine, apparentemente autentico, del 23 maggio, firmato da Röhm e destinato alle *SA*, affinché queste si procurassero armi nella quantità e in ogni modo possibile per "mettere sull'avviso le Forze Armate". Si trattava di un messaggio chiaro. Hitler fu convinto della veridicità dello stesso e più tardi disse al suo Gabinetto: "Tutto ciò rende palese la congiura in atto".

Presto i suoi agenti indicarono che il gruppo di BerlinoBrandeburgo delle *SA*, alle dipendenze di Karl Ernst, stava segretamente accumulando armi per una operazione da compiersi "alla fine di giugno". I tempi dunque stringevano, ma Hitler preferì lasciare che il complotto acquisisse spessore. Ai primi di giugno, ebbe con Röhm un colloquio di quattro ore. Röhm gli diede la sua parola d'onore che il 7 giugno si sarebbe recato in Baviera e che in luglio avrebbe concesso alle *SA* una licenza di 30 giorni. L'11, un alto ufficiale dell'esercito, il colonnello Eduard Wagner, scrisse a sua moglie: "Corre voce che Röhm non farà ritorno".

Qualcuno scelse l'ultimo giorno del giugno 1934, un sabato, per dare inizio all'epurazione. Da allora, Hitler avrebbe privilegiato quel giorno della settimana per i suoi *coups de theatre*. È probabile egli abbia avvertito l'ammiraglio Raeder, che il caso sarebbe esploso quel giorno, perché questi raccomandò ai suoi ufficiali di rinviare una crociera di addestramento della durata di una settimana, senza fornire loro alcuna spiegazione logica.

Il 16 giugno, mentre Hitler si trovava a Venezia, Raeder e Göring si recarono a cena con l'ambasciatore britannico. Göring, annotò nel proprio diario una giornalista[26], giunse con venti mi-

25 Nda. L'Istituto di Ricerca (Forschungsamt FA) continuava a decifrare i dispacci dei diplomatici francesi; ma gli archivi francesi paiono non contenere alcun rapporto che indichi che Röhm cospirasse con François-Poncet. Quest'ultimo, nella corrispondenza tenuta con me, lo ha negato.

26 Nda. La giornalista in questione era Bella Fromm. Il suo diario si trova nella Mugar Memorial Library, Boston University.

nuti di ritardo e con un gran tintinnio di medaglie. "Sono spiacente, sono stato avvisato da Venezia che il Führer aveva prenotato una telefonata e ho dovuto attendere la comunicazione". Poi, volgendosi verso Raeder, aggiunse: "Qualora avesse avuto bisogno di me, ero pronto a raggiungerlo immediatamente, ma mi ha detto: *Resti dove si trova, sarò di ritorno prima del previsto*. Dunque c'è nell'aria qualcosa". L'ammiraglio, annotò la giornalista, si morse le labbra; l'ambasciatore abbozzò un sorriso e i domestici continuarono a servire senza una parola.

Le voci si moltiplicavano. Durante un discorso tenuto a Marburg, Franz von Papen si era lasciato sfuggire commenti ostili nei confronti dei nazisti. Il 21 giugno, Hindenburg suggerì ad Hitler di "costringere i fomentatori alla ragionevolezza".

Nella stessa giornata Hitler disse a Goebbels di aver compreso la strategia di von Papen: "Si è messo nei pasticci", concluse. Il giorno successivo, 22 giugno, fece arrivare da Hannover, in aereo, Viktor Lutze, fedele anche se mediocre ufficiale nazista, e dopo averlo impegnato con un giuramento di segretezza gli disse di essere venuto a conoscenza che Ernst Röhm congiurava contro le Forze Armate. Aggiunse che era sua intenzione sollevarlo dall'incarico e che lui, Lutze, avrebbe ricevuto disposizioni in merito.

Il 23 giugno, il generale Werner von Fritsch iniziò ad emanare i primi ordini, allertando i reparti dell'esercito. Nei corridoi del ministero della Guerra comparvero postazioni difensive dotate di mitragliatrici. L'esercito discusse con le *SS* fino a che punto avrebbe potuto contribuire alle operazioni contro le *SA*, fornendo alle stesse *SS* armi, munizioni e trasporti motorizzati. Negli archivi del VII° distretto [Monaco] dell'esercito esiste un enigmatico appunto datato 28 giugno 1934: "Il ministro della Guerra del *Reich* rende noto: ... il cancelliere pare non avere dubbi sulla lealtà dell'esercito. Reichenau di ottimo umore. Ordine di Röhm".

Hitler e Göring, diretti nella Ruhr per partecipare al matrimonio del gerarca nazista locale, lasciarono Berlino quel giorno. Nel luglio 1945, durante gli interrogatori fatti dal nemico, Göring così testimoniò: "Là [ad Essen] fummo informati che Röhm, date disposizioni alle *SA* di tenersi pronte, aveva convocato a Bad Wiessee, per un incontro, tutti gli ufficiali".

Si intuiva che qualcosa stava per accadere. Lutze notò che Hitler riceveva molte telefonate. Come primo passo per reprimere quello che sembrava un *putsch*, Hitler rimandò Göring a Berlino. Un clima d'imbarazzo calò sulla festa nuziale allorché, da Berlino, arrivarono altre telefonate da Göring, Himmler e dalla Gestapo. 'Pili' Körner, dell'ufficio di Göring, giunse da Berlino portando un pacco di registrazioni telefoniche dalle quali emergeva che Röhm e i suoi progettavano un colpo di stato per le ore 16:00 di sabato 13. "Darò loro una lezione che serva da esempio", annunciò Hitler ai presenti.

Nel frattempo, Röhm si trovava con i suoi sostenitori a Bad Wiessee, località turistica in prossimità di Monaco. Il 28 giugno, a tarda ora, Hitler telefonò all'assistente di Röhm e gli impose di rendersi disponibile per un incontro nella mattinata del 13 alle ore 11:00.

Secondo quanto Erhard Milch[27] ricordava, nel 1945, Göring aveva mandato il suo segretario Körner da Hitler con un plico di registrazioni telefoniche raccolte dal *FA*, che provavano le responsabilità di Röhm. Alcuni ex dipendenti dell'Istituto di Ricerca hanno poi confermato che Rudolf Popp, responsabile di un dipartimento dello stesso, aveva dato un contributo decisivo alla scoperta delle macchinazioni di Röhm. Nella mattinata successiva, Hitler telefonò a Goebbels, che si trovava a Berlino, ordinandogli di raggiungerlo immediatamente all'hotel *Dreesen* di Bad Godesberg.

"Dunque ci siamo!" annotò Goebbels nel suo diario. Poi, aggiunse: "Per grazia di Dio! Tutto è preferibile a questa interminabile attesa".

Hitler gli disse di portare con lui la sua nuova segretaria personale, Christa Schroeder, all'epoca venticinquenne.

Con indosso un leggero abito chiaro, Goebbels arrivò all'hotel alle 16 e, poco dopo, lui e Hitler furono raggiunti da Viktor Lutze. Il Führer li informò che era in procinto di farla finita con

27 Ndt. Erhard Milch (30 marzo 1892 – 25 gennaio 1972) fu il feldmaresciallo che sovrintese lo sviluppo della Luftwaffe come parte del progetto di riarmo della Germania.

i ribelli delle *SA*, tra i quali si annidavano molti vecchi amici di Goebbels.

"Scorre il sangue", scrisse quest'ultimo nel suo diario in tono di approvazione. "Deve risultare evidente a tutti che ribellarsi ha per prezzo la vita. Approvo pienamente questa decisione. Se è necessario intervenire, lo si faccia senza mezze misure. Ci sono le prove che Röhm stava cospirando con François-Poncet, Schleicher e Strasser. Dunque, è doveroso agire". Poi aggiunse nei suoi diari recentemente scoperti: "Presa la decisione, Hitler appariva calmo. Evitiamo le lunghe discussioni. Nessuno deve accorgersi di quanto sta per accadere. Ho parlato con Lutze, nuovo capo delle *SA*: ottimo elemento".

Per un'ora, tutti osservarono una parata organizzata dall'Ufficio del Lavoro e lo spettacolo di una svastica formata da fiaccole accese sulla riva del fiume all'imbrunire. "Il Führer era teso, ma molto deciso", scrisse ancora Goebbels, "tutti stavamo in silenzio".

Verso mezzanotte, come risulta da quanto Goebbels e Lutze riportarono nei rispettivi memoriali, Hitler ricevette un'altra telefonata da Berlino. "I ribelli si armano", annotò ancora Goebbels. "Non c'è tempo da perdere". Un pallido e nervoso Hitler annunciò allora: "Ecco, ci siamo". E suggerì a Goebbels di chiamare la consorte, affinché, lei e la famiglia si mettessero in salvo.

Alla mezzanotte del giorno 29, Hitler sorprese tutti annunciando l'improvvisa decisione di recarsi personalmente in Baviera in aereo. Brückner, il suo assistente, dedusse che probabilmente aveva ricevuto nuove e inattese notizie da Berlino. Senza ombra di dubbio, qualche notizia doveva essergli giunta circa alcuni incidenti esplosi in Baviera e una convocazione delle *SA* a Berlino, per una qualche operazione da attuare alle ore 16:00 del giorno successivo, il 30.

Hitler partì a notte inoltrata, poco dopo le 2:00, diretto a Monaco dove parecchi ufficiali dell'esercito lo aspettavano all'aeroporto per porgergli il benvenuto. Lui stesso strappò le mostrine a due allibiti comandanti locali delle *SA*, August Schneidhuber e Wilhelm Schmid e li spedì al carcere di Stadelheim, dove furono poi raggiunti da un autobus colmo di graduati della stessa organizzazione. Dopo un breve incontro con le locali autorità di polizia, verso le 5:30, il gruppo si diresse verso Bad Wiessee su tre vetture *Mercedes*: Hitler, Lutze e Hess erano nella prima, alcuni poliziotti nella seconda, Goebbels nella terza.

Accollandosi il rischio, Hitler cacciò personalmente dalle loro camere d'albergo Röhm, Edmund Heines e altri. Come Goebbels riportò nel suo diario: "Il capo è stato superlativo, Heines patetico, Röhm, che si trovava in compagnia di un giovane prostituto, rimase calmo. Tutto procedette senza alcun problema". Mentre lo conducevano via, Heines chiese aiuto a Lutze: "Aiutami, non ho commesso alcunché di male!" Ma lui e gli altri non erano reperibili. Alle 8:00 del mattino, Hitler fece ritorno a Monaco.

Di notevole interesse, è la registrazione dello sfogo di Hitler, effettuato quel giorno dal generale Adam, comandante del distretto militare locale: "Tutti gli ufficiali delle *SA* sono ormai imprigionati, tranne il comandante di plotone Ernst. Io [Hitler] ero a conoscenza delle sue [di Röhm] debolezze, ma per parecchio tempo ho sperato di poterlo indirizzare sulla retta via. Adesso è tutto finito. È stato penoso per me separarmi da camerati che, per molti anni, hanno condiviso la nostra lotta. Purtroppo, quella gente avrebbe inquinato tutte le *SA*. Dovevo porre fine a quello scempio. Le scene viste durante il nostro blitz a Wiessee sono state più disgustose di quanto potessi immaginarmi.

Adesso ho steso una chiara linea d'azione: l'esercito è l'unica struttura legittimata a portare armi. Ogni cittadino, *SA* o meno, per il futuro sarà a disposizione dell'esercito. Ogni uomo, cui le Forze Armate facciano un cenno, gli appartiene in toto. Ho massima fiducia nelle Forze Armate e nel ministro della Guerra del nostro *Reich*. Doveva essere tracciata una linea di condotta e potete stare sicuri che d'ora innanzi imporrò l'ordine".

In verità, c'erano alcuni fatti che mal si conciliavano con la versione dell'accaduto fornita da Hitler. Lungi dall'essere a Berlino a progettare il colpo di stato, Ernst si trovava a metà strada dal porto di Brema, in procinto di partire per una crociera con la giovane moglie. A Potsdam, un gruppo di uomini, fatta irruzione nella casa del generale Schleicher, lo uccise a colpi d'arma da fuoco mentre si trovava seduto alla scrivania; anche la moglie del generale fu ammazzata. Ironia della sorte, il *FA* di Göring ne stava ancora sorvegliando il telefono: quando gli investigatori della squadra omicidi dell'ufficio del Pubblico Ministero di Potsdam telefonarono dall'abitazione del generale al ministero della Giustizia per riferire che Schleicher pareva essere stato vittima di un "assassinio politico", Göring li contraddisse rabbiosamente: la versione ufficiale, disse, sarebbe stata diversa. Anche il generale von Bredow fece una brutta fine, condivisa da alcuni membri dello staff di Papen, compreso il controverso dottore Edgar Jung[28].

Tornato a Monaco, nella sede del partito, Hitler telefonò a Berlino impartendo l'ordine in codice *colibrì*, con cui dava a Göring il via per un'azione di attacco anche nella capitale. Più tardi, nel corso della stessa mattinata, Hitler rivelò ai più intimi collaboratori che alcuni, tra coloro tratti in arresto, dovevano essere uccisi: la Gestapo disponeva di un elenco di nominativi, alcuni dei quali contrassegnati da una croce teutonica. Osservando la lista, Lutze notò che Röhm non era tra quelli: probabilmente, pensò, grazie all'antica amicizia che lo legava al Führer.

Per un po', Hess sostenne che era ingiusto risparmiare Röhm: la scure doveva calare su tutti o su nessuno. Tuttavia, il suo nome non figurava ancora nell'elenco dei sette uomini che, alle ore 17:00, Hitler consegnò a Sepp Dietrich, l'atletico ufficiale delle guardie del corpo delle *SS*. Alcune ore dopo, sei persone furono posizionate di fronte a un plotone d'esecuzione in un cortile del carcere di Stadelheim. Alle 20:00 Hitler, in compagnia di Goebbels, si trovava a bordo di un aereo *Junkers 52*, diretto a Berlino. Göring li attendeva all'aeroporto di Tempelhof assieme a una guardia d'onore nell'uniforme della nuova *Luftwaffe*, schierata da Erhard Milch, comandante delegato dell'aeronautica militare.

Fu allora che Göring, suscitando il tacito disappunto di Hitler, rivelò di avere arbitrariamente aggiunto altri nomi alla lista. "Göring riferisce che a Berlino tutto si è svolto secondo i

28 Nda. Gli archivi segreti di stato a Monaco rivelano che Jung era uno dei tre killer al soldo del governo bavarese e che, nel 1924, aveva assassinato, tra gli altri, il leader separatista Heniz-Orbis.

piani", annotò Goebbels, quel giorno. "Unico imprevisto: c'è andata di mezzo la signora Schleicher. Peccato, ma sono cose che possono capitare".

La signorina Christa Schroeder, la segretaria personale di Hitler, che lo aveva accompagnato nel drammatico viaggio in Baviera, ricorda di essere rimasta seduta da sola, quella sera, negli uffici della cancelleria, consumando una cena vegetariana. Inaspettatamente Hitler la raggiunse ed esclamò: "Ho fatto adesso un bagno e ora mi sento nuovamente fresco come un nascituro!"

In effetti erano accadute parecchie cose che avevano irritato Hitler. Göring aveva arbitrariamente eliminato Gregor Strasser, il rivale di Hitler, e in Baviera c'era stato un succedersi di omicidi. Hitler apprese che qualcuno aveva ammazzato un caro amico, il pastore Bernhard Stempfle, che anni prima egli frequentava quasi quotidianamente e che lo aveva aiutato nella pubblicazione del *Mein Kampf*. L'assistente di Hitler, Wilhelm Brückner, riportò successivamente, in documenti privati, la rabbia di Hitler di fronte al conto di 82 vittime presentatogli da Himmler. Alcuni mesi dopo, Vicktor Lutze disse che originariamente il Führer aveva diramato una lista di soli 7 uomini: a Röhm aveva offerto il suicidio, ma allorché questi, declinata l'offerta, si era mostrato contrario a una prematura dipartita aveva fatto fucilare anche lui[29]. Nonostante le direttive di Hitler, i 7 erano divenuti 17 e infine 82. "In questo modo il Führer è stato messo nell'imbarazzante posizione di dover legittimare 82 esecuzioni", si lamentava Lutze, attribuendo ogni responsabilità a Himmler e a Göring.

Il 1° luglio, Goebbels trovò Hitler pallido e amareggiato. "Göring consegna il proprio rapporto", annotò Goebbels. "Le esecuzioni sono quasi ultimate. Ne mancano poche. Triste ma necessario. Ernst, Strasser, Senle [Stempfle] e Detten, sono tutti deceduti. Una passatina ancora e il più sarà fatto. Staremo tranquilli per i prossimi vent'anni".

Trascorse il resto del pomeriggio con Hitler. "Non posso

---

29 Nda. I diari di Martin Bormann elencano effettivamente solo 7 nominativi al 30 giugno 1934: "Scoperto il complotto Röhm: Schneidhuber, Conte Spreti, Heines, Hayn, Schmid, Heydebreck, Ernst; tutti fucilati".

lasciarlo solo", scrisse con la malcelata soddisfazione di trovarsi in quel santuario. "Soffre alquanto, ma rimane immobile e silenzioso. Le sentenze di morte si susseguono con gravità. Circa 60, in definitiva".

Cedendo alle pressioni dei collaboratori, Hitler aggiunse Röhm all'elenco dei condannati. "Due volte", annotò Goebbels nel suo diario, "Röhm fu lasciato solo con una pistola, e ogni volta per una ventina di minuti. Non ne fece uso, per cui venne giustiziato. E quello fu l'ultimo".

Quando fu richiamato per riferire, Sepp Dietrich era visibilmente provato, asserì Goebbels e aggiunse: "Non siamo adatti a interpretare il ruolo dei carnefici".

In un atto di rara magnanimità, Hitler ordinò che fossero erogate pensioni statali ai familiari delle persone uccise nella *Notte dei Lunghi Coltelli*, nome con cui passò alla storia quel 30 giugno 1934. Nonostante ciò, Hitler cominciò a soffrire di incubi notturni. Le cartelle cliniche rivelano che il mal di stomaco cominciò a tormentarlo ma, considerati i vantaggi a lungo termine, ne era valsa la pena: procuratosi la totale lealtà dei generali dell'esercito, fra questi e il Führer si era formata, se così si può definire, una "affinità elettiva di sangue".

Il 3 luglio Blomberg, come ministro della Guerra, lo ringraziò a nome di tutto il Consiglio. Il governo successivamente legalizzò la maggior parte delle uccisioni in quanto "atti compiuti per un'emergenza di stato"[30].

"Adesso è possibile vedere", annotò Goebbels "come si svilupparono gli eventi. Il *Reich* era sull'orlo del baratro e il Führer lo ha tratto in salvo".

Nei giorni successivi, tuttavia, Hitler ebbe il sospetto che alcuni dei suoi collaboratori avessero agito di testa loro. Dopo un incontro con Hitler nel suo cottage sul lago, Goebbels così commentò nei suoi diari: "Ora lui vede le cose con chiarezza. Anche

---

30 Nda. Non tutte le uccisioni furono legalizzate. I verbali di Gabinetto del 2 agosto 1934 accennano ad un certo numero di persone accusate di aver compiuto vendette private: tipico il caso, il 30 giugno, di un tale che aveva sparato a un altro solo perché questi aveva deposto contro di lui nel corso di una causa civile.

Lutze nutre dei sospetti". Hitler aveva infatti capito che Göring, Himmler e le Forze Armate si erano serviti di lui.

Dopo la riunione di governo, il Führer volò nella Prussia orientale e fece rapporto al sempre più malato Presidente che si mostrò comprensivo: "Mio caro cancelliere, chi scrive la Storia deve essere capace di spargere sangue...".

Il trionfo della volontà

Prima della fine del luglio 1934, la reputazione di Hitler all'estero si deteriorò ulteriormente. In un improvvisato tentativo di rovesciare il regime dittatoriale di Vienna, il 25 luglio, alcune *SS* austriache uccisero, mentre si trovava nel suo ufficio viennese, il cancelliere Engelberg Dollfuss. Appresa la notizia, Mussolini ne rimase sconcertato e il delitto divenne causa di un raffreddamento nei rapporti italo-tedeschi.

Anni più tardi, Hitler asserì di non essere stato a conoscenza del complotto, ma sia i diari di Goebbels, microfilmati e archiviati a Monaco, sia i personali carteggi del comandante del VII° distretto militare della Baviera, lo smentiscono. In giugno, al ritorno da Venezia, Hitler aveva confidato a Goebbels che a suo parere Mussolini, sulla questione austriaca, gli avrebbe lasciato carta bianca: "Farla finita con Dollfuss!" aveva infatti sintetizzato Goebbels nei suoi diari. E poi: "Nuove elezioni controllate da un uomo neutrale, ma di fiducia. L'influenza nazista nel paese dipenderà dalla percentuale dei consensi. Problemi di natura economica da risolversi sull'asse Roma-Berlino. Ambedue sono d'accordo. La cosa sarà notificata a Dollfuss". (I due dittatori avevano affrontato anche altre questioni. In merito al disarmo, Mussolini aveva infine accettato la posizione di Hitler: "La Francia è impazzita", aveva detto. Era stato discusso anche il problema orientale: avrebbero tentato di rafforzare il legame con la Polonia e cercato un compromesso con l'Unione Sovietica).

Il 10 luglio, a pranzo, Hitler parlò dell'imminente colpo di stato a Vienna. Lo stesso Goebbels notò che durante il festival wagneriano di Bayreuth, il 22 luglio, Hitler dialogava segretamente con il responsabile nazista austriaco Theo Habicht. Nonostante lo scetticismo di Goebbels su quella faccenda, Hitler ordinò al generale Wilhelm Adam di raggiungerlo a Bayreuth, dove lo informò: "Oggi l'esercitò austriaco rovescerà il governo!"

Il Führer rivelò inoltre che il dottor Anton Rintelen, importante uomo politico, una volta sostituito Dollfuss, avrebbe autorizzato il rimpatrio di tutti i rifugiati austriaci, vale a dire dei nazisti austriaci fuggiti in Germania. Compito di Adam sarebbe stato quello di equipaggiare questi 'legionari' austriaci con armi provenienti dai magazzini dell'esercito tedesco.

Hitler gli assicurò: "Appena avrò notizie da Vienna la informerò e a qual punto mi crederà". Presto, però, arrivarono rapporti tutt'altro che incoraggianti.

"Grande scompiglio", annotò Goebbels, "tensione alle stelle. Snervante attesa. Personalmente sono ancora scettico". Alle 15:00 Hitler telefonò: "A Vienna tutto procede secondo programma. Il palazzo governativo è nelle nostre mani. Dollfuss è stato ferito, per il resto ho informazioni vaghe. La richiamerò per nuovi aggiornamenti".

Ma non lo fece, perché Dollfuss era deceduto e le capitali europee manifestavano forti preoccupazioni.

Il complotto di Habicht era fallito per tre ragioni. In primo luogo, egli aveva sovrastimato il numero dei suoi seguaci austriaci, in particolare, tra l'esercito. Secondo, trapelata la notizia del tentativo di colpo di stato, alcuni ministri del governo di Dollfuss si erano messi anticipatamente in salvo. Terzo, il movimento illegale delle *SA* austriache, indispettito per quanto accaduto in Germania il 30 giugno, si era ostinatamente rifiutato di fornire la collaborazione promessa. La squadra delle *SS* coinvolta, infine, rese le cose ancora più imbarazzanti per Hitler quando, in preda al panico, si rivolse all'ambasciata tedesca chiedendo asilo. Hitler li rinnegò. Chiusa la frontiera e inviato un messaggio di condoglianze alla consorte di Dollfuss, destituì Habitch. Gli assassini furono pubblicamente impiccati a Vienna.

Due giorni dopo la morte di Dollfuss, Hitler parlò francamente a Goebbels delle loro prospettive future. "Egli ha una visione profetica", annotò poi Goebbels. "La Germania dominatrice del mondo. Un lavoro da ultimarsi in un secolo".

Hitler mandò a Vienna, in veste di 'ambasciatore speciale', il proprio vice-cancelliere, Franz von Papen, e spedì in fretta e furia Hans Lammers a Neudeck, nella Prussia Orientale per informare il Presidente Hindenburg. Lammers tornò con la notizia che l'anziano Presidente languiva agonizzante. Il 1° agosto, Hitler si presentò personalmente al suo capezzale. Il vecchio, ormai in preda al delirio, si esprimeva a fatica e chiamava Hitler 'Vostra maestà'. Quella stessa sera Hitler riferì al proprio gabinetto che i medici davano a Hindenburg meno di ventiquattr'ore di vita. Il gabinetto promulgò la seguente legge:

"L'ufficio del Presidente del *Reich* viene unito a quello del cancelliere del *Reich*. Di conseguenza i poteri del Presidente del *Reich* passeranno al Führer e cancelliere del *Reich*, Adolf Hitler, che nominerà il proprio vice".

Hindenburg morì il giorno seguente e le sue ultime parole furono un augurio a Hitler. In un plebiscito del 9 agosto, il 90% dei tedeschi si espresse a favore della nuova legge.

"A quanto pare", disse Hitler a Blomberg in tono soddisfatto, "ho conquistato la Germania. Mi è stata affidata la responsabilità del destino del paese".

Il giuramento di fedeltà delle Forze Armate venne da quel momento rivolto al Führer. Ma solo Blomberg, come ministro della Guerra, poteva in realtà impartire ordini: un ostacolo formale, questo, superato solo nel 1938.

Nel frattempo, i reggimenti *SS* di Himmler iniziavano a mostrarsi in giro e le spettacolari parate di quegli imponenti e muscolosi soldati furono il momento più esaltante del Congresso del partito tenutosi nel 1934. L'uniforme delle *SS* era nera ed elegante e, di certo, non mancavano i candidati per entrare a far parte di quel reparto di élite.

Le *SS* possedevano un forzato misticismo, che persino Hitler trovava leggermente ridicolo: nel 1940, assistendo alla pagana celebrazione natalizia delle guardie del corpo delle *SS*, scherzò bonariamente con un subordinato, asserendo che niente avrebbe degnamente sostituito il canto *Stille Nacht*.

Hitler annunciò a Blomberg che avrebbe consentito alle *SS* una sola divisione armata, la *Verfügungstruppe*, ovvero una squadra speciale a totale disposizione del Führer, che anticipò la successiva *Waffen SS* – squadrone armato delle *SS*. Per Hitler, essa rappresentava un gruppo d'élite. Non più tardi del 1942, stabilì che, in tempo di pace, il rapporto tra *Waffen SS* ed esercito regolare doveva essere di uno a dieci. Tuttavia l'esercito provava, nei confronti delle *SS*, invidia e diffidenza. Adesso che le *SA* erano state ridimensionate, il generale Fritsch sospettava che Himmler stesse cospirando contro di lui. I generali sostenevano che le *SS* stavano redigendo alcuni dossier su di loro ed effettivamente, nel quartier generale del distretto militare di Monaco, furono rinvenuti microfoni nascosti.

Nel 1938, allorché venne fatta esaminare la cassaforte dell'ufficio di Blomberg, la cui serratura appariva difettosa, fu scoperta l'esistenza di un cavo che confluiva in un amplificatore posto sotto le assi del pavimento: l'*Abwehr*[31] seguì il cavo fino al quartier generale della Gestapo.

La seconda metà del 1934 fu dunque segnata da una aperta ostilità tra partito e Forze Armate. Il primo sospettava che von Fritsch stesse organizzando un colpo di stato dell'esercito contro Hitler: il colonnello Karl Bodenschatz udì il proprio superiore Göring discutere di questa faccenda con Hitler e anche Milch confermò quelle voci. È possibile che Hitler si aspettasse un tentativo di assassinio perché, nel dicembre dello stesso anno, decise di nomina-

31 Ndt. L'Abwehr (difesa) costituì il servizio d'intelligence militare tedesco dal 1921 al 1944; fu utilizzato dall'esercito della Repubblica di Weimar proprio per convincere gli Alleati, all'indomani del Trattato di Versailles, del suo scopo puramente difensivo. Il 4 febbraio 1938, mutò in Amt Ausland Nachrichten und Abwehr (Ufficio Informazioni e Difesa per l'Estero). L'ammiraglio Canaris, che ne assunse il comando nel 1935, trasformò l'Abwehr in uno dei tre grandi apparati informativi di Hitler, accanto ai servizi segreti della polizia e delle SS, dotandolo di una rete internazionale di circa 18.000 agenti e funzionari, oltre a migliaia di informatori civili.

re il suo successore. Intanto ebbe inizio una rumorosa campagna mediatica, alimentata dai giornali stranieri e dalle organizzazioni di espatriati, che parlava di un imminente bagno di sangue. Hitler aveva i nervi così logori che il 3 gennaio 1935 riunì al palazzo dell'Opera i capi del partito e delle Forze Armate e, in un drammatico discorso di due ore, ribadì la propria lealtà verso queste ultime, descritte come un pilastro imprescindibile per il futuro della Germania quanto lo stesso partito nazista: "[Sono] entrambe entità di eguale importanza e invincibili se rimarranno unite".

Più tardi Werner Best ricordò quel discorso, un connubio di minacce ed esortazioni: "Il culmine fu la disperata e solenne dichiarazione di Hitler che asserì si sarebbe sparato un colpo in testa qualora le varie organizzazioni del *Reich* si fossero ostinate a non procedere in comune armonia".

L'ammiraglio Hermann Boehm ricorda che Hitler disse: "Supponiamo che qualche ufficiale del partito venga da me e dica: 'Tutto procede bene, *mein Führer*, ma il generale x parla e lavora contro di lei'. Allora io rispondo: 'Non ci credo'. E laddove lui insista: 'Ecco qui la prova scritta, *mein Führer*', io, poiché la fiducia che ripongo nelle Forze Armate è inossidabile, straccio quella spazzatura".

Goebbels e Göring predisposero il testo di una dichiarazione di lealtà che il secondo avrebbe poi letto al Führer. "Dopo il discorso tenuto da Hitler", scrisse lo stesso Fritsch, "la caccia alle streghe intrapresa dalle *SS* parve temporaneamente placarsi".

Hitler si dedicò anima e corpo alle Forze Armate. Dette prova di genuino interesse per la tecnologia militare e, grazie alle sue capacità mnemoniche, assorbì così bene i dati e le informazioni ricevute che, negli anni a seguire, era in grado di rammentarli e ripeterli integralmente.

Il 6 febbraio 1935 (primo cancelliere a farlo dal 1890) visitò il centro di ricerca dell'esercito di Kummersdorf.

Blomberg e Reichenau incoraggiavano lo studio sui prototipi di moderni carri armati e auto blindate messi in mostra da Guderian[32], ma né Fritsch, né il suo capo di Stato Maggiore, Ludwig Beck[33], vedevano di buon occhio quell'innovativa tecnologia. Beck era un pacato e scrupoloso ufficiale di Stato Maggiore nominato nell'ottobre 1933 in virtù delle sue idee politiche di destra; seppur complice degli avvenimenti del 30 giugno 1934, provava una radicata sfiducia nei confronti della radio e di molte altre diavolerie frutto della modernità.

Dopo aver assistito a quella parata di mezzi bellici, Hitler decise che poteva finalmente ostentare tutta la forza del suo nuovo esercito. Così, sabato 9 marzo 1935, annunciò ufficialmente che la Germania aveva segretamente istituito una nuova aviazione militare.

Il sabato successivo, violando il Trattato di Versailles, introdusse nuovamente la leva obbligatoria. Goebbels annotò come quella decisione venne accolta: "Discussioni per tutta la mattinata [sabato 16 marzo]. Il Führer concorda con Blomberg il numero delle divisioni. Alla fine saranno 36. Grande annuncio al popolo: legge per la rinascita delle Forze Armate [denominate *Wehrmacht*[34]]; leva militare obbligatoria. Per evitare interferenze

32 Ndt. Heinz Wilhelm Guderian (Kulm, 27 giugno 1888 – Schwangan, 14 maggio 1954) è stato tra i più abili strateghi della seconda guerra mondiale. Nel febbraio 1943, designato ispettore generale delle truppe corazzate, collaborò col ministro degli Armamenti Speer alla produzione di carri armati e alla riorganizzazione delle truppe. Nominato capo di Stato Maggiore generale dell'OKH, in sostituzione di Kurt Zeitzler nel luglio 1944, mantenne tale incarico fino all'anno successivo. Consegnatosi agli Alleati il 10 maggio in Tirolo, trascorse in detenzione i 3 anni successivi, con la minaccia di essere estradato in Polonia e giudicato per crimini di guerra.

33 Ndt. Ludwig Beck (Brebich, 29 giugno 1880 – Berlino, 21 luglio 1944) fu nominato capo di Stato Maggiore delle Forze Armate tedesche. Dopo il Patto di Monaco e la conseguente annessione dei Sudeti del 1938, Beck, fiero oppositore delle guerre di conquista, condannò il gesto del Führer accusandolo di condurre la Germania verso un'imminente catastrofe. Avversario del nazismo, si dimise nel settembre del 1938, divenendo il capo della resistenza interna alla dittatura e l'organizzatore del complotto del 20 luglio. Dopo il fallimento dell'impresa, catturato dal generale Friedrich Fromm, fu invitato ad uccidersi: tentò una prima volta, davanti a tutti, ma il colpo lo ferì soltanto. Sostenuto da due soldati, fu costretto ad attendere la fucilazione degli altri congiurati prima che gli fosse concessa una seconda arma con cui finirsi.

34 Ndt. La Wehrmacht (forza di difesa) è il nome assunto dalle Forze Armate tedesche con la riforma del 1935 e per tutta la durata della seconda guerra mondiale; dopo la resa incondizionata dell'8 maggio 1945, fu sciolta formalmente nell'agosto 1946. La Wehrmacht era costituita da tre forze armate: Heer (esercito); Kriegsmarine (marina militare); Luftwaffe (aeronautica militare) e venne in seguito sottoposta ad un comando supremo denominato

internazionali dovremo ricorrere al fatto compiuto. Non ci faranno guerra per questo. Se protesteranno, faremo finta di non sentirli. Riunione di Gabinetto alle 13:30. Il Führer illustra la situazione. Poi annuncia il proclama e la legge. Tutti molto emozionati. Blomberg balza in piedi e ringrazia il Führer. Per la prima volta, in queste stanze si grida *Heil Hitler!* Grazie a una semplice legge, Versailles tramonta. Momento storico. Attimi che resteranno eterni. Siamo felici e grati di essere parte di tutto ciò".

Mussolini, in evidente disagio, protestò e si unì alla Francia nel sottolineare, durante una riunione tenutasi a Stresa nell'aprile 1935, che qualsiasi violazione tedesca della zona demilitarizzata lungo il Reno avrebbe provocato, in base ai termini del Trattato di Locarno, l'intervento britannico, italiano e francese. Il generale Fritsch informò i generali dell'esercito che una violazione tedesca dello status della Renania sarebbe sicuramente stata, quell'anno, "la goccia che fa traboccare il vaso".

Tuttavia, quello stesso mese, Hitler apprese che la Francia stava progettando un'alleanza con l'Unione Sovietica, alleanza che sarebbe poi stata allargata alla Cecoslovacchia, dove già erano in costruzione 25 aeroporti: un numero decisamente spropositato rispetto alle legittime esigenze di quel paese. Il 24 aprile Fritsch assicurò ai suoi generali: "Il Führer è deciso a evitare la guerra e non lascerà alcunché di intentato per raggiungere questo scopo. Che egli vi riesca dipende da noi".

Quindi, il 2 maggio, Blomberg diffuse una direttiva provvisoria e segreta per un addestramento in vista di un possibile attacco a sorpresa contro la Cecoslovacchia, (*Schulung*), progettato per eliminare quell'ulteriore minaccia in caso di un conflitto a Ovest. Il 10 luglio, Blomberg diramò una seconda disposizione in cui asseriva che un'eventuale invasione francese della Renania sarebbe stata usata da Hitler come *casus belli*: avrebbe inscenato un'azione di contenimento, finché non fossero stati fatti saltare i ponti sul Reno, laddove le Forze Armate si sarebbero schierate in difesa del paese.

Oberkommando der Wehrmacht (abbreviato OKW), cui sottostavano i comandi supremi delle tre Forze Armate, che tuttavia godevano di larga autonomia.

Nel frattempo, Hitler aveva ripreso contatto con la Gran Bretagna, designando ancora una volta Joachin von Ribbentrop, in qualità di suo negoziatore. Così egli si espresse, a Monaco, il 17 marzo, parlando ai suoi compiaciuti generali: "Il ministro degli Esteri non influenza la mia politica estera, ma si limita a registrare gli avvenimenti politici." Il suo personale punto di vista si riassumeva così: "Presto o tardi gli inglesi verranno a cercarci".

Più tardi, quello stesso mese, sir John Simon, ministro degli Esteri britannico, e Anthony Eden arrivarono a Berlino per tentare di ottenere qualche limitazione al riarmo tedesco. Ricevuti gli ospiti nella sala congressi della cancelleria, Hitler si vantò del fatto che il suo esercito stava raggiungendo le 36 divisioni, cosa che corrispondeva a verità, e che la sua *Luftwaffe* era paragonabile, per forza e mezzi a disposizione, alla *RAF* (*Royal Air Force*) britannica, cosa assolutamente falsa. Il 3 aprile Ribbentrop aveva inviato a Hitler quanto segue: "Non ritengo che, nel corso dell'estate, possa accadere alcunché di rilevante". Se la Germania avesse raggiunto senza problemi la primavera del 1936, qualsiasi pericolo di una crisi poteva considerarsi scongiurato. Ribbentrop affermò che la visita di Simon era da considerarsi fruttuosa: il segretario aveva fatto ritorno a Londra convinto del desiderio di pace del Führer. In effetti sir John, facendo scivolare la mano sulla carta dell'Africa, dal Congo francese alla Somalia italiana, aveva parlato di un nuovo impero coloniale tedesco, ma Hitler lo aveva interrotto: "Al momento le colonie non sono nei miei progetti". Aveva poi chiesto che il governo britannico acconsentisse a un'espansione della marina tedesca fino a un semplice 35% del tonnellaggio di quella britannica e fu un indubbio successo di Ribbentrop il fatto che, alla fine, la Gran Bretagna accettasse. L'accordo navale anglo-tedesco stipulato spinse Hitler a credere che in seguito, con la stessa Gran Bretagna, sarebbe stata possibile un'alleanza ampia e durevole.

Nel maggio 1935, Hitler ebbe un'altra, più personale, preoccupazione: un polipo aveva iniziato a occludergli le corde vocali. Avendo visto la madre morire di cancro, ne aveva un terrore morboso e temeva segretamente che quel polipo, qualora diagnosticato maligno, ponesse fine alla sua ascesa mondiale ancora prima che fosse realmente cominciata. Il 5 maggio il polipo gli venne asportato da un rinomato chirurgo berlinese, il professor Carl Eicken. A Hitler venne proibito di parlare per tre giorni: ciò lo costrinse a mettere per iscritto i suoi ordini, persino quelli rivolti a Göring, e a chiedere a quest'ultimo di sostituirlo, recandosi a Roma, in un incontro con Mussolini.

Il 25 maggio, quando fu raggiunto dalla notizia che l'accordo navale anglo-tedesco stava per essere firmato, Hitler si trovava ad Amburgo. Lì gli furono consegnati i risultati dell'esame istologico del polipo: si trattava di una forma benigna. "Oggi", si rallegrò con l'ammiraglio Raeder, "è la giornata più felice della mia vita. Stamani sono stato informato dal medico che il mio problema alla gola non è grave e nel pomeriggio ricevo queste sensazionali notizie politiche", intendendo l'accordo navale.

Durante il loro ultimo incontro dell'agosto 1934, il morente feldmaresciallo Hindenburg aveva sussurrato: "Herr Hitler, non si fidi degli italiani!"

Hitler, riferito al governo di quell'avvertimento, aveva aggiunto, a quanto riporta Schwerin von Krosigk, che se mai fosse stato costretto a scegliere tra la Gran Bretagna e l'Italia, le parole di Hindenburg sarebbero state alla base della sua scelta. Anche l'assistente personale di Hitler, Fritz Wiedemann, documenta che il Führer disse: "Se dovessi scegliere tra la Gran Bretagna e Mussolini, la mia posizione sarebbe ovvia: l'Italia ci è certo ideologicamente più affine, ma *politicamente* vedo prospettive solo a fianco della Gran Bretagna".

Non sorprende che Hitler considerasse inopportuna l'invasione dell'Abissinia ordinata da Mussolini il 3 ottobre 1935: "Il momento della lotta tra le nazioni statiche e quelle dinamiche è ancora lontano", dichiarò. Gran Bretagna e Francia annunciarono sanzioni contro l'Italia. Hitler non poteva permettere che l'Italia fascista venisse distrutta e, ai suoi generali e ministri, come ricorda Keitel, spiegò: "Il giorno in cui anche noi cominceremo ad avanzare le nostre legittime pretese, potrebbe accadere anche alla Germania di doversi difendere da interferenze esterne".

Wiedemann riporta: "Quando era preoccupato per qualsivoglia problema, Hitler si ritirava in solitudine nella propria stanza da dove era possibile sentirlo camminare avanti e indietro senza posa. Ha sempre preso da solo le decisioni veramente importanti come il riarmo, l'occupazione della Renania e altre. Spesso lo fece contro il parere del suo staff e dei suoi consiglieri. Era consapevole che certe responsabilità ricadevano esclusivamente sulle sue spalle".

Fortemente influenzato da Goebbels, a quel punto Hitler abbandonò la via della politica responsabile e intraprese la sua effimera ascesa verso l'egemonia europea. Nel 1936, verso la metà di febbraio, decise di rafforzare il suo non ancora vigoroso regime con un nuovo azzardo: in un'ulteriore violazione del Trattato di Versailles, avrebbe rimilitarizzato la Renania tedesca. Come pretesto, si sarebbe servito dell'imminente ratifica del trattato tra la Francia e Mosca: un patto che, in fondo, contravveniva agli Accordi di Locarno.

Il 20 gennaio Hitler rivelò a Goebbels le proprie intenzioni. Il 27 febbraio, mentre si trovava a pranzo con Göring e Goebbels, diede a intendere che riteneva prematuro invadere la Renania, ma non appena, il giorno successivo, la Francia ufficializzò il patto con Mosca, Hitler, senza tenere in considerazione l'invito alla cautela di Goebbels, dichiarò di aver preso la sua decisione.

Il 2 marzo Blomberg emanò una direttiva preliminare. Il giorno dopo von Fritsch dispose che, in una data stabilita, tre reparti di fanteria, attraversato il Reno, si dirigessero verso Aquisgrana, Trier e Saarbrücken; ma, facendo riferimento alla direttiva del 10 luglio 1935, mise bene in chiaro che qualora i francesi avessero contrattaccato, le forze tedesche avrebbero dovuto ritirarsi sul Reno.

Il 4 marzo la Francia ratificò l'accordo con Stalin e Blomberg ordinò che di lì a 48 ore, si desse inizio all'occupazione della Renania. Ottenuta l'approvazione del Consiglio dei ministri, la fanteria si mise in marcia. Quella mossa di Hitler scatenò un coro di proteste tra i paesi occidentali e solerti minacce di guerra da parte della Francia. Blomberg, perso il proprio sangue freddo, supplicò Hitler di ritirarsi prima che accadesse l'irreparabile. Da

Londra, i tre diplomatici tedeschi mandarono a Blomberg un telegramma di avvertimento. Ma Hitler mantenne i nervi saldi e né la Gran Bretagna, né la Francia si avventurarono in uno scontro frontale. Hitler attribuì al nuovo re britannico, Edoardo VIII, parte del merito della felice conclusione della crisi.

"Se manterremo ancora il sangue freddo", scrisse Goebbels sul suo diario, nel ricordare le precedenti due settimane di crisi, "vinceremo!"

Il popolo tedesco rimase positivamente impressionato dalla risolutezza di Hitler e, alla fine del marzo 1936, egli stesso, riportando una vittoria schiacciante, ne ricevette conferma dalle urne: il consenso in suo favore superò addirittura il 90%.

Lo studio della situazione economica della Germania nel 1936 indisponeva Hitler, cui era difficile accettare che così poco fosse stato realizzato per rendere la nazione autosufficiente: un requisito imprescindibile, questo, per affrontare una guerra. In aprile egli dette incarico a Göring di occuparsi di questioni concernenti le materie prime e la valuta estera.

A Kiel, in maggio, a bordo del suo yacht *Grille*, Hitler aggiornò Goebbels sulla sua idea di realizzare una sorta di Stati Uniti d'Europa sotto la guida tedesca. "Saranno necessari anni, forse decenni, perché si giunga a un tale risultato," commentò Goebbels nel suo diario. "Che mirabile sogno!"

"Il Führer", scrisse ancora Goebbels in giugno dopo un incontro segreto con Hitler, Papen e Ribbentrop, "prevede un conflitto in Estemo Oriente. Il Giappone schiaccerà l'Unione Sovietica. E allora verrà il nostro momento. Dovremo impadronirci di tanto territorio da averne a sufficienza per 100 anni. Speriamo di farci trovare pronti all'appuntamento e che il Führer sia ancora in vita".

In agosto, spazientito per gli scarsi progressi dell'industria, Hitler dettò alla propria segretaria un confuso memorandum sull'economia.

"Quattro anni sono trascorsi", esordì. E poi: "Senza dubbio oggi potremmo già essere completamente indipendenti per quanto riguarda il combustibile e la gomma, e ridurre parzialmente le importazioni estere di ferro".

La Germania, ordinò, doveva essere "capace di intraprendere una vittoriosa guerra contro l'Unione Sovietica", perché "una supremazia del bolscevismo sulla Germania non porterebbe a un nuovo Trattato di Versailles, bensì all'annientamento definitivo, allo sterminio [*Ausrottung*] della nazione tedesca". Hitler annunciò che era necessario risolvere una volta per tutte i problemi economici del paese ampliandone lo spazio vitale [*Lebensraum*] e le risorse di cibo e materie prime. In particolare, Hitler elencò queste due impellenti esigenze: "Primo: entro 4 anni l'esercito tedesco deve essere pronto ad agire; secondo, nello stesso lasso di tempo, l'economia del paese deve trovarsi nelle condizioni di sostenere un conflitto".

Lo stesso Göring, convocato all'Obersalzberg[35], venne incaricato di dirigere questo nuovo "piano quadriennale". Wiedemann ci riferisce ciò che Göring rispose a Hitler: "*Mein Führer*, se le mie previsioni sono esatte, entro i prossimi 5 anni una guerra di ingenti dimensioni sarà inevitabile". Il 4 settembre Göring lesse il memorandum di Hitler agli altri membri del governo, precisando: "Tutto ciò si basa sul presupposto che la guerra contro Mosca sia inevitabile. Ma anche noi possiamo realizzare ciò di cui i russi sono stati capaci". Il 7 settembre, il segretario di stato di Göring, Paul Körner, scrisse a un collega: "Göring è tornato dall'Obersalzberg con le nuove direttive. Non posso dirti di più, ma quando tornerai a Berlino troverai già segnata una direzione molto chiara".

Nell'autunno del 1936, Hitler era già seriamente coinvolto nella guerra civile spagnola. Il 25 luglio, a Bayreuth, Canaris[36] gli

35 Ndt. L'Obersalzberg è una montagna della Baviera situata in prossimità di Berchtesgaden. Rinomata località turistica alpina, divenne nota nel periodo nazista quando Hitler vi fece costruire la propria residenza estiva, la Berghof, progettata dall'architetto del diavolo, Albert Speer.

36 Ndt. Wilhelm Franz Canaris (1887 1945), ammiraglio tedesco, fu al comando dell'Abwehr dal 1935 al 1944. Oltre a venire coinvolto nell'organizzazione di due piani per assassinare Hitler (nel '38 e nel '39), partecipò al complotto del 20 luglio '44. Scoperto, venne arrestato, torturato e ucciso nel campo di concentramento di Flossenbürg.

aveva presentato gli emissari di un generale spagnolo semisconosciuto, Francisco Franco: essi si erano dichiarati latori di un appello, in cui quegli chiedeva di essere aiutato a rovesciare il governo repubblicano di Madrid. Franco chiedeva che gli aerei da trasporto tedeschi trasferissero le truppe marocchine da Tetuan, Nord Africa, in Spagna. In ottobre già infuriava la guerra civile. Gran Bretagna e Francia si erano adoperate con corpi volontari a sostegno dei repubblicani e vennero scoperti carri armati ed esplosivi di provenienza sovietica. Dopo averne discusso con Göring, Milch e Kesserling nuovo capo di Stato Maggiore della *Luftwaffe* Hitler autorizzò l'intervento dell'aeronautica. Il 6 novembre, Göring inviò nella penisola iberica, sotto il comando del colonnello Richthofen, un contingente aereo da bombardamento.

Hitler accolse con gioia quella guerra per diversi motivi: si trattava di un'ottima occasione per mettere concretamente alla prova la tecnologia militare della nuova Germania e forgiare ufficiali e soldati. Anche Göring salutò con soddisfazione il conflitto, vedendolo come un mezzo per ottenere dalla Spagna materie prime, necessarie al piano quadriennale, come tungsteno, rame e tannino. Il 1° dicembre, uno o due giorni dopo che Hitler aveva tenuto, a fronte del suo Gabinetto, un "importante discorso politico" di cui non rimane alcuna documentazione Göring commentò con i suoi diretti collaboratori che la *Luftwaffe* doveva tenersi pronta "per un'azione immediata, costi quel che costi". La Germania voleva la pace fino al 1941, disse Göring, "ma non possiamo essere certi che prima di allora non sopraggiungano complicazioni. In un certo senso, anche se ancora non stiamo sparando, siamo già in guerra".

Un giorno, il mondo

All'inizio del 1937 lo stato nazista poteva essere paragonato a un congegno atomico, in cui Adolf Hitler rappresentava il nucleo e i gerarchi che lo circondavano gli atomi. Nell'orbita a lui più prossima trovavano spazio Göring, Himmler e Goebbels che, infatti, erano a conoscenza delle sue più recondite ambizioni e dei mezzi di cui egli intendeva avvalersi per realizzarle. Ai limiti esterni erano collocati ministri, comandanti in capo e diplomatici, ognuno dei quali aveva una conoscenza parziale dei piani predisposti dal nucleo. Al di là di tutto ciò, si trovava il popolo tedesco. L'intero dispositivo era tenuto assieme dalla rete poliziesca, dal timore suscitato dalla Gestapo e dai famigerati campi di prigionia di Himmler.

Essere il Führer comportava dei vantaggi.

Dal 1933, Hitler era esentato dalla tassazione sui diritti d'autore del *Mein Kampf* e su quelli riconosciutigli per l'uso della sua immagine sui francobolli. Tutto ciò era coperto da assoluto segreto, ma va sottolineato che Hitler teneva, comunque, in poco conto tanto gli affari privati, quanto la sua persona. Nonostante l'insistenza di taluni, rifiutò di cambiare il celebre 'berretto da portalettere', gli stivali raggrinziti, i baffi fuori moda e convertirsi, così, a stili più in linea con gli anni trenta. Non desiderava la pubblicità in vita, né il plauso della posterità.

Scrisse a Hans Lammers che se il *Who's Who* britannico avesse ancora insistito per avere ulteriori dettagli sulla sua vita, si sarebbe dovuto fornire solo un profilo essenziale. Nel 1944, in un discorso privato tenuto ai generali che protestavano per le spietate decisioni prese sul fronte russo, così si espresse: "Provo una totale indifferenza verso ciò che la Storia potrà dire di me".

Nei primi giorni del novembre 1937, Hitler disse ai suoi collaboratori che una completa vittoria di Franco in Spagna non era auspicabile: "È nostro interesse che le tensioni nel Mediterraneo permangano". Che Franco stesse combattendo i comunisti, spalleggiati dai repubblicani, aveva per lui un'importanza relativa.

Nell'aprile 1938, Hitler così si era espresso in presenza di Reinhard Spitzy, segretario personale di Ribbentrop: "In Spagna abbiamo puntato sul cavallo sbagliato. Avremmo fatto meglio ad aiutare i repubblicani. Sono loro che rappresentano il popolo. In seguito avremmo potuto convertire questi socialisti in eccellenti nazionalsocialisti. Gli individui che circondano Franco altro non sono che reazionari clericali, aristocratici e benestanti che niente hanno in comune con noi nazisti!"

I suoi rapporti con Mussolini erano ugualmente illogici e nascevano soltanto da quella che, nel *Mein Kampf*, egli aveva definito una "sincera ammirazione per quel grand'uomo a sud delle Alpi", ch'egli copriva di costosi omaggi. Una testimonianza di tale atteggiamento è pervenuta anche da Henriette Hoffmann[37], la quale riferisce che Hitler sarebbe stato visto a Monaco, nel suo caffé preferito, in compagnia di un rilegatore, al fine di esaminare dei campioni di pelle per una serie di opere di Nietzsche da regalare a Mussolini; Hitler strofinò gli esemplari tra le mani e li respinse tutti con la frase: "La pelle deve essere verde ghiaccio", intendendo il pallido verde-azzurro dei ghiacciai dai quali Zarathustra contemplava il mondo.

Nonostante la visita ufficiale di Hitler a Venezia nel giugno 1934, Mussolini aveva proseguito per la sua strada. L'Austria rimaneva, tra i due, il pomo della discordia. Eppure, essendo ormai alleati in Spagna, il Duce cominciò a parlare di un "Asse" tra Roma e Berlino.

Nel settembre 1937, egli fu ospite per una settimana di Hitler, per assistere alle più grandi manovre militari che fossero state effettuate in Germania dal 1918. Hitler fece sfoggio delle nuove armi e delle recenti attrezzature tedesche, come le turbine a vapore ad alta pressione, in costruzione per il moderno incrociatore *Scharnhorst*.

A Berlino, Mussolini tenne un discorso davanti a una folla di 750.000 persone. Subito dopo, un improvviso acquazzone bloccò il traffico della capitale e, quando raggiunse il palazzo presidenziale, il Duce, bagnato fino alle ossa, si scontrò con un esempio dell'ostinata rigidità tedesca: una regola della casa, risalente agli albori della storia prussiana, proibiva di usare l'acqua calda per il bagno dopo le sette di sera.

Il popolo tedesco trovava l'interesse di Hitler per Mussolini

37 Ndt. Henriette Hoffmann era la figlia del fotografo di Hitler; nel 1932, sposò Baldur Benedikt von Schirach, uno dei leader nazisti a capo della Gioventù hitleriana e successivamente gerarca del distretto di Vienna.

tanto incomprensibile quanto la sua svolta filo-giapponese in Estremo Oriente. Fino al 1937, Blomberg, l'esercito e il ministro degli Esteri avevano convinto il Führer a mantenere un'autorevole delegazione in Cina. Si auspicava, infatti, che il leader cinese Chiang Kai-Shek potesse fornire alla Germania materie prime in cambio di fucili, munizioni e fabbriche di armamenti. Ma Hitler considerava Chiang un uomo corrotto e condizionato dalla moglie e temeva che la sua mancanza di contatto con il popolo potesse portare i cinesi tra le braccia dei bolscevichi.

Nel 1936, aveva autorizzato dei colloqui tedesco-giapponesi a Berlino, promossi dal delegato militare nipponico, il generale Hiroshi Oshima, e dai collaboratori di Ribbentrop. Ancora una volta, il ministro degli Esteri, Neurath, fu lasciato all'oscuro. Dopo la dichiarazione di guerra alla Cina da parte del Giappone, nel giugno 1937, Hitler bloccò gli aiuti tedeschi alla Cina e Ribbentrop propose un Patto Tripartito militare tra Germania, Giappone e Italia, "in previsione dell'inevitabile conflitto con le potenze occidentali".

L'alleanza fu siglata a Roma, il 6 novembre 1937.[38]

Quella era la prova concreta della bruciante delusione di Hitler nei confronti della Gran Bretagna, il paese al quale, sin dal 1922, aveva guardato come a un futuro alleato e verso cui provava una sincera ammirazione per la mancanza di scrupoli con cui si era conquistato il proprio impero. Il Führer possedeva numerosi volumi che trattavano della tradizione e del folklore inglese, materia che lo appassionava particolarmente, e ben sapeva che i tre anelli bianchi presenti sui colletti dei marinai di Sua Maestà commemoravano le vittorie ottenute dall'ammiraglio Horatio Nelson. In più di un'occasione aveva sottolineato: "Il crollo dell'impero britannico sarebbe per la Germania poco auspicabile." Adesso cominciava a sognare vaghi piani per aiutare la Gran Bretagna nell'eventualità che le sue colonie in Estremo Oriente venissero attaccate.

38 Ndt. Denominato inizialmente Patto Anticomintern, impegnava i contraenti a non rafforzare la posizione dell'URSS nel caso quest'ultima avesse aggredito uno dei paesi membri. Fu stipulato tra il Terzo Reich e l'impero giapponese il 25 novembre 1936 a Berlino. In seguito, il 6 novembre 1937, ebbe origine, con l'adesione del Regno d'Italia, il primo embrione dell'Alleanza Tripartita che sarebbe poi stata formalizzata il 26 settembre 1940.

Ribbentrop, che condivideva quei sentimenti, aveva già presentato a Hitler numerose personalità inglesi. Nel 1945, gli americani si impadronirono delle trascrizioni di alcuni di quei colloqui: quello con Lord Beaverbrook, proprietario del *Daily Express*, avvenuto il 22 novembre 1935; con Tom Jones, segretario personale di Stanley Baldwin, avvenuto il 17 maggio 1936; con Sir Thomas Beecham, il 13 novembre 1936 e molti altri. Mentre questi documenti sono da allora scomparsi, gli appunti di Ribbentrop in merito sono stati ritrovati. Egli riferì al Führer di aver più volte assicurato a Tom Jones che da quando Hitler, a Monaco, aveva dato origine al movimento nazista, "la completa collaborazione e l'amicizia tra la Gran Bretagna e la Germania erano state il precetto imprescindibile della loro politica estera".

Nel 1941, Ribbentrop avrebbe spiegato al diplomatico turco Acikalin di non essere affatto il "genio malefico" del Führer, ma di aver invece sempre consigliato a quest'ultimo di fare l'impossibile per assicurarsi l'amicizia della Gran Bretagna. Come ambasciatore a Londra, Ribbentrop avrebbe poi segretamente offerto a Baldwin una "alleanza offensiva e difensiva".

Hitler conosceva pochi inglesi. Aveva incontrato solo i Mitford, Sir Oswald Mosley, Lord Londonderry, Lord Rothermere, il giornalista Ward Price e il general maggiore J.

F. C. Fuller[39], celebre esperto di carri armati. Nel settembre 1936, David Lloyd George, già Primo ministro nel corso della Grande Guerra, trascorse due settimane in Germania come ospite di Hitler e descrisse con ammirazione, sul *Daily Express*, come questi avesse unito cattolici e protestanti, impiegati e artigiani, benestanti e indigenti in un unico popolo. Quattro anni dopo,

39 Ndt. I Mitford sono una famiglia aristocratica inglese; Sir Oswald Ernald Mosley, politico britannico, fondò nel 1932 la British Union of Fascist, formazione politica di estrema destra, vicina al Partito nazionale fascista di Mussolini; Lord Londonderry, segretario di Stato per l'aeronautica negli anni Trenta, si mostrò favorevole al regime nazista tedesco; Harold Sidney Harmsworth, primo Visconte Rothermere, proprietario di alcuni dei quotidiani inglesi di maggiore successo, negli ultimi anni della sua vita usò i giornali per influenzare la politica inglese in favore della Germania nazista. Nel gennaio 1934, egli scrisse sul Daily Mail un editoriale dal titolo Hurrah per le Camicie nere! in cui lodava Mosley per la sua "sensata dottrina conservatrice"; John F. C. Fuller è stato un generale, storico e stratega britannico. Una volta congedato, manifestò aperta simpatia per il fascismo.

il magnate britannico della carta stampata, Cecil King, avrebbe riportato nel suo diario: "George definì Hitler una delle più rilevanti figure apparse in Europa dopo Napoleone, e forse persino più grande di lui". Lloyd George rivelò che, nel 1918, la Gran Bretagna era stata sul punto di gettare la spugna, avendo il maresciallo Earl Haig segnalato che l'offensiva alleata non sarebbe potuta continuare a lungo. Hitler, negli anni in cui la guerra volse a suo sfavore, ricordò spesso le parole di Lloyd George ai suoi avviliti generali.

In giugno, ci fu un altro contatto con il mondo anglosassone quando William Mackenzie King, il Premier canadese, ebbe un colloquio di due ore con Hitler. Anche lui annotò nel suo diario la propria favorevole impressione in merito al "costruttivo" operato dei nazisti. Eppure, Hitler, leggendo i rapporti provenienti da Londra, concludeva che, nonostante ogni rassicurazione, la Gran Bretagna aveva ripreso un dissimulato riarmo, in particolare della *RAF*: c'era quindi un limite temporale entro il quale egli avrebbe dovuto coronare le proprie intime ambizioni strategiche a Est. Così il suo addetto militare gli riferiva da Londra il 19 febbraio 1937: "In qualsiasi guerra, il tempo gioca in favore della Gran Bretagna, ma solo nel caso in cui essa saprà far fronte alle iniziali sconfitte che potrebbero impedirle di proseguire il conflitto".

Già nel 1935, Hitler aveva spiegato a Ribbentrop che non intendeva ripetere l'errore dell'ammiraglio von Tirpitz, che si era lasciato coinvolgere in una corsa agli armamenti: lui avrebbe concesso alla Gran Bretagna la superiorità navale e confidava che gli inglesi avrebbero ricambiato la cortesia lasciando alla Germania il predominio delle forze terrestri. Tuttavia, nel settembre 1938, l'Alto Comando della marina avrebbe così riassunto la situazione: "Nell'ultimo anno e mezzo la marina e il Führer hanno cominciato a rendersi conto che, contrariamente a ciò che si era sperato all'epoca della firma dell'accordo navale, la Gran Bretagna come futuro possibile nemico non può essere esclusa". Di certo Hitler non aveva preventivato il 'distacco' inglese. In privato disse a Julius Schaub e ad altri suoi collaboratori che quella delusione non ci sarebbe stata se, nel dicembre 1936, Edoardo VIII non fosse stato costretto ad abdicare. Il suo successore, il fragile e inesperto Giorgio VI, era completamente in pugno a 'diabolici consiglieri' marcatamente anti-tedeschi.

Quando, nell'ottobre del 1937, Edoardo, ormai duca di Windsor, andò in visita a Berchtesgaden, disse a Hitler molte cose che avvalorarono quell'opinione. Purtroppo, le annotazioni sul loro incontro, presenti negli archivi confiscati dagli Alleati nel 1945, sono scomparse.

Un motivo meno tangibile dell'irrequietezza di Hitler era la constatazione che gli anni passavano e il suo grandioso progetto rimaneva pressoché irrealizzato. Tale stato d'animo era condiviso dai membri del governo. Il funzionario della Gestapo Werner Best, che nel 1937 presenziò a una riunione ministeriale, asserì che il Führer diventava "sempre più nervoso, di malumore, impaziente, adombrato, brusco, diffidente, ingiusto, dogmatico e irascibile. Ascoltava cupo", scrisse, "le tesi proposte e rispondeva sgarbatamente palesando il suo disinteresse per i temi trattati, per le dispute e persino per le persone presenti".

Hitler, di fronte all'inerzia della burocrazia governativa, si sentiva soffocare. Prese così a nominare speciali plenipotenziari, ai quali affidava specifici incarichi. Negli ultimi mesi del 1937, le riunioni di Gabinetto andarono diradandosi e Hitler, tramite Lammers, prese ad occuparsi direttamente degli affari di Stato, comunicando ai ministri e ai generali, senza ammettere discussioni, le proprie direttive.

Con il decadere del governo del Consiglio dei ministri le cose, in Germania, si mossero con maggiore rapidità. Necessario presupposto era però il condizionamento psicologico dell'opinione pubblica. Hitler lo avrebbe spiegato con esplicita chiarezza nel novembre 1938:

"Solo battendo continuamente sul tasto del desiderio e della ricerca della pace da parte della Germania sono riuscito, poco alla volta, a ottenere la libertà di azione e gli armamenti di cui avevano bisogno per approntare i successivi progetti".

Il primo obiettivo sarebbe stata l'Austria. Hitler suggerì di conquistarla, possibilmente, con mezzi pacifici. Ai primi di luglio del 1937, aveva incaricato un comandante di plotone delle *SS*, il dottor Wilhelm Keppler, di operare come agente speciale del partito nazista per gli affari austriaci, avvertendolo però che non desiderava una soluzione rivoluzionaria. Quello stesso mese, Hitler fu particolarmente commosso dalla partecipazione, al festival della canzone di Breslavia, di comitive provenienti dalle zone di lingua tedesca austriache e cecoslovacche. Nel suo discorso, fece un rapido riferimento ai "95 milioni di tedeschi" dei quali soltanto 68 milioni, al momento, facevano parte del suo *Reich*. La rappresentanza austriaca, agghindata con i vivaci costumi nazionali, prese festosamente d'assalto la sua tribuna, mentre le donne che ne facevano parte versavano copiose e sincere lacrime di commozione. Fu una scena di cui Hitler, nei mesi successivi, avrebbe spesso parlato in privato.

In visita nella villa di Goebbels a Schwanenwerder, all'indomani del festival, Hitler confermò che, per quanto riguardava l'Austria, era sua intenzione procedere a "una sana pulizia" e che successivamente avrebbe riservato alla Cecoslovacchia identico trattamento. Anche in quel paese risiedeva infatti una forte minoranza tedesca. A parte le 150.000 persone censite nel 1930, nella più lontana Slovacchia vi erano 3 milioni e mezzo di abitanti di etnia tedesca "intrappolati" in Bosnia e in Moravia dalle artificiose frontiere che, nel 1919, avevano creato la Cecoslovacchia. Hitler negava ai cechi qualsiasi diritto su quei territori: la loro presenza in Bosnia e Moravia risaliva solo al VI° o VII° secolo.

"I cechi nell'infiltrazione sono sempre stati maestri", avrebbe detto nell'ottobre 1941. "Prendete Vienna: prima della Grande Guerra, solo 170 dei 1.800 ufficiali di corte imperiale erano di etnia tedesca, mentre gli altri, fino ai gradini più alti, palesavano origini ceche". Quasi tutta la comunità tedesca viveva nei "territori dei Sudeti" in prossimità del confine, dove ingegneri cechi e francesi avevano lavorato anni per erigere delle fortificazioni. Nel frattempo, il Presidente cecoslovacco Eduard Benes rafforzava, senza farsi troppi scrupoli, la 'cechizzazione' dell'amministrazione locale di quelle provincie. Hitler lo descrisse a Goebbels come un "astuto, strabico, piccolo topo". Il barone von Neurath aveva ripetutamente, ma invano, tentato di dissuaderlo dal perseverare in quella strategia politica.

La domanda era: quando Hitler avrebbe dovuto colpire? Di quel periodo, Reinhard Spitzy rammenta un frangente in cui Hitler scorreva i rapporti delle agenzie stampa, mentre Ribbentrop spiava da sopra la sua spalla.

"*Mein Führer*", disse improvvisamente Ribbentrop, "credo che ben presto dovremo sguainare la spada!"

"No, Ribbentrop", rispose Hitler, "non ancora". L'ultimo ordine di Blomberg alla *Wehrmacht*, nel giugno 1937, era stato di natura difensiva. Esso si era soffermato su due eventualità di scarsa importanza: l'*Operazione Otto*, un attacco tedesco all'Austria nel caso questa avesse restaurato l'odiata monarchia degli Asburgo, e l'*Operazione Verde*, un attacco a sorpresa in Cecoslovacchia nel caso in cui Francia e Unione Sovietica avessero invaso la Germania (così da impedire all'aviazione russa di disporre dei nuovi aeroporti della Cecoslovacchia). Il generale Fritsch, comandante in capo dell'esercito, aveva doverosamente ordinato ai suoi sottoposti di predisporre piani strategici per fare breccia nelle fortificazioni ceche.

Il 5 novembre 1937, durante un pranzo, Hitler, poiché un'azione era prematura, chiese a Goebbels di muoversi con cautela.

"I cechi sono matti", rifletté Goebbels nel riportare quella conversazione nei suoi diari, "si sono impadroniti di territori non loro con il solo risultato di essere ora circondati da milioni di nemici. Alla salute!"

Hitler disse a Goebbels che, per ciò che riguardava i rapporti con la Chiesa e le rivendicazioni coloniali, bisognava tergiversare.

Egli aveva l'impressione che l'esercito mancasse di entusiasmo. Di certo, nella prospettiva di un lungo conflitto, esso risultava carente di armamenti e attrezzature.

La Germania era presa nella morsa di una grave carenza di acciaio e, nei primi mesi del 1937, la *Wehrmacht* si era vista costretta a ridurre il budget di spesa. La marina militare, nel momento in cui anche la Gran Bretagna diveniva un possibile avversario, protestava ininterrottamente contro i tagli ai programmi di costruzione di navi da guerra. Ma la lacuna non poteva essere colmata: in conseguenza del varo, programmato per il 1938, di due navi da guerra, la *Bismarck* e la *Tirpitz*, fatta eccezione per un incrociatore e una portaerei, ogni altra costruzione doveva essere sospesa. La *Luftwaffe* fece però notare che mensilmente la marina, a scapito delle altre Forze Armate, continuava a ricevere 70.000 tonnellate di acciaio. Su suggerimento di Blomberg, Hitler, per porre fine a ogni discussione, convocò alla Cancelleria il comandante in capo.

Questi, i retroscena di una delle più straordinarie riunioni segrete di Hitler, la cosiddetta *Conferenza di Hossbach* tenutasi il 5 novembre 1937 (nello stesso pomeriggio del colloquio avuto con Goebbels). Hitler decise di avvalersene per svelare alcuni dei suoi progetti reconditi (o come disse a Göring "per mettere un po' di pepe sulla coda di Fritsch").

Il colonnello Fritz Hossbach, suo consulente per la *Wehrmacht*, 5 giorni più tardi scrisse un fascicolo riassuntivo del dibattito, parzialmente sopravvissuto fino ai giorni nostri. In esso è contenuto anche un telegramma inviato dall'ambasciatore francese in cui quegli riferiva ciò che aveva appreso della lunga riunione di Hitler e dell'ingente numero di alte cariche presenti. Non si trattò di una delle solite riunioni di Gabinetto. L'argomento da discutere era molto importante, spiegò Hitler e, per dare solennità alla cosa (così disse a Göring), invitò il ministro degli Esteri Neurath, Blomberg, Göring, Raeder e Fritsch a seguirlo in una sala dalle pareti rivestite di specchi posta in quell'ala della cancelleria ove era collocata la "sua residenza ufficiale". Le porte a vetri vennero chiuse e oscurate da una spessa tenda. La dozzina di esperti economici e militari che Blomberg aveva riunito (inutilmente) dovettero attendere per oltre 4 ore nella vicina saletta da fumo. Quando la riunione ebbe termine, alle 20:30, subito si diffuse la voce: "La marina ha vinto!" e "Solo la marina otterrà una fornitura di 20.000 tonnellate di acciaio".

Nella parte di discorso che conosciamo grazie agli appunti superstiti di Hossbach, troviamo che Hitler insistette nel proposito di intraprendere una guerra, nei successivi 5 6 anni, quale necessario antidoto a risolvere i problemi di "spazio vitale" del paese.

Come prima tappa, nel 1938 avrebbe potuto, in determinate circostanze, ordinare un "attacco lampo" contro la vicina Cecoslovacchia. L'opinione di Hitler era che la Gran Bretagna avesse, in segreto, già scaricato la Cecoslovacchia e che la Francia si apprestasse a farlo. Nel suo discorso, fu talmente passionale che Fritsch si dichiarò disposto ad annullare la vacanza in Egitto, programmata di lì a 10 giorni. Alle affermazioni di Hitler non venne fatta alcuna obiezione, né allora, né in seguito.

Il 21 dicembre, il ministero di Blomberg emise alcune disposizioni in merito all'*Operazione Verde*: le difese sulla frontiera occidentale, benché fosse intenzione di Hitler evitare una guerra su due fronti e scongiurare qualsivoglia rischio economico, dovevano esser rinforzate. Se lo scenario politico non avesse avuto gli sviluppi desiderati, l'*Operazione Verde* sarebbe stata posticipata di alcuni anni. D'altro canto, recitava la direttiva, si sarebbe potuta creare una situazione tale da privare la Cecoslovacchia di tutti i suoi potenziali alleati, fatta eccezione per l'Unione Sovietica: "In tal caso l'operazione prenderà il via *prima* che la Germania sia perfettamente pronta per un conflitto".

L'ordinanza emessa da Blomberg dimostra quanto poco egli si rendesse conto della vera portata delle ambizioni di Hitler. Come ben sapeva chiunque avesse letto il capitolo 14 del *Mein Kampf*, Hitler aveva puntato gli occhi molto lontano. Sin dai suoi primissimi discorsi aveva mostrato interesse per le ampie distese dell'Unione Sovietica e, se applichiamo la sola unità di misura idonea, la conclusione da trarne è che la sua "terra promessa", il nuovo impero, avessero dimora a Oriente. Un indizio di ciò si trova negli archivi navali tedeschi e consiste in una lettera scritta dal comandante navale di Pillau (Prussia orientale), a proposito di una conversazione avvenuta nel giugno del 1937 tra Hitler e il gerarca locale del partito, Erich Koch: Hitler, riporta la missiva, mise in evidenza l'importanza di Pillau come base navale "più idonea persino di Kiel o di Wilhelmshaven", per ospitare, in futuro, una flotta imponente. "Secondo il Führer verrà il momento in cui, diciamo tra 6 o 7 anni, la Germania potrà sostituire il proprio atteggiamento difensivo con una politica d'attacco. E in Europa uno sviluppo di questo genere sarà possibile soltanto verso est".

È un peccato che non sia stata rinvenuta documentazione alcuna circa la maggior parte degli importanti discorsi tenuti da Hitler ai gerarchi locali, quali quello del 2 giugno 1937 a cui, probabilmente, quella lettera faceva riferimento. Un discorso tenuto ai leader del partito ci è pervenuto su dischi magnetici. In questa arringa, pronunciata il 23 novembre 1937, Hitler proclama: "Gli inglesi hanno conquistato il loro impero con meno sangue di quanto ne abbiano versato i tedeschi nella Grande Guerra... Gli imperi vengono creati soltanto attraverso i movimenti rivoluzionari". Poi, più avanti aggiunge: "Oggi la nazione tedesca ha finalmente ciò che per secoli le è mancato, cioè un'eccellente guida per il suo popolo".

Hitler non era interessato a conquiste d'oltremare: infatti, neppure lo statista britannico Lord Halifax, che il 19 novembre gli fece visita in Baviera per discutere delle colonie tedesche in Africa, riuscì a suscitare il suo interesse.

Alla fine del 1937, apparve evidente che l'anno successivo sarebbe stato determinato da due fattori: la risoluta decisione di Hitler di dare inizio alla lotta per il *Lebensraum* (spazio vitale) e la crescente certezza che la Gran Bretagna si sarebbe adoperata a ostacolare i progetti della Germania.

Il 27 dicembre, Ribbentrop, in qualità di ambasciatore tedesco a Londra, sottopose a Hitler un'analisi dell'atteggiamento britannico[40]. La Gran Bretagna, disse, adesso considerava la Germania una potenziale minaccia. Il Primo ministro britannico Chamberlain, al momento, stava lavorando a predisporre un piano per favorire la pace in Europa, che avrebbe portato il suo paese a offrire a Hitler alcune colonie e una serie di concessioni in Austria e Cecoslovacchia. Ma, ammoniva Ribbentrop, benché gli inglesi fossero largamente favorevoli a stipulare un patto duraturo con la Germania, c'era a Londra una classe dirigente

40 Nda. Questo documento, che l'autore è riuscito ad ottenere, dimostra che Ribbentrop avvertì Hitler del fatto che la Gran Bretagna avrebbe mosso guerra. Il documento 'non fu trovato' dai redattori della pubblicazione ufficiale alleata Documents on German Foreign Policy.

ostile che poteva sempre ribaltare il favore dell'opinione pubblica e farla propendere per la guerra, per esempio inventando e propagandando notizie di atrocità commesse dai nazisti. Sussisteva, scriveva Ribbentrop, una dirigenza politica "in vena di eroismi" che, pur di proteggere i propri interessi materiali e strategici, non avrebbe esitato a intraprendere una guerra. "Allorché riterrà che il pronostico le sia favorevole, la Gran Bretagna combatterà".

"Se in futuro la Gran Bretagna continuerà a ostacolare la Germania in ogni occasione, non v'è alcun dubbio che alla fine le due nazioni seguiranno strade divergenti. Tuttavia, mi sembra opportuno che la nostra politica rimanga ancorata allo sforzo di trovare un accordo. Quindi ritengo che l'ambasciata debba impegnarsi a favorire un'intesa anglotedesca".

Il 2 gennaio 1938, Ribbentrop rivide la sua opinione in modo significativo: "Oggi", scrisse al Führer, "non credo sia più possibile un riavvicinamento. La Gran Bretagna non vuole una Germania militarmente ed economicamente forte perché la considera una minaccia permanente alle proprie isole. Per questo ritengo inevitabile lo scontro: la Gran Bretagna non si tirerà indietro".

Il risultato fu un ordine di Hitler, sempre in gennaio, che imponeva il potenziamento della flotta. Per la fine del 1944 dovevano essere ultimate, se non 6 come precedentemente progettato, almeno 4 navi da battaglia.

Il 21 gennaio, Hitler rivolse ai suoi generali il primo di molti discorsi segreti. Ne esiste un riassunto di tre pagine, di cui si ignora l'autore, che riferisce come Hitler avesse esordito con una descrizione dell'impero romano, spiegando che, in seguito, il cristianesimo aveva dato al mondo occidentale la compattezza interiore necessaria a respingere le invasioni dall'Est. "Solo un uomo può esercitare il comando, ma quell'uomo porta sulle spalle l'intero peso della responsabilità. È un compito arduo, credetemi... i miei nervi sono scossi e, a causa delle preoccupazioni per la Germania, ho difficoltà perfino a prendere sonno". Tra l'altro, la situazione alimentare del paese, era particolarmente seria:

"La condizione della Germania desta gravi preoccupazioni. Giorno e notte rifletto sul problema. Una sola cosa mi porta a credere che per la nazione tedesca vi sia ancora speranza: se esaminiamo da vicino i paesi che dominano il mondo quali la Gran Bretagna, la Francia e gli Stati Uniti d'America, le statistiche dimostrano che una minoranza di loro, forse 40 o 50 milioni di cittadini di razza pura, controllano milioni di altri esseri umani e vaste zone del pianeta. C'è una sola nazione al mondo che vive in Europa compatta, si esprime in un'unica lingua, detiene una sola razza e rimane saldamente omogenea: questa è la Germania, che consta di 110 milioni di tedeschi disseminati nell'Europa centrale. Questo confronto ci da motivo di speranza. Un giorno il mondo intero dovrà necessariamente appartenere e apparterrà a questo blocco compatto presente nell'Europa centrale".

La first lady

A Monaco, a un'estremità della *Ludwigstrasse*, sorge l'Arco della Vittoria, all'altra si erge il tetro mausoleo di pietra della *Feldherrnhalle*[41].

Qui, il 22 dicembre 1937, senza che la silenziosa folla che sin dall'alba si accalcava sui marciapiedi ghiacciati, sospettasse alcunché, la Germania nazista fece un impercettibile passo avanti lungo la strada che l'avrebbe condotta alla definitiva rovina.

Accadde questo: il generale Erich Ludendorff, capo di Stato Maggiore di Hindeburg durante la guerra mondiale, era morto. Il feretro, deposto all'ombra dell'Arco della Vittoria, avvolto nella bandiera con i colori del Kaiser e fiancheggiato da alte colonne drappeggiate in nero, si stagliava nell'ombra sormontato da bracieri in cui ardeva una fiamma. Per tutta la notte, alcuni alti ufficiali della nuova *Luftwaffe,* irrigiditi dal freddo, rimasero in veglia ai quattro angoli della bara, tenendo su cuscini di seta le 80 medaglie al merito che il defunto si era guadagnato. Verso le dieci del mattino, Hitler venne a rendere omaggio alla salma e

41 Ndt. La Feldherrnhalle o loggia dei marescialli venne costruita tra il 1841 ed il 1844 su progetto di Friedrich von Gärtner per volere di Luigi primo di Baviera. Qui ebbe fine il 'putsch della birreria di Monaco' tentato da Hitler nel 1923.

Werner Blomberg, da poco promosso feldmaresciallo, aveva alzato il braccio in segno di saluto; Hermann Göring, comandante della *Luftwaffe* nonché terzo uomo di potere dopo Hitler e Blomberg, lo imitò. Il comandante dell'esercito tedesco, il barone Werner Fritsch, assente, si trovava in Egitto per una breve vacanza. Al suono attutito dei tamburi, sei ufficiali issarono il feretro su un telaio di cannone. Le fotografie mostrano Hitler addolorato, ma consapevole che 100.000 occhi sono puntati su di lui, avanzare solitario a capo scoperto precedendo i comandanti e i ministri del suo governo. Quello, era ciò che il suo popolo voleva vedere: lui, il Führer, seguito dai propri fedeli gerarchi e circondato dall'abbraccio dei suoi sudditi, tutti saldamente uniti in un condiviso momento di suggestiva grandiosità. Mentre le ultime malinconiche note di *Avevo un camerata* si spegnevano, il plotone posto nel giardino del castello sparò 19 colpi a salve facendo disperdere nell'aria nebbiosa uno stormo di indispettiti uccelli.

Hitler, quindi, si allontanò seguito dalle eminenti personalità verso il cortile dove le auto stavano aspettando.

Blomberg gli si fece da presso: "*Mein Führer*, posso parlarle in privato?" Hitler, senza sospettare alcunché, fece strada verso il suo appartamento. Trascorsi 5 minuti si trovavano nell'ascensore dell'edificio sito al numero 16 della *Prinzregenten Platz*. Qui Blomberg chiese al Führer il permesso di risposarsi: la sua fidanzata era di modesta estrazione sociale, una segretaria impiegata in un ente governativo, ma il nazionalsocialismo non predicava forse l'eguaglianza sociale? Hitler dette immediatamente il proprio consenso.

Egli intratteneva con Blomberg rapporti molto stretti. Così sia lui che Göring accettarono volentieri di fare da testimoni alle nozze. La cerimonia si svolse quasi in segreto al ministero della Guerra, il 12 gennaio 1938. La sposa aveva 24 anni, Blomberg si avvicinava alla sessantina. La ragazza era oggettivamente attraente: dotata di una figura snella, aveva i capelli biondi, la fronte spaziosa, gli occhi grigio-azzurri, il naso delicato e una bocca generosa. A cerimonia avvenuta, i due partirono immediatamente per il viaggio di nozze, ignari che la loro poco equilibrata unione avrebbe offerto a Hitler l'occasione propizia di intraprendere il passo decisivo verso il potere assoluto.

La luna di miele venne presto interrotta dalla notizia dell'improvviso decesso della madre di Blomberg. Il 20 gennaio, accompagnato dal suo capo di Stato Maggiore, il generale Wilhelm Keitel, quegli si recò a Eberswalde, una località distante una cinquantina di chilometri da Berlino, per presenziare al rito funebre. Quando, il giorno 24, fece ritorno a Berlino, Blomberg dovette trovare ad attenderlo notizie poco piacevoli, perché immediatamente chiese di essere ricevuto dal Führer.

Hitler aveva fatto una veloce puntata a Monaco per inaugurare la mostra delle arti e dei mestieri. Quando, la sera del 24 gennaio, tornò a Berlino e la sua auto si fermò davanti alla cancelleria, trovò Göring che, brandendo nell'aria una grossa busta gialla, lo attendeva impaziente.

"Blomberg ha preso in moglie una prostituta!" annunciò. "Ci ha indotti con l'inganno a fargli da testimoni: la nuova first lady è schedata dalla polizia".

Questo, ciò che era accaduto durante l'assenza di Blomberg: il 21 gennaio, il conte Wolf von Helldorf, capo della polizia di Berlino, mostrata a Keitel una banale e innocua scheda di variazione di residenza, gli aveva chiesto conferma che la donna ritratta nella fotografia corrispondesse all'identità della nuova signora Blomberg. Keitel, poiché aveva visto la sposa solo al funerale e con il volto coperto da un velo, suggerì di chiedere a Göring, presente alla cerimonia di nozze. Helldorf aveva spiegato che, nel momento in cui la donna aveva comunicato alle autorità la variazione di residenza, dal suo passato era emerso qualcosa. Il mattino seguente, recatosi da Göring, gli aveva fornito il dossier che gli inquirenti disponevano di tale Eva Gruhn, nome da nubile della signora Blomberg.

La sera del 24 gennaio, quando Hitler aprì la busta gialla, vi trovò prove inequivocabili. Schede con impronte digitali, alcuni mandati di comparizioni e fotografie che mostravano una donna intrattenersi in imbarazzanti giochi con una candela.

Quei rapporti redatti dalla polizia rispecchiavano l'immagine di una Berlino stretta nella morsa della crisi economica. Il padre della signorina Gruhn era morto in guerra quando lei aveva 5 anni. La madre, massaggiatrice diplomata, svolgeva la professione. Nel 1932, compiuti i 18 anni, Eva era andata ad abitare con il suo amante, un ebreo cecoslovacco di quarantun'anni, certo Heinrich Löwinger.

Più tardi, quello stesso anno, Löwinger aveva avuto una richiesta di immagini pornografiche e, appurato che quello sarebbe stato un modo facile e rapido per procurarsi denaro, incaricato un professionista polacco, il pomeriggio di Natale aveva convinto Eva a farsi riprendere in pose compromettenti. Löwinger, dopo averne vendute appena 8, era stato tratto in arresto. I rimanenti documenti presenti, nel fascicolo, erano degli avvisi di ricerca riguardanti la fuga della ragazza, ancora minorenne, da casa e una scheda della polizia, in cui si asseriva che la donna "non aveva precedenti penali". Secondo il dossier, Eva, accompagnata dal futuro marito, aveva fatto visita per l'ultima volta alla madre il 9 gennaio: "conosciamo tutti l'identità di costui", qualcuno aveva scarabocchiato ai margini del foglio.

L'accurata analisi di quei documenti mandò Hitler su tutte le furie: "Non mi si vuole risparmiare proprio niente?" esclamò rivolto a Göring.

Hitler non riusciva a credere che Blomberg potesse avergli giocato un tiro simile. Chiaramente, disse Göring, il feldmaresciallo avrebbe dovuto rassegnare le dimissioni, ma chi era in grado di succedergli? Uno dei candidati era Heinrich Himmler, l'onnipotente condottiero delle *SS*, l'altro, ovviamente, lo stesso Göring.

Prima di tutti, però veniva il generale Fritsch. Nelle sue annotazioni confidenziali, redatte a mano e riguardanti quelle drammatiche settimane (che nel 1945 furono portate da Postdam a Mosca), Fritsch negò qualsiasi ambizione di succedere a Blomberg: "Avrei rifiutato l'incarico perché, a causa dell'atteggiamento del partito nei miei confronti, gli ostacoli sarebbero stati insormontabili".

Hitler nutriva per Fritsch una profonda stima, ma anche quest'ultimo teneva un preoccupante scheletro nell'armadio impossibile da ignorare: due anni prima, nel 1936, durante la crisi della rimilitarizzazione della Renania, Himmler aveva mostrato a Hitler un dossier di polizia che collegava Fritsch a un ricattatore omosessuale. All'epoca, Hitler si era rifiutato di leggere il dossier, ma non aveva dimenticato quelle insinuazioni.

"Alla fine di marzo o ai primi di aprile [1936]", avrebbe scritto 3 anni più tardi lo stesso Fritsch, "invitai il Führer a fare all'esercito l'onore di accettare il grado di colonnello onorario del Nono reggimento di fanteria di Potsdam. Hitler accettò e pertanto il reggimento doveva recarsi a Berlino il 20 aprile. Ma il 19 aprile Hossbach mi comunicò che il Führer ritirava il consenso a fregiarsi di tale carica". All'epoca, per Fritsch, quella vicenda aveva rappresentato un inspiegabile mistero. Il giorno successivo, in occasione del compleanno di Hitler, Fritsch, ammalato ad Achterberg, aveva inviato al Führer un telegramma: "L'esercito e io stesso la seguiamo con orgogliosa fiducia e sincera fede lungo la strada che lei sta segnando per il futuro della Germania".

In seguito, il 18 gennaio 1939, Fritsch avrebbe però commentato: "All'epoca ciò era assolutamente vero. Oggi, invece, non nutro alcuna fiducia per quell'uomo. E non mi è dato sapere quanta ne riponga in lui l'intero corpo ufficiali". Naturalmente nel 1939 Fritsch era ormai al corrente del motivo per cui Hitler avesse cambiato idea in merito all'onorificenza.

Nella primavera del 1936, scrisse: "... Himmler [per primo] consegnò al Führer il dossier in cui si sosteneva che fossi stato ricattato. Forse è a causa di questo che il Führer ebbe un ripensamento sulla carica onoraria. La spiegazione che ne diede in seguito, e cioè che il partito non avrebbe compreso la necessità di ricoprire il ruolo di colonnello di un reggimento, non aveva alcuna logica. È probabile che sia accaduto questo: scoperto che a Hitler era stata offerta questa opportunità, Himmler temeva che ciò potesse in qualche modo rafforzare ulteriormente l'influenza che il Führer aveva sulle Forze Armate. Himmler non voleva che questo avvenisse. E per impedirlo quel farabutto era capace di qualsiasi bassezza".

Nel dicembre 1937, con Fritsch ancora in Egitto, Himmler

aveva nuovamente rispolverato il dossier e fatto presente i rischi che avrebbe comportato, per la sicurezza dello stato, un'eventuale omossessualità di questi. Hitler, sospettando che il partito intendesse pareggiare i conti con Fritsch, aveva ordinato la distruzione del fascicolo.

Quando Fritsch fece ritorno dalla vacanza, incontrò il Führer solo una volta, il 15 gennaio 1938, ed ebbe con lui una discussione di due ore che il generale descrisse così:

"Il Führer cominciò a parlare in tono irritato delle proprie preoccupazioni per la diffusione nell'esercito di propaganda anarchica. Io, invano, cercai di calmarlo. Chiesi prove concrete di quanto asseriva, ma lui disse che non era tenuto a darle a me e che le avrebbe fornite a Blomberg. Quello era un evidente segno di sfiducia nei miei confronti, per cui non avevo affatto intenzione di soprassedere. Decisi di chiedergli garanzie sulla sua immutata fiducia nei miei riguardi, in mancanza della quale avrei rassegnato le dimissioni. Ma non si spinse fino a quel punto...".

Poi, il 24 gennaio 1938, Hitler decise di porre fine alla questione. Disse a un segretario di convocare immediatamente Hossbach, ma questi, essendo già a letto, si rifiutò di presentarsi prima del mattino seguente. Hitler rimase in piedi fino all'alba, domandandosi, qualora quel doppio scandalo fosse diventato di dominio pubblico, come avrebbe potuto evitare che il proprio prestigio ne venisse intaccato.

Il giorno successivo, il 25 gennaio, alle 11:00 del mattino, Göring riferì di aver visto Keitel e di avergli chiesto di parlare con lo sfortunato ministro della Guerra per quanto riguardava il passato della moglie.

Nel primo pomeriggio, Göring disse a Hitler di essersi personalmente recato da Blomberg e di avergli "suggerito" di dare le dimissioni. Blomberg, aggiunse poi, appariva un uomo distrutto. In presenza di Hossbach, quindi, Göring consegnò a Hitler il fascicolo della Gestapo che riguardava il coinvolgimento di Fritsch, nel 1936, in una vicenda di omosessualità. Il dossier era chiaramente una recente ricostruzione dei fatti e conteneva molte copie carbone di interrogatori e testimonianze giurate. Un ricattatore, tale Otto Schmidt, arrestato nel 1936, aveva raccontato di alcuni "rapporti contro natura" di un certo generale Fritsch, fatti di cui, nel novembre 1933, egli stesso era stato testimone.

Schmidt, presentatosi al generale come "ispettore investigativo Kröger" aveva minacciato di trarlo in arresto. Allora Fritsch mostratogli un documento di identificazione dell'esercito, con rabbia aveva esclamato: "Sono il generale Fritsch!" Poi ne aveva comprato il silenzio con 2.500 marchi ritirati dalla propria banca di Lichterfelde. Come Göring, compiaciuto, fece notare, le testimonianze di Schmidt si erano mostrate degne di fiducia in altri 60 casi. In poche parole, le prove risultavano schiaccianti.

Nonostante ciò, Hitler rimase incerto sul da farsi. Ordinò a Göring di sottoporre Schmidt a un ulteriore interrogatorio e proibì a Hossbach di far parola dell'accaduto con Fritsch. Purtroppo Hossbach, quella stessa sera, piuttosto illogicamente, confidò a Fritsch che contro di lui erano state mosse delle accuse per una relazione indecente avuta nel 1933 con un ragazzo: proprio l'essere stato messo al corrente in anticipo e in modo incompleto della denuncia avrebbe avuto per Fritsch conseguenze fatali.

Il generale giunse alla conclusione che, dietro quell'accusa, dovesse esserci un certo membro della *Gioventù hitleriana*: nel 1933, infatti, Fritsch aveva ottenuto per un giovane berlinese, Fritz Wermelskirch, un posto come apprendista alla *Mercedes-Benz* di Marienfelde. Il ragazzo, successivamente datosi al crimine, si era vantato con amici malavitosi di avere conoscenze in alto loco. A quel punto Fritsch aveva rotto ogni rapporto con lui. Tutto ciò risaliva a tre anni prima.

Il mattino seguente, Hossbach confessò ad Hitler di aver avvertito Fritsch: il generale, respinta con decisione ogni accusa, definendole "menzogne", aveva aggiunto: "Se il Führer vuole la mia testa, non ha che da dirmelo e immediatamente rassegnerò le dimissioni".

A quel punto Hitler, con evidente sollievo, esclamò: "Allora è tutto a posto! Il generale Fritsch può ricoprire la carica di ministro".

Tuttavia, nel corso della giornata, i consigli dei rivali prevalsero. Blomberg venne introdotto, in abiti borghesi, nella biblioteca di Hitler. Quegli criticò con rabbia il modo in cui era stato liquidato, ma ben presto la collera lasciò il posto all'amarezza e Hitler, che temeva Blomberg potesse uccidersi, cercò di consolarlo assicurandolo che, quando l'ora della Germania fosse giunta, sarebbe stato felice di averlo nuovamente al suo fianco. Il discorso cadde poi sulla scelta di un successore e Hitler commentò: "Göring non detiene la perseveranza, né la competenza necessarie; quanto a Fritsch," continuò, "c'è il sospetto che sia omosessuale". Blomberg rispose che non era affatto difficile credere che lo fosse.

Così la parola del comandante in capo dell'esercito tedesco venne messa a confronto con le affermazioni di un criminale. La sera del 26 gennaio anche Fritsch venne convocato nella biblioteca. Egli stesso scrisse il resoconto, finora mai pubblicato, di quella scena:

"Alle 20:30 finalmente fui fatto entrare. Il Führer mi annunciò subito che ero accusato di pratiche omosessuali. Disse che potevo giustificare qualsiasi cosa, ma che lui voleva da me la verità. Se avessi ammesso la veridicità delle accuse mossemi, sarei partito per un lungo viaggio e non mi sarebbe accaduto alcunché. Anche Göring rafforzò il concetto. Io negai ogni addebito e chiesi il nome del mio accusatore. Il Führer disse che la sua identità non aveva importanza. Quello che lui desiderava era la mia versione circa la fondatezza o meno di quelle infamanti accuse".

Fritsch ripensò a Wermelskirch. "*Mein Führer*", rispose, "tutto questo può riferirsi soltanto a quella faccenda occorsami con un ragazzo della *Gioventù hitleriana*!"

Hitler, da quella risposta, rimase sbalordito: Otto Schmidt non aveva mai fatto parte della *Gioventù hitleriana*. Hitler porse allora a Fritsch i documenti che lo riguardavano. Quegli, visionatoli rapidamente, si giustificò asserendo trattarsi di una vergognosa montatura. Poi, a un cenno di Hitler il ricattatore venne introdotto nella stanza. Schmidt individuato con decisione il generale, esclamò: "È lui!" Fritsch non seppe replicare e impallidì, poi venne condotto fuori.

Hossback suggerì a Hitler di parlare con il generale Ludwig

Beck, capo di Stato Maggiore, ma la telefonata a casa di Beck, a Lichterfelde, fece nascere nella mente tormentata del Führer, nuovi sospetti: i soldi del ricatto non erano stati ritirati da un istituto bancario con sede proprio in quella località? Più tardi Hitler avrebbe chiesto a Beck quando fosse stata l'ultima volta che aveva prestato denaro al suo comandante in capo e lo sbalordito generale, confuso, avrebbe risposto di non averlo mai fatto. Il patetico racconto di Fritsch continua così:

"Diedi al Führer la mia parola d'onore. Ma sembrava che questa, a fronte delle accuse di un delinquente, non avesse più alcun valore. Mi venne ordinato di presentarmi il mattino seguente alla Gestapo. Profondamente scosso per la durezza mostrata da Hitler e Göring nei miei confronti, andai a casa e informai brevemente dell'accaduto il maggiore [Kurt] Siewert [capo del suo staff personale]. Ne diedi notizia anche al generale Beck. Dissi ad entrambi che, considerato l'affronto fattomi dal Führer, avrei fatto meglio a spararmi".

Fritsch, a salvaguardia della propria reputazione, chiese di essere giudicato da un tribunale militare.

Chi sarebbe stato il successore di Blomberg?

Goebbels suggerì che fosse Hitler stesso a ricoprire l'incarico. Quando il mattino seguente, 27 gennaio, il Führer mandò nuovamente a chiamare Blomberg per discutere la scelta, il feldmaresciallo gli ricordò, che dalla morte di Hindenburg egli [Hitler] era già, per volere costituzionale, il comandante supremo della *Wehrmacht*. Se non avesse nominato un nuovo ministro della Guerra, ne avrebbe avuto di diritto il controllo diretto.

"Ci penserò", rispose Hitler. "Ma se assumerò l'incarico sarà necessario nominare un buon capo di Stato Maggiore".

"Il generale Keitel", suggerì Blomberg. "Ha già ricoperto per me lo stesso incarico: è un gran lavoratore e conosce il mestiere".

Quando lasciò per l'ultima volta la cancelleria, Blomberg, adesso in abiti borghesi, notò che le sentinelle non gli concedevano l'onore di presentargli le armi.

Alle 13:00 Hitler diede udienza al generale Keitel. Keitel era un uomo alto, attraente e benchè, come richiestogli, si fosse presentato in abiti borghesi, tradiva un atteggiamento inequivocabilmente marziale. Aveva diretto il settore organizzativo dell'esercito durante il recente potenziamento ed era un fervente sostenitore di un comando unificato della *Wehrmacht*.

Hitler gli chiese chi, a suo parere, dovesse succedere a Blomberg e questi, senza esitare, nominò Göring.

"Assolutamente no! È fuori discussione", rispose freddamente Hitler. "Non credo che Göring ne abbia i requisiti. Probabilmente, sarò io stesso a sostituire Blomberg". Per rimpiazzare il disobbediente Hossbach, chiese a Keitel di procurargli un nuovo assistente di campo. La scelta cadde sul maggiore Schmundt. Hitler-Keitel-Schmundt: gli anelli della catena di comando della *Wehrmacht* andavano disponendosi. Ma sulla posizione di Fritsch, l'anello successivo, gravava ancora un punto interrogativo.

Come Hitler aveva ordinato, nella mattinata del 27 gennaio, Fritsch si sottopose all'interrogatorio della Gestapo. Alcuni microfoni nascosti registrarono le sue parole: la trascrizione delle 83 pagine che ne risultò, sopravvissuta alla guerra, rivela il dramma che il barone con il monocolo dovette affrontare, quando venne nuovamente messo a confronto con il suo accusatore.

Schmidt, nonostante Werner Best[42] lo avesse severamente avvertito delle conseguenze che una falsa testimonianza avrebbe comportato, confermò la versione agli atti. Sostenne anche che il generale, in quel lontano 1933, durante la trattativa del ricatto aveva fumato un sigaro. Poi descrisse l'atto omosessuale a cui aveva assistito: "Quello schifoso bavarese", disse riferendosi a Weingärtner, il prostituto, "era in piedi e il generale, in ginocchio di fronte a lui, teneva in bocca...".

Al che Fritsch accennò una protesta: "Come si permette?! Io avrei commesso una porcheria del genere?"

Poi, condusse egli stesso un parziale interrogatorio. Nessuno dei

42 Ndt. Werner Best (Darmstadt, 10 luglio 1903 – Mülheim sulla Ruhr, 23 giugno 1989) ricoprì alcune fra le più alte cariche politiche in Germania durante il regime nazista. Fervente sostenitore dell'ideologia nazista, aderì al partito di Hitler già dal 1930 e nel 1931 entrò a far parte delle SS. Nel 1933 divenne capo della polizia del territorio dell'Assia e, a partire dal 1935, capoufficio e in seguito comandante in carica del II settore del Reichssicherheitshauptamt (ufficio centrale per la sicurezza del Reich).

dettagli raccontati da Schmidt gli si adattava: Fritsch aveva smesso di fumare nel 1925. Per quanto contrariato, dovette però ammettere che le prove contro di lui sembravano schiaccianti. "Devo confessare che se qualcuno ha fatto pressioni su di lui perché menta, quest'uomo lo sta facendo in modo molto intelligente".

"Si tratta della parola di un uomo contro quella di un altro", osservò Goebbels nel suo diario. "La parola di un ricattatore omosessuale contro quella del comandante in capo dell'esercito".

Il giorno dopo lo stesso Goebbels annotò che, benché Heydrich avesse condotto diversi interrogatori notturni, Fritsch aveva mantenuto la propria versione.

Altri due testimoni introdotti in segreto nel quartier generale della Gestapo poterono osservare Fritsch. Weingärtner, il prostituto, dichiarò che quell'uomo *non* corrispondeva all'identità del suo cliente. Bücker, complice di Schmidt, vi trovò una certa rassomiglianza, ma non poté giurare trattarsi della stessa persona. Hitler non fu informato di quell'ambiguo risultato. "Se il Führer fosse stato a conoscenza della cosa, in considerazione anche della parola d'onore che gli avevo dato, avrebbe deciso diversamente".

Hitler, comunque, aveva già escluso Fritsch e il 28 gennaio discuteva l'elenco dei possibili successori. La sua prima scelta cadde sul generale Walter von Reichenau, predecessore di Keitel al ministero della Guerra.

Keitel lo sconsigliò suggerendo il generale Walther von Brauchitsch, un ufficiale flemmatico e molto stimato, che si era guadagnato un'eccellente reputazione durante il periodo trascorso come comandante in Prussia orientale.

Keitel lo aveva già informato, raccomandandogli di prendere il primo treno in partenza da Dresda e, infatti, il generale si presentò alle 20:45 di quella stessa sera.

Il mattino seguente, Keitel ripeté a Hitler le risposte dategli da Brauchitsch nel corso di una conversazione: in particolare, quegli, era deciso ad avvicinare maggiormente l'esercito allo stato nazista. Hitler lo mandò a chiamare, ma, al cospetto del Führer anche Brauchitsch rivelò che aveva problemi personali da risolvere. Voleva ottenere il divorzio per sposare una certa Charlotte Rüffer, ella stessa divorziata. Inoltre, la sua prima moglie aveva bisogno di una sistemazione economica, cosa a cui lui non poteva provvedere. Parve così che anche la nomina di Brauchitsch fosse tramontata.

La lotta per la successione di Fritsch, ricominciò.

Reichenau fu visto recarsi frequentemente al ministero della Guerra. Göring mandò il suo fedele assistito, colonnello Karl Bodenschatz, a spargere tra i collaboratori di Hitler caute voci che a Göring avrebbe dovuto essere affidato anche l'esercito. L'ammiraglio Erich Raeder, comandante in capo della marina, mandò un assistente per proporre come sostituto *ad interim* il rispettato, ma irascibile generale Gerd von Rundstedt[43]. Hitler scartò tutti quei pretendenti. Gettò il pesante volume dell'annuario degli ufficiali attraverso la scrivania all'esponente della marina e lo sfidò: "Mi suggerisca lei un nome!"

Con riluttanza, il 3 febbraio, Hitler si dichiarò soddisfatto dell'atteggiamento di Brauchitsch nei confronti della Chiesa, del partito e delle questioni militari e lo accolse quale successore di Fritsch, al quale, quello stesso pomeriggio, chiese di rassegnare le dimissioni. Successivamente Fritsch avrebbe scritto: "Accolsi la sua richiesta, perché non avrei mai più potuto lavorare con lui".

Così, il 4 febbraio, Hitler firmò una gelida lettera per Fritsch con la quale accettava ufficialmente le sue dimissioni "in considerazione delle sue precarie condizioni di salute". La lettera fu pubblicata e, in questo modo, come poi risultò, venne conficcato l'ultimo chiodo nella bara di Fritsch.

Nel frattempo, Hitler aveva dato incarico a Lammers di negoziare i termini di un accordo finanziario, affinché la prima moglie di Brauchitsch acconsentisse al divorzio senza creare problemi. Alla fine, fu stabilito che il *Reich* le avrebbe corrisposto una ren-

---

43 Ndt. Karl Rudolf Gerd von Rundstedt (Aschersleben, 12 dicembre 1875 – 24 febbraio 1953). Inizialmente, Rundstedt guardò con grande scetticismo e fastidio l'ascesa al potere del partito nazista, ma approvò la decisione di Hitler di riarmare la Germania. Ebbe alcuni scontri con Hitler e, poco tempo dopo l'annessione tedesca dei Sudeti, chiese di essere messo a riposo e si ritirò a vita privata. Rientrato in servizio allo scoppio della seconda guerra mondiale, partecipò alle campagne di Polonia, Francia e URSS e fu in seguito chiamato al comando del fronte occidentale. Arrestato nel 1945 dagli americani e consegnato agli inglesi, fu liberato nel 1949 per motivi di salute.

dita di 1.300 marchi al mese. Con l'esborso di quella modesta cifra, Hitler, si garantì così anche il dominio morale sul nuovo comandante in capo dell'esercito.

Hitler Keitel Schmundt Brauchitsch; la catena di comando si era assicurata un altro anello.

Hitler decise che Brauchitsch, Göring e Raeder, essendo i tre comandanti in capo, avrebbero ricevuto ordini da una nuova autorità di comando supremo, l'*Oberkommando der Wehrmacht* (*OKW*), ovvero il Comando Supremo delle Forze Armate, con Keitel quale capo di Stato Maggiore.

Hitler stesso avrebbe ricoperto il ruolo di comandante supremo e l'*OKW* sarebbe stato il suo personale segretariato militare. L'*OKW* avrebbe anche svolto le funzioni ministeriali precedentemente di competenza di Blomberg. La sua divisione di difesa nazionale sarebbe stata trasferita all'*OKW*, sotto il comando del colonnello Max von Viebahn, ufficiale di Stato Maggiore della vecchia generazione.

Così Keitel divenne il principale consigliere militare di Hitler, scelta di cui il Führer non ebbe mai a pentirsi: virtù del generale era la pronta obbedienza e, più di ogni altra cosa, Hitler abbisognava di una persona laboriosa ed efficiente che lo aiutasse a mettere in pratica le sue strategie belliche. Confidò a Keitel che stava progettando un colpo che "avrebbe fatto trattenere il fiato" all'intera Europa. In tal modo, distolta l'attenzione dai problemi interni alla *Wehrmacht*, avrebbe effettuato un rimaneggiamento generale ai livelli più alti dello stato, dando l'impressione non di un momento di debolezza, ma di una ripresa di forza.

Si trattò realmente di una sorta di rivoluzione interna. Hitler sostituì il ministro degli Esteri e quello dell'Economia; diplomatici scomodi come l'ambasciatore a Roma, Ulrich von Hassell[44], furono messi in pensione; Göring fu promosso feldmaresciallo, mentre alcuni massimi generali dell'esercito e della *Luftwaffe*, re-

44 Ndt. Ulrich von Hassell (1881 – 1944). Inizialmente aderente al partito nazista, se ne distaccò per divenire membro della resistenza tedesca contro Hitler. Hassell fu giustiziato nel periodo immediatamente successivo al fallito complotto per uccidere il Führer (20 luglio 1944).

putati troppo anziani e ostinati, furono destituiti e trasferiti. Il fratello di Keitel fu nominato capo del personale dell'esercito.

Molte delle sbigottite vittime appresero della loro epurazione dai giornali, prima ancora di riceverne comunicazione ufficiale.

Il 5 febbraio 1938, Hitler seppe che la sua iniziativa aveva riscosso grande successo. Il maggior esponente della stampa britannica, Rothermere, gli telegrafò: "Mio carissimo Führer, le mie più vive congratulazioni per i salutari cambiamenti da lei apportati. La sua stella sale sempre più in alto".

Tuttavia, l'esercito tedesco non poteva essere imbrogliato così facilmente. L'allontanamento di Fritsch fu percepito come la prova che il partito stesse assumendo il controllo della *Wehrmacht*.

Alle 16:00 del 5 febbraio, Hitler rivolse ai più alti generali in grado della *Luftwaffe*, riuniti al ministero della Guerra, un discorso di un paio di ore nel quale riferì, senza omettere alcunché, le cause che avevano portato a richiedere le dimissioni di Blomberg e di Fritsch. Diede lettura del parere legale del ministro della Giustizia e citò passi del dossier riguardante la "vicenda Otto Schmidt".

Alle 20:00 di quella medesima sera, Hitler presiedette quella che fu, come si sarebbe appreso in seguito, l'ultima riunione di Gabinetto. In quella, presentò brevemente Keitel e Brauchitsch. Il primo avrebbe fedelmente retto l'alto comando della *Wehrmacht* fino alla conclusione della guerra a venire, mentre il secondo si sarebbe dimostrato un compiacente comandante in capo dell'esercito fino al dicembre 1941, quando lui e Hitler si sarebbero separati. Dopo quella riunione, Hitler, non più solo cancelliere del *Reich*, ma anche comandante supremo delle Forze Armate, partì per la sua residenza bavarese di montagna.

"Quanti danni può causare una donna! E specialmente quel genere di donna!" scrisse Goebbels nel suo diario, alla data del 6 febbraio.

Quegli scandali avevano sancito un'amara verità: nonostante l'apparenza, Hitler dipendeva dai suoi ambigui seguaci più di quanto egli stesso sospettasse.

Verso i primi di marzo, quando fece ritorno a Berlino, al Führer cominciarono ad arrivare voci che egli fosse stato deliberatamente ingannato dalle *SS* e che persino Göring potesse essere implicato nella frode. A Hitler non rimaneva che ignorare quei pettegolezzi: ormai Fritsch era irrimediabilmente perso, mentre Himmler, le *SS* e Göring gli erano indispensabili.

In febbraio, gli investigatori dell'esercito diedero il via alla loro inchiesta. Fritsch assunse un noto avvocato, il conte Rüdiger von der Goltz, che il primo marzo riuscì a dimostrare che Schmidt, la notte del fattaccio, aveva visto atteggiarsi in immorali pratiche sessuali non Fritsch, bensì un capitano di cavalleria dal nome simile, Achim von *Frisch*.

Quest'ultimo ammise onestamente la propria colpa e, a conferma, mostrò persino la ricevuta rilasciatagli da Schmidt al pagamento dei 2.500 marchi. Inoltre, cosa estremamente imbarazzante, rivelò che la Gestapo, il 15 gennaio, aveva indagato sul conto bancario da lui detenuto in un istituto di credito di Lichterfelde. Si trattava di una coincidenza che ciò fosse avvenuto tre giorni dopo il matrimonio di Blomberg?

Il generale Walter Heitz, responsabile del tribunale dell'esercito, il 3 marzo consegnò ad Hitler quelle sconvolgenti prove. Il primo impulso di questi fu annullare l'imminente udienza, ma Himmler, che era presente, intervenne prontamente: "Il caso Fritsch e quello di von Frisch sono due faccende diverse; il ricattatore, Schmidt, in persona ha identificato il generale!" E per sottolineare questo punto, anche Achim von Frisch, reo confesso del reato di omossessualità, fu tratto in arresto.

Hitler dispose che il processo contro Fritsch iniziasse il 10 marzo e si svolgesse in gran segreto. Qualche giorno più tardi Fritsch, scrisse:

"La mia iniziale impressione fu che Göring [che presiedeva] stesse conducendo il dibattimento verso una sentenza dubitativa: nel senso che la mia colpevolezza, seppur non accertata, sarebbe stata considerata possibile. Ma il peso delle prove era tale che persino Göring dovette dichiarare che nessuna persona ragionevole poteva mettere in discussione la mia innocenza. Infine, il testimone chiave confessò di aver raccontato su di me solo menzogne".

Durante le udienze venne fuori che, proprio alla vigilia del processo, il responsabile della Gestapo che si occupava dei casi di omosessualità, Joseph Meisinger, aveva minacciato Schmidt di fargli fare una brutta fine, qualora avesse ritrattato la sua testimonianza.

Fritsch venne assolto.

Non esiste traccia che Hitler sia stato minimamente turbato da quell'intrigo orchestrato dalla Gestapo. Un ufficiale al servizio di Meisinger si era occupato di controllare il conto alla banca di Lichterfelde, per cui risultava ovvio che lo stesso dovesse essere al corrente dell'errore commesso. Eppure, poco dopo l'inizio del procedimento giudiziario, Himmler, per evitargli noie, lo trasferì provvisoriamente a Vienna e la sua carriera non subì, a causa di quell'episodio, alcuna battuta d'arresto.

Non accadde altrettanto per quella del generale Fritsch. Il giorno dopo l'assoluzione scrisse al suo avvocato: "Resta ancora da vedere se il Führer permetterà ch'io sia riabilitato e fino a che punto. Temo che vi si opporrà con tutte le forze. Le osservazioni conclusive di Göring sembrerebbero in parte indicarlo".

Nei suoi appunti Fritsch ricorda:

"Sia durante le deposizioni dei testimoni, sia mentre leggeva il verdetto, Göring si preoccupava di giustificare l'operato della Gestapo.... Ha accennato alla mia tragica situazione ma ha detto che, viste le circostanze, non era stato possibile agire diversamente. Dal principio alla fine, sembrava di udire tra le righe: 'Grazie a Dio ci siamo liberati definitivamente di lui'. Göring ha continuato a riferirsi a me come *il colonnello in pensione*".

Il generale Brauchitsch non riuscì a ottenere un colloquio con Hitler, per chiedergli la riabilitazione di Fritsch, fino a sabato 20 marzo.

"Apparentemente il Führer non si opponeva del tutto a una mia reintegrazione", avrebbe scritto, in seguito, Fritsch. Lo stesso compilò un esposto in 12 punti in cui denunciava l'intrigo ordito dalla Gestapo e, alla fine di marzo, lo allegò a una lettera destinata a Himmler che terminava con queste incredibili parole: "L'atteggiamento tenuto dalla Gestapo dimostra che il suo unico interesse era bollarmi con il marchio di colpevolezza... Quindi la sfido a duello con la pistola".

Fritsch chiese prima a Beck, poi a Rundstedt, in qualità di suoi padrini, di consegnare la missiva a Himmler, ma entrambi, cortesemente, rifiutarono.

Dietro pressante richiesta di Brauchitsch, Hitler inviò a Fritsch un messaggio colmo di comprensione. Il generale rispose con una paternale sulla fiducia, che aveva creduto esserci tra loro; e Hitler, a sua volta, gli comunicò che, alla successiva riunione del Parlamento, avrebbe personalmente pronunciato, nei suoi confronti, parole di encomio. Questo non accadde e a giugno Fritsch giunse al punto di inviare una lettera aperta a tutti i generali rivelando i retroscena della sua assoluzione.

Hitler probabilmente venne a saperlo, perché il 13 giugno tutti i generali dell'esercito e della *Luftwaffe* presenti al discorso segreto tenuto da Hitler il 5 febbraio, con il pretesto di presenziare a una mostra sulle attrezzature della *Luftwaffe*, furono convocati in un lontano aeroporto della Pomeriana. A mezzogiorno arrivò Hitler e immediatamente dopo il presidente del tribunale lesse ai generali presenti il verdetto e i relativi accertamenti sul 'processo Fritsch'. Infine, visibilmente imbarazzato, Hitler iniziò a parlare: "Signori", disse, "sono stato vittima di un vergognoso errore commesso a danno del generale Fritsch". Chiese di immaginare il turbamento indotto in lui dalla vicenda Blomberg. Nel 1936, affermò, non aveva dato importanza al 'dossier Schmidt', ma dopo lo 'scandalo Blomberg' tutto gli era parso plausibile. "Le accuse contro il generale Fritsch non sono frutto di una montatura premeditata", insistette. "Un subalterno ha commesso un errore, ecco tutto". Infine dette ordine che Schmidt fosse fucilato. Più di un ufficiale lasciò l'aeroporto convinto della buona fede di Hitler. Due giorni più tardi, Blomberg riferì a Fritsch gli avvenimenti di quella giornata. Hitler nominò quest'ultimo colonnello del suo vecchio reggimento, ma quell'onore tributatogli non bastò a rimarginare la ferita.

Così egli rispose: "O il Führer fa in modo che la legge e l'ordine tornino a regnare e che individui come Himmler e Heydrich abbiano ciò che si meritano, oppure, per giustificare le loro malefatte, sarà costretto ad accampare continue scuse. In tal caso, tremo al pensiero di ciò che ci aspetta. Dal momento che il Führer ha approvato e perdonato il modo in cui la Germania si è mossa nei miei confronti, devo con rammarico abbandonare il proposito di sfidare Himmler a duello. Del resto, dai fatti in oggetto, è trascorso così tanto tempo che la cosa parrebbe quasi una fissa. Ciò che non posso e non potrò mai comprendere è l'atteggiamento del Führer nei miei confronti. Forse cova verso di me un rancore personale, poiché la mia assoluzione ha intaccato la sua fama di infallibilità".

La dea della buona sorte

Alle prime ore del 6 febbraio 1938, Hitler fece ritorno alla Berghof, sopra Berchtesgaden, nelle Alpi bavaresi. Era lì che solitamente si rifugiava a riflettere sulle decisioni da prendere.

Sin dalla prima volta in cui aveva affrontato le scoscese strade di quella montagna, abbarbicato sul sedile posteriore di una motocicletta, Hitler si era innamorato del paesaggio dell'Obersalzberg, un verde spartiacque a ridosso di laghi, foreste di pini e pascoli in cui passeggiavano mandrie di mucche da latte. Lì, verso la fine degli anni venti, con i profitti conseguiti dalla pubblicazione del *Mein Kampf* e dagli articoli redatti sotto pseudonimo negli Stati Uniti, per l'*Herst Press* e il *New York Times*, Hitler aveva acquistato una casa attorno alla quale aveva costruito la sua Berghof. Lassù l'aria era fresca e pura. "L'aria pulita è il miglior nutrimento", era solito affermare.

Rudolf Hess, il suo sostituto, descrisse le giornate che Hitler trascorreva alla Berghof in una lunga lettera alla madre del 15 gennaio 1938.

"Nei giorni di riposo che trascorre lassù, il Führer si corica sempre molto tardi: guarda un film, poi discute, specialmente quando si trova in mia compagnia, di problematiche navali, argomento che appassiona entrambi e quindi legge. Raccomanda di non essere svegliato prima delle 13:00 14:00 di pomeriggio, contrariamente a quanto accade a Berlino, dove va a letto tardi ma si alza dopo appena 45 ore di sonno. Dopo il pranzo consumato tutti insieme, è sua abitudine fare una passeggiata di una mezz'ora o poco più con i suoi ospiti, recandosi fino al padiglione per il tè, costruito lo scorso anno, da cui si gode una magnifica vista di Salisburgo... È estremamente piacevole accomodarsi vicino al grande fuoco, intorno al tavolo rotondo che occupa quasi l'intero padiglione. L'illuminazione viene fornita da candelieri fissati alle pareti. Anche [Heinrich] Hoffmann [il fotografo di Hitler] e sua moglie si trovano spesso lì. Hoffmann recita la parte del buffone di corte. Sono sempre presenti uno dei medici del Führer, il dottor [Karl] Brandt o [Werner] Haase, come pure il capo dell'ufficio stampa [Otto] Dietrich, e gli assistenti [Wilhelm] Brückner, [Julius] Schaub o [Fritz] Wiedemann; spesso viene [Sophie] Stork, che tu conosci, con Eva Braun e sua sorella [Gretl]; e talvolta ci sono il dottor [Theo] Morell accompagnato dalla moglie [Johanna] e il professor [Albert] Speer. In genere, quest'ultimo si incontra quando sono in progettazione nuovi edifici. Dopo un paio d'ore trascorse lassù, percorriamo a piedi un declivio di una decina di minuti, che ci conduce alle vetture fuoristrada a disposizione per riportarci indietro".

Hitler incaricò Martin Bormann, capo di Stato Maggiore di Rudolf Hess[45], di occuparsi della Berghof. Si trattava di un compito che progressivamente consentì a Bormann di controllare tutto quanto accadeva nell'abitazione di Hitler. Ex amministratore patrimoniale nel Meclemburgo, questi era un gran lavoratore, bene accorto che i propri meriti fossero evidenti a chi di dovere: talvolta telefonava per un pranzo di lavoro con Hitler che poi disdiceva perché "troppo impegnato". Tanta dedizione faceva sì che, agli occhi degli indolenti e pacati burocrati, Bormann risultasse un individuo detestabile.

"Dal 1933 fatico come un cavallo da tiro", scrisse quest'ultimo,

45 Ndt. Walter Richard Rudolf Hess (26 aprile 1894 – 17 agosto 1987) è stato uno degli uomini più influenti del Terzo Reich e del partito nazista. Nel 1933, Hitler lo promosse suo vice, dandogli ampi poteri sia all'interno del partito sia nel governo da poco costituito. Sei anni dopo, Rudolf Hess fu nominato ufficialmente numero tre del partito, dietro ovviamente ad Hitler stesso e a Göring.

nel 1941, ad alcuni funzionari del partito dopo la strana defezione di Hess. "Anzi più di un cavallo, perché quelli la domenica riposano e la notte dormono".

Ogni desiderio di Hitler era per lui un ordine. Per preservare la privacy della Berghof, Bormann si preoccupò di acquistare tutti gli appezzamenti di terra adiacenti. Una volta, Hitler accennò a un cascinale che gli precludeva il panorama: pochi giorni dopo la costruzione era sparita e il terreno livellato e predisposto alla semina.

Il 13 giugno 1937, una domenica, Bormann scrisse nel suo diario: "A causa della calura estiva, il Führer ha espresso il desiderio di avere un albero nel punto della quotidiana sfilata delle truppe. Ne ho appena ordinato uno a Monaco".

Quattro giorni più tardi l'albero era già stato piantato.

Migliaia di persone si recavano ogni giorno alla Berghof per vedere Hitler in carne e ossa.

"In questo momento, il Führer si trova all'Obersalzberg", scrisse l'architetto delle autostrade, Fritz Todt, a un amico. "Nei giorni in cui non ha particolari impegni, consente a chiunque lo desideri, verso le 14:00 o le 15:00, di entrare nel suo giardino e saluta da lontano i visitatori. C'è sempre un'allegra processione quassù all'Obersalzberg... Ma solo ai bambini è concesso di avvicinarglisi".

La caratteristica principale della Berghof era la 'Sala Grande', una stanza lunga almeno 20 metri. Una parete di questa era interamente occupata da una finestra panoramica e i visitatori che, impreparati, vi si avvicendavano, avevano la momentanea illusoria impressione di trovarsi innanzi a un tendaggio insolitamente vivido, che altro non era che l'esuberante vegetazione dell'Untersberg.

In seguito, dalle cave dell'Untersberg sarebbero stati estratti i blocchi di marmo rosso con cui Hitler avrebbe ricostruito la cancelleria di Berlino. La leggenda dice che in quella montagna si trovi sepolto il corpo dell'imperatore Barbarossa: sarebbe rimasto tra quei monti 1.000 anni, ma allorché la Germania avesse avuto bisogno di lui, egli, assurto a nuova vita, avrebbe fatto ritorno.

La 'Sala Grande' comprendeva un imponente tavolo la cui superficie era ricoperta da una lastra di marmo rosso, anch'esso proveniente dalla vallata. Qui, ogni mattina, i collaboratori posavano posta, quotidiani e messaggi provenienti da Berlino. Sullo stesso, più avanti, sarebbero state disposte le mappe geografiche dell'Europa e quelle oceanografiche del mondo. Una fotografia, datata 1940, mostra il Führer, circondato da ufficiali, proteso su quelle carte. Le fioriere ornamentali sono state spinte a un'estremità del tavolo e Schmundt ha distrattamente appoggiato tra esse la sua cartella in pelle. Alfred Jodl[46], responsabile dell'ufficio operativo della Wehrmacht, sosta in piedi davanti a un pregevole arazzo, le braccia incrociate e il volto privo di espressione. Sul retro dell'immagine, Jodl medesimo annotò: "31 giugno 1940, Berghof. Il Führer sta mostrando gli scenari di una decisione presa poc'anzi. È cosa saggia fare in modo che le connotazioni geografiche delle mappe non siano riconoscibili".

Le carte erano quelle inerenti al territorio dell'Unione Sovietica.

Alla Berghof le giornate si succedevano sempre uguali e le spesse mura dell'edificio erano avvolte da un silenzio simile a quello di una cattedrale, rotto di tanto in tanto dagli sbadigli dei due terrier scozzesi appartenenti alla giovane donna che alloggiava al piano superiore o dalle risa dei figli di un qualche collaboratore in visita.

Hitler dormiva tutta la mattina, durante la quale i servitori provvedevano alle faccende domestiche, tra cui la cura delle opere d'arte Tintoretto, Tiepolo, Schwindt disseminate qua e là sulle pareti.

A pranzo, Hitler sedeva capotavola e la giovane donna si accomodava alla sua sinistra: si chiacchierava prevalentemente di teatro, di cinema e moda. I pasti erano di una semplicità puritana. C'era stato un tempo in cui Hitler aveva mangiato carne, ma, dopo un caso di suicidio avvenuto nel 1931 nel suo appartamento di Monaco, improvvisamente si era professato vegetariano. Una scelta, quella, a cui in seguito addusse disparate motivazioni:

---

46 Ndt. Alfred Jodl (Würzburg, 10 maggio 1890 – Norimberga, 16 ottobre 1946). Capo di Stato Maggiore dell'OKW durante la seconda guerra mondiale, divenne il consigliere strategico del Führer. Sarà lui, il 7 maggio 1945, a firmare, alla presenza di ufficiali francesi e sovietici, la dichiarazione di resa incondizionata della Germania alle forze sovietiche e alleate.

tra le quali lo sgradevole odore emanato dai corpi di coloro che si nutrivano di carne; o la convinzione che la mandibola degli essere umani fosse, per conformazione, predisposta esclusivamente a cibi vegetali. Hitler allietava le sue cene alla Berghof raccontando rivoltanti dettagli sulla macellazione animale e tutti gli sforzi atti a cambiare argomento, intentati dalla giovane donna seduta accanto a lui, non servivano a impedire che egli riservasse lo stesso identico trattamento a ogni neofita della casa.

Dopo cena, le tende della 'Sala Grande' venivano chiuse per permettere la proiezione di un film. Hitler seguì quella routine ogni sera finché, per suo volere, l'Europa non venne travolta dalla guerra. Il ritmo con cui divorava film era incredibile. Settimanalmente, Bormann presentava al ministro della Propaganda un elenco di pellicole, esigendo che i titoli preferiti dal Führer, come *Il mastino dei Baskerville* e *Gli ammutinati del Bounty*, fossero sempre disponibili.

Fu proprio alla Berghof che Hitler propose di mettere in scena il suo nuovo colpo di mano, una conferenza con il cancelliere austriaco Kurt Schuschnigg. Questi, autocratico e ostinato, si rifiutava di accettare la dura realtà politica dell'Europa centrale. Una volta, al capo della polizia di Vienna, suo intimo amico, aveva confidato che, per quanto il destino dell'Austria fosse "naturalmente" legato a quello della Germania, non avrebbe mai tollerato che Berlino dettasse la politica estera da seguire.

Da tempo Schuschnigg si auspicava un incontro con il Führer; avrebbe parlato al cancelliere del *Reich* da "uomo a uomo", diceva.

In principio, Hitler non si era mostrato molto interessato a un colloquio con lui, ma nella prima settimana di gennaio aveva comunicato all'ambasciatore tedesco a Vienna, Franz von Papen, di avvisare Schuschnigg che gli avrebbe dato udienza a fine mese. Il giorno 11, durante il ricevimento per il nuovo anno offerto da Hitler al corpo diplomatico, François-Poncet[47] espresse la speranza che il 1938 non portasse alcuna delle "sorprese del sabato" del

47 Ndt. André François-Poncet (Provins, 13 giugno 1887 – Parigi, 8 gennaio 1978). Fu ambasciatore francese a Berlino dal 1931 al 1938. Durante l'occupazione della Francia fu arrestato dalla Gestapo e imprigionato per tre anni.

Führer. Il ministro degli Esteri tedesco, Neurath, replicò che la situazione interna dell'Austria destava qualche preoccupazione.

Il 21 gennaio, durante una cena con il rappresentante austriaco, Stefan Tauschitz, Neurath osservò: "Se una caldaia continua a scaldare, priva della valvola di sicurezza, è inevitabile che prima o poi esploda".

Si trattava di un'esplicita allusione al frequente internamento di nazisti austriaci, contrario allo spirito del trattato del 1936[48].

Il 22, Vienna apprese da Berlino che Göring andava privatamente dicendo, vantandosene, che in primavera le difficoltà del *Reich*, nel pagare le materie prime austriache, sarebbero state risolte.

Il 26 gennaio, lo stesso giorno in cui nella biblioteca di Hitler si assisteva al faccia a faccia tra il generale Fritsch e il suo accusatore, Neurath trasmise a Vienna la proposta di una data intorno al 15 febbraio, per un incontro tra il Führer con Schuschnigg, da tenersi presso la Berghof.

Cinque giorni più tardi, nel suo diario, Alfred Jodl citava alcune parole di Keitel: "Il Führer vuole allontanare l'attenzione dalle Forze Armate e tenere l'Europa con il fiato sospeso... Schuschnigg, piuttosto che mostrarsi impavido, farebbe bene a tremare".

Due giorni dopo, il 2 febbraio 1938, Hitler attraversò il giardino della cancelleria diretto al ministero degli Esteri dove, destituito dall'incarico Neurath, nominò Ribbentrop nuovo ministro. Due settimane prima, aveva parlato con Goebbels della sua intenzione, ma questi lo aveva avvertito che reputava Ribbentrop una nullità. Un parere simile è quello che emerge dalle parole del generale dell'esercito Karl Heinrich von Stülpnagel:

"Esageratamente vanitoso... Questa la sua idea di politica estera: Hitler gli fornisce un tamburo e gli ordina di batterlo e lui lo batte violentemente e rumorosamente. Dopo un po', Hitler

48 Ndt. Nel 1936, Schuschnigg, preoccupato per la sempre maggior invadenza tedesca, accettò di scendere a patti con Hitler. L'11 luglio del 1936 fu così sottoscritto un accordo austro-tedesco con il quale la Germania si impegnava a non interferire negli affari interni della prima e l'Austria si impegnava a concedere l'amnistia ai fautori del tentato colpo di stato, nel quale era rimasto ucciso Dolfuss, oltre che a inserire nel proprio governo alcuni esponenti del partito filonazista austriaco, impegno ch'egli cercò di differire il più possibile.

gli sottrae il tamburo sostituendolo con una tromba, e lui vi soffia dentro finché non gli viene detto di finirla e passare al flauto. Mai egli né comprende, né tenta di conoscere il motivo per cui sta eseguendo tali ordini."

Al contrario, Hitler vedeva in Ribbentrop il diplomatico ideale, un collaboratore fedele che avrebbe impostato la politica estera basandosi sulle direttive ricevute.

Ribbentrop, di 4 anni più giovane di Hitler, durante la guerra mondiale aveva servito come ufficiale in un ottimo reggimento prussiano, poi, nel dopoguerra, avviato un fiorente commercio *import-export* di vini e alcolici in virtù della sua crescente ricchezza aveva acquistato una villa a Dahlem, un quartiere nella Berlino bene e si era sposato una Henkell, della famosa famiglia legata allo champagne.

Hitler confidava molto sulle influenti conoscenze estere che il ricco diplomatico poteva vantare, e non vi è dubbio che gli avesse affidato l'incarico nella vana speranza di ingraziarsi la classe politica britannica. Pare che Hitler avesse rivelato a Ribbentrop solo le più immediate ambizioni geografiche: Austria, Cecoslovacchia, l'ex provincia tedesca di Memel, annessa alla Lituania nel 1923, e il 'corridoio polacco' (il lembo di terra che legava la Polonia al Baltico separando la Prussia orientale dal resto della Germania). Ribbentrop, da parte sua, essendo un gentiluomo con un senso della correttezza che a volte rasentava il ridicolo, rispettava le confidenze di Hitler. Dopo la guerra, si rifiutò di discutere con gli investigatori americani i particolari del suo patto segreto con Stalin dell'agosto 1939, adducendo a scusa la sua convinzione che la segretezza andasse rispettata "per un principio di cortesia internazionale".

Franz von Papen, dal 1934 inviato speciale di Hitler a Vienna, arrivò alla Berghof la sera del 6 febbraio 1938. Vi era stato convocato da Hitler stesso, che però lo rimandò immediatamente a Vienna con l'ordine di invitare alla Berghof, per il giorno 12, il cancelliere austriaco. Papen, tenuto a freno il proprio orgoglio, obbedì: nei giorni che seguirono concordò con Schuschnigg quali richieste ciascuna delle parti avrebbe dovuto fare all'altra. In via di principio, Schuschnigg accettò di nominare ministri filotedeschi per i dicasteri delle finanze e della sicurezza. Hitler acconsentì a smantellare il quartier generale del partito nazista a Vienna, quindi preparò la scenografia per quell'incontro al vertice, avvalendosi della consulenza di un regista teatrale di Bayreuth.

Le caserme poste sulla strada che conduceva alla Berghof furono infoltite di alcuni reparti della "legione austriaca" – un corpo di 120.000 uomini, più consistente dell'esercito regolare austriaco nella misura di 2 a 1.

Le sentinelle delle *SS* che presidiavano il cancello della villa si esprimevano in un inequivocabile dialetto della Corinzia e quando Hitler scese i gradini per andare incontro all'auto che, sulla strada gelata, portava la delegazione di Schuschnigg, il Führer era accompagnato da Reichenau e dal generale della *Luftwaffe*, Hugo Sperrle: "I due generali dall'aspetto maggiormente brutale", disse più tardi, ridacchiando, ai suoi collaboratori. Successivamente, si vantò con Goebbels di aver usato, con il cancelliere austriaco, "un linguaggio duro" e minacciato il ricorso alla forza bruta con la frase "i cannoni si esprimono più chiaramente delle parole".

Il cancelliere austriaco non destò una buona impressione in Hitler, che non tardò a far notare ai propri collaboratori come quegli avesse la barba incolta e le unghie sporche.

L'atmosfera del colloquio è descritta dal resoconto che il Führer stesso fece nel 1942: "Non dimenticherò mai come Schuschnigg si sgonfiò quando gli dissi di abbattere quelle stupide barricate erette innanzi alla nostra frontiera perché, in caso contrario, avrei mandato io stesso un paio di battaglioni a provvedervi". Per quanto Hitler si fosse detto intenzionato a risolvere il problema austriaco *so oder so*, i suoi consiglieri suggerirono una strategia alternativa meno bellicosa, a cui Schuschnigg avrebbe dovuto necessariamente piegarsi. "È la prima volta in vita mia che cambio idea", affermò Hitler.

Nonostante la manifesta tattica intimidatoria, Schuschnigg oppose una fiera resistenza. Durante il pranzo, i generali sublimarono ad alta voce la forza della *Luftwaffe* e la tecnologia dei nuovi esplosivi e Hitler si dilungò sulle divisioni corazzate in allestimento. Il cancelliere austriaco, intanto, mostrando scarso appetito, giocherellava con il cibo. Poi il Führer cambiò astutamente tono: prese a discutere con entusiasmo del progetto urbanistico atto a dotare Amburgo di grattacieli più alti di quelli di New York e tracciò sul tavolo l'idea del ponte più lungo al mondo che lui e Todt avevano intenzione di gettare sul fiume Elba.

"Un tunnel subacqueo sarebbe stato più economico", ammise. "Ma gli americani, che si affacciano in Europa, dovranno prendere atto che qualsiasi cosa essi siano in grado di progettare e costruire, la Germania è capace di farla meglio".

Annunciò anche il varo, entro pochi mesi, di una nuova nave da guerra battezzata *Admiral Tegetthoff*, in memoria dell'eroe austriaco che, nella battaglia di Lissa del 1866, aveva annientato la flotta italiana. "Inviterò alla cerimonia lei, in qualità di cancelliere austriaco e l'ammiraglio Horthy[49]", promise Hitler a Schuschnigg. Ciò produsse negli ospiti un entusiasmo tale che, terminato il pranzo, allorché il Führer si appartò con Ribbentrop per redigere il documento da sottoporre alla firma di Schuschnigg, alcuni degli austriaci presenti, tra l'imbarazzo di molti, se ne uscirono gridando: "*Heil Hitler*".

Un clima che mutò non appena Schuschnigg ebbe visione dell'accordo propostogli. Gli si imponeva di nominare ministro della Sicurezza Arthur Seyss-Inquart[50] e ministro delle Finanze Hans Fischböck[51], il quale avrebbe lavorato al progetto di un'u-

---

49 Ndt. Miklós Horthy de Nagybánya (Kenderes, 18 giugno 1868 – Estoril, 9 febbraio 1957) è stato un militare, politico, e ammiraglio ungherese, Reggente d'Ungheria tra le due guerre mondiali. Horthy rimase al vertice della 'monarchia senza re' fino alla sua deposizione e arresto nel 1944 da parte dei tedeschi, in seguito al fallito tentativo di un armistizio separato con l'Unione Sovietica. Liberato dopo il 1945 su pressioni degli Stati Uniti, risparmiato dalle accuse di crimini contro l'umanità, esiliò in Portogallo.

50 Ndt. Arthur Seyss-Inquart (Stonarov, 22 luglio 1892 – Norimberga, 16 ottobre 1946) è stato un politico austriaco. Nel 1938, succeduto a Schuschnigg, divenne cancelliere. Filonazista, grazie alle istruzioni ricevute per telefono da Göring, aprì le frontiere del paese alle truppe tedesche permettendo l'Anchluss (annessione) dell'Austria al Reich. Nell'ottobre del 1946, durante il Processo di Norimberga, fu condannato a morte.

51 Ndt. Hans Fischböck (24 Gennaio 1895 3 Luglio 1967), banchiere austriaco, fu ministro dell'Economia e delle Finanze in Austria dal 1938 e ministro delle Finanze nell'Olanda occu-

nione economica tra Austria e Germania. Tutti i nazisti imprigionati dovevano essere amnistiati e reintegrati nei loro incarichi e Ribbentrop aggiunse seccamente che quei termini non erano negoziabili. Ebbe inizio un'accesa discussione e la firma non venne certo ottenuta con la galanteria.

Quando Ribbentrop entrò nello studio di Hitler, dicendo: "*Mein Führer*, l'accordo si è arenato sulla nomina del ministro di Sicurezza Arthur Seyss-Inquart".

Hitler, sbuffando, ribatté: "Dica a Schuschnigg che, se non accetta in toto il nostro accordo, invaderò l'Austria adesso!"

Schuschnigg, asserendo che solo il Presidente Miklas[52] aveva facoltà di insignire ministri, chiese una settimana di tempo. Hitler lo richiamò nel proprio studio e la sfuriata riprese. Giunse perfino a minacciarlo, dicendo: "Desidera che l'Austria diventi un'altra Spagna?"

Poi chiese a Schuschnigg di uscire e, mentre la porta si apriva, urlò in direzione della 'Sala Grande': "Generale Keitel!" Quando questi si precipitò da lui, Hitler gli indicò una sedia: "Se ne stia semplicemente seduto lì".

Quella muta messa in scena durò una decina di minuti, finché Schuschnigg, fatto nuovamente entrare, siglò la bozza finale dell'accordo così come Hitler l'aveva concepito. Il cancelliere austriaco sostenne l'ipnotica influenza di Hitler più a lungo di quanto, in seguito, molti dei più coriacei generali della *Wehrmacht* sarebbero riusciti a fare.

"Devo ammettere", egli disse un paio di giorni dopo a un amico, "che in Hitler c'è qualcosa di profetico".

Nonostante le sue dure parole, Hitler non aveva affatto intenzione, laddove Schuschnigg avesse mantenuto gli impegni presi, di dare inizio a una violenta invasione dell'Austria. Infatti, disse al suo assistente della *Luftwaffe* che l'Austria, a meno che il can-

---

pata dai nazisti. Dal marzo 1941 fu coinvolto nell'espropriazione delle proprietà degli ebrei e nell'invio di manodopera forzata in Germania.

52 Ndt. Wilhelm Miklas (Krems, 15 ottobre 1872 – Vienna, 20 marzo 1956) è stato Presidente federale austriaco dal 10 dicembre 1928 al 13 marzo 1938. A seguito dell'invasione tedesca, avvenuta il 12 marzo 1938, infatti, Miklas fu deposto da Seyss-Inquart e un plebiscito confermò l'annessione dell'Austria alla Germania.

celliere austriaco non si fosse reso responsabile di una qualche sciocchezza, si sarebbe avvicinata al *Reich* di sua spontanea volontà, forse nel corso di quello stesso autunno 1938.

Per impedire a Schuschnigg qualsiasi ripensamento, Hitler ordinò all'Alto Comando delle Forze Armate (*OKW*) di simulare i preparativi di un'imminente invasione; di questo si occupò direttamente dal quartier generale regionale della difesa (Monaco) il vice-ammiraglio Wilhelm Canaris.

Sulle prime, quei timori parvero infondati. Il 15 febbraio, poco dopo aver fatto ritorno a Berlino, Hitler apprese che il presidente Miklas aveva ratificato l'accordo. Quella sera, il Führer era ospite del corpo diplomatico: l'inviato austriaco Stefan Tauschitz riferì successivamente a Vienna che Göring, Goebbels e Hitler stesso si erano congratulati personalmente con lui e quest'ultimo aveva annunciato ai presenti che "l'epoca dei malintesi" era da considerarsi conclusa. Tuttavia, non passò molto tempo prima che l'atmosfera mutasse. Quasi rispondendo a un segnale convenuto, la stampa britannica e francese iniziarono una campagna denigratoria in cui l'accordo stipulato alla Berghof veniva raffigurato come un ignobile ricatto.

"La stampa mondiale è insorta", annotò Goebbels nel suo diario, "e parla (non completamente a torto) di estorsione".

Il 18 febbraio 1938, l'aviazione tedesca ricevette incarico da Göring, di progettare e pianificare, nell'eventualità di un conflitto, operazioni militari contro Londra e il sud dell'Inghilterra.

Un reparto speciale dei servizi segreti, rispondente a Ribbentrop e diretto da Rudolf Likus, apprese che, fatto rientro a Vienna, Schmidt (segretario del ministro degli Esteri) e Schuschnigg, "riacquistata la ragione", stavano studiando il modo di rendere nullo l'accordo stipulato.

Hitler era invece fermamente intenzionato a rispettare i patti. Nel suo successivo discorso al Parlamento, tenuto il 20 febbraio, fece le lodi di Schuschnigg. Il giorno seguente, convocato il nazista austriaco Josef Leopold, un estremista, lo destituì dalla carica. Poi, informò il successore di questi che, da quel momento, si doveva tenere nei confronti dell'Austria un atteggiamento più moderato. Il 26 febbraio, Hitler ripetè a Ribbentrop e a una delegazione di nazisti austriaci che aveva accantonato l'idea di una invasione militare. Il tempo, disse, giocava a suo favore.

Il 3 marzo, Hitler ricevette il nuovo ambasciatore americano in Germania, Hugh R. Wilson. In una lettera privata, indirizzata al presidente Roosevelt, Wilson commentò la "mancanza di gravità di quel personaggio tanto drammatico" e la sobrietà dell'incontro. Quando Wilson aveva incontrato il Presidente Friedrich Ebert[53], un ex artigiano sellaio, i due avevano mangiato insieme pane nero e bevuto birra.

Hitler, invece, lo aveva ricevuto in abito da cerimonia. Il Führer, anche se pallido, aveva un aspetto più sano di quanto Wilson si aspettasse e appariva ai suoi occhi vigoroso e intraprendente. L'espressività della mimica facciale, le sensibili mani d'artista, la semplicità, la franchezza e la modestia, furono le prime impressioni che Wilson ne ricevette e che riferì a Roosevelt.

Quello stesso 3 marzo, vide il sorgere di una nuova iniziativa britannica da tempo annunciata. L'offerta giunse da Londra attraverso l'ambasciatore Sir Neville Henderson. Chamberlain stesso l'aveva presentata, il 27 gennaio, al comitato di politica estera del Consiglio dei ministri, dipingendola come un accordo attraverso il quale la Germania nazista "sarebbe stata inserita nell'intesa, diventando di fatto una delle potenze coloniali del continente africano". In cambio, ci si aspettava che la Germania limitasse la corsa agli armamenti e riconoscesse la legittimità dell'attuale configurazione territoriale degli stati europei.

HItler ascoltò accigliato i termini della proposta, riepilogati in 10 minuti dall'ambasciatore, poi si lanciò in una feroce replica di mezz'ora: nessun accordo poteva essere stipulato, finché non fosse cessata la gogna mediatica ordita a suo danno dalla stampa britannica. Altresì non aveva alcuna intenzione di tollerare interferenze di terzi nelle vicende dell'Europa centrale. Si rifiutava di considerare un disarmo unilaterale che non richiedesse altrettanto all'Unione Sovietica.

53 Ndt. Friedrich Ebert (Heidelberg, 4 febbraio 1871 – Berlino, 28 febbraio 1925), fu il primo Presidente del Reich, dall'11 febbraio 1919 al 28 febbraio 1925.

Allorché Henderson tentò di allettarlo indicandogli sul mappamondo le colonie offerte, Hitler chiese cosa ci fosse di tanto straordinario nel restituire al suo paese le colonie africane "sottrattegli" dopo la guerra mondiale.

Il Führer ordinò a Ribbentrop di tornare a Londra per congedarsi formalmente dall'incarico di ambasciatore e gli chiese di sondare la sincerità di Chamberlain nel cercare un'intesa.

Le istruzioni più generali che Hitler gli diede sono rispecchiate dai commenti che Ribbentrop fece al barone Ernst von Weizsäcker[54] il 5 marzo, quando lo invitò a divenire il suo segretario di stato.

Ribbentrop parlò di: "*Uno straordinario piano* che non può essere portato a compimento senza far ricorso alla spada. Perciò non saremo pronti per attuarlo prima che siano trascorsi 3 o 4 anni (...). Tutt'ora, rimangono oggetto di discussione il dove avverrà il conflitto e quale dovrà essere l'episodio scatenante. Se fosse possibile, sarebbe opportuno risolvere il problema austriaco entro la fine dell'anno [1938]".

A Berlino, Hitler trovò l'esercito ancora in fermento per la creazione dell'*OKW*. Spirava un'aria foriera di tempesta. Fu il 7 marzo 1938, che lo Stato Maggiore generale dell'esercito fece conoscere la propria opinione. Il generale Walther von Brauchitsch, comandante in capo, firmò un memoriale redatto dal generale Beck e dal vice di questi, Erich von Manstein. La loro richiesta era che all'esercito fosse riconosciuto il predominio rispetto agli altri reparti della *Wehrmacht*.

Visto con il senno di poi, alla luce di una guerra mondiale condotta in gran parte da aerei da bombardamento strategico e sommergibili, il memorandum di Beck, decisamente immotivato, risultava perfino offensivo nei confronti di Hitler.

In passato, concludeva il documento, qualsiasi monarca, se lo desiderava, poteva erigersi a signore della guerra: Federico *il*

54 Ndt. Ernst von Weizsäcker (Stoccarda 25 maggio 1882 – Lindau 4 agosto 1951) fu sottosegretario di stato della Germania nazista dal 1938 al 1942. Giudicato colpevole per la deportazione degli ebrei francesi ad Auschwitz, fu condannato a 7 anni di carcere dal tribunale di Norimberga.

Grande e Napoleone ne sono due esempi; ma adesso, neppure un genio può detenere entrambe le leadership, politica e militare. Beck osservava, giustamente, che in guerra debbono esserci 2 funzioni ben distinte: l'organizzazione dell'economia interna da parte di un "segretario della guerra del *Reich*" e la condotta delle operazioni strategiche guidata da un "capo di Stato Maggiore generale del *Reich*".

Poiché l'equilibrio delle guerre a venire sarebbe stato in mano all'esercito, era evidente a chi dovesse essere destinata la leadership strategica: "Più si avvicina la possibilità di un conflitto a Oriente, che porrà la questione di conquiste territoriali... più diventa ovvio che la vittoria o la sconfitta dipenderanno dall'esercito. Se vogliamo considerare i nostri nemici a Est, Urss e Polonia non possono essere annientate dominando mare o cielo. E perfino la Cecoslovacchia, se anche dovesse essere sconfitta grazie all'aviazione, potrebbe al più cedere alcuni territori, mai rinunciare completamente alla propria sovranità".

Il documento evidenziava che marina e *Luftwaffe* sarebbero state destinate a compiti prevalentemente difensivi, quali "preservare le rotte del mare" e "tutelare la patria". Le eventualità di una guerra estesa a incrociatori e sommergibili e di operazioni come l'invasione delle acque territoriali olandesi, il bombardamento di Belgrado e la distruzione dell'aviazione polacca, francese e russa, neppure vennero contemplate da Beck. Hitler disse ai suoi aiutanti che quel documento conteneva l'esatto contrario di ciò che, il 4 febbraio, aveva ordinato.

"Se l'esercito avesse avuto voce in capitolo", ricordò più tardi al maggiore Schmundt, "oggi la Renania non sarebbe ancora libera, non avremmo introdotto il servizio di leva obbligatorio, concluso l'accordo navale, né saremmo mai entrati in Austria".

Il 9 marzo 1938, verso mezzogiorno, a Hitler giunse voce che Schuschnigg intendeva organizzare uno sbrigativo plebiscito per interrogare il popolo sul futuro dell'Austria: questa, la "sciocchezza" che Hitler stava aspettando. La domanda posta nel referendum era stata formulata in modo che chiunque avesse votato 'No', avrebbe potuto essere accusato di alto tradimento (a questo proposito gli aventi diritto al voto dovevano legittimare la propria scheda elettorale apportandovi all'interno nome, cognome e indirizzo).

Alcuni ministri austriaci ritenevano che l'età minima per poter esprimere il voto fosse da fissare ai 18 anni e che soltanto agli iscritti al partito della maggioranza di governo fosse consentito adempiervi; altri fecero presente che la costituzione fissava ai 21 anni l'età minima per il diritto al voto, ma Schuschnigg la variò arbitrariamente a 24 (essendo il partito nazista composto prevalentemente da giovani) e impose che le schede, invece di procedere allo scrutinio nelle sezioni, fossero consegnate direttamente ai funzionari del suo partito che avrebbero provveduto allo spoglio. Qualora il 'Sì' prestampato sulla scheda, cancellato, fosse stato sostituito con un 'No', la preferenza sarebbe valsa un 'Sì'. In questo modo esprimere opinione contraria sarebbe stato, se non impossibile, pressoché inutile. Hitler inviò a Vienna un suo rappresentante, Keppler, con l'incarico di sabotare il plebiscito o, nel caso non vi fosse riuscito, di insistere per l'inserimento di una domanda supplementare che sondasse l'opinione degli austriaci circa l'unione con il *Reich*. Ma quella stessa sera Schuschnigg annunciò ufficialmente la consultazione popolare. Hitler ascoltò via radio le notizie provenienti da Innsbruck, poi batté un pugno sul tavolo ed esclamò: "Bisogna farlo... e subito!" Un mese più tardi avrebbe dichiarato: "Quando il 9 marzo Schuschnigg violò il nostro accordo, compresi che il segno della Provvidenza era arrivato".

Verso la mezzanotte, Hitler radunò alla cancelleria i suoi più fedeli seguaci, Göring, Goebbels e Bormann, a cui annunciò la decisione di risolvere con la forza il problema austriaco. Il segretario personale di Ribbentrop, Reinhard Spitzy, venne mandato in tutta fretta a Londra, con una lettera in cui si chiedeva a Ribbentrop di riferire immediatamente quale sarebbe stata la probabile reazione della Gran Bretagna. Hitler sedette con Goebbels e gli altri fino alle 5:00 del mattino.

"Crede che l'ora sia giunta.", registrò Goebbels. "Vuole semplicemente dormirci su. È convinto che Italia e Inghilterra non interverranno".

Ma la principale preoccupazione di Hitler era costituita dai potenti vicini, amici dell'Austria. Il giorno seguente, scrisse una lettera a Mussolini, chiedendogli approvazione per suoi propositi. Il testo integrale di quella missiva, rinvenuto 7 anni dopo in un cassetto della scrivania di Göring, evidenzia che non solo Hitler giustificava il proprio ingresso in Austria, ma diceva chiaramente che la sua successiva mossa avrebbe riguardato la Cecoslovacchia.

Jodl avrebbe poi scritto nel suo diario: "L'Italia è il problema più delicato: se non reagisce contro di noi, gli altri si guarderanno bene dal farlo".

Alle 10:00 del 10 marzo, quando Keitel venne convocato alla cancelleria, Hitler aveva deciso di invadere l'Austria due giorni più tardi. Anche Neurath, ben felice di avere nuovamente, in mancanza di Ribbentrop, l'attenzione di Hitler, si espresse per una rapida azione contro l'Austria. Keitel inviò un uomo al quartier generale della *Wehrmacht* per prelevare i piani dell'operazione. Nonostante l'esplicito ordine di Blomberg datato giugno 1937, fatta eccezione per l'*Operazione Otto*, non esisteva alcuna strategia o studio concernenti l'invasione dell'Austria. Keitel ne ebbe conferma anche dal generale Beck. Quest'ultimo, alla cancelleria, lo ribadì anche a Hitler. Al massimo avrebbe potuto mobilitare due unità.

"Non posso assumermi alcuna responsabilità per quanto concerne un'invasione dell'Austria", esclamò Beck con sussiego.

A quel punto, il Führer ribatté: "Lei non è obbligato a prendersene. Ma se mi farà perdere altro tempo, farò condurre le operazioni dalle *SS* che entreranno in Austria a passo di marcia, accompagnate dalla banda. È questo che vuole l'esercito?"

In una lettera scritta in ottobre a Hossbach, Beck osservò amaramente che quello, durato poco oltre 5 minuti, era stato il suo primo e ultimo colloquio militare con Hitler.

La *Luftwaffe* non sollevò obiezioni. Göring mise immediatamente a disposizione 300 aerei per dei voli di propaganda. Anche i diplomatici si mossero in fretta, come evidenzia il diario di Weizsäcker:

"Ore 18:30. Apprendo da Neurath che il 12 marzo invaderemo... Soprattutto insisto che si manovrino gli avvenimenti interni dell'Austria in modo che la richiesta di intervenire ci giunga da lì, per stare dalla parte della ragione, storicamente parlando. Per Neurath questa è un'idea nuova, ma la proporrà con decisione alla cancelleria del *Reich*." Verso le 20:00, il nazista austriaco Odilo Globocnik[55], giunse alla cancelleria e, per mezzo di Neurath, suggerì a Hitler di far telegrafare a Berlino da Seyss-Inquart la 'richiesta' di un intervento tedesco. Hitler compilò un testo idoneo. Il telegramma (che Seyss-Inquart neppure vide) faceva appello al Führer perché inviasse truppe per ristabilire ordine e legalità a Vienna, turbata da manifestazioni, assassini e sommosse.

Nella sua villa, durante la cena, Göring consegnò il testo del telegramma al generale austriaco Glaise-Horstenau, perché lo riportasse a Vienna. Hitler aveva già dato al generale un velato ultimatum che Seyss-Inquart avrebbe dovuto rivolgere a Schuschnigg in persona. Alle 2:00 del mattino, diede ordine che l'intervento delle Forze Armate "ripristinasse le condizioni costituzionali" in Austria: "Io stesso assumerò il comando dell'intera operazione".

Evidentemente, Hitler non dormì molto quella notte. Quando Reinhard Spitzy alle 4:00 fece ritorno in aereo da Londra (Hitler in persona, avvalendosi di un nome in codice, gli aveva telefonato la sera precedente), il Führer gli offrì la colazione e visionò la relazione di Ribbentrop circa l'eventuale reazione britannica all'imminente invasione dell'Austria.

"Sono fondamentalmente convinto", aveva scritto il ministro, "che al momento la Gran Bretagna, piuttosto che operare ritorsioni nei nostri confronti, si preoccuperà di rassicurare le altre potenze".

Quel mattino, 11 marzo, l'assistente in capo di Goebbels, Alfred-Ingemar Berndt, in via confidenziale, istruì i rappresentanti della stampa berlinese: "Da oggi occorrerà enfatizzare maggior-

55 Ndt. Odilo Globocnik (Trieste, 21 aprile 1904 – Paternion, 31 maggio 1945) fu ufficiale delle SS e responsabile della costruzione di diversi campi di concentramento in Polonia. Con l'annessione dell'Austria, Hitler lo nominò gerarca del distretto di Vienna. Il 31 maggio 1945, per sfuggire alla cattura da parte delle truppe britanniche, si suicidò con una capsula di cianuro.

mente gli avvenimenti austriaci: i quotidiani popolari dovranno sottolinearli con grandi titoli e i giornali politici dedicare a essi almeno due colonne. È però necessario evitare un'eccessiva uniformità di vedute".

Brauchitsch restò a colloquio alla cancelleria per la maggior parte della giornata. Quando il generale Heinz Guderian chiese se poteva agghindare i suoi carri armati con fiori e bandiere per sottolineare la natura "pacifica" dell'operazione, Hitler acconsentì con entusiasmo. Le linee telefoniche tra Berlino e Vienna, a causa di tutto quel complottare, erano a dir poco incandescenti. Un guasto alla centralina telefonica della cancelleria obbligò persino Hitler e Göring a condurre le loro conversazioni da una cabina telefonica posta sulla veranda.

L'uomo di riferimento di Hitler a Vienna, Wilhelm Kepler, teneva d'occhio Seyss-Inquart per assicurarsi che l'irresoluto e ultralegalitario ministro nazista facesse esattamente ciò che il Führer gli aveva ordinato.

Schuschnigg temporeggiò parecchie ore oltre l'ultimatum dettatogli, mentre Göring, deciso ad assicurarsi le dimissioni del cancelliere austriaco prima del tramonto, urlava telefonicamente i suoi ordini agli agenti dislocati a Vienna. Alla fine, Schuschnigg posticipò il plebiscito, ma dopo aver discusso con Hitler, Göring telefonò a SeyssInquart per dirgli che, entro le 17:30, il Führer voleva conferma che il presidente Miklas gli avesse affidato l'incarico di formare un nuovo governo. Seyss-Inquart espresse la patetica speranza che seppur nazionalsocialista, l'Austria potesse conservare la propria indipendenza.

In proposito, Göring rimase sul vago.

Le 17:30 passarono. Göring ordinò a Seyss-Inquart e al generale Wolfang Muff di far visita al Presidente: "Ditegli che non stiamo affatto scherzando... Se in 4 ore non è ancora riuscito a comprenderlo, assicurategli che la nostra pazienza avrà termine tra 4 minuti".

Al che, Seyss-Inquart rispose con palese rassegnazione: "Bene".

Alle 20:00 giunse notizia che il governo di Schuschnigg, invece di dichiararsi dimissionario, aveva optato per un sibillino ritiro dalle responsabilità istituzionali.

Questa posizione, poco chiara, fu causa di un'accesa discussione con Göring adesso favorevole all'immediato intervento militare e Hitler passivo e pensieroso ascoltatore. Poi, mentre si allontanavano dalla cabina telefonica per far ritorno nella sala riunioni, Hitler battutosi una mano sulla coscia, alzato fiero lo sguardo, disse: "Allora è deciso: in marcia!" Intorno alle 20:30 Hitler firmò l'ordine.

L'invasione avrebbe avuto inizio l'indomani mattina. Poco dopo, alle 20:48, Keppler telefonò da Vienna per annunciare che Miklas aveva sciolto il governo e ordinato all'esercito austriaco di non opporre resistenza a un'eventuale invasione tedesca. Alle 22:00 giunse anche l'importante documentazione, firmata 'Seyss-Inquart', che, a nome del governo austriaco, chiedeva alle truppe tedesche di intervenire per riportare l'ordine nel paese. Alle 22:30 Hitler, saputo che persino Mussolini avrebbe giudicato benevolmente l'invasione tedesca dell'Austria, urlò telefonicamente al proprio ambasciatore a Roma: "Dica a Mussolini che non dimenticherò mai ciò che ha fatto! Mai, mai, mai! Qualunque cosa accada!" E ancora: "Una volta conclusa la faccenda austriaca, sarò al suo fianco, nella buona e nella cattiva sorte".

Quando chiuse la conversazione, Hitler confessò a Göring che quello era il giorno più felice della sua vita. Finalmente, per la prima volta in oltre 10 anni, poteva far ritorno nella natia Austria e, a Leonding, far visita alla tomba dei suoi genitori.

Hitler disse al suo assistente Brückner di assicurarsi che Ribbentrop restasse a Londra ancora un paio di giorni, per fare da 'parafulmine'. Quanto a lui, se ogni cosa andava per il verso giusto, contava di rivedere Ribbentrop a Vienna. Neurath, udite quelle parole, trasalì e cercò di convincerlo a non arrischiarsi ancora a raggiungere la capitale austriaca, ma Hitler non volle sentire ragioni e dispose di mantenere la più assoluta segretezza su quel viaggio.

Poi, per la prima volta in 48 ore, decise di concedersi un po' di riposo. Ma né a lui, né a Keitel venne concesso di dormire a lungo, poiché giungevano continuamente messaggi di preoccupati generali e diplomatici che supplicavano di fermare quell'intervento militare che avrebbe causato "un eccessivo spargimento di sangue". Perfino Brauchitsch e Beck, durante la notte, telefonarono più volte a Keitel e a Weizsächer, implorandoli di intercedere. Il responsabile dell'ufficio operativo dell'*OKW*, il generale Max von Viebahn, bombardò Keitel di telefonate e, alle 2:00, passò una comunicazione del generale Muff, l'addetto militare, direttamente sul ricevitore posto in camera del Führer. Il mattino seguente, Viebahn ebbe un collasso nervoso e si barricò in un ufficio del ministero della Guerra a scagliare bottiglie di inchiostro contro le pareti. Rimosso, il suo incarico fu affidato a Jodl.

Ancora una volta, tutto accadde di sabato. Alle 6:00 del mattino di quel 12 marzo, Hitler si allontanò da Berlino in aeroplano. A Monaco, presso il comando del generale Fedor von Bock, fu aggiornato sull'andamento dell'operazione. Folle plaudenti avevano accolto con gioia gli 'invasori' tedeschi. Le truppe austriache e i veterani della guerra mondiale, schierati lungo le strade, salutavano mostrando con orgoglio le medaglie troppo a lungo dimenticate che, in molti, ornavano la divisa. La Cecoslovacchia non si era mossa, anzi, come Hitler fece sarcasticamente notare al generale in lacrime che gli sedeva accanto, Franz Halder[56], sembrava improvvisamente ansiosa di compiacerlo.

Verso le 16:00, il Führer attraversò la frontiera nei pressi di Braunau e, in piedi sui sedili posteriori della sua *Mercedes* scoperta, proseguì il viaggio salutando e rispondendo alle acclamazioni della folla mentre il suo autista, Erick Kempka, aveva il suo bel daffare a evitare le masse isteriche che si gettavano sulla carreggiata. Quando raggiunsero Linz, invasa da un milione di austriaci festanti, era ormai il tramonto. Hitler tenne un discorso dal balcone del municipio: "Se un giorno il fato mi ha allontanato da questa fiorente cittadina, chiamandomi alla guida della Germania, l'ha fatto sicuramente per affidarmi una missione: restituire la mia amata patria al *Reich* tedesco!"

56 Ndt. Franz Halder (Würzburg, 30 giugno 1884 – Aschau im Chiemgau, 2 aprile 1972) è stato capo di Stato Maggiore delle Forze Armate dal 1938 al settembre 1942, quando si dimise a causa dei frequenti disaccordi con Hitler.

Il pomeriggio seguente si recò a Leonding, ove tutt'oggi sono sepolti i suoi genitori. Quando fece ritorno in albergo un'idea, germogliata in lui durante la notte, aveva assunto una forma più definitiva: originariamente aveva immaginato un'Austria autonoma sotto la propria presidenza elettiva, ma ora si chiedeva: perché non annetterla definitivamente al *Reich*? Era evidente a chiunque quanto la popolazione austriaca fosse dalla sua parte. A questo proposito, inviò un messaggero a Göring per apprenderne l'opinione e telefonò a Keppler, che si trovava a Vienna, affinché chiedesse a Seyss-Inquart di sondare immediatamente la reazione del governo austriaco. Quando, quella sera, lo raggiunsero, Keppler e Seyss-Inquart lo informarono che non c'era alcuna resistenza all'annessione del paese al *Reich*. La decisione era presa: "La dea Fortuna vi passa accanto solo per un istante", disse ai suoi più vicini collaboratori, "e se non siete lesti ad afferrarla per la veste, non avrete ulteriori possibilità".

Non c'è motivo di seguire il trionfale tragitto che il giorno successivo condusse Hitler a Vienna. Il cardinale Theodor Innitzer[57], arcivescovo della città, lo aveva chiamato chiedendogli il permesso, alla stregua di benvenuto, di far suonare a festa tutte le campane delle chiese e pregandolo di inviargli una dotazione di vessilli recanti le svastiche naziste, con cui addobbare i campanili della capitale.

Alle 14:00 del 15 marzo, Hitler rispose al saluto della folla durante una grandiosa parata militare svoltasi davanti al monumento raffigurante Maria Teresa. Le truppe della *Wehrmacht* sfilarono insieme ai reggimenti austriaci, anch'essi inghirlandati con fiori e bandiere. Un migliaio di velivoli da combattimento delle due aviazioni, guidati da un ufficiale tedesco e da uno austriaco, sfrecciarono nei cieli della città. Il barone von Weizsäcker, che era giunto con Ribbentrop, quel giorno scrisse: "Chi tra noi ricorda

---

57 Ndt. Theodor Innitzer (Neugeschrei, 25 dicembre 1875 – Vienna, 9 ottobre 1955) è stato cardinale e arcivescovo cattolico austriaco. Il 18 marzo 1938, sottoscrisse una dichiarazione a favore dell'annessione dell'Austria al Terzo Reich, facendo perfino precedere alla firma il saluto nazista. In seguito al richiamo ricevuto da Pio XI e alla revoca, da parte del governo tedesco, del Concordato con la Santa Sede, Innitzer ritirò il proprio sostegno al governo nazionalsocialista e, durante la seconda guerra mondiale, si espresse contro la persecuzione degli ebrei.

quella domanda spesso ripetuta durante i primi anni: quali vantaggi ci hanno portato i sacrifici fatti durante la Grande Guerra?"

Quella era la risposta. Vienna, impazzita per l'entusiasmo, stava tenendo a battesimo la rinascita tedesca, una nazione sconfitta nonostante il sacrificio umano, smembrata nell'armistizio, umiliata, schiacciata dal debito internazionale e che quell'oggi si riaffacciava fiera nel cuore dell'Europa, riaffermando la propria grandezza. Una nazione riunita grazie all'impegno e alla determinazione di uno dei suoi più umili figli, un leader che prometteva l'inizio di un'epoca di prosperità.

Mentre l'oscurità scendeva su Vienna, da una semplice città capoluogo di provincia, Hitler, a bordo del suo *Junkers*, volava verso Occidente. L'aspro orizzonte delle Alpi si tingeva di sfumature rosse e il generale Keitel dal finestrino, guardava verso destra, in direzione della Boemia e della Moravia.

Con le lacrime agli occhi, Hitler ne attirò l'attenzione sull'Austria, alla sinistra del velivolo. "Tutto ciò, adesso, fa nuovamente parte del *Reich*!"

Alcuni minuti dopo, Hitler mostrò a Keitel un ritaglio sgualcito di giornale in cui erano riassunte, su una mappa, le nuove frontiere del *Reich*. Adesso la Cecoslovacchia era chiusa da tre lati. Hitler posò sulla carta geografica la mano sinistra, in modo tale che pollice e indice racchiudessero le frontiere cecoslovacche. Poi, strizzò l'occhio all'indirizzo del capo dell'*OKW* e lentamente unì le due dita.

Operazione Verde

Fu quello l'inizio di un nuovo modo di fare diplomazia. Da quel momento Hitler si convinse che, laddove egli fosse riuscito a far apparire ragionevoli le sue pretese territoriali, le potenze occidentali non vi si sarebbero opposte più di tanto. Così quando, il 9 marzo 1938, il generale Walther Brauchitsch propose, entro i primi mesi del 1939, di consolidare la linea difensiva lungo la

Mosella e il Reno, Hitler non reputò la cosa di assoluta priorità. Qualche mese dopo, il 10 novembre, durante una riunione segreta, così spiegò questa sua decisione: "La situazione mondiale sembra giocare a favore delle nostre rivendicazioni". Il 17 marzo Hitler e Fritz Todt, carte alla mano, discussero i progetti per la costruzione di alcune nuove autostrade per l'Austria.

"È incredibile la sua inarrestabile voglia di misurarsi con nuovi obiettivi", riportò Goebbels nel suo diario.

La successiva vittima, come preannunciato a Mussolini, sarebbe stata la Cecoslovacchia. Attraverso i canali dei servizi segreti, Praga segnalò la propria disponibilità a una soluzione pacifica per i territori dei Sudeti, dove risiedeva un'altissima percentuale di tedeschi. Quale che fosse stata la soluzione proposta, Hitler non aveva alcuna intenzione di accettarla.

Il 19 marzo si consultò con i leader del partito nazista, fra cui Goebbels, che invitò nel suo piccolo studio, sito al piano superiore della cancelleria. Lì, disposta una carta geografica dell'Europa, i due ponderarono le mosse successive. Il Führer gli dette conferma che il primo passo sarebbe stato la Cecoslovacchia: "Spartiremo il territorio con polacchi e ungheresi", annotò Goebbels nel suo esauriente memoriale, "non vi sarà ulteriore indugio!"

Quel giorno stesso, Goebbels inviò ai direttori dei giornali una circolare segreta nella quale li invitava ad avvalersi, seppure con moderazione, del termine *Grossdeutschland*, ovvero 'grande Germania'.

"Ovviamente anche altri territori appartengono di diritto al *Grossdeutsches Reich* e, al momento opportuno, verranno rivendicati".

"Suscitava emozione", osservò Goebbels nei suoi scritti, "ascoltare il Führer asserire di voler vedere con i propri occhi 'un grande *Reich* teutonico'".

Alla riunione del partito, Hitler pianificò per il 10 aprile, in Germania e Austria, l'organizzazione di un referendum popolare per legittimare definitivamente l'*Anschluss*. Fu quella una campagna elettorale che spinse Hitler a prodigarsi in entrambe le nazioni.

Il 7 aprile fece arrivare la rete autostradale in territorio austriaco. Hanskarl von Hasselbach, suo personale medico al seguito, così rendicontò l'esperienza: "La folla, per chilometri e chilometri, era assiepata su entrambi i lati della strada e manifestava una gioia incontenibile. Molti, alla vista di Hitler, commossi, piangevano".

Dopo aver pronunciato un discorso dal balcone del municipio di Vienna, il 9 aprile, Hitler prese un convoglio ferroviario notturno diretto a Berlino. Nell'attraversare Lipsia, confidò a Goebbels di avere allo studio il progetto di trasferimento di tutti gli ebrei residenti in Europa nel Madagascar. Quell'isola era colonia francese, concordò Hitler, ma prima o poi con la Francia avrebbe regolato i conti. Goebbels ebbe come l'impressione che quella rivincita fosse la più grande ambizione del Führer.

Sia Hitler che Goebbels votarono presso un seggio approntato alla stazione ferroviaria di Berlino. La domanda cui gli elettori erano chiamati a rispondere era: "Accettate Adolf Hitler come vostro *Führer* e quindi la riunificazione dell'Austria con il *Reich* tedesco, già avvenuta ufficiosamente il 13 marzo 1938?"

Il risultato fu sorprendente persino per Hitler: dei 49.493.028 aventi diritto al voto, 49.279.104 si recarono alle urne; di questi, ben 48.752.857 (il 99,08%) dichiararono la loro approvazione all'operato di Hitler.

Un'unanimità dalle dimensioni quasi imbarazzanti.

Hitler dichiarò a Goebbels che intendeva far processare l'ex cancelliere austriaco Schuschnigg, ma che ne avrebbe mutata l'eventuale condanna a morte in pena detentiva. In realtà, non ci fu alcun procedimento giudiziario. Hitler dette disposizione a Ribbentrop che Schuschnigg fosse confinato in un'adeguata residenza dotata di tutti i confort. Qualche anno dopo, però, quest'ordine, come molti altri di Hitler, venne disatteso e Schuschnigg finì in un campo di prigionia, dal quale fu liberato solo nel 1945.

Il 24 marzo 1938, Hitler, coadiuvato da Ribbentrop e Goebbels, esaminò le mosse successive. Un giorno, avrebbe regolato la questione dei confini francesi, senza modificare le attuali frontiere con l'Italia.

"Non ha interesse a raggiungere l'Adriatico", osservò Goebbels. "I nostri primari interessi volgono a Nord e a Est. Non possiamo spingerci contemporaneamente in troppe direzioni".

Quasi immediatamente, Hitler diede inizio ad attività sovversive nei territori dei Sudeti. Il pomeriggio del 28 marzo, ne discusse le strategie con Konrad Henlein, leader del partito dei tedeschi residenti in quella regione. Henlein, avvicinato da Canaris nel 1935, era stato addestrato dall'*Abwehr* a condurre agitazioni e atti intimidatori. In seguito, aveva fondato una potente organizzazione politica (nei Sudeti risiedevano 3.200.000 tedeschi). Durante quella riunione segreta, alla quale avevano partecipato anche Ribbentrop e il capogruppo delle *SS* Lorenz, Hitler diede a Henlein due incarichi: il primo consisteva nel proporre ai cechi una serie di richieste – apparentemente ragionevoli, ma concepite in modo tale da non poter essere accolte dal leader cecoslovacco Eduard Benes[58] ; il secondo, nel convincere gli inglesi, avvalendosi dell'influenza che Henlein sembrava essersi conquistato a Londra, a non interferire.

Contemporaneamente ebbero inizio i preparativi militari. Quello stesso 28 marzo, Keitel firmò un'importante direttiva rivolta all'esercito e all'aviazione, affinché rafforzassero i principali ponti sul Danubio e le autostrade austriache che conducevano verso la Cecoslovacchia.

Il 1° aprile, lo Stato Maggiore generale comunicò al generale Wilhelm von Leeb che doveva mettersi agli ordini di Beck: Leeb avrebbe comandato la Settima Armata, destinata ad agire dal territorio austriaco contro la Cecoslovacchia. L'ostilità di Beck nei confronti dei cechi era nota. Manstein, in una lettera datata 21 luglio, aveva scritto della sua "feroce smania" di vedere cancellata la Cecoslovacchia.

Nel dicembre 1937, Beck, durante un colloquio con il capo di Stato Maggiore generale ungherese, Jenö Rátz, vi aveva fatto riferimento come a un'appendice del territorio tedesco. "Finché

58 Ndt. Eduard Benes (Kozlany, 28 maggio 1884 Sezimovo Ustì, 3 settembre 1948). Ministro degli Esteri cecoslovacco a partire dal 1918, nel 1921 divenne Presidente del Consiglio. Senza rispettare le clausole dei Trattati di pace di Parigi, portò avanti una politica di assimilazione forzata di ungheresi e tedeschi. Quando, con il Patto di Monaco, Francia e Inghilterra accettarono l'annessione della regione dei Sudeti alla Germania nazista, Benes, che dal 1935 era diventato Presidente della Repubblica, si dimise.

la Cecoslovacchia esisterà, la Germania non potrà combattere alcuna guerra".

Nonostante ciò, comprendeva che quel paese, da lui fortemente avversato, non poteva essere espugnato tramite un'azione militare.

L'esercizio della forza, giacché gli stati moderni sono vulnerabili a molteplici attacchi, non era l'unica opzione perseguibile e lo stesso Hitler, in accordo con l'*OKW*, prevedeva future campagne non basate soltanto su cannoni ed esplosivi. A differenza dei suoi generali, Hitler era a conoscenza di molte delle carte di cui gli avversari disponevano. L'Istituto di ricerca di Göring e i decodificatori *Pers-Z* di Ribbentrop intercettavano con regolarità i dispacci che intercorrevano tra Londra, Parigi e le loro missioni all'estero, oltre ai messaggi cifrati spediti dai diplomatici italiani e ungheresi dislocati a Berlino. Molte decisioni di Hitler, che alcuni generali reputavano apparentemente illogiche, possono essere giustificate dalla segreta conoscenza ch'egli aveva dei piani dei suoi avversari.

I legami della Germania con l'Italia fascista erano ormai consolidati e Hitler, in occasione della sua prossima visita ufficiale in quel paese, confidava di stipulare, con Mussolini, un vero e proprio trattato.

Il 2 aprile, congedandosi da Hans-Georg von Mackensen[59], nuovo ambasciatore tedesco a Roma, ripeté nuovamente che aveva deciso di dimenticare la disputa per il Sud Tirolo: le frontiere della Germania con l'Italia, la Jugoslavia e l'Ungheria si potevano, dunque, considerare permanenti.

"Le nostre aspirazioni", disse Hitler, "vanno verso nord. Dopo i territori dei Sudeti ci volgeremo al Baltico. Dobbiamo porre le nostre attenzioni sul corridoio polacco e, forse, su altri stati limitrofi. Non vogliamo nel nostro impero popoli non appartenenti al ceppo germanico, ma se siamo chiamati a sottometterne alcuni,

59 Ndt. Hans-Georg Viktor von Mackensen (Berlino 1883 Costanza 1947) fu ministro plenipotenziario a Budapest (1933), segretario di stato agli Esteri (1937-38) e ambasciatore in Italia fino alla caduta del fascismo.

allora ci indirizzeremo alla conquista dei paesi baltici".

Weizsäcker annotò quelle parole, registrando anche come, il 20 aprile, giorno del suo compleanno, Hitler avesse detto a Neurath che i trionfi esteri, consistenti e rapidi, stavano per compiersi. Una volta svolti i necessari preparativi, alla prima occasione, avrebbe colpito rapido come il fulmine.

Hitler non riteneva opportuno affrontare la questione cecoslovacca finché non fosse stato certo dell'appoggio e della compiacenza di Mussolini. Se, a Roma, il Duce gli avesse confidato l'intenzione italiana di estendere il proprio impero in Africa, lui avrebbe chiesto, in contropartita all'aiuto tedesco nel continente africano, il sostegno italiano in Cecoslovacchia. A quel punto, borbottò in aprile a Schmundt, "tornerò da Roma con la Cecoslovacchia nel sacco".

Il 21 aprile, dette ordine a Keitel di redigere un'adeguata direttiva dell'*OKW*. La strategia ideale sarebbe stata un'invasione a sorpresa, ma la preoccupazione che questa avrebbe suscitato nell'opinione pubblica mondiale lo costringeva ad escluderla. A meno che, per esempio, non si verificasse un grave incidente anti tedesco come l'assassinio dell'ambasciatore di stanza a Praga che la rendesse una reazione comprensibile. L'esercito e l'aviazione tedesca avrebbero agito simultaneamente, lasciando la Cecoslovacchia isolata e sfiduciata, mentre le forze corazzate, attraverso Pilsen, avrebbero puntato direttamente sulla capitale.

In quattro giorni la battaglia doveva essere conclusa.

Il giorno successivo Hitler, convocato l'inviato ungherese Döme Sztójay[60], gli confidò che nel futuro smembramento della Cecoslovacchia il suo paese avrebbe avuto modo di recuperare i territori sottrattigli dopo la guerra mondiale, compresa Brati-

60 Ndt. Di origine serba (il suo vero cognome era Sztojakovics), Döme Sztójay fu, dal 1925 al 1933, addetto militare all'ambasciata ungherese a Berlino. Dal 1935 al 1944, ricoprì la carica di ambasciatore in Germania. A seguito dell'occupazione tedesca dell'Ungheria, i nazisti imposero la sua nomina a Primo ministro. Assunto l'incarico che cumulò con quello di ministro degli Esteri, facilitò le operazioni di deportazione degli ebrei ungheresi verso i campi di sterminio polacchi. All'arrivo dei sovietici a Budapest, Sztójay fuggì con i tedeschi. Arrestato dagli americani, venne riconsegnato agli Ungheresi nell'ottobre 1945. Giudicato colpevole di crimini di guerra e contro il popolo, venne condannato a morte il 22 marzo 1946.

slava (Pressburg), "antica città ungherese dell'incoronazione". Sztójav riferì quella splendida notizia al ministro degli Esteri, Kolomán von Kánia, in una lettera privata scritta a mano.

La grande parata militare, con cui era stato celebrato il suo 49° compleanno, aveva ricordato al Führer il trascorrere inarrestabile del tempo. Un assistente lo sentì osservare che la sua acutezza decisionale aveva, ormai, rag giunto l'apice. Inoltre, non era da escludersi che la pallottola di un omicida, prima o poi, potesse ucciderlo.

Il 23 aprile 1938 Hitler firmò un decreto ritenuto top secret, con cui confermava Göring suo successore.

Il 2 maggio scrisse a mano un testamento privato col quale metteva ordine nei propri affari, dava disposizioni per il suo funerale e distribuiva i propri effetti personali ai familiari e ai membri dello staff.

Quel giorno, l'intero governo del *Reich* convogliò presso la base di Berlino, per salutare la sua partenza per Roma. Nel 1934, l'ultima volta in cui Hitler si era recato nella penisola, gli italiani lo avevano ospitato a Venezia in un caldo palazzo dalle finestre serrate a causa di pestiferi sciami di zanzare. In camera da letto, il Führer era stato costretto a svitare le bollenti lampade della lumiera.

Questa volta, nel maggio 1938, Mussolini gli riservò una grandiosa accoglienza. Durante il soggiorno di una settimana, Hitler poté esaminare lo scenario romano e soppesare il potere del Duce in confronto alle prerogative reali. Quando, il 3 maggio, il treno speciale su cui viaggiava entrò alla periferia di Roma, il Führer, riuniti i membri del suo staff privato, li pregò, alla vista di una minuscola figura inginocchiata sul marciapiede, schiacciata dal peso di galloni dorati, di non scoppiare in risa perché quell'uomo corrispondeva all'identità del re d'Italia e, pur sembrando genuflesso, non lo era affatto. La dimensione visibile corrispondeva alla sua effettiva levatura.

Non c'era modo di evitare Vittorio Emanuele III perché, tecnicamente, era lui a ospitare Hitler. La combriccola reale non sarebbe riuscita a far imbestialire tanto il Führer neppure se avesse ordito una cospirazione atta a umiliarlo per le sue modeste origini.

Per sbaglio, i cancelli del palazzo reale gli vennero fatti trovare chiusi e, di lì a poco, Hitler si scontrò con l'opprimente e ridicola etichetta di corte. Il responsabile del protocollo guidò gli ospiti tedeschi lungo un'infinita scalinata percuotendo solennemente ogni gradino con un bastone incrostato d'oro.

Hitler, nervoso visitatore straniero, perse il passo e si trovò a precedere il nobiluomo in uniforme, tanto da doversi arrestare bruscamente, causando confusione e commenti di coloro fermi sui gradini dietro di lui. Poi riprese a camminare accelerando, tanto che, in breve, fu nuovamente accanto al cerimoniere. Questi finse di non notarlo ma affrettò il passo finché il gruppo si trovò a percorrere gli ultimi gradini con un poco dignitoso galoppo.

Ci furono altre pecche. Hitler aveva proposto di donare all'Italia un planetario. Ribbentrop fece notare che l'Italia già ne possedeva due, entrambi sottratti alla Germania a compensazione dei danni di guerra. "Mi pare", osservò Ribbentrop, "un regalo inopportuno".

Al raduno di un circolo del dopolavoro per la coppia reale, Hitler e Mussolini erano state predisposte solo tre poltrone dorate: inevitabilmente, i due dittatori dovettero rimanere in piedi, lasciando vuota una postazione, sotto gli sguardi di 100.000 italiani sogghignanti. A un concerto tenutosi a Villa Borghese, la nobiltà occupava le prime file, mentre i militari Rodolfo Graziani, Italo Balbo e Pietro Badoglio erano ammassati dietro, tra le persone di minor conto. Stessa cosa accadde a Napoli nel corso della parata militare. Hitler, intervenendo poco delicatamente ad alta voce, fece notare che quegli uomini avevano dato al re l'impero di Abissinia, al che le file dietro di lui si scompaginarono e i generali si trovarono davanti. Più tardi, come testimoniò in seguito Wiedemann, Hitler annunciò con arroganza a Mussolini: "Me ne torno a casa. Non sono venuto per compiacere il re, bensì per vedere lei, mio caro amico!"

Il Führer tornò a Berlino il 10 maggio, con sentimenti contrastanti. I suoi peggiori timori sul valore militare dell'Italia erano confermati. Agli occhi dei tedeschi, le armi più moderne a disposizione del Duce, fieramente messe in mostra a Roma, apparivano obsolete. Inoltre, Hitler sembrava scandalizzato dall'ignoranza di Mussolini in strategia militare: il Duce sarebbe stato alla mercé dei suoi generali, sottolineò, e quelli avevano giurato fedeltà al re. Gli italiani si guardarono bene dal firmare la bozza di alleanza che Ribbentrop aveva portato con sé e, per dirla con le parole di Weizsäcker, "ci affibbiarono un diretto in piena faccia, sottoponendoci un improvvisato trattato frutto del loro ingegno, più simile all'armistizio con un nemico che a un legame di fedeltà tra amici".

Hitler, il 4 maggio, ebbe due conversazioni private con il Duce, durante le quali gli confidò le proprie ambizioni a Est.

"A proposito della Cecoslovacchia", annotò Goebbels qualche ora più tardi, "Mussolini ci lascia mano libera".

Mussolini affermò infatti che, in caso di conflitto tra la Germania e la Cecoslovacchia, sarebbe rimasto in disparte "con la spada nel fodero". La frase poteva dare adito a diverse interpretazioni, ma l'assistente di Keitel trascrisse le parole che Hitler pronunciò nel corso di un discorso segreto tenuto ai suoi generali, il 15 agosto 1938: "Quale sarà la posizione dell'Italia? Ho ricevuto delle rassicurazioni. Nessuno ci attaccherà!"

Sfortunatamente non esiste una registrazione integrale delle importanti conversazioni intercorse tra Hitler e Mussolini a bordo della nave da guerra *Conte di Cavour*. Il Duce, in seguito, riferì che Hitler, tra le altre cose, gli aveva detto: "La Germania marcerà lungo l'antico sentiero teutonico, verso Est".

Il soggiorno romano aveva screditato per sempre la monarchia agli occhi di Hitler. Anni prima, aveva confidato a quanti a lui più intimi che quando si fosse ritirato dalla scena politica, avrebbe passato le consegne a un pretendente di sangue reale. Intendeva trascorrere la vecchiaia a Monaco, Ratisbona o Linz e dettare il terzo volume delle sue memorie a Johanna Wolf, la più anziana delle sue segretarie.

Effettivamente aveva lungamente discusso col defunto Presidente Hindeburg il proposito di rimettere sul trono un Hohenzollern[61], non tanto il principe ereditario Federico Guglielmo,

61 Ndt. La Casata degli Hohenzollern è una dinastia tedesca di 'principi elettori', re e imperatori di Prussia, Germania e Romania. La famiglia usava il motto Nihil sine Deo nulla

bensì uno dei suoi figli.

Ciò a cui aveva assistito a Roma gli fece però accantonare l'idea. Al suo ritorno a Berlino, chiese a Göring di prendere contatto con ex leader socialdemocratici come Carl Severing, Gustav Noske, Otto Braun e Paul Löbe[62] e di aumentare le loro pensioni come tangibile segno di riconoscimento per aver debellato la monarchia. Nonostante ciò, il 6 maggio mandò al principe ereditario Federico Guglielmo i consueti auguri di compleanno. Questi rispose congratulandosi per il contributo dato dal Führer alla pace in Europa.

Hitler fece notare seccamente a Wiedemann: "Non sono qui per preservare la pace, bensì per fare nuovamente grande la Germania! Se potremo adempiere pacificamente a questo compito, bene, altrimenti, ci comporteremo di conseguenza".

Hitler aveva deciso che, per quanto concerneva la Cecoslovacchia, non avrebbe perso tempo. Infatti, Weizsäcker annotò il 13 maggio: "Il Führer pensa di risolvere la questione entro l'anno, poiché teme che successivamente l'equilibrio delle forze in campo possa volgere a nostro svantaggio". Venne elaborata un'astuta campagna propagandistica, che ebbe inizio con un deliberato silenzio mediatico sulla disputa dei Sudeti.

Proprio il giorno 13, Goebbels impartì istruzioni alla stampa: "Voglio ricordarvi che, fino a nuove disposizioni, non è consentito riportare notizia di incidenti di poco conto che abbiano origine in Cecoslovacchia".

C'era una battaglia *psicologica* da vincere.

Nel frattempo, Hitler si dedicava allo studio della linea difensiva cecoslovacca, posta a ridosso delle frontiere, che aveva fama di essere inespugnabile. L'*OKW* lo informò sull'eccellente stato

---

senza Dio. Perse il potere alla fine della prima guerra mondiale, quando fu deposto l'ultimo imperatore tedesco, Guglielmo II.

62 Ndt. Carl Wilhelm Severing (1875-1952) fu ministro degli Interni dal 1920 al 1926 e ancora dal 1930 al 1932; Gustav Noske (1868-1946), primo ministro della Difesa nella Repubblica di Weimar, divenne famoso per la repressione attuata nei confronti dei comunisti (1919), che portò all'uccisione di Rosa Luxemburg e Karl Liebknecht; Otto Braun (18721955), Primo ministro di Prussia, emigrò in Russia dopo l'ascesa al potere di Adolf Hitler nel 1933; Paul Löbe (1875-1967) fu imprigionato in seguito alla presa di potere del partito nazista nel 1933; nel 1945 lavorò per il quotidiano Das Volk e in seguito divenne coeditore del Telegraph.

di quelle fortificazioni: vi si trovavano postazioni di artiglieria resistenti a tutti i calibri conosciuti, disposte a intervalli regolari di un centinaio di metri l'una dall'altra e inframezzate da bunker equipaggiati con mitragliatrici. Hitler decise che l'assalto avrebbe dovuto partire, simultaneamente, dall'interno del territorio cecoslovacco e dall'esterno. A ciò sarebbe seguita una rapida penetrazione dei reparti corazzati e un protratto bombardamento aereo su Praga.

Lo schieramento delle potenze straniere che lo avversavano si era fatto ora più evidente e la Gran Bretagna continuava a costituire la maggiore preoccupazione. I servizi segreti tedeschi, a Vienna, avevano reperito alcuni documenti che rivelavano fino a che punto l'inviato britannico avesse istigato Schuschnigg contro Hitler.

I legami tra Gran Bretagna, Francia e Stati Uniti si stavano facendo giorno dopo giorno più serrati. Hitler sapeva, da fonti diplomatiche, di colloqui anglo-francesi in corso a Londra. Verso i primi di maggio ebbe visione di un telegramma codificato dell'ambasciatore statunitense a Londra, Joseph Kennedy, che indicava gli inglesi propensi ad accettare alcune rivendicazioni tedesche, ma non di concedere a Hitler di imperversare in tutta l'Europa centrale.

Dopo la riunione congiunta con la marina, il 4 maggio, il vice capo operativo della *Luftwaffe*, colonnello Hans Jeschonnek, scrisse: "Ultimamente il quadro politico generale è radicalmente mutato e la Gran Bretagna ricopre sempre più il ruolo di principale avversario della Germania. Lo stesso Hitler, nel gennaio 1938, ha dichiarato in tutta onestà a Raeder che non ritiene il programma di costruzioni navali idoneo alla gravità della situazione internazionale".

Essendoci, nei cantieri, carenza di manodopera specializzata, di saldatori esperti e persino di materiali, Raeder si difese protestando contro il continuo proliferare di lavori pubblici, che rallentavano il riarmo, quali gli stabilimenti della *Volkswagen*, la metropolitana di Monaco, la ricostruzione di Berlino, Norimberga, Amburgo e altro ancora.

Hitler ignorò quelle proteste. La calcolata noncuranza con cui usava i fondi pubblici stava facendo uscire l'architettura tedesca dalla depressione in cui era caduta antecedentemente al 1933. Stavano sorgendo nuovi e pretenziosi edifici pubblici, il cui stile era spesso influenzato da Hitler medesimo, che amava preparare personalmente dettagliati bozzetti. Hitler detestava gli informi prodotti della vecchia scuola architettonica e così nominò architetto capo a Berlino, il giovane e talentuoso Albert Speer e, a Monaco, l'autodidatta Hermann Giesler. A Speer, immediatamente incaricato di costruire una nuova cancelleria del *Reich*, Hitler disse che l'edificio doveva servire a ricevere e impressionare le 'piccole nazioni'. Ma le sue intenzioni andavano ben oltre e, una sera di ottobre del 1941, disse ad alcuni intimi:

"Quanti entreranno nella cancelleria del *Reich* dovranno avere la sensazione di far visita ai padroni del mondo. Vi si arriverà lungo ampi viali arricchiti da un Arco di Trionfo, dal Pantheon dell'esercito e dalla piazza del popolo. Opere da annichilire lo sguardo!... Come materiale useremo il granito. Il granito farà sì che i nostri monumenti sopravvivano in eterno. Tra 10.000 anni saranno ancora lì. Un giorno Berlino sarà la capitale del mondo".

Hitler incaricò Speer di progettare anche un impianto sportivo, con 350.000 posti a sedere, per la città di Norimberga. "In futuro", disse, "tutte le edizioni delle Olimpiadi avranno luogo in Germania".

Il 17 maggio 1938, il Führer, accompagnato dal maggiore Schmundt si recò in aereo a Monaco, dove Bormann lo stava aspettando a capo di una colonna di automobili. Il convoglio si diresse a velocità sostenuta verso Berchtesgaden. Di tanto in tanto, Hitler lanciava uno sguardo al tachimetro per assicurarsi che non stessero superando il suo personale limite di velocità di 80 chilometri orari. La governante e i domestici attendevano, schierati all'ingresso della Berghof. Gli attendenti si precipitarono ad aprire lo sportello dell'auto e Hitler scomparve nella villa. Sentì in lontananza l'abbaiare dei suoi cani, aspirò il familiare aroma di legno e di cera per mobili e, nella 'Sala Grande', innanzi allo scenario della natura sottostante, ebbe un moto di commozione.

Più tardi, mentre percorreva gli stretti sentieri dell'Obersalzberg, Hitler, pensando ad alta voce, dichiarò ai suoi più intimi collaboratori che alcuni generali dell'esercito destavano in lui qualche perplessità Nonostante Fritsch fosse stato rimosso, reputava Ludwig Beck un ufficiale "sicuramente adatto alla poltrona, ma poco attinente a una trincea". Senza parlare di Gerd von Rundstedt che, in un'occasione, gli aveva persino mancato di rispetto, definendo l'amico Benito Mussolini un "negroide idiota", con il quale personalmente avrebbe preferito, se possibile, evitare ogni contatto. In Austria, Hitler aveva approfondito la conoscenza del generale Franz Halder, di cui aveva già maturato un'ottima impressione durante le grandi manovre del 1937. Decise che ben presto lo avrebbe sostituito a Beck.

A Berlino, Hitler aveva chiesto all'*OKW* di emettere una provvisoria direttiva per l'*Operazione Verde*. Il documento, recapitato alla Berghof il 21 maggio, cominciava con una rassicurante definizione degli obiettivi predisposta da Hitler: "A meno che non vi sia costretto da una provocazione, o che gli avvenimenti politici internazionali volgano in modo particolarmente favorevole, non è mia intenzione, nell'immediato futuro, distruggere la Cecoslovacchia avvalendomi dell'opzione militare".

Quello stesso giorno, però, giunse notizia che la polizia ceca, nei pressi di Eger aveva aperto il fuoco contro due agricoltori tedeschi, uccidendoli, e che il governo stava mobilitando 200.000 uomini, adducendo a scusa una fantasiosa concentrazione di forze dell'esercito tedesco a ridosso della frontiera.

Furibondo, Hitler ordinò a Keitel e al ministro degli Esteri Ribbentrop di raggiungerlo immediatamente a Monaco. Sei mesi più tardi, in un discorso segreto, avrebbe detto: "Il 21 maggio apparve evidente che il problema andava affrontato *so oder so*! Una dilazione lo avrebbe complicato rendendo la soluzione più sanguinosa".

Affermando di averne il consenso da Hitler, Goebbels diede inizio a un'immediata e denigratoria campagna mediatica contro Praga. "Ribbentrop è quasi in lacrime", affermò compiaciuto. In effetti, quando giunse a Berlino, il ministro era di umore nero: avvertito da Brauchitsch che l'esercito non era ancora nelle condizioni ottimali per un attacco militare alla Cecoslovacchia, Ribbentrop suggerì a Hitler di moderare i toni della stampa.

Al tempo stesso, Schmundt fece pervenire a Keitel una lista di domande che gli erano state poste dal Führer. Era possibile mobilitare forze sufficienti all'attacco senza insospettire le potenze straniere? Su quale forza doveva contare il contingente militare corazzato tedesco per condurre una vittoriosa invasione? Potevano le squadre dei costruttori partecipare alla difesa delle frontiere occidentali? Le risposte dell'*OKW*, telegrafate alla Berghof, raggelarono qualsiasi proposito di azione immediata. I nuovi obici della fanteria (mortai da trincea da 150 millimetri) non potevano entrare in servizio prima dell'autunno, perché le munizioni non sarebbero state disponibili prima di allora. Al momento, per attaccare le postazioni nemiche, Hitler poteva contare solamente su 23 obici da 210 millimetri, 8 dei quali si trovavano nella Prussia orientale. Per l'intera settimana Hitler fu roso dall'indecisione: attendere o attaccare subito? Ad infastidirlo, l'ondata di anti-germanismo che dominava la stampa straniera. Lord Halifax, segretario britannico agli esteri, fu così privo di tatto da scrivergli invitandolo a non peggiorare la situazione, quasi fosse stato il Führer a iniziare uno spostamento delle truppe. I cechi e gli inglesi arrivarono inoltre a vantarsi del fatto che la mobilitazione ordinata da Benes avesse convinto Hitler a fare marcia indietro. Giovedì 25 maggio, la decisione era presa.

Il travaglio mentale che essa aveva comportato non era sfuggito ai suoi collaboratori i quali, durante la notte, lo avevano sentito passeggiare ininterrottamente. La guerra con le potenze occidentali pareva inevitabile. L'assistente navale di Hitler, il capitano Karl-Jesco von Puttkamer, grande fumatore di sigari, telegrafò dalla Berghof all'ammiraglio Raeder, avvertendolo di rendersi disponibile a un incontro con Hitler fissato a Berlino per venerdì 27 maggio. Puttkamer aggiunse che, presumendo il Führer 'possibile un imminente conflitto con Francia e Gran Bretagna', era opportuno accelerare la produzione delle navi da guerra.

Quel venerdì, appena fatto ritorno a Berlino, Hitler informò Raeder che voleva la *Bismarck* e la *Tirpitz* (alcune tra le navi da guerra in costruzione) operative per gli inizi del 1940. Chiese anche un rafforzamento dell'armamento dei nuovi incrociatori da battaglia, l'espansione della capacità offensiva dei cannoni navali e il completamento della percentuale totale di sommergibili consentiti dal Trattato anglo-tedesco del 1935. Ciononostante, l'ammiraglio ebbe l'impressione che la fase marina di una eventuale guerra non sarebbe cominciata prima del 1944 o 1945. Il piano fu in seguito analizzato dal responsabile delle operazioni navali facente capo a Raeder e fu sulla presunzione di quei tempi che la marina cominciò a formulare un nuovo programma di costruzione navale denominato *Piano Z*.

Hitler decise anche di dare inizio alla costruzione di un inespugnabile vallo, lungo le frontiere a occidente, composto da due zone parallele di difesa: la più avanzata edificata e presidiata dall'esercito, l'altra dalla *Luftwaffe*.

Venerdì 27 maggio, comunicò all'esercito i nuovi obblighi conseguenti a quella decisione: accelerare i lavori di restauro e ammodernamento tecnologico sulle 1.360 casematte di cemento già in essere e completarne entro il 1° ottobre 1938 altre 1.800. Inoltre, negli stessi tempi dovevano essere strutturati sulla linea difensiva 10.000 bunker.

Sabato 28 maggio Hitler tenne, presso la cancelleria, una sorta di conferenza ad alti livelli, limitata a ministri e generali da lui selezionati. Göring, che ne presagiva le intenzioni, preoccupato sussurrò a Wiedemann: "Il Führer crede veramente che i francesi staranno a guardare se salteremo addosso ai cechi? Non legge le intercettazioni dell'Istituto di ricerca?"

Tra gli invitati alla riunione, figuravano Brauchitsch, Beck e Neurath; Ribbentrop, seppur non presente, era rappresentato dall'ufficiale di collegamento Hewel, giunto lì in compagnia del barone Weizsäcker. Goebbels inserì nel suo diario una descrizione del passeggiare nervoso di Hitler, preludio di una qualche importante decisione: "Dobbiamo lasciarlo solo. Sta escogitando una qualche ingegnosa strategia e ciò, spesso, richiede tempo".

Hitler sottolineò che si sarebbe assunto piena responsabilità di ogni sua decisione. Beck annotò le sue parole: "Di decisioni di grande portata bisogna farsene carico in solitudine".

E la sua decisione fu annunciata, secondo quanto avrebbe successivamente riferito Wiedemann, in questo modo: "È mio fermo proposito cancellare la Cecoslovacchia dalle carte geografiche". Spiegò poi perché all'ingiustificata mobilitazione non avesse prontamente reagito: "In primo luogo, l'esercito tedesco non è ancora pronto a sfondare le fortificazioni della linea difensiva ceca e secondo, al confine occidentale, la copertura della Germania non è forte abbastanza da scoraggiare un intervento francese. Tuttavia", disse, "poiché a Francia e Gran Bretagna, per completare il programma di riarmo, occorrono ancora 3 anni, si presenta un'occasione da afferrare in fretta. Trascorso questo lasso di tempo, la loro temporanea debolezza sarà superata".

Parlò per tre ore, ma quando terminò non aveva ancora indicato quando l'attacco alla Cecoslovacchia *Operazione Verde* avrebbe avuto inizio. Molte erano le supposizioni. Neurath disse a Wiedemann, mentre lasciavano la cancelleria: "Abbiamo almeno un anno di tempo e, nel frattempo, possono accadere molte cose".

Più tardi, quello stesso sabato, Göring convocò per il giorno seguente i generali della *Luftwaffe* di grado più elevato.

Il 30 maggio e ancora il 1° giugno, Fritz Todt nel suo diario annotava di aver pranzato con Hitler; questi, nell'occasione, gli aveva ufficialmente affidato l'incarico di supervisore dei lavori del vallo occidentale. Sempre il 1°giugno, il ministero dell'Aeronautica emise precise disposizioni per la creazione della zona difensiva aerea. La marina, intanto, si mostrava altrettanto sollecita: Raeder aveva evidentemente pattuito, nel corso del suo incontro del giovedì precedente con Hitler, che, in caso di conflitto a Occidente, il prioritario obiettivo sarebbe stato il controllo costiero e l'occupazione di Belgio e Olanda. E infatti, il giorno seguente Hitler aveva discusso di tale necessità durante la riunione segreta tenutasi con ministri e generali.

Lo Stato Maggiore generale dell'esercito accondiscese con grande riluttanza. Beck suggerì, "per il momento", a Brauchitsch di assecondare Hitler, il quale, a sua volta commentò cinicamente con Göring: "Questi vecchi generali saranno a malapena capaci di domare la Cecoslovacchia. Dopo, nei 4-5 anni di relativa tranquillità che verranno, vedremo cosa farne".

La politica di Hitler era dunque orientata alla distruzione della Cecoslovacchia in una campagna militare della durata di 4 giorni, perché quello era il lasso di tempo che sarebbe occorso alla Francia per mobilitare l'esercito.

Il Führer delineò a Schmundt come, secondo i suoi piani, avrebbe sabotato i 'centri nevralgici cechi', mentre le fortificazioni venivano espugnate con l'inganno o bombardate dalla *Luftwaffe*. Il secondo giorno unità camuffate si sarebbero impossessate dei ponti e degli obiettivi sensibili siti tra la frontiera tedesca e le fortificazioni nemiche. Il terzo, attraverso quei ponti, sarebbero transitate le unità motorizzate dell'esercito che avrebbero sostituito le truppe assestate tra le fortificazioni. Infine, il quarto giorno, le divisioni in attesa al confine sarebbero avanzate, mentre una formazione motorizzata e la Seconda Divisione Corazzata, avrebbero perforato ogni resistenza addentrandosi nel cuore del paese.

L'ordine definitivo dell'*OKW* che Hitler firmò il 30 maggio non prevedeva una data precisa per l'attacco. Tuttavia, il documento cominciava con le seguenti parole: "È mio fermo proposito schiacciare la Cecoslovacchia mediante un'azione militare".

L'altra faccia di Hitler

Nell'estate del 1938, mentre la morsa nazista si stringeva inesorabilmente attorno alla Cecoslovacchia, Hitler rimase alla Berghof seguendo la pigra routine di un gentiluomo di campagna, circondato da amici e rispettive consorti. Si alzava alle 10, leggeva i giornali, passeggiava, assisteva alla proiezione di un film e si coricava intorno alla mezzanotte. Una volta restò sveglio fino alle 3:15 del mattino per conoscere il risultato dell'incontro di pugilato svoltosi negli USA, valido per il titolo mondiale, tra il tedesco Max Schmeling e l'afroamericano Joe Louis[63].

In seguito alla sconfitta del primo, per giorni i suoi più intimi collaboratori si divertirono quasi nel recapitargli alcuni tra i numerosi telegrammi, inviatigli da spiritosi cittadini americani: "*Herr* Adolph Hitler, Berlino, Germania", scriveva un tale del Colorado, "come si sente dopo la severa lezione inflitta da un americano di colore al più forte pugile nazista?"

E un altro: "Le nostre sentite condoglianze per l'ignobile figura fatta dal suo pugile. Sul ring, è durato quanto, nel caso di un conflitto con il nostro paese, la Germania potrebbe resistere sul campo di battaglia".

I consiglieri militari di Hitler si concessero le abituali vacanze estive. Jodl e Schmundt si allontanarono per 5 settimane, sino alla fine di luglio, poi toccò a Keitel, sino a metà agosto. Verso la fine del giugno 1938, giunse un nuovo assistente della marina, l'austero comandante Alwin-Broder Albrecht. Puttkamer fece ritorno ai suoi cacciatorpedinieri. Nikolaus von Below, l'elegante assistente per la *Luftwaffe*, rimase al suo posto e così anche il corrispondente in ruolo per l'esercito, lo sfrontato e goliardico Gerhard Engel.

63 Ndt. Max Adolph Otto Siegfried Schmeling (Klein Luckow, 28 settembre 1905 – Wenzendorf, 2 febbraio 2005) fu campione mondiale dei pesi massimi dal 1930 al 1932. Durante il conflitto, Schmeling fu spesso immortalato dalla propaganda nazista, ma il suo scarso entusiasmo per la guerra lo portò ben presto ad essere dimenticato dal regime. Joseph Louis Barrow, meglio noto come Joe Louis (Lexington, 13 maggio1914 – Las Vegas, 12 aprile 1981) è stato un pugile statunitense, fra i più popolari e prestigiosi campioni della storia del pugilato mondiale. Soprannominato Brown Bomber, Louis contribuì a rendere il pugilato uno sport popolare, costruendosi una grande reputazione come onesto e laborioso pugile, in un periodo in cui lo sport era dominato dal gioco d'azzardo. È il primo afroamericano ad avere ottenuto lo status di eroe nazionale negli Stati Uniti ed è stato anche un punto di riferimento del sentimento anti-nazista. I due pugili si affrontarono nell'estate del 1938 allo Yankee Stadium di New York per contendersi il titolo mondiale dei pesi massimi. Entrambi sapevano di non combattere contro un semplice avversario: l'incontro era stato infatti a lungo prefigurato come lo scontro simbolico tra due nazioni e due culture. Joseph Goebbels, ministro della Propaganda e dell'Informazione del Terzo Reich, scatenò nelle settimane precedenti al match una campagna violentemente razzista contro Louis, afroamericano dell'Alabama; dall'altra parte, dalla stampa statunitense, Schmeling fu dipinto come un unno selvaggio. Se nel loro primo incontro aveva prevalso Schmeling, nel secondo la vittoria di Louis fu schiacciante. A dispetto dell'odio e della violenza che accompagnò e contraddistinse i loro incontri, tra i due pugili nacque una sincera amicizia, che si protrasse anche al termine della guerra mondiale.

Himmler aveva fornito a Hitler, come assistente di campo, anche un giovane e fascinoso comandante della compagnia di assalto delle *SS*, Max Wünsche. Il diario di questi, oltre a dimostrare la quasi completa assenza dalla Berghof dei gerarchi distrettuali nazisti e degli altri dignitari del partito, fornisce una vivace idea della vita del dittatore e della sua quotidianità.

In un'occasione, il capo di Stato Maggiore delle *SA*, Viktor Lutze, riuscì ad introdursi senza essere stato invitato alla Berghof. In seguito a ciò, Hitler ordinò al corpo di guardia di impedire l'accesso a chiunque non avesse un appuntamento. La Berghof era la sua residenza privata e tale doveva restare. Lì il Führer poteva intrattenersi in tutta tranquillità con il suo fotografo personale Heinrich Hoffmann, oppure con le gentili signore che al momento incontravano il suo favore. Il diario di Wünsche indica tra i visitatori più assidui il giovane architetto Albert Speer e registra una telefonata di questi per annunciare la nascita della figlia. Oltre a ciò, vi troviamo una conversazione di Hitler con Bormann, a proposito dell'acquisto di un'auto privata per intraprendere un viaggio in incognito.

Il disprezzo che Hitler nutriva per gli avvocati era cosa nota. Nel 1935, appreso che la Corte Suprema aveva dichiarato nullo il testamento di un'anziana signora perché redatto su carta intestata, convocò Franz Gürtner[64] affinché promulgasse una legge speciale per annullare quell'assurda sentenza. Eppure, quando nel maggio 1938 decise di rilasciare le proprie volontà, le scrisse interamente a mano (questo non impedì che, finita la guerra, su ordine del governo, quel documento fosse dichiarato senza alcun valore).

Hitler manifestò il suo pensiero sugli avvocati in un decreto del 1942, di cui Lammers informò Gürtner: "In molti casi", decretò Hitler, "sarà senza dubbio necessario determinare se si sono consumati o meno rapporti sessuali tra due persone. Se la cosa è certa, è del tutto superfluo conoscere nei minimi partico-

64 Ndt. Franz Gürtner (Regensburg, 26 agosto 1881 – Berlino, 29 gennaio 1941) fu nominato ministro della Giustizia tedesco nel 1932 dal cancelliere Franz Von Papen. Uomo politico di estrema destra, difese Hitler dopo il fallito colpo di stato del 1923. Il Führer lo ricompensò per l'aiuto precedentemente accordatogli nominandolo membro del suo governo nel 1933.

lari come e quando il rapporto ha avuto luogo. In questi casi, il controinterrogatorio delle donne deve essere considerato superfluo!" Così continuava Lammers: "Ogni volta che funzionari di polizia, pubblici ministeri o giudici che conducono un controinterrogatorio sondano per avere maggiori dettagli su un rapporto carnale, il Führer ha la netta sensazione che ciò venga fatto per lo stesso motivo per cui certe domande intime vengono poste nel confessionale".

Il diario di Wünsche mostra alcune delle altre questioni che occupavano la mente di Hitler nell'estate del 1938: "17 giugno: 'il Führer dà disposizione affinche venga cambiato il ba-samento del busto di Strauss'; 7 luglio: 'il Führer ordina che i sostegni delle aste per bandiere che vengono usati con regolare frequenza siano fissati in modo permanente'; 5 giorni dopo: 'Mentre saliva alla Berghof, al Führer è stata passata una lettera in cui un uomo si lamenta di non aver ricevuto risposta a una missiva recapitata alla cancelleria due anni prima. È molto irritato e stabilisce che ogni questione a lui indirizzata, debba essere considerata con urgenza'; 14 luglio: Hitler 'riflette sulla possibilità di produrre e commercializzare sigarette prive di nicotina'. Alcuni giorni dopo 'impone alla Berghof il divieto di fumare'".

Queste preoccupazioni per cose di poco conto si estendevano anche alla sicurezza stradale: "Alle 16:45, il Führer confisca per 6 mesi la patente di guida all'autista del comandante delle *SS* [Fritz] Weitzel e ordina al comandante del *Reich* di usare la massima severità contro i pirati della strada". Dal diario di Wünsche emergono altresì piccoli e ignorati atti di umanità. "Il Führer farà da padrino ai tre gemelli della signora Feil di Kirchanschörung. Una carrozzina è stata richiesta a Monaco e alla madre sono stati donati 300 marchi. Verrano pagate anche tutte le rette mediche"; 21 luglio: "Pranzo all'osteria. Il Führer dispone che la donna che gli ha consegnato una supplica durante il viaggio dall'Obersalzberg, venga aiutata. A tal fine sono stati consegnati 300 marchi al colonnello delle *SS*, [Hans] Rattenhuber".

Questa, l'altra faccia di Hitler: quella che lo rendeva 'dittatore del popolo', amico delle arti, beniamino degli indigenti e persecutore dei malfattori.

L'8 giugno 1933, in una delle prime riunioni di gabinetto, Hitler si era espresso contro la pena di morte per reati di natura economica, spiegando: "Sono contrario alla pena capitale perché irreversibile. Dovrebbe essere riservata solo ai crimini più efferati, come quelli di natura politica". Nel giugno 1938, tuttavia, i suoi scrupoli si erano affievoliti: "Il Führer firma la legge che decreta la pena di morte per le rapine commesse in autostrada".

Esattamente una settimana più tardi: "Il Führer rifiuta la grazia a Götze, rapinatore che agiva sulle autostrade".

Hitler interferiva apertamente anche nei procedimenti giudiziari.

"Il Führer stabilisce che l'omicida Salzberger venga giudicata in tutta fretta. Il ministro della Giustizia Gürtner ne è stato informato".

Ogni membro dello staff di Hitler che desiderasse sposarsi doveva prima ottenere il suo consenso. Si interessava personalmente alle future consorti, esigendone le fotografie e spesso si burlava per la stranezza dell'abbinamento fisico di alcuni promessi sposi. Quando, nel 1936, il proprio autista, Kempka, chiese il permesso di prendere in moglie tale Rosel Bubestinger, Schaub scrisse all'autorità delle *SS* per sollecitarne il consenso. Emersi alcuni problemi negli antenati della sposa, lo stesso Schaub richiamò chi di dovere chiedendo di insabbiare la pratica, in modo da impedire ai due di unirsi in matrimonio. "È un ordine proveniente da una persona molto in alto". Il riferimento a Hitler era lampante.

Hitler stesso rifiutò di sposarsi. Aveva proclamato pubblicamente che era dovere di ogni famiglia mettere al mondo quattro figli, ma quanto a lui doveva sottostare a ragioni che lo obbligavano al celibato. Doveva tenere in debita considerazione il voto delle donne. E, in fondo, come amava sottolineare, era già sposato alla Germania.

Negli anni '20 aveva scelto le sue donne a caso, per qualche serata di divertimento: Emil Maurice[65] una volta confidò alle segretarie

65 Ndt. Emil Maurice (Westermoor, 19 gennaio 1897 – Monaco, 6 febbraio 1972) fu uno dei primi membri del partito nazista. Per quanto non divenne mai capo delle SS, veniva da

di Hitler di aver spesso condotto il Führer a Berlino e organizzato incontri con delle ragazze.

La prima storia d'amore, che l'avrebbe ferito indelebilmente, fu con la nipote Geli Rabaul[66], figlia della sorellastra Angela.

Il tragico suicidio di questa, consumato in una stanza dell'appartamento di Hitler a Monaco, segnò una svolta nella sua vita politica e sentimentale. Il suo medico, Karl Brandt, descriveva con affezione l'aiuto morale e il sostegno che Geli aveva dato a Hitler durante i difficili anni dell'ascesa al potere. "Rammento l'emozione con cui Hitler parlava di lei: era simile alla venerazione che si può nutrire per una divinità".

Geli era animata da un'allegra risolutezza, dote che Hitler apprezzava particolarmente in una donna, ma aveva il difetto di essere gelosa e possessiva. Nel 1930 lo convinse a portarla all'*Oktoberfest* di Monaco; mentre Hitler si ingozzava di pollo, arrosto e birra, Geli vide Heinrich Hoffmann arrivare con una bella ragazza dai capelli biondi che presentò come 'nipote'. Geli sospettò che quella fosse una allusione poco carina nei suoi confronti. In seguito, rivide quella stessa ragazza in una fotografia esposta nella vetrina dello studio di Hoffmann a Monaco, allorché gli Schaub vi si recarono, nel maggio 1931, per ordinare l'album delle loro nozze. La ragazza in questione corrispondeva al nome Eva, aveva 21 anni ed era una delle più attraenti assistenti di Hoffmann.

Qualche mese dopo, Eva cominciò a far scivolare lettere d'amore nelle tasche dell'ignaro Hitler e, in un'occasione, uno di questi messaggi finì tra le mani di Geli.

---

tutti considerato il numero 2. Nel 1925 fu nominato autista personale del Führer. Quando, nel 1929, Himmler fu posto a capo delle SS, risultò chiaro a tutti che Maurice non fosse destinato a migliorare la propria posizione. Probabilmente ciò era dovuto al sospetto ch'egli avesse lontane origini ebraiche. Eppure, nonostante le ripetute richieste di Himmler di farlo espellere dall'organizzazione, Hitler rifiutò di farlo.

66 Ndt. Nel 1931, Hitler rimase coinvolto nello scandalo relativo all'apparente suicidio della nipote, Angela Geli Rabaul. Il caso, archiviato come suicidio dalla polizia di Monaco, suscitò parecchi dubbi. Molti sono coloro che, tutt'oggi, ritengono maggiormente probabile l'ipotesi di un vero e proprio omicidio da parte del Führer stesso, il quale temeva che la scoperta del rapporto incestuoso tra lui e la nipote potesse mettere a rischio la sua reputazione all'interno del partito. Altri sostengono che la ragazza si fosse suicidata dopo aver scoperto la relazione di Hitler con Eva Braun.

Quello stesso anno, la tormentata relazione di Geli con Hitler si concluse con il suicidio della ragazza, che si sparò al cuore con la *Walther* 6,35 millimetri di Hitler. Quest'ultimo non si riprese mai dal trauma. Per suo volere, la stanza dov'ella era deceduta fu lasciata come si trovava al momento della sua morte.

Il testamento redatto da Hitler nel 1938 recitava: "Tutto ciò che è contenuto nella stanza della mia casa di Monaco, un tempo occupata da Geli Rabaul, deve essere affidato a mia sorella Angela [la madre di Geli]".

Pochi giorni dopo la morte della ragazza, Hitler trovò in tasca un messaggio di Eva, in cui ella esprimeva le proprie condoglianze.

Eva Braun[67], nel carattere, non aveva alcuna analogia con Geli. "Più un uomo è grande e potente", aveva detto Hitler nel 1935, "tanto più la sua donna deve apparire insignificante".

La semplice Eva si adattava perfettamente a questa teoria. Ex allieva in un collegio di suore, con gli anni aveva maturato una certa autostima e acquisito un innegabile fascino. Inizialmente, Hitler si limitava a invitarla nell'appartamento di Monaco per il tè pomeridiano ed Eva, per conquistarlo, dovette mettere in campo tutte le astuzie femminili. Nel maggio 1935, mentì deliberatamente nel proprio diario, minacciando il suicidio, poi lo lasciò aperto in bella vista affinché fosse facilmente trovato: infuriata perché correva voce che la baronessa Sigrid Laffert, una delle più ammirate bellezze dell'alta società tedesca, fosse ospite abituale alla Berghof, inghiottì alcune (poche, in verità) compresse di sonnifero e fu prontamente ricoverata d'urgenza in ospedale.

Hitler si precipitò a Monaco, atterrito dall'idea di essere causa di un ulteriore suicidio. Fu allora che gli venne mostrato il diario. Appena dimessa, l'astuta ragazza si fece applicare un maquillage che le conferiva un insano pallore. E mentre le sue amiche se la ridevano, Hitler le faceva visite sempre più frequenti per avere rassicurazioni di una pronta ripresa. Fu in

67 Ndt. Eva Anna Paula Braun (Monaco di Baviera, 6 febbraio 1912 – Berlino, 30 aprile 1945) fu la compagna e, nell'ultimo giorno della sua vita, la moglie di Hitler. La loro relazione divenne seria intorno al 1932. Alla Berghof, dove trascorreva molto tempo, si comportava da padrona di casa ed era libera di fare ciò che voleva, eppure, appariva ai più come 'la donna più infelice del Terzo Reich'.

questo modo che Eva conquistò Adolf.

Nel 1936, recatasi al raduno di Norimberga[68], incontrò all'hotel *Kaiserhof* Angela Raubal, madre della defunta Geli, che indignata per quella che riteneva un'inopportuna presenza, sobillò un gruppo di signore presenti, affinché cacciassero l'intrusa. Altrettante signore si schierarono dalla parte di Eva, scatenando una vera e propria faida. Alla fine, Hitler intervenne ordinando alla sorellastra di andarsene da Norimberga e lasciare immediatamente la Berghof, alla cui gestione ella aveva, fino a quel momento, provveduto in prima persona.

Eva Braun potè così godere, alla Berghof, di un appartamento tutto suo, che si trasformò, ben presto, in una vera e propria gabbia dorata. Quando giungevano ospiti di un certo lignaggio, si ritirava nelle proprie stanze, immergendosi nella lettura di riviste cinematografiche. Nel corso degli anni, Eva e Adolf si scambiarono centinaia di lettere scritte a mano, tante da colmare un baule che, nell'agosto del 1945, fu trafugato da un funzionario americano della *CIC*[69].

Hitler fu sempre fedele ad Eva.

Del resto, nell'ultimo decennio di vita la naturale libido del Führer era diminuita: le sue schede mediche testimoniano che la secrezione di testosterone nel sangue, pari alla metà del normale valore, era paragonabile a quella di uno stressato uomo d'affari o di un detenuto condannato a una lunga carcerazione.

I suoi collaboratori mantennero su Eva il più totale riserbo. Emmy Göring non le fu mai presentata. I membri dello staff, riferendosi a lei, la chiamavano 'E. B.' e, in sua presenza, 'madame'.

---

68 Ndt. Il termine 'Raduno di Norimberga' in tedesco Reichsparteitag, letteralmente 'Giornata nazionale del partito'si riferisce ai congressi tenuti dal partito nazionalsocialista in Germania dal 1923 al 1938. Dopo l'ascesa al potere di Hitler nel 1933, i raduni fissarono la loro sede definitiva a Norimberga, assunsero cadenza annuale e si trasformarono in imponenti manifestazioni propagandistiche per il nuovo regime.

69 Nda. Il 22 novembre 1945 l'agenzia stampa Dana annunciò: "Tra gli effetti privati di Eva Braun c'erano una giacca color grigio-verde lisa e un paio di pantaloni neri stracciati l'uniforme che Hitler indossava il giorno dell'attentato del 20 luglio 1940. Scatole, album fotografici ed estratti delle lettere da lei scritte a Hitler sono adesso sotto la custodia dell'esercito". L'informazione veniva dal G-2 di Eisenhower, il general maggiore Edwin L. Sibert. Ciò che rimaneva dell'uniforme del Führer venne solennemente bruciata dagli americani nel 1948.

Hitler si rivolgeva a lei con l'intraducibile nomignolo di *Patscherl*, mentre lei lo chiamava 'Capo'.

Hitler le corrispose uno stipendio mensile fino al momento della morte. Era evidente che tra loro esisteva un'empatia di un'intensità che non fu mai realmente dimostrata se non nel momento conclusivo della loro esistenza. Eva rimase nell'ombra di Hitler fino alla morte.

L'unica altra donna di cui Hitler apprezzò la compagnia fu Gerti, la giovane vedova dell'architetto Ludwig Troost[70]. Il Führer, presala sotto la propria protezione, la spinse a seguire le orme del marito e la consultò sulle tonalità di colore da dare ai nuovi edifici che man mano andavano fiorendo nel paese. Hitler ne aveva incontrato per la prima volta il consorte nel 1928, nel salotto della signora Bruckmann e, quello stesso giorno, gli aveva detto: "Quando sarò al potere lei diventerà il mio architetto. Ho in mente grandi progetti e la ritengo l'unico capace di metterli in pratica". Ma Troost non visse a lungo. Quando Hitler battè i rituali tre colpi sulla prima pietra della Casa delle Arti (ancora oggi visibile nella moderna Monaco), il manico del martello d'argento si ruppe: era questo un presagio di sventura, come sottolineò l'architetto Schiedermayer nel suo dialetto: "*Das bedeudt a Unglück*".

Nel 1931, era stato Hitler stesso ad abbozzare, disegnandolo a grandi linee sul retro del menu dell'Osteria, il progetto per la Casa delle Arti: una galleria dalle severe linee greche che ancora oggi a Monaco viene chiamata 'la stazione di Atene'.

La galleria, inaugurata nel 1936, venne riconosciuta dal partito, nel 1938, quale avamposto contro il dilagare della decadente arte ebraica. Hitler conservava gelosamente nel proprio appartamento un volume fotografico sul palazzo di Cnosso a Creta,

70 Ndt. Paul Ludwig Troost (17 agosto, 1878 – 21 marzo 1934), architetto tedesco, progettò e costruì edifici municipali e statali in tutta la Germania. Tra questi, gli fu commissionata nel 1933 il rifacimento della cancelleria di Berlino e, in seguito, la Haus der Kunst (Casa dell'arte) a Monaco, che divenne uno degli esempi della nascente architettura nazionalsocialista. Lo stesso Speer raccontò di come Hitler gli avesse più volte raccontato che "aveva imparato cosa fosse l'architettura grazie a Troost". Nel 1936, a 2 anni dalla sua morte, Hitler gli conferì il Premio nazionale tedesco per l'Arte e per la Scienza riconoscimento creato da Hitler in sostituzione del Premio Nobel che, nel 1935, era stato assegnato a un autore tedesco antinazista.

struttura che influenzò non poco il suo gusto architettonico. Tracciandoli a penna, progettò centinaia di edifici, monumenti commemorativi, archi, ponti e costruzioni simili a templi, con un incredibile occhio per le proporzioni e la prospettiva, ma con una certa propensione per i disegni troppo elaborati, come quelli di Gottfried Semper, costruttore di molti degli edifici viennesi del XIX° secolo. Fu Troost a orientare il Führer verso linee più neoclassiche, verso le slanciate lastre di marmo e granito e i palazzi tozzi e oblunghi che avrebbero caratterizzato i 12 anni di dittatura nazista.

Il posto di Troost venne preso da Albert Speer, che saggiamente si premurò di costruirsi una villa con annesso lo studio sull'Obersalzberg. Il 31 agosto 1938 Speer scriveva in un memorandum:

"Solo poche persone conoscono la portata dei progetti del Führer inerenti al rifacimento di Berlino, Norimberga, Monaco e Amburgo. Nel prossimo decennio queste città, benché la nostra capacità di estrazione della pietra sia già inferiore alla bisogna, si vedranno regalare degli edifici che assorbiranno quasi tutte le loro esigenze edilizie."

Speer sottolineava però che scarseggiavano architetti vicini allo stile impresso da Hitler:

"Col suo impartire idee per i disegni base, i frequenti interventi personali e gli innumerevoli ritocchi, il Führer ha creato una nuova scuola artistica che, senza dubbio, ha gli elementi di uno stile architettonico generale. Ma al momento, sono pochi i professionisti che promuovono queste innovative visioni. Solo quelli che, grazie ai loro personali contatti con il Führer, sanno cosa a lui possa interessare."

Dal 1937 in poi, Hitler si interessò in modo particolare al ponte sull'Elba.

Il 29 marzo 1938, Todt annotava nel suo diario: "Discussione col Führer sul ponte sospeso di Amburgo".

Hitler progettò anche un palazzo dei congressi talmente vasto, che l'immagine del relatore avrebbe dovuto essere proiettata, tramite tecniche televisive, su uno schermo posto sopra il podio. Fino all'ultimo giorno della sua esistenza, questo 'mancato architetto' continuò a disegnare edifici e facciate, mentre il fedele Speer traeva da quegli schizzi modelli in scala e concrete costruzioni.

Hitler voleva che i monumenti del rinascimento nazista avessero durata millenaria. Il 17 dicembre 1938, allorché Todt gli sottopose i progetti del professor Wilhelm Thorak per un gigantesco monumento al lavoro, questo proposito divenne evidente: "Il Führer", scrisse Todt, "ha espresso obiezioni sull'impiego della pietra dell'Untersberg... Ha raccomandato di usare il granito rossastro o qualcosa di altrettanto durevole, in modo che quest'imponente opera tra un migliaio di anni possa ancora, nonostante l'erosione atmosferica, ergersi in tutta la sua maestosità".

Viaggiando avanti e indietro per la Germania, Hitler vedeva progressivamente avverarsi i propri sogni. Gli piaceva osservare i volti e le mani degli operai edili. Una volta, nel 1935, Wiedemann gli sussurrò: "Il popolo è ancora dalla sua parte. Ma dovremmo chiederci: per quanto ancora?" Hitler gli rispose con indignazione: "Il popolo è con me oggi più che mai, non *ancora*. Venga in viaggio con me a Monaco, a Stoccarda, a Wiesbaden e vedrà!"

Non accettava di essere criticato. All'inizio del 1939, Wiedemann descrisse così il genere di conversazione che si teneva alla tavola di Hitler: "Qualsiasi discussione, benché pacata, era impossibile. Il Führer raccontava aneddoti della grande guerra... della sua infanzia e delle proprie esperienze giovanili e rivelava il suo attuale pensiero, così che pranzare con lui prima di un discorso dava un'idea precisa di cosa avrebbe successivamente detto. Nei primi anni rimanevo colpito dalle sue istintive osservazioni sugli ebrei, il clero, la borghesia, i servizi pubblici e i monarchici. In seguito tutto ciò mi lasciò freddo, perché era sempre la stessa cosa".

Affilando la spada

Nell'estate 1938, i visitatori meno assidui furono i militari. Sporadicamente, nella 'Sala Grande' della Berghof si radunavano alcuni graduati che attendevano, quasi a disagio, che il Führer si degnasse di concedere loro udienza. Hitler non comprendeva appieno l'atteggiamento timoroso dei suoi generali. Per lui, il primo conflitto di una nuova nazione, come la dentizione di un bambino che cresce, era essenziale e necessario. Sei anni più tardi, il 22 giugno 1944, avrebbe brutalmente espresso questo concetto durante un discorso riservato a un gruppo di generali appena nominati: "Qualsiasi nuova creatura nel suo affacciarsi al mondo è destinata a patire. Il primo segno di vita, che un neonato manifesta appena lascia il grembo della madre, è un grido di dolore. Pure alla madre è inflitta sofferenza. Allo stesso modo l'affacciarsi al mondo di una nazione è accompagnato da dure prove e sofferenza; è così che vanno le cose... Il certificato di nascita di una nazione è da sempre impresso nel sangue".

La *Luftwaffe* si impegnò strenuamente tutta l'estate per ultimare i piani di volo delle operazioni belliche e la campagna di bombardamenti da attuare sulle principali città ceche. Ma tutto questo, per gli anziani e stanchi generali delle Forze Armate, e in special modo per Ludwig Beck, capo di Stato Maggiore, suonava quasi come un sacrilegio. Per l'intera estate questi imperversò con prolissi memorandum, sollevando continue e inopportune obiezioni contro l'*Operazione Verde*. Anche se l'Ungheria avesse attaccato congiuntamente, sosteneva, la campagna militare sarebbe durata almeno 3 settimane, mentre il vallo occidentale, nell'eventualità di un attacco francese, non avrebbe resistito oltre le 2. Quanto al piano di emergenza di Hitler di destinare i battaglioni del Servizio del Lavoro alla difesa del vallo era un'idea da ritenersi "militarmente inattuabile". Beck condivideva pienamente la scelta di invadere e smembrare la Cecoslosvacchia ma, prudente qual era, preferiva procrastinare la cosa ad un impreciso futuro. I suoi memorandum si fecero sempre più insistenti e preoccupati finché, verso la metà del giugno 1938, minacciò Brauchitsch asserendo che avrebbe chiesto alle più alte cariche di rassegnare le dimissioni insieme a lui se il Führer non avesse rivisto i suoi progetti. Così Brauchitsch fu, in qualche modo, costretto a mostrare a Hitler la documentazione in oggetto.

Le obiezioni di Beck abbondavano di errori di valutazione.

Egli sosteneva, ad esempio, che la produzione bellica tedesca non potesse essere incrementata e che gli alleati della Germania erano deboli e inaffidabili, laddove i nemici si presentavano potenti e risoluti. Davanti a una platea di ascoltatori, tra cui Todt, Schmundt ed Engel, Hitler smontò ogni argomentazione.

Beck, nel calcolare le forze francesi, aveva considerato, oltre all'esercito regolare, la guardia mobile, la polizia e la gendarmeria, mentre per la Germania non aveva tenuto conto, in aggiunta all'esercito, delle *SS*, delle *SA* e dei reparti di polizia. "Beck forse ritiene che io sia uno stupido", si lamentò Hitler. E quando tutto fu risolto raccontò a un ristretto gruppo di cronisti quale fosse stata la sua lotta interiore:

"Credetemi, signori, non è stato facile prendere simili decisioni e attenervisi, perché ovviamente certe cose non possono essere avvallate dalla totalità della nazione e trovano ostilità tra gli intellettuali: ci sono anche individui particolarmente dotati, o che si reputano tali, che hanno creato più ostacolo che entusiasmi. Per questo motivo era estremamente importante che, una volta maturata una decisione, la portassi a compimento con ferrea determinazione a dispetto di tutto e tutti".

Hitler nutriva scarsa considerazione anche per gli ingegneri militari. Venne a conoscenza che l'ispettore delle fortificazioni, il generale Otto Förster, aveva scarsissime competenze in materia di progettazione di bunker e moderne tecnologie militari. Colmo di diffidenza, ai primi di giugno mandò Göring e alcuni esperti della *Luftwaffe* a ispezionare i progressi nella costruzione del vallo occidentale. Nei primi mesi del 1938, erano stati ultimati solamente 640 bunker e, fino alla richiesta di Hitler di aggiungerne 12.000, l'esercito ne aveva preventivati 1.360 da ultimarsi nel corso dell'anno.

Il 14 giugno, Göring si recò alla Berghof e, insieme a Todt, fece un catastrofico rapporto sul procedere dei lavori affidati all'esercito. Praticamente non era stato fatto alcunché e l'intero blocco era munito appena di 2 mitragliatrici.

Il generale maggiore sessantenne Adam ritenne tali critiche oltremodo ingiuste, considerando anche i problemi insorti per l'alloggio e il vettovagliamento dell'ingente quantità di persone addette alla costruzione. E mentre Todt non avrebbe potuto iniziare prima di agosto la produzione massiva dei bunker, l'esercito doveva confrontarsi con situazioni logistiche complesse. Hitler era infuriato e Brauchitsch dovette convocare Adam alla Berfghof per il 30 giugno. Definendo inattuabile l'ordine di Hitler di ultimare 12.000 bunker entro ottobre, Adam non riuscì a calibrare le parole: "Quanto riusciremo a fare per quella data", disse, "può chiederlo ad un esperto di astrologia".

Hitler replicò che questa sua palese impotenza a Todt era pressoché sconosciuta. Todt stesso non si spiegava il perché di tanto livore e quel giorno così scrisse all'assistente di Rudolf Hess, Alfred Leitgen: "Bisogna sopportare una quantità di cose impensabili dopo 5 anni di nazionalsocialismo".

Il risultato di tutto ciò fu uno straordinario documento dettato da Hitler alla propria segretaria Christa Schroeder: un prolisso saggio sul disegno delle fortificazioni e sulla psicologia della fanteria, basato sul concetto che il vallo occidentale dovesse preservare l'aggressività combattiva dei suoi difensori, non soltanto le loro vite. In quelle pagine, Hitler ridicolizzava la mostruosa opera di fanteria disegnata dagli ingegneri dell'esercito. La sua idea prevedeva piccole casematte a prova di gas facilmente riproducibili industrialmente, che potessero essere disseminate in profondità lungo la linea del fronte, per dare rifugio ai fanti durante i bombardamenti del nemico. Cessato il bombardamento, dalle casematte le truppe sarebbero emerse intatte e pronte a respingere ogni assalto.

"Morire combattendo è onorevole", spiegò Hitler, "farsi stanare con il fumo è prerogativa degli sciocchi".

Hitler era consapevole che il fante è un essere umano non solo timoroso di morire come chiunque altro, ma che abbisogna di dormire, di nutrirsi, di bere e di un riparo sicuro. Quanti suoi commilitoni, durante la guerra mondiale erano deceduti recandosi alle latrine a causa dell'ottusità dei vari Otto Förster che non avevano pensato di costruirle all'interno dei bunker?

"Specialmente i giovani soldati che affrontano il battesimo del fuoco, avranno bisogno di liberarsi con frequenza", dettò Hitler. E continuò: "Solo chi ha combattuto una battaglia difensiva durata settimane o mesi, conosce il reale valore di una borraccia piena di acqua potabile, ed è altrettanto consapevole di quanto aiuti il morale delle truppe avere la possibilità di prepararsi un caffè o un tè". Il 4 luglio Hitler disse a Todt che qualsiasi progetto di costruzione che non potesse essere ultimato nell'anno doveva passare in secondo piano rispetto al vallo, "poiché quest'ultimo è una necessarietà che, in tempo di pace, renderà possibile ogni altra costruzione". E questo è anche ciò di cui Todt, il giorno seguente, informò il segretario di stato Werner Willikens.

Per tutta l'estate, Hitler disegnò numerose variabili dei bunker. Ne annotò lo spessore del cemento, la quantità di ferro atto a rinforzarli, la posizione di ogni trave maestra. I bozzetti divennero cianografiche e queste modellini in legno, poi telai in ferro a cui vennero aggiunte tonnellate di cemento. Il *vallo* occidentale prese così forma, al ritmo di 70 fortificazioni al giorno. Alla fine di agosto, vi lavoravano 148.000 operai a cui il genio militare affiancò ulteriori 50.000 uomini. Il materiale da costruzione era assicurato dal trasporto giornaliero di un centinaio di convogli ferroviari. Sei batterie di pezzi d'artiglieria da 170 millimetri, recuperate dalla marina, vennero posizionate in modo da poter colpire le città francesi di Strasburgo, Colmar e Mulhouse come immediata rappresaglia in caso di attacco francese a centri urbani tedeschi. Il 12 agosto Todt, nuovamente convocato alla Berghof, ricevette ordine da Hitler di costruire una linea fortificata intermedia formata da centinaia di bunker da lui stessi progettati. Per trovare la manodopera necessaria, Todt fu costretto a chiudere i cantieri di parecchi tratti autostradali.

Non sapremo mai quanto il comportamento di Hitler fosse una semplice farsa. Lo stesso Spitzy, dopo aver partecipato a un pranzo con Hitler e il suo staff privato, fu testimone di un siparietto: un cameriere annunciò l'arrivo di un importante emissario britannico e Hitler, alzatosi di scatto rispose bruscamente: "Tenetelo in attesa, sono ancora palesemente di ottimo umore".

Poi, sotto gli occhi dei presenti, si ammutolì inscenando una progressiva alterazione nervosa. Quando si ritenne pronto passò nella stanza accanto e, a beneficio del malcapitato lord, prese a sbraitare a voce talmente alta, che le sue parole raggiunsero la sala da pranzo. Dieci minuti più tardi fece ritorno con la fronte madida di sudore e, chiusa la porta, disse ridendo: "Quello di là, pensa sia furioso! Vi prego, signori, adesso fatemi servire un tè".

Hitler era abile anche nella guerra psicologica.

"Grazie al cielo, quella gente legge il tedesco e compra i nostri giornali", disse maliziosamente, in più di un'occasione, facendo riferimento ai suoi nemici. In agosto aveva istruito così i generali: "Spaventateli, digrignate i denti!" Ogni giorno, per seguire gli echi dei propri successi, esaminava le recenti intercettazioni delle conversazioni telefoniche tra Praga e i diplomatici cechi all'estero e provvedeva a far diffondere false informazioni sulla possibile data dell'invasione.

Il 22 maggio aveva, in segreto, ricevuto Henlein: 2 giorni più tardi questi confidava all'addetto militare ungherese a Praga, Eszterházy: "Il Führer mi ha assicurato che tra 8 10 giorni, tempo che gli è necessario per ultimare il vallo occidentale, affronterà il problema ceco".

Il 15 giugno Hitler, cogliendo l'occasione di un viaggio a Londra, incaricò Wiedemann, che le intercettazioni telefoniche rivelavano essere un gran chiacchierone, di dire a Lord Halifax che il termine ultimo per l'invasione sarebbe stato il 1° marzo 1939.

Il 9 agosto Hitler disse a Todt che i lavori sul vallo occidentale sarebbe proseguiti fino al primo ottobre "e forse anche fino al 15: in poche parole sino al momento in cui si spareranno i primi colpi". Solo 2 giorni dopo, però, ordinò ad Halder di fare in modo che le batteria di artiglieria fossero operative per l'ultimo giorno di settembre.

Hitler spiegò a Wiedemann che, essendo lui un rivoluzionario, detestava la leziosità di certe diplomazie.

Il 12 luglio, invitato Ribbentrop ad affondare i colpi, lo istruì affinché facesse apparire maggiormente in cattiva luce il governo ceco, propagandando al contempo l'invincibilità della *Luftwaffe*.

Poi gli confidò: "Io stesso, al momento dell'invasione, sarò alla guida di una colonna di mezzi corazzati".

Il 14 luglio, il gerarca nazista di Danzica, Albert Forster, incontrò Wiston Churchill e gli disse: "se troveremo un accordo, Germania e Inghilterra si spartiranno il pianeta". Il 18 luglio, Wiedemann, tornato da Londra, riferì che Lord Halifax gli aveva rivelato la propria intima ambizione "di vedere il Führer, a fianco del re d'Inghilterra, dirigersi a Buckingham Palace tra il tripudio della folla".

Hitler era ben consapevole che i suoi generali guardavano al futuro con scarso ottimismo.

Nell'agosto 1938, apprese dal generale Reichenau che il 4 dello stesso mese si era svolta una riunione dei massimi livelli militari, durante la quale Beck, esposti i suoi dubbi sull'operato di Hitler, aveva sollecitato una chiara presa di posizione dell'esercito. Come sottolineò sarcasticamente Hitler, Beck era capace di far sentire la propria voce solo quando si trattava di opporsi a qualcosa.

Hitler convocò i capi di Stato Maggiore e parlò per 3 ore. Diffuse che ebbe cifre e dati sulla composizione, struttura e consistenza del vallo occidentale, concluse: "Tutto ciò per dare risposta a coloro che sostengono che quella linea difensiva possa resistere solo 3 settimane. Tre anni può essere tenuta, quella posizione. Tre anni, almeno".

"Che razza di generali sono questi", si chiedeva Hitler, "se invece di trattenerli dal muovere guerra, sono costretto a spronarli?" Si doveva trovare un antidoto a quel deleterio atteggiamento.

Il 15 agosto, Hitler invitò i massimi livelli dell'esercito ad assistere a un'esercitazione della scuola di artiglieria di Jüterbog. Successivamente, ne aveva programmate molte altre e il 10 novembre avrebbe spiegato a compiaciuti editori nazisti: "Le ho richieste allo scopo di far saltare i nervi ai signori di Praga".

A Jüterborg, predisposta una replica delle fortificazioni cecoslovacche, il colonnello Walter Mode, capo del settore ricerche dello Stato Maggiore generale, aveva inscenato contro di esse un attacco della fanteria. Secondo Kurt Liebmann, si trattò di "una vera e propria rappresentazione teatrale, con tanto di 'tuoni e lampi' e grida di hurrà". Il generale Beck, seppur indispettito, dovette assistervi in silenzio. Poi Hitler ordinò che gli obici da 150 millimetri e alcuni pezzi antiaerei da 88 aprissero il fuoco contro i "bunker cechi". Quando l'assordante frastuono si fu placato, Hitler si arrampicò tra le fumanti carcasse di cemento. Solo i colpi che avevano centrato le ferritorie aveva sortito effetto, ma Hitler riemerse sorridente e, scrollatasi la polvere dalla giacca, si proclamò sbalordito del risultato ottenuto. In sala mensa, si rivolse ai generali. Erhard Milch ne fece un breve cenno nel proprio diario: "15 agosto 1938, discorso del Führer ai generali, dalle 14:45 alle 16:15. Ci ha messi al corrente di essersi deciso".

Eberhard, l'assistente di Keitel, scrisse un rapporto più completo che mostra come, ancora una volta, Hitler fosse tornato sul problema dello 'spazio vitale'.

"Il mio unico timore è che qualcosa di nefasto possa accadermi prima che abbia concretizzato i miei propositi", spiegò. "Per adesso ho portato a compimento 7 priorità, vale a dire: fondato il partito per ripulire la Germania e, nel 1933, ristabilito un'unità politica nazionale; fatto uscire il paese dalla Società delle Nazioni ridandogli libertà d'azione; reintrodotto l'obbligo al servizio di leva; rimilitarizzato la Renania tedesca e riunificato l'Austria al *Reich*. Adesso mi si presenta innanzi un'ulteriore sfida: annientare e smembrare la Cecoslovacchia. Nella vita politica, la buona sorte ci sorregge un solo istante", ripeté come suo solito, "e se non si è pronti a trattenerla per la veste, non si presenterà una successiva opportunità!"

Fece poi notare che il riarmo inglese si era concretizzato nell'ultimo anno. "Se non mostreremo segni di debolezza, saranno ragionevoli e accorti".

La qualità dell'artiglieria e dell'aviazione francese non era delle migliori. Della Russia, Hitler non aveva alcun timore. Quanto alla stessa Cecoslovacchia, una guerra di nervi sarebbe stata sufficiente.

"Se qualcuno per 3 interminabili mesi è costretto a osservare il proprio vicino affilare la spada...", disse Hitler, lasciando in sospeso la frase.

A suo parere, dopo un breve periodo di fanatica resistenza[71], la Cecoslovacchia sarebbe crollata. Hitler concluse il discorso con queste parole. "Sono fermamente convinto che la Germania trionferà e che la nostra cultura nazionalsocialista ci sorreggerà fino alla fine". E aggiunse: "Credo che entro la fine dell'anno in corso, voltandoci indietro, potremmo rievocare alle nostre menti una grande vittoria".

Beck sembrava inorridito da tutto ciò. Il giorno seguente 16 agosto, a Berlino, il generale Leeb scrisse nel proprio diario: "I giochi sono fatti. Il Führer è convinto che Gran Bretagna e Francia non interverranno. Beck è dell'opinione opposta. Umore Nero".

A Jüterborg, Beck, a seguito dell'esercitazione, aveva detto al generale Adam: "Dopo questa pittoresca pantomima, Hitler darà maggiormente sfogo alla propria incoscienza".

Per quanto avesse aggiunto che sarebbe rimasto in carica finchè il Führer "non gli avesse chiesto di rassegnare le dimissioni", il 18 le presentò senza aver ricevuto alcun sollecito. Quando Hitler "per motivi di politica estera" gli chiese un ripensamento, Beck tornò docilmente al suo posto. Probabilmente sperava di avere il comando di un gruppo di armate, ma niente era più lontano dalla mente di Hitler. Prima della fine dell'agosto 1938, infatti, il generale Franz Halder, un bavarese di 54 anni dal fisico minuto e dal carattere mite, fu incaricato di rimpiazzare Beck, il quale uscì definitivamente di scena.

Per tutto agosto si continuò ad 'affilare la spada'. Quando il responsabile capo dell'aviazione francese, generale Joseph Vuillemin, si recò a visitare le installazioni della *Luftwaffe*, Göring organizzò in suo onore un'impressionante, ma ingannevole esibizione. La delegazione fece così presente agli alti livelli che l'aviazione francese avrebbe potuto fronteggiare la forza d'urto dell'aeronautica tedesca solo per pochi giorni. Quando Hitler cercò di ottenere dall'Ungheria un concreto sostegno all'invasione cecoslovacca, ebbe una cocente delusione. Seppure, a seguito della guerra mondiale, la Cecoslovacchia avesse assorbito parte

71 Nda. Si riferisce a Jan Hus, patriota e rivoluzionario ceco.

del territorio ungherese, l'ammiraglio Miklos von Horthy, reggente magiaro, si limitò a concedere al Führer vaghe promesse, dichiarando che l'Ungheria non era pronta per affrontare una nuova guerra.

Nel 1937, Beck aveva fatto intendere ai magiari che l'anno preventivato dalla Germania per un attacco fosse il 1940 e, come confidò a Keitel il 22 agosto 1938 il ministro della Difesa ungherese Jenö Rátz, loro si erano programmati in quel senso.

Hitler per convincere gli ungheresi a sostenerlo concretamente si era avvalso di tutto il suo diabolico fascino. Invitata una delegazione in visita ufficiale, dapprima li aveva onorati attribuendo al nuovo incrociatore il nome *Prinz Eugen*[72] poi, saputo che madame Horthy era una fervente cattolica, fece corredare la camera dell'alloggio a sua disposizione di inginocchiatoio, crocifisso e di un grande mazzo dei suoi fiori preferiti, i mughetti. Infine, invitò Horthy e il suo seguito a bordo dello yacht di stato Grille, affinché l'anziano ammiraglio potesse sentire ancora una volta sotto i piedi il fremito dei motori e i movimenti delle onde.

I colloqui privati che cominciarono il 23 agosto, nel corso di una traversata verso Heligoland, furono burrascosi. Al mattino, Horny dichiarò la propria disponibilità a partecipare all'*Operazione Verde*, ma non nel 1938. Fece presente al Führer che l'Ungheria aveva "150 accampamenti jugoslavi" lungo le sue altre frontiere. Allorché Horny si dilungò sul rischio che l'*Operazione Verde* potesse scatenare una nuova guerra mondiale, che poteva concludersi con la vittoria della Gran Bretagna sulla Germania, Hitler, spazientito, scattò: "Sciocchezze! Badi a ciò che dice!"

Per lui era inconcepibile che l'Ungheria fosse tanto riluttante a combattere per riappropriarsi della parte di Slovacchia che gli era stata sottratta. Come fece notare quel pomeriggio a Imrédy: "Sarà un buffet freddo. Niente camerieri, ciascuno dovrà servirsi da solo".

72 Ndt. Il Prinz Eugen, un incrociatore pesante classe Hipper, deriva il suo nome dal Principe Eugenio di Savoia, che aveva combattuto con l'Impero Austriaco contro i turchi e i francesi. L'Italia aveva infatti sollevato obiezioni alla precedente scelta di Hitler, che aveva proposto a Schuschnigg di nominare l'incrociatore Admiral Tegetthoff, in onore dell'ammiraglio responsabile della vittoria della flotta austriaca contro l'Italia nella battaglia di Lissa.

Il 24 agosto la delegazione e il Führer fecero ritorno a Berlino su treni diversi. Durante il tragitto, l'ammiraglio Raeder, richiesto un colloquio privato con Hitler, lo interrogò sull'eventualità di una guerra navale con la Gran Bretagna, argomentando gli insormontabili problemi strategici che la Germania si sarebbe trovata a fronteggiare.

Hitler lo ascoltò educatamente e dopo circa un'ora pose termine al colloquio con l'osservazione: "Herr Admiral, stiamo discutendo per ipotesi. La Gran Bretagna non entrerà in guerra".

Hitler non alleggerì la pressione sui suoi ospiti ungheresi. Il 25 agosto Keitel, fatta visita a Rátz in albergo, gli ribadì il fermo proposito tedesco di occupare la Cecoslovacchia, lasciando incerta solo la data dell'attacco. Quando il giorno seguente Rátz domandò al Führer cosa avrebbe considerato una provocazione sufficiente a motivare l'invasione, Hitler rispose: "L'uccisione di cittadini tedeschi".

Scortato da 2.000 agenti, il 26 agosto 1938 Hitler partì da Berlino per una propagandata ispezione al vallo occidentale. Ad Aquisgrana, nei pressi della frontiera belga, il generale Adam gli si fece incontro e, spiegatogli che ciò che doveva riferirgli doveva rimanere segreto, chiese a Himmler, al capo del Servizio del Lavoro Konstantin Hierl e a Fritz Todt di lasciare il vagone ristorante. Rimasero i generali Brauchitsch, Keitel e Jodl. Adam, risolutamente, disse: "In qualità di comandante del fronte occidentale è evidente che io abbia una visione approfondita della realtà locale e di conseguenza che le mie preoccupazioni abbiano origini fondate".

Hitler lo interruppe: "Arrivi al punto!"

Adam si imbarcò in un discorso prolisso per dire che, prima del sopraggiungere dell'inverno, non si sarebbero ultimati che un terzo dei lavori del vallo occidentale e quando fece presente le sue preoccupazioni a fronteggiare un attacco nemico, Hitler, interrottolo definitivamente, lo congedò.

Il Führer visitò tutti i cantieri in funzione. Le strette strade di campagna erano affollate da migliaia di articolati che portavano ad ovest sabbia, acqua, ghiaia, cemento, armi e munizioni. Ogni sera Hitler tornava al treno per presenziare alle riunioni indette e pernottare. Gli archivi dello Stato Maggiore generale mostrano che cercò ancora di convincere le alte cariche dell'esercito che la Francia, minacciata nel Nord Africa e lungo la frontiera alpina dall'Italia, non avrebbe osato muoversi.

Il generale Adam rimase pessimista, ma Hitler ostinatamente affermò: "Non rinuncerò a schiacciare la Cecoslovacchia".

Il 29, ultimo giorno di quel giro di ispezione, proclamò ai generali: "Solo un incapace non riuscirebbe a difendere questo fronte!" A quanto raccontò Eberhard, assistente di Keitel, riferendosi al generale Adam, Hitler aggiunse: "Mi rincresce solo di essere Führer e cancelliere, invece che comandante in capo del fronte occidentale!"

Keitel intuì immediatamente che l'ascesa militare di Adam volgeva al termine.

Monaco

Quando, il 22 agosto 1938, a bordo del *Grille*, il generale Franz Halder si presentò per la prima volta al Führer in veste di nuovo capo di Stato Maggiore generale dell'esercito, questi esordì con una provocazione: "Lei non conoscerà mai le mie reali intenzioni. Neppure coloro a me più vicini, quand'anche convinti del contrario, ne hanno la benché minima idea".

Una cosa, però, era certa: Hitler voleva e perseguiva caparbiamente una guerra. Ne abbisognava per suggellare nel sangue 'l'atto di nascita' del suo nuovo *Reich* e per "far sì che gli austriaci si sentissero definitivamente parte integrante della Germania", come aveva spiegato ai generali, il 15 agosto.

"Clausewitz[73] aveva ragione", disse esultante ai suoi collabo-

73 Ndt. Carl Phillip Gottlieb von Clausewitz (Burg bei Magdeburg, 1º giugno 1780 – Breslavia, 16 novembre 1831), maggior generale nell'esercito prussiano, combattente durante le guerre napoleoniche, è famoso per avere scritto il trattato di strategia militare Della guerra (Vom Kriege), pubblicato per la prima volta nel 1832. Clausewitz fu il primo teorico militare

ratori alcuni giorni dopo, a seguito di una parata militare tenutasi nella Prussia orientale. "La guerra è la madre di tutte le cose".

Era questa una delle citazioni preferite di Hitler e la replicò anche nei discorsi segreti tenuti il 20 maggio 1942, il 27 gennaio e 22 giugno 1944 e durante il Consiglio di guerra del 9 gennaio 1945, quando anche i suoi seguaci più irrudicibili, da tempo, auspicavano la pace.

Nel 1938 disse ai generali che voleva che i soldati tedeschi più anziani, quelli tra i 30 e i 35 anni, nella campagna cecoslovacca partecipassero attivamente al combattimento; coloro più giovani sarebbero stati coinvolti, invece, nel successivo conflitto.

Ai livelli più alti c'erano e continuarono a esserci opinioni discordanti: Hitler stava orchestrando una mirabile messinscena o si preparava realmente a scatenare un conflitto?

Il 1° settembre Weizsäcker appuntò: "Ancora oggi potrei azzardare una scommessa, piccola in verità, che nel 1938 non saremo direttamente coinvolti in alcun conflitto".

Ma trascorsi appena tre giorni, Ribbentrop lo informava definitivamente che l'*Operazione Verde* sarebbe iniziata entrò le successive sei settimane. Per ragioni tecniche l'invasione non poteva cominciare antecedentemente al 1° ottobre e, affinché sussistessero le condizioni meteorologiche ideali ad attacchi aerei, non poteva essere procrastinata oltre il 14.

Il leader del partito a rappresentanza della popolazione tedesca nei Sudeti, Konrad Henlein, era 'l'arma segreta', con cui Hitler intendeva perforare dall'interno le fortificazioni ceche. Svariate volte, nel luglio e nell'agosto 1938, Hitler lo aveva segretamente incontrato insieme ai suoi più quotati collaboratori. Henlein era tutt'altro che entusiasta dell'*Operazione Verde* e il 23 luglio, a Bayreuth, cercò inutilmente di convincere Hitler ad abiurarla. Hitler, però, vi si oppose argomentando che la sua giovane *Wehrmacht* aveva assoluto bisogno di un battesimo di fuoco. Una settimana più tardi, si incontrarono nuovamente al festival ginnico di Breslavia: il Führer invitò Henlein nella pro-

---

occidentale a prendere in esame l'importanza del sentimento bellico, dell'animo del comandante, dei soldati e del popolo.

pria stanza d'albergo e gli suggerì di attenersi fedelmente alle disposizioni che, a suo tempo, egli aveva dato. Vista l'inutilità di quell'incontro viene da pensare che lo stesso fosse stato combinato ad esclusivo uso dei giornalisti raccolti fuori dall'edificio.

A metà agosto, il vice di Henlein, il rozzo Karl-Hermann Frank[74], recatosi alla cancelleria, tentò di convincere Hitler che, come dimostravano le carte geografiche, in Cecoslovacchia la distribuzione dei gruppi etnici era tale che un semplice atto di "autodeterminazione" sarebbe valso a consegnargli l'intero paese. Ma era come parlare a un sordo: Hitler era in cerca di sangue.

All'epoca, il Fuhrer aveva già iniziato ad esaminare con l'*OKW* i particolari che avrebbero reso legittima l'*Operazione Verde*. Il 26 agosto comunicò a Frank di tenersi pronto a causare scontri nei territori di etnia tedesca.

Una delegazione britannica facente capo a un anziano diplomatico liberale, Lord Runcinam, al momento in visita ufficiale a Praga, rappresentava un impedimento al concretizzarsi del progetto. Hitler, pur avendo tra i suoi propositi non la rivendicazione dei territori di etnia tedesca, bensì la conquista dell'intero paese, per non dare adito a sospetti sulle sue reali intenzioni fu costretto a mostrare interesse nei tentativi di mediazione compiuti dagli inglesi. Ma il 29 agosto, quando Fritz Bürger, incaricato da Henlein, gli fece pervenire le proposte di Runcinam, sbottò: "Per quale ragione la Gran Bretagna deve ficcare il naso nei miei affari? Si preoccupino, piuttosto, dei loro ebrei in Palestina!"

Il 1° settembre, un preoccupato Henlein si presentò alla Berghof. Arrivò anche Goebbels e Hitler comunicò a entrambi che le difese occidentali adesso erano insormontabili. "La Gran Bretagna", profetizzò "non si muoverà perché non dispone di forze sufficienti. E Parigi seguirà l'esempio di Londra. Dobbiamo agire quanto prima. Non si ottengono grandi risultati senza esporsi al rischio".

---

74 Ndt. Karl Hermann Frank (Karlsbad, 24 gennaio 1898 – Praga, 22 maggio 1946) fu, insieme a Konrad Henlein, il più importante dei capi del partito tedesco dei Sudeti. In seguito divenne comandante supremo delle SS e della polizia e fu nominato segretario di stato e rappresentante del Protettorato del Reich nei territori occupati di Boemia e Moravia, di cui divenne nel 1942 Ministro del Reich.

Goebbels, in quelle ultime parole, parve avvertire una punta di apprensione.

Hitler mostrò a Henlein la fattoria modello di Bormann, costruita con grande dispendio di risorse per rifornire di approvvigionamenti la caserma delle *SS*.

"Solo il cielo conosce il costo al litro di quel latte", era solito dire Hitler a Bormann, ridendone. "Ecco le rappresentanti del Club delle Vacche Nazionalsocialiste!" disse quel giorno scherzosamene a Henlein. Evidentemente, al contrario del suo interlocutore, era di ottimo umore.

Hitler ripetè che stava ancora progettando la soluzione militare: la Cecoslovacchia doveva essere liquidata "entro il successivo settembre".

Dunque Henlein doveva proseguire i negoziati con Praga e, dal 4 settembre, iniziare a provocare "incidenti". Il giorno 2, Hitler tenne un altro discorsetto a Goebbels, Henlein, Ribbentrop, Bormann, Speer e Hoffmann incitandoli a mantenere i nervi saldi. Pare che al termine, nel salutare Henlein, Hitler ridendo disse: "Evviva la guerra... anche se dovesse durare 8 anni!"

Forse era tutto un bluff. Ci sono infatti indicazioni che Hitler si servisse di Henlein come di una potente arma psicologica. Ad esempio, una direttiva segreta inviata qualche giorno dopo alla stampa nazista recitava: "A Norimberga si terrà un ricevimento... Le cronache ufficiali dell'avvenimento non devono menzionare Henlein, ma non sussistono obiezioni alla pubblicazioni di fotografie che lo ritraggono tra gli intervenuti".

Henlein non era il solo a nutrire preoccupazioni. Il conte Schwerin von Krosigk[75], conservatore ministro delle Finanze, mandò a Hitler un arguto e lungimirante memorandum in cui asseriva che al popolo tedesco mancava la volontà interiore di combattere una nuova guerra: "La gente non sarà in grado di sopportare a lungo le privazioni causate da un conflitto seppur limitato,

75 Ndt. Johann Ludwig von Krosigk (Rathmannsdorf, 1887 Essen, 1977) fu nominato ministro delle Finanze da Franz von Papen nel 1932 e rimase tale per tutta la durata del regime nazista. Dopo la morte di Hitler e il suicidio di Goebbels, Dönitz, il nuovo capo del Reich, lo nominò capo del governo provvisorio. Arrestato dagli Alleati, rimase in carcere fino all'amnistia del 1951.

come le tessere di razionamento alimentare, le incursioni aeree, la perdita di familiari". Due mesi dopo, in una conferenza stampa, Hitler vi avrebbe fatto riferimento, bollandolo come "isterismo che affligge solo 10.000 tra i nostri uomini più importanti".

Hitler era altrettanto sordo alle parole dei suoi diplomatici. Anche von Neurath cercò di incontrarlo, ma Hitler si fece negare. Quando il suo ambasciatore a Londra cercò di recapitargli un messaggio privato scritto dal Premier britannico Neville Chamberlain, Hitler si rifiutò di ricevere persino lui. Allorché l'ambasciatore tedesco a Parigi gli trasmise il chiaro avvertimento del ministro degli Esteri francese, secondo cui la Francia non avrebbe abbandonato la Cecoslovacchia, Hitler gettò il telegramma asserendo che la cosa non lo interessava.

Hans Dieckhoff, ambasciatore a Washington, ricevette lo stesso sdegnoso trattamento. Alla fine tutti e tre i diplomatici in accordo chiesero udienza. Hitler la concesse loro solo dopo il congresso del partito dicendo a Wiedemann: "Bene, adesso faccia entrare gli idioti!"

Su suggerimento di Ribbentrop diede disposizioni ai tre, per il momento, di non far ritorno alle rispettive sedi estere. Weizsäcker scrisse indignato: "Dopo aver ascoltato, il 7 settembre, Dieckhoff, Dirksen, il conte Welczek [ambasciatore a Parigi], [Hans Adolf] Moltke [ambasciatore a Varsavia] e [Hans Georg] Mackensen [a Roma], in data 8 settembre ho fatto il seguente rapporto a Ribbentrop: 'L'opinione di tutti questi signori è, con alcuni labili distinguo, nettamente opposta a quella di Ribbentrop medesimo, in quanto loro non ritengono che le democrazie occidentali, nell'eventualità di un conflitto tedesco-cecoslovacco, rimarranno imparziali'. Ho aggiunto che la mia personale opinione al suddetto è già nota".

Intanto la routine di Hitler non era certo quella di un dittatore in procinto di muovere guerra. Si faceva vedere in visita alle gallerie di Monaco, studiava i modelli del nuovo palazzo della cancelleria progettato da Speer, ammirava dipinti destinati al 'Palazzo del Führer', quartier generale del partito. Trascorse pigramente una serata alla Berghof assistendo alla proiezione di 2 scadenti produzioni hollywoodiane che fece interrompere a metà.

Dopo la mezzanotte tra il 30 e il 31 agosto il maggiore Schmundt portò la documentazione relativa al 'falso incidente' architettato per giustificare l'invasione. L'*OKW* voleva che esso avvenisse in condizioni meteo favorevoli alla *Luftwaffe*; inoltre doveva compiersi nelle prime ore del giorno, in modo che la notizia potesse giungere al quartier generale berlinese dell'*OKW* entro le 12:00 del giorno antecedente all'attacco. Inevitabilmente, ciò avrebbe messo i tedeschi residenti in territorio nemico alla mercé dei cechi e impedito di avvisare le missioni diplomatiche a Praga dell'inizio dell'incursione aerea, ma altresì tutto questo assolveva a una condizione, che Hitler definiva 'il fattore sorpresa', indispensabile al successo dell'operazione.

Halder aveva illustrato il piano a Hitler e a Keitel quando si trovavano a Kiel, a bordo del *Grille,* con l'ausilio di una carta geografica. La Cecoslovacchia sarebbe stata tagliata in due nel suo punto più stretto. Hitler, nel ritenerla una mossa prevedibile dal nemico, aveva però bocciato quella strategia. Chiesto ad Halder di lasciargli la mappa, dopo aver fatto ritorno a Berlino aveva spiegato a Brauchitsch che i mezzi corazzati andavano impiegati diversamente, concentrandoli in un'unica forza che da Norimberga, sfondata la linea del fronte e attraversata Pilsen, si sarebbe diretta sulla capitale. L'obiettivo politico doveva essere impadronirsi di Praga, centro nevralgico del potere, nei primissimi giorni.

Lo Stato Maggiore generale non concordava con il piano di Hitler. Così il 3 settembre il Führer convocò Brauchitsch alla Berghof e gli ribadì i vantaggi della propria strategia. "In origine", gli disse, "i cechi non hanno preparato le loro difese in previsione di un attacco dall'Austria, perciò le loro fortificazioni di fronte a Rundstedt, in Slesia, sono molto più resistenti. La Seconda Armata potrebbe trovarsi improvvisamente in una seconda Verdun[76]. Se attacchiamo in quel punto rischiamo di es-

76 Ndt. La battaglia di Verdun iniziò il 21 febbraio del 1916 per terminare nel dicembre dello stesso anno; fu una delle battaglie più grandi di tutti i tempi e sicuramente la più lunga (11 mesi). Tutto iniziò quando, alla vigilia di Natale del 1915, lo Stato Maggiore tedesco, per

sere annientati". Ciò che i cechi non si aspettavano, invece, era l'attacco che Hitler aveva intenzione di sferrare con Reichenau e un massiccio impiego di blindati: "Un esercito tuffato nel cuore della Boemia sistemerà le cose".

Lo Stato Maggiore generale ignorò il piano di Hitler. Halder disse a Keitel che gli ordini erano già stati impartiti ed era ormai troppo tardi per cambiarli. Nelle prime ore dell'8 settembre Keitel si recò in volo a Berlino ed esortò Brauchitsch ad attenersi a ciò che gli era stato ordinato. Ma quando il mattino seguente il capo dell'*OKW* ritornò da Hitler a Norimberga, dove la manifestazione di partito stava avvicinandosi al culmine, tutto ciò che potè riferire fu che sia Brauchitsch sia Halder si erano rifiutati di variare la strategia iniziale. Ai due generali ribelli venne immediatamente ordinato di lasciare Berlino e presentarsi quella sera stessa all'albergo di Norimberga dove alloggiava Hitler, il *Deutscher Hof*.

La discussione durò cinque ore. Halder espose le ragioni dello Stato Maggiore generale e Hitler replicò che bisognava approntare le strategie tenendo in considerazione le probabili mosse del nemico.

"Non c'è dubbio", concesse, "che l'operazione a tenaglia che proponete sia la più idonea. Ma il suo risultato è troppo incerto perché noi vi possiamo fare affidamento. Per ragioni politiche dobbiamo ottenere una rapida vittoria". Rammentò ai due generali che la storia testimoniava quanto fosse difficile cambiare strategia nel corso di un'operazione che aveva ottenuto un successo solo parziale; era quella la strada già percorsa che portava a tragedie quali Verdun. I carri armati sarebbero andati distrutti e, laddove necessari alle successive azioni di penetrazione profonda, la loro assenza avrebbe preannunciato il fallimento dell'impresa. Adesso tutto ciò pare ovvio, ma a quel tempo, nel settembre del 1938, la cosa non era affatto evidente. Finalmente, alle prime

---

rompere lo stallo che durava da due anni sul fronte occidentale, approvò l'Operazione Giudizio, una strategia che aveva come scopo preciso l'annientamento delle forze armate francesi. Il luogo scelto per la battaglia fu proprio la piazzaforte di Verdun, ritenuta inespugnabile, che contava intorno a sé 16 fortezze. I combattimenti costarono 540.000 perdite tra i francesi e 430.000 tra i tedeschi. La vittoria francese ebbe importanti effetti sul morale dei soldati, ridando loro fiducia sull'esito del conflitto.

luci dell'alba, chiusa la discussione, Hitler impose di schierare i mezzi pesanti come da lui deciso: avevano tempo fino a fine mese per le manovre. Halder scrollò le spalle, ma Brauchitsch sorprese tutti con una calorosa dichiarazione di lealtà. Quando i due se ne furono andati, Hitler sfogò con Keitel la rabbia repressa: "È un vero peccato che non possa affidare una brigata a ciascuno dei miei gerarchi: per lo meno, loro hanno coraggio e ripongono illimitata fiducia in me".

Al raduno di Norimberga, Hitler, nei confronti dei generali disfattisti, fece pubblicamente sprezzanti allusioni. Annunciò inoltre il conferimento di un riconoscimento a Todt per la costruzione del vallo occidentale, un intenzionale affronto questo, agli ingegneri dell'esercito.

Poiché i più stavano lavorando al vallo, solo 40.000 coscritti del Servizio del Lavoro poterono partecipare al congresso.

Il giorno 11 Hitler rimase ben cinque ore in piedi senza copricapo sotto il sole cocente della *Adolf Hitler Platz*, per ricevere il saluto di 120.000 uomini delle *SA* e delle *SS*, i quali, sfilando davanti a lui, abbandonavano il consueto passo di marcia per assumere quello spettacolare 'da parata'. Nel corso del ricevimento ufficiale, scherzò con i diplomatici e permise persino all'ambasciatore francese di mettergli in mano un giglio, simbolo della Francia. "È anche un segno di pace", spiegò con eloquenza FrançoisPoncet, "e dovrebbe essere portato da coloro che desiderano impiegarsi per preservarla". Hitler si sbarazzò del fiore appena gli fu possibile. I titoli dei giornali tedeschi quel giorno riportavano: "Autodeterminazione per i Sudeti. Il Führer chiede sia posta fine alla schiavitù".

Il 13 settembre, Praga proclamò la legge marziale intorno alla città di Eger. Le cose procedevano esattamente come Hitler aveva auspicato. Il giorno successivo i quotidiani titolavano: "In Cecoslovacchia terrore, massacri e anarchia. Tedeschi trucidati dai cechi". La sera del 14, Karl Frank telefonò a Hitler dalla città sudeta di Asch per sollecitare un intervento armato della Germania. Hitler rispose: "Frank, attenda. Non è ancora il momento giusto". Infatti, non lo era. Il giorno precedente, 13 settembre, a notte inoltrata, l'ambasciatore britannico aveva consegnato al barone Weizsächer una lettera nel quale egli, il settantenne Chamberlain, si offriva di recarsi immediatamente a Berlino per trovare una soluzione pacifica alla crisi in atto. Hitler, benché enormemente seccato per aver perso, anche solo momentaneamente, l'occasione, non poteva rifiutare l'offerta di Chamberlain.

Il giorno seguente, giunsero copiose alla Berghof le intercettazioni telefoniche compiute dalla *FA* di Göring. Proprio quel mattino Jan Masaryk, il volubile inviato cecoslovacco a Londra, aveva parlato con il proprio ministro degli Esteri. "Se Hitler mette in campo l'esercito", gli aveva chiesto questi da Praga, "tutti gli altri risponderanno con la stessa moneta, è esatto?"

Masaryk non ne era affatto convinto: "Alla lunga credo che lo faranno, ma per adesso evitano persino di guardarmi negli occhi. Sono soltanto rozza plebaglia".

La voce da Praga: "Tutto ciò è inammissibile!"

"Sono solo idioti che dispongono di 15 incrociatori", spiegava Masaryk, "e hanno paura di perderli". Stessa cosa per la Francia: "Anche quelli sono dei pezzenti".

Erano, quelle, parole che dicevano molto a Hitler sullo stato d'animo esistente a Londra e a Praga. La conoscenza che il Führer aveva di quelle conversazioni ne giustificava l'assoluta fiducia nell'operazione. Le intercettazioni dimostravano anche, significativamente, che Chamberlain faceva ritardare di alcuni giorni la consegna dei telegrammi destinati a Masaryk, provenienti da Praga. Paradossalmente, Masaryk era così costretto a fare maggior affidamento sulla telefonia posta sotto sorveglianza dalla *FA*. Le intercettazioni giornaliere testimoniavano che l'inviato ceco copriva di insulti e accidenti gli esponenti politici occidentali, faceva appello a Praga per avere altro denaro e complottava con Churchill e con il suo collega parigino per la caduta anticipata dei governi presieduti da Chamberlain e Daladier.

Alle 21:50 del 14 settembre 1938 Masaryk fece una telefonata urgente a Benes in persona.

"Ha saputo di Chamberlain?"

"No".

“Domani mattina alle 8:30 partirà in aereo per Berchtesgaden!”

Poi l’inorridita voce di Benes: “Non è possibile!”

Al che Masaryk rispose che Chamberlain sarebbe stato accompagnato da “quel porco” di sir Horace Wilson.

Il giorno seguente sulle terrazze esterne della Berghof era schierata una guardia d’onore composta da 30 *SS*.

Alle 18:00 giunse la delegazione britannica. Chamberlain era vestito come consuetudine: abito scuro, camicia con colletto rigido, cravatta di tonalità chiara e catenella dell’orologio che gli attraversava il panciotto.

Quando furono al piano superiore, nello studio di Hitler, quest’ultimo si esibì in uno dei suoi abituali monologhi sulla crescente campagna di terrore ordita dai cechi, asserendo che tra i Sudeti erano già stati trucidati oltre 300 cittadini tedeschi. Ma Chamberlain non era venuto a parlare di guerra. “Se veramente Hitler è interessato esclusivamente ai Sudeti”, disse “non vedo impedimenti ad accontentarlo”.

Hitler, preso in contropiede, gli assicurò che non era mosso da altre ragioni. Effettivamente Chamberlain, così facendo, aveva rimesso in discussione la logica con cui si era arrivati a predisporre l’*Operazione Verde*. Ma il Führer, quando quella stessa sera riferì a Ribbentrop e Weizsäcker del colloquio, rimaneva ottimista. Weizsäcker così scrisse nel suo archivio personale:

“Non facendo mistero della brutale intenzione di risolvere immediatamente il problema ceco, anche a rischio di una guerra estesa a tutta l’Europa, e affermando che poi non avrebbe nel continente altre pretese, Hitler ha spinto Chamberlain a prodigarsi per la cessione dei Sudeti alla Germania. Il Führer non poteva restare insensibile a un plebiscito della popolazione di etnia tedesca. Se i cechi avverseranno il volere del popolo, l’invasione tedesca sarà un fatto imprescindibile; se invece si mostreranno ragionevoli, il turno della Cecoslovacchia verrà in seguito, magari la prossima primavera. Ci sono molti vantaggi nel risolvere amichevolmente la disputa dei Sudeti. In questa confidenziale discussione, il Führer non ha nascosto i suoi ambiziosi piani e il progetto di una guerra futura a essa correlati. In favore di questa non ha evocato solo motivi nazionalistici, ma anche di carattere educativo o, per così dire, di dinamismo latente. Emanava sicurezza e audacia sia in faccende militari sia in questioni di politica estera e ha parlato senza alcuna ambiguità della propria responsabilità di guidare la Germania, nel corso della sua vita, attraverso l'inevitabile conflitto armato contro i suoi nemici. Poi ci ha fornito i dettagli del colloquio avuto con Chamberlain: i sotterfugi e i finti scoppi d'ira con cui era riuscito a mettere alle strette l'interlocutore".

Un anno più tardi Weizsäcker avrebbe ricordato: "Dalla cancelleria del *Reich* si diffuse lo slogan che la gioventù tedesca, per forgiarsi, abbisognava di una guerra. Il conflitto contro la Cecoslovacchia assunse così la fisionomia dell'*art pour l'art* [l'arte per il piacere dell'arte]".

Chamberlain e la Francia proposero di dare alla Germania tutti i territori dove la popolazione fosse costituita da oltre il 50% di tedeschi. Non sorprende che, dopo il ritorno di Chamberlain a Londra, Masaryk sia stato sentito fare una frenetica telefonata a Benes, lamentandosi che lo 'zio' non aveva ancora riferito ad alcuno i termini del colloquio avuto con Hitler.

Masaryk aggiunse cautamente: "Se devo muovermi, posso chiedere che mi sia accreditato del denaro?... Ne ho bisogno quel tanto che basta, mi sono spiegato?" Benes comprese: "Glielo farò avere immediatamente".

La testimonianza di Weizsäcker non lascia dubbi sul fatto che Hitler non si sarebbe accontentato dei Sudeti. Ma per qualche tempo avrebbe dovuto muoversi con cautela. Quando Canaris telefonò alla Berghof per sapere se le unità di guerriglia presenti nei Sudeti dovessero iniziare l'attività di sabotaggio, Keitel ordinò: "Per il momento, desistere".

Hitler aveva elaborato una strategia più sicura: gli attacchi di *Freikorps* (corpi franchi), apparentemente spontanei, di esasperati residenti tedeschi dei Sudeti, all'interno del territorio ceco.

In realtà, la settimana precedente circa 10.000 sostenitori di Henlein si erano recati in aereo in Germania: Hitler aveva dato disposizioni alla *Wehrmacht* di equipaggiarli con armi adatte (fucili *Mannlicher* prodotti in Austria) e di rispedirli in Cecoslovacchia col favore delle tenebre. Quegli irregolari sarebbero stati aiutati dall'esercito tedesco, da ufficiali delle *SA* e forniti dal partito di mezzi di trasporto motorizzati. Hitler rivelò questo piano a Karl-Hermann Frank il 16 settembre, nel corso di un colloquio durato due ore. I *Freikorps* di Henlein avrebbero effettuato ogni notte attentati alla frontiera ceca con l'obiettivo di "tenere alto il livello dei disordini e degli scontri".

Cosa che Schmundt raccomandò telegraficamente il giorno seguente all'*OKW*.

Nell'estate del 1937, Bormann, che aveva notato quanto piacesse al Führer raggiungere a piedi il padiglione del tè, decise di far costruire un ulteriore padiglione che ne superasse o equiparasse qualsiasi altro esistente al mondo. La sua scelta era caduta sulla scoscesa cima del Kehlstein, alta quasi 1.700 metri e poco distante dalla Berghof.

Nell'agosto 1937, insieme a Todt, vi aveva personalmente posto i picchetti perimetrali. Il 16 settembre 1938 il 'Nido dell'Aquila' fu terminato e alle 16:00 di quel pomeriggio Hitler, Todt e Bormann raggiunsero in auto il nuovo rifugio: il primo con una sorta di scetticismo.

Il Führer fu messo al corrente della costruzione quando ormai era troppo tardi per impedirla. Secondo Julius Schaub, Hitler inizialmente criticò la follia di grandezza di Bormann, poi sorrise con indulgenza e si lasciò convincere che quell'edificio avrebbe impressionato i visitatori stranieri.

La nuova strada che terminava poco prima della cima, confluiva in un parcheggio scavato nella roccia. Nella parete di sasso era stata inserita una massiccia doppia porta in bronzo sormontata da una lapide di granito su cui era inciso: 'Costruito nel 1938'. Quando Hitler e gli altri vi giunsero, la porta si spalancò e l'auto fece il suo ingresso nel cuore della montagna attraverso un tunnel lungo 150 metri e largo abbastanza da consentire il doppio senso di marcia. Al termine, una volta circolare e, a fronte, un ulteriore porta bronzea anch'essa scorrevole. Bormann invitò Hitler a procedere in un abitacolo dalle pareti in ottone con specchiera e sedili foderati: un ascensore li accompagnò fin sulla cima del Kehlstein.

Quando furono arrivati, Hitler si trovò ad ammirare un paesaggio ancora più maestoso di quello visibile dalla Berghof. Rimase lassù per un'ora. Come avrebbe confidato ai suoi medici, spaventato dall'altitudine, avvertiva il battito accelerato e accusava difficoltà respiratorie. Il giorno successivo, il 17, condusse Goebbels e i suoi collaboratori fin lassù, dove li mise al corrente dei suoi colloqui con Chamberlain, "tipico inglese freddo e calcolatore".

Si complimentò con i presenti per il lavoro di propaganda svolto, dicendo: "Abbiamo già vinto la guerra per metà". Goebbels si disse fiducioso che Praga, di fronte a quella pressione psicologica, avrebbe ceduto, ma Hitler non era dello stesso avviso: "Nel 1948", spiegò, "saranno trascorsi esattamente 300 anni dalla pace di Münster[77]. Entro quella ricorrenza dovremo aver cancellato quel trattato".

Nei giorni che seguirono, Hitler si recò in quel rifugio altre due volte, poi lo fece raramente.

Mancavano due settimane all'*Operazione Verde*. Nei campi di addestramento posti a ridosso della frontiera ceca, erano iniziate le manovre belliche programmate. Chamberlain aveva promesso di tornare in Germania con l'approvazione del suo governo, ma Hitler era già perfettamente al corrente di ciò che accadeva a Londra. Sapeva che il Premier francese Daladier vi era arrivato alle 18:00 in compagnia del ministro degli Esteri Bonnet.

Alle 13:20 del 19, Masaryk fu sentito telefonare a Benes lamentando: "Gli zii sono in riunione e non trapelano indiscrezioni". Benes gli riferì le voci che parlavano di un coinvolgimento dell'Ungheria e della zona carpato-ucraina. Secondo lui erano argomentazioni fuorvianti, ma Masaryk confermò: "L'unica cosa certa è che stanno discutendo la concessione di alcuni territori".

Dopo aver discusso ancora un po', Masaryk aggiunse con veemenza: "Non ho alcuna intenzione di recarmi là [a Downing Street]. Non mi hanno invitato, perciò che vadano al diavolo, signor Presidente!"

77 Ndt. La pace di Westfalia del 1648 pose fine alla cosiddetta guerra dei 30 anni, iniziata nel 1618, e alla guerra degli 80 anni, tra la Spagna e le Province Unite. Essa si divide nei 2 trattati firmati a Münster e Osnabrück (Trattato di Münster e Trattato di Osnabrück).

Nel pomeriggio, il piano anglo-francese fu finalmente comunicato a Benes, ma non a Masaryk. Questi prevedeva la cessione alla Germania, da parte della Cecoslovacchia, dei territori a prevalente cittadinanza tedesca.

La stessa sera alle 19:00 Benes comunicò a Masaryk i termini dell'accordo e gli domandò quale fosse, in proposito, l'opinione di personalità quali Churchill.

Masaryk rispose: "Quando li ho interpellati, confidavano che non avremmo accettato la cosa passivamente" e aggiunse "le zone con una prevalenza nella misura di 2/3 terzi potrebbe considerarsi ragionevole, ma laddove è presente il 50%... risulta inaccettabile!"

Benes sospirò: "Non oso neppure pensarlo!"

Nei due giorni che seguirono, Praga rimase ufficialmente in silenzio. Benes fu udito spiegare a Masaryk che stava cercando una soluzione che permettesse di approntare un negoziato da posizione onorevole.

Masaryk alluse con disprezzo all'imminente ritorno di Chamberlain in Germania: "Il vecchio è tutto eccitato, sta nuovamente preparando le valigie". Di nuovo chiese che gli venissero inviati a Londra, e con urgenza, ulteriori fondi: "Presto il pallone scoppierà e io mi troverò privo di denaro".

Nelle prime ore del 19 settembre, le squadre terroristiche di Henlein entrarono in azione. L'esercito ceco era stato stanziato in prossimità del confine, perciò i generali tedeschi convinsero Hitler a far intraprendere, da queste, raid limitati per lo più affidati a piccoli gruppi. Quel giorno Hitler fece un nuovo tentativo di ingraziarsi gli ungheresi: Horthy, al momento ospite di Göring per una battuta di caccia, aveva scritto una lettera privata al Führer in cui esprimeva preoccupazione per alcune indiscrezioni giornalistiche, secondo le quali Benes era in procinto di cedere alla Germania i territori di lingua tedesca "lasciando tutto il resto immutato" [la lettera è conservata a Budapest tra le carte di Horthy]. Hitler discusse del contenuto di questa missiva con il Primo ministro ungherese Imrédy e quello degli Esteri Kánya, il 20 settembre, alla Berghof.

Alle 16:00 di quello stesso giorno, il Führer ricevette Josef Lipski, ambasciatore polacco a Berlino. Hitler corteggiava la Polonia, l'altro paese confinante con la Cecoslovacchia, già da metà luglio e Goebbels aveva chiesto alla stampa tedesca di minimizzare, al momento, gli incidenti anti-tedeschi che avvenivano nel paese.

Il 6 settembre, Hans Fritzsche, capo della Divisione Stampa Nazionale, aveva ripetuto l'ordine di Goebbels: "Per quanto la cosa possa dispiacerci, non devono essere pubblicate notizie inerenti a incidenti avvenuti in Polonia". A tal proposito, tre giorni più tardi veniva diramata ai media una esplicita spiegazione: "È un precetto imprescindibile della politica estera del Terzo *Reich* occuparsi di una cosa alla volta!"

Finalmente, la pazienza di Hitler fu ricompensata: l'ambasciatore polacco confermò cautamente l'interesse del suo governo per la zona cecoslovacca di Tesin e assicurò a Hitler che i polacchi, se si fosse reso necessario un intervento militare al fianco della Germania, non si sarebbero tirati indietro".

Uno o due giorni dopo, non appena Hitler, Ribbentrop e Goebbels partirono assieme in direzione di Bad Godesberg, il primo confermò a quegli di aver ottenuto, dall'ambasciatore Lipski, l'appoggio armato della Polonia.

Le cose prendevano quindi una piega favorevole. Hitler e Ribbentrop, soddisfatti, si recarono a Pullach in auto e trascorsero la serata a casa di Bormann. A mezzanotte, Hitler venne informato che il 22 Chamberlain sarebbe giunto a Bad Godesberg per incontrarlo.

Alle 2:00 del 21 settembre, i rappresentanti a Praga della Gran Bretagna e della Francia si recarono insieme da Benes per chiedergli di accettare il piano anglo-francese "prima che si fosse venuta a creare una situazione tale, di cui i loro due paesi non si sarebbero potuta assumere alcuna responsabilità".

Sei ore più tardi, gli uomini di Göring intercettavano un'enigmatica conversazione telefonica avvenuta tra Praga e Parigi. La voce proveniente da Praga annunciò che erano stati costretti ad accettare le condizioni proposte perché in caso contrario, sia la Francia sia la Gran Bretagna avevano minacciato di abbandonare la Cecoslovacchia al proprio destino. Le intercettazioni rivelavano però anche che Churchill aveva assicurato a Masaryk che il governo di Chamberlain sarebbe caduto quel pomeriggio stesso, che tre ministri francesi avevano inoltrato a Daladier proteste ufficiali e che persino 'quell'idiota' di Bonnet stava per essere destituito dalla carica. Gli amici britannici di Masaryk insistevano affinché Praga, prima di prendere una posizione ufficiale, attendesse il giorno 26. Masaryk fu udito scongiurare Benes:

"Signor Presidente, una cosa è di estrema importanza... L'appoggio dell'opinione pubblica qui si fa sempre più incalzante... Questo è ciò che Churchill, Eden e l'arcivescovo vogliono che lei sappia".

Ma adesso anche Hitler sapeva e, come si suol dire, uomo avvisato...

Appena il Führer fu a conoscenza che Praga si dichiarava remissiva, dette disposizione all'*OKW* di valutare i problemi amministrativi conseguenti a un'occupazione pacifica dei territori rivendicati. Le successive intercettazioni indussero Hitler a decidere diversamente. A quanto sembrava, Benes cercava di guadagnare tempo.

Il 22 settembre Chamberlain atterrò all'aeroporto di Colonia. Come la prima volta, aveva portato con sé il funzionario governativo Horace Wilson. All'albergo *Rhine Dreesen* di Godesberg, Chamberlain ricordò a Hitler l'accordo stipulato alla Berghof. Hitler rispose solennemente: "Sono molto dispiaciuto, ma quella soluzione è ormai impraticabile". Adesso insisteva perché fosse concesso alla *Wehrmacht* di occupare immediatamente i territori cecoslovacchi di lingua tedesca. Chamberlain protestò che egli mancava alla parola data. Dopo tre ore di prolisse argomentazioni, Chamberlain si accasciò sul divano asserendo che lui, avendo fatto il possibile, si sentiva la coscienza a posto. Poiché nessuna delle parti era disposta a concessioni, il colloquio ebbe termine e la delegazione inglese ritornò in traghetto allo splendido hotel *Petersberg*.

Nel maggio 1942, Hitler avrebbe definito l'atteggiamento britannico dell'epoca "ipocrita": essendo egli a conoscenza, grazie alle intercettazioni telefoniche, della loro disponibilità a cedere sui punti in questione, continuavano ostinatamente ad opporre resistenza. La sua irritazione era amplificata dall'artificiosa insolenza e dall'abbigliamento dimesso della delegazione britannica. Più tardi, rimproverò l'ambasciatore inglese di stanza in Germania Henderson: "Se mi si presenteranno davanti altri diplomatici in abiti sdruciti, darò disposizioni al mio delegato a Londra di recarsi in udienza dal vostro re con indosso un pullover. Lo faccia presente al suo governo".

Hitler ritardò l'incontro successivo di parecchie ore perché gli esperti stavano decodificando il rapporto segreto fatto da Chamberlain al proprio Consiglio di Gabinetto.

Così la mossa seguente del Primo ministro non fu una sorpresa: il 23 settembre Chamberlain mandò a Hitler una nota spiegando che l'insorgere dell'opinione pubblica del suo paese gli impediva di fare ulteriori concessioni alla Germania. Hitler replicò che i cechi stavano solo prendendo tempo. Chamberlain rispose vagamente chiedendo al Führer di inoltrargli un documento ufficiale con elencate le sue rivendicazioni. Il memoriale venne consegnato a Chamberlain quella stessa sera alle 22:00, quando il Primo ministro fece ritorno all'albergo. Quasi immediatamente, alle 22:30, un messaggero recapitò a Hitler un biglietto: "Benes ha appena annunciato alla radio la mobilitazione generale".

Quelle parole condizionarono l'incontro. Hitler, alzatosi in piedi, dichiarò che ogni discussione era superflua, Chamberlain annuì e si preparò ad andarsene. Hitler però non desiderava arrivare a questo. Ribbentrop se ne avvide e disse che, dato che era stato chiesto di presentare un documento ufficiale che elencasse le loro rivendicazioni, gli inglesi avrebbero dovuto almeno avere la cortesia di leggerlo. Così tutti nuovamente si misero a sedere.

Il memoriale poneva un termine preciso: i cechi dovevano cominciare l'evacuazione dei territori rivendicati entrò il 26 e concluderla entro il 28. Chamberlain giustamente obiettò che si trattava di un vero e proprio ultimatum.

Hitler replicò compiaciuto: "Non lo è. Guardi, è titolato *Memorandum*".

Sotto l'insistenza britannica, tuttavia, accettò di posticipare il termine del 28 al 1° ottobre (il giorno stabilito per l'inizio dell'*Operazione Verde*).

"Sa", disse a Chamberlain adulandolo, "lei è l'unica persona cui io abbia mai fatto una concessione".

Aveva usato le medesime parole con Schuschnigg, alla Berghof, in febbraio. All'1:15 il Führer salutò Chamberlain, rassicurandolo che quella sarebbe stata la sua ultima pretesa territoriale in Europa.

Il Premier britannico rispose: "*Auf wiedersehen*".

Hitler restò seduto a lungo nel giardino dell'albergo in contemplazione delle acque del Reno.

Poi, ringraziò Ribbentrop per il provvidenziale intervento: "Ci ha salvato la giornata".

Il giorno seguente Chamberlain riferì al suo governo[78]. Masaryk, riferendosi a Chamberlain, fu sentito dire a Benes con sarcasmo: "I tedeschi lo hanno intimorito al punto che stamattina, invece di parlare, balbettava". Quando Masaryk riferì la voce secondo la quale Hitler voleva che i cechi permettessero immediatamente l'insediamento delle Forze Armate tedesche, Benes esplose: "Questo è fuori discussione... non possiamo rinunciare alle nostre posizioni!"

Durante il pranzo, Hitler discusse con i suoi collaboratori l'eventualità di una possibile capitolazione di Benes.

Benché Goebbels asserisse il contrario, lui era convinto fosse quella una circostanza remota. Hitler riepilogò che l'attacco sarebbe avvenuto il 28 o nei giorni a seguire.

"Così il Führer ha cinque giorni di tempo", pensò Goebbels. "Aveva indicato quella data fin dal 28 maggio".

Che Praga non si piegasse era per Hitler cosa gradita. Ma anche la Francia aveva dato inizio a una parziale mobilitazione e que-

---

78 Nda. Alle 15:30 Chamberlain comunicò a una ristretta riunione di Gabinetto che riteneva di "avere una certa influenza personale su Hitler". Aveva la sensazione che il Führer non avrebbe mancato alla parola data. Alle 17:00, al Gabinetto al completo, riferì come Hitler fosse "desideroso di assicurarsi l'amicizia della Gran Bretagna... sarebbe sciocco perdere l'opportunità di stabilire un accordo con la Germania". Chamberlain era convinto che Hitler si fidasse di lui.

sto in anticipo sui tempi supposti dal Führer. Inoltre, alcune unità della flotta britannica si erano mosse. Il 25 settembre Francia, Gran Bretagna e Cecoslovacchia respinsero le condizioni imposte dal documento di Hitler.

Benes ordinò a Masaryk di far presente a Londra che l'accettazione del documento tedesco "significava la consegna dell'intero paese a Hitler". E aggiunse: "Mostri a tutti, sulla carta, lo scempio a cui sarebbe sottoposta la nostra nazione!" Ma Masaryk rispose: "Fino a questo momento, non mi è stato mostrato alcun tracciato su una mappa dei territori. Suppongo sia un espediente per trarci in inganno".

Il 26 settembre, Hitler, convocato Keitel, gli comunicò che il giorno 30 avrebbe avuto inizio l'*Operazione Verde*. Rileggendo le intercettazioni telefoniche di Masaryk, con le loro quasi intraducibili oscenità sul conto di Chamberlain e Horace Wilson, il Führer, vista la possibilità di seminare zizzania tra i suoi nemici, ordinò a Göring di mostrarle all'ambasciatore britannico Henderson. E quando Wilson gli sottopose l'ultima proposta di Chamberlain, Hitler (che già ne conosceva i termini grazie alla loquacità telefonica di Masaryk) si rifiutò di ponderarla se prima Praga non avesse accettato le condizioni precedentemente dettate da lui. Si vantò con Goebbels di aver alzato la voce con l'inglese accusandolo di essere evasivo.

"Il Führer", scrisse poi Goebbels nel suo diario, "pone nella propria missione la sicurezza di un sonnambulo. Non una volta ha esitato. Abbiamo in lui un geniale e perspicace leader".

Hitler dichiarò poi a Henderson che avrebbe dato tempo a Benes fino a mercoledì 28 per accettare il documento. "Fino alla mezzanotte?" chiese con ambiguità l'ambasciatore britannico.

"No, fino alle 14:00", rispose Hitler, parole che rappresentavano un ufficiale ultimatum.

Le pressioni sul Führer aumentavano. Lord Rothermere gli telegrafò in forma privata invitandolo a riflettere prima di pronunciare il discorso al Palazzetto dello Sport di Berlino in programma quella sera.

Il comizio di Hitler, invece, fu rude e provocatorio. Egli dichiarò che entro 5 giorni il suo esercito avrebbe marciato nelle zone tedesche dei Sudeti. "La nostra decisione è nota. Adesso tutto dipende dal signor Benes".

Il mattino dopo la partenza di Wilson, Hitler mandò Schmundt da Keitel con ordini scritti. Questi riportavano che le prime truppe dovevano attestarsi su una linea da cui il giorno 30 fosse facilitato l'attacco. Poi ordinò che i *Freikorps* intensificassero l'attività sovversiva. Dispose infine che una divisione motorizzata sfilasse nelle strade centrali di Berlino. Goebbels, mescolatosi tra la folla, avvertì diffuso un senso di disorientamento e preoccupazione: "La gente ha timore di cosa riserverà il futuro".

Hitler voleva ancora la guerra?

Weizsäcker, giunto dopo la mezzanotte, trovò il Führer in compagnia di Ribbentrop. Immediatamente, Hitler lo informò che avrebbe cancellato la Cecoslovacchia dalla carta geografica. Qualche giorno più tardi, lo stesso Weizsäcker scriveva: "Quelle parole vennero pronunciate solo in presenza mia e di Ribbentrop... Perciò credo fossero sincere. Il suo risentimento per il 22 maggio, allorché gli inglesi lo avevano deriso per aver fatto marcia indietro (così loro sostenevano), lo ha spinto lungo la strada che porta alla guerra".

È anche possibile che Hitler, venuto a conoscenza tramite le intercettazioni telefoniche della connivenza tra Weizsäcker e i diplomatici britannici, avesse inscenato con lui l'ennesima farsa. Hitler voleva che, nell'imminente conflitto, le *SS* coprissero un ruolo fondamentale. Così stabilì che due battaglioni delle *Totenkopf*[79] venissero equipaggiati con armi anticarro e artiglieria da campagna per proteggere il "governo autonomo dei tedeschi dei Sudeti" che sarebbe stato costituito ad Asch, adesso completamente occupata dai *Freikorps* di Henlein. Nell'enclave di Jauering a sud di Breslavia, Henlein aveva già preso il potere, ma il giorno in cui sarebbe scattata l'*Operazione Verde* il controllo dei

79 Ndt. Il Totenkopf (testa di morto) fu l'emblema simbolo delle SS e del terrore ad esse legato. Era formato da un teschio sogghignante e da ossa incrociate. Il motto legato a questo simbolo recitava: "Portiamo un teschio come simbolo per due motivi, per dire al nemico che non abbiamo paura della morte e per preannunciargli la sorte che lo attende".

suoi uomini sarebbe passato a Himmler.

L'ultimatum scadeva dunque alle 14:00 del 28 settembre. L'addetto militare tedesco a Parigi calcolò che la Francia, dall'avvenuta mobilitazione, poteva ammassare davanti al vallo occidentale le sue prime 65 divisioni in 6 giorni. Nel corso di una riunione riservata Göring ammise con malcelata preoccupazione che la guerra sembrava inevitabile e il conflitto poteva protrarsi per ben 7 anni.

Nelle prime ore del giorno 28, l'addetto navale telefonò da Londra: aveva appreso da una fonte attendibile che il re britannico Giorgio VI, sul cui indugiare Hitler aveva fatto affidamento, aveva firmato un ordine di mobilitazione a cui restava da apporre solamente la data.

Alle 10:00, Brauchitsch vide Keitel e lo supplicò di persuadere il Führer a non invadere la regione dei Sudeti. L'opinione di Canaris era che la guerra con le potenze occidentali fosse ormai cosa certa. Halder, nuovo capo di Stato Maggiore generale, perse il controllo dei nervi e fu visto singhiozzare disperatamente. La notizia peggiore giunse a Berlino intorno alle 12:00: la flotta britannica era stata mobilitata e questo doveva convincere il Führer che il gioco del ricatto non gli avrebbe arrecato alcun vantaggio. Questo annuncio (pare che Hitler lo avesse confidato a Göring) lo indusse a una decisione netta.

Nelle prime ore del 28, l'ambasciatore francese François Poncet chiese udienza a Hitler per presentargli alcune nuove proposte di Bonnet, di cui neppure i cechi erano a conoscenza. Venne fissato un incontro per mezzogiorno, ma poco prima di quell'ora, mentre Hitler si trovava a colloquio con Ribbentrop, giunse Göring con la notizia, forse ottenuta dal suo *Forschungsamt*, che pochi minuti prima delle 11:00 Mussolini aveva telefonato all'ambasciatore italiano a Berlino per informarlo che Chamberlain si era appena messo in contatto con lui.

Mussolini voleva che il Führer sapesse che lo avrebbe appoggiato nel modo più totale, ma lui era disposto a posticipare la mobilitazione di 24 ore?

Nella stanza di Hitler, si accese un'accanita discussione nel corso della quale Göring accusò Ribbentrop di volere a tutti i costi la guerra. Hitler, seccato, li fece tacere entrambi.

"Ribbentrop", osservò Goebbels che li aveva raggiunti per il pranzo, "nutre per gli inglesi un profondo odio. Göring, Neurath e io stesso esortiamo Hitler ad accettare [le proposte dell'ambasciatore]. Göring, in accordo con me, dissentisce con le posizioni avverse alla pace di Ribbentrop".

Durante il pranzo Goebbel esplose: "*Mein Führer*, se crede che il popolo tedesco sia desideroso di entrare in guerra è in errore. I tedeschi mostrano disinteresse per ciò in cui sono coinvolti". A mezzogiorno venne introdotto Poncet. Il nuovo accordo di cui era messaggero, pur migliore del precedente, non soddisfaceva pienamente le esigenze della Germania. Di lì a breve, un inserviente porse al Führer un messaggio: l'ambasciatore italiano attendeva di essere introdotto. Hitler si scusò: "Mi desiderano al telefono", e uscì. Messo al corrente delle parole di Mussolini, acconsentì a posticipare l'ultimatum di 24 ore. Gli inglesi stavano fremendo: il *FA* aveva intercettato alle 11:30 una sensazionale comunicazione tra Chamberlain e l'ambasciatore britannico a Berlino, in cui il primo diceva di essere pronto a tornare nella capitale tedesca per riprendere le trattative. Hitler tornò da Poncet, ma quasi immediatamente si ripresentò l'ambasciatore italiano: Mussolini aveva telefonato asserendo che Chamberlain era pronto a fare una concessione che equivaleva a una squillante vittoria. Alle 12:30, mentre Poncet si congedava, arrivò Henderson con la proposta ufficiale di Chamberlain per una conferenza delle cinque potenze: "Sono pronto", scriveva l'anziano Primo ministro britannico, "a venire in prima persona a Berlino". Hitler dettò un breve riassunto delle sue essenziali richieste, affinché l'ambasciatore italiano ne informasse Mussolini. La pace, adesso, sembrava nuovamente assicurata. Hitler stava ancora pranzando quando, alle 14:30, tornò l'ambasciatore italiano Attolico[80].

---

80 Ndt. Bernardo Attolico (Adelfia, 1880 - Roma, 1942), diplomatico italiano, divenne ambasciatore dell'Italia a Berlino nel 1935 e vi rimase fino allo scoppio del conflitto mondiale. A causa della sua indole pacifista, divenne ben presto inviso ai vertici nazisti, che ne chiesero la sostituzione a Mussolini.

Il Führer lo salutò con la bocca ancora piena e Attolico fece un breve tentativo di parlare in tedesco: "*Morgen 11 Uhr München!* (11 del mattino a Monaco)", che indusse in Hitler uno scoppio di ilarità.

Nel corso del pomeriggio, vennero trasmessi gli inviti ufficiali per il summit, in Francia e Gran Bretagna. La Cecoslovacchia non venne presa neppure in considerazione.

Alle 20:50 di quel 28 settembre, il treno speciale di Hitler lasciava Berlino diretto a Monaco.

Alle 9:30 Hitler attendeva il treno di Mussolini alla piccola stazione di frontiera del Brennero. Poco dopo, il Duce entrò nella carrozza salone di Hitler insieme al conte Ciano. Mentre il convoglio ferroviario faceva ritorno a Monaco, Hitler rideva compiaciuto del modo in cui l'Europa era "tenuta in scacco", disse, "da noi 2 rivoluzionari".

Keitel tratteggiò in modo riservato la situazione militare al Duce, e Hitler rassicurò quest'ultimo dicendogli che le potenze occidentali non sarebbero intervenute. Mussolini chiese e ottenne un mappa geografica a colori che mostrava gli attuali confini cecoslovacchi. Hitler spiegò che non era propenso ad accettare interminabili quesiti referendari da svolgersi nelle zone oggetto della contesa. D'altro canto, affermò, non voleva un solo villaggio a maggioranza ceca.

Gli avvenimenti nel palazzo del Führer a Monaco, addobbato con le insegne dei quattro paesi intervenuti, erano inevitabilmente volti a raffreddare gli animi.

L'aereo di Chamberlain arrivò in mattinata.

Hitler attese il Premier britannico insieme a Mussolini e al Primo ministro francese Edouard Daladier, nella sala fumatori, dove il domestico aveva predisposto birra e sandwich. Poiché Hitler rivendicava unicamente i territori di etnia tedesca e, su questo, le altre tre potenze concordavano, tutto ciò che restava da discutere erano le modalità del passaggio; e giacché la bozza di accordo che il Führer aveva consegnato il giorno precedente ad Attolico adesso veniva presentata in italiano da Mussolini come cosa sua, il risultato sembrava scontato.

L'unico intoppo fu l'ostinata pretesa di Hitler che i cechi evacuassero immediatamente i territori, e l'altrettanto caparbia difesa della posizione ceca sostenuta da Chamberlain. Hitler, quasi a ricordare in maniera subdola la scadenza dell'ultimatum previsto alle 14:00 di quel pomeriggio, per tutta la mattinata giocherellò con un orologio (probabilmente, dato che non lo portava mai, se lo era fatto prestare allo scopo). Tra una sessione e l'altra di quella fiacca e disordinata riunione, i ministri si sdraiavano sui divani o telefonavano alle loro capitali. A un certo punto, Daladier e Hitler cominciarono a raccontarsi aneddoti della vita di trincea della prima guerra mondiale e Chamberlain intrattenne tutti con episodi tratti dalle sue battute di pesca e dai suoi weekend.

Alle 15:00, Hitler si ritirò nel proprio appartamento per il pranzo con Himmler e gli italiani. Il Führer era irritato per l'ostinazione di Chamberlain: "Daladier... ecco, lui è un avvocato che vede la realtà delle cose e ne trae le giuste conseguenze. Ma quel Chamberlain! Ha cavillato su ogni località e su ogni più insignificante dettaglio come un rigattiere, peggio di quanto avrebbero fatto i cechi! Cos'ha da perdere in Boemia? Che gli importa a lui?" Poi, aggiunse con rabbia: "Inoltre, io non ho tempo per i weekend e odio la pesca!"

Il sapore della vittoria cominciava a farsi amaro: "È tempo che la Gran Bretagna la smetta di atteggiarsi a padrona dell'Europa", aggiunse. "Se non cambierà atteggiamento, a lungo andare una guerra sarà inevitabile. E questa guerra andrà combattuta mentre lei e io, Duce, siamo giovani, perché si tratta di un'imponente prova di forza per i nostri due paesi".

La conferenza riprese nel tardo pomeriggio e, nelle prime ore del mattino, il Patto di Monaco venne firmato.

Prima di andarsene, Chamberlain chiese di vedere il Führer.

Quest'ultimo lo attese nel proprio appartamento di *Prinz Regen Platz* con una certa curiosità, per non dire impazienza, visto che l'ascensore che trasportava il premier inglese rimase bloccato tra due piani.

Chamberlain chiese a Hitler l'assicurazione che, qualora i cechi non avessero accettato il Patto di Monaco, l'aviazione tedesca non avrebbe colpito obiettivi civili. Hitler glielo promise. Poi, Chamberlain tirò fuori un foglio su cui era stampata una dichiarazione e domandò al Führer se fosse disposto a firmarla, asserendo che la cosa avrebbe facilitato la sua posizione a Londra. Hitler firmò senza troppo entusiasmo. La dichiarazione terminava con queste parole: "...Consideriamo il patto firmato la scorsa notte e l'accordo navale anglo-tedesco come un simbolo del desiderio espresso dai nostri popoli di non combattere mai più una guerra che ci veda l'uno contro l'altro".

Quando l'inglese se ne fu andato, Ribbentrop si recò al palazzo del Führer. Più tardi scendendo insieme a lui la lunga scalinata, Ribbentrop accennò a Hitler che forse era stato imprudente firmare quel documento. Spitzy ne udì la risposta immediata: "*Ach*, quel pezzo di carta non ha alcun valore".

Un ulteriore passo avanti

Il 2 ottobre 1938, Hitler, Brauchitsch, Milch e Todt si diressero in aereo a far visita alle appena recuperate regioni dei Sudeti. Nelle vecchie piazze del mercato di Asch e di Eger folle tumultuose festeggiavano la sua vittoria.

"Mi sono reso conto della portata di questo successo", avrebbe detto orgogliosamente il Führer cinque settimane dopo, "solo quando mi sono trovato per la prima volta in mezzo alla linea difensiva cecoslovacca; in quel momento ho compreso l'importanza d'esserci impadroniti di circa 2.000 chilometri di fortificazioni senza colpo ferire". Privatamente, confessò a Goebbels: "Avremmo compiuto un massacro".

In realtà, per Hitler la vittoria aveva chiesto un seppur minimo tributo di sangue. I *Freikorps* di Henlein, durante le loro 200 azioni di sabotaggio, avevano perso 100 uomini, e quando Hitler proseguì il suo viaggio oltre Asch ed Eger notò che alcune città sembravano essere state coinvolte in un feroce conflitto: molti edifici versavano in macerie; le linee telefoniche erano state abbattute; ovunque si vedevano vetrate infrante e code per il cibo distribuito da improvvisate cucine da campo. Gli irregolari dei *Freikorps* che si notavano in strada avevano, per usare un eufemismo, un'aria terribilmente crudele. "Quello è il genere di persone che di notte è meglio non incontrare", scrisse un ufficiale tedesco.

In cuor suo, Hitler non aveva rinunciato al totale soggiogamento della Cecoslovacchia. Praga era stata sede della prima università tedesca, e la Boemia e la Moravia, territori appartenuti al Primo *Reich*. Quelle sconclusionate frontiere dell'Europa centrale sovente gli procuravano emicranie. Adesso i polacchi non solo occupavano Tesin, ma reclamavano anche la morava Ostrau e le importanti città di Witkowitz e Oderberg, popolate in larga parte da tedeschi.

L'Ungheria, rimasta a lungo indecisa, avanzava pretese sulla Slovacchia e l'intera regione carpato-ucraina. Hitler si rifiutava di dare ascolto alle loro lamentele; per l'inverno a venire, la sua principale ambizione consisteva nell'occupazione di Boemia e Moravia e riteneva il sostegno all'indipendentismo slovacco il mezzo migliore per disgregare l'intero paese. Presa la sua decisione, Hitler respinse in termini duri le pretese magiare.

Quando il 14 ottobre Kolomán Darányi, l'ex premier ungherese, gli consegnò una missiva di Horthy in cui egli chiedeva sostegno, Hitler si limitò a rispondere: "L'avevo avvertita". Hewel annotò l'incontro in questi termini:

"Il Führer ha ricordato con quanto vigore egli avesse messo in guardia gli ungheresi, sia a bordo della nave [in agosto] sia quando Imrédy e Kánya si erano recati da lui nell'Obersalzberg [in settembre]; nell'occasione aveva detto loro con chiarezza che intendeva risolvere il problema ceco in ottobre, a modo suo. La Polonia, colta al volo l'occasione, ha ottenuto ciò che desiderava. La soluzione delle contese attraverso i negoziati è possibile unicamente se, in caso di fallimento di questi, si è decisi a dare battaglia. Solo così lui aveva ottenuto la vittoria. Ma Kánya, benché lui gli avesse assicurato che Gran Bretagna e Francia non volessero la guerra, non aveva avuto fiducia."

Verso la metà di ottobre Hitler disse a Darányi: "I leader slovacchi di ogni tendenza politica ci hanno assediato per giorni sostenendo che non vogliono essere annessi all'Ungheria".

Ciò corrispondeva a verità. Il 25 settembre, l'ingegnere slovacco Franz Karmasin, leader del partito tedesco della Carpazia, era stato visto alla Carinhall, la villa di Göring. Lì Karmasin aveva combinato un incontro tra lo stesso Göring e il vice Primo ministro slovacco, Ferdinand Durcansky, per il 12 ottobre. Il Primo ministro confermò al feldmaresciallo che il suo popolo non desiderava unirsi all'Ungheria. Soluzione, quella, a cui solo gli ebrei slovacchi propendevano. "Gli slovacchi vogliono l'indipendenza e un'alleanza economico-politico-militare con la Germania", affermò. Assicurò inoltre che la Slovacchia avrebbe affrontato la questione ebraica seguendo una linea d'intervento simile a quella tedesca.

Successivamente Göring annotò tra i suoi appunti: "Le aspirazioni slovacche all'indipendenza devono essere sostenute adeguatamente. Una nazione ceca priva della Slovacchia sarebbe completamente alla nostra mercé. E la Slovacchia avrebbe per noi enorme rilevanza come base aerea per le operazioni dirette contro l'Est", intendendo dire, con Est, l'Unione Sovietica.

Ma adesso anche i cechi si rivolgevano a Hitler per avere protezione. Benes era fuggito negli Stati Uniti e i suoi ministri erano stati sostituiti da conservatori ansiosi di accattivarsi le simpatie della Germania. Nonostante ciò, Hitler rinunciò all'*Operazione Verde* con sommo dispiacere. L'assistente di Keitel annotò in questi termini una telefonata partita dagli uffici del Führer: "Schmundt desidera sapere tra quanto l'*Operazione Verde* potrebbe essere nuovamente messa in atto e quando è in programma l'*Operazione Rosso* [l'offensiva contro la Francia]".

Se la Cecoslovacchia, dal punto di vista militare, destava ancora preoccupazione, giacché poteva impegnare 25 divisioni tedesche, politicamente non rappresentava una minaccia. Il 12 ottobre, il diplomatico cecoslovacco Voytech Mastny confidò a Göring che il suo paese aveva compiuto un "completo voltafaccia". Avrebbe, infatti, allineato alla Germania la sua politica estera, seguito la linea del *Reich* nei rapporti con ebrei e comunisti e garantito sostegno industriale al governo tedesco.

"Il destino e la vita dei cechi sono nelle mani della Germania", scrisse compiaciuto Göring, nel suo diario. "[Mastny] supplica che il suo paese non sia ridotto in miseria".

Ciononostante, quando due giorni dopo Frantisek Chvalkovsky, neo ministro degli Esteri cecoslovacco, fece visita a Hitler, questi si esibì in una delle sue usuali sceneggiate. Così scrisse, nelle sue note personali, il ministro: "Egli [Hitler] ha mostrato chiaramente di non essere una persona con cui si possa scherzare e, qualora dovessimo tornare alle nostre cattive abitudini, sulla nostra nazione si abbatterebbe una catastrofe. Ventiquattro otto [Hitler aveva minacciato di distruggere la Cecoslovacchia in un lasso di tempo tra le 8 e le 24 ore], ha detto, poi, ha fatto schioccare le dita per rafforzare il concetto. Quanto alla garanzia che ciò non accada, l'unica possibile è la sua parola, parola che non intende dare a meno che non si renda necessario per un qualche motivo".

Quel mattino del 14 ottobre 1938, Hitler fece ritorno da una seconda e altrettanto propagandata ispezione al vallo occidentale, che aveva avuto inizio il giorno 9 a Saarbrücken. L'occasione gli aveva consentito di mettere a segno la prima infrazione al Trattato di Monaco: durante un discorso tenuto ai lavoratori impegnati nel vallo, aveva annunciato che non intendeva abbassare la guardia perché, nelle democrazie, gli uomini di stato propensi alla pace possono facilmente essere avvicendati da guerrafondai: "Basta che uno tra Duff, Cooper, Eden o Churchill sottragga il potere a Chamberlain e potete stare certi che l'obiettivo sarebbe dare inizio a un nuovo conflitto mondiale. Non se ne farebbero alcuno scrupolo e lo dichiarano apertamente".

Così, a breve distanza dal Patto di Monaco, quel discorso fu un brutto colpo per il governo presieduto da Chamberlain. Tanto più che una settimana più tardi, Hitler confidò a François-Poncet il proprio rammarico per aver firmato il 'pezzo di carta' propostogli dal Primo ministro inglese. "Quando si ha a che fare con i francesi", disse in tono d'adulazione all'ambasciatore, "ci si può aspettare un sincero sì o un altrettanto onesto no. Con gli inglesi, invece, è diverso. Si dà loro un pezzo di carta, c'è un succedersi di discussioni, miliardi spesi in armamenti, e tutto resta esattamente come prima".

In ogni caso, per un po' di tempo non poteva permettersi di impegnarsi in altre grandiose avventure. Eppure, nonostante la crisi economica, continuò a investire nel consolidamento della forza militare, sospettando che la Gran Bretagna facesse altrettanto per guadagnare tempo. Le intercettazioni del *Forschungsamt* lasciavano pensare che sia Parigi che Londra stessero cercando di sabotare gli accordi stipulati tra le parti. A Monaco, Hitler aveva dedotto che la Germania sarebbe stata in guerra contro la Gran Bretagna entro il 1942. E ancora prima di lasciare Monaco, il 30 settembre, Keitel aveva dato istruzioni via telefono al capo dell'approvvigionamento militare, colonnello Georg Thomas, di comportarsi come se quell'ipotesi fosse una certezza. Le munizioni potevano essere fabbricate all'evenienza, ma bisognava provvedere a progettare e produrre nuovi carri armati, armi e aerei. Hitler ordinò a Göring di dare inizio "a un imponente programma di riarmo", talmente vasto da oscurare i precedenti. Quegli, naturalmente, mise al primo posto la sua aeronautica e chiese che la potenza della *Luftwaffe* venisse quintuplicata. Il programma di riarmo della *Luftwaffe*, approvato da Göring verso la fine di quello stesso mese, poneva l'accento sul ruolo dei bombardieri pesanti *Heinkel 177*; l'obiettivo era di averne operativi 500 entro il 1942.

La marina optò per un ampliamento più prudente che prevedeva, entro la fine del 1943, il completamento di altre due navi da battaglia, altri sommergibili e navi da guerra di minore rilevanza. L'ammiraglio Raeder mostrò il progetto a Hitler il 1° novembre. Hitler lo strappò, criticando con sarcasmo il misero armamento e l'insufficiente corrazzatura delle due nuove navi da battaglia *Bismark* e *Tirpitz*, e, alfine, perse del tutto la calma quando l'ammiraglio lo informò della generale inadeguatezza della flotta in un confronto con la marina inglese. Questa volta Hitler non diffuse tranquillità definendo minime le probabilità di un confronto bellico con la Gran Bretagna. Tutt'altro, insistette affinché il programma di espansione navale stabilito proseguisse con la massima urgenza e che fossero messe in produzione ulteriori tipologie di imbarcazioni necessarie a intraprendere un conflitto. Il risultato di quell'incontro fu il *Piano Z*, secondo il quale la marina, entro la fine del 1943, doveva dotarsi di almeno sei navi da battaglia da 35.000 tonnellate munite di cannoni da 420 millimetri. Questo piano violava inevitabilmente l'accordo navale anglo-tedesco, ma, alla fine del 1939, Hitler avrebbe già da tempo stracciato quel 'pezzo di carta', definendolo un'inaccettabile concessione unilaterale.

Nell'autunno del 1938, nella solitudine dell'Obersalzberg, Hitler fece ordine nei suoi programmi. Il 17 ottobre aveva chiare in mente le mosse successive. Quella sera, secondo i carteggi di Fritz Todt che al momento si trovava nei Sudeti, Hitler lo chiamò per spiegargli "quali lavori dovevano essere eseguiti [nel vallo occidentale] entro tre scadenze inderogabili: la fine di ottobre, il 15 dicembre, il 20 marzo".

Il giorno seguente, cioè il 18 ottobre, Poncet in aereo si recò a Berchtesgaden e alle 15:00 raggiunse la Berghof. Da lì, in auto venne condotto da Hitler e Ribbentrop che si trovavano in uno studio adiacente allo spettacolare padiglione ubicato sulla vetta del Kehlstein. Il Führer lo colse di sorpresa proponendogli un immediato patto franco-tedesco.

"Ha fatto riferimento alla nostra cultura bianca definendola un prezioso bene comune da preservare", commentò più tardi il diplomatico francese. "Il Führer sembra sinceramente turbato dall'antagonismo che, nonostante il Patto di Monaco, sussiste, sentimento evidenziato, a suo dire, dall'atteggiamento assunto dalla Gran Bretagna. Ciò che lo preoccupa è una futura possibile crisi e lo scoppio di un conflitto di portata mondiale".

Tuttavia, l'ambasciatore francese interpretò più correttamente il pensiero di Hitler quando riferì:

"Possiamo essere certi che il Führer rimane fermo nel suo proposito di interporsi tra Francia e Gran Bretagna per rendere stabile a ovest una pace che gli permetta di agire indisturbato a est. Quali piani sta architettando? Toccherà alla Polonia o alla Russia? Oppure agli stati affacciati sul Baltico? Forse, neppure lui lo sa."

Due giorni dopo, Hitler partì nuovamente per la regione dei Sudeti. Fu visto uscire da un albergo di Linz in compagnia del colonnello Schmundt, il quale si lagnava ad alta voce del fatto che il patto stipulato a Monaco intralciasse i loro piani di guerra. L'intero gruppo pranzò nella locanda di un villaggio, con Hitler attorniato da oltre venti persone e una moltitudine di curiosi che osservava dai vetri che davano sulla strada.

Leeb annotò nel suo diario: "Entusiasmo tra la popolazione, Führer mal disposto verso la Gran Bretagna". Un tenente colonnello, Helmuth Groscurth, scrisse nel suo rapporto: "C'è stata una pioggia di ingiurie all'indirizzo degli inglesi, dei francesi e soprattutto degli ungheresi, definiti dal Führer codardi e farabutti". Hitler ironizzò sul gesticolare dei ministri ungheresi, elogiando invece i polacchi. La Polonia, disse, era una grande nazione e Joseph Lipski un eccellente ambasciatore.

A Krumau, quel giorno, lungo le strade erano allineate delegazioni provenienti da Budweis, città celebre per la produzione della birra e altamente popolata da tedeschi. Erroneamente la località, nonostante i territori ceduti alla Germania, si trovava ancora in territorio ceco. "Budweis vuole il suo Führer!" recitavano i cartelli innalzati dai capofila delle delegazioni. Ma Hitler non si era dimenticato affatto di loro.

Il 21 ottobre, il padiglione del tè ubicato sul monte Kehlstein, fu nuovamente testimone di un importante incontro. Magda Goebbels, la bellissima consorte, dalla capigliatura biondo platino, del ministro della Propaganda, era venuta a confidarsi con Hitler.

Joseph Goebbels, negli anni venti, strappata Berlino dalle mani dei comunisti, aveva largamente contribuito a creare l'immagine vincente del Führer. Poco alla volta, aveva trasformato le testate giornalistiche e le produzioni cinematografiche in potenti strumenti della politica nazista. Hitler aveva svelato al generale, nonché confidente, Otto Wagener e alle proprie segretarie di sentirsi attratto da Magda; la moglie di Otto Meissner asseriva addirittura che la donna le avrebbe confessato che il figlio Helmut era stato concepito con Hitler nel 1934, nel corso di una vacanza sul Baltico.

Tuttavia, nel 1938, Goebbels versava in disgrazia. Himmler aveva consegnato al Führer un dossier colmo di denunce fatte alla Gestapo da donne che asserivano di essere state molestate sessualmente da lui.

"Ci scandalizzavamo perché i leader ebraici abusavano delle proprie impiegate", aveva protestato Himmler, "e oggi è il dottor Goebbels a comportarsi nella stessa maniera". Per giunta, negli ultimi due anni, Goebbels aveva intrattenuto una relazione con una seducente attrice cecoslovacca, Lida Baarova, e sulla faccenda il gossip imperversava da tempo.

Magda disse a Hitler che intendeva chiedere la separazione. Il Führer si disse sorpreso nell'apprendere certi particolari di quella che era nota come "la più felice famiglia del *Reich*". Aggiunse, poi, che avrebbero dovuto provare pazientemente a ricucire il loro rapporto e che solo dopo quel tentativo, qualora non avesse sortito l'effetto sperato, avrebbe concesso loro il divorzio. Due giorni dopo invitò entrambi i coniugi al padiglione (Bormann registrò la visita) e li convinse a rimanere insieme, se non altro per il bene dei figli.

Già il 15 agosto Hitler aveva suggerito a Goebbels di rompere la relazione con la Baarova. "Tutto ciò mi addolora profondamente", annotò Goebbels nel suo diario. "Il Führer per me è come un padre. Gli sono eternamente grato. Devo prendere una decisione dolorosa a cui non mi sottrarrò".

"Il Führer", si legge ancora nel diario di Goebbels, "una volta rimasti soli, mi ha confidato i suoi intimi pensieri. Prevede in un futuro prossimo l'esplodere di un grave conflitto, probabilmente con la Gran Bretagna che già va affilando le armi. Combatteremo e finalmente saremo a conoscenza di chi avrà il predominio sull'Europa. Tutti i nostri sforzi devono tendere a quel momento e questo obiettivo deve prevaricare ogni questione personale. Cosa siamo, noi individui, al confronto del destino di un'intera nazione?"

Arrossendo sotto i rimproveri del Führer, Goebbels si ripromise di fare qualcosa di superlativo per riconquistarne i favori.

L'atteggiamento disfattista palesato dall'esercito tedesco prima del Patto di Monaco era, per Hitler, motivo di amarezza. Blomberg, in un'occasione, gli aveva detto: "Nell'esercito, l'obbedienza cessa di esistere dai generali in su".

Il fatto che l'ostilità dei militari verso di lui proseguisse nonostante il successo ottenuto al summit di Monaco, lo faceva infuriare. Così, decise di agire. A metà ottobre, lo staff di Keitel preparò uno straordinario documento che si proponeva di portare a conoscenza di tutti gli ufficiali alcuni punti di vista del Führer:

"Il primo precetto per il successo politico e militare di una nazione è l'obbedienza, la lealtà e la fiducia negli uomini che la governano. Come ogni ufficiale ben sa, ogni formazione militare sprovvista di queste qualità risulta superflua. L'indifferenza o l'obbedienza indolente non sono sufficienti. Non accendono entusiasmi e non generano quello spirito di sacrificio e quella dedizione necessaria a compiere il proprio dovere. Il destino della Germania è sempre stato quello di combattere le ingiustizie e le disuguaglianze e quando abbiamo riportato il successo questo è dipeso da forze indefinibili, molto più efficaci di qualsiasi superiorità numerica sul nemico. Sarebbe a dir poco sorprendente che l'unico dovere di un ufficiale sia valutare la propria forza numerica nei confronti dell'avversario, ignorando o sottovalutando fattori che, da sempre, hanno deciso tra la sconfitta e la vittoria".

Poi il documento continuava, con un chiaro riferimento alle argomentazioni del generale Beck:

"È indegno di un soldato e sintomo di insufficiente disciplina militare non attribuire alla propria parte la capacità di intraprendere ciò che si reputa fattibile dal nemico, o minimizzare la propria forza ingigantendo quella dell'avversario. Considerare gli aspetti di natura militare nella loro giusta prospettiva, quando si persegue un obiettivo politico, è compito dello statista. Se questi dovessero attendere finchè le proprie Forze Armate non siano pronte alla guerra, non potrebbe mai realizzare alcunché, perché esse non sono mai sufficientemente adeguate a un conflitto e completamente non le si potrà definire tali, mai. Io so bene che nei mesi passati la maggior parte degli ufficiali ha compiuto il proprio dovere con spirito di fiducia e audace determinazione.

Ma mi attendo che questi presupposti, dato il successo, la cui osservanza, ci ha permesso di conseguire [a Monaco], siano accettati una volta per tutte dalla totalità dei miei graduati: è una cosa questa, che deve essere adeguatamente impressa durante l'addestramento e nella preparazione dei nuovi quadri di comando".

Fu in questo irritato stato d'animo che Hitler, il 24 ottobre, convocò Brauchitsch (comandante in capo dell'esercito) a Berchtesgaden. Il gelido colloquio ebbe inizio alle 12:30 nella 'Sala Grande' della Berghof e proseguì, dopo pranzo, fino alle 16:00 nel padiglione del tè in vetta al Kehlstein, culminando con la richiesta di Hitler di destituire numerosi ufficiali della *Wehrmacht* da lui considerati poco affidabili.

Il tenore della riunione può essere giudicato da quanto scrisse nel suo diario l'assistente di Keitel, Wolf Eberhard: "Il Führer ha espresso con brutalità il proprio disprezzo per le alte gerarchie militari: hanno bisogno di un'immediata riorganizzazione poiché sono deboli e mostrano scarsa fiducia nell'operato dei loro leader politici. La forza del nemico viene esagerata. Questo è un ultimo invito al comandante in capo dell'esercito affinché si assuma le proprie responsabilità e agisca senza riguardi per alcuno. La sua è una *missione storica*!" Privatamente, poi, Eberhard commentò: "Speriamo che questa sia l'ultima volta che il Führer sia costretto a esprimersi in questi termini nei confronti dei suoi soldati".

L'elenco delle epurazioni, stilato da Brauchitsch e Göring il 28 ottobre, due giorni dopo venne sottoposto all'approvazione del Führer. Sulla lista nera comparivano, tra gli altri, il generale Kurt Liebmann, Wilhelm Adam, Hermann Geyer e Wilhelm Ulex, oltre, ovviamente, a Rundstedt e Beck.

Il 1° novembre 1938, Hitler ufficializzò lo sconvolgimento che sarebbe avvenuto nell'esercito e contemporaneamente, palesando una certa mancanza di tatto, annunciò una raffica di promozioni nella *Luftwaffe*.

Verso i primi di novembre, la convenzionale fiducia di Hitler ai suoi seguaci del partito venne messa a dura prova da un incidente, sintomatico dei problemi razziali che da molti decenni sedimentavano nell'Europa centrale. Alla radice, la questione ebraica. In Cecoslovacchia risiedeva una comunità ebraica forte di 259.000 persone e, poiché questa era mal tollerata, il nuovo governo adottò, nei suoi confronti, una politica volta a compiacere il potente vicino tedesco. Il Presidente Emil Hácha, un anziano avvocato succeduto a Benes, diede inizio a una serie di misure che obbligarono persino gli industriali ebrei a cessare le proprie attività. L'afflusso dei rifugiati ebrei provenienti dai territori dei Sudeti aveva inoltre incrementato un nuovo antisemitismo che si diffuse tra gli accademici cechi, i quali chiesero a gran voce l'allontanamento degli 'immigranti'. In Boemia e in Moravia c'erano circa 99.000 ebrei, in Slovacchia 87.000, nella piccola regione carpato-ucraina non meno di 66.000 (il 12% della popolazione). Anche la Slovacchia si dichiarò pronta a emanare i decreti antiebraici che il *Reich* chiedeva.

Iniziò così un'ondata di deportazioni.

Nessuno, tuttavia, era disposto ad accogliere questi ebrei senza patria. Quando, in dicembre, Ribbentrop si recò a Parigi per firmare la dichiarazione comune, che Hitler aveva proposto a François-Poncet, il ministro degli Esteri Bonnet lo implorò di non sommergere la Francia di ebrei tedeschi, perché i francesi ne avevano già abbastanza in proprio. ("In effetti", Ribbentrop informò Hitler, "anch'essi stanno pensando di destinarli al Madagascar".) La Polonia non si dimostrava certo più comprensiva. L'ambasciatore Lipski assicurò a Hitler che, se fosse riuscito a risolvere la questione ebraica, gli avrebbero innalzato una statua come eterno riconoscimento. Fin dall'annessione dell'Austria al *Reich*, il governo polacco, nel timore che il Führer decidesse di rimpatriare le migliaia di ebrei polacchi residenti a Vienna, si era affrettato a varare una legge per privarli della nazionalità. Inoltre, il Patto di Monaco aveva spaventato ulteriormente Varsavia e costretto il governo a promulgare un'altra legge, secondo la quale, successivamente al 31 ottobre, nessun espatriato polacco sarebbe potuto rientrare nel proprio paese se privo di uno speciale visto d'ingresso. Così, gli ultimi giorni di ottobre videro scene frenetiche alle frontiere. Nella notte, mentre le guardie di confine dormivano, sotto la vigilanza della Gestapo, convogli speciali carichi di ebrei venivano silenziosamente inviati in Polonia. Dalla sola Hannover, in questo modo, vennero rimpatriati 484 ebrei polacchi. Tra questi si trovavano le sorelle e i genitori di un giovane di 17 anni, Herschel Grynszpan[81], che viveva a Parigi. Il 3 novembre, come in seguito fu spiegato a Hitler, Grynszpan ricevette una cartolina dalla sorella che lo informava del 'rimpatrio' della famiglia in Polonia. Grynszpan, per vendetta, fece voto di assassinare l'ambasciatore tedesco a Parigi, il conte Welczek. Essendo questi irreperibile, il 7 novembre Grynszpan sparò al consigliere Ernst von Rath.

Sulle prime, il fatto non destò in Hitler un particolare malumore. Il giorno 9 con l'annuale cerimonia che rievocava la marcia verso la *Feldherrhalle*, corone di fiori furono deposte nelle cripte che Hitler aveva eletto a suo personale sepolcro. Quella sera, il Führer, che si trovava nel suo modesto appartamento di Monaco, fu raggiunto dalla notizia che il consigliere Rath, a seguito delle ferite riportate nell'attentato, era deceduto.

Goebbels informò Hitler (così riferì, poi, lo stesso Goebbels) che, a seguito dell'accaduto, in due provincie si erano già verificate sommosse antiebraiche. Ecco quanto si legge nel diario di Goebbels: "Le condizioni di Rath, colpito a Parigi da un ebreo, sono molto gravi". Poi: "Un futuro poco promettente attende adesso gli ebrei".

Giunsero altre voci di disordini a Kassel e Dessau e di sinagoghe date alle fiamme. Alle 17:00 le agenzie di stampa annunciarono la morte di Rath.

Mentre in municipio, Goebbels e Hitler presenziavano alle celebrazioni delle festività naziste, la polizia di Monaco era impegnata a reprimere le agitazioni antiebraiche. Hitler ordinò, riferì Goebbels in seguito, che il partito non prendesse parte a quel genere di dimostrazioni, ma aggiunse che, laddove queste fossero

81 Ndt. Herschel Grynszpan (Hannover, 28 marzo 1921 – ?), ebreo polacco emigrato in Francia, assassinò il diplomatico tedesco Ernst vom Rath. L'omicidio (e il successivo processo) fu utilizzato dalla propaganda nazista per fomentare l'antisemitismo in Germania e divenne il pretesto per il pogrom della Notte dei cristalli. Si presume che Grynszpan sia stato deportato, dopo il 1942, nel campo di concentramento di Sachsenhausen e lì sia morto tra il 1943 e il 1945.

nate spontaneamente, non bisognava impedirle. Su tutto ciò esiste solo la testimonianza di Goebbels, che riferì i fatti nel corso di una successiva inchiesta interna avviata dal partito.

Nel suo diario, in seguito, Goebbels scrisse: "Attività intensa. Informato il Führer. Questi ha deciso di fermare le forze dell'ordine e lasciare libero sfogo ai cittadini per far sì che gli ebrei possano percepire la rabbia popolare". Infine, Goebbels lasciò Hitler, per recarsi nel vecchio palazzo comunale di Monaco a un'assemblea di notabili del partito, dove riferì ai presenti (secondo una versione), che si sarebbero dovute organizzare altre sommosse del genere, sempre facendo in modo di sollevare il partito da ogni responsabilità.

Nel suo diario, Goebbels annotò compiaciuto il suo determinante sostegno a quello che sarebbe stato uno dei momenti più aberranti e vergognosi del regime nazista: "Alcuni funzionari sono titubanti, ma io trasmetto entusiasmo. Non dobbiamo permettere che questo vile assassinio resti impunito. Che le cose seguano il loro corso. Le truppe d'assalto si occupano di Monaco e gli eventi si susseguono rapidamente. Una sinagoga è stata quasi demolita. Inutile il tentativo di salvarla dalle fiamme". E ancora: "Mi dirigo al comando locale con il gerarca nazista Adolf Wagner e firmo una circolare nella quale preciso ciò che si può e ciò che non si deve fare. Wagner è perplesso, si preoccupa per i negozi ebraici della città, ma io non desisto. Intanto le squadre in azione colpiscono senza mezze misure. Ordino a Werner Wächter, direttore dell'ufficio di propaganda, di accertarsi che la sinagoga in *Fasanenstrasse* sia demolita".

Le responsabilità sono evidenti. Un successivo rapporto, redatto dal leader del gruppo delle *SA* Nordmark, riferiva così:

"Verso le 22:00 del 9 novembre un anonimo membro del *Reichsleitung* [direttorio del *Reich*] del partito nazista sostenne, davanti a parecchi gerarchi locali riuniti nell'hotel *Schottenhammel* di Monaco, la necessità di quella operazione. Di conseguenza, io ho offerto i servigi del mio gruppo di *SA* al gerarca [dello Schleswig-Holstein], Hinrich Lohse. Verso le 22:30 questi telefonò a Kiel: 'Un ebreo ha sparato. Un diplomatico tedesco è morto.

Ci sono luoghi di congregazione assolutamente non necessari a Friedrichstadt, Kiel e Lubecca e, inoltre, questa gente sta ancora commerciando attivamente nei negozi in mezzo a noi. Sono superflui gli uni e gli altri. Non devono esserci né saccheggi né maltrattamenti. Gli ebrei stranieri non devono essere molestati. Solo se ci sarà resistenza, usate le armi. L'intera operazione dovrà essere compiuta in abiti borghesi e dovrà concludersi prima delle 5 del mattino'". Intorno alla mezzanotte, Hitler si preparava a lasciare il proprio appartamento per partecipare al cerimoniale del giuramento delle *SS*. Con lui c'era Himmler.

Il suo capo di Stato Maggiore, Karl Wolff, giunse con un indignato messaggio da parte di Heydrich: il quartier generale della Gestapo gli aveva appena comunicato che gli uffici in loco del ministero di Goebbels stavano fomentando dimostrazioni antiebraiche incitando la polizia, responsabile della quale era Himmler, a disinteressarsi dei disordini.

Himmler chiese consiglio a Hitler, il quale rispose che, al contrario, la Gestapo si proponeva di proteggere la vita e le proprietà degli ebrei. Fu evidente a Himmler che tutta la faccenda era una sorpresa anche per il Führer. Dopo la cerimonia, Hitler fece ritorno al proprio domicilio e all'una fu informato che dall'hotel *Vier Jahreszeiten* avevano telefonato per avvisare di ritirare immediatamente i loro bagagli, perché la sinagoga di fianco all'albergo era in fiamme.

Julius Schaub, assistente personale di Hitler, scrisse un vivace resoconto della notte di terrore che seguì. Nel suo diario, Goebbels descrive Schaub come in piena forma: "La sua esperienza nelle squadre d'assalto si fa sentire. Mentre in auto mi incammino verso l'hotel sento il frastuono causato dalle vetrine infrante. Eccellente, bravi! Le sinagoghe ardono".

Ne seguirono telefonate di cittadini che riferivano di ulteriori incendi e saccheggi a danno della comunità ebraica in molti quartieri di Monaco. Hitler, mandato a chiamare il comandante delle *SS* Friedrick Karl Eberstein, capo della polizia cittadina, gli ordinò di ripristinare immediatamente l'ordine.

Poi, telefonò a Goebbels e chiese: "Cosa sta accadendo?" Inoltre mandò Schaub e altri membri del proprio staff a fermare i disordini, dando disposizioni per una sollecita protezione del celebre negozio di antiquariato di proprietà della famiglia Bernheimer.

Alle 2:56, Rudolf Hess, in qualità di rappresentante del Führer, inviò un telex (che sotto forma di decreto del partito n°174 fu ripetuto a tutti i gerarchi locali), con cui si proibiva il proseguo di ogni manifestazione violenta: "Per espresso ordine dei più alti livelli, è proibito appiccare incendi o perpetrare atti vandalici contro le proprietà di cittadini ebrei"[82].

Alle 3:45, da Berlino, la Gestapo confermò il divieto. Goebbels, che adesso aveva chiara la volontà di Hitler, trascorse la notte al telefono nel tentativo di sedare i tumulti da lui stesso innescati.

Tuttavia, il danno era ormai fatto e Ribbentrop lo fece presente al Führer, il quale rispose che era impensabile privarsi di Goebbels, poiché il paese e lui stesso, in un momento così difficile, avevano bisogno di uomini come lui. In ogni caso, la mattina successiva, il 10 novembre, lo convocò per analizzare la situazione creatasi. Göring lamentò che le compagnie assicurative tedesche avrebbero dovuto risarcire i danni causati agli ebrei: il costo in valuta estera sarebbe stato ingente, perché le vetrate infrante avrebbero dovute essere sostituite con altre importate dal Belgio.

Hitler, contrariamente a quanto chiedeva Himmler, si rifiutò di punire Goebbels. Nonostante fossero stati uccisi 91 ebrei in una sola notte, neppure i membri del partito che avevano materialmente preso parte agli atti di violenza furono messi sotto accusa.

Durante il pranzo con Hitler, Goebbels sostenne la tesi che quel *pogrom* aveva insegnato al giudaismo internazionale che gli ebrei colpevoli di assassinio nei confronti di cittadini tede-

---

82 Nda. Alcuni storici sostengono che i nazisti caddero in una trappola sionista. I membri dell'Haganah (un'organizzazione paramilitare ebraica in Palestina, anche nota come il 'nucleo delle moderne Forze di Difesa Israeliane', ossia 'le forze armate dello Stato d'Israele'), con cui Eichmann trattò nel novembre 1937, gli avevano fatto capire che, per accelerare l'emigrazione verso la Palestina, poteva essere utile per loro che la situazione degli ebrei tedeschi degenerasse. Merita di essere sottolineato che Grynszpan, benché fosse un giovane indigente, nel 1938 poteva permettersi un albergo e acquistare un revolver da 250 franchi. Inoltre il suo avvocato difensore, Moro Giafferi, era il migliore che i soldi della 'Lega Internazionale contro l'Antisemitismo' (LICA) potessero procurargli. Non è un caso che la sede parigina della LICA si trovasse nello stesso isolato dell'albergo dove alloggiava Grynszpan.

schi, seppur commessi fuori dalla Germania, non sarebbero rimasti impuniti.

"Quel cadavere costerà caro agli ebrei", annotò Goebbels con soddisfazione. "I nostri cari ebrei riflettano bene in futuro, prima di uccidere un diplomatico tedesco".

Il singolare comportamento di Goebbels, escluso Hitler, fu criticato da tutti gli esponenti nazisti.

"Gli ordini furono diramati dal ministro della Propaganda", annotò Himmler. "Sospetto che questi, spinto dalla sua scellerata sete di potere, proprio in un momento in cui la situazione internazionale si fa difficile e pericolosa, abbia intenzionalmente fomentato gli animi. Quando ne ho parlato con il Führer ho avuto l'impressione che, della vicenda, non conoscesse molti particolari".

Il Führer approvò *post facto* gli eccessi del suo sostenitore e quando Göring gli inviò una lettera di protesta, Hitler, ordinatogli di soprassedere, per dargli un contentino pensò bene di affidargli il coordinamento di ogni futura strategia concernente la questione ebraica. A risarcimento per l'assassinio del diplomatico, venne imposta alla comunità ebraica un'ammenda collettiva pari a un miliardo di marchi.

Il 15 novembre, dopo il ritorno di Hitler a Berlino, così Goebbels scrisse nel suo diario: "Il Führer è in buona salute. Irritato con gli ebrei. Ha pienamente approvato la mia [piccola svista freudiana] e la nostra politica".

Nei giorni che seguirono, Hitler fu spesso visto e fotografato con Goebbels, ai suoi occhi uno degli oscuri eroi del Patto di Monaco. In un interminabile e sorprendente discorso segreto tenuto a Monaco il 10 novembre 1938 a 400 addetti stampa tedeschi, spiegò con cinismo quanto egli rendesse merito alla guerra psicologica. Parlò anche dell'ammirazione che provava per Ribbentrop: "Perfino Bismarck ha dovuto combattere la burocrazia", disse. "Lo stesso governo nazionalista oggi ne è soffocato. Il peggio lo si vede nel ministero degli Esteri. I diplomatici non rappresentano i loro rispettivi paesi, ma una casta internazionale. Questa malattia, nel nostro ministero degli Esteri, non può essere sradicata da un giorno all'altro: serviranno 10 o 15 anni, il tempo necessario a forgiare una generazione di diplomatici cresciuti nel nazionalsocialismo. Ad oggi il primo e unico diplomatico di cui il Terzo *Reich* possa menare vanto è Ribbentrop. Egli è il prototipo ideale a cui io chiedo di guardare. Negli ultimi mesi ha ampiamente dimostrato di possedere energia, tenacia, coraggio e forza".

Intanto, le segrete mire di Hitler gravitavano sempre intorno alla Moravia e alla Boemia. Il 14 novembre, a Norimberga, durante una cena con una dozzina di funzionari locali del partito, la conversazione volse sulla grandiosa sala congressi in allestimento nelle vicinanze. Hitler disse che occorrevano ingenti lastre di granito e, allorché qualcuno fece notare che la Cecoslovacchia era provvista di numerose cave, egli sogghignando commentò: "Bene, una ragione in più!"

Per quanto riguardava l'immediato futuro, Hitler si trovava in disaccordo con l'entourage di Ribbentrop. Weizsächer, nei primi giorni del dicembre 1938, suggerì al ministro degli Esteri di spostare l'attenzione del Führer da sud-est a nord-est: bisognava, in primo luogo, impossessarsi di Memel e Danzica, città affacciate sul mar Baltico, e di un'ampia striscia di terra attraverso il corridoio polacco, fino a congiungersi alla Prussia orientale. In quel momento, sosteneva Weizsächer, il favore internazionale di cui godeva la Polonia era pressoché nullo. Hitler poteva ridimensionarla a suo piacere e nessuno si sarebbe dato la briga di difenderla. Poiché neppure Ribbentrop conosceva le reali intenzioni di Hitler, si limitò a dare a Weizsächer una risposta vaga.

Hitler stava meditando di impossessarsi del grosso della Cecoslovacchia evitando un conflitto: egli stesso lo disse chiaramente nei primi giorni del dicembre 1938, durante un'ispezione alle fortificazioni erette al confine ceco. Dopo aver pranzato nella locanda di un villaggio vicino, si mise a dissertare ad alta voce innanzi a una quarantina tra ufficiali della *Luftwaffe* e dell'esercito sulla sua idea di annettere al *Reich* la Boemia e la Moravia: attraverso un processo politico, sottolineò, non una guerra. Dieci giorni più tardi, il 17 dicembre, Keitel confermava, in linea con le disposizioni date da Hitler alla *Wehrmacht*, l'ordine di prepararsi con discrezione per un'occupazione pacifica della Cecoslovacchia.

In realtà, Hitler non aveva ancora deciso la successiva mossa. Prima di procedere, avrebbe dovuto intavolare una trattativa con le potenze occidentali?

Il 24 ottobre, nell'ormai celebre padiglione da tè, aveva dichiarato a Ribbentrop che una guerra a Ovest, entro i successivi cinque anni, sarebbe stata inevitabile.

Il 16 novembre, parlando con Keitel e Brauchitsch durante una riunione segreta tenutasi nella villa di Göring sull'isola di Schwanenwerder (la cancelleria era invasa dagli operai di Speer), Hitler dette ulteriore credito a quella eventualità. Le sue ambizioni a Ovest sarebbero dipese dai termini di un'alleanza con Mussolini. Assieme, Germania e Italia avrebbero impegnato le democrazie occidentali in diversi teatri di guerra. Quelli dell'Italia sarebbero stati il Mediterraneo e il Nord Africa, così fantasticava Hitler, la Germania, invece, dapprima avrebbe affrontato la Francia. La sconfitta francese avrebbe privato la Gran Bretagna di uno strategico punto d'appoggio sul continente. La neutralità della Svizzera, del Belgio e dell'Olanda, disse, sarebbe stata rispettata. La fortificazione francese non lo impensieriva. "La Linea Maginot è vulnerabile", dichiarò. "Ne abbiamo dato prova con le esercitazioni".

Hitler parlò vagamente di organizzare una riunione di Gabinetto in dicembre, ma poi abbandonò l'idea e dette incarico a Göring di convocare il 'Comitato di difesa del *Reich*'. Göring lo fece il 18 novembre 1938 e tenne un discorso di 3 ore: erano presenti tutti i ministri del *Reich* e anche Brauchitsch, Raeder, Bormann e Heydrich. Göring annunciò che Hitler aveva deciso di triplicare la produzione di armamenti, ma ammonì che, a causa degli eventi dell'estate, l'economia del paese versava in cattive condizioni. "Le grandi opere architettoniche volute dal Führer verranno comunque attuate", aggiunse, "perché di immenso valore morale e psicologico". La cosa, spiegò Göring, che avrebbe permesso al paese di risollevarsi era, ironia della sorte, la multa di un miliardo di marchi imposta alla comunità ebraica.

Le cose per gli ebrei si mettevano male.

Il 5 gennaio, parlando con il colonnello Józef Beck, ministro degli Esteri polacco, Hitler ipocritamente espresse rammarico perché le potenze occidentali non avevano preso in considerazione le pretese coloniali della Germania: "Se lo avessero fatto", disse, "avrei potuto contribuire alla risoluzione del problema ebraico rendendo disponibile in Africa un territorio per l'insediamento degli ebrei tedeschi e polacchi".

Il 21 rivolse al ministro degli Esteri ceco Chvalkovsky queste minacciose parole: "Gli ebrei che vivono qui saranno cancellati". Il ministro si dichiarò concorde con lui e Hitler continuò: "Un aiuto può venire solo da nazioni quali la Gran Bretagna o gli Stati Uniti che, disponendo di territori illimitati, possono offrirne qualcuno in cui confinarli".

Il 30 gennaio 1939, in un importante discorso al Parlamento, Hitler pronunciò un'ulteriore inequivocabile minaccia:

"Durante la mia lotta per il potere, sono stati soprattutto gli ebrei a burlarsi di me quando mi sentivano profetizzare che un giorno sarei diventato capo di stato, assumendo la guida dell'intero popolo, e che tra le molte cose avrei imposto un rimedio al problema che loro incarnavano. Sembra che oggi gli scoppi di ilarità che allora proruppero dalle loro gole, siano ridotti a un debole lamento. Adesso mi lancio in una nuova profezia: se la finanza ebraica internazionale dentro e fuori dell'Europa riuscirà ancora una volta a trascinare i nostri popoli in un conflitto mondiale, il risultato non sarà la bolscevizzazione del pianeta e quindi una loro vittoria, ma la cancellazione totale della razza ebraica presente nel cosiddetto vecchio continente".

Accelerato da queste premonizioni, l'esodo di massa degli ebrei proseguì per tutto il 1939, attenuandosi nel 1940, allorché Heydrich era riuscito a espellerne dal *Reich* i due terzi: 300.000 dalla Germania, 130.000 dall'Austria e 30.000 dalla Boemia e dalla Moravia. Tra questi, 70.000 circa, grazie a una breve connivenza tra l'*SD*[83] di Heydrich e le associazioni ebrai-

---

83 Ndt. Il Sicherheitsdienst (SD, Servizio di Sicurezza) era il servizio segreto delle SS. Venne creato nel 1932 da Reinhard Heydrich. Nel 1938 si trasformò nel servizio segreto di Stato, così come del Partito, appoggiando la Gestapo e lavorando con l'Amministrazione Generale e il ministero degli Interni. L'SD era incaricato dell'individuazione dei reali o potenziali nemici del nazismo e della neutralizzazione di questi oppositori. Al fine di espletare il suo compito,

che sioniste, raggiunsero la Palestina.

Per molte settimane Hitler, poiché si trovava in ristrutturazione, evitò la cancelleria di Berlino. Si occupò degli affari di stato per telefono, in genere dalla Berghof. Fra l'altro, aveva il dovere costituzionale di esaminare le domande di grazia relative alle condanne a morte o di firmare gli ordini di esecuzione. In epoche precedenti il condannato, prima di essere condotto al patibolo, aveva goduto del diritto di vedere la firma del Kaiser apportata sull'ordine di esecuzione. Nell'era di Hitler, le usanze erano meno pittoresche. Schaub telefonava a Lammers: "Il Führer ha respinto la domanda di grazia", e ciò bastava ad apporre sull'ordine di esecuzione un timbro con la sua firma. Ci fu un caso in cui a Hitler venne presentato un documento che diceva che la cancelleria avrebbe "intrapreso i passi necessari" se non avesse ricevuto ordini diversi dal Führer entro le 22:00 della stessa sera. La vita umana aveva sempre meno valore nella Germania di Hitler.

Gravi problemi economici assillavano il paese. Nel maggio 1938 la Germania era afflitta da una preoccupante inflazione. Blomberg affermò in seguito, sotto interrogatorio, che quando, nel gennaio 1939, aveva fatto ritorno dal suo anno di forzato esilio, il livello di vita del paese era notevolmente peggiorato. Alla fine del 1938, erano in circolazione 8,223 milioni di marchi tedeschi, contro i 5,278 milioni del marzo dello stesso anno e i 3,560 del 1933.

Il 7 gennaio 1939, il dottor Hjamar Schacht, presidente della banca del *Reich,* e sette membri del direttivo firmarono un severo monito a Hitler sulla situazione inflazionaria causata dalle recenti 'operazioni all'estero'.

Hitler rimase allibito da quello che considerava quasi un ammutinamento e, in febbraio, durante un discorso riservato ai soli colonnelli passò al contrattacco: "Non è assolutamente ammissibile che qualcuno possa anche soltanto pensare che in Germania ci siano istituzioni che abbiano opinioni diverse da quelle espresse dal Führer".

---

l'SD creò un'organizzazione di agenti e informatori attraverso tutto il Reich, e, successivamente, attraverso i territori occupati.

Hitler già sospettava, a ragione, che Schacht mantenesse contatti clandestini con governi stranieri[84], per cui il 19 gennaio lo convocò alla cancelleria per annunciargli la sua destituzione. Il ministro dell'Economia Walther Funk, un indolente omosessuale, venne nominato suo successore. Quello stesso giorno Hitler liquidò anche il proprio assistente personale, Fritz Wiedemann, sospettato di aver divulgato segreti di stato.

Il loro ultimo colloquio fu breve e tagliente. "Lei ha sempre desiderato essere console generale di San Francisco", Hitler gli rammentò. "Ecco, ha avuto ciò che desidera".

Fu più o meno in quello stesso periodo che Keitel mandò a Franz Halder, capo di Stato Maggiore generale, un'informativa in cui si dava tempo all'esercito fino al 1943 per completare i propri programmi e dove si assicurava che, prima di allora, non ci sarebbe stata alcuna guerra. Su consiglio dell'*OKW*, Hitler decise di bloccare per il 1939 la produzione di armamenti terrestri, in modo da poter accelerare il potenziamento della marina e della *Luftwaffe*. In questo modo, entro il 1944, Francia, Gran Bretagna e Germania si sarebbero militarmente equivalse. Il 17 gennaio 1939, l'ammiraglio Raeder consegnò a Hitler la bozza finale del *Piano Z* per la marina. Dieci giorni più tardi, un ordine di Hitler assegnava al programma delle costruzioni navali priorità assoluta sugli altri comparti della *Wehrmacht*. Nuovamente, il Führer assicurò a Raeder che per molti anni non ci sarebbe stato alcun bisogno di far uso della marina militare.

Ma a cosa potevano servire alla Germania le armi più tecnologicamente avanzate, se i generali si mostravano riluttanti ad avvalersene?

"I valorosi si battono a dispetto di ogni pronostico", disse Hitler il 18 gennaio. "Qualunque sia lo stupefacente potere offensivo con cui armiate un codardo, egli troverà sempre un valido motivo per non farne uso".

---

84 Nda. Montagu Norman, Governatore della banca d'Inghilterra dal 1920 al 1944, disse all'ambasciatore statunitense a Londra che Schacht, per 16 anni, lo aveva tenuto costantemente informato sulla precaria situazione economica in cui versava la Germania. L'ambasciatore americano Joseph Kennedy ne informò a sua volta Washington, il 27 febbraio 1939.

A questo, Beck e il suo Stato Maggiore generale avevano ridotto il corpo ufficiali, pensava Hitler. E all'inizio del 1939, decise di porre rimedio alla cosa avvalendosi della capacità oratoria riconosciutagli.

Hitler riusciva a incantare le masse non solo tenendo discorsi accuratamente preparati anzitempo, ma anche improvvisando. La sua mimica, le pause e l'inflessione della voce, rispondendo a una mirabile teatralità istintiva, gli regalavano il favore di qualsiasi uditorio.

Nessuno che avesse assistito al discorso da lui tenuto agli ufficiali nuovi di nomina, nel febbraio 1942 a Berlino, al culmine delle disperate tribolazioni dell'esercito tedesco sul gelido fronte russo, e che fosse stato testimone dell'affetto che egli ispirava (un Hitler dal volto severo, interrotto a metà oratoria da un uragano di applausi da parte di 10.000 graduati che poi spontaneamente intonarono l'inno nazionale), nessuno, si diceva poc'anzi, avrebbe potuto mettere in dubbio che il leader del popolo tedesco ammaliasse le folle come pochi predecessori e come certamente nessuno dopo di lui riuscì a fare. Per un incredibile caso fortuito, i 3 discorsi segreti da lui tenuti nel gennaio e febbraio 1939, mediante i quali preparò i suoi ufficiali alla guerra, non sono andati perduti. Nessun breve estratto può renderne l'essenza. Furono discorsi di una franchezza brutale. Hitler espose le ragioni di sangue e di razza della *Weltanschauung* nazista, le motivazioni economiche che obbligavano la Germania a espandersi ancora nell'Europa centrale e l'ineluttabilità di una guerra. In quest'ultima egli si aspettava dai suoi ufficiali la capacità di ubbidirgli con fermezza, di saper guidare i loro uomini e, laddove necessario, morire con onore.

Il suo disprezzo per lo spirito che animava la vecchia *Reichswehr*[85] venne da lui apertamente espresso già nel primo di questi 3 discorsi: quello rivolto il 18 gennaio 1939 a 3.600 tenenti ammassati nella Sala dei mosaici della nuova cancelleria proget-

85 Ndt. Reichswehr (che in tedesco significa 'forza di difesa del Reich') è il nome assunto dalle forze armate della Germania dal 1919 al 1935, anno in cui Hitler annunciò la nascita della Wehrmacht.

tata da Speer, alla presenza dei tre comandanti in capo e di Keitel. Hitler chiese a tutti loro di essere ottimisti, perché il pessimismo era il miglior amico della disfatta.

"A cosa vi chiedo di prestar fede?" li sfidò. "Vi chiedo, miei giovani ufficiali, di credere incondizionatamente che un giorno la nostra grande Germania sarà la potenza che dominerà l'Europa e lo sarà al punto che nessuno potrà fermarci, né tantomeno distruggerci!" Dieci minuti dopo si spinse ancora più avanti: "È mia ferma intenzione fare della *Wehrmacht* il più potente esercito del pianeta". E concluse: "Soprattutto, miei ufficiali, voi dovete essere capaci e risoluti anche nelle avversità. I veri soldati non si riconoscono nei successi conseguiti, ma nelle sconfitte".

Il secondo discorso fu per lo più una conferenza tenuta al cospetto di 217 ufficiali. Additò loro come esempio l'impero britannico e le qualità umane che ne aveva permesso la realizzazione.

"Tutti gli imperi del mondo sono stati favoriti da atti di audacia e distrutti dall'indolenza del pacifismo. Se, in tutti i secoli della sua esistenza, l'impero britannico fosse stato governato dalle forze e dalle idee che adesso dice di sostenere, quell'impero non ci sarebbe mai stato."

Hitler sottolineò ai presenti il solito immutabile obiettivo finale: il nuovo *Reich* come un giorno sarebbe stato. Le sue legioni avrebbero avuto un vantaggio su tutte le precedenti generazioni di guerrieri tedeschi.

"Quelli si misero in marcia verso una terra promessa che a malapena conoscevano e che nessuno di loro avrebbe visto, noi abbiamo ben chiaro innanzi il nostro fine".

Il terzo discorso fu sollecitato dal colonnello Schmundt. Hitler parlò alle 18:00 del 10 febbraio 1939 a tutti i colonnelli dell'esercito in posizioni di comando operativo, a porte chiuse, al teatro dell'opera *Kroll* di Berlino. Questa volta persino i suoi più intimi collaboratori rimasero stupefatti per la franchezza con cui egli rivelò le sue intenzioni future. Il Führer manifestò la propria delusione per l'incapacità di alcuni ufficiali di comprendere, nel 1938, le sue iniziative e cercò di dimostrare che Monaco era solo la prima tappa di un percorso programmato.

"Anche se il 1938 è terminato con quello che forse è il più grande trionfo della nostra storia recente, signori, si tratta solo di un breve passo del lungo cammino che ci si prospetta innanzi".

Alcuni dei suoi argomenti erano familiari, come la necessità di evitare che le future generazioni tedesche patissero una carenza alimentare, il fatto che nessun leader a lui successivo avrebbe posseduto un'autorità paragonabile alla sua e che, benché numericamente superiori, gli avversari della Germania non fossero entità etniche. Adesso il loro compito, disse, era quello di porre rimedio a tre secoli di decadenza. Dopo la pace di Westfalia, sostenne ancora, la Germania era precipitata verso l'impotenza politica. Adesso, nel 1939, egli aveva portato il paese sulla soglia di una nuova era:

"Credetemi, signori, i miei successi recenti sono dovuti all'aver afferrato al volo le opportunità che si presentavano... Mi sono assunto l'onere di risolvere il problema della Germania... ovvero il problema dello spazio vitale di cui il paese abbisogna. Prendete nota di quanto dico: fintanto che avrò vita, questo ideale guiderà ogni mia azione. E fate attenzione: nel momento in cui mi avvedrò di poter sferrare un colpo letale, lo farò immediatamente senza esitazioni. Sono assolutamente convinto che tale questione debba essere risolta *so oder so* e non lascerò la patata bollente a chi mi succederà".

Confidò a quei colonnelli della *Wehrmacht* il suo desiderio che gli ufficiali andassero in battaglia armati non solo della spada, ma di questa visione del mondo, così come un tempo brandivano al contempo lama e Bibbia:

"Perciò non stupitevi se negli anni a venire sfrutterò ogni occasione per favorire i nostri scopi. Vi domando, anzi, una cieca e totale dedizione. Soprattutto, abbiate fiducia che esaminerò sempre in anticipo ogni cosa da tutte le possibili angolazioni, ma una volta che avrò reso pubblica la mia decisione sulla linea d'azione da intraprendere, si tratterà di una risoluzione irrevocabile che porterò fino in fondo, a qualunque costo".

Così nel febbraio 1939, Adolf Hitler parlò alla *Wehrmacht*.

Parte II
Verso la terra promessa

Nella cancelleria di Hitler

Quando, l'8 gennaio 1939, Hitler tornò a Berlino, la nuova cancelleria del *Reich* era stata ultimata. La lunga facciata di stucco giallo e pietra grigia dominava un tratto di quattrocento metri sulla *Voss Strasse*. Le sentinelle, immobili nelle uniformi dello stesso colore di quella pietra e rese minute dalla prospettiva delle imponenti colonne squadrate, parevano perfettamente mimetizzate con l'edificio retrostante, al punto che solo nell'esecuzione del *presentat arm* agli ufficiali se ne percepiva la discreta presenza. I 400 locali del palazzo ospitavano gli uffici amministrativi della cancelleria e la sede nazionale del partito. A sinistra erano ubicati gli uffici di Hans Lammers, a destra quelli di Otto Meissner. All'ultimo piano si trovava la 'cancelleria del Führer del partito nazista' retta da Philipp Bouhler[86]. Una segnaletica gialla presente un po' ovunque indicava la direzione per i rifugi antiaerei. Oggi, fatta eccezione per qualche oggetto o qualche lastra di marmo rosato che abbelliscono le abitazioni di ex ufficiali o

86 Ndt. Philipp Bouhler (Monaco di Baviera, 11 settembre 1899 – Dachau, 19 maggio 1945), in qualità di 'capo della Cancelleria del Führer', fu uno dei principali esecutori del programma di eutanasia nazista, la cosiddetta Aktion T4 che condusse alla morte di circa 70.000 disabili.

stretti collaboratori di Hitler ancora in vita, di quell'edificio non rimane alcuna traccia.

Le sale di rappresentanza si trovavano al piano terra. I visitatori, portati in limousine nell'area di accoglienza, venivano introdotti attraverso un susseguirsi di saloni di crescente magnificenza sino allo studio del Führer, un'ampia stanza ornata da pesanti candelabri e un immenso tappeto color pastello. Tre sculture abbellivano i pannelli frontali della scrivania di Hitler: una delle 3, completa di serpenti che si annidavano nella capigliatura, riproduceva la testa di Medusa.

Hitler si faceva vedere di rado nella nuova cancelleria: continuò a vivere e lavorare nella vecchia palazzina situata ad angolo retto con la nuova struttura costruita da Speer. Lì, al primo piano, il Führer aveva mantenuto la sua residenza. Un salone d'ingresso, la 'stanza del giardino' e altri 4 vani si affacciavano su un vecchio cortile, ove regnava un silenzio quasi monastico. In quell'edificio si trovavano la statua equestre di Federico *il Grande* donatagli da François-Poncet, il ritratto di Bismark, dipinto dal pittore tedesco Franz von Lenbach, e il vero studio di Hitler, dalle pareti ricoperte di un pesante velluto vermiglio. Una serie di robuste sedie di Troost avevano sostituito i fragili mobili Luigi XIV dopo l'increscioso incidente occorso 4 anni prima a un corpulento maharaja indiano.

Il 12 gennaio 1939, nella nuova cancelleria accadde un episodio piuttosto significativo. Si stava svolgendo il ricevimento diplomatico che, assieme ai festeggiamenti per il compleanno di Göring, inaugurava l'anno burocratico berlinese. Hitler, che indossava la divisa bruna del partito, aspettava nella sua stanza, dalla quale poteva sentire l'arrivo dei diplomatici annunciato dal saluto del picchetto d'onore e dagli usuali rituali di protocollo.

Cominciando a trovare piacevoli quelle cerimonie, nel luglio del 1938, aveva dato disposizioni affinché il ministro egiziano fosse ricevuto dalla guardia d'onore al completo, mentre quello sovietico da nessuna, perché così si addiceva a un essere inferiore quale lo riteneva.

A mezzogiorno Hitler attraversò la grande sala del ricevimento dove i diplomatici si erano raggruppati formando un ossequioso semicerchio e andò a fermarsi tra i due lampadari di cristallo, in modo da poter leggere il proprio discorso senza ricorrere agli occhiali. Strinse rapidamente la mano ad ogni rappresentante politico, ma quando raggiunse il funzionario sovietico Alexei Merekalov si fermò e cominciò a chiacchierare. Nell'ambiente diplomatico, fatto di piccole gelosie, la durata di una conversazione conta più dell'argomento su cui essa verte. Intrattenendosi a lungo con l'inviato sovietico, Hitler intendeva far capire a Mosca che il passato poteva essere dimenticato. (Il 22 agosto, alla vigilia dello storico trattato con Stalin, Hitler si sarebbe infatti vantato di aver lavorato a quell'accordo proprio nel corso del ricevimento in questione).

Per un ventennio le relazioni russo-tedesche erano state marcate da reciproca diffidenza. La prudente cooperazione varata nel 1922 a Rapallo era sopravvissuta fino al 1933: la Germania aveva fornito attrezzature e tecnologia che l'Unione Sovietica aveva ricambiato con materie prime e con uno spazio per l'addestramento clandestino della *Reichswehr*. Questa aveva fornito ai russi manuali di addestramento militare, prototipi di armi e corsi avanzati per gli allievi ufficiali. L'avvento del nazismo, nel 1933, aveva però momentaneamente ostacolato quei rapporti: dopotutto Adolf Hitler era l'autore del *Mein Kampf*, il cui capitolo 14° manifestava apertamente il patologico odio dell'autore nei confronti dell'Unione Sovietica e le sue mire sui territori russi. Tuttavia, Hitler provava per Stalin una segreta ammirazione, in particolare per il modo in cui il bolscevismo aveva soggiogato i "subumani slavi", come Hitler li chiamava, al "dispotismo di una plebaglia giudaica", imponendo esattamente il tipo di leadership elitaria che egli stava tentando di instaurare in Germania.

Ambedue le parti continuavano a prepararsi a una guerra. Nel marzo 1936, Hitler aveva parlato al Parlamento delle illimitate e fertili pianure dell'Ucraina, dove un giorno i tedeschi avrebbero "nuotato nell'abbondanza". Nei suoi discorsi riservati del 1938, aveva spesso fatto riferimento alla potenza militare sovietica come a una quantità trascurabile, ma, resosi conto della reticenza polacca a divenire sua vassalla, aveva cominciato a pensare che l'aiuto di Stalin avrebbe potuto essergli utile.

Fin dal summit di Monaco, Hitler seppure con cautela aveva espresso le sue pretese sulla Polonia, chiedendo la restituzione di Danzica e un accesso via terra alla Prussia orientale. La Polonia si era mostrata insensibile al problema e il Führer sapeva che, prima o poi, la cosa andava risolta. La Prussia orientale era di vitale importanza per la sua *Ostpolitik* e per la futura crociata che avrebbe condotto i tedeschi a Est. Königsberg, la capitale, era indiscutibilmente una città tedesca: nella sua cattedrale del quattordicesimo secolo riposavano le spoglie del filosofo Immanuel Kant e di molti principi Hohenzollern. Ma la provincia continuava a impoverirsi e a subire un costante declino demografico: una conseguenza, disse Hitler il 12 maggio 1942, degli errori del precedente governo prussiano che l'aveva considerata una sorta di colonia punitiva per insegnanti, impiegati statali e ufficiali che nelle loro città non erano riusciti a fare carriera. È significativo che Hitler affrontasse quelle problematiche, il 1° febbraio 1939, pronunciandosi con un decreto sul "rafforzamento delle terre di confine a Est", che prevedeva il ricorso a incentivi economici per arrestare la fuga di manodopera e di capitali dalla Prussia orientale.

Nel frattempo aveva giurato di riprendere Danzica, considerata dai tedeschi la 'Norimberga del Nord'. Per operare su se stesso una sorta di impegno morale, aveva persino fatto incidere l'emblema di quella città – una nave argentata su onde azzurrine – sui suoi gemelli da polso.

Nel settembre 1938, aveva nutrito la speranza di raggiungere un accordo con la Polonia per la restituzione di Danzica, offrendo in contropartita la regione carpatoucraina da loro gradita ed evitando così un sanguinoso conflitto. Ribbentrop aveva paventato la cosa all'ambasciatore polacco Josef Lipski, il 24 ottobre, ma aveva ottenuto solo un'evasiva risposta. Hitler, imperterrito, aveva allora invitato a colloquio il ministro degli Esteri polacco, Jozef Beck. Nel loro incontro riservato, avvenuto alla Berghof il 5 gennaio 1939, Beck aveva fatto orecchie da mercante.

Questa fu la ragione per cui, 2 giorni dopo, Hitler partì per

Berlino deciso a operare un riavvicinamento a Stalin. La sua protratta conversazione con Merekalov fu il primo passo; il successivo fu la rinuncia ad attaccare l'Unione Sovietica, espressa nel discorso celebrativo del 30 gennaio.

A Berlino, Hitler manteneva degli orari abbastanza regolari, ricevendo ministri durante la mattinata e recandosi a pranzo a pomeriggio inoltrato, intorno alle 15:00 o alle 16:00. Scherzava asserendo che la propria sala da pranzo avrebbe dovuto essere ribattezzata "l'allegro cancelleriato".

Le donne vi erano escluse. Quelle aggregazioni attorno al tavolo da pranzo erano la cosa più simile a una riunione di governo che egli avesse tenuto successivamente al 1938. In verità in un'occasione, nel febbraio del 1939, aveva acconsentito alla richiesta di Lammers di indirne una, ma, poiché Göring si trovava in Italia convalescente a seguito di una cura dimagrante, il progetto era stato abbandonato. Il diario di Todt mostra che quest'ultimo fu invitato alla tavola di Hitler in ben 9 occasioni, compresa una volta, il 27 gennaio 1939, in cui mostrò al Führer il progetto dell'immenso ponte sospeso di Amburgo.

Dopo pranzo, Hitler scorreva i quotidiani che un suo collaboratore acquistava ogni giorno al vicino hotel *Kaiserhof*. Anni prima, era solito recarvisi personalmente per l'ora del tè: quando faceva il suo ingresso nella hall un'orchestrina attaccava *Donkey Serenade*, un motivo tratto dalla colonna sonora di un film di Hollywood di cui, notoriamente ammiratore di Shirley Temple e Jeannette Mac Donald, Hitler andava pazzo.

Il Führer assisteva a qualunque genere di film, ma laddove la pellicola non incontrasse il suo favore fin dalle prime scene, accompagnava la proiezione con un'interminabile sequela di invettive: "Che porcheria! Questo lungometraggio meriterebbe di essere distrutto!" Oppure: "Come ha potuto Goebbels permettere un film di questo genere? Chi lo ha diretto?"

Gli aiutanti del Führer compilavano una lista dei suoi più espressivi commenti e la passavano al ministero della Propaganda. I suoi giudizi avevano il peso di una legge e guai al film che, colpito dal biasimo di Hitler, veniva bollato così: "Interrotto a metà proiezione".

Prairie Hyenas, Tip-off girls, King of Arizona, Bluebeard's eighth wife, The great Gambini, Shangai: tutte queste pellicole furono, successivamente a una prima visione, interdette alla cancelleria. Quando poi venne proiettato *Marie Antoinette*, poco dopo l'inizio, Hitler si alzò e uscì dalla sala.

Hitler, al momento, era ancora incerto sul da farsi. "Forse", scrisse Goebbels il 1° febbraio 1939, "sta arrivando il momento della resa dei conti con i cechi". Il giorno successivo, a pranzo, Goebbels stesso prestò attenzione ad alcune riflessioni fatte da Hitler ad alta voce: "Come un vero Napoleone, sta escogitando nuove strategie".

Il 13 febbraio 1939, Hitler si diresse, a bordo del suo speciale convoglio ferroviario, ad Amburgo, per presenziare al varo della più imponente nave da guerra tedesca, una corazzata da 35.000 tonnellate. Per prima cosa, il Führer si recò a rendere omaggio alla tomba di Bismarck, alla memoria del quale aveva dedicato quell'imponente imbarcazione militare. Il mattino seguente (per l'occasione, ad Amburgo era stata indetta una giornata festiva), mentre le bande allietavano i circa 50.000 spettatori presenti, il Führer, a bordo di un traghetto, attraversò l'Elba dirigendosi dal molo di San Paolo ai cantieri della *Blohm & Voss*. Le bande tacquero e Hitler tenne un discorso lodando ripetutamente l'operato del suo predecessore e fondatore del Secondo *Reich*.

Il Führer aveva personalmente deciso il posizionamento di ogni macchina da ripresa cinematografica e proibito la presenza dei corrispondenti della stampa estera. Parlava da una decina di minuti quando sul leggìo si accese un led lampeggiante rosso che lo avvertiva dell'imminente varo: alcuni istanti dopo la *Bismarck*, accompagnata dalle note dell'inno nazionale tedesco, scivolava dolcemente in acqua. Terribilmente rivelatore risulta un appunto privato del barone Weizsäcker su alcuni commenti confidenziali fatti dal Führer quello stesso giorno, 13 febbraio, dopo la visita al sepolcro di Bismarck, a Friedrichsruh:

"Per quanti di noi siano coscienti che i resti della Cecoslovacchia si vedranno infliggere una stoccata mortale entro le prossime quattro settimane, è stato interessante udire il Führer dichiarare che un tempo preferiva cogliere di sorpresa l'avversario, ma che adesso quel proposito è inattuabile. Il Führer ha schematizzato così la crisi dello scorso anno: 'Devo il mio trionfo a un atteggiamento fermo, che ha impresso nei miei avversari il timore di essere trascinati in una guerra a cui io sembravo inevitabilmente rivolto'".

La sequenza per l'invasione della Cecoslovacchia si era adesso sviluppata e, insieme ad essa, anche la motivazione che l'avrebbe resa digeribile alle potenze occidentali. Lo stesso Weizsäcker, in un promemoria privo di data, ne individuava il possibile svolgimento: "Una diatriba indotta con sagacia separa la Slovacchia dal governo di Praga; la Germania invita l'Ungheria a intervenire per 'ristabilire l'ordine' nella zona carpato-ucraina; il governo slovacco chiede a Hitler di garantire le sue frontiere; i tedeschi della Boemia chiedono protezione; viene dato un ultimatum a Praga per la firma di un trattato con il *Reich*, in mancanza del quale la *Wehrmacht* si riserva il diritto di invadere il paese".

A quel punto, la macchina propagandistica di Goebbels getta discredito sui cechi sottolineando la moderazione dell'azione tedesca ed elencando casi analoghi avvenuti in passato.

Sin dal periodo immediatamente successivo al 'Patto di Monaco', gli agenti di Hitler si erano insediati nelle strutture slovacche. Anonimi agenti delle *SS* di Himmler, del ministero di Goebbels, dell'ufficio del piano quadriennale di Göring, insieme all'organizzazione estera del partito nazista (*AO*) si erano sparpagliati in tutto il paese.

Il 21 gennaio 1939, quando Hitler ebbe un duro colloquio con il ministro degli Esteri cecoslovacco Chvalkovsky, era ormai evidente che la sua decisione fosse già stata presa. Hitler pretese l'assoluta neutralità delle Forze Armate ceche e Chvalkovsky promise che avrebbe provveduto.

Voytech Tuka, un agitatore slovacco che aveva trascorso una lunga detenzione nelle carceri ceche e che dopo la destituzione di Benes era stato amnistiato, telegrafò a Hitler uno strumentale appello affinché proteggesse gli slovacchi e li accettasse quali alleati economici e culturali della "illustre nazione tedesca".

Verso il 10 febbraio, gli uomini di Karmasin a Bratislava vennero confidenzialmente informati che Hitler avrebbe rovesciato il regime di Praga entro un mese.

Il 12, Tuka si recò in visita da Hitler e mise formalmente il destino della Slovacchia nelle sue mani. "Il mio popolo", disse, "aspetta che lei lo renda libero".

Hitler si lanciò in una serie di efficaci allusioni, facendo capire che la Slovacchia avrebbe dovuto proclamare la propria indipendenza: era questo il primo atto del copione supposto da Weizsäcker. Wilhelm Keppler, generale delle *SS* nonché consigliere economico di Hitler, inviò a Bratislava il suo diretto collaboratore Edmund Veesenmayer diplomatico e successivo coordinatore delle deportazioni ebraiche in Jugoslavia, Ungheria e Slovacchia per dire agli slovacchi di affrettarsi, "altrimenti l'Ungheria, dopo il 15 marzo, avrà il nostro consenso a occuparne il paese in qualsiasi momento".

E quando, il 28 febbraio, Durcansky e il suo ministro dell'Economia si recarono in visita da Göring, il feldmaresciallo li accolse così: "E allora? Quando proclamerete l'indipendenza in modo da non obbligarci a lasciarvi in mani ungheresi?"

Gli avvenimenti del 10 marzo 1939 non trovarono impreparato Hitler. Alle 5:20 Walther Hewel[87] ricevette da Vienna una telefonata che lo informava che le truppe ceche erano entrate a Bratislava.

Monsignor Tiso, Primo ministro slovacco, aveva riparato in un convento di gesuiti. Goebbels pensò che quella fosse l'occasione che il Führer aveva tanto atteso. Hitler lo convocò per mezzogiorno, assieme ad altri ministri. Gli appunti di Hewel elencano le conversazioni svoltesi per tutta la mattinata tra Ribbentrop,

87 Ndt. Walther Hewel (2 gennaio 1904 – 2 maggio 1945) fu uno dei pochi amici con cui Hitler condivise la cella in seguito al fallito colpo di stato della birreria di Monaco. Negli anni '30, fu arruolato nel servizio diplomatico tedesco e inviato in Spagna. Nel 1938, lo stesso Hitler lo richiamò in patria, dove fu assegnato al ministero degli Esteri.

Heydrich, Schmundt e Keppler: "Alle 11:50. 'Telefona Keppler: Tuka arrestato. Linee telefoniche interrotte. Legge marziale. Le truppe sono in città. Forse arrestato anche Karmasin'.

Alle 11:55. 'Vado dal Führer, informare Schaub'.

Alle 12:00. 'Telefonato al capo [Ribbentrop]: deve venire immediatamente dal Führer'.

Alle 13:00. 'Convocato anche Keitel'".

A quel punto Hitler rivelò di avere deciso di invadere il resto della Cecoslovacchia il giorno 15 e occupare Praga: "Le nostre frontiere devono estendersi ai Carpazi", annotò Goebbels, che aggiunse: "Le idi di marzo"[88].

"Tutti ne siamo felici, persino Ribbentrop. Il Führer è ciarliero e di buon uomore. Nel tardo pomeriggio, apprendiamo da un rapporto che Tiso[89], prima di essere stato tratto in arresto, ha mandato una richiesta di aiuto al nostro governo. Ne avremo presto il testo integrale. Hitler sottolinea, a ragione, che la Storia non è materia per avvocati: essa abbisogna di cuore, cervello e audacia, cose di cui quella categoria è palesemente sprovvista. La sera, su mio suggerimento, per allentare la tensione il Führer si reca in visita al Teatro del Popolo".

Per non allarmare la stampa estera, quel mattino, ai giornalisti tedeschi fu 'suggerito' di dedicare poco spazio alla crisi ceca. Durante la successiva notte, il reggimento *SS* della guardia del corpo di Hitler venne allertato ed equipaggiato con uniformi grigio-verdi.

In un discorso tenuto ai neodiplomati delle accademie militari la sera del giorno 11, Hitler spiegò: "La struttura di uno stato richiede che la *Herrenvolk* – termine nazista con cui intende la razza suprema si occupi dell'organizzazione e che una moltitudi-

---

88 Ndt. Nel calendario romano le idi erano un giorno di buon auspicio e cadevano nel 15° giorno dei mesi di marzo, maggio, luglio e ottobre e nel 13° degli altri mesi.

89 Ndt. Monsignor Jozef Tiso (Vel'ká Bytca, 13 ottobre 1887 – Bratislava, 18 aprile 1947) divenne deputato della Repubblica cecoslovacca, poi membro del governo di questo Paese e, infine, dopo l'invasione nazista e l'annessione della Boemia e Moravia al Terzo Reich, Presidente del consiglio della Repubblica indipendente slovacca. Egli fece della Slovacchia uno stretto alleato degli Stati dell'Asse. Dopo la seconda guerra mondiale, fu condannato e impiccato con l'accusa di alto tradimento.

ne di individui incapaci di assumersi responsabilità di comando, ubbidisca a chi governa. La Storia", aggiunse, " mostra più di un caso in cui un'élite poco numerosa di dominatori abbia guidato un'enorme massa di schiavi".

Per alcuni giorni in Cecoslovacchia regnò la confusione. "Il tentativo di accelerare le cose tramite l'impiego delle *SS* ha apportato solo parziali progressi", scrisse Goebbels, "e pare che la Slovacchia non stia al passo".

Il giorno 12, Goebbels discusse la situazione con Hitler. Concordarono di lasciare le prime pagine dei giornali estranee alla faccenda almeno fino al mercoledì successivo, giorno stabilito per l'invasione. "Se ci arrivasse una formale richiesta di aiuto o di un intervento militare", sospirò Goebbels, "ciò faciliterebbe ogni cosa".

Il Presidente cecoslovacco, Emil Hácha, incaricò Karol Sidor di sostituire Tiso in Slovacchia. Immediatamente, Hitler mandò Keppler in missione a Bratislava: questi trasse in salvo Tiso e il 13 marzo lo condusse a Berlino. Senza perdere tempo, Hitler gli ordinò, seduta stante, di proclamare l'indipendenza della Slovacchia.

"Ho incontrato il Führer in serata [scrisse Goebbels]. Ha ricevuto Tiso. Gli ha detto che per la Slovacchia un momento storico è alle porte. Ma, se non agiranno in fretta, gli slovacchi saranno fagocitati dall'Ungheria. Ha suggerito a Tiso di riflettere bene e poi tornare a Bratislava. Niente rivoluzioni, il tutto deve avvenire in modo costituzionale. Non ci aspettiamo molto da Tiso, ma per il momento ciò è irrilevante. Il Führer persegue i suoi piani. Entro cinque giorni, l'operazione sarà ultimata. Secondo le nostre previsioni, già nel primo giorno, se non nelle prime due ore, entreremo a Praga. Credo che ogni cosa si svolgerà senza eccessivo spargimento di sangue. Poi, il Führer si concederà una pausa. Così sia. Stento a crederci, tutto è così bello da sembrare inverosimile".

Hitler ordinò alla *Wehrmacht* di tenersi pronta all'invasione della Cecoslovacchia per le 6:00 del giorno 15.

L'*OKW* redasse un ultimatum da presentare ai cechi. A mezzogiorno del 14 marzo, Keitel riferì a Hitler che la *Wehr-*

macht si trovava alla frontiera ceca.

Hitler discusse con Goebbels una nuova costituzione per il territorio di Boemia e Moravia e della cancellazione definitiva del termine 'Cecoslovacchia'. Goebbels, a sua volta, diramò istruzioni ai suoi aiutanti, affinché fossero giustificate le pretese tedesche su quei territori: "Si dovrà parlare della Boemia e della Moravia come di regioni originariamente tedesche".

Per mettere a tacere qualsiasi possibile rimostranza di altri paesi, Hitler informò Praga che sarebbe stato 'estremamente vantaggioso' per la Cecoslovacchia se Hácha, a dispetto dell'età e delle cattive condizioni di salute, si fosse recato a Berlino.

Alle 14:15, la delegazione tedesca a Praga confermò che Hácha sarebbe arrivato a Berlino la sera stessa ma in treno, perché problemi cardiaci gli precludevano un viaggio in aereo.

Hitler, in ogni modo, confermò l'invasione per le 6:00 del mattino seguente e chiese a Keitel di presentarsi alla cancelleria per le 21:00. Il colonnello Edward Wagner, in una lettera privata scritta quella sera, diede voce alla soddisfazione di tutto lo Stato Maggiore generale: "Giacché le potenze straniere hanno espresso scarso interesse alla faccenda, non credo che accadrà alcunché di irrimediabile. È la fine della Cecoslovacchia, ma bisogna dire che se la sono cercata!"

Hitler diede disposizioni di accogliere il Presidente ceco con tutti gli onori militari. Hácha era accompagnato dalla figlia che fungeva da infermiera e Hitler mandò un assistente a riempire di rose gialle la stanza che lei occupava all'hotel *Adlon*, aggiungendovi un biglietto scritto di proprio pugno. Complice l'oscurità, le prime unità tedesche, non intercettate, varcarono il confine ceco. Le guardie del corpo appartenenti alle *SS* avevano il compito di infiltrarsi in Moravia nella zona di Ostrau prima che gli avidi polacchi potessero mettere le mani sulle moderne acciaierie di Witkowitz.

Quella stessa sera 14 marzo 1939 dopo cena, Hitler si ritirò nella sala da musica per vedere un film da poco uscito, *Ein hoffnungloser Fall* (Un caso senza speranza). Di lì a poco, Ribbentrop lo informò dell'arrivo del treno su cui viaggiava Hácha. Hitler disse che non c'era fretta perché l'anziano Presidente avrebbe avuto bisogno di un riposo di almeno un paio di ore, per riprendersi dal viaggio. Così quando finalmente Meissner fece introdurre il Presidente ceco erano passate le 23:00. Hitler chiese a tutti di uscire, tranne a Ribbentrop e Hewel, che in seguito fece un resoconto scritto del colloquio.

Con voce resa tremante dall'emozione Hácha intraprese un lungo discorso inerente la propria carriera di avvocatura nella pubblica amministrazione viennese: disse che conosceva e condivideva gli ideali del Führer ed era certo che la Cecoslovacchia, grazie alla protezione della Germania, potesse dormire sonni tranquilli. Man mano che il monologo continuava, Hitler avvertiva un certo disagio.

"Più Hácha insisteva su quanto fossero laboriosi e responsabili i cechi", avrebbe poi raccontato il Führer nel maggio 1942, "più io, sapendo che l'ordine di invasione era stato dato, avevo l'impressione di stare seduto su tizzoni ardenti".

Alla fine Hitler disse ad Hácha che alle 6:00 la *Wehrmacht* sarebbe entrata in Boemia e Moravia, ma che l'autonomia della nazione non era in discussione. Se Hácha avesse firmato lì, nel punto indicato, la cosa si sarebbe risolta pacificamente. "Mi vergogno quasi di ammettere che per ogni battaglione ceco noi disponiamo di una intera divisione", aggiunse.

Per due volte Keitel entrò e lo interruppe e altrettante volte Hitler annuì brevemente. La sceneggiata valse lo scopo prefissato: Hácha e il suo ministro degli Esteri si ritirarono in un'altra stanza per un consulto telefonico con Praga. La linea era disturbata e Hácha, per farsi comprendere, era costretto a gridare. Verso le 3:00 fu colpito da un attacco cardiaco e ci fu bisogno di un'iniezione di Morell, il medico personale di Hitler, perché si riprendesse. Il tempo passava e Hitler ricordò a Hácha la situazione militare: la *Wehrmacht* si stava già muovendo. Göring, che quella sera era tornato in fretta e furia da una vacanza a San Remo, interloquì asserendo che all'alba la *Luftwaffe* avrebbe sorvolato Praga. Al che, Hácha gettò la spugna.

L'accordo più importante fu firmato verso le 4:00. In un secondo documento, il Presidente ceco accettò di consegnare ai tedeschi tutti gli armamenti terrestri e l'aeronautica militare.

Ma c'erano ancora alcuni intoppi. Hitler chiese che Chvalkovsky controfirmasse l'accordo, ma Hácha a questo oppose un ostinato rifiuto.

In seguito, il Führer ricordò d'aver pensato: "Stai accorto, quello è un avvocato. Magari in Cecoslovacchia vige una legislazione che rende nullo un documento come questo, se non avvallato anche dal ministro interessato!"

Non appena gli ospiti lasciarono lo studio, da un'altra porta fu fatto entrare monsignor Tiso, Primo ministro slovacco, prontamente aggiornato sui termini del colloquio. Dopo ciò, Hitler probabilmente fece convocare Wilhelm Keppler, che infatti poche ore più tardi scrisse a Himmler: "La notte scorsa, dopo che è stato raggiunto l'accordo, mi trovavo con il Führer ed egli ha reso omaggio agli uomini che, impiegati in pericolose missioni, rischiano la propria vita al fronte. Allora Ribbentrop ci ha rivelato che tutto quel lavoro era stato svolto in modo eccellente dalle sole *SS*...".

Poi, per qualche minuto, Hitler restò solo. Si voltò, aprì la porta invisibile collocata a tergo della sua scrivania ed si introdusse nel piccolo ufficio dove le sue segretarie, Christa Schroeder e Gerda Daranowsky, erano state tutta la notte in attesa che la riunione terminasse. Hitler con gli occhi che gli brillavano irruppe in una risata. "Ragazze! Una da questa parte e una dall'altra", disse, toccandosi le guance. "Suvvia, un bacio ciascuna!" Le frastornate collaboratrici ubbidirono. "Questo è il più bel giorno della mia vita", spiegò Hitler. "Ho appena realizzato quello che altri per secoli si sono sforzati invano di ottenere. La Boemia e la Moravia appartengono nuovamente al *Reich*. Passerò ai posteri come il più grande tedesco che la Storia ricordi".

Mentre le truppe tedesche entravano in Cecoslovacchia, alle 8:02 Hitler partiva con il suo convoglio speciale dalla stazione di Anhalt. Hácha e la delegazione al seguito stavano ancora dormendo. Il tenente colonnello Kurt Zeitzler, dello staff di Keitel, teneva informato Hitler sull'avanzata dell'esercito che, alle 9:00, si trovava già a Praga. Non ci furono sanguinosi scontri. Alcuni patrioti cechi, sbarrato l'accesso a un ponte, intonarono l'inno nazionale: il comandante tedesco, mostrando grande sensibilità e intelligenza, fece fermare la sua compagnia finché l'inno non fu concluso, poi chiese ai dimostranti di consegnare le

armi. Alle 14:03, il treno di Hitler raggiunse, al confine boemo, la piccola stazione di Leipa, dove lo attendeva il generale Erich Hoepner, comandante delle truppe corazzate, insieme al colonnello Erwin Rommel che avrebbe poi diretto il quartier generale del Führer. Con grande disappunto di Himmler e del servizio di sicurezza, Hitler decise di proseguire verso Praga in automobile. Alle 16:00 la barriera di confine veniva sollevata e il Führer, entrato in Cecoslovacchia, sotto una bufera di neve si dirigeva verso la capitale.

Per tutto il percorso, Hitler rimase in piedi nell'auto scoperta, salutando i reggimenti laddove li incontrava. Al tramonto, arrivò a Praga. Sulle prime nessuno aveva informazioni sull'ubicazione del castello di Hradcany, residenza ufficiale di Hácha. Quando finalmente vi arrivarono, l'autista di Hitler imboccò per errore l'accesso di servizio. Poi, un domestico di palazzo, avvistosi dell'inconveniente accolse gli ospiti e li accompagnò nell'ala dell'edificio dove avrebbero potuto trascorrere la notte. Hitler, prima di coricarsi, dettò una legge che sanciva un 'protettorato' tedesco sulla Boemia e sulla Moravia.

I cittadini di Praga ebbero notizia della presenza di Hitler solo il mattino seguente, quando videro la svastica sventolare sui tetti del castello, ricoperti di neve .

La prima reazione inglese fu di assoluto disinteresse: la cosa non li riguardava. Ma l'opinione pubblica britannica si rifiutò di accettare pacatamente quell'annessione tedesca della Boemia e della Moravia e Chamberlain fu costretto a tenere a Birmingham un discorso molto energico, nel quale domandava: "È questo accadimento un ulteriore passo per dominare il mondo con la forza?"

Una settimana dopo, tuttavia, lo stesso Chamberlain assicurò a Hitler, per vie traverse, che accettava e comprendeva la sua mossa, anche se non poteva dichiararlo pubblicamente, perché temeva ulteriori attacchi di Churchill alla propria leadership.

I vantaggi della nuova conquista fecero passare in secondo piano le critiche dell'Occidente: il controllo di Praga, oltre a garantire a Hitler le riserve d'oro necessarie per sanare l'enorme deficit finanziario della Germania, assicurò alla Germania il controllo di aeroporti con cui minacciare Polonia e Unione Sovietica e un accorciamento della linea di confine da presidiare di quasi 2.000 chilometri; gli procurò carri armati, artiglieria e aeroplani; e, soprattutto, mise nelle sue mani Romania e Jugoslavia, le cui forze militari dipendevano dalle fabbriche di armi *Skoda* di Pilsen. Gli ufficiali di Hitler gioirono di quel nuovo successo e molti tra i più mediocri, gli stessi che in tempi difficili sarebbero poi confluiti nel 'movimento di resistenza', nel marzo 1939 scrissero nei propri memoriali e nelle lettere ai familiari parole di ammirazione nei confronti del Führer. Sorprendentemente, il 'protettorato' portò vantaggi anche ai cechi. La loro economia si stabilizzò e la disoccupazione scomparve. Gli uomini non vennero chiamati a prestare servizio militare, le Forze Armate vennero sciolte e gli ufficiali ricevettero, per disposizione di Hitler, una pensione di stato: un modo per comprarne la fiducia e assicurarsene il sostegno. I laboriosi cechi accettarono proficui contratti dal *Reich* e alla fine impararono ad apprezzare la *pax teutonica* imposta da Reinhard Heydrich nel 1941. In realtà, era la pace dei cimiteri, ma Heydrich si conquistò le simpatie dei lavoratori cechi per esempio introducendo l'assistenza sociale e servizi pensionistici sul modello bismarckiano al punto che, nel 1942, per dimostrare contro il suo assassinio, si ammassarono in piazza *San Venceslao* ben 30.000 persone. Come Hitler aveva promesso ad Hácha, ai cechi non venne chiesto di ripudiare la propria patria. Lo stesso Hácha, in proposito, non ebbe mai a lamentarsi, tanto più che ottenne una fornitura regolare di medicinali dalla farmacia di Morell. Se Tiso e Tuka furono entrambi impiccati, Hácha morì nel 1945 in una prigione alleata.

Il 16 marzo 1939, Goebbels diede un altro suggerimento alla stampa tedesca: "L'uso del termine *Grossdeutsches Reich* (Grande

Reich tedesco) è sconsigliato. A questa terminologia si farà ricorso in futuro".

I successivi obiettivi fissati da Hitler erano, ovviamente, Memel, Danzica e il corridoio polacco. Dietro suo ordine, il 21 marzo 1939, mentre Goebbels lo accompagnava a teatro per meglio celare ciò che stava avvenendo, Ribbentrop inviò un ultimatum alla Lituania, ingiungendole di restituire la città di Memel. Il ministro degli Esteri lituano, Juozas Urbsys, si recò con urgenza a Berlino dove, sottoposto a forti pressioni, firmò, al cospetto di Weizsäcker e Ribbentrop, i documenti presentatigli innanzi.

Allo stesso tempo Ribbentrop convocò l'ambasciatore polacco Lipski e gli rinnovò la proposta già fattagli in ottobre a proposito di Danzica. Lasciò persino intendere che le diatribe polacco-slovacche potevano essere discusse soltanto dopo la risoluzione della suddetta questione. Mentre attendeva la risposta lituana, Hitler esaminò con Goebbels le successive mosse da fare a seguito della restituzione di Danzica.

In primo luogo, per rasserenare la popolazione, ci sarebbe stata una pausa. Poi, si sarebbe parlato delle colonie tedesche.

"Una cosa alla volta", osservò Goebbels con ammirazione.

Lipski rientrò a Varsavia per dare delucidazioni a chi di dovere e avere disposizioni in merito.

"Il Führer eserciterà pressione sui polacchi", scrisse Goebbels dopo un colloquio con Hitler. "Confida nella loro ragionevolezza. Ma dovremo inghiottire l'amara pillola di dare alla Polonia la garanzia di tutte le sue altre frontiere. La cosa avrà soluzione a breve".

Il giorno 25 Hitler rassicurò il generale Brauchitsch dicendogli che non era sua intenzione scatenare una guerra contro la Polonia. L'assistente di campo di Brauchitsch annotò alcune parole del Führer: "L'eventualità di un'occupazione militare di Danzica sarà valutata solo se Lipski riferirà che il governo polacco non è in condizioni di fare accettare alla nazione una volontaria consegna a noi di Danzica e che un *fatto compiuto* da parte nostra gli faciliterebbe le cose".

Evidentemente, Hitler sperava in una negoziazione riservata della controversia.

Il 27 marzo, l'ammiraglio Raeder dispose un piano che prevedeva l'approdo di Hitler a Danzica a bordo dell'incrociatore *Deutschland* scortato da quasi tutta la flotta: il Führer sarebbe giunto a riva su una motosilurante e avrebbe poi proseguito verso il centro città. Ma quello era solo un progetto: il suo effettivo arrivo a Danzica, 6 mesi dopo, fu assai diverso.

A proposito di Memel, la Lituania fu accomodante. L'antica città teutonica era stata annessa alla Lituania dopo la Grande Guerra. Hitler vi fece visita il 23 marzo, accompagnato da Rommel[90] in qualità di assistente di campo e da Milch in rappresentanza di Göring che, di ritorno da San Remo, si trovava a Berlino.

"Che settimana, quella!" annotò Goebbels.

I polacchi, riferì Canaris il 25 marzo 1939, reagirono rabbiosamente a quel nuovo trionfo di Hitler, ordinando una parziale mobilitazione.

Secondo il racconto di Brauchitsch, quando quella sera Hitler lasciò Berlino osservò: "Preferisco non farmi trovare qui quando [Lipski] sarà di ritorno. Da principio dovrà essere Ribbentrop a condurre le trattative".

Lipski giunse il 26 portando notizia di un fermo rifiuto alle richieste tedesche, a cui aggiunse verbalmente che la Polonia, se necessario, avrebbe difeso Danzica con le armi. "I polacchi", annotò Goebbels, "sono e saranno sempre i nostri naturali nemici. Se qualche volta, in passato, si sono mostrati accondiscendenti è stato esclusivamente per un loro tornaconto".

Il 27 marzo Weizsäcker così riassunse:

"Non sarà più possibile risolvere il problema di Danzica, adesso che, dopo Praga e Memel, abbiamo esaurito la pazienza politica delle potenze straniere. In questo momento, un conflitto tedesco-polacco le scatenerebbe contro di noi. Al momento,

90 Erwin Johannes Eugen Rommel (Heidenheim, 15 novembre 1891 –Herrlingen, 14 ottobre 1944) è stato comandante dell'Afrika Korps durante la II guerra mondiale, dove si guadagnò il soprannome di volpe del deserto (Wüstenfuchs). Accusato di connessioni con i cospiratori del fallito complotto del 20 luglio contro Hitler, fu tratto in arresto. A causa della popolarità di Rommel, Hitler gli diede la possibilità di suicidarsi con il cianuro. Rommel pose termine alla sua vita il 14 ottobre 1944, e venne seppellito con pieni onori militari dopo un grandioso funerale di stato. Dopo la guerra vennero pubblicati i suoi diari.

l'unico modo in cui possiamo punire l'insolenza del governo polacco è ricorrendo a una campagna mediatica atta a demolirne il morale e incrinarne le certezze".

Hitler, proprio come aveva fatto nel 1938 per l'*Operazione Verde*, per riflettere sul da farsi si recò sulle montagne dell'Obersalzberg. Il 25 marzo aveva assicurato a Brauchitsch che non avrebbe mosso guerra alla Polonia poiché intendeva ovvia la restituzione di Danzica. Per un attacco, però, erano necessarie condizioni politiche favorevoli: "Piegherò la Polonia in modo tale che, politicamente, cesserà di esistere per molti decenni".

Nel frattempo, Stalin, durante un congresso tenutosi a Mosca, aveva indirizzato un'aspra critica alle democrazie occidentali. Hitler dopo aver visionato i cinegiornali lo definì, addirittura, un individuo piuttosto simpatico. La sera del 30 marzo, fece ritorno a Berlino.

Lì lo attendevano brutte notizie da Londra: Chamberlain stava per annunciare in Parlamento che "nel caso di qualsiasi azione che minacci l'indipendenza polacca, o che dal governo locale sia ritenuta tale, il governo britannico sarebbe in obbligo di fornire tutto il necessario aiuto militare alla Polonia".

Questa, la prima di alcune poco ponderate prese di posizione di Chamberlain, non sortì l'effetto sperato.

Alle 12:45 Hitler mandò a chiamare Keitel. Quali che fossero i rischi conseguenti all'impegno preso dal Primo ministro inglese, quando Hitler lasciò Berlino – alle 20:47 del 31 marzo – aveva già dato ordine all'*OKW* di ultimare i preparativi per un'invasione della Polonia. Nome in codice: *Operazione Bianco*. Il mattino successivo a Wilhelmshaven, fu varata una seconda nave da guerra da 35.000 tonnellate: la *Tirpitz*.

È doveroso sottolineare che Hitler, per la guerra, non aveva diramato ancora alcun ordine effettivo. La direttiva emanata il 3 aprile dall'*OKW* circa l'*Operazione Bianco* delineava semplicemente una situazione politica che avrebbe potuto rendere necessario un attacco alla Polonia, il 1° settembre o più avanti. Nel frattempo, l'*OKW* sottolineò che fosse doveroso evitare ogni attrito con i polacchi: un proposito difficile da attuarsi, visto l'atteggiamento con cui questi reprimevano la minoranza tedesca presente nel paese. Nell'aprile e nuovamente nel maggio 1939 alle testate giornalistiche tedesche venne imposto di astenersi da confronti tra la situazione venutasi a creare e ciò che era occorso in Cecoslovacchia nel 1938.

Probabilmente, Hitler sperava che il solo 'affilare la spada' inducesse i polacchi a un ripensamento.

"Se il Führer fosse un giocatore di poker, ogni sera vincerebbe migliaia di marchi!" aveva commentato con ammirazione, il 3 ottobre 1938, il generale Reichenau. Nell'aprile 1939, l'identica analogia venne in mente anche a Weizsäcker: il diplomatico, pur ritenendo che stesse puntando forte, era certo che Hitler si sarebbe alzato dal tavolo al momento opportuno con le tasche gonfie. A metà aprile pronosticò confidenzialmente: "Una crisi strisciante, ma non ci sarà guerra. Ognuno deve assolvere ai propri compiti".

Stranamente Hitler, in merito all'*Operazione Bianco*, non aveva consultato Göring. Il feldmaresciallo fece ritorno dalla vacanza in Italia alle 18:00 del 18 aprile e si presentò a cena con il Führer abbronzato e in eccellente forma. Hitler gli disse di essere deciso a imporre un accomodamento per Danzica. Göring, preso alla sprovvista, disse: "Cosa dovrei dedurne?"

Il Führer rispose che, qualora ogni tentativo di riprendere Danzica fosse fallito, avrebbe fatto ricorso alla forza. Göring lo mise in guardia sull'ostilità dell'opinione pubblica mondiale e Hitler lo tranquillizzò asserendo che, in precedenza, aveva affrontato situazioni ben più complesse. L'assistente di Göring, il generale della *Luftwaffe* Karl Bodenschatz, nel rivolgersi all'addetto militare polacco, lasciò cadere una pesante allusione minacciando che, qualora in difficoltà, Hitler avrebbe fatto un'alleanza persino con il demonio: "Ed entrambi sappiamo bene a chi mi riferisco", concluse, accennando ovviamente a Stalin.

Sulle prime, Hitler considerava il suo avvicinamento al Cremlino solo una leva diplomatica da usare con la Polonia, ma non c'erano dubbi sul reale interesse da parte di Stalin.

Il 1° aprile, il funzionario berlinese Rudolf Likus riferì che il ministro sovietico della Guerra, il generale K. E. Voroshilov, durante una conversazione con la moglie dell'ambasciatore tedesco, aveva suggerito che Hitler e Stalin rivedessero il loro reciproco atteggiamento. Poco dopo, Ribbentrop apprese da Likus che un alto funzionario dell'ambasciata russa aveva fatto notare quanto un'amicizia tra Germania e Unione Sovietica sarebbe stata proficua ad entrambe le potenze. Dal momento che Hitler esitava a spingersi oltre, Ribbentrop ordinò al suo collaboratore di eludere l'argomento.

Tuttavia alla fine di aprile, Hitler, durante un altro importante discorso, si astenne dai suoi soliti sprezzanti riferimenti al regime sovietico.

Il 3 maggio Stalin contraccambiò la cortesia destituendo il ministro degli Esteri Maxim Litvinov che, essendo di origini ebraiche, sarebbe stato di intralcio a qualsiasi accordo con la Germania nazista. Infatti, a seguito di questo, Hitler si mostrò positivamente impressionato dall'atteggiamento del leader russo e ordinò ai più importanti funzionari dell'ambasciata tedesca a Mosca di venire in Germania ad aggiornarlo sulla situazione: il risultato fu una disposizione all'ambasciatore Werner von der Schulenburg di sondare con cautela il terreno presso Vyacheslav Molotov, il nuovo ministro degli Esteri, sulla possibilità concreta di un riavvicinamento e una ripresa delle trattative commerciali tra i due paesi.

Il giorno 5 Goebbels impartì disposizioni alla stampa, affinché non vi comparissero critiche al bolscevismo o all'Unione Sovietica "sino a nuovo ordine". Il giorno seguente, Karl Bodenschatz fece un'altra curiosa allusione, stavolta parlando con l'addetto all'aeronautica francese, Paul Stehlin: "Ben presto scoprirete che a Est sta avvenendo qualcosa di importante".

Cinquanta

La maggior parte delle persone calcola l'età rapportandola alla data di nascita. Hitler, invece, definiva la propria in virtù degli anni che ancora supponeva avere innanzi e i documenti cinematografici settimanali decretavano in lui il trascorrere del tempo. Il 20 aprile 1939 raggiunse un traguardo importante: i cinquant'anni. Raramente, il mondo aveva assistito a un'esibizione di grandezza tanto grossolana come quella che la Germania nazista mise in atto per festeggiare il compleanno del Führer, con 1.600 personalità del partito assiepate nella Sala dei Mosaici e, successivamente, i portatori della *Blutfahne*, l'insanguinata bandiera del tentato *putsch* del 1923, stipati nella Galleria di Marmo. Quella sera, mentre si diffondevano le note della *Badenweiler marsch*, che qualcuno aveva erroneamente ritenuto il suo motivo preferito, Hitler percorse in auto con Speer il nuovo viale Est-Ovest, inaugurandolo. Un abile spettacolo pirotecnico disegnava nel cielo una bandiera uncinata. Al posto d'onore si trovavano i reduci sopravvissuti alle guerre tedesche del diciannovesimo secolo, che avevano marciato inutilmente verso quella terra promessa che adesso sembrava finalmente "a portata di mano".

Tornato alla cancelleria, Hitler trovò ad attenderlo centinaia di regali tra i quali un modellino dell'Arco di trionfo che voleva far costruire sull'asse stradale Nord-Sud. Nella sua pietra sarebbero stati incisi i nomi di tutti i tedeschi e austriaci deceduti nella prima guerra mondiale. Il giorno seguente la segretaria del Führer, Christa Schroeder, scrisse:

"La qualità e il valore dei regali di quest'anno è stupefacente. Dipinti di Defregger, Waldmüller, Lenbach e persino uno splendido Tiziano, delle meravigliose statuine in porcellana di Meissen, servizi da tavola in argento, libri rari, vasellame, tappeti, oggetti di artigianato, mappamondi, radio, orologi etc.... Ovviamente ci sono anche modellini di navi, aerei e altre cose a soggetto militare. Sono questi i doni che più apprezza. Si entusiasma sempre come un bambino."

Per la parata di compleanno, da tutta la Germania reparti militari confluirono a Berlino. Sei divisioni dell'esercito, qualcosa come 40.000 uomini con 600 mezzi blindati venuti per sfilare al suo cospetto. Alle 8:00 Hitler fu svegliato dalla banda che suonava una serenata sotto la sua finestra. I figli dei medici e degli aiutanti gli si avvicinarono timidamente per fargli gli auguri, per porgergli mazzolini di fiori che loro stessi avevano preparato con Anneliese Schmundt, consorte del suo assistente, e per omaggiarlo di alcune liriche. Hitler voleva che quei bambini vivessero una giornata indimenticabile, qualcosa da raccontare ai loro futuri nipoti.

Prima che la parata militare avesse inizio, Hitler ricevette nel proprio studio Keitel, Göring, Raeder e Brauchitsch. Quando questi vennero fatti entrare, lui si trovava in piedi di spalle all'enorme scrivania. I quattro uomini si allinearono davanti a lui e Keitel incespicò nel folto tappeto color ocra. Il discorso che Hitler tenne loro non poteva essere durato più di 10 minuti ma, allorché egli tacque, i suoi ascoltatori compresero che la Germania stava inevitabilmente correndo verso la guerra, se non nel 1939 l'anno successivo. La parata di compleanno diede ampia prova della resistenza fisica di Hitler. Per ben quattro ore le Forze Armate si susseguirono davanti alla tribuna dalla quale lui li salutava.

La segretaria, Christa Schroeder, scrisse in proposito:

"La parata di ieri sembrava non dovesse mai finire... Continuo a domandarmi dove mai egli riesca a trovare l'energia per restare in piedi a salutare tutti, 4 ore consecutivamente. Noi eravamo stanchi morti solo a guardare... almeno, io lo ero".

Le cartelle cliniche di Hitler certificano che nelle sue vene scorreva sangue del gruppo A. Aveva la pelle chiara e sottile e il torace e la schiena privi di peluria. Il suo cranio era classificato come "lievemente dolicocefalo" e il volto, pallido e simmetrico, gli donava un'espressività, a detta dei suoi medici, "intensa e ammaliante". I suoi occhi, di cui il sinistro leggermente più grande del destro, erano di un azzurro-grigio, con una leggera protusione del bulbo oculare.

Quando nel 1945, i medici che lo avevano avuto in cura vennero interrogati furono concordi nell'affermare che Hitler era stato sano fino alla fine. Uno di loro, il professor Hanskarl von Hasselbach, avrebbe in seguito osservato: "Il popolo tedesco sarebbe stato scellerato a dargli il proprio sostegno, se egli fosse realmente stato come oggi lo si dipinge".

Praticamente in lui non c'era alcun sintomo di anormalità. Hitler non palesava turbe psichiche o ingiustificata e improvvisa euforia, incontinenza, anosmia o cambiamenti repentini di personalità. Gli esami del cervello non dimostrarono mai alcuna 'afasia sensoriale' né 'stati onirici'. Test sui centri dei riflessi nervosi e sulle funzioni delle radici spinali non rivelarono alcuna singolarità. Il suo senso di orientamento e la memoria breve e remota si potevano definire eccellenti.

Il loro rapporto aggiunge: "Irrequieto e di umore mutevole, aveva un'alta capacità di concentrazione e attitudine al lavoro d'équipe. Pur emotivamente sfuggente, le sue avversioni e le sue preferenze erano molto pronunciate. Il filo dei suoi pensieri mostrava consequenzialità oggettiva. Il suo modo di esprimersi non era lento, né affrettato e nei suoi interventi era sempre pertinente".

Mancavano dunque i più comuni sintomi di un'infermità mentale. I medici conclusero che in Hitler non si erano mai riscontrate "allucinazioni, visioni o tendenze paranoiche".

Chi erano questi medici?

Il dottor Karl Brandt, un attraente giovane dai capelli scuri e i lineamenti regolari, lo aveva avuto in cura dal 1934. Nato nell'Alsazia tedesca, quando i francesi nel 1919 avevano occupato la regione, era stato deportato a soli 15 anni. Brandt, che aveva un alto senso dell'onore, a guerra conclusa si rifiutò di discutere con i suoi inquisitori americani della vita sessuale di Hitler. Terminati gli studi, Brandt aveva fatto pratica chirurgica in un ospedale della Ruhr. La sua fidanzata era la campionessa di nuoto Anni Rehborn, una delle stelle del firmamento femminile che, negli anni Venti, ruotava attorno a Hitler. Fu lei, infatti, a presentarli nel 1932. Hitler pensò che sarebbe stato utile avere un medico al seguito nei suoi spostamenti e così, nel 1934, Brandt lo accompagnò a Venezia. In seguito presentò a Hitler un collega, il professor Werner Haase, come suo eventuale sostituto e, nel 1936, nominò Hanskarl Hasselbach suo vice nello staff del Führer.

Alcuni mesi dopo, nella cerchia di Hitler entrò un altro medico che sarebbe divenuto la figura più controversa del suo personale sanitario. Tre anni più anziano di Hitler, il dottor Theodore Morell era corpulento, calvo e di carnagione scura. I suoi occhi, seppure dietro spesse lenti, si socchiudevano in un'espressione miope e le sue mani erano grandi e ricoperte di peluria. Morell era un medico molto conosciuto tra le stelle del cinema della *Kurfürstendamm*. Nell'ambiente cinematografico, fece conoscenza con Heinrich Hoffmann, il fotografo di Hitler, e proprio a casa di questi, nel maggio del 1936, incontrò per la prima volta il Führer. Turbato dalla morte del proprio autista, Julius Schreck, avvenuta per meningite qualche giorno prima, Hitler ebbe l'impressione che, se avesse conosciuto prima Morell, questi sarebbe stato capace di salvargli la vita.

Per tutta la sua esistenza, Hitler soffrì di violenti dolori allo stomaco e al ventre. Il 1° dicembre 1944, Morell avrebbe riassunto la storia clinica del suo difficile paziente in questo modo: "Ha sofferto di spasmi dolorosi e incontrollati dopo violenti sconvolgimenti emotivi, come per esempio il processo [per tradimento] del 1924, una questione di vita o di morte; la scadenza del 1929 del prestito concesso al Völkischer Beobachter e alla casa editrice Eher; la crisi di inaffidabilità militare del 1935/36".[91]

Nel maggio 1936 Hitler fu visitato dal professor Karl von Eicken, i cui appunti ci sono pervenuti:

"20 maggio. Consulto alla cancelleria del *Reich* con il dottor Brandt. Da parecchi giorni [il Führer] soffre di un doloroso ronzio alle orecchie, con un acuto suono metallico nell'orecchio sinistro durante la notte. Chiaramente perché oberato di lavoro. Preoccupato (per autista Schreck!). Dorme molto poco, ha difficoltà a prendere sonno. [Gli raccomando:] passeggiate serali prima di coricarsi, pediluvi caldi e freddi, leggeri sedativi e riposo. Si sente meglio quando si trova alla Berghof. A Natale del 1934, il dottor Ernst Robert Grawitz ha curato M.

F. [*mein Führer*] per intossicazione acuta da cibo, ricorrendo al *NeoBalestol* che contiene alcol amilico. Mal di testa, capo-

91 Nda. Con questo si fa riferimento alla rivalità esistente nel 1935 tra le SS e la Wehrmacht e alla militarizzazione della Renania del 1936. Nel diario di Morell del 1944 la sintesi continua: "In aggiunta a questo, gli spasmi gli provocavano una disbatteriosi. Ulteriori contrazioni muscolari lo afflissero poco prima del suo incontro con il Duce [18 Luglio], in cui ebbe il presagio dell'imminente tradimento dell'esercito italiano e, ancora nel 1944, dopo l'attentato".

giri, ronzio alle orecchie".

Quel Natale, Hitler invitò i coniugi Morell a trascorrere con lui le vacanze all'Obersalzberg. Mentre gli altri ospiti erano coinvolti in una partita di bocce, Hitler prese da parte Morell e lo mise al corrente del suo irrisolto problema: i crampi allo stomaco e al basso ventre che nessuno era riuscito a curargli.

"Lei è la mia ultima speranza", disse a Morell. "Se riuscirà a liberarmi dei dolori di stomaco le regalerò una bella casa".

Morell gli promise: "La rimetterò in sesto nel giro di un anno". La cura funzionò e Morell ebbe in dono una splendida villa sull'isola di Schwanenwerder. Ai molti detrattori di Morell, il Führer fece notare: "Mi aveva fatto una promessa (...)".

La prima visita medica, effettuata da Morell il 3 gennaio 1937, indusse il medico a ipotizzare che i dolori di Hitler non fossero di origine nervosa. Il Führer aveva un forte eczema alla gamba sinistra, probabile conseguenza di problemi alimentari.

"Morell", ricordò Hitler nel 1944, "indirizzatomi verso una sana routine giornaliera, controllò la mia dieta, permettendomi di riprendere ad alimentarmi con regolarità. Nel frattempo esaminò i miei batteri intestinali e mi disse che i colibacilli andavano sostituiti".

Il professor A. Nissle, direttore dell'Istituto di ricerche batteriologiche di Friburgo, predispose un farmaco per il trattamento di quei disturbi, chiamato *Mutaflor*, un'emulsione di un certo ceppo di *bacillus coli communis* che aveva la proprietà di colonizzare l'intestino. "Mi vennero prescritte capsule di questo colibacillo, vitamine ed estratti animali di cuore e fegato", raccontò Hitler.

Il Führer cominciò a stare meglio e Morell si trasferì alla Berghof. "Dopo circa 6 mesi l'eczema era scomparso e dopo 9 mi sentivo in perfetta forma", concluse Hitler.

Nel settembre 1937, Hitler poteva nuovamente indossare gli stivali e Morell fu ospite d'onore al congresso del partito. Il medico continuò ad occuparsi del Führer, che gli corrispondeva un onorario annuale di 36.000 marchi, somministrandogli rimedi da lui stesso approntati e prodotti in serie dalla propria casa farmaceutica[92].

Anche la corte di Hitler si affrettò ad affidare a Morell la propria salute: così fecero Funk, Ley, Speer, Goebbels, i coniugi Ribbentrop, aiutanti anziani e generali come Kleist, Jodl, Heusinger. Anche nomi celebri del teatro quali Richard Tauber e O. E. Hasse si avvalsero dei suoi servigi.

Si può facilmente immaginare l'ostilità provocata da una simile situazione. I collaboratori più giovani resero a Morell vita difficile, tanto che questi fu escluso dalle liste ufficiali per gli auguri di compleanno e da altri inviti.

"Vero è che le abitudini personali di Morell erano poco piacevoli: aveva scarsa igiene di se stesso e frequentemente la sua pelle secerneva uno spiacevole odore".

Hitler lo difendeva: "Non tengo Morell per annusarlo, ma perché mi conservi in ottima salute".

Nel luglio 1939, il medico era stato invitato con altri ospiti a casa di Frau Winifred Wagner a Bayreuth. Quando Hitler interrogò una delle figlie della signora sulla palese inappetenza, questa indicò il disgustoso spettacolo del grasso medico che assaporava rumorosamente un'arancia intera aspirandone il succo attraverso un piccolo foro praticato nella buccia.

Come Morell la descriveva, la storia clinica del Führer era comune a molti. Da bambino aveva sviluppato una malattia polmonare apicale che con gli anni si era risolta. Una vistosa cicatrice sulla coscia sinistra testimoniava una ferita da *shrapnel* subita durante la guerra. Inoltre, durante il *putsch* del 1923, l'agonizzante Scheubner-Richter, trascinandolo a terra, gli aveva provocato una frattura della scapola sinistra.

Tra il 1938 e il 1939, Hitler ebbe, in tema di salute fisica, il suo momento migliore. Dagli appunti di Morell si apprende che quasi tutti i farmaci di cui abbisognava gli venivano somministrati tramite iniezioni ipodermiche. In genere il medico gli dava destrosio, ormoni, complessi vitaminici e sulfamidici in abbon-

92 Ndt. Nel settembre del 1981 David Irving rintracciò i diari di Morell, irreperibili per anni, negli Archivi Nazionali Statunitensi. Tali diari sono stati pubblicati in Italia nel 2007, con il titolo I diari segreti del medico di Hitler, Edizioni Clandestine.

danza persino per curare un innocuo raffreddore.

Hitler ne era quasi soggiogato. "Senza Morell", disse in un'occasione, "non avrei ottenuto neppure la metà di ciò che ho intrapreso con successo, perché non sarei stato in grado di sopportarne il peso fisico e psicologico".

Le controverse iniezioni di Morell, glucosio e *Vitamultin* (un composto di acido ascorbico, calcio e nicotinamide, con caffeina o cacao quale dolcificante), davano a Hitler un'euforia di breve durata. In questo modo, la naturale resistenza fisica era prolungata da sostanze che, pur non essendo droghe, allo stesso modo davano assuefazione.

Nel 1945, in un campo di prigionia Brandt rimproverò Morell: "Il suo atteggiamento ha gettato discredito sull'intera professione medica!"

Tuttavia il suo più importante paziente sopravvisse sia a Chamberlain che a Roosevelt.

Torniamo ora a ciò che fecero i due personaggi testé citati nell'aprile 1939 allorché, verso fine mese, l'Europa si avviava verso la guerra. Per motivi di politica interna, il giorno 26, Chamberlain reintrodusse in Gran Bretagna la leva obbligatoria. Intanto, a Londra aveva inizio un'accanita campagna mediatica contro Hitler. Il 25 aprile, l'ambasciatore britannico a Berlino, Nevile Henderson, con un telegramma intercettato dal *Forschungsamt*, fece sapere al ministero degli Esteri: "La stampa britannica mi sta rendendo la vita difficile".

Le intercettazioni effettuate il giorno seguente rivelarono che gli fu risposto di avvertire anticipatamente Hitler della decisione presa da Chamberlain in merito alla leva obbligatoria e di dare rassicurazioni che quella disposizione, per la Germania, non rappresentava una minaccia.

Fino a quel momento Hitler aveva preferito ignorare le interferenze di Roosevelt nella politica europea. Lo accusava di agire sotto l'influenza degli ebrei e riteneva l'isolazionismo ancora preponderante negli Stati Uniti.

Nell'aprile 1939, Hitler fu il destinatario di una lettera aperta di Roosevelt che gli chiedeva assicurazioni pubbliche che non avrebbe mosso guerra ad alcuna delle trentuno nazioni da lui elencate nella missiva. Ma le intercettazioni effettuate nell'ambasciata statunitense a Berlino testimoniavano che il personale diplomatico giudicava quell'appello una mezza gaffe.

Il giorno 28, in un sarcastico discorso al Parlamento, Hitler fornì le assicurazioni richieste. Il teatro dell'opera Kroll riecheggiò di risa quando il Führer, in ultimo, dichiarò inoltre che neppure era sua intenzione invadere gli Stati Uniti d'America. Le intercettazioni rivelarono che i diplomatici americani ritenevano Hitler vincitore morale della disfida. In quello stesso discorso, Hitler revocò il 'patto di non aggressione' siglato con la Polonia nel 1934 e l''accordo navale anglo-tedesco' del 1935. Privatamente giustificò quell'irrigidimento dei rapporti con la Gran Bretagna con alcuni documenti top secret rinvenuti nell'archivio di Praga. "Un giorno li renderò pubblici per dimostrare la disonestà degli inglesi", disse Bodenschatz a un diplomatico francese.

I tedeschi ben informati ritenevano ancora remota l'eventualità di una guerra. Il barone Weizsäcker, in una lettera del 29 aprile, commentò: "Certamente non riusciremo a sfuggire a qualche piccolo dramma, ma non credo che le potenze dell'Asse abbiano intenzioni belligeranti, come non ritengo che la parte avversa inizi deliberatamente una guerra preventiva. L'unico vero pericolo esistente è costituito da quegli irresponsabili e spregevoli polacchi che, malati di un protagonismo tipico degli slavi, stanno monopolizzando l'attenzione di tutti i paesi europei".

Dietro preciso ordine di Goebbels, la stampa tedesca continuò a minimizzare gli 'incidenti' in Polonia, mentre l'esercito affrettava i preparativi dell'*Operazione Bianco*. Verso la fine di aprile, Hadler mostrò a Hitler un primo prospetto per l'invasione. Lo Stato Maggiore generale suggeriva che le truppe venissero spostate verso la frontiera polacca, col pretesto dei lavori in corso al vallo orientale, per effettuare le esercitazioni autunnali. Altri reparti potevano essere dislocati nella Prussia orientale, con la scusa della grande parata militare in atto per la celebrazione del 25° anniversario della battaglia di Tannenberg, che sarebbe caduto, appunto, il 27 agosto 1939.

I tecnici dell'équipe di Goebbels dettero inizio alla preparazione di colossali trasmissioni propagandistiche. Per il momento, gli ordini erano di non calcare la mano sulla questione polacca. Nella terza settimana di maggio, Hitler partì per un ulteriore sopralluogo al vallo occidentale e scese lungo la zona di difesa antiaerea, dal confine belga fino alla frontiera svizzera. In questo tour, fu seguito da numerose personalità del partito, giornalisti e operatori dei cinegiornali. I lavori di fortificazione erano progrediti in maniera significativa e il generale Erwin Witzleben, successore di Adam, non mancò di farlo notare.

I contatti che Hitler durante quel viaggio ebbe con gli operai e gli abitanti dei paesi attraversati ebbero su di lui un effetto corroborante: quando si recava a mangiare nelle locande, Brückner doveva intervenire per calmare le folle che si accalcavano all'esterno, assicurando che il Führe non avrebbe mancato di salutare i presenti. Le donne gli tendevano i bambini, un gesto, come Hitler fece notare ai collaboratori al seguito, che costituisce un inequivocabile segno di stima. Questo, lo scudo di cui, nel 1939, Hitler poteva avvalersi: era sì un dittatore, ma per consenso popolare. Questa monolitica solidarietà tra il Führer e la sua gente, al contrario di ciò che si è indotti a credere, sarebbe durata fino all'epilogo.

Un mese prima, sebbene Stalin fosse consapevole che Hitler avesse da offrigli merce migliore, l'Unione Sovietica aveva intensificato le relazioni diplomatiche con Gran Bretagna e Francia.

Il 25 maggio le intercettazioni effettuate sul corrispondente berlinese del *Times*, James Holburn, rivelarono che il giornalista, a Londra, aveva avuto notizia che Chamberlain osteggiava decisamente un'intesa con Stalin e sperava, un giorno, di poter riprendere contatti diretti con Hitler. Il 17 maggio, Astakhov, l'incaricato d'affari sovietico di stanza a Berlino, aveva fatto intendere che 'nella forma attuale' i colloqui volgevano invece a un allontanamento dalla Gran Bretagna. Tre giorni dopo, Molotov in persona dichiarava all'ambasciatore tedesco che le trattative commerciali con la Germania sarebbero riprese non appena stabilite le 'basi politiche' necessarie. Ribbentrop discusse con Hitler come quel vago accenno dovesse essere interpretato, poi, il Führer impartì disposizione a Weizsäcker di recapitare ad Astakhov questo messaggio: "La scelta di esserci amici o nemici spetta a voi!"

Il 23 maggio, Hitler, nel suo studio, tenne ai comandanti in capo un discorso di 4 ore, in cui dichiarò, ancora una volta, che il suo obiettivo finale non era Danzica, bensì quello di assicurarsi uno spazio vitale a Est per sfamare gli 80 milioni di cittadini tedeschi.

"Se il destino ci costringerà a combattere a Ovest", disse, "tanto vale assicurarci quanti più territori a Est". Per questo, si era risolto a "prendere la Polonia alla prima occasione". Il suo più immediato proposito, spiegò, sarebbe stato quello di isolare i polacchi: "È questa una questione della massima rilevanza".

L'unica testimonianza scritta tramandataci di quella riunione è quella del colonnello Schmundt che però, oltre a elencare tra i presenti Göring e Warlimont, i quali non vi parteciparono, contiene diversi anacronismi. Hadler, interrogato verso la fine del 1945, ricordava che Hitler era solito dire che sarebbe riuscito a tenere le potenze occidentali fuori dall'*Operazione Bianco*: "Dovrei essere un perfetto imbecille a scatenare una guerra mondiale per quello stupido corridoio polacco".

Poiché Hitler si era guardato bene dall'informare Mussolini dell'*Operazione Bianco*, gli italiani erano entusiasti all'idea di siglare un'alleanza con la Germania.

Il 6 maggio, Ribbentrop assicurò al ministro degli Esteri Galeazzo Ciano che l'Italia poteva contare su almeno tre anni di pace.

Il 22, Ciano si diresse a Berlino per firmare il Patto d'Acciaio e, due giorni dopo, il generale Milch si recò a Roma per siglare un patto separato per l'aviazione. Milch riferì poi a Hitler quanto sottolineato da Mussolini: l'Italia non sarebbe stata pronta alla guerra prima del 1942. In un memorandum del Führer addirittura, il Duce parlò del 1943. Hitler, seppure per breve tempo, corteggiò anche l'altro stato che a sud confinava con la Germania, vale a dire la Jugoslavia. Il 1° giugno, il principe reggente Paolo[93]

93 Ndt. Paolo Karadordevic di Jugoslavia (San Pietroburgo, 27 aprile 1893 – Parigi, 11 set-

e la moglie Olga, inglese di nascita, furono accolti a Berlino con una parata militare. In loro onore, venne offerto un banchetto seguito da una rappresentazione di gala dedicata a Wagner presso il teatro prussiano dell'Opera. Più tardi, Hitler mostrò ai suoi illustri ospiti anche i modelli dei nuovi edifici pubblici e monumenti in costruzione. Partito dalla Germania, il principe Paolo, senza neppure averne fatto menzione al Führer, si recò a Londra. Hitler, che detestava essere preso in giro, se ne lagnò per molti giorni. Il principe, disse, era adatto tutt'al più a ricoprire l'incarico di direttore di un museo. Paolo si era infatti dimostrato sfuggente: ogni volta che Hitler aveva ritenuto essere a un passo dalla firma di un'alleanza; quegli si era trincerato dietro a un necessario consenso del suo parlamento. La moglie Olga, invece, si era fatta totalmente ammaliare dalle astuzie di Hitler. L'inviato americano a Belgrado riferì:

"La principessa Olga ha asserito che *Herr* Hitler le ha confidato di non comprendere l'ostilità mostratagli dall'Inghilterra. Vorrebbe che i rapporti fra Germania e Gran Bretagna riprendessero... Quando la conversazione cade sui bambini, ha detto la principessa, gli occhi del Führer si inumidiscono malcelando la commozione. Le sue pupille sono azzurre e gli danno un'espressione intensa che ne rende palese la sincerità. Egli ha detto di possedere una doppia personalità e che quella mantenuta celata (che lo qualifica come artista) corrisponde alla sua vera essenza. Il destino ha deciso di fare di lui un uomo politico, un militare e l'artefice della nuova Germania, un compito al quale non può sottrarsi".

Nel maggio 1939, un gruppo di studio presieduto dal generale Gerd von Rundstedt aveva previsto che i piani difensivi polacchi avrebbero potuto fermare l'avanzata tedesca in attesa dell'aiuto dell'Unione Sovietica o dell'Occidente. Il principale obiettivo della *Wehrmacht* era dunque impedire una ritirata dell'esercito polacco, anche se, probabilmente, per motivi politici la Polonia

tembre 1976), principe della famiglia Karadordevic, fu reggente di Jugoslavia dal 1934 fino al 1941, quando, il 25 marzo, aderì al Patto tripartito con le Potenze dell'Asse; le manifestazioni di protesta conseguenti a tale atto, spinsero il cugino Pietro a compiere un colpo di Stato. Il neoeletto Primo ministro, il generale Dusan Simovic ritirò immediatamente la propria adesione all'Asse.

non si sarebbe avvalsa di quella strategia. Il piano finale di Rundstedt, datato 15 giugno, accontentava la pretesa di Hitler di un attacco a sorpresa. Le truppe polacche collocate a ovest della Vistola e del Narev sarebbero state annientate da incursioni dalla Slesia a sud e dalla Pomeriana e dalla Prussia orientale a nord: l'offensiva scatenata dalla Prussia orientale avrebbe avuto come traguardo Varsavia, cosa pretesa da Hitler seppur osteggiata dallo Stato Maggiore generale.

Il 7 giugno Hitler, lasciata Berlino, si era stabilito nell'Obersalzberg. Se ne allontanò solo il 12 per una malinconica visita privata alla tomba di Geli Raubal (i cui resti sono stati da tempo trasferiti in un'anonima fossa comune). Una settimana dopo, i ministri e i gerarchi nazisti ricevettero una circolare con l'ordine di "evitare, a meno di un preciso invito, qualsiasi tipo di visita [alla Berghof]". Una convocazione pervenne a Goebbels, al generale Brauchitsch e a Ernst August Köstring (addetto militare a Mosca). Goebbels ebbe notizie aggiornate sulla situazione, il 20 giugno, durante un incontro svoltosi al *Nido dell'aquila*: "Il Führer afferma", annotò poi nel suo diario, "che la Polonia opporrà un'iniziale resistenza, ma, dopo la prima sconfitta, crollerà. I cechi sono pragmatici, i polacchi imprevedibili ma isterici. Londra abbandonerà Varsavia al suo destino: gli inglesi stanno bluffando... hanno ben altri problemi. Il Führer sostiene, a ragione, che la Gran Bretagna è guidata dal peggior governo che si possa immaginare. Non c'è dubbio che stiano fornendo aiuti a Varsavia come hanno fatto precedentemente con Praga. Di questo ne abbiamo prova da documenti rinvenuti negli archivi del ministero degli Esteri cecoslovacco".

Brauchitsch e Köstring arrivarono il 21 giugno per discutere i progressi organizzativi dell'*Operazione Bianco* e il punto di stallo in cui versavano i colloqui anglo-sovietici. Quando i due generali se ne furono andati, Hitler per ingannare il tempo fece uno schizzo su un album da disegno del Foro che, dopo il suo decesso, avrebbe dovuto abbellire la città di Monaco; con una piazza per le parate, gli edifici del partito, un ponte attraverso la *Gabelsbergerstrasse* e infine il mausoleo che avrebbe sovrastato la celebre *Frau-*

enkirche, costruito in modo da durare sino alla fine del mondo. Era questa un'evidente dimostrazione dell'ottimismo con cui egli guardava all'avvenire.

A Hitler piaceva circondarsi di volti familiari. Tra gli ufficiali dell'aristocrazia, Below e Puttkamer erano quelli da lui ben visti. Tra gli altri, apprezzava la presenza del suo assistente in capo Wilhelm Brückner, corpulento ex mitragliere che nel 1923 aveva marciato al suo fianco, e di un altro assistente, l'ex farmacista Julius Schaub, un quarantenne storpio che Hitler aveva visto mentre arrancava sulle stampelle per partecipare alle riunioni del partito: gli aveva dato un lavoro e, a poco a poco se n'era affezionato. Capo della cancelleria privata di Hitler era Albert Bormann, pacato bavarese trentaseienne dal volto franco. Il fratello maggiore di questi, Martin, ritenendo che Albert avesse sposato una donna di livello sociale non adeguato al suo rango, non gli rivolgeva la parola dal giorno delle nozze. Se voleva dire qualcosa ad Albert, Martin chiamava un attendente incaricandolo di portargli un biglietto. Se Albert raccontava una barzelletta, l'unico a non riderne era proprio il fratello. La segretaria prediletta di Hitler era Johanna Wolf, trentanovenne cagionevole di salute che lavorava presso di lui dal 1930. Spesso era affiancata da Christa Schroeder, trentunenne imperturbabile e dalla lingua tagliente: i suoi mordaci commenti sull'andamento della guerra fecero spesso sussultare le colleghe. Dal 1938, il Führer si avvalse di una terza segretaria, Gerda Daranowsky, una venticinquenne bella e intelligente, qualità che Hitler in una donna apprezzava particolarmente. Tutte le sue segretarie, al contrario di molti ministri e generali, rimasero con lui fino alla fine. L'unico altro membro di una qualche rilevanza presente nello staff privato di Hitler era il già citato Walther Hewel, attraente scapolo renano di 35 anni.

Dal febbraio 1938, lo staff militare di Hitler faceva riferimento al colonnello Schmundt, nazionalsocialista formatosi in un prestigioso reggimento di Postdam. Schmundt era stato un fervente estimatore di Ludwig Beck finché il comportamento di quest'ultimo nei confronti dell'*OKW* aveva reso impossibile qualsiasi rispetto. Dal giugno 1937, l'assistente di Hitler della

Luftwaffe era il capitano Nikolaus Below, un trentacinquenne nato in Pomerania, che, dopo avere frequentato un corso segreto di addestramento aeronautico a Lipetsk, in Unione Sovietica, nel 1935 aveva ricoperto l'incarico di assistente presso il gruppo aereo di Richthofen. Dal marzo 1938, assistente dell'esercito fu incaricato il capitano Gerhard Engel; se la sfrontatezza e il buonumore gli guadagnarono le simpatie dei suoi subordinati, non sempre accadde altrettanto con Hitler (che, infatti, nel 1943 lo mandò al fronte).

Per quanto riguarda l'assistente navale, è doveroso soffermarsi. Nel giugno 1938, per naturale avvicendamento, il ruolo era stato affidato al tenente Alwin Broder Albrecht. Nel 1939, però, questi sposò una giovane e avvenente maestrina per così dire 'molto conosciuta' nell'ambito della locale guarnigione navale: le insistenti proteste delle consorti degli altri ufficiali, che non vedevano di buon occhio la donna, considerata un pericolo per la pace familiare, costrinsero Albrecht a querelarne una per diffamazione. Persa la causa, l'ufficiale fu costretto dall'ammiraglio Raeder a una frettolosa e prolungata vacanza matrimoniale. Lo stesso Raeder si presentò senza preavviso alla Berghof per chiedere al Führer, causa la sciagurata unione, di rimuovere Albrecht dall'incarico di assistente.

Hitler, nonostante l'indignazione dell'ammiraglio, si rifiutò di destituire il tenente. La discussione che avvenne nella Sala Grande durò un paio di ore e fu così rumorosa da essere udita da tutti. Raeder indignato figurò il caso come un nuovo affare Blomberg. Hitler, che già una volta era stato tratto in inganno, chiese gli fossero portate delle prove.

"Quante mogli di ufficiali che adesso ostentano la loro virtù hanno avuto un passato di torbide relazioni... Il caso Blomberg fu cosa assai diversa", sbottò con disprezzo.

Raeder annunciò che se Albrecht non fosse stato allontanato avrebbe dato le dimissioni e intanto, poiché ne aveva facoltà, sospese l'ufficiale dall'incarico. La reazione di Hitler fu nominare Albrecht suo assistente personale e, a tal proposito, i documenti rivelano che l'ufficiale lasciò la marina il 30 per diventare, il giorno successivo, brigadiere del corpo motorizzato. Raeder rispose rifiutandosi di designare un nuovo assistente navale in sostituzione ad Albrecht e Hitler, a sua volta, si vendicò rifiutandosi, il 1° luglio, di presenziare al varo di una nuova nave. La marina si schierò con Raeder: gli inviti mondani, pur arrivando ancora ad Albrecht, esclusero la moglie Grete. Forse esasperata dalla situazione venutasi a creare, Grete, nel 1940, mise fine alla faccenda allontanandosi con un precedente fidanzato, costringendo così l'ufficiale a chiedere il divorzio.

Albrecht, mai dimentico della fiducia accordatagli da Hitler, divenne un fervente nazionalsocialista al punto da mettere il dovere sopra ogni cosa, come testimoniano le sue ultime commoventi lettere scritte a Berlino nel 1945. Morì nell'aprile di quello stesso anno stringendo tra le mani la mitragliatrice con la quale difendeva la cancelleria del Reich dall'attacco dei sovietici.

Raeder, per quello sgarro fattogli nel 1939, nutrì per Hitler risentimento e per quanto possibile evitò di incontrarlo. Solo lo scoppio della guerra lo persuase a riprendere con lui i rapporti personali interrotti.

Estrema unzione

L'atteggiamento di Hitler verso la Chiesa si poteva definire ambiguo. In effetti, benché fosse ormai dittatore assoluto, evitava di inimicarsela. Era espressamente vietato ai giornali di addentrarsi in riferimenti agli scismi tra le varie dottrine religiose: ogni ingerenza o trasgressione al suddetto precetto comportava severi provvedimenti anche di carattere giuridico. Nell'aprile 1938, i quotidiani avevano ricevuto una circolare dal ministero della Propaganda che recitava: "Il divieto di polemizzare contro il cristianesimo e la Chiesa è tutt'ora vigente". Quando, nel 1939, ci furono accese opposizioni ad accondiscendere al desiderio espresso dalle parrocchie di festeggiare il cinquantesimo compleanno del Führer, suonando le campane a festa, Hitler decretò: "La Chiesa non deve avere la proibizione né l'obbligo di festeggiare l'avvenimento".

Per vent'anni Hitler aveva tentato di tenere il partito lontano dai conflitti tra le diverse discipline religiose.

"Dobbiamo impegnarci a combattere per ciò che unisce e a osteggiare ogni divisione", aveva detto in un discorso tenuto nel 1920. Ma allora aveva 31 anni e con il tempo era subentrato in lui un malizioso cinismo. Il 23 novembre 1937, in un discorso tenuto ai funzionari del partito, aveva affermato che le Chiese dovevano essere lasciate libere di rappresentare il Signore a loro piacimento, giacché neppure il partito poteva con certezza asserire in materia spirituale chi avesse ragione o torto: "Ma lasciate che metta bene in chiaro una cosa; le religioni possono decidere ciò che accadrà ai tedeschi nell'aldilà, ma sono la Germania e il suo Führer a decidere cosa il popolo debba fare adesso. La nostra nazione", tuonò, "non è stata creata da Dio per essere fatta a brandelli dai preti".

Nelle conversazioni private, Hitler discuteva spesso delle sue opinioni su una vita oltre la morte. Egli poneva fede in ciò che definiva 'Provvidenza', attribuendovi la stessa mistica capacità di spiegare l'inesplicabile che i cristiani attribuiscono a Dio. La profonda avversione di Hitler per il clero risaliva, presumibilmente, al tormentato rapporto con un religioso che fu suo insegnante e sul quale egli raccontava tutta una serie di raccapriccianti aneddoti. La sua mente agile trovava terreno fertile nelle anomalie delle dottrine spirituali.

I suoi insegnanti di religione erano stati incapaci di spiegargli perché alle 10:00 di mattina la storia della creazione gli era insegnata secondo l'Antico Testamento e alle 11:00, dal maestro di scienze, in termini diametralmente opposti.

"A onor del vero", sosteneva, "da quando Darwin aveva formulato le sue teorie, molte sfumature erano diverse e gli insegnanti di religione potevano adesso fornire spiegazioni per le quali", Hitler faceva notare sghignazzando, "quattro secoli prima sarebbero stati arrostiti al canto di inni sacri".

Nel 1939, Hitler considerava la Chiesa un enorme e impersonale ente che sopravviveva impiegando metodi poco ortodossi e ingenti sovvenzioni statali. Privatamente ne ridicolizzava l'astuta ipocrisia e i lucrosi affari. "Dio ha creato l'uomo", disse una volta, "e l'uomo è stato generato per commettere peccati. Lui ha dato all'uomo la libertà di farlo. Per mezzo milione di anni, Dio è stato a guardare mentre gli uomini si strappavano gli occhi a vicenda, e solo dopo tutto questo tempo gli è venuto in mente di inviare tra noi il suo unico figlio. Questo significa prendere le cose molto alla leggera. Mi sembra che tutta la faccenda sia stata trattata con una certa superficialità". E così, qualche giorno dopo:

"È assurdo voler figurare il Paradiso una cosa meravigliosa, se la Chiesa per prima asserisce che solo chi in vita avrà combinato ben poco vi avrà accesso: per esempio, i ritardati mentali e gli imbecilli in genere. Non sarà certo un sollievo, quando e se vi arriveremo, trovarvi tutta quella gentaglia che già in vita era una spiacevole seccatura! E quale altra attrattiva dovrebbe avere codesto Paradiso se accoglierà per lo più le donne brutte e mentalmente insignificanti?"

Quanto alla Bibbia, Hitler la riteneva un'invenzione giudaica della cui traduzione tedesca si rammaricava: "Ogni germanico sano di mente può soltanto inorridire per il modo in cui questo sfogo giudaico, questo biascicamento pretesco abbia convinto alcuni suoi connazionali a prodursi in inchini, tali e quali ai ridicoli dervisci degli ottomani e delle razze negroidi".

Nel 1942 Hitler avrebbe commentato: "Giustiziando gli assassini noi facciamo rispettare il comandamento che recita *Non uccidere*. La Chiesa, finché ha detenuto il potere, non li ha forse lei stessa messi a morte sottoponendoli prima a orribili torture?"

Adesso che era lui a detenere il potere, il problema della religione lo assillava.

Christa Schroeder scrisse in una lettera privata del 21 aprile 1939:

"Una sera, non molto tempo addietro, il Capo ha detto cose molto interessanti riguardo alle istituzioni religiose... Il cristianesimo è fondato sulle conoscenze di 2.000 anni fa, cognizioni, come le parabole della Bibbia, offuscate e intrise di misticismo e mistero. La domanda è, perché le idee cristiane non possono essere modernizzate adeguandole alle conoscenze dei nostri tempi? Lutero si è battuto per una riforma, ma questa è stata mal interpretata; una riforma non è cosa che possa avvenire in un attimo, tutt'altro, essa abbisogna di un costante processo evolutivo, non soltanto nel tempo, ma anche al passo con i tempi. Il Capo è consapevole che il problema della Chiesa è assai complesso e, in caso di una guerra, potrebbe ripercuotersi contro di lui anche in patria. Ho l'impressione che sarebbe felice se si potesse trovare quanto prima un modo conveniente per risolverlo".

Se nei primi anni il solo sistema che Hitler immaginava risolutivo era la dinamite, con la maturità crebbe in lui la convinzione secondo la quale le Chiese "sarebbero marcite come un arto incancrenito", dato che sui pulpiti si alternavano sempliciotti e sulle panche per lo più vecchie zitelle. "La gioventù sana sarà dalla nostra parte", predisse fiducioso Hitler. "La Provvidenza ha dato a ogni uomo una propria capacità di giudizio. Questa mi induce a credere che la tirannia della menzogna negli anni verrà infine abbattuta. Basterà pazientare ancora un poco".

Il 29 giugno 1941, Hewel, tuttavia, annotò un'altra frase di Hitler inerente alla religione. "Il partito non deve aspirare a sostituirsi alla religione. Non si deve contrastare la religione od opporvisi, ma lasciarla decadere da sé".

Nell'agosto dello stesso anno Hitler assicurò a Goebbels di aver solo posticipato la resa dei conti. E nel febbraio del 1942, riferendosi ai "pastori sediziosi", commentò tra gli intimi: "Con quella gente devo ancora temporeggiare, ma segno tutto ciò che li riguarda nel mio libricino nero".

Hitler parlava frequentemente di religione. L'8 giugno 1941, Anneliese Schmundt così scrisse nel proprio diario: "Alla sera lunghe conversazioni sulla Chiesa e sulla cristianità: regresso culturale rispetto all'epoca greca e romana". Ma sulle conversazioni di quella sera, Hewel tracciò un resoconto più dettagliato:

"Questa sera, durante la cena, uno splendido discorso [di Hitler] sull'impero romano e sul suo disfacimento a causa dell'avvento del cristianesimo. Il cristianesimo è da sempre un succedersi di menzogne e contraddizioni. Predica la bontà, l'umiltà, l'amore, ma in virtù di questi precetti ha bruciato e massacrato milioni di persone, accompagnando tali atti con l'enunciazione di massime caritatevoli. Gli antichi uccidevano per proteggersi, per vendetta o per punizione. I cristiani lo fanno per amore...! Solo il cristianesimo si è avvalso di un Dio vendicativo, una divinità che condanna l'uomo agli inferi non appena questi si azzarda a usare il cervello del quale egli stesso lo ha dotato. L'età classica è stata un'epoca illuminata. Con la nascita del cristianesimo la ricerca scientifica ha subìto un arresto e, in alternativa, ha preso piede uno studio delle visioni dei santi. Lo studio degli eventi naturali è divenuto peccato ed eresia. La tragedia è che, ancora oggi, ci sono migliaia di persone 'istruite' che credono in tutti questi sproloqui: negano l'onnipotenza della natura e glorificano il debole, il malato, lo storpio e lo stolto. Nel mondo ideale del [pastore Friedrich von] Bodelschwingh, i sani trovano la vita eterna solo se hanno dedicato la propria esistenza al debole, all'idiota e consimili; i malati, insomma, esistono per permetterci buone azioni. Continuando di questo passo i cagionevoli di salute supereranno di gran numero i sani: oggi dei primi se ne contano già oltre un miliardo. Quanto alla crudeltà, il cristianesimo detiene tutti i record mondiali. Il cristianesimo è la vendetta dell'ebreo errante. Dove saremmo oggi se non avessimo avuto il cristianesimo? Dotati degli stessi cervelli, avremmo evitato una parentesi di 1.500 anni... La cosa incredibile è che milioni di persone si riconoscono nella suddetta dottrina, ci credono, o fingono di credervi. Se fossimo stati tutti maomettani oggi il mondo ci apparterrebbe".

Brani tratti da documenti mai pubblicati, come questi, evidenziano che Hitler si ispirava a credenze puramente darwiniane: la sopravvivenza del più forte e l'inutilità del conforto morale che un corretto insegnamento religioso può fornire.

"Libertà, uguaglianza, fraternità sono immense corbellerie", disse ancora quella sera. "La libertà preclude di per sé l'uguaglianza, perché premia il più dotato, il più sano e il più caparbio a discapito di quella".

Nonostante tutto, Hitler impediva al partito di condurre contro la Chiesa un'eccessiva persecuzione. Ed egli stesso continuava a professarsi cattolico. Una volta Bormann ebbe la sciagurata idea di ordinare la chiusura di un convento, dove la zia di Eva Braun era monaca. Hitler annullò l'ordine e, in seguito, parlando con Schaub, osservò che Bormann peccava di testardaggine e non aveva idea delle conseguenze di certi provvedimenti.

Su consiglio del Papa, nel luglio 1933, Hitler aveva regolarizzato tramite un concordato[94] le relazioni tra partito nazista e Vaticano. Questo accordo internazionale, il primo che egli firmò, portò al nazismo grande prestigio. Ciononostante, con il trascorrere del tempo, alcuni conventi e monasteri vennero effettivamente chiusi e le loro proprietà confiscate. Grazie all'affetto che Hitler aveva provato per l'abate Albanus Schachleitner, da principio i benedettini godettero di una certa immunità: i due si erano conosciuti a Monaco nella *KönigsPlatz*, durante una manifestazione contro l'occupazione francese della Ruhr, e Schachleitner era diventato un sostenitore del partito. Per questo la Chiesa lo aveva scomunicato ed egli era morto in miseria: Hitler aveva voluto per lui un funerale di stato celebrato a Monaco. Dopo la morte del Führer, la Chiesa, fatti riesumare i resti dell'abate, li fece sotterrare in terra sconsacrata.

Ci furono però alcuni esponenti del cattolicesimo che, per abilità diplomatica e forza nelle proprie convinzioni, impressionarono favorevolmente Hitler. Tra questi, il cardinale Michael von Faulhaber, arcivescovo di Monaco, che Hitler ospitò in forma privata alla Berghof per ascoltarne la coraggiosa protesta contro una serie di procedimenti giudiziari a carico di membri del clero accusati di omosessualità. Oppure il cardinale viennese Theodor Innitzer, che Hitler ricevette nel 1938 il giorno del proprio trionfale ingresso in Austria.

94 Ndt. Il Reichskonkordat, concordato tra la Santa Sede e la Germania nazista, fu firmato il 20 luglio 1933 da Eugenio Pacelli, futuro papa Pio XII, e da Franz von Papen per conto rispettivamente di papa Pio XI e del Presidente tedesco Paul von Hindenburg. Nel concordato, la Germania raggiungeva una completa autonomia da tutte le interferenze clericali in campo politico, assicurava la lealtà dei vescovi allo stato attraverso un giuramento e richiedeva che tutti i preti fossero tedeschi e soggetti ai superiori tedeschi.

Per lo più furono i luterani e i riformisti tedeschi a dare a Hitler le maggiori preoccupazioni. I suoi primi anni di potere furono segnati da inutili tentativi di riconciliare le trenta fazioni protestanti, in perenne conflitto tra loro, e unirle sotto un'unica autorità. Tra queste, emergeva la 'Chiesa confessionale', guidata dal pastore Martin Niemöller, un ex ufficiale della marina, divenuto predicatore nel 1931, che si poteva considerare 'il primo parroco nazista'. Fu suo uno dei più tempestivi telegrammi di felicitazioni giunti al Führer nel 1933, allorché la Germania annunciò l'uscita dalla Società delle Nazioni. La sua più grande ambizione, quale parroco di Dahlem, era quella di divenire vescovo del Reich, nominato dai nazisti per la Chiesa protestante tedesca.

Per tutta l'estate del 1933, le diverse istituzioni del protestantesimo discussero animatamente sulla scelta del vescovo del *Reich*, ma nessuno dei nomi da loro proposti, nemmeno quello di Bodelschwingh, venne ritenuto idoneo dal partito. Poi, nel settembre dello stesso anno, a Wittemburg, un sinodo elesse Ludwig Müller che, cappellano militare a Königsberg, era stato raccomandato dal generale Blomberg poiché suo intimo amico.

Schwerin von Krosigk in persona, una sera di quell'inverno, sentì Niemöller dichiarare a Bodelschwingh e ad altri che l'unico modo di risolvere la faccenda era far visita a Müller in piena notte assieme ad alcuni robusti giovanotti della congregazione di Dahlem e "malmenare il vescovo del *Reich* al punto da farlo irriconoscibile persino alla madre".

Stanco di quella guerra interna contro Müller, Hitler, il 25 gennaio 1934, convocò alla cancelleria una dozzina di rappresentanti della Chiesa protestante. Prima di quella data, Göring fornì a Hitler alcune intercettazioni telefoniche della *FA* che riguardavano Niemöller. Una di queste testimoniava una recente conversazione tra quegli e un confratello dove i due commentavano l'incontro appena avuto con Hindenburg per perorare la destituzione di Müller.

"Questa volta abbiamo dato a quel vecchio l'estrema unzione", aveva detto Niemöller, ridacchiando. "Gli abbiamo versato addosso un tale quantitativo di olio santo che quel bastardo [Müller] verrà sicuramente cacciato".

Durante la riunione alla cancelleria, i battibecchi dei 12 rappresentanti del clero indispettirono Hitler che, tuttavia, consentì loro di presentare formale richiesta di sostituzione di Müller ("con aria ipocrita e molte citazioni delle sacre scritture" come disse lo stesso Hitler in un'occasione, o "con un linguaggio mellifluo", come disse in un'altra), poi fece cenno a Göring di leggere ad alta voce la trascrizione dell'intercettazione. Niemöller negò di aver pronunciato le parole che gli venivano attribuite. Secondo un resoconto di Lammers, di fronte alle menzogne di un uomo di chiesa, Hitler non nascose la propria indignazione e, dopo quell'episodio, tra il regime e Niemöller la rottura fu completa.

Nel luglio 1935, Hitler fece un estremo tentativo di placare quelle acque turbolente, costituendo un ministero della Chiesa del *Reich* sotto la guida di Hans Kerrl, ex Presidente del consiglio di Prussia. Questi, nell'ottobre dello stesso anno, stabilì un consiglio della Chiesa del *Reich*, ma il suo impegno venne reso vano dalle liti tra i cristiani e la fazione protestante di Niemöller, finché, su quest'ultima si abbattè un'ondata di perquisizioni e arresti. Sulle prime, Niemöller venne risparmiato ma quando, dal pulpito, prese a insultare Kerrl, il ministro della Giustizia Franz Gürtner fu costretto a fermarlo. Hitler, seppur restio a farne un martire, il primo luglio 1937 fu costretto a ordinarne l'arresto per sedizione. Il processo, svoltosi nel febbraio 1938, fu un evento clamoroso. Brillantemente difeso da tre avvocati, Niemöller si avvalse delle testimonianze a suo favore per denunciare Hitler e il regime nazista.

"In futuro", ringhiò il Führer, "limiterò questi duelli esclusivamente a un affare tra il clero e la professione legale!"

Niemöller fu condannato ai sette mesi di reclusione già scontati.

Tuttavia, con soddisfazione di Hitler, si rifiutò di dare alla corte rassicurazioni sul suo futuro comportamento tanto che, nuovamente tratto in arresto, fu internato in un campo di concentramento.

Lì, quel prete turbolento avrebbe languito sino al 1945. Nel settembre 1938, a Monaco, Mussolini tentò di intercedere per lui, ma Hitler rispose con un fermo rifiuto: "All'interno del campo di concentramento, è ben trattato e gode della massima libertà, ma non ne uscirà mai più".

Un'importante risoluzione

Pur indiscutibilmente tedesca per storia e caratteristiche, Danzica, a seguito del Trattato di Versailles, era stata posta sotto il mandato della Società delle Nazioni. La Polonia, in qualità di tutrice, aveva su di essa diritti diplomatici, di passaporto e militari. La rete ferroviaria, i 120 funzionari doganali e un grande ufficio postale ne testimoniavano la costante presenza nella vita della città.

Se e quando Hitler avesse dato inizio all'*Operazione Bianco*, come il comandante del Gruppo di Armate Nord Fedor Bock aveva preannunciato, Danzica, per parecchi giorni si sarebbe trovata nell'occhio del ciclone. Così, il 27 maggio 1939, Bock suggerì allo Stato Maggiore generale di costituire in loco una brigata segreta scegliendone i componenti tra i 12.000 residenti tedeschi che avevano maturato una precedente esperienza militare o quantomeno di polizia urbana. Inoltre, consigliò opportuno che, nel giorno d'inizio dell'invasione una nave si trovasse casualmente nelle acque territoriali della città in questione e da questa, con il compito di mantenere l'ordine, fosse fatto sbarcare un battaglione militare.

L'11 giugno Hitler approvò entrambe le proposte di Block. Il maggiore generale Friedrick Georg Eberhardt fu inviato a Danzica in incognito a organizzare i *Freikorps*. Navi cariche di armi e munizioni, apparentemente dirette a Königsberg, accusarono avaria ai motori e attraccarono per procedere alle opportune riparazioni al porto di Danzica, dove l'equipaggiamento dovuto a Eberhardt (che comprendeva tutto, dai chiodi per le scarpe ai cannoni da 150 millimetri) venne scaricato nottetempo. Alcune *SS,* recatesi in città per una manifestazione, prolungarono il loro soggiorno. Così, allorché fosse iniziata l'*Operazione bianco*, Eberhardt avrebbe avuto a disposizione due reggimenti di fanteria, un battaglione di artiglieria e alcuni drappelli di *SS*. I ponti vennero presidiati e furono costituiti alloggi segreti e predisposti ponti mobili componibili.

Hitler si vantò in privato: "Avevo un credito di 100 marchi, ne ho riscossi 99 e sto per recuperare anche l'ultimo". Autorizzò Goebbels a tenere a Danzica, il 17 giugno, un discorso volutamente provocatorio che lo stesso Goebbels anticipò confidenzialmente alla stampa tedesca: "Sarà un test per sondare l'atmosfera internazionale circa la soluzione della questione di Danzica". A Berlino, l'aria si faceva rovente.

Il 3 luglio, Hitler e Göring, recatisi all'aeroporto di Rechlin, procedettero a un'ispezione segreta del nuovo equipaggiamento della *Luftwaffe*. Nell'occasione venne loro mostrato uno sperimentale velivolo da combattimento, l'*Heinkel*, con propulsione a razzo. Un bombardiere *Heinkel 111*, appositamente sovraccaricato, grazie all'innovativo propulsore, riuscì a decollare con sorprendente facilità. A Hitler furono inoltre mostrati i più recenti e tecnologicamente avanzati radar per l'avvistamento a distanza e le cabine pressurizzate per aerei di alta quota. Nei laboratori, gli vennero presentate nuove metodologie per l'avviamento dei motori a scoppio a temperature inferiori allo zero e un innovativo cannone da 30 millimetri installato su un aereo da caccia *Messerschmitt 110*. Si trattava, in realtà di una colossale farsa che ebbe conseguenze fatali: tratto in inganno da quella montatura, Hitler invece di limitarsi a Danzica e al Corridoio Polacco, pensò bene di accaparrarsi una fetta di Polonia ben più sostanziosa. Nel maggio 1942, Göring avrebbe commentato: "Basandosi su quell'ispezione, Hitler prese decisioni azzardate. È un miracolo che le cose siano andate così bene e che non abbiamo dovuto patirne gravi conseguenze".

Con il sopraggiungere dell'estate, i ministri tedeschi si allontanarono da Berlino. Il 9 luglio, Ribbentrop si diresse in vacanza sul lago Fuschl, non distante dalla Berghof. Lo stesso giorno, Brauchitsch, presenziato a Karlshorst ai festeggiamenti della Giornata dell'Esercito, partì per una licenza di alcune settimane. Göring, a bordo del suo yacht, già si trovava in crociera.

Hitler, consapevole che la Germania, in caso di un'alleanza, avrebbe avuto molto da offrire a Stalin, poteva permettersi di aspettare. In effetti, a metà giugno i sovietici avevano nuovamente fatto intendere, questa volta tramite l'ambasciatore bulgaro a Berlino, che sarebbero stati ben lieti di trattare con Hitler se egli avesse firmato un patto di non aggressione. Il Führer riteneva ormai altamente improbabile la possibilità di un accordo tra Londra e Mosca.

Nel frattempo, Hitler aveva assunto il diretto controllo di ogni fase dei preparativi strategici occupandosene con Heydrich, Goebbels e, poiché mancava di un assistente navale, direttamente con gli ammiragli dell'Alto Comando della marina. In quei giorni Albert Forster, gerarca di Danzica, si recò spesso alla Berghof e il 13 luglio ebbe quella che il suo giornale, il *Danziger Vorposten*, definì "un'approfondita discussione" con Hitler. Una settimana dopo, a seguito di un ulteriore incontro, Forster disse ai suoi collaboratori:

"Il Führer sostiene che [...] questa estate era propenso a impossessarsi esclusivamente di Danzica, ma l'attuale buon senso impone che la sistemazione della faccenda sia legata a una più completa soluzione, da apportare al momento opportuno, del problema tedesco-polacco."

Forster spiegò che tale risoluzione consisteva nel riportare le frontiere orientali del *Reich* a dove si trovavano nel 1914. Il 22 luglio 1939, Hitler dispose che il vecchio incrociatore Nurnberg, previo breve preavviso, si tenesse pronto a raggiungere Danzica.

Due giorni più tardi, Hitler si recò a Bayreuth per l'annuale festival wagneriano. In gioventù, egli era stato corista a Lambach (Austria) e a 17 anni, adolescente romantico e privo di radici, aveva risparmiato solo per visitare l'opera di Linz. Era stato assistendo al *Rienzi*, una delle prime opere di Wagner, che nel 1906 aveva sentito in sé esplodere il demagogo sopito nell'animo d'artista. In un certo senso, la storia di *Rienzi* non appare dissimile da quella di Hitler. Lui stesso, nel 1945, quando dettò a Schaub una citazione tratta dall'opera che desiderava fosse incisa sul suo sepolcro, implicitamente lo ammise.

L'opera racconta la vicenda vera di un giovane notaio, per l'appunto *Rienzi* (1313-1354) che, figlio del popolo, se ne fa paladino contro l'oppressione dell'aristocrazia e dei potenti. La sua forza persuasiva è tale da liberare dal giogo i ceti sociali più bassi, costringendo persino la nobiltà a riconoscerlo come guida indiscussa: "Rienzi, salve! Salve a te, tribuno del popolo!" Alla fine i potenti cospirano contro di lui e i sostenitori gli volgono le spalle al punto che viene condannato proprio da coloro, suoi simili, che prima lo osannavano.

Hitler era rimasto particolarmente colpito dal dramma: a rappresentazione terminata, lasciato il teatro, si era diretto in piena notte con un amico, August Kubizek, su un promontorio nei dintorni di Linz. Lì, per la prima volta, aveva parlato a questi di un patto che un giorno il popolo tedesco avrebbe stretto con lui, chiedendogli di liberarlo dalla schiavitù e condurlo alla libertà. Trascorsero l'intera notte all'aperto.

L'amico potrebbe benissimo averlo provocato in questo modo: "Ehi Rienzi, che progetti hai?/ Ti vedo innanzi a me potente, dimmi/ A cosa mira questa ulteriore forza?"

Ma non lo fece. August incontrò nuovamente Hitler a Bayreth, nel luglio del 1939: cenarono assieme alla 'Wahnfried', la casa di Frau Winifred Wagner e, nell'occasione, ricordò al Führer di quella notte del 1906, sulla collina. Hitler lo interruppe e, raccontata a Frau Wagner tutta la storia, concluse: "Fu allora che tutto ebbe inizio".

Hitler sostenne le arti come pochi dei suoi più recenti predecessori avevano fatto. Aveva ascoltato almeno 40 volte anche l'opera wagneriana *I maestri cantori di Norimberga* (*Die Meistersinger von Nürnberg*), ritenuta da Schaub come la sua preferita per il tributo all'abilità tedesca. La 'Wahnfried' era per lui una seconda casa e Frau Wagner, una matrona inglese vedova del figlio del grande compositore, una seconda madre.

Dal 1925 al 1933, Hitler si era tenuto lontano da lei per non metterla in imbarazzo, ma poi aveva riallacciato l'amicizia telefonandole frequentemente, identificandosi come "Capobanda *Wolf*". L'ammirazione che quella straordinaria signora inglese nutriva per Hitler fu immutata per tutta la sua vita. Di tanto in tanto, Frau Wagner spendeva con lui una parola in favore di qualche ebreo o di qualche musicista perseguitato e, un giorno, Hitler le suggerì di scrivergli, per questioni del genere, usando come tramite il dottor Brandt. "Se le tue lettere cadono in mano a Bormann", le disse, "non è garantito che mi arrivino".

Nel luglio 1939, mentre Hitler si trovava a Bayreuth, il clamore all'estero aumentava. L'ambasciatore Dirksen riferì da Londra che la stampa britannica gridava al sopruso sin dal giorno dell'annessione dell'Austria. Ma ciò che più interessava a Hitler era che adesso da Londra giungevano voci autorevoli che indicavano quanto Chamberlain stesse cercando il modo di revocare le impulsive rassicurazioni date alla Polonia.

Non più tardi di giugno (dopo che Giorgio VI aveva risposto con calore alle condoglianze di Hitler per la perdita del sommergibile *Thetis*), Hitler aveva accennato a Walther Hewel che, se solo avesse potuto incontrare qualche inglese di una certa rilevanza con cui poter dialogare in tedesco, avrebbe in breve appianato le divergenze tra i due paesi.

Verso la fine di luglio, tutto faceva supporre che Chamberlain e i suoi consiglieri si stessero preparando per una seconda Monaco. Su iniziativa britannica, c'erano stati colloqui tra sir Horace Wilson, uno dei più pacifisti consiglieri di Chamberlain, e un membro dello staff di Göring, il dottor Helmut Wohlthat. Wilson aveva proposto un accordo politico, militare ed economico in cambio di alcune garanzie. "Forse pecco d'ottimismo", aveva detto, "e forse nell'attuale situazione tutto ciò può sembrare utopistico. Ma ho avuto l'opportunità di studiare il Führer e ritengo che lui, adoperandosi per la pace, possa ottenere nella costruzione di una Grande Germania risultati di gran lunga maggiori di quelli già conseguiti".

La tabella di marcia dell'*OKW* per l'*Operazione Bianco* stava per entrare nella fase operativa: non era richiesta alcuna significativa decisione militare fino al 12 agosto, ma lo Stato Maggiore generale aveva stabilito che la data migliore per un attacco alla Polonia sarebbe stata quella del 25; così venne chiesto a Hitler di confermare o meno, entro il 15 agosto, la decisione di procedere. Questo lasciava a Hitler appena due settimane per ottenere la firma di Stalin su un patto e nessuno credeva che Ribbentrop sarebbe riuscito in tempo nell'impresa.

"Non penso che i colloqui di Mosca saranno un fiasco", scrisse Weizsäcker nel suo diario il 30 luglio. "Ma non ritengo possibile concluderli in 14 giorni. Il mio consiglio è che, nell'occasione, si sia chiari sul destino riservato alla Polonia; Ribbentrop suggerisce di proporre a Mosca la spartizione degli stati baltici in modo che il territorio a nord di Riga possa servire da spazio vitale all'Unione Sovietica e quello a sud altrettanto a noi. Personalmente ho sconsigliato questa strategia".

Intanto, a Bayreuth, Hitler era costretto a occuparsi degli affari di cuore del suo *entourage*. Magda Goebbels aveva intrapreso una relazione amorosa con un giovane e fascinoso funzionario del ministero della Propaganda. Hitler, furibondo, impose ai due Goebbels una riconciliazione e pretese che il 26 luglio si recassero all'opera in sua compagnia: tutto ciò che il teatro offriva quella sera era *Tristano e Isotta* e per tutto il tempo la signora Goebbels, probabilmente pensando al suo amante, pianse amaramente, mentre Hitler e suo marito, pallidissimo, fingevano di non avvedersene.

Robert Ley, capo del Fronte del Lavoro, tormentò Hitler in altro modo. Nello splendido salotto di Winifred Wagner propose che al congresso di Norimberga non venisse suonata l'usuale *Aida* di Verdi, bensì un brano che lui aveva composto per l'occasione. E con aria di finta modestia mise sul grammofono un disco con incisa la sua marcia. Quando le ultime terribili note si furono chetate, Hitler decretò laconicamente: "Ci terremo l'*Aida*".

Fu a Bayreuth che Hitler avvicinò cordialmente Neurath con le parole: "Quello che sto per dirle la stupirà. Come lo vede un nostro accordo con l'Unione Sovietica?"

Neurath, pur allibito, rispose favorevolmente e Hitler continuò: "Non sarà facile far digerire questa mossa ai vertici del partito".

"Il partito è come cera nelle sue mani, *mein Führer*", lo adulò Neurath.

Ma Hitler temeva ancora un rifiuto di Stalin. Su sue precise istruzioni, il 2 agosto Ribbentrop accennò all'incaricato d'affari sovietico, che il destino della Polonia avrebbe dovuto essere competenza di Mosca e Berlino e aggiunse furbescamente che tra tedeschi e russi non sussisteva "alcun problema tra il Mar Baltico e il Mar Nero" che non potesse essere risolto. Ribbentrop sottolineò anche che la Germania non aveva fretta: un'assicurazione questa certamente data con imbarazzo, visto che egli era a conoscenza della rigida tabella di marcia dell'*OKW*. Sebbene il conto alla rovescia fosse già cominciato, i sovietici dovevano assolutamente rimanerne all'oscuro.

Il 3 agosto Hitler, lasciata Bayreuth, come se niente potesse interferire con l'apertura del congresso del partito (previsto per il mese successivo), visitò la sede designata ad accoglierlo, vale a dire lo stadio di Norimberga. Il giorno 4 si diresse a Monaco dove, rientrato nel suo appartamento, ebbe un colloquio con il generale Keitel. Il capo dell'*OKW* aveva con sé la definitiva tabella di marcia dell'*Operazione Bianco*. L'esercito, poiché le piogge di metà settembre, reso il terreno fangoso, avrebbero potuto intralciare l'avanzata dei *panzer* e creare problemi alla *Luftwaffe*, aveva designato per l'invasione il giorno 25 agosto. Hitler, fatto accomodare in poltrona Keitel e l'assistente in campo di quest'ultimo, il maggiore Bernhard Lossberg, spiegò ancora una volta in un affabile dialetto austriaco, cosa che sorprese grandemente il maggiore, perché il problema polacco dovesse essere risolto quanto prima. Attribuì all'incauta garanzia data da Chamberlain la colpa dell'intransigenza di Varsavia.

"Quei signori di Londra e Parigi non muoveranno un passo contro di noi neppure questa volta", assicurò.

Poi, tralasciato il dialetto austriaco, Hitler si espresse nel suo usuale tedesco gutturale, in questo modo: "Sarà compito mio che non accada. Statene certi, questo conflitto polacco non sfocerà mai e poi mai in una guerra europea".

La sera stessa Hitler ripartì per la Berghof, centro nevralgico dei gravi eventi che avrebbero segnato le tre settimane successive.

Da Londra provenivano ancora segnali concilianti.

Il 4 agosto Chamberlain sospese per due mesi le sedute parlamentari. Contemporaneamente arrischiò una strana mossa che convinse maggiormente Hitler che la Gran Bretagna non fosse ancora pronta per un conflitto: sir Horace Wilson invitò l'ambasciatore Herbert Dirksen nel suo appartamento privato di Chelsea (specificando che sarebbe dovuto arrivare a piedi per non attirare l'attenzione) per prospettargli l'offerta di una 'completa alleanza mondiale' tra la Gran Bretagna e la Germania. Se Hitler ne avesse accettati i termini, disse Wilson, la Gran Bretagna avrebbe fatto pressione sulla Polonia affinché cedesse alle rivendicazioni tedesche. In quel modo, la malaccorta garanzia britannica alla Polonia sarebbe di fatto divenuta inefficace. Subito dopo Ribbentrop riceveva un telegramma da Dirksen che lo informava, appunto, di quel colloquio.

Il giorno 6, Weizsäcker annotava: "Segreti sondaggi di Chamberlain per un compromesso (tramite Wilson) dimostrano che, se lo desiderassimo, con gli inglesi potrebbe esserci dialogo".

Ma Hitler non era propenso a piegarsi. Il 12 e il 13 la stampa tedesca ricevette disposizioni precise di ignorare quell'apparente cambiamento di rotta della Gran Bretagna.

"Gli inglesi hanno fomentato i polacchi, adesso devono pagarne le conseguenze", era la linea ufficiale che doveva essere propagandata.

Hitler era convinto che i colloqui tra i britannici e Stalin fossero giunti a un punto morto.

Il 7 agosto, inviò un agente dei servizi segreti all'aeroporto londinese di Croydon, per osservare il ritorno da Mosca di William Strang, responsabile inglese dei negoziati. L'espressione sconsolata di questi diede adito all'esattezza delle supposizioni di Hitler.

Il giorno 9, Halifax in persona, durante un colloquio con Dirksen, affermò che la Gran Bretagna era disposta a venire incontro alle esigenze tedesche. Ma ormai Hitler non aveva altro desiderio che quello di intraprendere la sua piccola guerra contro la Polonia. Dopo che, il 10 agosto a Strasburgo, il capo dei servizi segreti Canaris ebbe conferito con Keitel, Schmundt, Ribbentrop e Fuschl, il tenente colonnello Erwin Lahousen scrisse, nel proprio diario: "Imposizione di un patto di non aggressione con R", dove R significava Russia.

Il giorno 11, Hitler ordinò di intensificare la propaganda anti-polacca fino all'80% del massimo possibile. Così, dopo mesi di forzato silenzio da parte della stampa nazista sulle 'atrocità' compiute dai polacchi, il giorno 16, gli editori ricevettero una inattesa circolare: "È tempo che la stampa abbandoni il proprio riserbo".

Goebbels fece sì che gli 'incidenti terroristici', sia pure senza eccessivo risalto, passassero dalla seconda alla prima pagina dei giornali evitando di fare accenno alle rivendicazioni territoriali tedesche.

Hitler abbisognava ora di 'incidenti' organizzati in maniera verosimile in un luogo, un momento e una data, in linea con la rigida tabella dell'*OKW*. A tale scopo, erano già pronti due diabolici schemi elaborati da Heydrich "sulla base di esempi di vecchia data offerti dai nostri vicini occidentali", come lo stesso spiegò ai comandanti delle *SS* intorno al giorno 11.

Uno di questi piani prevedeva che agenti tedeschi camuffati da rivoluzionari polacchi, occupata la stazione radio tedesca di Gleiwitz, mandato in onda un proclama, si sarebbero dati alla fuga. L'altro, invece, sarebbe stato più complesso: alla vigilia dell'*Operazione Bianco* una compagnia di fanatici nazisti di lingua polacca sarebbe stata reclutata fra gli operai dell'Alta Slesia. Il gruppo, indossate uniformi polacche, avrebbe occupato una sede doganale tedesca nei pressi di Hochlinden. Inscenata una battaglia con una guarnigione delle *SS*, nella stessa, grazie alla collaborazione di un ufficiale disertore convogliato nelle file tedesche, sarebbero state attirate truppe regolari dell'esercito polacco. Il capo della Gestapo, Heinrich Müller, suggerì anche di sparpagliare sul teatro degli scontri, cadaveri freschi (corpi di condannati appena giustiziati a Dachau), muniti di autentici documenti dell'esercito polacco.

Quando incontrò il professor Oarl Burckhardt, alto commissario per Danzica designato dalla Società delle Nazioni, Hitler aveva già predisposto il proprio discorsetto: "Se dovesse esserci la benché minima provocazione, farò a pezzi la Polonia senza preavviso e in modo che non rimanga niente da recuperare".

Aggiunse con orgoglio che, se nel 1938, aveva dovuto incitare i suoi generali, adesso era costretto a trattenerli. Poi Hitler (come avrebbe riferito Burckhardt, anni dopo) così continuò: "Tutto ciò che faccio è diretto contro l'Unione Sovietica. Se l'Occidente è troppo ottuso per comprenderlo, allora sarò costretto a trovare un accordo con i russi e volgere le mie mire verso Ovest. Poi, alla fine, regolerò i conti anche con i bolscevichi".

Il giorno successivo Hitler si espresse nello stesso modo con Galeazzo Ciano, aggiungendo che da tempo si era riproposto, come già aveva detto personalmente al Duce nel maggio 1938 a bordo della Conte di Cavour, di ripercorrere l'antica strada teutonica verso Est. Gli italiani ancora non erano a conoscenza dell'*Operazione Bianco.*

Scrisse Weiszsäcker nel suo diario:

"Dato che nell'ultima settimana la nostra volontà [di Hitler] di giungere a una guerra è diventata più forte, l'alleanza con gli italiani si rivela una seccatura. Himmler e il gerarca Forster stanno diffondendo nel loro *entourage* l'eventualità di un conflitto e Ribbentrop assicura che, se nei primi 3 giorni verremo a capo della Polonia, inglesi e francesi rimarranno neutrali. Egli, in proposito, non nutre alcun dubbio".

Il 12 agosto, il conte Ciano venne ricevuto alla Berghof. Eva Braun, confinata al piano superiore, incollò nel proprio album una serie di istantanee che mostravano l'arrivo delle varie autorità, i capi fascisti in camicia nera che salutavano Hitler e persino alcuni di loro che alzavano lo sguardo verso le sue finestre. Eva scrisse sotto quelle foto: "Quassù è nascosto qualcosa che non potete vedere: me!" Hitler, che disponeva di poco tempo, non nutriva molta simpatia per Ciano: a Schaub diceva che quell'italiano era "troppo brillante e troppo curato" per ispirare fiducia. Disse al ministro degli Esteri italiano della forza militare tedesca e della vulnerabilità della Gran Bretagna agli attacchi aerei. Cose queste che, probabilmente, riferì affinché giungessero alle orecchie degli inglesi.

Il 20 maggio 1943, Hitler avrebbe infatti detto in una conferenza: "Ogni memorandum che inoltravo al Duce arrivava immediatamente in Gran Bretagna. Perciò, gli mandavo solo ciò che desideravo che Londra sapesse".

È quasi certo che Hitler abbia informato "in via confidenziale" Ciano, che l'*Operazione Bianco* sarebbe cominciata entro due settimane perché questo fu ciò che il ministero degli Esteri britannico apprese pochi giorni dopo. Ciano era sconcertato, ma Hitler gli assicurò, senza far menzione al patto con i sovietici, che l'Occidente non sarebbe intervenuto.

Proprio mentre Ciano, nella Sala Grande, stava esponendo a Hitler le proprie preoccupazioni, entrò Hewel e sussurrò qualcosa a Ribbentrop. Questi, a sua volta, informò il Führer della notizia appena giunta: Molotov, a Mosca, accettava di ricevere un delegato tedesco alla negoziazione. L'umore di Hitler ebbe un improvviso cambiamento e, sorridendo, chiese ai suoi ospiti fascisti di accompagnarlo al *Nido dell'Aquila*, per il tè.

Curiosamente, sembra che sulle prime il barone Weizsäcker sia stato lasciato all'oscuro delle notizie giunte da Mosca. La ragione più probabile è adducibile ai rapporti troppo amichevoli ch'egli coltivava con alcuni ambasciatori francesi, inglesi e italiani. Il giorno 13 egli scrisse: "La mia opinione non muta. Se la Polonia si renderà colpevole di atti sufficienti a indignare Londra e Parigi potremo attaccarla senza problemi. Altrimenti, al momento, dovremo lasciar perdere. Non ho ancora ben compreso", continuava Weizsäcker il 14 con una certa perplessità, "cosa abbia provocato questo ripensamento a Fuschl [la residenza estiva di Ribbentrop] e alla Berghof. Solo una settimana fa, inclini a credere che le potenze occidentali non avrebbero abbandonato la Polonia, si parlava di evitare un intervento armato".

Hitler esitò per alcuni giorni prima di rispondere a Mosca. Ma la tabella di marcia dell'*OKW* esigeva entro il 15 una decisione. Gli ultimi rapporti dei servizi segreti riferivano che la Gran

Bretagna aveva offerto alla Polonia un prestito di 8 milioni di sterline e che i preparativi polacchi a un eventuale conflitto erano più avanti di quelli tedeschi.

Il 14 agosto Hitler convocò alla Berghof i suoi tre comandanti in capo e spiegò perché l'*Operazione Bianco* era ancora valida, motivando loro anche le proprie certezze circa una non ingerenza delle potenze occidentali. Il generale inglese Edmund Ironside aveva redatto un rapporto critico sulla preparazione bellica della Polonia e Hitler supponeva che Chamberlain volesse servirsene per disimpegnarsi dagli accordi presi con il governo polacco. Se veramente fosse stata in buona fede, la Gran Bretagna avrebbe offerto molto di più di un umiliante obolo di 8 milioni di sterline ("gli inglesi non impegnano mai denaro in affari sballati") e a loro volta i polacchi sarebbero risultati più insolenti di quanto testimoniato dalle intercettazioni del *FA*.

Il Führer disse che la sua unica preoccupazione riguardava un'eventuale offerta dell'ultimo minuto proveniente dalla Gran Bretagna, che avrebbe potuto privarlo dell'*Operazione Bianco*. Quello stesso giorno disse a Göring, Brauchitsch e Raeder che, dopo essersi occupato della Polonia, avrebbe tentato un riavvicinamento con gli inglesi chiedendo di giungere a un negoziato. Raeder, ancora offeso per l'affare Albrecht, non si espresse. Canaris scrisse nel proprio memoriale: "Il comandante in capo dell'esercito [Brauchitsch] non ha detto una sola parola".

Hitler fece un altro passo fatale. Alle 22:53 di quel 14 agosto, Ribbentrop telegrafò all'ambasciata tedesca moscovita queste inattese istruzioni: Molotov doveva essere informato che lui, Ribbentrop, voleva personalmente recarsi a Mosca per un colloquio. Il segretario di Stato Weizsäcker, giustamente, ne trasse queste conclusioni: "Se Ribbentrop riuscirà a concludere un accordo con i sovietici, saranno loro stessi a chiederci di attaccare la Polonia".

Il 15 agosto Hitler autorizzò tutti i passi necessari affinché il giorno 25 si potesse procedere all'azione. Le Forze Armate, disse, dovevano ritenere l'*Operazione Bianco* ineluttabile. La marina diede disposizione agli incrociatori tascabili *Graf Spee* e *Deutschland* e a 14 sommergibili di tenersi pronti per un'operazione nell'Atlantico. Il congresso di Norimberga fu segretamente annullato per lasciare l'intera rete ferroviaria a disposizione della *Wehrmacht*.

Meno documentati sono i segretissimi piani dell'*Abwehr* e delle *SS* che, allo scopo di impadronirsi di ponti, snodi ferroviari e stabilimenti industriali, avevano predisposto numerose operazioni stile *commandos* dietro le linee nemiche. L'*Abwehr* aveva addestrato un gruppo d'assalto per impadronirsi di un tunnel ferroviario a Jablunka, situato sulla linea principale Vienna-Varsavia. Se i polacchi lo avessero fatto esplodere, la Quattordicesima Armata di Wilhelm List, ammassata in Slovacchia, avrebbe avuta preclusa la via d'accesso al sud della Polonia. Hitler insistette affinché ci fosse una netta distinzione tra queste unità "illegali" e i "regolari" dell'esercito tedesco: quando Manstein gli chiese il permesso di far agire, durante l'avanzata del Gruppo Armate Sud, tre gruppi d'assalto in uniformi polacche, egli negò il consenso. Invece, quando successivamente (il 17 agosto), Himmler propose di far indossare uniformi polacche alle *SS* in azione nella stessa zona, egli diede il suo benestare e ordinò all'*Abwehr* di consegnare a Heydrich tutto l'occorrente.

Hitler ideò personalmente un'avventurosa operazione all'estremo nord del fronte polacco per impadronirsi, a Dirschau, di due ponti strategici che attraversavano la Vistola. Ambedue cadevano a est sul territorio di Danzica e a ovest in Pomerania, nel corridoio polacco. Ossessionato da quei ponti, Hitler studiò immagini aeree e modelli in scala, progettando per giorni un piano dopo l'altro. Finalmente, trovò un accordo con Göring, Himmler e Brauchitsch per un massiccio bombardamento sulle guarnigioni polacche poste a difesa degli stessi e sulla locale centrale elettrica, seguito da un attacco terrestre: a tale scopo, un treno merci carico di truppe d'assalto, comandato dal colonnello Gerhardt Medem, sarebbe giunto in loco dalla Prussia orientale, pochi minuti prima dell'inizio dell'*Operazione Bianco*. Hitler istruì Medem personalmente. Il tempismo, poiché l'attacco doveva coincidere con un'incursione della *Luftwaffe* contro la base navale polacca di Gdynia, preludio all'invasione, era di vitale importanza.

La vecchia nave da guerra *Schleswig-Holstein* venne spostata a Danzica, non appena l'*Operazione Bianco* fosse iniziata, questa avrebbe cannoneggiato la fortezza polacca ubicata (illegittimamente) sulla Westerplatte, la striscia di terra che dominava l'entrata del porto.

Nel frattempo, però, i sovietici cominciarono a vacillare. Quando, il 16 agosto, Molotov propose un patto di non aggressione, Ribbentrop rispose offrendosi di recarsi a Mosca entro due o tre giorni per la firma.

Il 18 agosto, Ribbentrop telegrafò all'ambasciatore tedesco di affrettare i tempi, accennando in tono allettante che sarebbe stato autorizzato ad avallare un protocollo segreto aggiuntivo che codificava aspetti troppo delicati per essere resi pubblici. Ma anche così Molotov non sembrava intenzionato a un incontro prima del 26 o 27 agosto.

Come Ribbentrop ben sapeva, la tabella di marcia dell'*OKW* era congegnata in modo da far scattare l'*Operazione Bianco* il giorno 25 o immediatamente dopo. L'effetto politico dell'accordo, se non fosse stato firmato prima di quella data, sarebbe risultato nullo. In realtà la fase A, cioè la messa in movimento di 220 convogli ferroviari che dovevano portare a Est truppe ed equipaggiamento militare, stava già cominciando.

A Hitler sembrò evidente che, in quell'occasione, dovesse correre un rischio personale. ("I nostri avversari speravano ancora", si vantò due giorni più tardi, "che l'Unione Sovietica, una volta sconfitta la Polonia, si sarebbe mostrata a noi ostile. Non avevano tenuto in debito conto il mio potere decisionale. I nostri antagonisti li ho conosciuti a Monaco, altro non sono che miseri e insulsi vermiciattoli!").

Il 20 agosto, Hitler si risolse al passo poco lusinghiero e del tutto privo di precedenti di inviare un messaggio personale a Stalin chiedendogli di consentire a Ribbentrop di recarsi a Mosca entro i successivi tre giorni.

Spaventato dall'avventatezza di quella mossa, Hitler non riuscì a nascondere il proprio nervosismo. Telefonò a Göring nel cuore della notte e poi si scagliò contro Ribbentrop per averlo convinto a percorrere il pericoloso sentiero dell'alta diplomazia. Ma nel pomeriggio del 21 agosto giunse la risposta da Mosca: l'ambasciatore tedesco era atteso da Molotov per le 15:00.

Finché Ribbentrop non ebbe il rapporto dell'ambasciatore, trascorsero altre ore di trepidante attesa. Poi, un sorriso illuminò il volto di Hitler. Un fotografo venne chiamato per immolare l'attimo in cui egli scorreva il telegramma: il Cremlino, come da lui richiesto, sarebbe stato lieto di ricevere il signor Ribbentrop entro le successive 48 ore. Un clima festoso invase la Berghof, quasi fosse stata vinta una grande battaglia. E in certo senso era così, perché quando, alle 23:15, la radio tedesca interruppe i programmi per annunciare al mondo quella raggelante notizia, nessuno ebbe modo di dubitare che essa significasse la fine della Polonia. "Adesso", disse Hitler ai suoi comandanti il mattino seguente, "farò della Polonia ciò che voglio".

Patto col diavolo

Davanti ai suoi aiutanti, Hitler era solito dichiarare che desiderava intraprendere solo la sua "prima guerra della Slesia" e nient'altro. In un'occasione, però, disse che, da quel momento, il popolo tedesco avrebbe dovuto abituarsi a combattere e la campagna polacca sarebbe valsa un eccellente esordio.

Il 18 agosto telefonò a Goebbels, ordinandogli di portare al massimo la campagna propagandistica per il giorno 22. Con la Polonia completamente isolata grazie al patto con i sovietici, Hitler aveva esclusivamente certezze. Il giorno 22 chiamò ancora Goebbels e questi si complimentò con lui per quelle magistrali iniziative.

Il Führer ancora non aveva idea di cosa sarebbe occorso a seguito dell'*Operazione Bianco*, ma confidava nella buona sorte. Ciò che rimaneva inalterato in lui era l'obiettivo prefissatosi a lungo termine, lo stesso che, espresso nel 1924 nel *Mein Kampf*, aveva svelato ai suoi comandanti in capo il 2 febbraio 1933 e il 28 maggio 1938, e, più recentemente, delineato nei discorsi segreti del gennaio e del febbraio 1939. L'*Operazione Bianco* era solo un piccolo passo verso il sogno tedesco, lungo 300 anni, di una Germania dominatrice dell'Europa centro-orientale e, in definitiva, del mondo.

Quali mezzi non erano giustificati da un simile fine? Quanto alla Gran Bretagna, Hitler pensava, l'avrebbe blandita e vinta con le lusinghe offrendogli la *Wehrmacht* per garantire e difendere il suo immenso impero da orde asiatiche e altri barbari predatori. I paesi confinanti, invece, li avrebbe minacciati, ingannati, sedotti, illusi. "Se fosse per me non verrei mai meno alla parola data", avrebbe confidato a Walther Hewel nel giugno 1942. "Ma per la Germania, laddove necessario, sono pronto a farlo migliaia di volte!"

Il giorno 19, senza aspettare la risposta di Stalin, Hitler aveva già disposto che tre giorni dopo le più alte gerarchie militari si riunissero alla Berghof. L'invito, diramato dall'*OKW*, sottolineava: "[Il Führer] desidera in modo particolare che la riunione rimanga segreta e che niente trapeli alla stampa straniera". La riunione sarebbe sembrata un innocuo invito per il tè, con gli ospiti trasportati in auto da Salisburgo e Monaco. Obbligatorio, per favorire la segretezza, presentarsi in abiti borghesi.

Quando a mezzogiorno del 22 agosto, Hitler comparve nella Sala Grande, trovò ad attenderlo una cinquantina di ufficiali disposti su 4 5 file di sedie: tra questi, i comandanti dei gruppi di armate, i capi di Stato Maggiore dell'esercito con i loro aiutanti e i pari grado della marina e della *Luftwaffe*. In prima fila trovava posto Göring, che aveva interpretato le parole "abiti borghesi", giacché indossava un panciotto smanicato in pelle verde con spessi bottoni gialli sopra una camicia di seta bianca e dei *knickerbockers* grigi con lunghe calze dell'identico colore, in modo del tutto personale. Inoltre, un pugnale d'oro pendeva con noncuranza da un esotico cinturone.

Hitler disseminò i suoi appunti sul pianoforte a coda e si lanciò in un discorso semplice e persuasivo: stava per iniziare l'*Operazione Bianco*, una campagna militare dalla quale non si poteva uscire sconfitti. Non ci sarebbe stata un'altra occasione tanto favorevole. Né lui né Mussolini sarebbero vissuti in eterno: "In qualsiasi momento, potrei cadere vittima di un criminale o di un folle!" Non aveva alcun timore riguardo all'eventualità della nascita di un secondo fronte: la Gran Bretagna e la Francia, se anche avessero assunto toni minacciosi, si sarebbero ben guardati di darvi seguito con le armi.

Poi, Hitler, descrisse come aveva dato il via al processo di riavvicinamento a Stalin, a cominciare dall'accoglienza "particolarmente cordiale" da lui fatta all'ambasciatore sovietico al ricevimento di Capodanno.

"Quella sera", disse, "l'ambasciatore mi espresse i suoi ringraziamenti per averlo ricevuto con tutti gli onori". Poi, indicando Ribbentrop con un gesto della mano, annunciò trionfalmente che il ministro degli Esteri si sarebbe immediatamente recato a Mosca per la firma di un trattato. "Adesso farò della Polonia esattamente ciò che desidero!" disse. E aggiunse che finalmente la Germania non doveva più temere eventuali embarghi perché l'Unione Sovietica le avrebbe fornito cereali, bestiame, carbone, legno, piombo e lo zinco di cui abbisognava. "Temo soltanto che all'ultimo momento qualche canaglia possa sottopormi una proposta di mediazione!"

Venne servito uno sbrigativo pranzo in terrazza, al termine del quale Hitler parlò un'altra oretta, mentre fuori dalla grande vetrata si preannunciava un temporale. Invitò gli ufficiali convenuti a dimostrare una ferrea volontà, anche se Gran Bretagna e Francia avessero perseguito la guerra. "Ciascuno di voi deve agire come se, fin dal principio, il conflitto fosse esteso alle potenze occidentali". Essenziale sarebbe stato fiaccare rapidamente la volontà dei polacchi anche ricorrendo, laddove necessario, a un'eccessiva brutalità. "Fornirò un testo propagandistico per giustificare questa guerra, non ha importanza se plausibile o meno: al vincitore non viene mai chiesto, dopo, se ciò che aveva detto corrispondeva al vero". E concluse: "Io ho fatto quanto di mia competenza, adesso tocca a voi attenervi ai vostri doveri!"

Göring si alzò e, saliti tre bassi scalini con fare altisonante, assicurò al Führer che la *Wehrmacht* avrebbe rispettato le aspettative in lei riposte.

Brauchitsch, ostentando fiducia, congedò i propri generali

così: “Signori, ai vostri posti!”

I generali della *Luftwaffe* Milch e Kesselring furono visti di ottimo umore. Il grand’ammiraglio Raeder, invece, si avvicinò al Führer per rammentargli la pericolosa situazione di una ‘nave scuola’ permanentemente ancorata nel golfo di Danzica.

Hitler fu udito rispondere: “Che importanza può avere se quella vecchia carcassa affonda?” Raeder fece presente con freddezza che a bordo si trovavano centinaia di cadetti. Fu l’ultima volta che vide il Führer in quegli ultimi giorni di pace.

Il pomeriggio stesso Ribbentrop, istruito da Hitler a favorire un accordo a qualsiasi costo pur di ottenere l’assenso di Molotov, si diresse a Mosca. Naturalmente, egli avrebbe dovuto negare le mire tedesche ai territori dell’Europa sud-orientale “sino a Costantinopoli e allo Stretto dei Dardanelli”.

Quella stessa sera, Hitler sottolineò nuovamente il timore che qualche imbecille potesse obbligarlo, con “subdole proposte”, a rinunciare alla guerra. In effetti non si trattava di una paura infondata: dal 16 agosto le intercettazioni del *FA* rivelavano che Wilson stava disperatamente cercando una scappatoia diplomatica che permettesse la restituzione di Danzica al *Reich*. Lo stesso, il 20 agosto, aveva confidato all’addetto stampa tedesco a Londra che qualora fosse stato necessario era disposto “anche a recarsi in Germania in gran segreto”.

Sempre il 22 agosto, l’ambasciatore britannico telefonò per chiedere udienza al Führer il giorno successivo. Recava una missiva del Primo ministro britannico: “Definisce in modo preciso la nostra posizione”, disse Henderson, “e chiarisce quali sono gli impegni che ci legano ai polacchi e come agiremo se la Polonia venisse attaccata”. Secondo le intercettazioni del *FA*, la lettera di Chamberlain avrebbe proposto un periodo di tregua finché le questioni di Danzica e della minoranza tedesca presente in Polonia non fossero state sistemate. Quando, verso mezzogiorno del giorno 23, Henderson giunse alla Berghof con la missiva, Hitler aveva già pronta la risposta. Weizsäcker scrisse nel proprio diario: “L’obiettivo delFührer è costringere il governo britannico a lasciar cadere gli impegni presi con la Polonia”.

Allorché Henderson cercò di spiegare che la Gran Bretagna non poteva esimersi dagli impegni presi, Hitler rispose seccamente. "E allora onorateli! Se distribuite assegni in bianco, aspettatevi che qualcuno ve ne chieda conto".

Poi, chiese a Henderson di presentarsi più tardi a ritirare la sua replica da consegnare a Chamberlain.

Prima di tornare alle 15:00 alla Berghof, Henderson chiamò da Salisburgo l'ambasciata inglese a Berlino: "Conto di arrivare in città verso le 20:00", concluse.

Questo il suo rapporto intercettato dal FA:

"Hitler si è mostrato intransigente e poco incline al compromesso, ma non posso sbilanciarmi oltre prima di aver ricevuto la sua risposta scritta. Approssimativamente, le sue argomentazioni sono state: la Polonia è stata preventivamente avvisata che ogni ulteriore azione contro i cittadini di sangue tedesco e qualsiasi mossa contro Danzica, compreso lo strangolamento economico, avrebbe scatenato l'immediata reazione della Germania. Se la Gran Bretagna darà segni di mobilitazione, in Germania la stessa sarà totale. Ho chiesto se dovevo interpretare la cosa come una minaccia. La sua risposta è stata: "No, è una misura cautelativa".

La risposta scritta di Hitler fu altrettanto intransigente. Nel loro secondo incontro del pomeriggio, Henderson gli fece presente quanto il rifiuto di Chamberlain a far entrare Churchill nel proprio governo fosse una dimostrazione dei buoni propositi che animavano il Premier. La fazione anti-tedesca presente in Gran Bretagna, disse, era composta principalmente da ebrei e anti-nazisti.

Dopo che Henderson ebbe lasciato la Berghof, Weizsäcker, colto un momento in cui il Führer era solo, lo informò che l'Italia si mostrava molto titubante nei confronti di una guerra e gli inglesi erano asserviti alla propria politica estera: "È inevitabile che Francia e Gran Bretagna ci dichiarino guerra, non sono popoli con i quali si possa arrivare a una trattativa in modo logico e con metodo. Sono come oppressi da una psicosi, una specie di intossicazione alcolica... Domani Chamberlain, quando parlerà di guerra, avrà dalla sua l'intero Parlamento".

Hitler, con poca convinzione, gli rispose di non condividere le sue opinioni e quello stesso giorno Weizsäcker annotò: "Pensa ancora di poter circoscrivere il conflitto ma sostiene anche, almeno oggi, di essere in grado di combattere una guerra allargata. Fino a poco tempo fa, su quest'ultimo argomento la pensava assai diversamente".

Hitler passeggiò a lungo avanti e indietro sulle terrazze della Berghof. Goebbels arrivò, in aereo, da Berlino. "Il Führer", annotò più tardi, "mi ha ricevuto molto cordialmente. Vuole che nei prossimi giorni resti al suo fianco. Nel pomeriggio mi ha riassunto la situazione. La Polonia è in condizioni disperate e alla prima occasione noi attaccheremo. La schiacceremo come abbiamo fatto con la Cecoslovacchia. La cosa non richiederà molta fatica. Più difficile è prevedere la reazione delle potenze occidentali. Londra sembra più aggressiva adesso di quanto lo fosse nel settembre 1938. Probabilmente gli inglesi non vogliono la guerra, ma neppure possono perdere la faccia... l'Italia, pur senza entusiasmo, starà dalla nostra parte. Non ha altra scelta".

Quella stessa sera, sul tardi, Ribbentrop telefonò da Mosca: Stalin esigeva che i porti, piccoli ma sgombri dal ghiaccio, di Libau e Windau, venissero assegnati alla sua sfera di interesse. Hitler, visionato un atlante, rispose che Stalin poteva prendersi le due località. Più tardi ancora, durante la cena, gli venne consegnato un foglio. Hitler, battuto un pugno sul tavolo per reclamare attenzione e silenzio, tutto eccitato, annunciò che il patto con Stalin era stato firmato.

Finita la cena, Hitler si intrattenne fino alle 4:00 del mattino in conversazione con Goebbels e altri ospiti. Risolse che l'*Operazione Bianco* sarebbe iniziata alle 4:30 del 26. La seconda fase peparatoria, il *movimento Y* era scattata alle ore 20:00: 1.300 convogli ferroviari colmi di milizie e materiale bellico si stavano spostando a Est e altri 1.700 a Ovest. Le unità navali di Raeder avevano preso il mare.

Dall'altra parte dell'Atlantico una nave appoggio tedesca, la *Altmark*, salpava per recarsi all'appuntamento con la corazzata tascabile *Graf Spee*. Cosa mai poteva, a quel punto, andare storto?

Quella sera, 24 agosto, Weizsäcker scrisse nel proprio diario: "L'Italia si sta comportando come se tutta la faccenda non la riguardasse... Il rischio di trovarsi a combattere solo contro tutto l'Occidente sta preoccupando [Hitler] più di quanto potessi immaginarmi".

Alle 15:30 Hitler e Goebbels tornarono a Berlino per incontrare Ribbentrop in arrivo da Mosca all'aeroporto di Tempelhof per le 18:45. Nella capitale, lo attendevano notizie poco confortanti: Chamberlain, nella Camera dei Comuni, aveva appena pubblicamente assicurato che nonostante il patto tra Germania e Russia, la Gran Bretagna intendeva onorare gli impegni presi con la Polonia. Hitler analizzò la situazione con Ribbentrop, Göring e Weizsäcker. Ribbentrop, entusiasta della visita compiuta al Cremlino, raccontò che Stalin aveva brindato con ogni membro della delegazione tedesca. "Quell'uomo le somiglia molto, *mein Führer*", esclamò. "Come lei è straordinariamente moderato: non lo si direbbe un dittatore".

Poi, discussero dell'Italia con distacco. Hitler non dava importanza ai segnali che indicavano l'alleato poco incline alla guerra. L'unica preoccupazione di Hitler era che gli italiani potessero, in qualche modo, indispettirsi per l'inaspettata piega presa dagli eventi. Così, dopo mezzanotte, incaricò Ribbentrop di telefonare a Ciano per avvertirlo dell'imminenza dell'invasione polacca. A Hitler e Ribbentrop la cosa sembrava una semplice formalità: l'accordo con Mosca, assicurarono a Ciano, escludeva ogni ingerenza occidentale.

Il mattino seguente, 25 agosto 1939, quando Hitler si svegliò, la sua residenza ufficiale di Berlino era già affollata. All'inizio dell'*Operazione Bianco* mancavano ormai meno di ventiquattro ore. Ovunque uniformi marroni del partito nazista. Tutti sapevano che alle 14:00 Hitler avrebbe pronunciato la parola d'ordine e nessuno dei gerarchi voleva perdersi quel momento storico. Le fotografie mostrano Bormann, Goebbels, Ribbentrop e Himmler che vagano per le stanze. I cavi telefonici si snodano, in un immane groviglio, sui preziosi tappeti. Ribbentrop, telefonicamente, dettò una comunicazione ufficiale del Führer a

Mussolini, in cui si faceva palese che la guerra potesse scoppiare da un momento all'altro. Hitler sperava di avere da Roma una risposta immediata, ma, poiché a mezzogiorno non era ancora giunta, chiese all'*OKW* di quanto avrebbe potuto procrastinare l'ordine di attacco. Al massimo non oltre le 15:00, gli fu risposto. Hitler invitò l'ambasciatore Henderson a fargli visita alle 13.30, e Weizsäcker annotò: "Quasi tutto il giorno nella cancelleria del *Reich*. Si sta ancora tentando di dividere gli inglesi dai polacchi".

Alle 12:30, il tenente colonnello Nikolaus Vormann si presentò a Hitler come ufficiale di collegamento con la Polonia e il colonnello Erwin Rommel in qualità di comandante del quartier generale del Führer. Hitler mandò quest'ultimo con le unità del quartier generale a Bad Polzin, una piccola stazione della Pomerania, dove anche il Gruppo di Armate Nord, agli ordini di Bock, aveva stabilito il proprio quartier generale. Anche il capitano di marina Puttkamer fece ritorno alla cancelleria: aveva ricevuto notifica di adempiere all'incarico di assistente navale del Führer. Hitler si appartò con lui fino alle 13:15 per farsi raccontare le esperienze acquisite con i cacciatorpedinieri. Poi Bormann annunciò il desinare. Allorché Hitler e i nove uomini del suo staff si furono seduti al tavolo da pranzo, un rullo di tamburi proveniente dal cortile annunciò l'arrivo di sir Nevile Henderson. Per oltre un'ora, parlando con apparente sincerità, Hitler espose all'ambasciatore quanto fosse irresponsabile e illogico l'atteggiamento del governo britannico, che metteva in gioco il proprio impero per la Polonia. Poi proseguì riproponendo la già conosciuta offerta: dopo aver risolto il problema polacco, era disposto a concludere con la Gran Bretagna un accordo che "...all'occorrenza, avrebbe assicurato all'Impero di sua Maestà, indipendemente dal luogo in cui fosse necessitato, l'aiuto incondizionato della Germania." Vi aggiunse l'accordo per un parziale disarmo e accennò persino che, se la Gran Bretagna avesse intrapreso una 'guerra fittizia' per salvare la faccia, lui non ne avrebbe serbato rancore. Una volta terminata la guerra, egli si sarebbe dedicato all'amata architettura. "Io in realtà non sono un politico", sottolineò.

Le intercettazioni telefoniche, però, testimoniano che Henderson non fu tratto in inganno. Infatti, inviò a Londra un messaggio cifrato in cui dichiarava evidente che Hitler stesse cercando di creare una spaccatura tra la Polonia e il Regno Unito.

La risposta ufficiale di Mussolini non era ancora pervenuta, ma il *FA* aveva intercettato le istruzioni impartite da Ciano all'ambasciatore italiano affinché questi incontrasse immediatamente Ribbentrop per informarlo delle dichiarazioni del Duce in merito alla guerra: "Se la Germania attaccherà la Polonia e il conflitto rimarrà circoscritto, l'Italia le fornirà qualsiasi genere di aiuto economico o politico richiesto".

Hitler trovò tutto ciò soddisfacente. Così, quando l'ambasciatore Attolico chiese sollecita udienza, gli venne risposto di presentarsi alle 14:00. Ma Attolico dovette attendere la fine del colloquio tra Hitler e Henderson e, nel frattempo, venne informato da Roma che i suoi ordini erano stati annullati. Il Führer incaricò Ribbentrop di telefonare immediatamente a Ciano, ma da Roma gli fu detto che Ciano e Mussolini, pressoché irreperibili, si erano concessi una giornata al mare.

Si era ormai giunti alle 14:45. Mancavano soli 15 minuti al termine ultimo imposto dallo Stato Maggiore generale. Hitler andò con Ribbentrop nella sala della musica e chiuse la porta. Dopo poco meno di un quarto d'ora, risoltosi a non attendere oltre l'opinione di Mussolini tornò sui suoi passi e annunciò ai presenti in attesa. "Si dia inizio all'*Operazione Bianco*".

Così l'attacco si sarebbe concretizzato la mattina seguente. Il treno speciale di Hitler, l'*Amerika*, fu smistato alla stazione Anhalt, in attesa. A tutti i rappresentanti del Parlamento vennero recapitati telegrammi in cui si annunciava una seduta di emergenza per le ore 5:00 del giorno seguente. Interrotte le linee telefoniche con Londra e Parigi, l'ordine cifrato di Hitler delle 15:02 fu diramato alle Forze Armate: le macchine da guerra erano ormai collaudate, le munizioni pronte e per le 20:30 l'avanzata verso la frontiera polacca avrebbe avuto inizio.

Trascorse un paio di ore, un'improvvisa telefonata dell'ufficio stampa avvisò che il governo britannico si apprestava a confermare, in serata, che avrebbe tenuto fede agli impegni presi con la Polonia. Ribbentrop insistette affinché l'attacco fosse fermato, ma Hitler non era certo un dilettante. Consapevole di quanto l'esercito sia un animale amorfo e fluido, dotato di molti cervelli e innumerevoli artigli, convocò il colonnello Schmundt che, a sua volta, chiamò Keitel. Essendo Brauchitsch momentaneamente irreperibile, Schmundt, studiata la tabella di marcia prevista dall'*OKW*, concluse che c'era ancora tempo per annullare o confermare l'operazione in corso. Mentre si trovavano ancora in riunione, verso le 18:00, si presentò l'ambasciatore italiano, latore di un'altra sconvolgente notizia: Mussolini legava il proprio sostegno a condizioni così pesanti (ad esempio, "immediata fornitura, da parte della Germania, di armamenti e materie prime") e usava un linguaggio tale ("Ritengo mio dovere, in qualità di amico sincero, dirle la completa verità...") che Hitler considerò la sua risposta un pungente rifiuto.

Furibondo, disse al colonnello Vormann: "Astuti! Ecco cosa dobbiamo essere, adesso. Furbi come volpi!"

Alquanto perplesso, però, Goebbels lo vide ponderare attentamente la situazione. "È stato un duro colpo", annotò successivamente, "ma troverà il modo di districarsi da questo pasticcio infernale. In passato gli è sempre riuscito e non ho motivo di credere che stavolta debba andare diversamente".

Hitler ordinò al colonnello di convocare Brauchitsch e Halder, capo dello Stato Maggiore generale. Ma questi si stava già dirigendo verso il quartier generale dello Stato Maggiore di Zossen.

Brauchitsch giunse alla residenza di Hitler verso le 19:00. Pacatamente si espresse per un rinvio dell'*Operazione Bianco*. Addirittura, considerava la cosa positivamente perché maggior tempo a disposizione avrebbe permesso di schierare 100 divisioni e, se possibile, di manovrare politicamente la faccenda. Quindi, assicurò a Hitler: "Posso fermare l'esercito alle 4:30, poco prima che raggiunga il confine".

Alle 19:45 Vormann fu mandato personalmente in automobile a consegnare ad Halder l'ordine di annullamento dell'attacco. Quando Hitler telefonò a Göring, il feldmaresciallo gli chiese di quanti giorni intendesse procrastinare l'offensiva. Hitler, rispose in modo molto significativo: "Devo tentare di eludere un intervento britannico".

Göring si disse scettico: "Crede veramente che quattro o cinque giorni cambieranno di molto le cose?"

Il 26 agosto, quando apparve al piano inferiore, Hitler aveva un aspetto molto più rilassato. Le notizie riportavano che l'esercito era stato fermato in tempo. L'ordine di arresto aveva raggiunto tutti, tranne una pattuglia, che, attaccato in solitudine, ne aveva subito le tragiche conseguenze. Non era stato possibile fermare neppure un esiguo drappello di agenti dell'*Abwehr*, al comando del tenente Herzner, che era stato inviato in Polonia anzitempo per mantenere sgombri i tunnel ferroviari di Jablunka. Giunse così il triste messaggio che il gruppo era adesso circondato dalle truppe regolari polacche. Hitler ordinò all'esiguo commando di resistere quanto più a lungo possibile. Allo stesso tempo, però, Berlino, preso contatto con le autorità polacche, sconfessò il drappello capitanato da Herzner, identificandolo come un movimento armato di irresponsabili slovacchi. I programmati 'incidenti' organizzati da Heydrich nell'Alta Slesia vennero disdetti e i 'cadaveri polacchi' che dovevano pervenire da Dachau, furono momentaneamente graziati.

Durante la notte era giunto un telegramma inviato dall'ambasciatore tedesco a Roma, che commentava vividamente la risposta data da Mussolini alle 15:20 del giorno precedente, immediatamente dopo aver letto la prima missiva del Führer. Il Duce aveva "enfaticamente sottolineato" che si sarebbe schierato al fianco di Hitler e questo corrispondeva alla versione dell'iniziale intercettazione del *FA*. Poi, però, l'atteggiamento italiano era mutato drasticamente. Alle 11:52, fu intercettata una telefonata tra Ciano e Attolico nella quale il primo dettava quelle che definì le condizioni di Mussolini alla Germania: 150 batterie di artiglieria contraerea, milioni di tonnellate di carbone, acciaio, petrolio ed esorbitanti quantità di molibdeno (600 tonnellate!) tungsteno, zirconio e titanio. A mezzogiorno, quando arrivarono Keitel, Brauchitsch e Göring, il primo confermò che l'*OKW* non riteva possibile soddisfare quelle eccessive richieste.

Alle 13:30 circa, l'ambasciatore Attolico consegnò la lista, con la precisazione che il materiale richiesto doveva giungere in Italia "prima dell'inizio delle ostilità".

Attolico rassicurò Hitler sull'esattezza delle cifre contenute nella richiesta. Alle 14:30, Hewel chiamò a Roma l'ambasciatore Mackensen affinché interpellasse Ciano per verificare l'esattezza di quanto riportato nel documento. Non appena Ciano confermò ogni dato, Mackensen ricevette disposizioni di recarsi dal Duce; un compito imbarazzante, giacché i quantitativi erano stati dettati da Mussolini medesimo.

Cercando di tenere a freno la rabbia, Hitler scrisse un ulteriore messaggio al Duce per comunicargli che avrebbe fatto il possibile per accontentarlo. In una prima stesura propose che, laddove gli italiani avevano chiesto soltanto delle batterie di artiglieria antiaerea, egli avrebbe offerto loro interi battaglioni. Di fronte alle obiezioni preoccupate di Göring, rispose con cinismo: "Quello che mi interessa non è consegnare realmente il materiale, ma privare l'Italia di ogni scusa per sottrarsi ai propri obblighi".

Poco prima di pranzo, il generale Milch arrivò dalla residenza di campagna di Göring, Carinhall. Fu lui che fece notare come, in fin dei conti, la semplice neutralità italiana fosse al momento sufficiente. Hitler, battutosi una mano sulla coscia, si illuminò. Il messaggio che alle 15:00 fu inviato a Roma, rifletteva un nuovo orientamento: Hitler chiedeva solo che l'Italia facesse la voce grossa quel tanto che bastava a contenere le iniziative delle potenze occidentali. In ogni caso, che aiuto militare avrebbe potuto apportare?

Quella sera Mussolini confermò che, essendo la Germania impossibilitata a fornire il materiale richiesto, l'Italia non poteva farsi coinvolgere attivamente. Hitler rispose con due modeste richieste: chiedeva all'amico di non lasciar trapelare al mondo la presa di posizione italiana e di inviare nel *Reich* operai industriali e agricoli, cosa alla quale Mussolini acconsentì seduta stante.

Quel giorno fu intercettato un rapporto redatto dall'ambasciata italiana a Berlino. Canaris aveva allegramente raccontato a un amico, l'addetto militare italiano, come la sera precedente Hitler avesse revocato l'*Operazione Bianco*. Il Führer, furibondo, mandò a chiamare l'ambiguo capo dei servizi segreti e lo rimproverò aspramente per la sua leggerezza.

L'inettitudine dei francesi apparve evidente in una lettera del Primo ministro Edouard Daladier, lettera che l'ambasciatore francese a Berlino, Robert Coulondre, portò a Hitler alle 19:00 del 26 agosto: "Nell'ultima guerra lei come me è stato soldato al fronte. Come me, lei certo saprà quale condanna le devastazioni della guerra abbiano fatto nascere nella coscienza dei popoli, indipendentemente dal modo in cui la stessa si è conclusa...".

Coulondre commentò a voce la lettera con un commovente discorso nel quale supplicava il Führer, che aveva creato un impero senza spargere sangue, di riflettere prima di innescare una spirale di violenza che avrebbe coinvolto milioni di innocenti. Hitler rimase silenzioso e più tardi si rimproverò aspramente per non aver risposto a Coulondre che, giacché non sarebbe mai stato il primo a bombardare i civili, non avrebbe avuto alcuna colpa se fosse stato versato sangue di donne e bambini. Coulondre comunicò a Daladier, a Parigi, che il messaggio era caduto nel vuoto. Daladier rispose: "Allora mi affido a Dio e alla forza della nostra amata Francia". Il *FA* registrò anche questa conversazione.

Differentemente dal settembre 1938, questa volta le voci avverse alla guerra erano in minoranza. Lo Stato Maggiore generale dell'esercito attendeva di entrare in azione quasi con sollievo. La sola voce preoccupata di un certo peso, quella di Göring, non venne tenuta in considerazione.

Göring manteneva contatti con alti ufficiali britannici attraverso alcuni intermediari come l'uomo d'affari scandinavo Birger Dahlerus. Quel mattino del 26 agosto, Lord Halifax aveva dato a Dahlerus una lettera per Göring nella quale si confermava il desiderio britannico di una soluzione pacifica, sottolineando il fatto che, per giungere a questa, occorreva tempo. Si trattava di un tentativo di riconciliazione? In ogni caso, la faccenda richiedeva sagacia. Così Hitler chiese a Dahlerus di raggiungerli, affidandogli nuove proposte da riferire al governo inglese.

Nelle ore successive, rimase a lungo sveglio nella propria stanza, riflettendo se fosse il caso di agire subito o posticipare la guerra di un paio di anni. Il suo istinto propendeva per la prima soluzione: le intercettazioni confermavano che per quanto le potenze occidentali formassero un fronte compatto a fianco della Polonia, era possibile si trattasse di una messa in scena per far arretrare la Germania su posizioni più accondiscendenti.

Il 27 agosto 1939, una batteria di artiglieria contraerea montava la guardia all'hotel *Adlon*, dove alloggiava la maggior parte dei deputati parlamentari. Durante il giorno, le intercettazioni registrarono Holman, segretario dell'ambasciatore britannico, al momento assente, assicurare a un collega americano che Henderson stava insistendo presso Londra perché la guerra fosse evitata; Holman, però, temeva che la tracotanza polacca potesse rappresentare un ostacolo.

Goebbels portò con sé il proprio sottosegretario di stato, Leopold Gutterer, con indosso la nera uniforme di un ufficiale di brigata delle *SS* e recò con sé un rapporto sugli umori dell'opinione pubblica: la gente propendeva per la pace. Hitler reagì con ira, ma Himmler si schierò con Gutterer aggiungendo che perfino dai rapporti della Gestapo emergevano tali sentimenti popolari.

"Tutto ciò è grave", annotò Goebbels, "ma il Führer ne uscirà bene. In fondo, alla Polonia chiediamo solo Danzica e un varco attraverso il corridoio polacco. Il Führer non può recedere da richieste tanto ragionevoli. Riuscirà, è una questione di onore. Non è possibile fare previsioni sul succedersi dei prossimi eventi. Il Führer è contento che non abbiamo una monarchia. La questione italiana è stata dichiarata segreto di stato. Per chi tradisce è prevista la pena di morte".

Finalmente, alle 17:30, Hitler incontrò alla cancelleria gli irritati deputati del *Reich*. Questi si accorsero subito che il Führer aveva trascorso la notte insonne poiché aveva la voce roca e i suoi movimenti e le sue parole erano slegati e incoerenti. Bormann annotò nel proprio diario: "Per il momento, il Parlamento non si riunirà. Dopo un breve discorso, Hitler ha sciolto la seduta".

Riferita loro la gravità del momento, aveva ribadito che avrebbe sistemato le cose *so oder so*. Obiettivo minimo rimaneva Danzica e il corridoio polacco, quello massimo si estendeva a dismisura su tutto ciò che una guerra avrebbe potuto portargli, una guerra ch'egli avrebbe combattuto "con i metodi più crudeli e disumani". Come Federico il *Grande*, anche lui era disposto a giocare il tutto per tutto. L'atteggiamento di Mussolini era a loro propizio, affermò. La guerra sarebbe stata dura, forse perfino senza speranza: "Ma finché vivrò non si parlerà mai di resa". Gli rincresceva che il suo accordo con Stalin fosse stato male interpretato. L'Urss non era più uno stato bolscevico, asserì, ma una ferrea dittatura militare come la loro. Lui, Hitler, aveva fatto un patto con il diavolo per scacciare Belzebù. "Se qualcuno di voi non ritiene che le mie scelte siano determinate dalla devozione al mio paese, gli concedo il diritto di uccidermi". I deputati applaudirono, ma senza troppa convinzione.

Il razionamento del cibo fu introdotto, senza alcun preavviso, il 28 agosto 1939. Quel mattino la cosa fu evidente anche al tavolo della colazione del Führer, ma Hitler scese al piano terra di ottimo umore perché, nel corso della notte, aveva appreso che Dahlerus era tornato da Londra con la notizia che la Gran Bretagna stava vagliando attentamente la sua proposta. Hitler si vantò con i suoi collaboratori di essere riuscito a eludere la Gran Bretagna dallo scenario polacco.

Quando Brauchitsch si presentò alla cancelleria, Hitler gli espose immediatamente la propria strategia: avrebbe chiesto Danzica il diritto di transito attraverso il corridoio polacco e un referendum sul genere di quello della *Saar*. Probabilmente, anche se la Gran Bretagna avrebbe accettato queste proposte, la Polonia le avrebbe rifiutate, generando così una spaccatura nella loro alleanza. Hitler ordinò al ministro degli Esteri di redigere, seguendo quello schema, una serie di proposte ufficiali da sottoporre al governo britannico. Le proposte, 16 in tutto, apparivano così assennate che uno dei suoi diplomatici le definì "un documento degno della Società delle Nazioni".

Hitler le lesse a Keitel nel giardino d'inverno della vecchia cancelleria. Il generale replicò con candore: "Le trovo sorprendentemente moderate". Alle 15:22, Brauchitsch telefonò dalla cancelleria allo Stato Maggiore generale annunciando che la nuova provvisoria data di attacco era fissata per il 1° settembre. Quel pomeriggio il colonnello von Vormann scrisse: "Hitler è di ottimo umore. È fiducioso di poter mettere gli inglesi in posizione tale da consentirci un attacco alla Polonia. Tutti cercano di indovinare cosa Henderson ci stia portando. Il suo aereo è partito da Londra alle 16:30. Finora non è trapelato alcunché".

Henderson giunse alle 22:30 e Meissner e Brückner lo condussero nello studio del Führer. L'ambasciatore consegnò la risposta britannica all'offerta di Hitler del 25 agosto. Non era quella che Hitler si attendeva: gli inglesi annunciavano di aver ricevuto dal governo polacco la disponibilità a una negoziazione. Hitler rispose che era ancora disposto a trattare con i polacchi su 'basi molto ragionevoli', senza dubbio pensando alle sedici proposte non ancora rese note. Disse a Henderson che avrebbe esaminato la risposta britannica il giorno seguente. Henderson gli assicurò: "Noi abbiamo impiegato due giorni a formulare la nostra risposta. Non ho fretta".

"Io ne ho", replicò il Fuhrer.[95]

Un frammento del memoriale di Himmler getta uno sgradevole raggio di luce sull'oscuro lavoro della mente di Hitler in quelle ore:

"L'ambasciatore Henderson si è presentato dal Führer alle 22:30 e ha lasciato la cancelleria del *Reich* alle 23:45. Immediatamente dopo Göring, Hess, Brauchitsch e io abbiamo raggiunto Hitler nel giardino d'inverno. Il Führer vi si trovava con Ribbentrop. Ci ha aggiornato sul contenuto della proposta britannica. Questa era stata formulata cortesemente, ma non conteneva alcunché di concreto. Nel complesso egli appariva di ottimo umore e ha imitato in quel suo modo impareggiabile le parole con cui Henderson l'aveva presentata, parlando tedesco con un mar-

95 Nda. "Henderson", scrisse il colonnello von Vormann, "non ha portato quanto nelle nostre aspettative. Ciò che adesso accadrà è nascosto nel grembo del futuro".

cato accento inglese. Poi, Hitler ha detto che adesso dobbiamo indirizzare agli inglesi (o ai polacchi) un documento che sia un capolavoro di diplomazia. Vuole passare la notte a rifletterci, perché quasi tutte le sue idee migliori nascono nell'ora antecedente all'alba. A questo punto Goring ha domandato: "*Mein Gott*, ha nuovamente deciso di non dormire? Oppure soffre ancora di insonnia?" Il Führer ha risposto che spesso sonnecchia tra le 3:00 e le 4:00 del mattino poi, svegliandosi improvvisamente, si avvede di riuscire a dipanare con incredibile chiarezza ogni problema. Allora balza in piedi e prende dei brevi appunti. Egli stesso non sa dire come o perché accada. L'unica cosa di cui è certo è che, nelle prime ore del mattino, tutto ciò che può confonderlo o disturbarlo scompare".

È comunque appurato che quando il mattino seguente, 29 agosto, Hitler ebbe a destarsi, il suo piano era chiaro. Avrebbe 'accolto' la proposta britannica di giungere a un negoziato con la Polonia, ma avrebbe concesso ai polacchi un solo giorno per mandare a Berlino un negoziatore munito di pieni poteri. Essi, ovviamente, non avrebbero accettato, ma, nel caso in cui si fossero risolti ad acconsentire, il mediatore sarebbe dovuto arrivare il giorno 30; il mattino seguente i colloqui sarebbero stati interrotti e il 1° settembre, come programmato, sarebbe scattata l'*Operazione Bianco*.

Così un colonnello dell'*Abwehr*, scrisse nel proprio diario: "Il Führer ha detto a Ribbentrop, Himmler, Bodenschatz etc.: 'Stanotte inventerò qualcosa di diabolico in cui i polacchi affogheranno'".

Weizsäcker, ugualmente ben informato, annotò poco dopo le 3:00, nel proprio diario: "Göring ha detto al Führer: 'Smettiamo di cercare di far saltare il banco!' Al che il Führer ha risposto: 'Far saltare il banco è l'unico gioco a cui io sappia concorrere'".

La risposta che Hitler consegnò alle 19:00 all'ambasciatore britannico, rifletteva la sua nuova strategia. Il documento recitava che lui dava il suo assenso a una trattativa diretta con Varsavia, ma che si attendeva, per il giorno seguente, un negoziatore con pieni poteri. Avrebbe anche acconsentito a garantire i nuovi confini polacchi, ma solo insieme al governo sovietico. Henderson obiettò: "Questo somiglia molto a un ultimatum".

Hitler rispose che Varsavia-Berlino in aereo distava 90 minuti. "I miei soldati seguitano a chiedermi: sì o no?"

Quasi a conferma di ciò, nell'uscire, Henderson trovò Keitel fuori dallo studio e gli chiese con palese ironia: "È molto occupato oggi, generale maggiore?"

Il 30 agosto, Hitler conferì per tutto il pomeriggio con i suoi comandanti in capo, fatta eccezione per Raeder, che ancora si riteneva offeso per l'affare Albrecht. Adesso la sua tabella di marcia gli lasciava poco tempo. Il Führer era certo che non sarebbe giunto alcun negoziatore polacco e le intercettazioni del *FA* sulla linea dell'ambasciata britannica rivelavano che Londra era della stessa opinione. Alle 11:00, si sentì il lamento di Henderson: "Non si può semplicemente tirare fuori dal cilindro una delegazione polacca".

Poco dopo le 17:00, a Hitler venne consegnato un rapporto su una singolare intercettazione del *FA*. Il ministero degli Esteri aveva contattato Henderson dicendogli che Chamberlain era meno preoccupato del suo ambasciatore per le minacce provenienti dalla cancelleria "perché egli stesso era stato là" e ovviamente conosceva quella gente: "La voce [proveniente dal ministero degli Esteri] ha continuato asserendo che adesso si trovavano sulla strada giusta: 'Loro [i tedeschi] non possono aspettarsi di farla nuovamente franca convocando delle persone, consegnando loro dei documenti e costringendole a firmarli. Queste sono cose che appartengono al passato'".

La conseguenza di tutto ciò fu che Hitler ordinò a Ribbentrop di elencare a Henderson, allorché quella sera fosse giunto da lui, i sedici punti delle sue proposte, ma di non dargli per alcun motivo copia del documento. Alle 22:30 il *FA* registrò la conversazione di un funzionario dell'ambasciata britannica, sir George Ogilvie-Forbes, che riferiva ad Attolico come tutti loro, in attesa di un telegramma di risposta da Londra, stessero 'girandosi i pollici'. A mezzanotte precisa, Henderson giunse alla cancelleria. Quando chiese se le proposte tedesche fossero state redatte,

Ribbentrop con naturalezza assentì, sostenendo però che, non essendo pervenuto il negoziatore dalla Polonia, erano da ritenersi superate. Ribbentrop le lesse ad alta

voce per dimostrare quanto fossero 'ragionevoli'.

Poco dopo che Henderson se ne fu andato, il Führer convocò il colonnello Schmundt. A mezzanotte e mezza pronunciò nuovamente la parola d'ordine: "*Operazione Bianco*" e subitò dopo andò a coricarsi.

Per tutta la giornata che seguì, il 31 agosto, Hitler apparve tranquillo e fiducioso. Oramai, presa la sua decisione, niente lo avrebbe indotto a cambiarla.

Il *FA* era a conoscenza che Henderson aveva chiesto all'ambasciata polacca di contattare Varsavia per avere urgenti direttive. Alle 8:30 Henderson telefonò ancora agli stessi comunicando che una fonte certa lo aveva informato che, se la Polonia non avesse fatto qualche mossa risolutiva nelle successive 2 3 ore, sarebbe stata guerra. Tuttavia, l'ambasciatore polacco Lipski si rifiutò persino di rispondere al telefono. Poco dopo mezzogiorno, l'intercettazione delle disposizioni date da Varsavia a Lipski era nelle mani di Hitler: "Non iniziare alcun negoziato concreto".

Lipski, autorizzato a consegnare al governo del *Reich* solo un messaggio del governo polacco, si rese ben presto irreperibile: "Da ore non riusciamo a trovarlo", annotò Goebbels. "Evidentemente la Polonia vuole guadagnare tempo".

Goebbels, benché preoccupato per lo scetticismo di Göring, scrisse nel suo diario: "Il Führer è ancora convinto che l'Inghilterra non interverrà. Nessuno può dirlo per il momento. Le *SS*, per la prossima notte, hanno ricevuto ordini speciali".

Quel giorno Göring convocò una seduta ministeriale presso il suo quartier generale operativo sito nelle vicinanze di Potsdam. Il segretario di stato Herbert Backe[96] annotò:

"Oggi nuovamente al quartier generale di Göring [...]. Bor-

96 Ndt Herbert Backe nacque a Batumi, in Georgia, il 1° maggio 1896. Con l'avvento del nazismo fu sottosegretario al ministero dell'Agricoltura dal 1933 al 1942 e poi ministro dell'Agricoltura e Approvvigionamento dal 1942 al 1945. Dopo la guerra, venne arrestato a Norimberga, ma si sottrasse al processo impiccandosi in cella il 6 aprile 1947.

mann ottimista. Göring asserisce che le cose paiono volgere al meglio. Una decisione verrà presa tra 24 48 ore. Invece di Mussolini, Stalin. Göring ha accennato alla pubblicazione di un qualcosa che potrebbe tenere fuori la Gran Bretagna [...]. Purtroppo abbiamo perso l'elemento sorpresa e ciò avrà il prezzo di qualche centinaia di migliaia [di vite] in più. Ma alla fine avremo il sopravvento. [Abbiamo solo necessità di difendere] i confini a Ovest e le rotte aeree costiere dall'Olanda alla Danimarca. Il pericolo maggiore sarà nella zona della Ruhr. Poiché la frontiera sarà più corta, dopo la sconfitta della Polonia è probabile una massiccia smobilitazione. E, poi, un inevitabile riarmo contro la Gran Bretagna".

Negli appunti di quel giorno del colonnello Vormann c'è un'altra prova delle convinzioni di Hitler: "Il Führer è certo che Francia e Gran Bretagna fingeranno soltanto di muovere guerra".

Poi, poco prima delle 13:00 del 31 agosto 1939, l'*OKW* diramò l'ordine ufficiale di Hitler per la guerra.

Non appena giunse Ribbentrop, Hitler gli rivelò. "Ho dato l'ordine. Ho messo in moto il meccanismo".

Al che il ministro degli Esteri ribatté: "Le auguro ogni fortuna!"

Hitler ordinò a Ribbentrop, nel caso quegli avesse chiesto un colloquio, di "disimpegnarsi dall'ambasciatore polacco". In effetti, nel corso del pomeriggio, Lipski chiese udienza a Hitler o a Ribbentrop. Brauchitsch, venuto a conoscenza, attraverso Canaris, della richiesta di Lipski, ne informò Hitler, ma alle 16:00 questi si fece negare, confermando l'operatività dell'*Operazione Bianco*. Quando finalmente si degnò di ricevere l'ambasciatore polacco, alle 18:00, Ribbentrop si limitò a chiedergli se fosse autorizzato a una trattativa. Il colloquio si concluse in pochi minuti. Quando l'ambasciatore si allontanò, le linee telefoniche verso l'ambasciata polacca vennero interrotte.

Tutto procedeva come Hitler aveva programmato. Tre ore più tardi le trasmissioni radiofoniche furono interrotte per dare notizia dei 'ragionevoli' 16 punti proposti dalla Germania e ignorati dalla Polonia. Alle 22:30, giunsero i primi annunci radio di gravi incidenti occorsi al confine, tra cui un attacco armato polacco contro la stazione radio di Gleiwitz.

Altre 'provocazioni polacche' si erano registrate nei pressi di Kreuzburg e Hochlinden. Oltre 2 milioni di tedeschi erano adesso in assetto di guerra e gli zelanti operatori del *Forschungsamt* intercettavano messaggi, che lasciavano trapelare profonde crepe nell'alleanza occidentale. Coulondre telefonò a Henderson a proposito della visita di Lipski a Ribbentrop e gli disse che il polacco aveva consegnato un messaggio senza prendere in considerazione le proposte tedesche (le stesse che Henderson, nel corso di quella giornata, aveva ottenuto da Göring in forma non ufficiale). Henderson esplose: "Che senso ha tutto questo? L'intera faccenda è ridicola!"

In una successiva conversazione nacque un'accanita discussione che terminò con i due ambasciatori che sbatterono giù la cornetta del telefono. Alla vigilia della guerra, l'Occidente si trovava nel più totale scompiglio.

La 'prima guerra della Slesia'

Quando Hitler si svegliò, il suo esercito era penetrato per parecchi chilometri in territorio polacco. Alle 4:45 di quel 1° settembre 1939, le forze terrestri avevano già sfondato la linea difensiva di confine e la *Luftwaffe* bombardato aeroporti e depositi militari.

In molti luoghi, le operazioni di sabotaggio volute da Hitler avevano incontrato una strenua resistenza. Sul territorio neutrale di Danzica, i funzionari ferroviari polacchi erano riusciti a fermare nella stazione di Simonsdorf il 'treno merci' proveniente dalla Prussia orientale e diretto al ponte di Dirschau. Nel corso della giornata, le *SA*, per rappresaglia, massacrarono i ferrovieri polacchi che ne avevano ostacolati i piani. Quando il treno, con il suo carico clandestino di genieri e fanti tedeschi, raggiunse il ponte di Dirschau, i cancelli erano chiusi e le linee bloccate. La

Luftwaffe aveva distrutto in tempo le cariche esplosive, ma alcuni arditi polacchi le avevano ripristinate e il ponte di un chilometro e mezzo che attraversava la Vistola era stato distrutto. Un ulteriore ponte, quello di Graudenz, era stato assegnato a una squadra dell'*Abwehr* che agiva in abiti civili. Non appena questi uomini penetrarono nel territorio polacco, furono bloccati da uno zelante e bellicoso tenente dell'esercito tedesco. Anche loro, pur ancora distanti, udirono l'esplosione del ponte.

A Danzica, l'ufficio postale polacco resistette tutto il pomeriggio, grazie ad alcuni ufficiali che, travestiti da postini, ne dirigevano la difesa. Trentotto 'postini' sopravvissero all'assedio: quelli che, sotto gli abiti, indossavano biancheria dell'esercito polacco, furono giustiziati. Si trattava di un conflitto estremamente duro per gli irregolari di ambo le parti. Un'armata di volontari dell'*Abwehr*, uomini delle *SA*, *Freikorps* dei Sudeti e agenti polacchi e tedeschi, organizzata dai due capitani Ebbinghaus e Fleck, si era infiltrata in Polonia verso le 3:00 per impossessarsi di alcuni nodi ferroviari, stabilimenti industriali e giacimenti di carbone. Ma solo nella prima giornata di scontri, questa armata, composta da 500 uomini, contò 174 morti e 133 feriti. Quanto a Jablunka, i polacchi ebbero tutto il tempo di far esplodere due tunnel ferroviari.

Quel mattino, dopo essersi tolto per l'ultima volta, la sera precedente, la divisa del partito, Hitler indossò l'uniforme grigio-verde dell'esercito. Alle 10:00, diretto al teatro *Kroll* con il suo staff, per tenere un discorso al Parlamento, percorse in auto le strade semideserte di Berlino. Quando la piccola comitiva superò il viale d'accesso al teatro, uno dei punti in cui poteva facilmente essere vittima di un attentato, il suo volto appariva teso.

In sala, almeno un centinaio di posti risultavano vuoti perché molti deputati, come molti cittadini tedeschi, erano stati richiamati alle armi.

Nel suo discorso Hitler, dopo avere ufficializzato l'entrata in guerra contro la Polonia, ringraziò il camerata Mussolini per aver assunto una posizione comprensiva nei confronti della Germania e per l'offerta di aiuto. Ma, aggiunse, gli italiani dovevano comprendere che, per combattere quel conflitto, i tedeschi non abbisognavano di alcun aiuto esterno. Il discorso abbondava di false promesse: il vallo occidentale avrebbe segnato per sempre il confine a ovest del paese e il patto con l'Unione Sovietica eliminava ogni possibilità di un sanguinoso conflitto a Est. Poi, indicando la propria uniforme militare, esclamò con toni drammatici: "Non ne indosserò mai un'altra finché la vittoria non ci avrà arriso; non finché avrò vita!"

I deputati presenti applaudivano spesso, ma lo fecero con convinzione solo quando Hitler annunciò che avrebbero combattuto una guerra cavalleresca: "Intraprenderemo ogni azione in modo che donne e bambini non siano obiettivi, né vittime involontarie".

Hitler rimase a Berlino perché riteneva che il tempo delle manovre diplomatiche non fosse ancora terminato. A Londra, intanto, Lord Halifax convocava il funzionario tedesco Theo Kordt, limitandosi a deprecare il fatto che l'azione tedesca contro la Polonia "creava una situazione molto tesa". Hitler si sentì rincuorato.

Alle 17:36, il *FA* intercettò l'ordine, proveniente da Londra, di notificare a Berlino che, se le truppe non fossero state ritirate, la Gran Bretagna si sarebbe schierata al fianco della Polonia. Non c'era, però, alcun termine di scadenza.

Alle 18:00, il colonnello Vormann annotò: "Il quesito più rilevante – la Gran Bretagna interverrà veramente in favore dei polacchi? – è ancora senza risposta".

Pochi minuti dopo il *FA* registrò l'incauta osservazione di un funzionario dell'ambasciata britannica che specificava come quella nota non rappresentasse un ultimatum, bensì un avvertimento.

Nelle prime ore del 2 settembre, Mussolini fece un tentativo di arrestare la valanga proponendo un cessate il fuoco e un'immediata conferenza di pace tra le cinque potenze; sembrava che anche la Francia fosse d'accordo e forse, per alcune ore, anche Hitler considerò seriamente l'eventualità di un armistizio. Quello stesso giorno, infatti, nel corso di una riunione, incitò la *Wehrmacht* a conquistare rapidamente la più ampia porzione di territorio possibile e, in particolare, il corridoio polacco. Alle 9:20 il suo assistente per l'esercito telefonò a Rommel di non attendere, nella giornata un trasferimento del Führer al suo quartier generale.

Nel frattempo, la residenza di Hitler brulicava di ufficiali. Brückner si muoveva in continuazione da una stanza all'altra, facendo domande a tutti e chiedendo a coloro superflui di abbandonare i locali. Il colonnello Vormann annotò nel proprio diario: "Si respira un certo ottimismo".

In una rumorosa Camera dei Comuni, Chamberlain aveva insistito affinché le forze tedesche abbandonassero integralmente il territorio polacco. Il *FA* ne venne a conoscenza attraverso l'intercettazione di un messaggio telegrafico che, alle 19:50, raggiunse l'ambasciata britannica.

C'era anche un post-scriptum: "Legga il mio prossimo telegramma".

Henderson fu sentito telefonare a Coulondre: "Non so cosa dirà il prossimo messaggio, ma posso immaginarlo". Verso la mezzanotte e mezza (era ormai sabato 3 settembre) Henderson ricevette "l'ulteriore messaggio" che riportava ciò che egli temeva: "Chieda udienza al ministro degli Esteri tedesco per le 9:00 di sabato. Seguiranno istruzioni".

Hitler, leggendo l'intercettazione, non ebbe dubbi sul suo significato. La Gran Bretagna stava per inoltrargli un ultimatum. Alle 2:00 il Führer ordinò ad un assistente di telefonare a Rommel che il quartier generale doveva attendersi un suo arrivo nelle successive ventiquattr'ore.

Al ministero degli Esteri un interprete ebbe l'ingrato compito di ricevere da Henderson il formale ultimatum della Gran Bretagna, che fissava una scadenza alle ore 11:00.

Alle 11.30 Henderson, incontrando Ribbentrop, lo informò che i loro due paesi erano in guerra. Dieci minuti dopo, il *FA* sentì l'ambasciata britannica riferire a Londra che Ribbentrop aveva consegnato loro una risposta di 11 pagine, rifiutandosi di dare rassicurazioni circa un ritiro delle truppe tedesche e accusando la Gran Bretagna del conflitto in atto: "I tedeschi", diceva il rapporto intercettato, "sono stati molto cortesi".

Il resoconto, che il colonnello Vormann fece di quella giornata, merita menzione:

"Alla fine il peggio è accaduto! [...] Non sono un disfattista né uno che si lamenta troppo, ma il futuro mi pare tetro. Questo è proprio ciò che volevamo evitare. Fino a questa mattina l'idea era di prendere tempo e rimandare la decisione. Ancora oggi il Führer è convinto che le potenze occidentali inscenerانno una guerra, per così dire, fasulla. È per questo che, alle 13:50, ho dovuto comunicare all'esercito l'ordine che le ostilità [a Ovest] non partano da noi. Non condivido le opinioni del Führer. Egli ha un'idea errata della mentalità degli inglesi e dei francesi".

Dalle incertezze britanniche nella formulazione di quell'ultimatum, Hitler dedusse che Londra non aveva intenzione di entrare in guerra, convinzione che condivise, quel pomeriggio, con l'ammiraglio Raeder. Questi scrisse un rapporto critico, che cominciava così: "Oggi, nonostante le dichiarazioni del Führer che non avremmo dovuto pensare a una guerra di grandi proporzioni fino al 1944, ha avuto inizio un conflitto con Francia e Gran Bretagna".

Persino Goebbels appariva preoccupato, tanto da inviare a Hitler un memorandum di 25 cartelle intitolato *Riflessioni sull'inizio di una guerra, 1939*: da quelle pagine traspariva una certa mancanza di entusiasmo verso il conflitto e si accennava al rischio che l'Inghilterra 'avvelenata dal capitale ebraico' potesse voler combattere fino all'ultimo uomo. "La Gran Bretagna", scriveva Goebbels, "è governata dagli stessi uomini del 1914, gente incapace di ragionare serenamente e logicamente a causa del risentimento che cova".

Ma, alla fine, i fatti dimostrarono che ancora una volta Hitler aveva ragione.

Il feldmaresciallo Göring, che non era un estimatore di Ribbentrop, si disse disposto a recarsi immediatamente a Londra.

Hitler glielo vietò.

Dimentico degli ufficiali riuniti intorno a lui, cominciò a dettare in rapida successione dei proclami al popolo tedesco, al partito nazista e alla *Wehrmacht*. Questi dipingevano gli inglesi come imperterriti guerrafondai, il cui obiettivo, da 200 anni, era quello di annientare e distruggere qualsiasi potenza continentale che minacciasse il loro predominio, ricorrendo a menzogne, calunnie, inganni. Non sprecò parole per la Francia.

Corresse le bozze e le mandò alla stampa. Una delle segretarie, Christa Schroeder, scrisse la sera stessa a un'amica: "Stiamo valutando di lasciare Berlino tra poche ore... per quanto mi riguarda, sono pronta a restare con il Capo nella buona e nella cattiva sorte. Se la nostra fortuna tramonterà (preferisco non pensare a una simile evenienza, ma dico se) allora la mia stessa vita non avrà per me alcun significato".

Un quarto di secolo prima, le truppe del Kaiser Guglielmo erano partite per la guerra inghirlandate di fiori, tra folle acclamanti e le note della banda in sottofondo. Quanto fu dissimile, quella sera, la partenza di Hitler verso il fronte polacco! Alla stazione Anhalt, solo un caporale era in attesa del Führer e del suo staff.

Il treno speciale *Amerika* era pronto sotto la pensilina riservata, con la locomotiva che sbuffava, mentre i semafori colorati della stazione si riflettevano sulle postazioni antiaeree montate sui vari vagoni aperti posti a ciascuna estremità del convoglio.

Alle 21:00, il treno partì. "Dio Onnipotente", aveva scritto Hitler nel *Mein Kampf*, "quando verrà il momento benedici le nostre armi, sii giusto come sei sempre stato, giudica tu se meritiamo la nostra libertà. Dio, benedici la nostra lotta!"

Parte III
La guerra di Hitler ha inizio

Operazione Bianco

L'*Amerika* sostava in una polverosa stazione della Pomerania circondata da pini inariditi e baracche di legno bruciate dal sole. Il convoglio constava di 12/15 carrozze trainate da due locomotive, seguite da vagoni blindati che recavano postazioni antiaeree. Nella carrozza del Führer, la prima, un salotto arredato con un tavolo ovale dotato di 8 sedie e 4 scomparti occupati da aiutanti militari e inservienti. Il 'centro di comando', collocato nel vagone immediatamente successivo, era costituito da una sala riunioni, il cui tavolo recava incorporata una carta geografica e in parte da un centro comunicazioni equipaggiato con telescrivente e radiotelefono.

Nelle due settimane successive, il Führer avrebbe trascorso la maggior parte del suo tempo in quello spazio angusto e opprimente. Nel treno, come alla cancelleria, la divisa marrone del partito nazista dominava la scena. Hitler intervenne molto di rado nella conduzione della campagna polacca. Si affacciava nella carozza di comando alle 9:00 del mattino per ascoltare il rapporto di Jodl sulla situazione. Poi, in primo luogo, chiedeva al colonnello Vormann gli ultimi aggiornamenti sul fronte occidentale perché, delle 30 divisioni tedesche disposte lungo i 500 chilometri del fronte, solo 12 erano all'altezza del compito:

la Francia avrebbe potuto scagliare in ogni momento, contro di loro, 110 divisioni.

Il 4 settembre, il colonnello Vormann, perplesso, scrisse: "Sinora a Ovest è scoppiata solo una guerra di propaganda. Alla fine risulterà che il Führer aveva ragione". Si dice che a Saarbrücken i francesi abbiano appeso uno striscione che dice: "Non spareremo noi, il primo colpo".

La Polonia fu sconfitta in tre settimane. Né il coraggio dei suoi soldati, né le promesse dei suoi alleati riuscirono a impedire quella schiacciante disfatta. I carri armati e la *Luftwaffe*, incredibilmente, colsero i polacchi di sorpresa. Le unità corrazzate e quelle meccanizzate di Hitler accerchiarono i militari nemici che, ammassati a ovest della Vistola, sostavano in attesa di marciare su Berlino, nella speranza di suscitare in Germania un'insurrezione anti-nazista. Ciò che per tutta l'estate era stato predisposto su carta dallo Stato Maggiore generale tedesco, in quel settembre del 1939, si concretizzava sul campo.

Hitler, nella carrozza di comando, ascoltava con discrezione tutto ciò che accadeva intorno a lui. La sua presenza non influiva sul lavoro del suo staff, come scrisse uno dei suoi collaboratori, se non per il divieto di fumo in sua presenza; una proibizione che pesava per lo più all'assistente navale, accanito fumatore di sigaro. Hitler intervenne unicamente nell'ideazione strategica della manovra "a tenaglia", ovvero, il poderoso attacco verso sud delle forze meccanizzate provenienti dalla Prussia orientale, al di là della Vistola. Cercò inoltre di porre veto alla nomina del generale Johannes Blaskowitz a comandante dell'Ottava Armata e del generale Gunther von Kluge[97] a comandante della Quarta. Hitler era avverso alla candidatura del primo perché, nelle manovre di 3 anni prima, non aveva impiegato i blindati nel modo da lui consigliato. Più tardi Hitler rilevò delle mancanze nell'azio-

97 Ndt. Günther von Kluge (Poznan, 30 ottobre 1882 – Valmy, 19 agosto 1944) è stato un feldmaresciallo tedesco. Prese parte alle campagne di Polonia e Francia e all'invasione dell'Unione Sovietica. Qui, dopo la sconfitta di Stalingrado, tentò di contenere gli attacchi sovietici. Nel '44 venne nominato Comandante in Capo del settore operativo occidentale, soppiantando Gerd von Rundstedt. Partecipò, seppure superficialmente, alla congiura contro Hitler e nell'autunno dello stesso anno, temendo di essere stato scoperto, si tolse la vita.

ne condotta dall'Ottava Armata: quegli errori furono all'origine dell'unico parziale insuccesso della campagna, un insuccesso previsto dal Führer e a cui lo stesso aveva predisposto adeguate contromisure.

Alle 8:00 del 4 settembre, il generale Bock, comandante del Gruppo Armate Nord, si presentò a Hitler in compagnia di Rommel e i tre partirono per un'ispezione delle zone di combattimento. Hitler era a bordo di un pesante veicolo *Mercedes* a sei ruote, e il resto dello staff lo seguiva su sei veicoli identici. Altre 70 o più automobili, stipate di personalità del partito e dei ministeri, facevano a gara per conquistarsi una posizione quanto più prossima al Führer. A ogni breve sosta i generali e i dirigenti del partito si fronteggiavano per apparire a fianco a Hitler nelle foto che venivano scattate, poi tornavano di corsa ai propri mezzi per non perdere posizione o avvantaggiarsi su altri. In un'occasione, rimproverato seccamente da Bormann per quel caos, Rommel ribatté con freddezza: "Non sono un maestro d'asilo. Decida lei l'assegnazione dei posti, se vuole!"

La *Wehrmacht* avanzava irresistibilmente verso Thorn, attraversando luoghi da tempo impregnati di sangue tedesco. Il giorno 6, Hitler visitò il campo di battaglia di Tucheler Heide, dove un forte reparto polacco era stato circondato. Forse nella convinzione che i carri armati tedeschi fossero soltanto sagome di latta, la cavalleria polacca, lancia in testa, li aveva caricati. Un messaggio radio riferì a Hitler che Cracovia era caduta in mano ai tedeschi. Alle 22:00 di quella sera il colonnello Vormann informò Hitler della disfatta dell'esercito nemico. "Tutto ciò che ci resta da fare è una battuta alla lepre. Militarmente la guerra è conclusa".

Raggiante di gioia, Hitler prese tra le sue la mano del colonnello e la strinse con vigore. Poi, Vormann lo informò sugli accadimenti del fronte occidentale. "La guerra fittizia prosegue", scrisse poco più tardi il colonnello. "Sino a questo momento, sul fronte occidentale non è stato sparato un colpo. Da entrambe le parti, enormi altoparlanti si abbaiano contro a vicenda, e ognuna delle 2 fazioni cerca di spiegare all'altra quanto sia assurdo il suo comportamento e inetti i suoi governanti".

Effettivamente, a Ovest si rasentava la farsa. Tra le linee tedesche e quelle francesi si assisteva a frequenti scambi segreti di cibo e bevande. Hitler, dal canto suo, faceva di tutto per non irritare l'opinione pubblica inglese: quando Göring gli chiese il permesso di bombardare la flotta britannica, egli lo negò. Per questo si infuriò quando il 4 settembre, la Gran Bretagna annunciò che uno dei suoi transatlantici di linea, l'*Athenia*, era stato silurato da un sommergibile tedesco.

L'ammiraglio Raeder gli assicurò che nessuno dei loro sommergibili si trovava sul luogo del presunto incidente, e Hitler sospettò che Churcill stesso avesse escogitato l'affondamento per far insorgere l'opinione pubblica statunitense. Tuttavia, poco tempo dopo, Raeder confidò a Hitler che il comandante di un sommergibile aveva ammesso la propria responsabilità nell'accadimento. La nave, affermò, procedeva a luci spente zigzagando. Raeder e Hitler decisero di occultare la verità.

Le mire territoriali di Hitler in Polonia erano ancora vaghe. Il 22 agosto, in un incontro segreto con i suoi generali, aveva stabilito come obiettivo "l'annientamento delle Forze Armate polacche", piuttosto che una modifica dei confini. Ma il 7 settembre, parlando con il comandante in capo dell'esercito Brauchitsch, accennò addirittura all'eventualità di creare un'Ucraina indipendente. L'idea di Hitler era segnare la definitiva frontiera tra Asia e Occidente, riunendo i resti delle etnie tedesche sparpagliati nei balcani, in Unione Sovietica e negli stati baltici per popolare una zona di confine a Oriente, lungo il fiume Bug o la Vistola. Varsavia sarebbe divenuta un centro di cultura tedesca o, in alternativa, rasa al suolo e sostituita da prati verdi su entrambi i versanti della Vistola.

Più avanti, tra il *Reich* e la frontiera 'asiatica', sarebbe sorto, a fare da cuscinetto, una specie di stato nazionale che avrebbe accolto le etnie polacche: una razza inferiore formata da circa 10 milioni di individui. Per soffocare l'insorgere di centri sciovinisti, gli intellettuali sarebbero stati 'censiti e trasferiti altrove'. Con una tale frammentazione della Polonia, Hitler pensava a un negoziato di pace che avesse una qualche sembianza di legalità, in modo da scombinare i piani di Francia e Gran Bretagna. Se tuttavia quel rimasuglio di Polonia si fosse ulteriormente disgregato, l'area di Vilna sarebbe stata offerta alla Lituania, mentre all'Ucraina galiziana e polacca avrebbe potuto essere garantita l'indipendenza. Nell'eventualità, come annotò Canaris, gli ordini di Keitel erano che gli ucraini controllati dal suo *Abwehr* avrebbero dovuto "provocare un'insurrezione in Galizia con lo scopo di annientare ogni comunità polacca ed ebraica".

L'esercito di Hitler si era gettato sugli odiati polacchi con una durezza che oggi è ben documentata. Il colonnello Eduard Wagner, capo del dipartimento generale e inizialmente responsabile della politica di occupazione, il 4 settembre scrisse in una corrispondenza privata: "Ovunque è esplosa una feroce guerriglia, che noi stiamo soffocando senza pietà. Non ammetteremo discussioni. Abbiamo già insediato dei tribunali speciali, che operano senza sosta. Più duramente colpiremo, prima tornerà la pace". E una settimana più tardi: "Stiamo diramando disposizioni durissime che io stesso ho redatto. Niente è più efficace della pena di morte! Non esiste altro rimedio nei territori occupati".

Hitler e i suoi generali si trovavano di fronte all'evidenza che l'Asia cominciava appena fuori dalle vecchie frontiere del *Reich*. Nella città di Bydgoszcz (Bromberg), Polonia occidentale, il comandante di polizia polacco aveva ordinato il massacro di alcune migliaia di cittadini di origine tedesca, accusati di aver fomentato le sommosse. I paracadutisti di Göring, non appena catturati dalle truppe polacche, venivano fucilati sul posto. Tra l'altro, la popolazione civile era stata addestrata a incendiare con il combustibile i blindati tedeschi fermi per guasti. "Contro la Germania, il popolo polacco si batte fianco a fianco con il suo esercito, predisponendo ostacoli all'avanzata nemica e imboscate".

Il treno speciale di Hitler, partito per l'Alta Slesia il giorno 9, aveva concluso il suo viaggio su un binario morto della stazione di Illnau. Come risulta dagli appunti della segretaria Christa Schroeder, l'aria era carica della polverosa calura di metà settembre:

"Dalla mattina alla sera, il sole infuoca gli scomparti del treno e noi, in questo caldo tropicale, ci sciogliamo [...]. Il Capo se ne va ogni mattina e ci condanna ad attenderne il ritorno...Pochi giorni fa ci trovavamo nei pressi di un ospedale da campo e abbiamo visto passare una colonna di feriti [...]. Girare la Polonia col Capo permette di vedere molte cose, ma non è compito esente da rischi, perché i nemici sono vigliacchi capaci solo di tendere agguati o colpire alle spalle: è difficoltoso proteggere il Capo, egli si è fatto prendere dalla smania di muoversi come si trovasse in Germania e, per giunta, in piedi nella macchina scoperta persino nelle zone più pericolose [...]. Il primo giorno si è aggirato in una selva ancora piena di polacchi, che neppure mezz'ora prima avevano sterminato un reparto sanitario tedesco disarmato. Uno dei medici, essendo riuscito miracolosamente a salvarsi, gli aveva riferito la faccenda nei dettagli [...]. Anche quella volta il Führer era in piedi su una collina alla vista di tutti, mentre i soldati accorrevano per salutarlo. Naturalmente, constatare la presenza di Hitler al fronte è un grande stimolo per le truppe, ma io continuo a pensare che sia troppo rischioso. Possiamo solo sperare che Dio lo protegga". "Il Führer è di ottimo umore. Ho modo di parlargli spesso", scriveva il generale Rommel. "Dice che tra 8/10 giorni tutto sarà finito e la nostra *Wehrmacht*, fortificata da queste battaglie, sarà trasferita a Ovest. Ma io credo che i francesi abbiano rinunciato all'idea di combattere. I loro soldati fanno il bagno nel Reno, senza che i nostri li disturbino. Questa volta", concludeva Rommel, "l'avremo vinta con relativa facilità!"

Quello stesso giorno, il 12 settembre, Hitler convocò Göring, Brauchitsch e Keitel e, con fermezza, vietò loro di provocare i francesi. Hitler era entrato nel vagone del comando proprio mentre Canaris stava spiegando a Keitel le ripercussioni negative sull'opinione pubblica internazionale, che si sarebbero avute da un eventuale bombardamento aereo tedesco di Varsavia. Quando gli furono chiesti aggiornamenti sul fronte occidentale, Canaris furbescamente disse che i francesi stavano ammassando truppe e artiglieria innanzi a Saarbrücken, allo scopo di predisporre un'offensiva[98].

98 Nda. Secondo il colonnello Lahousen, che lo accompagnava, Canaris aveva deliberatamente esagerato le notizie, nella speranza di scompaginare i piani di Hitler per la campagna

Hitler reagì con educata incredulità: "Mi è difficile immaginare che i francesi intendano attaccare Saarbrücken, il punto più forte delle nostre difese".

Jodl aggiunse che il fuoco di artiglieria per la preparazione di una massiccia offensiva avrebbe richiesto almeno tre settimane e che quindi l'attacco non avrebbe avuto esito fino a ottobre.

"Giusto", disse Hitler, "e in ottobre farà già freddo e i nostri uomini saranno al riparo nei bunker mentre i francesi, in attesa dell'attacco, dovranno accamparsi all'aria aperta. E anche se i francesi riuscissero a sfondare in qualche settore debole del vallo, noi, nel frattempo avremmo fatto arrivare là le nostre divisioni adesso a Est: daremmo loro una lezione da ricordare per sempre".

Le visite ai campi di battaglia polacchi, rappresentarono per Hitler il primo vero contatto con l'Oriente. Le sue assurde fantasie sui "subumani" e gli ebrei ne uscirono rafforzate. Era quella ancora Europa? Sparpagliate qua e là nei campi incolti si vedevano cadenti catapecchie in legno dai tetti di paglia e, ai lati della strada, avvolti dalla polvere sollevata dal corteo di automobili di Hitler, interminabili file di contadini. Tra loro, Hitler identificò degli ebrei dai capelli nella rituale foggia, con i tipici copricapo e caffettani. Quasi che lì il tempo si fosse fermato per secoli, sembravano figure emerse da caricature medievali antisemite.

Gli ebrei: loro erano il vero nemico.

Il dottor Chain Weizmann[99], presidente della *Jewish Agency*, aveva scritto a Chamberlain assicurandogli che tutti gli ebrei del mondo avrebbero combattuto a fianco delle democrazie contro la Germania nazista. *The Times* pubblicò quella lettera il 6 settembre e Hitler non esitò a considerarla una dichiarazione di guerra da parte degli ebrei. Negli anni che seguirono, vi fece

polacca: in realtà, i francesi stavano preparando un attacco di modesta entità.

99 Chaim Weizmann (Motal, 27 novembre 1874 – Rehovot, 9 novembre 1952) è stato un politico e chimico israeliano, che, sin dal 1901 assunse la guida del Partito Sionista Generale (Liberali). Nel 1917 riuscì a strappare al ministro degli Esteri britannico Arthur Balfour l'omonima Dichiarazione che riconosceva agli ebrei il diritto di creare una loro National Home in Palestina. Dal 1920 al 1931 guidò l'Organizzazione Sionista Mondiale. Nel 1948 fu nominato capo provvisorio dello Stato di Israele e dall'anno successivo fino alla morte, ricoprì la carica di Presidente della Repubblica Israeliana.

spesso riferimento, ma nel frattempo una sua sinistra profezia si sarebbe crudelmente avverata: "Stiamo attenendoci a un'antica legge ebraica", avrebbe tuonato il 30 gennaio 1942, "occhio per occhio, dente per dente".

Per i pogrom che stavano per cominciare, Himmler e Heydrich garantivano spirito di iniziativa e guida pratica. Il solo ordine impartito da Hitler a Himmler in tale contesto fu quello che concerneva il consolidamento generale della situazione razziale tedesca. A causa delle attività delle *SS* in Polonia, i generali dell'esercito manifestarono un certo nervosismo, ma Himmler, nel corso di un incontro segreto tenutosi a Coblenza nel marzo 1940, del quale sono rimasti gli appunti redatti da lui medesimo, diede loro rassicurazioni. Himmler affermò che solo allora per la prima volta, sotto Adolf Hitler, era possibile porre rimedio al millenario problema della Polonia: in passato l'assorbimento di sangue germanico da parte dei polacchi aveva reso alcuni di loro grandi e potenti. Adesso che poteva permetterselo, la Germania aveva il dovere di provvedere "all'annessione definitiva di quei territori, alla loro purificazione e germanizzazione". Ma il ricorso a mezzi bolscevichi (così Himmler disse in un memoriale redatto due mesi dopo il totale sterminio di una minoranza razziale) era "impensabile".

Egli ammise che "le menti a capo della resistenza", venivano passate per le armi, ma questa non era affatto da considerarsi, sottolineò, "una barbarie commessa da ufficiali subalterni e men che meno da me".

Qui negli appunti di Himmler compare una frase tedesca – *Weiss sehr genau, was vorgeht* – che può essere tradotta sia in "[Io] so esattamente ciò che accade" sia in "[Egli] sa esattamente ciò che accade"[100].

---

100 Nda. Il generale Ulex, che era presente, a guerra conclusa asserì che la frase pronunciata era: "Non sto facendo nulla di cui il Führer non sia a conoscenza". (Confrontare l'articolo del professor Helmut Krausnick, Hitler and the Murders in Poland, 1963, pag. 196). Tuttavia, nessun altro rammentava quella frase. Il generale von Leeb, di cui l'autore di questo libro ha avuto modo di leggere il diario, date le sue profonde convinzioni cristiane, avrebbe senz'altro annotato un'affermazione così esplicita. È inoltre risaputo che Ulex venne in seguito umiliato dallo stesso Hitler. Occorre specificare, infine, che il colonnello Wagner, il giorno successivo,

Due settimane dopo, Himmler parlò in una città della Ruhr e i suoi appunti, relativi a quel discorso, riportano: "Incarico assegnato dal Führer al comandante delle *SS*: la qualità della razza tedesca. Il sangue è il nostro più importante patrimonio. I nuovi territori non costituiscono un problema politico, bensì etnico".

Come in Austria e in Cecoslovacchia, l'avanzata dell'esercito tedesco era seguita da quella dell'organizzazione poliziesca di Heydrich. Ogni armata aveva la propria unità operativa, costituita da un commando di 100 ufficiali nell'uniforme dei reparti combattenti delle *SS*, su cui era applicata la sigla SD (servizio di sicurezza). Il loro principale compito era quello di investigare (reperire documentazioni nemiche) e, come era ufficialmente riportato negli ordini di servizio, "combattere gli elementi anti-*Reich* o anti-tedeschi nelle retrovie". Secondo quanto Heydrich avrebbe scritto 10 mesi più tardi, l'ordine che affidava a quei gruppi speciali il compito di condurre "operazioni di sicurezza di natura politica e ideologica nei territori conquistati" proveniva da Hitler in persona.

Parallelamente alle unità speciali delle *SS*, aggregate alle formazioni dell'esercito, esisteva anche un gruppo speciale indipendente, che aveva 'compiti particolari' ed era comandato dall'arrogante e brutale generale delle *SS* Udo von Woyrsch. Quando questi venne finalmente allontanato dalla Polonia, protestò asserendo che aveva ricevuto dal Führer, tramite Himmler, l'istruzione di diffondere 'paura e terrore' al fine di dissuadere i polacchi dal commettere atti criminosi. Quegli ordini, datati 3 settembre, esistono ancora: l'incarico affidato a Woyrsch, da Himmler, consisteva in una "radicale soppressione della nascente insurrezione polacca nei territori dell'Alta Slesia recentemente occupati".

Hitler neppure vi è menzionato. Non esiste oggi alcuna traccia di quando (e se) Heydrich abbia parlato con il Führer durante la campagna in Polonia. Ad ogni modo, molti generali udirono Heydrich dirsi intenzionato a eliminare, in un modo o nell'altro, gli intellettuali polacchi: informazione che fu però da tutti sottaciuta.

---

scrisse alla moglie: "Verso sera, a Coblenza, Himmler ha parlato ai comandanti in capo. Ti dirò di più a voce..."

Il sangue di Hitler ribolliva all'idea delle complesse procedure giuridiche a carico dei partigiani polacchi: lui avrebbe certamente preferito esecuzioni rapide e sommarie. Il 7 settembre si era incontrato con Brauchitsch nel suo vagone privato e per un paio di ore aveva discusso con lui il futuro della Polonia. Date istruzioni affinché l'esercito non interferisse con le attività delle *SS*, il giorno successivo aveva diramato una serie di direttive che incoraggiavano la nomina di funzionari di partito come commissari civili in Polonia, così che essi potessero svolgere il 'lavoro sporco'. Si sa ben poco di ciò che Hitler e Brauchitsch si dissero in quell'occasione. Ma, dopo aver parlato con Halder il giorno 9, Eduard Wagner scrisse nel proprio diario: "È intenzione del Führer e di Göring distruggere e sterminare la nazione polacca. Non mi è possibile mettere altro per iscritto".

Solo il generale Walther Heitz, nuovo governatore militare della Prussia occidentale, fornì alcune indiscrezioni quando riportò del suo colloquio del 10 settembre con Brauchitsch: "Altra faccenda: dovrò governare la zona di mia competenza con pugno di ferro. I reparti combattenti sono troppo inclini ad attenersi a un erroneo senso dell'onore".

Che la natura dei compiti specifici delle *SS* fosse stata spiegata a Brauchitsch apparve evidente quando l'ammiraglio Canaris fece presente a Keitel quale danno, alla reputazione della *Wehrmacht*, avrebbero potuto arrecare le 'generalizzate esecuzioni' della nobiltà e del clero polacchi. Keitel rispose che quelle cose erano state da tempo decise dal Führer, il quale aveva chiaramente detto a Brauchitsch che "se la *Wehrmacht* non desidera essere implicata in tutto ciò, deve accettare che Gestapo e *SS* operino al suo fianco".

Ecco motivata l'esigenza, in Polonia, di strutture civili parallele: a esse spettava il compito dello 'sterminio demografico', come Canaris definì, nei suoi appunti, l'asserzione di Keitel. Quando Heydrich informò il colonnello Wagner che la 'disinfestazione' della Polonia avrebbe incluso il sacrificio di ebrei, intellettuali, clero e nobiltà, Wagner, che era un ufficiale dell'esercito, chiese solamente che quegli incarichi passassero direttamente da Heydrich ai suoi uomini.

In realtà Heydrich non si era assicurato alcuna approvazione, da parte di Hitler, per la liquidazione degli ebrei.

Il 14 settembre, durante un giro di ispezione, incontrò i propri collaboratori: "Il Capo [Heydrich] si è dilungato sulla questione ebraica polacca e ha chiarito le sue opinioni in proposito. Il comandante del *Reich* [Himmler] porrà al Führer dei quesiti che solo lui può decidere, poiché essi avranno notevoli ripercussioni all'estero".

Hitler, tuttavia, era favorevole alla sola deportazione degli ebrei e la cosa fu chiara sia a Brauchitsch sia a Himmler allorché, separatamente, il 20 settembre, a Zoppot, incontrarono il Führer. In particolare al primo, Hitler parlò semplicemente del piano di ghettizzazione degli ebrei. Le disposizioni piuttosto moderate che Hitler impartì a Himmler sono probabilmente quelle che a sua volta Heydrich trasmise ai comandanti delle unità speciali, il giorno seguente, a Berlino. Le provincie della Polonia, precedentemente appartenute alla Germania, sarebbero state riammesse al *Reich*; un confinante distretto, costituito da popolazioni di lingua polacca, avrebbe avuto Cracovia come capoluogo e sarebbe probabilmente stato governato dall'austriaco Arthur Seyss-Inquart. Questo distretto, più tardi denominato Governatorato generale, doveva costituire una sorta di 'terra di nessuno' al di fuori del programmato vallo orientale: lì avrebbero trovato posto gli ebrei polacchi. Hitler inoltre autorizzò Heydrich a trasferire il maggior numero possibile di ebrei nella zona di influenza sovietica del territorio polacco. Per rendere agevole questa deportazione, gli ebrei sarebbero stati innanzi tutto concentrati nei grandi centri urbani della Polonia, dove sarebbero altresì confluiti i superstiti 30.000 zingari provenienti dalla Germania. Hitler chiese a Himmler di occuparsi del programma di trasferimento, programma che, in seguito, verrà ribattezzato 'pulizia etnica'.

Da parte sua, il generale Brauchitsch diramò ai suoi comandi sul campo il seguente ordine: "Le unità speciali di polizia hanno ricevuto dal Führer l'ordine di provvedere ad assolvere a taluni compiti etnici (*volkspolitische*) nei territori occupati".

Il solo accordo che Brauchitsch raggiunse con Heydrich

quando i due, il 22 settembre, si incontrarono, fu che le operazioni di trasferimento non avrebbero dovuto ostacolare i movimenti dell'esercito o le necessità economiche della Germania. Heydrich si dichiarò concorde.

Che Hitler avesse piacere di assistere a scenari di guerra è cosa innegabile. Visitava il fronte ogniqualvolta gli era possibile. Presso un comando di divisione che si trovava in un istituto scolastico a portata di tiro dell'artiglieria polacca, egli fece conoscenza col generale Briesen. Questi aveva da poco perso un braccio in un'azione in cui, alla testa del proprio reparto, tentava di bloccare una disperata controffensiva della cavalleria nemica contro il fianco dell'Ottava armata. Aveva perduto in quella battaglia 80 ufficiali e 1.500 soldati e adesso incontrava il Führer non lontano dal luogo in cui suo padre, generale prussiano, era stato ucciso nella guerra mondiale.

Il giorno 15 ritroviamo Hitler a Jaroslav, a osservare le proprie truppe nell'attraversamento del fiume San. Il giorno dopo, il più grande successo strategico della campagna era ultimato: l'esercito polacco, concentrato a Posen in preparazione di un'offensiva su Berlino, era stato accerchiato. Quarta e Ottava armata avevano conquistato Kutno e, a giorni, si prevedeva la capitolazione di Varsavia.

Hitler aveva iniziato a discutere con Jodl il destino di quelle città, il giorno 15. Era particolarmente desideroso di avere Varsavia in suo possesso prima che si riunisse il Congresso americano. Sperava fosse sufficiente minacciare un simultaneo attacco aereo e terrestre e interrogava i suoi subalterni sul tempo che sarebbe occorso affinché la capitale polacca si arrendesse per fame.

All'alba del 16, un ufficiale tedesco portò sino alle linee nemiche un ultimatum che concedeva al comandante polacco una tregua di 6 ore per proclamare la resa: l'ufficiale nemico neppure si degnò di leggere il messaggio. Lui stesso aveva approntato le difese in vista dell'attacco tedesco. Tutte le fortificazioni e le linee di resistenza erano state rafforzate, ogni edificio periferico protetto con sacchi di sabbia, cemento e filo spinato; gli scantinati collegati con una ragnatela di gallerie sotterranee alle centrali difensive; profonde trincee anticarro erano state scavate attraverso le principali arterie di Varsavia e barricate erette con autobus, pietre e rottami.

Come Blaskowitz avrebbe riferito in seguito, "ciò che turbava persino i soldati più esperti, era constatare come una popolazione, del tutto ignara del potere distruttivo delle tecnologie militari moderne, istigata e male informata dalle autorità del luogo, potesse contribuire alla distruzione della propria città".

Alle 15:00 del giorno 16, la *Luftwaffe* riversò su Varsavia tonnellate di volantini in cui si indicava che erano concesse dodici ore alla popolazione civile per evacuare la zona seguendo due predisposti itinerari. Alle 18:00 del giorno successivo la radio tedesca invitò il comando polacco a inviare alcuni ufficiali presso il quartier generale tedesco per intraprendere, entro le 22:00, un negoziato. Fu stabilito che tutti i graduati polacchi che si fossero presentati avrebbero ricevuto, affinché la consegnassero ai loro comandi, una copia dell'ultimatum che imponeva la resa incondizionata della città entro le ore 8:00 del giorno seguente. Su richiesta, sarebbero stati presi accordi per l'evacuazione del corpo diplomatico.

Ma alle 11:45 del giorno 18 nessuno ancora si era reso disponibile a un dialogo. Di fronte agli inutili tentativi intrapresi per impossessarsi della città senza spargimento di sangue, Hitler si sentiva libero di distruggere Varsavia al momento opportuno. Il governo polacco si era nel frattempo rifugiato in Romania.

"Al fine di proteggere gli interessi delle minoranze ucraina e russa", due gruppi d'armata sovietici, all'alba del 17 settembre, erano penetrate nelle regioni orientali del territorio polacco: la notizia fu immediatamente riportata a Hitler.

Alle 4:00 di quella mattina, il Führer entrò nel vagone di comando dove già si trovavano Schmundt, Keitel e Jodl. Riuniti intorno ad una mappa geografica del territorio, cercavano di intuire le mosse dell'esercito sovietico. Finché Ribbentrop, non potendo tergiversare oltre, su sollecito di Hitler, spiegò loro la natura degli accordi presi con i russi per la spartizione della Polonia: "Con Stalin abbiamo stabilito che la linea di demarcazione tra le 2 sfere d'interesse correrà lungo i fiumi Pissa, Narev, Vistola e San".

Il 19 settembre, quando Hitler e i suoi collaboratori entrarono in auto a Danzica, la campagna polacca era lungi dall'essere conclusa. Ma lui poteva burlarsi delle predizioni del ministero degli Esteri che aveva preannunciato in quell'operazione un disastro militare[101]. Solo le guarnigioni di Varsavia, Modlin ed Hela ancora resistevano.

Mentre il vittorioso Führer attraversava le strade di Danzica, al suo passaggio, una pioggia di omaggi floreali venivano lanciati dalle finestre. Quando il corteo di automobili si fermò davanti all'antica Artus Hof, alcuni udirono Schmundt commentare: "È successo così ovunque... nella Renania, a Vienna, nei Sudeti, a Memel. Chi potrebbe mai dubitare della missione del Führer?"

Lì, in un salone del quattordicesimo secolo costruito all'apice del potere dei Cavalieri Teutonici, Hitler tenne un lungo discorso. Dapprima, fece un raffronto tra il modo umano in cui lui conduceva quella guerra e il trattamento che i polacchi avevano riservato alle minoranze tedesche, successivamente alla morte di Pilsudski[102]: "Decine di migliaia di persone sono state deportate, maltrattate e soppresse con estrema crudeltà. Mentre il pio mondo delle democrazie osservava indifferente, questi ripugnanti animali hanno dato sfogo ai loro istinti perversi". Poi parlò di "Dio onnipotente, che ha benedetto le armi germaniche".

Al termine del discorso, il servizio d'ordine dovette aprirgli un varco tra la moltitudine acclamante che affollava la piazza del Mercato Lungo. Il Führer prese alloggio al *Kasino* Hotel di Zoppot, situato in riva al mare, dove rimase una settimana. Il morale era alle stelle.

Le intenzioni di fondo di Hitler restavano le stesse. A Zoppot cominciò a prender forma in lui un progetto tanto infame quanto lo era quello che Heydrich stava attuando in Polonia. Circa 250.000 posti letto degli ospedali polacchi vennero re-

101 Nda. Così si legge nel diario di Hewel in data 10 ottobre 1941: "Divertente colloquio [con Hitler] in merito al ministero degli Esteri. Chi nel 1939 credeva nella vittoria? Forse il segretario di stato Weizsäcker?"

102 Józef Klemens Pilsudski (Zulów, Lituania, 5 dicembre 1867 – Varsavia, 12 maggio 1935) è stato un rivoluzionario, politico e militare polacco.

quisiti per accogliere i numerosi malati di mente presenti in Germania. Dei quasi 800.000 malati di mente tedeschi il 10% necessitava di cure permanenti occupando spazio e cure mediche specialistiche di cui ora si abbisognava per i feriti di guerra. Secondo una testimonianza resa dal dottor Karl Brandt, chirurgo personale del Führer, Hitler voleva che il 40-60% di questi malati fosse silenziosamente eliminato.

Il Führer convocò dunque, presso la suite del *Kasino* Hotel diversi consulenti medici e istituzionali e, in particolare, Hans Lammers, capo della cancelleria del *Reich* e il dottor Leonardo Conti[103], prima autorità sanitaria, assieme all'onnipresente Bormann e al comandante del *Reich* Philippe Bouhler, capo della 'cancelleria del Führer'. La vedova Conti ricorda che il marito, immediatamente dopo la chiamata del Führer, cercò il termine 'eutanasia' sull'enciclopedia. Hitler comunicò al dottor Conti che, a causa delle esigenze della guerra, si rendeva necessario approntare un programma di soppressione indolore di tutti i malati di mente incurabili. Conti espresse dei dubbi sull'esistenza di basi scientifiche che garantissero, da tale provvedimento, vantaggi eugenetici. Ci furono ripetute discussioni sui dettagli d'attuazione del programma e Conti propose di ricorrere ai narcotici. In successivi colloqui con il dottor Brandt, tuttavia, Hitler apprese che l'azione dei barbiturici era troppo lenta e, come molti medici asserivano, solo il monossido di carbonio favoriva un decesso rapido e sereno. Hitler incaricò Brandt di sincerarsi quale metolodogia, considerati i presupposti, poteva ritenersi più idonea.

Sin dagli anni venti, Hitler era stato un fervente sostenitore del ringiovanimento della popolazione germanica. Col pretesto che il 20% dei cittadini era portatore di difetti biologici ereditari, i nazionalsocialisti avevano istituito, non appena ascesi al potere, un programma di igiene razziale. Il ministro dell'Interno

103 Leonardo Conti (Lugano, 24 agosto 1900 – Norimberga, 6 ottobre 1945), medico e politico tedesco, divenne un uomo influente del Terzo Reich, tanto da essere nominato generale delle SS, segretario di stato alla sanità presso il ministero degli Interni. Egli svolse inoltre un importante ruolo nell'Aktion T4, il programma di eutanasia promosso da Hitler per l'eliminazione dei disabili. Negli anni successivi fu uno dei maggiori sostenitori attivi dei disumani esperimenti medici sui prigionieri dei campi di concentramento.

Wilhelm Frick ne era un entusiasta propugnatore. La prima legge al riguardo era stata emanata nel luglio 1933: questa obbligava i medici a denunciare i pazienti che presentavano difetti ereditari affinché si potesse procedere alla loro sterilizzazione. Un anziano studioso darwiniano, Alfred Ploetz, che il *Reich* aveva promosso a professore dopo il 1933, avrebbe sostenuto, nel 1935, che "gli effetti controselettivi della guerra dovevano essere compensati da un incremento del tasso di eliminazione".

Nel 1934, Frick aveva promulgato le leggi che coordinavano il funzionamento degli uffici sanitari locali e, in parallelo, delle sedi locali del partito preposte alla politica razziale.

Nei 10 anni che seguirono, decine di migliaia di funzionari medici dovettero frequentare corsi sull'igiene razziale. Venne loro spiegato quale peso economico costituissero i minorati per la comunità e alcuni esemplari particolarmente ripugnanti furono custoditi nei laboratori perché fungessero da esempi viventi di analisi. Nel 1935, Hitler disse chiaramente al predecessore di Conti che, nell'eventualità di un conflitto, lui "avrebbe affrontato il problema dell'eutanasia", la psicosi della guerra avrebbe annullato il pericolo di un'intromissione della Chiesa. Ma fu solo sul finire del 1938 che Hitler cominciò a prendere decisioni in merito alla 'morte compassionevole'. La cancelleria di Bouhler gli aveva spesso fatto pervenire richieste di malati terminali preda di dolori atroci e appelli di medici che chiedevano l'autorizzazione a porre fine alla vita di taluni pazienti senza incorrere in procedimenti penali.

Quando, all'inizio del 1939, Hitler ricevette una richiesta di eutanasia dai genitori di un bambino nato cieco e mentalmente minorato, approntata una visita specialistica, Hitler diede il proprio consenso a sopprimere la creatura. Nell'agosto dello stesso anno, venne emesso un decreto ministeriale che ordinava a tutte le levatrici di segnalare i neonati deformi: una commissione di 3 esperti esaminato caso per caso, laddove ritenuta la prole, a parere unanime, inadeguata a condurre un'esistenza normale, anche senza il permesso dei genitori, avrebbe provveduto all'eliminazione. Dopo la riunione avvenuta a Zoppot, trascorse del tempo senza che succedesse alcunché. Infatti, il dottor Conti dovette affrontare lunghe discussioni sulla legittimità giuridica e morale della proposta di Hitler. Proprio a causa di questi ritardi burocratici, Hitler si vide costretto a emanare di persona un provvedimento urgente che allargava notevolmente la portata del 'progetto eutanasia':

"Il comandante del *Reich* Bouhler e il dottor Brandt sono con la presente disposizione autorizzati a conferire ad alcuni specifici medici il potere di dare pietosa morte, dopo un attento esame dello stato di salute del paziente, a coloro giudicati incurabili".

Firmato: Adolf Hitler

Quell'ordine del Führer venne simbolicamente datato 1° settembre, data di inizio di quella che lui aveva definito 'Prima guerra della Slesia'.

A partire da quel momento, non si trattava più di una faccenda localizzata, ma di una sanguinosa crociata nel corso della quale il popolo tedesco sarebbe stato "nobilitato dalla lotta e depurato da qualsiasi elemento corrotto di sangue o discendenza". Moduli per un censimento, ufficialmente riservati a rilevazioni statistiche, vennero fatti pervenire ai medici e agli ospedali a partire dal 9 ottobre. Comitati di 3 esperti ciascuno cominciarono a decidere sulla vita e sulla morte di ogni paziente, basandosi esclusivamente sulle notizie riportate in quei moduli.

Hitler disse a Bouhler che quel progetto non doveva incontrare ostacoli.

Ciò che aveva avuto inizio come 'pietosa soppressione' di pochi, diveniva adesso una programmata eliminazione di decine di migliaia di 'inopportuni e fastidiosi' malati di mente. E questo era solo il punto di partenza di ben altri più ambiziosi progetti nei quali il *Reich* si sarebbe imbarcato.

Ouvertures

Il treno di Hitler rimase in Pomerania fino alle 9:30 del 26 settembre 1939, quando intraprese il tragitto di 8 ore che lo avrebbe ricondotto a Berlino. Per tutto il tempo del viaggio, Jodl rimase presumibilmente nel suo scompartimento, dato che, a quanto risulta, solo il colonnello Vormann si trovava con il Führer. Hitler non disse una parola fino all'arrivo in stazione e passeggiò a lungo avanti e indietro nella carrozza. Poi, insieme al suo entourage si diresse quasi furtivamente alla cancelleria. La tensione era palpabile.

I pensieri di Hitler erano probabilmente rivolti alla successiva mossa. Nel gennaio del 1944, avrebbe indirizzato ai suoi scettici generali le parole che forse in quel momento gli riempivano i pensieri: "Se oggi mi si domanda quali speranze concrete sussistano per porre fine alla guerra, mi piacerebbe chiedervi di studiare la storia dell'umanità e dirmi quando, nel corso di importanti campagne, sia emersa qualche idea concreta su come e quando sarebbero terminati gli scontri. Il generale tedesco Moltke ha scritto che è impossibile fare qualsiasi previsione di guerra basandosi sulle prime battaglie". E avrebbe ancora detto, nello stesso discorso: "Nella posizione che occupo, è possibile basarsi unicamente sul proprio giudizio, la propria coscienza e il proprio senso di responsabilità".

L'esercito aveva diramato un ordine per il ritiro dalla Polonia della maggior parte delle truppe combattenti e la loro parziale smobilitazione. Quando Hitler ne venne a conoscenza sentenziò: "Attaccheremo a Ovest, e lo faremo in ottobre!"

È probabile che Hitler fosse da tempo consapevole di trovarsi alla vigilia di una lunga e difficile guerra con la Gran Bretagna. Non più tardi del 5 settembre, aveva ordinato a Hewel di usare ogni canale diplomatico e ogni amicizia in suo possesso per assicurare il rientro in patria del suo amico *Putzi* Hanfstaengl[104], che si era autoimposto un esilio a Londra. Era altrettanto evidente che la Gran Bretagna puntasse a guadagnare tempo.

La sera del 12 settembre, Hitler aveva confidato al colonnello Schmundt l'intenzione, non appena sconfitta la Polonia, di attaccare a Ovest, approfittando della momentanea debolezza delle potenze occidentali. Pochi giorni dopo, il 14, aveva discusso con

104 Ndt. Ernst Franz Sedgwick Hanfstaengl (2 Febbraio 1887 – 6 Novembre 1975) era un uomo d'affari tedesco che lavorava per Hitler e Roosvelt.

Todt la collocazione idonea per un permanente quartier generale da strutturare a Ovest. A questi, aveva spiegato che l'esperienza fatta nelle Fiandre durante la guerra mondiale gli suggeriva che il tempo si sarebbe mantenuto buono abbastanza per scatenare una prima offensiva entro gennaio. Oltre si sarebbe dovuto attendere maggio. Aveva in mente di fare una nuova proposta alla Gran Bretagna, ma non si aspettava alcun esito risolutivo finché la *Wehrmacht* non fosse allineata lungo il canale della Manica.

Hitler rivelò i suoi progetti agli sbalorditi comandanti supremi, il 27 settembre. Ciò che irritò l'esercito fu l'insistenza con la quale Hitler sosteneva che, poiché la superiorità bellica della Germania era solo temporanea, l'offensiva contro la Francia dovesse iniziare prima di fine anno e, come nel 1914, dovesse essere sferrata attraverso il Belgio, sulla cui neutralità Hitler nutriva forti dubbi. Secondo alcune fonti, il Belgio avrebbe concesso all'esercito inglese e francese l'attraversamento del proprio territorio. Conscio che Brauchitsch fosse fortemente contrario a questa nuova campagna, Hitler non tollerò discussioni sulla propria decisione o sulle prospettive del conflitto e, a conferma si ciò, terminò la conferenza gettando gli appunti del generale tra le fiamme del focolare.

Ernst von Weizsäcker annotò che Hitler, due giorni dopo, disse in sua presenza che il nuovo conflitto, se anche poteva costare alla Germania un milione di morti, altrettanto sarebbe valso in cadaveri al nemico, che, non potendo permettersi una tale perdita, si sarebbe trovato in una situazione ben peggiore.

Se a Cracovia i bombardamenti erano stati leggeri e altre città polacche non subirono molti danni, il destino di Varsavia fu diverso. Il 21 settembre divenne evidente che, per espugnarla, sarebbe occorso un attacco di pesante entità. Concesso ai 200 diplomatici stranieri di mettersi in salvo, la città fu incessantemente bersaglio dell'artiglieria tedesca. Il 25 Hitler passò in rassegna l'Ottava e la Decima Armata; quest'ultima aveva schierato 150 batterie di artiglieria per il bombardamento decisivo che sarebbe cominciato il giorno seguente. Mentre l'artiglieria faceva a pezzi

Varsavia, Hitler, dal tetto di un impianto sportivo, assisteva alla scena con l'ausilio di un binocolo. Il rapporto di Blaskowitz rivela:

"A Hitler è stato spiegato il piano di attacco dell'Ottava Armata: il cannoneggiamento della piazzaforte avrà inizio nelle prime ore del 26 settembre. Fino ad allora, saranno colpiti solo obiettivi militari ben identificati, batterie nemiche e installazioni vitali quali le centrali elettriche, dell'acqua e del gas. Dopo aver ascoltato, il Führer, profondamente turbato per le sofferenze che attendevano la popolazione civile, ha suggerito un ultimo tentativo per convincere il comando polacco a un'immediata resa. Egli garantisce loro una prigionia decorosa e il mantenimento delle baionette. Ha disposto anche che i sottoufficiali e i soldati semplici ricevano l'assicurazione che, una volta sbrigate le necessarie formalità, saranno rilasciati".

Fatti cadere su Varsavia quintali di volantini che riportavano le condizioni di resa, nessuna comunicazione giunse al comando tedesco.

Quindi, nelle prime ore del 26, dopo un massiccio e devastante martellare dell'artiglieria, la fanteria si gettò all'assalto della città. Ventiquattr'ore dopo tutto era finito. I polacchi avevano capitolato senza porre un'effettiva resistenza. Il 2 ottobre, il generale Rommel visitò Varsavia e immediatamente dopo si recò a rapporto dal Führer. Il giorno dopo, lo stesso generale scrisse alla moglie: "Rapporto alla cancelleria del *Reich* e cena al tavolo del Führer. Varsavia è in pessime condizioni. Non c'è edificio che non sia stato in qualche modo danneggiato o abbia le finestre intatte... La popolazione deve aver notevolmente sofferto. Per una settimana è mancata loro luce, acqua e gas. Il sindaco calcola ci siano 40.000 persone tra morti e feriti".

Quando Hitler, il 5 ottobre, si recò in aereo a Varsavia per la parata trionfale, un manto di morte avvolgeva ancora la città. Il fetore dei cadaveri in putrefazione avvelenava l'aria e, secondo i più vicini collaboratori, il Führer, seppur esteriormente apparisse indifferente, era sinceramente toccato da quell'infernale scenario. Ai giornalisti stranieri che gli sciamavano intorno, disse in tono minaccioso: "Guardate Varsavia, è così che posso ridurre qualsiasi città europea". Ma quando vide il banchetto che l'esercito aveva preparato all'aeroporto, qualcosa, forse un moto interiore o il suo naturale istinto alla propaganda, gli suggerì di non sedersi alla grande tavola imbandita: in quello stesso momento, centinaia di migliaia di cittadini polacchi soffrivano i morsi della fame.

I confini dell'Europa orientale erano stati concordati tra Germania e Unione Sovietica. Hitler aveva insistito perché il suo ministro degli Esteri andasse personalmente a Mosca a curare i dettagli dell'accordo: "Dopotutto, quello di stabilire le definitive frontiere tra Asia ed Europa, confini che rimarranno millenari, è un compito degno del ministro degli Esteri del *Grossdeutches Reich*!"

La linea di confine, secondo quanto stabilito a metà settembre, doveva correre lungo la Vistola. Adesso, invece, seguiva il fiume Bug, molto più a Est, perché Stalin, in cambio della Lituania, aveva lasciato alla Germania anche i distretti di Varsavia e Lublino. Così le truppe tedesche avanzate sino al Bug, ricevuto dapprima l'ordine di ritirarsi fino alla Vistola, si trovavano a marciare nuovamente verso Est, attraversando quella difficile regione per la terza volta in altrettante settimane.

Nei primi quindici giorni dell'ottobre del 1939, Hitler rimase a lungo indeciso se proseguire la guerra o cercare una pace con le potenze occidentali alle migliori condizioni possibili. L'ordine dato alla *Wehrmacht* di tenersi pronta per l'*Operazione Giallo* (attacco alla Francia e ai Paesi Bassi) non può in alcun modo sminuire l'evidenza del suo tentativo di approntare un piano di pace. La Germania avrebbe necessitato di mezzo secolo per digerire i nuovi territori e portare a termine i programmi di colonizzazione forzata ideati da Himmler per ben radicare a Est il sangue tedesco.

I sondaggi di pace intrapresi da Hitler verso Londra erano tutt'altro che una macchinazione per incrinare i rapporti tra Gran Bretagna e Francia. Verso i primi di ottobre, Weizsäcker scrisse: "Il tentativo di venire a una pace adesso è sincero. Io reputo ci siano il 20% di probabilità, Hitler il 50%; il suo obiettivo è raggiungere il 100%. Se egli riuscisse in tale compito... il problema di tenere militarmente a bada gli inglesi sarebbe superato".

Ai primi di settembre, Göring, tramite Dahlerus, aveva fatto sapere alla Gran Bretagna che la Germania era disposta a restituire la sovranità a una Polonia privata delle provincie tedesche sottratte alla madrepatria dopo la fine della guerra mondiale e a procedere a una riduzione concordata degli armamenti.

La risposta britannica, in attesa di specifiche proposte, era di cauta disponibilità. A Berlino, il 26 settembre, Hitler aveva detto a Dahlerus che, se voleva ancora salvare qualcosa della Polonia, la Gran Bretagna doveva affrettarsi: ormai, senza consultare i sovietici, lui non poteva prendere alcuna decisione. Dahlerus era ripartito immediatamente per Londra. L'esercito tedesco aveva buoni motivi per seguire con una certa apprensione il tentativo di pacificazione intrapreso da Hitler. Verso la fine di settembre il vice di Halder aveva fatto presente, anche se in modo del tutto inesatto, che la Germania non sarebbe stata in grado di affrontare uno scontro con la Francia fino al 1942. Secondo lui, le strategie che in Polonia avevano favorito la vittoria, contro l'organizzatissimo esercito francese non sarebbero bastate e le brevi giornate autunnali e l'onnipresente nebbia avrebbero oltremodo ostacolato la *Luftwaffe*.

Il 7 ottobre, allorché Brauchitsch elencò a Hitler queste preoccupazioni, quest'ultimo gli chiese di lasciargli i suoi appunti. Nei due giorni che seguirono, il Führer dettò un memorandum di 58 pagine indirizzato a Keitel e ai 3 comandanti in capo: in quel documento spiegava perché era necessario dare inizio all'*Operazione Giallo* quanto prima, dato che il tempo lavorava contro la Germania. Il giorno 10, il Führer lesse agli imbarazzati generali quel documento in cui ribadiva che l'obiettivo a lungo termine dell'Inghilterra rimaneva invariato.

Conseguentemente, questo significava la resa totale dell'Occidente alla Germania nazionalsocialista. Quella era la lotta che il popolo tedesco si apprestava a intraprendere. Nonostante ciò, Hitler aggiunse che raggiungere un rapido accordo di pace sarebbe stato comunque utile alla Germania, laddove non venisse chiesto al popolo tedesco di rinunciare alle sue conquiste.

Il 29 settembre, Alfred Rosenberg[105] ottenne da Hitler il

105 Ndt. Alfred Rosenberg (Talinn, 12 gennaio 1893 – Norimberga 16 ottobre 1946),

permesso di dar seguito alle interpellanze approntate, tramite un intermediario svizzero, con ufficiali del ministero britannico dell'Aeronautica. Un barlume di speranza che si spense rapidamente, quando da Londra si venne a conoscenza che le forze favorevoli a un conflitto, agli ordini di Churchill, erano largamente in maggioranza. Mentre Hitler era in preda a molte incertezze, ci fu un equivoco quanto inaspettato intervento del Presidente Roosevelt. All'inizio di ottobre, un influente magnate petrolifero americano, William Rhoedes Davis, arrivò a Berlino in una missione di pace per la quale era stato, sembrava, istruito personalmente da Roosevelt. Della discussione avvenuta tra il petroliere e Göring permane un riassunto di 7 pagine. Dato che in parecchi diari con riferimento a quel giorno, compaiono sarcastici commenti dell'improvviso atteggiarsi di Roosevelt ad "angelo della pace", è lecito pensare che quel documento, seppur in forma riservata, sia circolato in molti ambienti berlinesi:

"Il Presidente Roosevelt è pronto a fare pressioni sulle potenze occidentali affinché abbiano a intraprendere negoziati di pace... [Egli] chiede di essere informato sui vari argomenti che la Germania vuole definire, per esempio la Polonia e le colonie. A questo proposito, il Presidente ha menzionato anche la questione dei territori esclusivamente cechi, per i quali, tuttavia, non è necessaria una soluzione immediata. Questo punto è stato toccato da Roosevelt a beneficio dell'opinione pubblica americana, perché prima di esercitare pressioni sulla Gran Bretagna a favore della pace, egli deve placare gli elettori statunitensi di origine ceca e gli ambienti a loro vicini".

Roosevelt aveva sentore che le ragioni della Gran Bretagna, molto più complesse, non avessero nulla a che fare con la Polonia. Egli stesso riconosceva che la vera causa della guerra era da ricercarsi nell'unilaterale dittato di Versailles, che rendeva pressoché impossibile al popolo tedesco il raggiungimento di uno standard di vita paragonabile a quello dei loro vicini europei.

---

membro del partito nazista, fu nominato ministro dei Territori Occupati dell'Est (Paesi Baltici, Bielorussia, Ucraina) e si occupò in prima persona delle deportazioni di migliaia di ebrei. Processato a Norimberga, fu condannato a morte il 1° ottobre 1946.

La proposta di Roosevelt, secondo un riassunto finora mai divulgato, era che a Hitler fosse concesso di tenere Danzica e le province polacche, un tempo appartenute ai tedeschi, e che alla Germania fossero immediatamente restituite le vecchie colonie africane. E non era finita qui. Qualora Daladier e Chamberlain gli avessero opposto un rifiuto, Roosevelt avrebbe appoggiato la Germania – così riferì Davis nella ricerca di una pace stabile. L'avrebbe inoltre rifornita di merci e materiali bellici, all'occorrenza "inviati in Germania, sotto la protezione delle Forze Armate statunitensi". John L. Lewis, presidente dell'Associazione Minatori d'America (*UMWA*), aveva privatamente promesso a Davis che, se tra Stati Uniti e Germania fosse stato raggiunto quell'accordo, i suoi sindacati avrebbero ostacolato la produzione di materiale bellico per la Gran Bretagna e la Francia.

Il 3 ottobre, Göring annunciò all'emissario americano che il giorno 6, in un importante discorso al Parlamento, Hitler intendeva fare alcune proposte di pace che avrebbero incluso i punti che Davis aveva portato da Washington. In particolare, Göring disse: "Se secondo lui [Roosevelt] queste proposte costituiranno una ragionevole base per un accordo di pace, egli avrà l'opportunità di percorrere questa strada... Può assicurargli che se si attiverà in questa mediazione, la Germania acconsentirà a un accomodamento che porti alla nascita di un nuovo stato polacco e di un governo cecoslovacco indipendente".

Göring, in proposito, si dichiarava anche disposto a recarsi a Washington per un summit.

Hitler sperava di ricevere da Roosevelt un primo accenno entro il giorno 5.

"Sarebbe un terribile colpo per Londra essere urgentemente spinta da Washington a chiedere una soluzione di pace!" scrisse, in quei giorni, Rosenberg. Ma qualcosa andò storto e quando Davis tornò negli States, Roosevelt neppure si degnò di riceverlo.

I documenti rinvenuti dai nazisti negli archivi polacchi forniscono però una versione diversa della politica di Roosevelt. Nei dispacci degli ambasciatori polacchi di stanza a Washington e Parigi, emergono gli sforzi del Presidente americano per indurre Gran Bretagna e Francia alla guerra. Nel novembre del 1938, William C. Bullit, amico personale di Roosevelt e ambasciatore in Francia, aveva detto ai polacchi che il Presidente si augurava un conflitto tra Germania e Unione Sovietica e, successivamente, un attacco dell'Occidente all'indebolito paese nazista. Nella primavera del 1939, Bullit, citando le parole di Roosevelt, aveva affermato che il Presidente era deciso a "non prendere parte alla guerra fin dall'inizio, ma a dare il suo supporto in un secondo momento". La casa bianca, aveva proseguito lo stesso Bullit, ha a cuore i soli interessi economici del proprio paese. Così gli avvenimenti seguirono il loro corso. Venerdì 6 ottobre, Hitler parlò al Parlamento, descrivendo Churchill come il portabandiera del capitalismo ebraico e di taluni ambienti giornalistici che peroravano una guerra su scala mondiale.

Il giorno 7, il generale Rommel scrisse con ottimismo da Berlino: "Se la guerra avrà presto fine, spero di poter tornare a casa quanto prima".

Il 9 ottobre Dahlerus riferì a Hitler che, per intraprendere un negoziato di pace, la Gran Bretagna, oltre alla costituzione di uno stato polacco, voleva la distruzione immediata di tutto l'arsenale di guerra. Erano queste condizioni pesanti, perché gli inglesi sembravano non considerare la crescente forza dell'esercito sovietico e la politica espansionistica condotta dal Cremlino. Tuttavia il giorno 10, Hitler incaricò Dahlerus di comunicare a Londra che la Germania accettava quei vincoli.

Quel giorno, il negoziatore svedese, prima di partire per l'Aja con un documento ufficiale di Göring e una lista di proposte, incontrò Hitler due volte. Dopo aver colloquiato con quest'ultimo, Dahlerus fece osservare a un ufficiale tedesco che "la Germania era in grado di sopportare anche delle dure condizioni purché esposte in forma accettabile". Poi aggiunse che ciò che portava con sé in Olanda era sufficiente a dissipare la sfiducia che la Gran Bretagna nutriva nei confronti di Hitler. "Se la guerra proseguirà o meno", spiegò lo stesso Hitler il 10 ottobre a Goebbels, durante un pranzo, "dipenderà da Londra".

In Olanda, tuttavia, Dahlerus attese inutilmente l'arrivo

dell'emissario britannico. Poi, il 12 ottobre, il discorso di Chamberlain alla Camera dei Comuni disintegrò la speranza che, dopo 5 settimane di guerra, in Europa potesse tornare la pace. Chamberlain respinse l'offerta pubblica di Hitler definendola "poco chiara e titubante" perché non contemplava alcun concreto risarcimento per i torti fatti alla Cecoslovacchia e alla Polonia.

"Se Hitler desidera la pace", disse Chamberlain, "alle parole devono corrispondere fatti". Quella stessa sera, il Führer fece convocare Göring, Milch e il generale Udet della *Luftwaffe* e ordinò loro di riprendere quanto prima la produzione di bombe: "La guerra avrà seguito!"

"Prima che giungessero queste risposte", scrisse Weizsäcker due giorni dopo, "il Führer aveva sperato di vedere esaudito il suo sogno di lavorare insieme alla Gran Bretagna. Voleva assolutamente la pace. Ribbentrop, invece, sembrava non auspicarla. Ha fatto pervenire al Führer un personale disegno dell'Europa sotto il dominio tedesco, che la ritraeva simile all'impero di Carlo Magno".

Hitler manifestò, al negoziatore svedese Sven Hedin, perplessità per la scellerata intransigenza mostrata dalla Gran Bretagna. Era viva in lui l'impressione di avere teso più volte agli inglesi la mano della pace e dell'amicizia e averne ricevuto in cambio un pugno in pieno volto.

"La sopravvivenza dell'impero britannico è anche nell'interesse della Germania", osservava Hitler, "perché se la Gran Bretagna perdesse l'India noi non ne trarremmo alcun profitto".

Ovviamente, non volendo riempire il *Reich* di polacchi, avrebbe ricostituito loro una nazione. Quanto alle ulteriori richieste di Chamberlain, egli poteva altrettanto pretendere che gli inglesi riparassero i torti fatti all'India, all'Egitto e alla Palestina. La Gran Bretagna poteva avere la pace quando lo desiderava ma i suoi governanti (e tra questi quell'idiota impomatato di Eden e l'altrettanto incompetente Churchill) dovevano imparare a non ficcare il naso nelle faccende europee.

Nel memorandum del 9 ottobre, Hitler aveva rimarcato l'urgenza dell'attuazione di una nuova offensiva.

Il vantaggio militare della Germania volgeva ora al culmine. In Italia, Mussolini, cominciava a non essere più tanto giovane e l'atteggiamento dell'Unione Sovietica poteva facilmente mutare. C'era un'ulteriore ragione per cui la Germania doveva agire con rapidità: la Gran Bretagna stava trasferendo truppe in Francia e questo dava ai francesi una spinta psicologica che non poteva essere ignorata e inoltre, man mano che il tempo passava, sarebbe stato più difficile mantenere l'entusiasmo del popolo tedesco per la guerra. La superiorità aerea della Germania era solo temporanea e il nemico, nel momento in cui avesse compreso di aver ribaltato la situazione, ne avrebbe immediatamente approfittato. La Francia e la Gran Bretagna erano ben a conoscenza della vulnerabilità delle industrie della Ruhr: non appena uno dei due paesi fosse stato in condizione di mettere sul territorio olandese o belga l'aviazione, o persino l'artiglieria a lunga gittata, la Germania avrebbe dovuto fare a meno della Ruhr nel bel mezzo del proprio sforzo bellico. Per questo, Hitler era convinto che l'occupazione del Belgio e dell'Olanda fosse stata già preventivata dai suoi maggiori nemici, giustificando così al suo esercito l'attacco alla Francia attraverso il Belgio.

Se l'intera costa dell'Europa occidentale fosse stata in mano alla Germania, i vantaggi sarebbero risultati decisivi: per ineccepibili ragioni strategiche, la marina tedesca abbisognava di basi per sommergibili a ovest della Manica. Nello stesso modo, la *Luftwaffe* avrebbe enormemente aumentato la propria capacità offensiva se la distanza degli obiettivi in Gran Bretagna si fosse ridotta al breve tragitto dall'Olanda, dal Belgio o dalla costa francese intorno a Calais.

Tutto ciò è quanto Hitler portò a motivazione di un'offensiva, da attuarsi entro l'autunno, verso Occidente. L'esercito tedesco avrebbe attaccato i francesi lungo una linea che, partendo dalla frontiera sud del Lussemburgo, arrivava, a nord, fino a Nijmegen, in Olanda. Dividendosi in 2 gruppi d'assalto su ciascun versante della piazzaforte di Liége, la *Wehrmacht* avrebbe distrutto qualsiasi armata nemica le si fosse parata innanzi.

Le forze corazzate tedesche sarebbero state mosse con una tale rapidità e destrezza che il nemico non avrebbe potuto consolidare alcuna linea difensiva. La *Luftwaffe*, piuttosto che sprecare le forze per dare la caccia a ogni singolo veicolo, doveva dedicarsi alla distruzione del nodo ferroviario e delle rete viaria del nemico.

"Strettissime restrizioni devono essere imposte agli attacchi aerei sulle città: queste devono essere bombardate solo se strettamente necessario ed esclusivamente come rappresaglia a eventuali incursioni aeree compiute dal nemico sui nostri centri urbani". Se la marina e l'aviazione accettarono senza discutere gli ordini di Hitler, altrettanto non accadde – forse perché si avvidero che Hitler prendeva seriamente il proprio ruolo di comandante supremo per l'esercito.

L'ammiraglio Raeder, quando il 10 ottobre si incontrò con il Führer, disse che, se la Gran Bretagna doveva essere sconfitta, andava assediata e attaccata immediatamente senza curarsi delle obiezioni dell'esercito. "Prima si inizia e in maniera quanto più brutale possibile, tanto più breve sarà il conflitto".

Hitler era della stessa opinione e sottolineò l'importanza di mantenere, per tutto il 1940, il programma di costruzione di sommergibili. L'*OKH*[106] riteneva che l'esercito non fosse ancora pronto e i comandanti dei gruppi di armate Bock e Leeb davano voce a tanto scetticismo con diversi toni di veemenza, mentre alcuni come Reichenau e von Kluge si dichiaravano addirittura contrari alla guerra. Una delle indirette conseguenze del rigetto britannico dell'iniziativa di pace tedesca fu l'ulteriore irrigidimento di Hitler sul futuro dei paesi occupati. La Polonia sarebbe stata divisa, smembrata e ripopolata in modo tale da non poter mai più creare problemi a Germania e Unione Sovietica.

Tali ordini furono annunciati da una serie di energiche disposizioni. Il 4 ottobre, Hitler amnistiò tutti i crimini commessi da tedeschi "esasperati per le atrocità perpetrate dai polacchi". Una

---

106 Ndt. L'Oberkommando des Heeres (OKH) era l'Alto Comando dell'Esercito tedesco dal 1936 al 1945. Seppur inizialmente subordinato all'Oberkommando der Wehrmacht (OKW), a partire dal il 1941 quest'ultimo assunse il comando delle operazioni sul Fronte Occidentale, mentre l'OKH guidava le operazioni al Fronte Orientale. Esistevano inoltre l'Oberkommando der Marine (OKM) e l'Oberkommando der Luftwaffe (OKL), anch'esse solo teoricamente subordinate all'OKW.

direttiva del Führer assegnò a Himmler il compito di "eliminare la deleteria influenza della parte non germanica della popolazione indigena, potenziale pericolo per il *Reich*". Il relativo decreto venne firmato il 7 ottobre 1939. Il giorno successivo, Hitler ne avallò un altro che dava vita a due nuovi distretti: la "Prussia occidentale" e il "Posen". Quanto ai territori riservati ai polacchi, il 12, Hitler emanò una direttiva "per il ristabilimento [...] dell'ordine pubblico", affidandoli a un governatore generale tedesco, una sorta di viceré, che ne sarebbe stato l'unico responsabile.

Il 17 ottobre, nel corso di una riunione alla cancelleria, Hitler annunciò a Keitel, Frank e Himmler che l'esercito doveva passare il controllo dei territori occupati alle amministrazioni civili dirette da Hans Frank e dai gerarchi nazisti Albert Forster e Artur Greiser. L'esercito doveva ritenersi soddisfatto di essere esentato da quell'incarico sconveniente, fece notare Hitler, e, proseguendo sull'argomento, aggiunse che, nel Governatorato generale, il compito degli amministratori non era quello di dar forma a una provincia modello secondo la tradizione tedesca né quello di rimettere economicamente in piedi la regione. Il compito che Frank avrebbe dovuto assolvere in Polonia consisteva nel "predisporre un futuro rafforzamento militare" e impedire agli intellettuali del luogo di far nascere un gruppo dirigente di opposizione. La Polonia doveva divenire così indigente che la popolazione avrebbe chiesto di lavorare in Germania; gli ebrei e ogni altra minoranza ostile dovevano essere rapidamente deportate verso Oriente. Keitel, confidandosi con un colonnello, ammise: "I metodi a cui dovremo ricorrere sono inconciliabili con tutti i nostri principi".

Secondo un'altra versione, Hitler avrebbe concluso il proprio discorso annunciando di volere che Greiser[107] e Forster fossero in grado di riferirgli, entro 10 anni, che i distretti di Posen e Prussia occidentale erano oramai purissime province germaniche in

107 Nda. Il 7 marzo 1944, Greiser avrebbe telegrafato al Führer che un milione di tedeschi provenienti dal vecchio Reich, dal resto d'Europa e dalle regioni del mar Nero, erano stati ufficialmente impiantati nel suo distretto; gli ebrei erano completamente scomparsi dalla regione e il numero dei polacchi era stato ridotto, mediante emigrazione forzata, da 4.200.000 a 3.500.000.

espansione e che la "diabolica opera" poteva dirsi compiuta.

La riconfigurazione etnica, imposta dai nuovi confini dell'Europa orientale, inflisse molti disagi anche ai tedeschi e file di rifugiati affollarono le strade della Polonia sud-orientale, oltre il fiume San, dirigendosi in zone di pertinenza sovietica. Lì, c'erano villaggi e comunità di lingua e cultura tedesca perché i tedeschi vi avevano coltivato le terre concesse ai loro antenati da Maria Teresa e Giuseppe II. In questi paesi, i cui nomi corrispondevano a Burgthal, Wiesenberg, Neudorf o Steinfels, le fattorie operavano con metodi scientifici ben diversi dalla concezione polacca e ucraina.

Negli ultimi giorni dell'ottobre 1939, l'assistente dell'esercito consegnò al Führer un rapporto della Quattordicesima Armata sull'evacuazione di quelle migliaia di persone di etnia tedesca. Non era stato necessario diramare alcun ordine: "Nella maggior parte dei casi gli abitanti dei villaggi serbavano il ricordo della prima guerra mondiale (quando i tedeschi furono deportati in Siberia) e dei primi anni del regime bolscevico, il 1919 e il 1920, per cui avevano intuito subito che dovevano abbandonare le loro proprietà e fuggire".

Mentre era in corso questo esodo verso Ovest, cominciò anche un sinistro flusso a Est: dai territori polacchi a influenza sovietica, i russi presero a deportare gli intellettuali e gli ufficiali; da quelli a influenza tedesca, gli ebrei, una volta rastrellati, venivano spinti nelle zone di pertinenza russa affinché avessero loro a farsi carico del problema.

L'atteggiamento di Hitler nei confronti del Cremlino era, in quel periodo, rivelatorio di un interessante conflitto interiore tra il garantirsi a breve un confine orientale stabile e un costante rifornimento di materie prime, e la sfiducia e repulsione ch'egli nutriva verso il comunismo. Nel corso di alcuni incontri riservati, sia il Führer che Ribbentrop parlarono con rispetto dei trattati firmati con Mosca. Tuttavia, Berlino proibì ai soldati incaricati della sorveglianza della frontiera di fraternizzare con le milizie sovietiche. In ottobre, nel suo lungo memorandum ai comandanti in capo, Hitler aveva ammonito: "nessun patto può garantire una prolungata neutralità dell'Unione Sovietica".

Questa latente sfiducia venne manifestata da Hitler a Keitel il 17 ottobre: in Polonia, fatta eccezione per il ripristino della rete ferroviaria e stradale, in modo che la zona potesse diventare un imponente avamposto militare, non bisognava apportare altri sforzi di normalizzazione. Quattro giorni dopo, in un lungo discorso a porte chiuse rivolto alle più alte cariche del partito e ai gerarchi dei vari distretti, Hitler promise che, una volta piegate Gran Bretagna e Francia, la sua attenzione si sarebbe volta a Est: "Non appena anche il problema a Oriente sarà risolto", annotò uno dei presenti, "la Germania sarà riportata agli antichi splendori...".

Hitler voleva il Belgio. E, quanto alla Francia, adesso il Führer pensava addirittura alle frontiere del 1540, allorché l'impero asburgico di Carlo V comprendeva la Svizzera e numerosi ducati quali la Borgogna e la Lorena, arrivando a ovest fino alla Mosa.

Il ministro del *Reich*, Darré, annotò nel proprio diario alcune osservazioni fatte da Hitler ai gerarchi: "Per la Storia, la vittoria ha sempre ragione! Così, in questa guerra, io dovrò rispondere solo ai precetti della mia coscienza, e cioè del popolo che Dio mi ha assegnato. Ricorrerò con consapevolezza a mezzi che violeranno ogni accordo tra le nazioni. Ciò di cui necessitiamo è lo spazio. Spero di procurarmene in abbondanza a Est".

Una settimana più tardi, Hitler riunì alla cancelleria due dozzine di ammiragli e generali per una cerimonia di promozione.

Durante il banchetto che seguì, chiese al comandante delle forze corazzate, Guderian, quale fosse stata la reazione dell'esercito al patto stipulato con i sovietici.

Guderian rispose che aveva tirato un sospiro di sollievo. Presumibilmente Hitler si aspettava tutt'altra risposta giacché, fattosi improvvisamente silenzioso, indirizzò la conversazione su un altro argomento.

Incidenti

Nel novembre del 1939, Hitler si era rassegnato all'idea che la guerra non avrebbe avuto fine. Quando Rosenberg gli presentò alcuni vaghi rapporti su iniziative a favore della pace prodotte dal ministero britannico dell'Aeronautica, il Führer vi dette poco peso. Spiegò che egli avrebbe lavorato ancora a un accordo anglo-tedesco, ma, essendo Londra nelle mani di una minoranza di scellerati manovrati da lobby ebraiche, riteneva la cosa alquanto improbabile. Non riusciva a comprendere la logica britannica: "Anche se la Gran Bretagna vincesse la guerra, i veri trionfatori sarebbero Stati Uniti, Giappone e Unione Sovietica.".

Adesso la propaganda tedesca dipingeva gli inglesi, che Hitler aveva corteggiato senza successo, come assassini, bugiardi e ipocriti. Che la Gran Bretagna intendesse continuare a combattere era un'amara verità che Hitler non poteva più ignorare.

Al rientro dalla Polonia, il Führer aveva tramutato la capiente sala dei congressi della sua residenza ufficiale di Berlino in un'aula di accoglienza per le riunioni di guerra, dotata di un gigantesco tavolo su cui era riprodotta un'altrettanto immensa e particolareggiata mappa geografica. I generali dell'*OKW* Keitel e Jodl si trasferirono nei locali adiacenti, lasciati sgombri dagli aiutanti di Hitler.

La posizione di Jodl era ancora piuttosto precaria: se azzardava una considerazione sulla situazione strategica globale, Hitler lo interrompeva bruscamente sin dalle prime frasi. Eppure, con il tempo il rispetto di Hitler per Jodl crebbe parimenti al disprezzo che egli progressivamente manifestò verso molti esponenti dell'esercito.

Verso la metà di ottobre, il Führer disse a Jodl: "Vinceremo questa guerra anche se ciò è in antitesi ai pronostici di molti componenti lo Stato Maggiore generale, perché abbiamo soldati migliori, un adeguato equipaggiamento, nervi saldi e un comando unito e risoluto!"

Il 19 ottobre, seppur riluttante, il Dipartimento di Guerra aveva diramato, su disposizione di Hitler, una prima frettolosa direttiva sull'*Operazione Giallo,* che prevedeva un massiccio attacco attraverso il Belgio con ben 75 divisioni. Il Gruppo Armate C, invece, diretto dal generale Leeb, sarebbe rimasto arroccato sul vallo occidentale con 16 divisioni. Nel frattempo, per giustificare l'invasione del neutrale Belgio, i servizi segreti ricevettero l'incarico di redigere rapporti su presunte collusioni tra francesi e belgi, dando libero sfogo all'immaginazione.

Le prospettive militari di questo piano dell'*OKH* non entusiasmarono Bock e Rundstedt che, in ottobre, palesarono il proprio dissenso in alcuni memoriali indirizzati alla stessa organizzazione. Leeb si produsse in considerazioni analoghe, mettendo in dubbio anche l'opportunità di violare la neutralità di Belgio e Olanda. Allorché Hitler rese evidente che, se non avessero agito immediatamente, "in una bella serata invernale la Gran Bretagna e la Francia avrebbero potuto raggiungere la Mosa senza sparare un colpo", il generale von Reichenau, ribatté: "Sarebbe comunque un'eventualità preferibile a qualsiasi attacco".

Quando Keitel tornò da Zossen, Hitler accusatolo di aizzargli contro i generali, dispose che in futuro l'*OKW* avrebbe trasmesso all'*OKH* solo la parola del Führer. Secondo Hitler, infatti, l'esercito sovrastimava la capacità bellica francese. Ciò che invece avrebbe dovuto preoccupare era la crescente presenza britannica nel continente: egli reputava una divisione inglese equiparabile a quattro divisioni francesi. Alcuni generali fecero osservare che le piogge, la brevità delle giornate invernali e le persistenti nebbie del periodo avrebbero impedito una guerra di movimento. Hitler la pensava diversamente e, deciso a sfruttare la scarsa mobilità dell'esercito francese e l'inerzia di quello britannico, ordinò che le sue formazioni corazzate e meccanizzate fossero pronte ad avanzare.

Più egli studiava le mappe geografiche, meno apprezzava il piano dell'*OKH*. Così, nella terza settimana di ottobre, commentò sarcasticamente con Keitel e Jodl che il piano elaborato da Halder non differiva da quello proposto da Schlieffen nella prima guerra mondiale[108]: "Non è possibile riproporre due volte

108 Il Piano Schlieffen, che prese il nome dal suo autore, capo di Stato Maggiore Alfred Graf von Schlieffen, era il piano strategico dello Stato Maggiore tedesco concepito nel 1905 in previsione di una guerra su due fronti (a Est contro la Russia e a Ovest contro la Francia e la Gran Bretagna). Il piano iniziale (poi modificato nel 1911) prevedeva la mobilitazione dell'esercito tedesco, che, senza tenere conto della neutralità di Olanda e Belgio, doveva irrompere attraverso di essi in direzione sud-ovest verso Parigi, colpendo la Francia in un settore completamente sguarnito. Contemporaneamente, si sarebbe tenuto un atteggiamento

la stessa identica azione e avere successo. Ho in mente qualcosa di diverso. Ve ne parlerò a breve".

L'alternativa di Hitler consisteva in un vasto accerchiamento del nemico, condotto da unità corazzate che si sarebbero spinte sino alla costa tra la Mosa, Arras e Amiens. Temeva che più a nord, nelle Fiandre, i carri armati potessero trovarsi su un terreno eccessivamente ostico. Quell'idea lo ossessionava e, il 25 ottobre, alla fine di una discussione con i più alti gradi dell'*Operazione Giallo*, tenutasi alla cancelleria, la espose al comandante in capo. Bock, anch'egli presente, riportò nel proprio diario le parole del Führer:

"In risposta a una domanda di Brauchitsch, Hitler ha ribadito che, sin dall'inizio, ha avuto questo desiderio e questa idea: sferrare l'offensiva principale a sud della Mosa [...] in modo che, grazie alla nostra avanzata in direzione ovest e poi nord-ovest, le forze nemiche presenti in Belgio, o che vi stanno affluendo, vengano isolate e distrutte. Brauchitsch e Halder sono stati ovviamente colti di sorpresa, e si è avuto un vivace dibattito a favore e contro quell'idea".

Fu questo il preludio alla strategia bellica che doveva portare alla disfatta francese. Il piano si basava su un presupposto, e cioè che le armate tedesche riuscissero ad aprirsi un varco fino alla costa, in prossimità della Manica. Hitler chiese all'esercito di approfondire ogni dettaglio e, da un appunto, risulterebbe chiaro che egli non si sarebbe opposto, se fosse stato necessario posticipare l'attacco alla primavera successiva.

Nell'ipotesi di un'invasione del Belgio, il canale Alberto e la vicina fortezza di Eben Emael avrebbero costituito seri impedimenti all'avanzata della Sesta Armata di Reichenau. Il canale, predisposto da subito come un fossato, parte integrante delle difese orientali del Belgio, era fortificato con bunker e muraglioni e attraversato da soli 3 ponti, tutti dotati di difese e sistemi di demolizione. La fortezza di Eben Emael, che disponeva di 18

---

puramente difensivo nei settori di confine tra Francia e Germania, in Lorena, nei Vosgi e nella Mosella, allo scopo di attirare l'esercito francese. Ottenuta la rapida sconfitta della Francia (erano previsti per questo fine soli 39 giorni di operazioni), Schlieffen prevedeva di spostare velocemente le truppe, tramite le efficienti linee ferroviarie, sul fronte orientale, confidando sui lunghi tempi di mobilitazione dell'arretrato esercito russo.

pezzi di artiglieria pesante collocati in piazzole dotate di torrette corazzate, era presidiata da un migliaio di soldati che si spostavano di posizione in posizione attraverso gallerie sotterranee. Poiché l'intero sistema si trovava ad una trentina di chilometri dal confine, i belgi potevano demolire i ponti molto tempo prima che le avanguardie dell'esercito tedesco potessero raggiungerli: in quel caso, i tedeschi avrebbero dovuto attraversare la larga Mosa servendosi dei due ponti di Maastricht, in territorio olandese, anch'essi già predisposti alla demolizione.

Questa complessa problematica tenne occupato Hitler almeno quanto la somma di tutti gli altri inconvenienti possibili legati all'*Operazione Giallo*.

Nell'ultima settimana di ottobre egli propose di creare un battaglione camuffato dell'*Abwehr* sotto la guida di Reichenau. Questa unità, affidata a un certo tenente Hokke, avrebbe dovuto indossare le uniformi usate dalla polizia di frontiera olandese nell'enclave di Maastricht.

"In tempo di guerra", disse Hitler, "l'uniforme resta sempre il miglior sotterfugio. Ma una cosa è di vitale importanza: che i capi del gruppo di assalto di Hokke, per quanto concerne abbigliamento e lingua, siano la perfetta riproduzione del corpo di polizia olandese".

Il compito di quell'unità sarebbe stato di ripulire dalle cariche esplosive i ponti sulla Mosa. Hitler lamentò una scarsa predisposizione dei suoi ufficiali a escogitare simili stratagemmi. "Questi generali sono troppo corretti e cerimoniosi", esclamò, con ironia. "Avrebbero dovuto approfondire lo studio di Karl May![109]"

Hitler individuò una soluzione anche per la roccaforte di Eben Emael: circa 300 soldati aviotrasportati sarebbero scesi prima dell'alba, protetti dall'oscurità, all'interno della fortificazione; questi dovevano essere equipaggiati con potenti esplosivi "a carica cava", necessari a mettere fuori uso le postazioni difensive di artiglieria. Ai primi di novembre, la Settima Armata Aviotrasportata, per espugnare Eben Emael, dispose la creazione di

109 Nda. Karl Friedrich May (Ernstthal, 25 febbraio 1842 – Radebeul, 30 marzo 1912) è stato uno scrittore tedesco, autore di racconti popolari sui pellerossa.

un'unità d'assalto che si sarebbe avvalsa di alianti. La data indicativa decretata per l'avvio dell'operazione era il giorno 12 e per allora, l'addestramento doveva essere completato.

Molti erano gli inconvenienti che potevano verificarsi in un'azione in cui la sorpresa e la segretezza rappresentavano precetti inalienabili. E alcuni, difatti, occorsero. Un funzionario dell'*Abwehr* di Munster fu sorpreso, nella provincia di Groningen, ad acquistare ingenti quantitativi di uniformi del corpo di polizia olandese e, per parecchi giorni, sui giornali locali comparvero vignette e articoli in cui si ironizzava su come sarebbero stati vestiti e su come era possibile distinguere gli invasori nazisti dai connazionali, laddove i primi fossero entrati nel paese. Un disegno mostrava Göring che si aggirava furtivamente nel loro territorio con indosso la divisa olandese dei conducenti di tram.

Mancava solo una settimana al possibile assalto e nei comandi tedeschi regnava il nervosismo.

A mezzogiorno del 5 novembre, il generale Brauchitsch ottenne udienza dal Führer e, nell'occasione, gli consegnò la propria risposta scritta al memorandum che Hitler stesso aveva diramato il 9 ottobre.

A preoccupare Brauchitsch, era il morale delle truppe dislocate a Est. Nel corso della campagna polacca, la fanteria aveva palesato scarso vigore nell'attacco, disse, e si erano verificati altresì casi di 'ammutinamento' di intere unità, oltre a episodi di indisciplina e ubriachezza sia al fronte, sia sui convogli durante i trasferimenti.

A quelle affermazioni, Hitler montò su tutte le furie e domandò quali fossero le unità coinvolte, poi, afferrato con rabbia il memoriale si rivolse al generale: "Non un solo ufficiale al fronte mi ha parlato di scarso spirito battagliero. E devo esserne relazionato adesso, dopo che l'esercito ha conseguito in terra polacca una schiacciante vittoria!"

Hitler insistette per avere la documentazione relativa ai casi sopra citati, poi, si allontanò sbattendo la porta, lasciando Brauchitsch tremante. In seguito, il Führer dettò alla signorina Schroeder un promemoria sulla spiacevole scena e un documento con cui destituiva Brauchitsch. In merito alla rimozione di questi dalla carica, Keil lo convinse però a cambiare idea perché non sussistevano, al momento, degni sostituti.

Due giorni dopo Hitler, adducendo a scusa le avverse condizioni climatiche, rimandò di tre giorni l'inizio dell'*Operazione Giallo*.

La sera del 7 novembre 1939, il treno speciale di Hitler si diresse verso Monaco, dove avrebbe tenuto un discorso di fronte alla 'vecchia guardia', presso la *Bürgerbräukeller*[110]. L'evento, a periodicità annuale, grazie anche alla tradizionale passeggiata per le strette strade della città, rappresentava una buona occasione per eventuali attentatori. Il 9 novembre 1938, un cameriere svizzero, Maurice Bavaud – che si seppe in seguito essere nipote di Hjalmar Schacht[111]durante l'attraversamento di Monaco gli aveva puntato contro una pistola, desistendo però dal suo proposito, a causa della folla acclamante che lo divideva da Hitler. Questi ne era stato informato solo dopo l'arresto dell'uomo che, sprovvisto di biglietto, era stato fermato dalla polizia ferroviaria di Augsburg. L'uomo confessò di aver seguito armato Hitler anche in ottobre, durante una delle sue giornaliere passeggiate sull'Obersalzberg. Bavaud, nel dicembre del 1939, fu segretamente processato da un tribunale popolare e condannato alla decapitazione.

Hitler aveva programmato di trattenersi a Monaco fino al 9, ma il mattino del giorno 8 fu raggiunto da una telefonata proveniente da Berlino che lo informava della richiesta, inoltrata dall'esercito, di posticipare ulteriormente, sempre a causa di avverse condizioni atmosferiche, l'avvio dell'*Operazione Giallo*. Il Führer dette allora disposizioni affinché il suo vagone personale fosse at-

110 Ndt. Si tratta del birrificio di Monaco da cui prese il nome il fallito colpo di stato del 1923. A partire dalla sua ascesa al potere, Hitler vi si recava ogni anno per commemorare l'avvenimento, tenendovi un lungo discorso. Il burrificio fu demolito alla fine della seconda guerra mondiale.

111 Ndt. Hjalmar Horace Greeley Schacht (Tingleff, 22 gennaio 1877 – Monaco di Baviera, 3 giugno 1970) fu un importante economista, presidente della Reichsbank, la banca centrale tedesca, e ministro dell'Economia nella Germania nazionalsocialista dal 1935 al 1937. Accusato di aver preso parte al complotto del 20 luglio per assassinare Hitler nel 1944, venne arrestato e condotto nel campo di concentramento di Dachau, dove rimase fino all'aprile del 1945.

taccato a un regolare convoglio ferroviario in partenza quella sera stessa. Gli venne riferito che il treno sarebbe partito dalla stazione non appena terminato il discorso e Hitler, per essere certo di non arrivarvi in ritardo, dopo aver chiesto a Hess di sostituirlo nelle cerimonie previste per il giorno successivo, anticipò di qualche minuto il suo intervento.

Alle 22:00 in punto il Führer entrò nella sala della birreria: la banda smise di suonare e Christian Weber (una delle più importanti figure bavaresi del partito) disse alcune parole di benvenuto. Hitler, preso posto dietro un leggio, iniziò quindi a parlare. La sua fu un'arringa contro la Gran Bretagna: i veri motivi di questa, nell'intraprendere una guerra contro i tedeschi, disse, erano da ricercarsi nella rancorosa invidia che nutrivano nei confronti della Germania per i successi conseguiti da essa negli ultimi 6 anni, conquiste da reputare più ingenti persino dei secolari trionfi britannici.

Julius Schaub gli sottoponeva progressivamente avvisi sui quali aveva riportato: "10 minuti", "5" e infine un perentorio "Fine discorso".

"Membri del partito, camerati del movimento nazionalsocialista, appartenenti al popolo tedesco e alla vittoriosa *Wehrmacht: Sieg heil* (saluto alla vittoria)!" concluse frettolosamente il Führer muovendosi tra i gerarchi del partito che gli si stringevano intorno. Alle 20:40 Schaub riuscì finalmente a condurlo fuori dalla sala.

Alla stazione di Augsburg, la prima dopo Monaco, Hitler fu raggiunto da confuse notizie concernenti allarmanti accadimenti appena occorsi. A Norimberga, il locale capo di polizia, un certo Martin, attendeva informazioni più dettagliate: 8 minuti dopo che Hitler aveva lasciato la birreria di Monaco, una bomba, collocata nell'incavo di una colonna posta alle spalle del pulpito da cui egli aveva pronunciato il discorso, era esplosa. Si contavano molti morti e feriti.

L'assistente della *Luftwaffe* presso il Führer, il colonnello Nicolaus Below, scrisse in seguito: "Hitler è parso particolarmente scosso dalla notizia. Fattosi silenzioso, ha mormorato solo che era da considerarsi un miracolo la sua incolumità[112]".

Nei giorni successivi gli aiutanti di Brückner e Wünsche portarono al Führer telegrammi di solidarietà per lo scampato pericolo da parte dell'ammiraglio Horty, dei regnanti d'Italia, di Mussolini, del *Kaiser* esiliato Guglielmo e del feldmaresciallo Blomberg.

La regina Guglielmina d'Olanda così si espresse:

"Signor cancelliere, mi permetta di inviarle le mie più sentite felicitazioni per essere scampato all'abominevole attentato alla sua vita".

Proprio mentre Hitler stava tenendo il discorso alla *Bürgerbräu*, a Costanza, un certo George Elser, un orologiaio, trentaseienne, veniva tratto in arresto. L'uomo, assuntosi la responsabilità dell'attentato, dichiarò di non avere complici né mandanti. Interrogato dalla Gestapo, Elser raccontò anche i presupposti dell'intera vicenda: 10 anni prima, si era unito al *Fronte Rosso*, poi, abbandonata la politica perché deluso dalla irreggimentazione a cui erano sottoposti lavoro e religione, aveva maturato l'idea di eliminare Hitler. A tal scopo aveva progettato e costruito una bomba a orologeria che aveva installato nella colonna del locale protetta in un involucro di sughero, affinché il ticchettio del congegno non fosse distinguibile da alcuno. L'ingenua fierezza di Elser è evidente nelle trascrizioni degli interrogatori a cui fu sottoposto. Presumibilmente egli stava dichiarando il vero e da questo è lecito concludere che un orologiaio, agendo in proprio, avrebbe potuto ottenere facilmente ciò che, 5 anni più tardi, non sarebbe riuscito a una congiura di ufficiali e intellettuali decisi, dopo anni di discussioni e progetti, ad attuare un attentato a Hitler.

Privatamente, il Führer promise ai propri collaboratori che avrebbe reso pubblica la notizia del fallito assassinio, solo dopo che fossero state accertate le responsabilità di coloro che tramavano nell'ombra.

Il 9 novembre, il generale Rommel scrisse: "La mia sola spe-

---

112 Nda. Il resoconto di Below proseguiva asserendo che Hitler spesso rammentava con eccitazione le circostanze che lo avevano indotto a lasciare in anticipo la sala. In proposito, interessante pure il diario di Rosenberg che recita all'11 novembre: "Il Führer ironizzava che doveva la propria vita a un meteorologo. Lo stesso che minacciava di farlo morire con pessime previsioni del tempo".

ranza è che, da adesso, vengano rafforzate le misure di sicurezza anche nel quartier generale del Führer e la responsabilità sia delegata a un'unica figura (la mia). Non è questo un compito condivisibile tra più persone". E il giorno 15, riferendosi all'*Operazione Giallo*, Rommel aggiunse: "Quel fallito attentato di Monaco ha consolidato maggiormente la ferrea volontà [del Führer]. È fantastico esserne diretti testimoni".

Il giorno dopo l'esplosione, Hitler rinviò ulteriormente l'*Operazione Giallo* e il 13 la procrastinò ancora al 22. C'è ragione di credere che il Führer non considerasse con serietà quelle scadenze e che le stesse asservissero, per lo più, a mantenere l'esercito in stato di allerta nel caso le potenze nemiche avessero improvvisamente invaso i Paesi Bassi. Hitler non dubitava che l'Occidente disponesse di mezzi economici sufficienti a persuadere belgi e olandesi a "chiedere soccorso" al momento opportuno.

"Non dobbiamo pensare che il nemico compia azioni illogiche", disse verso la fine di novembre. "Se rispetteremo la loro [dei Paesi Bassi] neutralità, in primavera le potenze occidentali ne occuperanno il territorio".

Hitler era anche sottoposto a costanti pressioni, da parte di Göring e del capo di Stato Maggiore della *Luftwaffe*, Hans Jeschonnek, affinché egli ordinasse l'intera occupazione dell'Olanda: Göring, infatti, riteneva il controllo del territorio di vitale importanza per intraprendere la futura guerra aerea con la Gran Bretagna. Era giunto il momento di testare l'atteggiamento olandese: il giorno 9 alcuni 'ufficiali tedeschi dell'esercito', stanziati da Heydrich, comparvero a Venlo, appena oltre il confine olandese. Degli agenti britannici giunsero in auto a un incontro prefissato con loro. Seguì un rapido scontro a fuoco e i corpi dei britannici, compresi quelli dell'autista e di un ufficiale, vennero trascinati in territorio tedesco. Poiché quest'ultimo risultò appartenere ai servizi segreti olandesi, Hitler ebbe la prova che la neutralità olandese fosse di facciata.

"Quando verrà il momento useremo tutto ciò per giustificare l'attacco", disse ai generali. "La violazione della neutralità belga e olandese è cosa di nessuna importanza. Non ci saranno obiezioni in merito, quando avremo vinto".

Il 13 novembre, il generale Jodl informò l'Alto Comando dell'esercito che stava per giungere una nuova direttiva del Führer: la *Wehrmacht* doveva tenersi pronta a occupare quanto più possibile territorio olandese per favorire la disposizione di difese antiaeree. Il 20 novembre Hitler emanò una direttiva che metteva l'invasione olandese sullo stesso piano dell'attacco al Belgio e alla Francia:

"A sostituzione di ogni precedente disposizione, si autorizza l'avvio di tutte le misure previste contro l'Olanda in concomitanza con l'inizio dell'offensiva generale, senza che in proposito siano necessari ulteriori ordini specifici. Dove non si incontrerà resistenza, l'invasione dovrà assumere le sembianze di un'occupazione pacifica."

A Oriente, intanto, la 'diabolica opera' proseguiva. Attraverso canali militari giungeva notizia di raccapriccianti massacri. Bisognava mettersi a posto la coscienza e i rapporti si diffondevano con cautela tra gli aiutanti. Pochi giorni dopo il complotto di Monaco, il capitano Engel ricevette dall'assistente di Brauchitsch una macabra serie di resoconti, inoltrati da testimoni oculari, circa le esecuzioni sommarie compiute a Schwetz dalle *SS*.

Un ufficiale medico indirizzò personalmente a Hitler un resoconto che comprendeva le testimonianze di tre dei suoi subalterni:

"Insieme a circa 150 commilitoni, sono stati testimoni dell'esecuzione sommaria di una trentina di polacchi avvenuta presso il cimitero ebraico di Schwetz verso le 9:30 di sabato 8 ottobre. L'eccidio è stato compiuto da un distaccamento composto da un membro delle *SS*, da due uomini che indossavano vecchie divise blu della polizia e da un individuo in abiti civili. Un maggiore delle *SS* ne aveva il comando. Tra i giustiziati, 5 6 bambini di età compresa tra i 2 e gli 8 anni".

Non si ha certezza che Engel abbia mostrato a Hitler questo rapporto e i relativi resoconti dei testimoni. Lo restituì quasi immediatamente all'assistente di Brauchitsch con un appunto: "L'opportuna azione che dovrà essere intrapresa sarà discussa verbalmente".

Nella cancelleria del *Reich*, il grande tavolo della vecchia sala di gabinetto era adesso dominato da una mappa in rilievo delle Ardenne. La sera, Hitler si attardava per ore a studiarla, seguendo con lo sguardo le anguste strade di montagna e domandandosi se i suoi carri armati e le divisioni meccanizzate sarebbero state in grado di percorrerle.

Disponeva ormai dei progetti originali di costruzione dei ponti che attraversavano il canale Alberto, di cui, in precedenza, aveva solo fotografie aeree e cartoline illustrate. Da ulteriori fonti aveva ottenuto analoghi dettagli anche sul forte di Eben Emael. Costruito un modello in scala della fortificazione, in condizioni di assoluta segretezza, era iniziato un intenso addestramento delle unità che avrebbero partecipato all'operazione. I ponti rappresentavano il problema più difficile da superare, soprattutto perché gli olandesi, allertati da agenti antinazisti operanti a Berlino, il 12 novembre avevano incrementato le misure di sicurezza presso quelli di Maastricht[113].

Il 16 novembre Hitler discusse con Canaris e il colonnello Erwin Lahousen i piani di attacco: non ritenendo possibile impossessarsi dei ponti sul canale Alberto sfruttando unicamente l'elemento sorpresa, cominciò a escogitare stratagemmi per impedire che gli stessi venissero distrutti: per il 20 novembre dispose che avesse luogo una riunione segreta per valutare una strategia vincente atta a impadronirsene.

Il generale Reichenau chiarì che, dal momento che l'invasione olandese era già stata compromessa una volta, lui non nutriva alcuna fiducia nel cosiddetto piano *Cavallo di Troia* dell'*Abwehr*: le autorità olandesi, attendendosi l'utilizzo delle uniformi della loro polizia, avevano recentemente fornito, ai reparti di sicurez-

113 Nda. Il colonnello Hans Oster, capo di Stato Maggiore di Canaris nell'Abwehr, aveva personalmente avvertito belgi e olandesi che Hitler avrebbe attaccato il 12 novembre. Il trucco delle uniformi non era stato però menzionato. Nel 1934, Oster era stato allontanato dalla Reichswehr a causa di uno scandalo scoppiato per questioni di moralità e immediatamente arruolato nell'Abwehr di Canaris. Sia lui che Canaris, nell'aprile del 1945, vennero impiccati con l'accusa di tradimento.

za, speciali bracciali identificativi. Hitler rispose: "Allora l'intera operazione, come l'abbiamo ipotizzata, è inattuabile".

Canaris fece quanto in suo potere per salvare il piano, ma Hitler concluse: "Nessuna di queste proposte è destinata ad avere successo". Eppure, esaminate invano altre possibili varianti (inclusi l'attacco ai ponti con bombe a basso potenziale per distruggere i cavi di demolizione e l'assalto con blindati e semoventi da 88 millimetri)[114], fu costretto a tornare sul progetto *Cavallo di Troia*. "Deve esserci un modo per impadronirsi di quei ponti", borbottò. "Precedentemente, abbiamo risolto problemi ben più difficili".

Quando, 4 ore dopo, la riunione ebbe termine, Hitler aveva provvisoriamente accolto un piano proposto da Göring. All'ora x, 15 minuti prima dell'alba, gli alianti sarebbero atterrati silenziosamente all'interno di Eben Emael e al ponte di Canne. Immediatamente a seguire i bombardieri avrebbero attaccato gli altri collegamenti sul canale Alberto per mettere fuori uso le cariche di demolizione. A questi, sarebbero seguite altre unità trasportate a est dei ponti da ulteriori alianti. Nel frattempo, l'avanguardia camuffata dell'*Abwehr* si sarebbe impossessata dei viadotti di Maastricht: per assolvere il proprio compito tali truppe avrebbero dovuto attraversare il confine 40 minuti prima dell'ora x, indossando uniformi olandesi.

Ma le condizioni atmosferiche sembravano ancora avverse. Ogni mattino Berlino si svegliava nella morsa del gelo e della nebbia che si sollevava solo nel pomeriggio per lasciar spazio a un pallido sole.

Il 21 novembre, Hitler indisse un'ulteriore riunione, da tenersi il 23, con i generali e gli ammiragli di grado più elevato: davanti alle numerose persone che affollavano la Sala Grande della cancelleria, il Führer dipinse l'imminente battaglia come l'operazione che avrebbe finalmente fatto calare il sipario sulla guerra mondiale che la Germania stava combattendo dal 1914. Elencò le molte occasioni in cui, aiutato solo dalla Provvidenza, aveva ignorato le

114 Nda. "Se non potrà essere fatto con l'inganno", disse Hitler, "allora useremo la forza bruta".

fosche profezie di taluni e profittato delle occasioni che gli si presentavano. Lui, Adolf Hitler, stava adesso offrendo ai suoi generali una situazione strategica che non si presentava dal 1871: "Per la prima volta nella Storia, dobbiamo batterci su un solo fronte. L'altro, attualmente è aperto".

Il recente tentativo di assassinio gli aveva confermato quanto egli fosse indispensabile. Che a quello potessero seguire altri attentati era cosa probabile, quindi non c'era da perdere tempo. La strategia difensiva perorata dai pavidi generali dell'esercito era terribilmente miope; Moltke aveva chiaramente dimostrato che le guerre possono essere decise solo dalle offensive e, per giunta, gli attuali nemici della Germania versavano, al momento, deboli e impreparati: per dimostrarlo, Hitler elencò il numero dei blindati e dell'artiglieria francesi e quello delle navi britanniche.

Il suo discorso abbondava di sottintesi e pungoli verso i generali dell'esercito. Il giorno successivo Rommel scrisse: "...ma anche questo pare necessario, perché più interrogo i miei camerati, meno li trovo entusiasti e convinti del proprio compito. È questa una cosa molto deprimente".

Dopo aver lodato lo 'spirito battagliero' della marina e della *Luftwaffe*, Hitler disse con scherno: "Se i nostri combattenti in capo rischiano, come nel 1914, di avere un esaurimento nervoso, cosa potremo chiedere ai semplici fucilieri?"

Il Führer era rimasto profondamente ferito dalla richiesta, fattagli dagli ufficiali, di non precedere i propri uomini in battaglia per non riportare elevate perdite tra la categoria: "È per questo che esistono gli ufficiali", disse.

E ricordò come, nel 1914, pur dopo mesi di addestramento, l'attacco della fanteria contro Liegi si fosse dissolto nel panico e nel caos. "Non voglio sentir dire che l'esercito non è in condizioni ideali. Date al soldato tedesco i comandanti giusti e io potrò compiere con lui qualsiasi impresa".

La Germania non aveva la possibilità di scegliere tra armistizio e guerra. "La gente mi accuserà: guerra, sempre guerra! Ma ritengo che la lotta sia il destino di tutte le specie viventi. Nessuno può sottrarvisi, a meno che non voglia soccombere". Ed esclamò:

“Vittoria o sconfitta! Non si tratta di decidere sul futuro della Germania nazionalsocialista, ma su chi dominerà l’Europa negli anni a venire. Per questo è necessario uno sforzo supremo!”

Riteneva che quel momento propizio sarebbe durato forse altri 6 mesi, trascorsi i quali le truppe britanniche, “un tenace nemico”, avrebbero ampiamente rafforzato la loro posizione in Francia e allora l’*Operazione Giallo* si sarebbe complicata.

Il discorso si protrasse per un paio di ore. Il generale Brauchitsch riapparve verso sera e annunciò stizzosamente a Hitler che, se non aveva fiducia in lui, avrebbe dovuto destituirlo. Al che Hitler ribatté che il generale, al pari di ogni altro soldato, è chiamato alle proprie responsabilità; quanto a lui, egli non aveva dimenticato lo ‘spirito di Zossen’ che prevaleva nell’esercito, e presto avrebbe fatto piazza pulita. Zossen era il quartier generale dello Stato Maggiore generale e il covo degli elementi conservatori e cospiratori.

Pronti all’azione

Hitler era consapevole che il suo patto con Stalin fosse frainteso. Nel discorso tenuto ai generali ne aveva manifestato il sospetto. “Al momento l’Unione Sovietica è innocua”, li aveva rassicurati, aggiungendo però che gli accordi vengono rispettati solo finché convenienti. “La Russia resterà fedele al trattato solo finché lo riterrà vantaggioso”. Stalin aveva infatti degli obiettivi a lunga scadenza e, tra questi, c’erano il consolidamento della posizione russa nel Baltico (che la Germania avrebbe potuto contrastare soltanto dopo che a Occidente fosse cessata ogni minaccia), l’espansione dell’influenza sovietica nei Balcani e l’apertura di un passaggio verso il Golfo Persico.

La politica estera tedesca doveva cercare di sollecitare l’obiettivo del Golfo Persico, perché questo avrebbe portato l’Unione Sovietica in conflitto con la Gran Bretagna e, nel contempo, distolto Stalin dai Balcani.

Hitler confidava che l'intesa esistente tra i due paesi potesse protrarsi per almeno 3 anni, ma, qualora Stalin fosse deceduto, avrebbe potuto verificarsi uno sgradevole voltafaccia dell'Urss.

Sussistevano prove certe di un rafforzamento militare sovietico. Il generale Blaskowitz riferì dalla Polonia che, intorno a Bialystock, erano in costruzione 4 aeroporti militari dove erano stati censiti 200 300 bombardieri. Inoltre, scrisse Blaskowitz, la propaganda sovietica diceva chiaramente che quella altro non era che una guerra contro il fascismo: "[In Urss] si dice che la Germania stia preparando un attacco contro l'Unione Sovietica, da sferrarsi non appena abbia vinto in Occidente. Perciò, la Russia deve stare all'erta e approfittare al momento opportuno della debolezza della Germania". Blaskowitz aveva raccolto prove di attività spionistica e sovversiva di stampo comunista in Polonia, dietro le linee tedesche.

In breve, Hitler doveva concludere che la guerra con l'Urss fosse inevitabile e che la vittoria avrebbe arriso al contendente che, per primo, fosse stato pronto alla battaglia. Per rafforzare la propria posizione sul Baltico, Mosca avanzò delle richieste alla Finlandia. I finlandesi opposero un secco rifiuto e il 30 novembre 1939, l'Armata Rossa attaccò.

Hitler (che nei termini segreti aggiunti al patto sottoscritto ad agosto con Stalin aveva abbandonato la Finlandia in mani sovietiche), diede ordine ai propri rappresentanti esteri di seguire una linea anti-finlandese perché il mantenimento del fragile accordo con Stalin rappresentava, nell'attacco alla Francia, la sua arma più potente.

Il Führer accolse favorevolmente persino la richiesta, pervenuta dal Cremlino, di carburante e provviste, prontamente consegnate da alcuni piroscafi tedeschi ai sommergibili sovietici che assediavano la Finlandia.

Secondo il trattato economico stipulato tra le due potenze il 19 agosto, l'Unione Sovietica doveva rifornire la Germania di materie prime e consentire il transito sul proprio territorio delle merci esportate dai tedeschi in Giappone, Manciuria, Afghanistan, Iran e Romania, soggette al blocco navale britannico. Hitler abbisognava anche di petrolio russo e polacco e sapeva che Stalin poteva esercitare pressioni pro o contro i rifornimenti di combustibile rumeno alla Germania. Riteneva dunque necessario comportarsi come un amico nel momento del bisogno e, per tutto l'inverno tale parve, visto che ordinò alle autorità militari ed economiche di moltiplicare gli sforzi per soddisfare le pur eccessive richieste russe.

I sovietici pretendevano, tra l'altro, l'incrociatore *Lützow*, ancora in fase di costruzione, e la portaerei *Graf Zeppelin*; inoltre richiedevano i progetti di queste due imbarcazioni da guerra e di altre navi tedesche tecnologicamente avanzate, comprese la *Bismarck* e la *Tirpitz*. Chiedevano anche armamenti navali pesanti e i 57.000 disegni dei nuovi cannoni da 406 millimetri a tripla torretta della *Krupp* e dei relativi dispositivi di regolazione del tiro, oltre alle munizioni. La marina russa voleva dei campioni di accumulatori e periscopi per sommergibili, un rifornimento di piastre di corazzatura di prima qualità per un incrociatore che doveva essere fabbricato in Unione Sovietica e apparecchiature idroacustiche, siluri, mine.

Hitler disse a Raeder che, nella consegna dei progetti della *Bismarck*, a preoccuparlo era il fatto che quei bozzetti rivelavano che essa avrebbe avuto dimensioni maggiori di quelle consentite dagli accordi internazionali a cui, all'epoca, la Germania era soggetta. Raeder gli assicurò che i russi avrebbero impiegato 6 anni a riprodurre la *Bismarck*; tuttavia, ammise che sarebbe stato meglio che quei progetti non finissero in mano britannica.

Hitler aveva affidato alla propria marina da guerra un ruolo di contenimento.

In principio vietò persino ai propri sommergibili di attaccare le forze navali anglo-francesi. Nel primo anno di guerra la marina tedesca ebbe a disposizione soltanto una dozzina di sommergibili con i quali bloccare le isole britanniche. E poiché la *Luftwaffe* aveva la priorità nell'approvvigionamento di materie prime, la scarsa disponibilità di acciaio ridusse ulteriormente l'espansione della marina. Tuttavia, in una cosa l'ammiraglio Raeder era avvantaggiato rispetto a Brauchitsch e Göring: non avendo Hitler confidenza con il mare che considerava insicuro e ineffabile, Raeder aveva mano libera in ogni decisione. Così, i cacciatorpedinieri tedeschi poterono effettuare audaci sortite proprio in casa del nemico, depositando mine magnetiche negli estuari dei principali corsi d'acqua britannici. Un sommergibile affondò la portaerei *Courageous* e un altro, penetrato nella base di Scapa Flow, silurò la nave da guerra *Royal Oak*.

Nell'Atlantico meridionale la *Graf Spee* aggrediva i convogli nemici e intanto la *Luftwaffe* (in particolare Göring) insisteva per portare la guerra in prossimità delle coste inglesi: il 28 novembre, quando, come rappresaglia per l'azione tedesca di minamento delle sue acque territoriali, la Gran Bretagna decise un blocco navale per paralizzare il commercio della Germania, Göring e Milch corsero dal Führer per proporgli una massiccia operazione della *Luftwaffe* contro i cantieri e i porti britannici. Hitler bocciò l'idea, ma emanò una nuova direttiva specificando che il modo migliore per dare disturbo alla gran Bretagna era impedirne l'import-export. La marina da guerra e la *Luftwaffe* avrebbero dovuto dedicarsi a questo compito non appena l'*Operazione Giallo* fosse stata portata a compimento. Allora la Germania avrebbe controllato la costa e la *Luftwaffe* avrebbe potuto attuare facilmente il piano di Göring.

In ottobre, Raeder aveva esposto a Hitler quanto difficoltosa sarebbe stata la posizione strategica della Germania, nel caso la Gran Bretagna avesse occupato la Norvegia: questo avrebbe impedito l'approvvigionamento di ferro che, in inverno, giungeva in patria attraverso il porto di Narvik, sempre libero dai ghiacci; le navi mercantili e da guerra tedesche avrebbero avute precluse le acque, adesso neutrali, norvegesi; l'aviazione britannica avrebbe dominato il Nord e la *Royal Navy* il Baltico. Benché Raeder avesse avvertito che una campagna militare in Norvegia poteva finire con l'annientamento della flotta tedesca, se si volevano evitare i pericoli conseguenti a un'occupazione britannica del paese, egli non vedeva alternative.

Le considerazioni di Raeder avevano colto Hitler di sorpresa. Da allora, una volta scoppiato il conflitto russo-finlandese, i suoi consiglieri politici e militari non gli diedero pace. A mezzogiorno dell'11 dicembre, Rosenberg riferì a Hitler di un'idea che, in proposito, era sorta nel corso di un colloquio con un suo amico norvegese, il maggiore Vidkun Quisling.

L'idea di questi era che la Germania occupasse la Norvegia su richiesta di un governo che egli stesso avrebbe costituito. Ribbentrop e Weizsäcker si espressero contro un colloquio tra il Führer e Quisling, ma Hitler disse a Rosenberg di organizzare un incontro.

"Nel corso della conversazione con Quisling", annotò l'ufficio di Rosenberg, "il Führer ha più volte sottolineato che, da un punto di vista politico, egli preferirebbe vedere l'intera Scandinavia assolutamente neutrale. Non ha interesse ad allargare lo scenario di guerra ad altre nazioni. Ma se il nemico intende predisporre un allargamento della guerra egli sarà inevitabilmente costretto ad anticiparne le mosse. Nel tentativo di controbilanciare la sempre maggiore attività di propaganda del nemico, il Führer ha promesso a Quisling sostegno finanziario per il suo movimento pan-germanico".

Quisling sosteneva di poter contare su 200.000 seguaci, molti dei quali occupavano, in Norvegia, importanti posizioni.

Hitler chiese all'*OKW* di elaborare due diverse opzioni, una in linea con le posizioni di Quisling, l'altra basata su una vera e propria occupazione militare della Norvegia. Fatte indagini sul passato di Quisling, Hitler preferì non fare eccessivo affidamento su di lui, limitandosi ad affidargli un incarico di semplice attivismo sovversivo: alcuni norvegesi, accuratamente selezionati e segretamente prelevati, avrebbero svolto in Germania un addestramento alla guerriglia. Qualora la Norvegia fosse stata invasa, questi avrebbero dovuto occupare gli obiettivi strategici di Oslo e di altre città, ponendo il re di fronte al fatto compiuto. Per l'operazione non venne predisposta alcuna data.

Lo Stato Maggiore dell'esercito continuava a mostrarsi apertamente ostile a Hitler. Dopo l'inequivocabile discorso tenuto dal Führer il 23 novembre, il generale Guderian lo rimproverò privatamente per l'atteggiamento critico palesato nei confronti di un esercito che aveva conseguito una brillante vittoria in Polonia. Hitler ribatté che la persona a lui sgradita era proprio il comandante in capo dell'esercito a cui non trovava un degno sostituto.

Il capo dei servizi segreti di Brauchitsch annotò: "I contatti tra Brauchitsch e il Führer sono sempre più sporadici. È stato deciso un cambiamento". Hitler sospettava che lo Stato Maggiore generale tramasse contro di lui. Quando il quotidiano *Deutsche Allgemeine* pubblicò un sensazionale e sdolcinato articolo su "*il nostro grande quartier generale*", Hitler divenne furibondo per quell'implicita insinuazione che la Storia venisse scritta dallo Stato Maggiore generale dell'esercito e non da lui.

Non era facile accattivarsi le simpatie del Führer. Quando, a Natale, il quotidiano *Essener National*, approfittando della festività, azzardò un paragone fra Hitler e Gesù, Goebbels informò la stampa tedesca che il Führer avrebbe preferito che in futuro ci si astenesse da simili paragoni.

Ci furono momenti di crisi militare, però, nei quali Hitler palesò indecisioni e approssimazioni del tutto estranei al suo carattere. Il 13 dicembre, la piccola nave da guerra *Graf Spee* venne attaccata da tre incrociatori britannici al largo della neutrale costa uruguayana. Le prime notizie arrivarono a Berlino soltanto nelle prime ore del 14. "Sono stato raggiunto da 15 colpi", segnalò il comandante Hans Langsdorff, "scorte di cibo e depositi distrutti, sto puntando su Montevideo".

Per chi era a conoscenza dell'atteggiamento politico dell'Uruguay, risultava evidente che l'imbarcazione avrebbe combattuto la sua ultima battaglia. Sarebbero occorsi diversi giorni per riparare i danni e il governo di Montevideo ne concesse appena tre. Nel frattempo, la flotta britannica pattugliava la foce del Rio de Plata. Il giorno 16 Raeder giunse alla cancelleria con l'ultimo dispaccio pervenuto dalla nave. Il capitano Langsdorff così si esprimeva:

"1. Situazione militare al largo di Montevideo: oltre agli incrociatori e a un cacciatorpediniere ci sono anche *Ark Royal* e *Renown*. Nessuna possibilità di raggiungere il mare aperto o un rifugio sicuro. 2. Propongo di uscire fino al limite delle acque territoriali. Se fosse possibile aprirsi la strada fino a Buenos Aires usando le munizioni che restano, converrebbe tentare. 3. Laddove la sortita dovesse portare alla sicura distruzione della nave senza possibilità di danneggiare il nemico, cosa fare?: affondare l'imbarcazione nonostante la scarsa profondità delle acque? Estuario del Rio de la Plata? O internamento?"

Hitler accolse l'ammiraglio Raeder sull'ingresso del proprio studio chiedendogli di lasciare che la *Graf Spee* tentasse la sortita in mare aperto: se doveva inabissarsi quantomeno poteva portare con sé qualche nave nemica. Messa una mano sulla spalla dell'ammiraglio, disse: "Mi creda, il destino di quella nave e del suo equipaggio è penoso per me quanto lo è per lei. Ma siamo in guerra e, quando se ne presenta la necessità, bisogna saper prendere decisioni spiacevoli". Ma a questo punto si interruppe facendo seguire un'azione inspiegabile. Raeder gli mostrò la bozza della risposta dell'Alto Comando della marina (*OKM*) al capitano Langsdorff: la *Graf Spee* doveva restare a Montevideo, finché le autorità locali glielo avessero consentito; una fuga verso Buenos Aires sarebbe stata approvata; e infine, nel caso di autoaffondamento, prima avrebbero dovuto distruggere ogni cosa. Questa risposta non concordava affatto con gli aggressivi propositi di Hitler, ma il Führer non fece commenti. Rimase ansiosamente in attesa di aggiornamenti sull'ultima battaglia della *Graf Spee*.

Il giorno 11 giunse la sbalorditiva notizia che la nave, salpata da Montevideo, aveva trasbordato l'equipaggio su un'imbarcazione a vapore in attesa e si era adagiata sul basso fondale dell'estuario del fiume. In preda a un eccesso di rabbia, quella sera, Hitler rifletté sul danno che Langsdorff aveva arrecato all'immagine belligerante della Germania. Alle 3:00 dispose che il comunicato ufficiale venisse modificato così: "Viste le circostanze, il Führer ha ordinato al capitano Langsdorff di distruggere la nave facendola esplodere".

Langsdorff era stato ufficiale dello staff di Jodl; aveva ottenuto il comando della *Graf Spee*, trapelò, come rimedio a un'indole troppo sedentaria. Adesso, era evidente che la cura non aveva sortito effetti. Langsdorff, raggiunto Buenos Aires, pose fine alla sua esistenza sparandosi. Alla sua nave d'appoggio, la *Altmark*, carica di prigionieri provenienti dalle imbarcazioni affondate dalla *Graf Spee*, fu ordinato di rientrare in Germania.

Hitler lasciò Berlino per un breve periodo di riposo alla Berghof. Passando per Monaco fece la consueta visita natalizia ai Bruckmann, suoi amici e mecenati. Parlò dei suoi piani per la conquista della Gran Bretagna mediante l'impiego di mine magnetiche e altre armi impressionanti. Nel firmare il libro degli ospiti di casa Bruckmann, scrisse: "Nell'anno della lotta per la creazione del grande *Reich* tedesco-teutonico!"

Per tre giorni ispezionò il fronte occidentale, partecipando ai festeggiamenti natalizi di alcune squadriglie della *Luftwaffe*, di unità antiaeree e reggimenti di fanteria e delle *SS*. Tornato a Berlino, posticipò nuovamente l'*Operazione Giallo*, questa volta rinviandola a metà gennaio e, se per allora non ci fossero state favorevoli condizioni climatiche, definitivamente alla primavera.

Hitler trascorse il capodanno alla Berghof: le foto presenti nell'album di Eva Braun mostrano che, anche quando sedeva con un accennato sorriso accanto ai figli di Speer, di Goebbels e di Bormann, durante un veglione dedicato a loro, Hitler indossava sempre l'uniforme dell'esercito con appuntata la Croce di ferro[115], di cui si era insignito il giorno in cui le sue truppe avevano invaso la Polonia. In un'altra immagine, tuttavia, Hitler compare in abito scuro, nell'atto di scodellare piombo fuso in una ciotola d'acqua, tradizione riservata all'ultimo giorno dell'anno. Alcuni sostengono che, nel contesto, la lettura della conformazione, assunta dal metallo una volta solidificatosi, consenta di predire il futuro. Il volto di Hitler, però, tradisce un certo scetticismo.

Alla Berghof, il Führer ricevette un'interminabile, turbolenta e preoccupata missiva di Mussolini. Quel messaggio, giunto

115 La Croce di Ferro è una decorazione militare istituita dal Re di Prussia Federico Guglielmo III nel 1813, che viene consegnata solamente in tempo di guerra: oltre alle guerre napoleoniche e alle guerre francoprussiane, la Croce di Ferro venne distribuita durante la prima e la seconda guerra mondiale; l'ultima è stata attribuita nel maggio del 1945, prima della caduta del Terzo Reich. Essa consiste in una croce greca nera a quattro punte con un contorno bianco e le braccia che si espandono verso gli estremi. Lo stesso simbolo rappresenta le attuali forze armate della Germania federale.

dopo mesi di silenzio, segnò il punto più basso delle relazioni nell'Asse, cui avevano nociuto gli accordi presi dalla Germania con Mosca. Il 22 dicembre, in occasione del sessantesimo compleanno di Stalin, Hitler aveva telefonato a Mosca per porgergli personalmente i propri auguri. Stalin ne era stato favorevolmente impressionato. Agli occhi di Mussolini, perciò, il Führer appariva ora come un traditore della rivoluzione fascista perché l'aveva sacrificata alle esigenze politiche e militari:

"Lei non può abiurare quei precetti dell'antisemitismo e dell'antibolscevismo che, per vent'anni, ha sbandierato ai quattro venti e per cui molti hanno sacrificato la propria vita... La soluzione per il vostro spazio vitale è inevitabilmente in Unione Sovietica".

In quella lettera, a cui Hitler non diede risposta per almeno un paio di mesi, Mussolini esigeva anche che la Germania si impegnasse formalmente a dare vita a uno stato polacco indipendente. Nell'anno 1939, l'atteggiamento politico di Hitler verso la Polonia aveva subìto mutamenti radicali. Ai primi di ottobre, il Führer aveva spiegato al governatore generale Frank che il Governatorato doveva costituire una sorta di riserva polacca, ma in novembre così si era espresso: "Ci terremo il Governatorato. Non intendiamo restituirlo". Hitler, che non reputava prioritaria la questione, nell'autunno del 1939, aveva detto a Himmler: "Non voglio che a Est i gerarchi locali competano tra loro per assicurarmi, tra due o tre anni la completa germanizzazione del territorio di loro pertinenza. Esigo una situazione razziale impeccabile e sarò soddisfatto anche se il processo richiederà 10 anni".

Himmler, tuttavia, voleva agire in fretta. Basandosi su di una direttiva da lui stesso diramata verso la fine di ottobre, i 2 gerarchi interessati, Forster e Greiser, nonché i generali delle *SS* Krüger e Globocnik, comandanti rispettivamente della polizia di Cracovia e Lublino, provvidero, in pieno inverno, all'espulsione dai territori di loro competenza di 550.000 ebrei, degli intellettuali e di coloro ritenuti incomodi alla politica del *Reich*.

Sotto certi aspetti, Hitler agì da freno. Dagli appunti di Himmler sappiamo che quest'ultimo dovette giustificare al Führer 'l'esecuzione di 380 ebrei', avvenuta il 19 novembre a Ostro. Quando, alla fine di novembre, l'arcivescovo e il vescovo suffraganeo di Lublino vennero condannati a morte insieme a 13 sacerdoti trovati in possesso di armi e pubblicazioni eversive, Hitler ordinò la commutazione della pena, facendoli deportare in Germania.

Ciò che quotidianamente accadeva in Polonia, indignava l'esercito. Una selva di proteste si levò persino dalle unità che, sul fronte occidentale, attendevano di intraprendere l'*Operazione Giallo*.

Il 22 maggio, Hitler venne a conoscenza che il maggiore generale Mieth, capo di Stato Maggiore della Prima Armata, aveva parlato ai suoi ufficiali delle atrocità consumate in Polonia: "Le *SS* hanno effettuato esecuzioni sommarie senza procedere ad adeguati processi. Sono avvenuti disordini".

Mieth, ovviamente, venne destituito. Poco dopo, il comandante in capo delle armate dell'Est, il generale Johannes Blaskowitz, inviò a Berlino un elenco ufficiale dei misfatti di cui, in Polonia, le *SS* si erano rese colpevoli: "La concezione che il popolo polacco possa essere sottomesso ricorrendo al terrore, alla fine, si dimostrerà errata. I polacchi sono un popolo dotato di notevole resistenza e coraggio". Blaskowitz aggiunse che quelle atrocità avrebbero concesso al nemico un'arma propagandistica di portata planetaria. Pare evidente che Hitler abbia ordinato a Frank di procedere a una sistematica eliminazione degli intellettuali polacchi a scopo preventivo. Come altro potrebbero essere interpretate le seguenti affermazioni fatte confidenzialmente da Frank stesso, alla fine del maggio 1940, ai suoi sottoposti della polizia polacca?

"Il Führer mi ha detto: 'Il modo in cui vanno salvaguardati gli interessi tedeschi nel Governatorato è cosa che riguarda esclusivamente gli uomini che ne sono a capo'. E ha usato questi ulteriori termini: 'La classe dirigente polacca deve essere sterminata. Dobbiamo fare attenzione a ciò che ne prenderà il posto e dopo un ragionevole lasso di tempo, disfarci anche di quello'. Dunque, non è necessario trasferire questa gente nei campi di prigionia del *Reich*. Ne deriverebbero seccature e una inutile corrispondenza con i parenti. Risolveremo la faccenda qui, sul posto".

La direttiva emanata dalla Diciottesima Armata nell'agosto

del 1940, al momento del suo trasferimento in Polonia, è un fulgido esempio di resa dell'esercito al partito. "Per secoli la nostra frontiera orientale è stata teatro di conflitti etnici. Per porvi rimedio è inevitabile una soluzione rapida e netta. A specifiche organizzazioni del partito e del governo è stato affidato l'incarico di procedere, a Est, a una pulizia etnica. I nostri soldati non devono interessarsi ai compiti svolti da queste unità".

Anche Hitler fingeva di non vedere gli eccessi compiuti a Oriente. Un maggiore dell'esercito fece arrestare otto prostitute polacche e la sera stessa, nella prigione, ne fece giustiziare quattro. Hitler commutò la sentenza di morte in pena detentiva. In un altro caso, un giovane ufficiale delle *SA* nominato magistrato in Polonia, durante un'orgia, ubriaco, uccise 52 detenuti polacchi.

Nell'occasione, il gerarca locale Greiser supplicò il ministero della Giustizia di non rovinare la promettente carriera del giovane e Hitler gli concesse la grazia.

Persino in Germania, adesso, le organizzazioni di polizia di Himmler agivano secondo un codice proprio. Alla fine del settembre 1939, il ministro della Giustizia sottopose a Hitler un rapporto sulle esecuzioni sommarie di cittadini tedeschi. Il Führer rispose che, pur non avendo dato a Himmler alcuna direttiva generale, aveva decretato egli stesso alcune esecuzioni.

"Per questo motivo è stato deciso che i rapinatori dell'istituto di credito *Teltow* vengano condotti innanzi al plotone di esecuzione", spiegarono i suoi collaboratori. Ma gli archivi testimoniano anche che Hitler traeva, da casuali accenni fatti dai giornali, molte delle proprie informazioni sui crimini commessi ai danni di civili. Solo perché un avventato redattore aveva titolato: "Civile truffa mogli di soldati", Hitler fece immediatamente comunicare da Schaub a chi di dovere che il Führer esigeva la condanna a morte del malfattore. L'atteggiamento di Hitler verso i tribunali del partito, come dimostrò la sua reazione al processo contro Julius Streicher, risultava ancora più ambigua. I detrattori di Streicher erano molti, ma Hitler vedeva in lui un idealista rivoluzionario. Quattro giorni dopo il discorso segreto tenuto in ottobre da Hitler ai gerarchi locali, Streicher, nel corso di una riunione, aveva svelato i piani militari ad alcuni membri del partito, reiterando poi tale imprudenza davanti a una platea più numerosa. Riferendosi alla decisione di Hitler di ledere la neutralità del Belgio, Streicher aveva spiegato: "Abbiamo necessità di controllare la costa per la successiva aggressione alla Gran Bretagna".

Si aggiunga che i suoi più recenti discorsi avevano compreso attacchi blasfemi contro il clero, ingiuriosi riferimenti ai generali della prima guerra mondiale e, in un'occasione, una lunga predica con la quale egli aveva esortato l'auditorio, composto esclusivamente da ragazze quindicenni, a non considerare inopportuno sedurre gli uomini sposati. "Qualsiasi signora o signorina che si indigni per una cosa del genere è ai miei occhi una poco di buono".

La corte suprema del partito, composta da sei gerarchi locali e tre uomini del partito, si riunì nel febbraio del 1940 e il giorno 16 condannò Streicher. Hitler lo sospese dall'incarico, proibendogli di tenere discorsi in pubblico, ma invece di cacciarlo dal partito – come Hess aveva richiesto – gli garantì la facoltà di continuare a divulgare le sue pubblicazioni, tra le quali la spregevole rivista *Der Stürmer*. Hitler confidò ad alcuni dirigenti del partito che riteneva Streicher vittima di un'ingiustizia. I legali non avevano tenuto conto del suo importante passato politico.

Dobbiamo distruggere anche loro

Sulla Germania scese un gelido inverno. I corsi d'acqua ghiacciarono, le linee ferroviarie erano congestionate dal traffico militare, la popolazione civile e l'industria soffrivano per la carenza di carbone e generi di prima necessità. Notte e giorno Hitler sognava l'*Operazione Giallo*. Già durante le festività natalizie del 1939, aveva deciso il punto in cui dovevano essere infrante le difese francesi: Sedan. In effetti fu proprio lì che vennero gettate le basi del trionfo nazista sulla Francia. Si era ormai giunti al gennaio del 1940 e il Führer aveva fatto ritorno alla cancelleria di Berlino. La missiva colma di paure, recapitatagli da Mussolini, dimostrava quanto poco affidamento egli potesse fare sull'Italia. Si trattava effettivamente di un'alleanza alquanto singolare giacché, proprio in quei giorni, il *Forschungsamt* intercettò un telegramma cifrato nel quale l'ambasciatore belga a Roma riferiva al proprio ministero che Ciano gli aveva rivelato l'intenzione tedesca di invadere il Belgio, indicandogli anche la data stabilita per l'offensiva.

"Gli italiani sono gente strana", scrisse Weizsäcker. "Palesano verso di noi sincere assicurazioni, in modo da essere partecipi dei nostri successi e compiono piccoli atti di tradimento a favore delle potenze occidentali, in modo da restare anche nelle loro grazie".

Ovviamente, il Belgio aveva concentrato le proprie difese lungo il confine con la Germania. Un rapporto dei servizi segreti tedeschi rivelò, nel gennaio del 1940, che dalla metà di ottobre oltre due terzi delle Forze Armate belghe erano concentrate sulla frontiera orientale. La gendarmeria belga aveva ricevuto ordine di favorire un'eventuale invasione francese e, mentre nel Belgio occidentale la segnaletica stradale era stata incentivata e resa più comprensibile, a est ogni riferimento geografico era stato tolto per ostacolare un'avanzata tedesca. I sindaci dei villaggi delle Ardenne ricevettero disposizione di attrezzare alloggi per le milizie francesi. Sulle linee ferroviarie del paese furono notati aggirarsi numerosi ufficiali francesi in abiti civili. Dal momento che le fortificazioni di Liegi e del canale Alberto erano tali da non poter essere difese dal solo esercito belga, furono prontamente ospitate in loco truppe francesi e britanniche. Di fronte a tali informazioni, Hitler ritenne fuori luogo farsi scrupoli ad attaccare quel "piccolo paese neutrale".

Preferendo non apparire come il responsabile di una seconda guerra mondiale, Hitler decise però di definire il conflitto, di fronte all'opinione pubblica, come la "grande guerra tedesca di liberazione".

Il 10 gennaio, essendo le previsioni meteo maggiormente favorevoli, discusse nuovamente dell'*Operazione Giallo* con i comandanti in capo. Nell'occasione fu deliberato che l'operazione avrebbe avuto inizio il 17 gennaio 1940. Due milioni di uomini erano già schierati per contrastare gli eserciti francesi, belgi e olandesi.

Tuttavia il giorno 11, poco prima di mezzogiorno, giunsero alla cancelleria notizie che mandarono Hitler su tutte le furie. Un maggiore della *Luftwaffe*, in volo con un piccolo aereo, risultava disperso in territorio belga. Il Führer si precipitò nell'ufficio di Jodl chiedendo un elenco dei documenti che il maggiore aveva con sé. "Cose come questa possono farci perdere la guerra!" esclamò.

Un quotidiano belga riferì che il maggiore tedesco aveva tentato di bruciare i documenti nella stufa della stanza dove era in corso il suo interrogatorio, ma un ufficiale belga ne aveva recuperati alcuni frammenti dal fuoco.

Il 12 gennaio, tuttavia, l'addetto militare tedesco a Bruxelles telegrafò che il maggiore gli aveva assicurato di essere riuscito a distruggere tutta la documentazione, tranne qualche foglio di nessuna rilevanza e confermò questa versione direttamente a Hitler, il giorno 13, durante un colloquio alla cancelleria. L'incidente, dunque, non valse a procrastinare nuovamente l'attacco. L'*Operazione Giallo* avrebbe avuto inizio il giorno 17 gennaio alle ore 15:15.

Ulteriori aggiornamenti, ora negativi, sull'andamento climatico, lo misero però in agitazione e verso le 13:00 dette ordine di bloccare ogni cosa e rimandare l'azione di tre giorni. Il tempo peggiorò ancora e Hitler disse al proprio staff: "Se non potremo contare su almeno otto giorni di sole e cielo limpido, sospenderemo tutto sino alla primavera".

Infatti, nel pomeriggio del 16 dispose che l'intera offensiva fosse aggiornata alla fine dell'inverno.

Hitler, poiché nel frattempo erano occorsi altri due incidenti, non nascose a Göring la propria rabbia per le scarse misure di sicurezza della *Luftwaffe*. Quegli reagì nel modo a lui caratteristico: destituì il generale Helmuth Felmy e il suo capo di Stato Maggiore comunicando al Führer che, convocato un veggente, questi gli aveva assicurato che non c'erano documenti compromettenti in mano nemica. Eppure, successivi rapporti dei servizi segreti lo sbugiardarono: lo Stato Maggiore generale belga aveva ordinato alle unità militari presenti nel sud del paese di non opporre alcuna resistenza alle truppe francesi o britanniche che avessero attraversato il territorio.

Grazie al *Forschungsamt*, nel frattempo, Hitler aveva letto il telegramma inviato la sera del 13 gennaio dal colonnello Goethals, l'addetto militare belga a Berlino, in cui quegli, reperita la notizia da fonti sicure, confermava che l'invasione tedesca era prevista per il giorno seguente. (La fonte di Goethals era un collega olandese, il maggiore G.

J. Sas e quella di Sas il colonnello tedesco traditore Oster). Nella mattinata del 17 apparve evidente, dalle mosse ufficiali intraprese dal governo belga, che i documenti rinvenuti avevano quantomeno rivelato i presupposti su cui si basava l'*Operazione Giallo*.

In un certo senso, Hitler dovette sentirsi sollevato perché tutto questo avrebbe indotto il nemico a concentrare le maggiori energie a Nord: le possibilità di successo di un'operazione di accerchiamento, condotta da Sedan fino alla costa, risultavano così aumentate. Tutto dipendeva dal mantenere assoluta segretezza sulle reali intenzioni tedesche e, in una serie di riunioni tenutesi verso fine gennaio, Hitler ribadì il concetto ai comandanti dell'esercito. Come disse il giorno 20, la Germania avrebbe sicuramente vinto la guerra, "ma, se non riusciremo a mantenere la bocca chiusa, andrà incontro a una cocente sconfitta". Quando l'*Operazione Giallo* fosse scattata, un funzionario del ministero degli Esteri sarebbe stato inviato in segreto all'Aja per invitare i monarchi olandesi ad accettare "la difesa armata della neutralità olandese" offerta dalla *Wehrmacht*.[116] Nel frattempo, su tutto il fronte occidentale, doveva essere mantenuto un costante stato d'allerta, nella presunzione che l'attacco preventivato potesse cominciare in qualsiasi momento.

Alla fine del gennaio 1940, il Führer aveva mandato il suo comandante in capo a ispezionare il fronte. Il 1° febbraio, di ritorno a Berlino, il colonnello Schmundt si precipitò a rapporto. A

116 Nda. Per questo compito, venne designato il maggiore Werner Kiewitz, che già il 16 settembre aveva inoltrato a Varsavia l'ultimatum di resa. Dal momento che gli olandesi si rifiutarono di rilasciargli il visto d'ingresso, fu predisposto un piano disperato per paracadutarlo all'Aja, successivamente abbandonato poiché la regina si era già rifugiata in Inghilterra.

Coblenza, quartier generale del gruppo di Armate del generale Rundstedt, si assisteva a un confronto difficile. L'ex capo di Stato Maggiore di Rundstedt, il generale Erich Manstein, si opponeva con la stessa fermezza di Hitler al piano offensivo contro l'Occidente elaborato dall'alto comando dell'esercito (*OKH*); inoltre, Manstein stava patrocinando un piano alternativo che ricalcava quello proposto da Hitler a ottobre. Questa circostanza convinse Hitler della bontà del proprio piano e il fatto che l'*OKH* avesse rimosso Manstein dal suo incarico, relegandolo alle retrovie, lo colpì ancora di più.

Il 13 febbraio, il Führer comunicò a Jodl la decisione di impegnare il grosso delle forze corazzate nello sfondamento delle linee nemiche a Sedan, dove gli avversari sarebbero stati colti di sorpresa. Jodl lo invitò alla prudenza: gli dèi della guerra avrebbero potuto tradirli, perché i francesi erano in grado di sferrare un massiccio contrattacco sul fianco. Ma ormai Hitler era sordo ad ogni critica.

Il giorno 17 ebbe un lungo colloquio con Manstein e questi gli confermò la giustezza della sua strategia.

Il giorno successivo, Hitler, convocati il generale Rundstedt e il suo capo di Stato Maggiore, dettò loro il nuovo piano operativo. Il 24 febbraio, l'Alto Comando dell'esercito emanò la nuova strategia per l'*Operazione Giallo*. Lo strepitoso successo che ne avrebbe conseguito avrebbe ulteriormente convinto Hitler del proprio genio militare. Da quel momento, egli avrebbe confuso lo straordinario intuito di cui era dotato con la solida e logica capacità organizzativa dei veri signori della guerra. La sua riluttanza ad affidarsi a consiglieri professionisti si fece da lì in avanti sempre più netta.

Per minare il morale dei soldati francesi, Hitler ordinò alla propaganda tedesca di lasciar credere che la Germania si trovasse in disaccordo esclusivamente con la Gran Bretagna. In realtà, l'atteggiamento di Hitler verso quest'ultima era condizionato da un assurdo, non corrisposto affetto, che lo lasciò nell'incertezza per tutto il 1940.

Verso la fine di gennaio, Halder spiegò in questo modo al

capo dei servizi segreti le mire del Führer: "Egli vuole... sconfiggere la Francia e poi compiere un gesto straordinario verso la Gran Bretagna: riconoscere la necessità del suo impero".

In quelle prime settimane del 1940, nel corso di un pranzo alla cancelleria, Rudolf Hess chiese: "*Mein Führer*, la sua opinione sulla Gran Bretagna è immutata?"

Hitler sospirò sconsolato: "Se gli inglesi sapessero quanto poco pretendo da loro!"

Si dilettava a sfogliare le pagine di cronaca mondana del *Tatler* per studiare l'aristocrazia britannica nel suo habitat naturale. Una volta fu sentito dire: "Questi sono esemplari di valore... Persone con cui troverò un accordo di pace".

La cena alla cancelleria cui parteciparono Manstein e altri ufficiali si svolse il giorno successivo all'incidente della

Altmark, nel corso del quale la *Royal Navy* violò le acque neutrali norvegesi in circostanze che saranno rese note tra poco. Hitler, a dispetto dell'opinione dei legislatori internazionali, spiegò la legittimità di simili azioni. "La Storia", precisò, "opera un distinguo solo tra vittoria e sconfitta, e nessuno mette in dubbio la ragione di chi ha conseguito il successo".

Dal giorno dello scontro navale al largo della costa uruguayana, la nave d'appoggio *Altmark* si era tenuta in disparte, con le celle di bordo stipate di 300 marinai britannici provenienti dalle imbarcazioni affondate dalla *Graf Spee*. I comandanti della marina tedesca sino a metà febbraio non avevano più avuto notizie dalla *Altmark*, ma il 14 la nave segnalò che era sul punto di entrare nelle acque territoriali norvegesi. Secondo il trattato dell'Aja, la *Altmark*, poiché non era una nave da guerra, ma un mercantile, aveva pieno diritto di attraversare quelle latitudini. Le imbarcazioni guardiacosta norvegesi cominciarono a scortarla ma, il giorno 16, verso sera, a Berlino furono intercettate comunicazioni tra queste e la flotta britannica che rivelavano un piano per catturare la *Altmark* anche a costo di inoltrarsi nelle neutrali acque norvegesi.

Alle 6:00 del mattino successivo fu decodificato da Berlino un segnale inviato da un ufficiale britannico all'ammiragliato londinese: il cacciatorpediniere britannico *Cossack*, abbordata la *Altmark*, stava adesso facendo ritorno a Rosyth. Entro mezzogiorno, Hitler ebbe da Oslo un rapporto completo dell'accaduto.

Vedendo le unità britanniche (un incrociatore e sei cacciatorpediniere) sbarrargli la strada, il capitano della *Altmark* aveva cercato rifugio nel fiordo di Jøssing. Due imbarcazioni norvegesi avevano tenuto a distanza le navi britanniche fino al tramonto, poi il *Cossack*, apertosi un varco, aveva ordinato ai tedeschi di fermarsi.

Il rapporto della *Altmark* descriveva come un gruppo di marinai, salito a bordo, avesse aperto il fuoco contro un equipaggio tedesco disarmato. I 300 prigionieri furono liberati e la nave saccheggiata. Londra aveva addirittura ordinato al comandante dei cacciatorpedinieri di sparare all'indirizzo dei mezzi navali norvegesi, se questi avessero contrastato l'operazione in corso. Il giornale di guerra della marina tedesca concludeva: "Dalle disposizioni dell'ammiraglio britannico... risulta evidente che l'operazione sia stata architettata in modo tale, da non tenere in alcun conto la violazione di acque territoriali neutrali".

Nonostante ciò, Hitler dispose che nell'operazione di recupero della *Altmark* si tenesse in considerazione la neutralità norvegese.

Più che la necessità strategica di occupare la costa norvegese prima che potessero farlo gli Alleati, cominciò ad avere un certo peso su Hitler la tardiva considerazione che, dal momento che erano anch'essi di ceppo germanico, i popoli scandinavi appartenevano naturalmente alla comunità tedesca. È doveroso ricordare che mai, nei discorsi precedentemente pronunciati da Hitler, si era accennato a un'occupazione dei paesi scandinavi. Solo dopo le visite di Quisling, il Führer aveva ordinato allo staff di Jodl di vagliare quella possibilità. L'analisi dell'*OKW* raccomandò che l'elaborazione di un piano operativo fosse affidata a un gruppo di lavoro diretto da un generale della *Luftwaffe*. Si costituì un comitato che, una settimana dopo, cominciò a elaborare, sotto la direzione di Milch, la cosiddetta *Operazione Ostrica*.

Eppure, Hitler, mal confidando nella capacità della *Luftwaffe* di mantenere la necessaria segretezza sul progetto, fece sciogliere quel gruppo di lavoro, costituendo, in sua vece, un comitato segreto che avrebbe lavorato sotto la sua personale supervisione; l'ufficiale di grado più elevato che vi faceva parte era un capitano di marina, tale Theodor Krancke. Questi propose degli sbarchi simultanei di mezzi anfibi in sette porti norvegesi (Oslo, Kristiansand, Arendal, Stavanger, Berge, Trondheim e Narvik), per effettuare i quali le truppe sarebbero state trasportate a Nord da una flotta di veloci navi da guerra; l'invasione avrebbe avuto l'appoggio dei paracadutisti della Settima Divisione Aviotrasportata. La pressione diplomatica sul governo di Oslo avrebbe fatto il resto.

Come era suo solito, Hitler, inizialmente, non consultò Brauchitsch né Göring. Irritato, quest'ultimo si rifiutò di assegnare al gruppo di lavoro di Krancke un ufficiale della *Luftwaffe*. Nel frattempo, Hitler aveva affidato i preparativi della campagna a un generale di fanteria, Nikolaus Falkenhorst, il quale accettò l'incarico con entusiasmo e, il giorno 29, tornò alla cancelleria con un completo piano operativo che comprendeva anche l'occupazione della Danimarca.

Il 1° marzo, Hitler rese esecutivo il piano. Immediatamente l'esercito si dissociò dall'apertura di un nuovo fronte. Göring, precipitatosi alla cancelleria, negò il consenso a porre le forze aeree agli ordini di Falkenhorst. Solo la marina si impegnò anima e corpo nell'operazione.

Hitler, per anticipare le mosse del nemico, voleva che la campagna iniziasse quanto prima. Hewel gli consegnò numerosi telegrammi provenienti da Helsinki, Trondheim e Oslo che confermavano i preparativi britannici per uno sbarco in Scandinavia con il pretesto di prestare soccorso alla Finlandia, attaccata dall'Urss. Hitler ordinò rapidità nei preparativi, ma Göring, ancora contrariato, allorché il 5 marzo Falkenhorst gli riferì i progressi fatti, espresse tutto il suo disprezzo per il lavoro fin lì svolto dall'esercito.

Il rischio di un intervento inglese in Scandinavia si faceva pressante. Attraverso Rosenberg, Hitler ricevette da Oslo la prova che i piani di invasione alleata erano in fase avanzata e il 6 marzo, durante un pranzo, disse allo stesso Rosenberg: "Ho visionato il suo rapporto. Le cose prendono una brutta piega".

La crisi raggiunse l'apice il 12 marzo, quando numerosi dispacci provenienti da Mosca e Helsinki, rivelarono che russi e finlandesi stavano discutendo un armistizio. Londra intraprese allora alcuni disperati tentativi per prolungare quel conflitto di alcune settimane.

Il giorno 11, Winston Churchill si spostò a Parigi per informare il governo francese che il 15 marzo un corpo di spedizione inglese si sarebbe diretto a Narvik e, alle 15:30 del giorno 12, il *FA* intercettò una telefonata dell'inviato finlandese a Parigi diretta al ministero degli Esteri di Helsinki. L'inviato riferiva che Churchill e Daladier gli avevano assicurato che, qualora i finlandesi avessero inoltrato una richiesta di aiuto, le truppe britanniche sarebbero sbarcate in Norvegia.

Le cose precipitavano. Hitler ordinò di ultimare i preparativi per un'invasione tedesca e dispose lo stato d'allerta per tutte le Forze Armate. Il mattino successivo, tuttavia, l'Unione Sovietica sottoscrisse l'armistizio con la Finlandia, annullando il rischio di una crisi immediata.

Le intercettazioni di messaggi radio britannici operati dalla marina tedesca indicavano che la Gran Bretagna e la Francia erano state prossime a intraprendere un massiccio sbarco in Norvegia. Il fatto, poi, che le navi per il trasporto delle truppe fossero rimaste in stato d'allerta, indicava che gli Alleati avevano solo rinviato l'invasione. I preparativi tedeschi proseguirono però con più tranquillità e, per il momento, Hitler sospese l'ordine esecutivo.

"Sta ancora cercando una scusa soddisfacente", scrisse Jodl nel proprio diario. Abbiamo visto come Hitler si occupasse non solo della strategia, ma anche dei più piccoli dettagli di ogni operazione: dalla posizione delle cariche per la demolizione sui ponti, allo spessore del cemento armato nelle fortificazioni, al calibro dei cannoni da utilizzare nei fiordi norvegesi. In questo, era sostenuto da un'invidiabile memoria e da una profonda conoscenza dell'uso delle armi. Fu lui a chiedere per primo che sui carri armati tedeschi venissero montati cannoni a canna lunga da 75 millimetri. E fu lui a individuare l'errore (comune a tutti i progetti delle navi da guerra tedesche) di approntare un castello di prua tanto basso che con il mare in burrasca tendeva a restare sotto le onde.

Nel 1937, in occasione del suo compleanno, la marina gli aveva fatto dono di un modello della *Scharnhorst* e, quella stessa sera, egli aveva convocato il proprio assistente Puttkamer invitandolo a osservare i ponti della nave: accortosi del problema, sebbene il castello di prua dell'imbarcazione fosse in stato avanzato di costruzione, si provvide a ridisegnarlo e a ricostruirlo da capo.

Quando, mensilmente, riceveva il *Libro Rosso* sulla produzione bellica, mentre con lo sguardo correva da una colonna all'altra, si appuntava cifre e nozioni. Poi si sbarazzava degli appunti, ma i dati rimanevano indelebili nella sua mente, tanto da permettergli di mettere in difficoltà chiunque mostrasse una qualche lacuna.

In un'occasione, verso la fine del 1940, Keitel gli presentò i dati relativi alle munizioni impiegate nella recente campagna di Francia; Hitler asserì che nel 1916, mensilmente, l'esercito tedesco aveva consumato molte più munizioni da 210 e 150 millimetri e, a memoria, gli elencò i quantitativi esatti.

Alla fine, Keitel ordinò al proprio assistente di trasmettere le cifre corrette all'ufficio per l'approvvigionamento bellico dell'*OKW*. "Questo è il nuovo programma di produzione. Se lo dice il Führer, potete stare certi che è assolutamente pertinente".

Nonostante l'*OKW* detenesse un proprio ufficio per la fornitura delle munizioni (sotto la guida del generale Georg Thomas), Keitel presto si associò alle sempre più frequenti critiche che, nel corso dell'inverno, Hitler aveva rivolto in merito all'andamento della produzione bellica. Invano, Keitel avvertì che non era possibile, data l'elevata qualità richiesta dalle munizioni moderne, ottenerne una produzione massiccia se non a scapito della stessa qualità. Hitler elaborò personalmente un nuovo programma di produzione, in cui veniva data priorità alle mine marine, necessarie per operare un blocco navale alla Gran Bretagna, e alle munizioni per l'artiglieria. Keitel inoltrò quel programma all'ufficio approvvigionamenti dell'esercito, al momento diretto dal generale Karl Becker.

Verso la metà del gennaio 1940, quest'ultimo aveva già obiettato che lo schema del Führer non poteva essere soddisfatto "nel modo più assoluto". Hitler si stava già trastullando con l'idea (messagli in testa da Göring, che non perdeva occasione per criticare il debole ufficio approvvigionamenti dell'esercito) di nominare per le forniture militari un ministro civile, in modo da toglierle di mano ai burocrati delle Forze Armate. Quando, in febbraio, l'ufficio approvvigionamenti dell'esercito rese note le cifre di produzione del mese precedente, Hitler perse definitivamente la pazienza: quelle degli armamenti prioritari erano addirittura in decrescita e sembrava che, per i due principali calibri, le cifre indicate dal Führer neppure in aprile sarebbero state raggiunte.

Alla fine di febbraio, Göring nominò Fritz Todt consulente speciale con il compito di verificare le problematiche esistenti nell'industria delle munizioni e di proporre soluzioni atte ad aumentarne la produttività. Todt convinse Hitler che, se all'industria fosse stato concesso il sistema di autoresponsabilizzazione che aveva funzionato egregiamente per la costruzione delle autostrade e del vallo occidentale, le 'impossibili' quantità da lui richieste sarebbero state cosa certa. In marzo, Hitler nominò Todt ministro delle Munizioni. Era questo un affronto a Keitel e Becker, tanto che quest'ultimo poco dopo si suicidò.

Il primo marzo 1940, Hitler, convocati in segreto alla cancelleria i gerarchi del partito, assicurò loro che la guerra si sarebbe conclusa in sei mesi e che le nuove armi avrebbero piegato la resistenza del nemico. Ovviamente, alludeva alle massicce deposizioni di mine magnetiche che la *Luftwaffe* avrebbe presto effettuato, contro le quali Hitler credeva che inglesi e francesi non avessero difesa.

"Il Führer è geniale", scrisse Goebbels. "Darà vita al primo impero tedesco".

L'incerta posizione dell'Italia continuava però a preoccuparlo. Roosevelt aveva mandato nelle maggiori capitali europee il proprio sottosegretario di stato, Summer Welles, per effettuare un sondaggio sulle prospettive di pace. Hitler studiò i comunicati ufficiali italiani inerenti ai colloqui tenuti da Welles a Roma e li confrontò attentamente con le intercettazioni fatte dal *Forschungsamt* sui dispacci segreti italiani relativi a quegli incontri.

Nel corso del suo colloquio con Welles, Hitler ribadì la propria convinzione che, essendo la Gran Bretagna responsabile di quel conflitto, la stessa doveva porvi rimedio.

Il 4 marzo, il Führer ripetè il concetto a un vice-presidente della *General Motors*, tale James D. Mooney: "L'attuale conflitto può concludersi solo con la rinuncia dei nostri nemici a perseguire gli interessi che li hanno condotti alla guerra", interessi che lui identificava nella volontà di annientare il suo paese. La Germania, aggiunse, non ha, in quella guerra, alcun obiettivo da conseguire.

Fu il grossolano atteggiamento britannico nei confronti di Mussolini, a rinforzare la posizione di Hitler nell'Asse. All'inizio di marzo, Londra impose un embargo alle esportazioni italiane di carbone. Il Führer, chiesto un colloquio diretto con Mussolini, si fece immediatamente avanti con l'offerta di un milione di tonnellate al mese. Poi, diede disposizioni a Jodl di preparargli una documentazione supportata da grafici, alcuni dei quali opportunamente falsificati per attestare una maggiore forza militare tedesca (furono attribuite alla Germania 207 divisioni contro le reali 157) e il 18 marzo incontrò Mussolini al Passo del Brennero.

Dopo Monaco, era quello il loro primo incontro. Mussolini, come Hitler in seguitò raccontò, giunse con l'aria di uno scolaretto che non ha svolto i compiti. Il Führer gli ripeté che l'Italia, per entrare in guerra, poteva scegliere il momento a lei più opportuno, che lui suggeriva essere a seguito della prima massiccia offensiva tedesca. Il Duce promise che non avrebbe perso tempo, ma ammise che avrebbe preferito vedere l'*Operazione Giallo* rimandata di almeno 3 4 mesi, per permettere all'Italia un'adeguata preparazione al conflitto. Hitler esagerò ulteriormente la forza della Germania: il suo esercito era molto più potente di quello del 1914, disponeva di più munizioni di quante ne abbisognasse e la produzione degli *Junkers 88* e dei sommergibili era in sensibile aumento. Quanto alla Gran Bretagna, sarebbe scesa a patti non appena la Francia fosse stata sconfitta: "Gli inglesi sono straordinariamente coriacei quando debbono difendersi, ma, essendo governati da una mediocre classe dirigente, sono in evidenti difficoltà nelle situazioni di attacco".

Tuttavia, nonostante quell'incontro, Hitler sembrava diffidare degli italiani, tanto che non rivelò a Mussolini il grandioso piano operativo che lui e Manstein avevano elaborato per la vittoria a Occidente, né gli fece il più piccolo accenno sulle sue intenzioni in Scandinavia. Nelle direttive che immediatamente dopo diede a Keitel, con le quali veniva dato ordine alla *Wehrmacht* di riprendere i contatti organizzativi con l'Italia, egli chiese esplicitamente che alle Forze Armate italiane fossero assegnati compiti indipendenti dalle principali operazioni tedesche e questo per ridurre al minimo "gli inevitabili problemi di una guerra di coalizione".

Nel colloquio privato tenuto con Mussolini, Hitler tentò di far vedere l'Unione Sovietica al Duce sotto una luce diversa, ma non è semplice dire quanto quelle parole fossero dette a uso e consumo dei sovietici. Rammentò anche a Mussolini che egli aveva sempre desiderato marciare a fianco della Gran Bretagna. "Ma essa", aggiunse, "predilige la guerra".

Alla base della decisione di fornire a Stalin prodotti dell'industria tedesca, sussistevano anche motivazioni più concrete: finché il patto con i russi fosse valso, Hitler disponeva liberamente di 60 divisioni, altrimenti bloccate a Oriente, da utilizzare nell'attacco contro la Francia.

Le più recondite intenzioni di Hitler stagnavano dietro una labile apparenza. E ai sovietici non sarebbe stato difficile intuirle, visto che nel 1940 venne distribuita una nuova edizione del *Mein Kampf* niente affatto epurata, nel quale compariva ancora ben delineato il suo progetto di espansione a Est. Quando, discutendo con Mussolini, il Führer toccò l'argomento dell'evacuazione forzata della popolazione di lingua tedesca dal Sud Tirolo, aggiunse che era sua intenzione risistemare quelle comunità in una bellissima regione "che ancora non possiedo, ma che farò in modo di procurarmi". Velato riferimento, forse, al giorno in cui il suo esercito avrebbe occupato la Crimea.

Il 22 marzo, Hitler tornò in aereo alla Berghof per trascorrervi il weekend di Pasqua. Il capitano Engel colse l'occasione di quel lungo trasferimento per sottoporgli un rapporto del generale Guderian sul livello di addestramento delle unità sovietiche dislocate in Finlandia.

Hitler commentò così quel documento: "Dobbiamo distruggere anche i russi!"

Hors d'oeuvre

Il 25 marzo 1940, lunedì di Pasqua, Hitler si trovava nuovamente a Berlino, alla cancelleria. Sarebbe tornato sull'Obersalzberg soltanto in piena estate, quando ormai era padrone dell'Europa da Capo Nord ai Pirenei.

Alla mezza del giorno seguente, l'ammiraglio Raeder gli disse che, malgrado l'invasione britannica della Norvegia fosse al momento meno probabile di quanto era parsa nelle settimane precedenti, sarebbe stato cosa saggia anticiparne le intenzioni. Propose quindi di procedere all'occupazione della Norvegia il 7 aprile, perché dal giorno 15 le notti sarebbero state troppo brevi. Hitler approvò. Raeder allora gli chiese, giacché il segreto delle mine magnetiche sembrava ormai non essere più tale, di autorizzare l'immediata ripresa delle operazioni di posa delle stesse a opera della *Luftwaffe*. Nonostante l'opinione di Keitel e Göring, i quali ne peroravano l'utilizzo solo a *Operazione Giallo* avviata, il Führer accolse anche questa richiesta.

Sempre contro il parere di Göring, Hitler si lasciò persuadere da Raeder anche in merito a un'altra faccenda: in origine, egli aveva deciso che la dozzina di cacciatorpedinieri incaricati di trasportare le truppe a Narvik e Trondheim rimanesse sul posto per fornire appoggio di artiglieria e sostenere il morale delle unità appena sbarcate, inoltre – come aveva precedentemente esposto a Jodl – una precipitosa "fuga della marina" sarebbe parsa poco dignitosa. Cosa avrebbero pensato gli uomini destinati allo sbarco?

Ma Raeder la pensava diversamente. La fase più rischiosa

dell'intera campagna di invasione, insistette, sarebbe stata il rientro delle navi da guerra, da effettuarsi sotto gli occhi della più possente marina del mondo, dal nord della Norvegia fino al sicuro rifugio delle acque tedesche. Raeder si diceva pronto a impegnare a fondo la propria flotta, ma non aveva alcuna intenzione di sacrificarla per motivi di immagine.

Le informazioni sui progetti scandinavi inglesi tornarono a farsi preoccupanti. E, cosa importante, Hitler venne informato dell'approvazione del Consiglio di guerra britannico a procedere, entro i primi di aprile, a un'invasione scandinava. Il piano alleato consisteva nel provocare una reazione in Hitler andando a minare le acque neutrali norvegesi, in modo da spingerlo a una frettolosa occupazione della Norvegia meridionale che avrebbe "giustificato" uno sbarco inglese e francese a Narvik, nel nord, dove quegli stessi si sarebbero impadroniti della linea ferroviaria che collegava il paese ai giacimenti minerari svedesi. Successivamente, si sarebbero susseguite operazioni da portare a sud.

Il 30 marzo, i servizi segreti intercettarono il rapporto di un diplomatico di stanza a Parigi, in merito a una conversazione da egli sostenuta con il nuovo Premier francese, Paul Reynaud. Quest'ultimo aveva assicurato al diplomatico, rimasto anonimo, che di lì poco gli Alleati avrebbero intrapreso delle ingenti operazioni militari nell'Europa settentrionale. Lo stesso giorno, Churchill, divenuto nel frattempo Primo ministro, parlò alla *BBC* avvertendo la Norvegia che gli Alleati avrebbero combattuto la Germania "ovunque si fosse reso necessario". I progetti di Churchill in merito alla Norvegia erano già noti ai servizi segreti tedeschi grazie a una serie di poco accorti accenni che il Premier britannico si era lasciato sfuggire, il 2 febbraio a Londra, nel corso di una conferenza stampa riservata ai giornalisti dei paesi neutrali. Non desta dunque meraviglia che, in seguito, Hitler facesse spesso riferimento alle indiscrezioni di Reynaud e Churchill, definendole determinanti alla sua decisione di intraprendere l'avventura norvegese.[117]

117 Nda. Hewel ha annotato nel proprio diario ciò che Hitler disse il 5 luglio 1941, durante una cena: "Se Churchill e Reynaud avessero tenuto la lingua a freno, forse non avrei attaccato

Un rapporto della delegazione svizzera, trasmesso da Stoccolma e intercettato dal *FA*, recitava imminente l'invasione scandinava da parte degli Alleati. Dopo aver trascorso un paio di giorni con i comandanti interessati a valutare ogni dettaglio della spedizione, Hitler dispose che l'offensiva avrebbe preso il via alle 5:15 del 9 aprile 1940. La tensione nervosa a cui era sottoposto Hitler per molti sarebbe stata insostenibile. Il suo piano era troppo spregiudicato per condurre alla vittoria? Quando, il 1° aprile, Hitler conferì con gli ufficiali destinati a condurre l'operazione, in un documento venne annotato: "Il Führer definisce questo piano tra i più audaci e *sfacciati* della recente storia militare. Ma proprio in questo egli trova i precetti essenziali per favorirne il successo".

Alle 2:00 del 3 aprile, l'operazione poteva considerarsi irreversibile. Le prime tre imbarcazioni addette al trasporto truppe, camuffate da carboniere, insieme alla nave cisterna *Kattegat*, salparono dalla Germania in direzione Narvik. Altre 4 'pseudo-carboniere', 3 destinate a Trondheim e una a Stavanger, erano pronte a partire. Tutte trasportavano, celate da un superficiale strato di minerale, pezzi di artiglieria, munizioni e approvvigionamenti.

Le prime unità d'assalto sarebbero state condotte su navi da guerra veloci, alcune delle quali, battendo bandiera britannica, si sarebbero addentrate nei porti norvegesi: 10 cacciatorpedinieri, scortati dalle navi da guerra *Scharnhorst* e *Gneisenau*, avrebbero portato 2.000 soldati a Narvik. Altri 1.600 sarebbero sbarcati a Trondheim dall'incrociatore Hipper e da 4 cacciatorpedinieri. Ulteriori reparti d'assalto sarebbero giunti, in 5 porti norvegesi, dal rimanente della flotta tedesca: incrociatori, lanciasiluri, baleniere, dragamine, battelli antisommergibili, rimorchiatori e guardiacoste. Rinforzi sarebbero arrivati nel corso della giornata su 15 mercantili diretti a Oslo, Kristiansand, Bergen e Stavanger. Se durante il viaggio fosse accaduto un imprevisto a una qualsiasi imbarcazione carica di soldati in divisa, l'intera operazione sarebbe stata scoperta.

Quel pomeriggio, l'Alto Comando dell'esercito (*OKH*) informò Hitler che lo spostamento tramite ferrovia delle truppe di

la Norvegia".

invasione dal punto di raccolta tedesco ai porti del Baltico era cominciato in perfetto orario.

Da Helsinki, intanto, giungeva conferma di un'imminente azione britannica contro Narvik; seppure ufficiali svedesi e norvegesi cercarono di rassicurare Berlino, sostenendo che gli Alleati intendevano solo provocare la Germania per spingerla a una poco accorta e improvvisata campagna scandinava, Hitler non vi diede ascolto. Aveva la sensazione che gli svedesi sapessero più di quanto dovuto. Ugualmente inquietanti erano le conversazioni telefoniche, intercettate in quei giorni dal *FA*, tra l'addetto militare danese e gli ambasciatori danese e norvegese a Berlino, nelle quali il primo sollecitava un incontro perché doveva riferire cose "della massima importanza politica[118]".

Nella notte del 7 aprile, ebbero inizio le manovre della flotta tedesca. Mentre le navi da guerra salpavano, veniva riscontrato un progressivo irrigidimento del governo norvegese nei confronti della Germania. Le difese costiere della Norvegia si trovavano in stato di allerta e i fari erano stati spenti per rendere difficoltosa la navigazione. Le guide norvegesi, incaricate di pilotare le 'carboniere' nel passaggio attraverso i canali di accesso a Narvik e Trondheim, si avvicinavano molto lentamente: era quella una forma di deliberato ostruzionismo? Nel giro di poche ore, comunque, l'intera flotta di invasione tedesca fu in movimento. Hitler era di fronte a una catastrofica disfatta o a una spettacolare vittoria?

Nelle prime ore dell'8 aprile l'ambasciata tedesca a Oslo avvisò Berlino che la marina britannica stava minando le acque norvegesi. Si trattava di una violazione della neutralità norvegese che avveniva nel momento opportuno per giustificare l'operazione in corso. A Oslo ci furono violente manifestazioni di protesta tanto che Raeder per precauzione abbandonò l'idea di entrare nei porti battendo bandiera britannica.

Ma il giubilo di Berlino fu spento da una successiva comuni-

118 Nda. Il capo di Stato Maggiore dell'ammiraglio Canaris, il colonnello Hans Oster, aveva informato di tutto l'addetto militare danese, il maggiore Sas, presumibilmente per recuperare la propria credibilità dopo i molti falsi allarmi che aveva dato durante l'inverno. Sas passò l'informazione alle ambasciate danese e norvegese, ma nessuna delle due parve particolarmente sorpresa.

cazione giunta verso sera sempre dall'ambasciata di Oslo: la *Rio de Janeiro*, lento mercantile tedesco diretto a Bergen con un carico di cavalli e un centinaio di soldati, era stato silurato al largo della costa norvegese. Ciò nonostante, la buona sorte sembrava non aver abbandonato Hitler: l'Alto Comando della marina (*OKM*) era sicuro che la Gran Bretagna avrebbe erroneamente interpretato quei movimenti di navi tedesche come un tentativo di forzare il blocco verso l'Atlantico. Raeder aveva insistito per includere nel primo gruppo delle navi da guerra e questa si dimostrò una strategia indovinata perché la Gran Bretagna, effettivamente tratta in inganno, spiegò le proprie forze navali molto più a nord del vero centro delle operazioni.

Solo allora Hitler convocò Goebbels e, passeggiando nel giardino della cancelleria, lo informò degli accadimenti in corso. Goebbels gli chiese quali reazioni prevedeva da Washington: "Aiuto materiale da parte loro non può arrivare prima di otto mesi", rispose Hitler, "e aiuto sotto forma di truppe, non prima di un anno e mezzo".

Nelle prime ore del 9 aprile, Berlino raccolse un segnale radio norvegese che riferiva di navi da guerra non identificate avanzanti nel fiordo di Oslo. Hitler comprese allora che la parte più complessa dell'operazione stava iniziando. Poco prima delle 6:00, vennero captati segnali provenienti dalle unità tedesche che chiedevano sommergibili a guardia degli ingressi del porto: evidentemente i tedeschi erano ormai entrati di forza nel paese. Alle 17:30, il generale Falkenhorst[119] riferì: "Norvegia e Danimarca occupate... come disposto".

Hitler in persona scrisse il rapporto dell'agenzia di stampa tedesca che annunciava la resa del governo danese, avvenuta senza colpo ferire.

---

119 Ndt. Nikolaus von Falkenhorst (Breslavia 17 gennaio 1885 – Holzminden 18 giugno 1968) fu il generale che comandò la forza d'invasione tedesca in Norvegia e Danimarca durante l'Operazione Weserübung. In seguito alla capitolazione norvegese diventò comandante del contingente d'occupazione. Le sue truppe, le ultime a capitolare nel maggio del 1945, sgombrarono la Norvegia nel luglio dello stesso anno. Durante il processo di Norimberga fu condannato a morte per crimini di guerra, pena successivamente commutata in trent'anni di carcere.

Sorridendo, soddisfatto si congratulò con Rosenberg: "Ora, a Oslo, Quisling potrà instaurare il suo governo".

Nel sud della Norvegia l'aeroporto di Stravanger, in eccellente posizione strategica, era stato preso dai paracadutisti tedeschi, assicurando così alla Germania un'immediata superiorità aerea. A Oslo, cinque compagnie di paracadutisti e fanteria aviotrasportata atterrarono nell'aeroporto di Fornebu. Un esiguo plotone di fanteria marciò al suono delle fanfare verso la capitale norvegese e il governo capitolò.

Quando, a cena, Hitler aprì il menù, notò con soddisfazione che la portata principale di maccheroni, prosciutto e insalata era, in suo onore, preceduta da *smørebrød*, un antipasto scandinavo. Il Führer confidò ai propri aiutanti che, se anche il compito della marina si fosse esaurito in quella campagna, essa aveva giustificato appieno la propria esistenza. Nell'avvicinamento conclusivo a Oslo lungo i circa 80 chilometri di fiordo, il più recente incrociatore pesante tedesco, il *Bluecker*, colpito dai vecchi cannoni *Krupp* di una batteria costiera e in seguito affondato da alcuni siluri, aveva sacrificato alla campagna militare molte vite. Anche l'incrociatore *Konigsberg*, al largo di Bergen, venne colpito e, attaccato il giorno seguente da un aereo britannico, subì la medesima triste sorte. A sud di Kristiansand, fu il *Karlsruhe* a inabissarsi sotto i colpi di un sommergibile britannico. Altri tre incrociatori furono seriamente danneggiati e molte navi d'appoggio irrimediabilmente perse.

Migliore fu la sorte dell'incrociatore *Hepper* e di 4 cacciatorpedinieri, che trasportavano a Trondheim circa 1.700 soldati. Allorché questi furono presi di mira dalle postazioni difensive costiere, il comandante Heye comunicò loro in inglese: "Vengo su richiesta del vostro governo".

Quando i perplessi artiglieri norvegesi, dopo i necessari accertamenti, ebbero nuovamente ordine di aprire il fuoco, le navi erano ormai lontane. Durante il pranzo di quel 9 aprile Hitler parlò nuovamente a Goebbels dell'avvento di un nuovo impero germanico.

A Narvik si ebbero però notevoli difficoltà. Dieci cacciatorpedinieri sbarcarono 2.000 componenti delle truppe alpine tedesche e austriache del generale Dietl senza incontrare resistenza, perché il locale comandante norvegese era un simpatizzante di Quisling. Ma dalla base navale presso Murmansk, che Stalin aveva messo a disposizione di Hitler, giunse in sostegno solo la nave cisterna *Jan Wellem*: le operazioni di rifornimento delle 10 imbarcazioni da quell'unica cisterna procedettero con esasperante lentezza e le unità non sarebbero state pronte a rientrare in patria prima della sera del 10. Durante quella giornata, 5 cacciatorpedinieri inglesi si avventurano nel fiordo. Nello scontro che seguì e nella battaglia che si combattè tre giorni dopo, le navi britanniche, pur subendo anch'esse gravi perdite, affondarono tutti i cacciatorpedinieri tedeschi.

Metà dell'intera flotta di cacciatorpedinieri a disposizione di Raeder andò così distrutta. Quando, nei due giorni seguenti, arrivò a Berlino la notizia dello sbarco britannico a Harsad, località a nord di Narvik e a Namsom, in prossimità di Trondheim, Hitler fu colto da una crisi nervosa.

Se l'offensiva diplomatica nei confronti di Oslo fosse stata approntata con la stessa cura dell'azione militare, il governo norvegese avrebbe potuto essere efficacemente neutralizzato. Il *Blücher*, inabissatosi nel fiordo di Oslo, aveva portato con sé il gruppo d'assalto incaricato di trarre in arresto i componenti del governo norvegese. Come risultato, questi e il reggente reale avevano avuto il tempo di fuggire. Quanto al locale inviato tedesco, Kurt Bräuer, non era stato all'altezza della situazione.

Il 10 aprile, sia il re che il governo in carica avevano dato comunicazione di essere disponibili a un negoziato, ma Bräuer, esigendo che essi legittimassero alla trattativa il nuovo governo presieduto dal maggiore Quisling, aveva interrotto i colloqui senza attendere una controproposta ufficiale. Il re, irrigiditosi sulle proprie posizioni, aveva iniziato una poco chiara e non ancora esplicita guerra contro la Germania. Se Bräuer, invece di insistere su Quisling, avesse trattato con il governo in carica, tutto sarebbe filato liscio.

Il 14 aprile, il ministro degli Esteri tedesco inviò a Oslo Theo Habicht per tentare di ricucire i rapporti con il re, ma l'iniziativa britannica a Narvik rese ancora più inflessibile l'atteggiamento norvegese. I rappresentanti di Ribbentrop istituirono un "Consiglio amministrativo" composto da influenti cittadini di Oslo, ma i progressi tardarono a manifestarsi e portarono all'inverso di ciò che Hitler desiderava. Il Führer era infuriato con Bräuer e Habicht che, a suo parere, si erano fatti mettere nel sacco "da quegli avvocati norvegesi". Avrebbe preferito vedere Quisling a capo di un governo apparentemente legale e non asservito a una giunta di legislatori.

La crisi militare si sommava a quella diplomatica. Né la *Luftwaffe* né i sottomarini potevano portare al generale Dietl munizioni, truppe fresche e ulteriore artiglieria. Con i 2.000 soldati, cui si erano aggiunti altrettanti marinai scampati al disastro del cacciatorpediniere, Dietl non era in condizioni di tenere Narvik, sottoposta ora agli attacchi della flotta britannica. Hitler era seccato anche perché quelle truppe erano costituite in prevalenza da austriaci e non desiderava certo che l'*Anschluss* divenisse fonte di malumori.

Il 14 aprile, palesemente preoccupato, discuteva già con Brauchitsch di evacuare Narvik e concentrare gli sforzi sulla difesa di Trondheim, minacciata dalla testa di ponte britannica di Namsos e Aandalsnes. Programmò di espandere Trondheim facendola diventare una base navale talmente imponente da ridicolizzare la britannica Singapore. Nei giorni che seguirono, dopo ripetute riunioni con Göring, Milch e Jeschonnek, dispose la totale distruzione, senza alcun riguardo per la popolazione civile, di Namsos, di Aandalsnes e di qualunque altra località in cui avessero messo piede le truppe inglesi. "Conosco gli inglesi", disse con aria cupa ai suoi aiutanti. "Ho combattuto contro di loro nella Grande Guerra. Una volta che mettono piede in un posto, non c'è possibilità di cacciarli".

Il giorno 14, per qualche motivo, Hitler si convinse che gli inglesi fossero già sbarcati a Narvik e che l'unica soluzione praticabile per Dietl fosse quella di aprirsi un varco verso sud sino a Trondheim. Così annunciò la promozione di Dietl a tenente generale e dettò a Keitel un messaggio in cui ordinava allo stesso Dietl di abbandonare immediatamente Narvik. Il nemico avrebbe così potuto prendere la città senza incontrare alcuna resistenza.

Jodl scrisse nel proprio diario: "L'isterismo è spaventoso". Sconcertato per l'assurda decisione presa da Hitler, lo staff di Jodl occultò l'ordine destinato a Dietl. L'assistente di Stato Maggiore di Jodl, il colonnello Bernhard Lossberg, si rifiutò di trasmettere una disposizione che riteneva ovviamente conseguente a una crisi nervosa: "senza precedenti, sin dai tristi giorni della battaglia di Marna, nel 1914".

Se lo scopo della campagna norvegese era stato quello di salvaguardare le importazioni di ferro, perché adesso Narvik doveva essere lasciata alla Gran Bretagna senza combattere? Jodl lo avvertì che quella era la volontà del Führer, ma, alla fine, il colonnello convinse Brauchitsch a firmare un'altra comunicazione diretta a Dietl (una sorta di messaggio di congratulazioni per la sua promozione) che terminava così: "Sono certo che lei difenderà la posizione, essendo quella vitale per la Germania, fino all'ultimo uomo".

Lossberg diede a Jodl il nuovo testo e stracciò l'ordine del Führer, consegnato loro da Keitel. Così terminò il giorno della crisi di Narvik.

Man mano che i giorni trascorrevano, Jodl appariva sempre più sicuro. Per quanto il nemico avesse sbarcato circa 12.000 soldati britannici, francesi e polacchi per sconfiggere le esigue forze di Dietl, Jodl non si era lasciato impressionare. Quando Hitler ancora una volta accennò a evacuare Narvik, il capo di Stato maggiore della *Wehrmacht*, persa la pazienza, lasciò la sala del gabinetto sbattendo la porta dietro di sé con tanta violenza, che il colpo riecheggiò in tutto il palazzo della cancelleria.

Il 17, si ebbero tra i due ulteriori accese discussioni. Il pri-mo aveva preparato un messaggio radiofonico in cui ordinava a Dietl la ritirata.

"Non possiamo abbandonare così quei soldati", esclamò. Ma Jodl ribatté, nel suo rozzo accento bavarese: "*Mein Führer*, in ogni guerra ci sono dei momenti in cui il comandante supremo deve mostrare di saper dominare i propri nervi!" Sottolineò con vigore ogni parola, picchiettando le nocche sulla carta geografica incorporata nel tavolo. Hitler si ricompose e chiese: "Lei cosa consiglia?"

Quella sera, il Führer firmò per Dietl un ordine predisposto da Jodl, ma nel preambolo espresse chiaramente che riteneva l'intera regione destinata a passare nelle mani degli Alleati. Di sicuro, non fu quello un messaggio felicemente formulato.

Il cinquantunesimo compleanno di Hitler passò senza grande entusiasmo popolare. Quando Rosenberg lo omaggiò di un busto in porcellana di Federico *il Grande*, gli occhi del Führer si riempirono di lacrime. "Guardandolo", disse, "ci si avvede, in confronto a quelle che lui dovette affrontare, quanto misere siano le nostre preoccupazioni".

Durante un colloquio, Göring informò Hitler che in Norvegia stava nascendo un movimento popolare di resistenza. Durante una successiva riunione, Hitler annunciò che intendeva dare pieni poteri a Falkenhorst e che il giovane e inflessibile gerarca di Essen, Josef Terboven, sarebbe stato nominato commissario del *Reich* e avrebbe dovuto rispondere al Führer in persona.

Keitel, che giustamente temeva per la Norvegia sofferenze equiparabili a quelle patite dalla Polonia, sollevò delle obiezioni. Quando, per tutta risposta, Hitler lo mise a tacere con parole sprezzanti, egli se ne andò infuriato allo stesso modo di Jodl. Il 21 aprile Terboven e il suo staff erano in viaggio per Oslo, pronti a servire al popolo norvegese una stagione di terrore.

Hitler ricominciò a soffrire di insonnia. Se doveva credere ai generali della *Luftwaffe*, Falkenhorst era disperato e considerava Trondheim come già perduta. Hitler inviò in Norvegia un ufficiale dopo l'altro affinché lo informassero sui progressi delle due divisioni di fanteria che stavano percorrendo i quasi 500 chilometri che dividono Oslo da Trondheim.

Il 22 mandò nella capitale norvegese sia Schmundt che il colonnello Lossberg. Quest'ultimo fece rapporto a Hitler la sera successiva, dopo un terribile viaggio di ritorno e rimase così colpito dall'atmosfera di scoraggiamento che regnava alla cancelleria che sembrò perdere il controllo dei propri nervi. Quando il Führer lo interrogò sull'ammontare delle forze britanniche sbarcate in Scandinavia, esclamò: "5.000 uomini, *mein Führer*!"

Per Hitler si trattava di una tragedia, ma Lossberg lo interruppe vivacemente: "Sì, *mein Führer*, solo 5.000 uomini. Falkenhorst controlla tutti i punti strategici, perciò potremo sconfiggere il nemico anche se questi fosse molto più forte. Dobbiamo rallegrarci per ogni soldato inglese mandato in Norvegia perché non lo troveremo ad attenderci sulla Mosa".

Lossberg venne seccamente congedato e per parecchie settimane non fu ammesso alla presenza di Hitler.

Andandosene, Lossberg aveva però dimenticato sul tavolo un plico di documenti caduti in mano tedesca che aveva portato con sé da Oslo; una brigata di fanteria britannica che combatteva a sud di Aandalsnes era stata messa in fuga ed erano stati rinvenuti alcuni importanti incartamenti. Nella notte, studiandoli, ci si avvide dell'enorme importanza politica di quegli scritti: al comandante britannico erano state impartite istruzioni su un piano per occupare Stavanger molto tempo prima dell'invasione tedesca della Norvegia. Gli ordini britannici erano datati 2, 6 e 7 aprile e includevano altre operazioni di sbarco a Bergen, Trondheim e Narvik. La mossa tedesca aveva preceduto gli inglesi di pochissimo.

"È stato il volere degli dèi", annotò Goebbels con gioia. "Per un soffio, abbiamo evitato una disfatta. Churchill attendeva notizie sull'invasione britannica e non sapeva che i tedeschi erano già sul posto".

Hitler era raggiante. Elaborò personalmente una campagna di propaganda basata su quei documenti e restò a esaminare fino a notte fonda, con Schmundt e Jodl, un *Libro Bianco* che il ministero degli Esteri stava preparando in proposito. Ultimata in fretta e furia, quella pubblicazione conteneva fotografie di documenti, traduzioni e dichiarazioni di ufficiali britannici che ne attestavano l'autenticità. Hitler in persona incontrò e parlò con alcuni prigionieri inglesi portati a Berlino dalla Norvegia. In quell'occasione, un membro dello staff di Halder scrisse:

"... I primi prigionieri britannici sono stati portati a Berlino in aereo, presentati al Führer, rifocillati e accompagnati in una visita alla città di circa quattro ore. Non riuscivano a comprendere come qui la vita quotidiana proseguisse normalmente. Soprattutto non riuscivano a liberarsi dal timore di essere giustiziati: questo è ciò che un'ingannevole propaganda li ha indotti a credere".

Hitler, venuto a conoscenza, giorni dopo, che alcuni prigionieri polacchi avevano aggredito i nuovi arrivati britannici, ordinò, qualora la cosa si fosse ripetuta, di convocare i fotografi per immortalare la scena dei cosiddetti 'Alleati' che si scagliavano l'uno contro l'altro.

È indiscutibile l'interesse che il *Libro Bianco* di Ribbentrop suscitò nell'opinione pubblica mondiale. Chi può biasimarmi adesso, si diceva Hitler, se gli Alleati stessi tengono in nessun conto la neutralità dei piccoli stati?

Così, il 27 aprile 1940, il giorno stesso in cui i documenti rinvenuti furono resi di pubblico dominio, Hitler annunciò ai propri collaboratori che l'*Operazione Giallo* sarebbe iniziata nella prima settimana di maggio.

A Ovest, Hitler, nonostante avesse schierato ben 137 divisioni, si trovava a fronteggiare un nemico numericamente superiore. I servizi segreti tedeschi avevano localizzato la posizione di 100 divisioni francesi e 11 britanniche; i belgi ne avevano schierate 23 e gli olandesi 13. A queste 147 divisioni se ne sommavano 20 che presidiavano le fortificazioni. Ma Hitler non dubitava dell'esito dell'imminente battaglia.

Qualche anno dopo, Jodl avrebbe scritto: "Solo il Führer poteva cancellare le antiquate concezioni dello Stato Maggiore generale e concepire un piano grandioso in tutti i suoi elementi, che includevano anche il desiderio di combattere del popolo, l'impiego della propaganda e quant'altro. Sono queste le cose che hanno rivelato in Hitler, non la mente analitica dell'ufficiale di Stato Maggiore o dell'esperto militare, bensì l'eccelso stratega".

Alla vigilia dell'offensiva contro la Francia e i Paesi Bassi, Hitler aveva annunciato al suo staff: "Signori, state per essere testimoni della più grande vittoria della Storia". Eppure, pochi riuscivano a guardare all'immediato futuro con lo stesso ottimismo.

Adesso cominciavano le vere difficoltà. Il 30 aprile, Hitler ordinò alla *Wehrmacht* di tenersi pronta per l'attacco con un preavviso di ventiquattro ore, a partire dal 5 maggio. Quel giorno, Jodl gli aveva confermato che in Norvegia le forze tedesche partite da Trondheim e da Oslo si erano ricongiunte.

Il Führer era pazzo di gioia. "Questo è più di un successo in battaglia, è la vittoria di un'intera campagna!" esclamò. E già si immaginava l'autostrada che avrebbe fatto edificare fino a Trondheim.

Il popolo norvegese se la meritava; com'era diverso da quello polacco! I medici e le infermiere del luogo avevano curato i feriti tedeschi, laddove i 'subumani' polacchi avevano cavato loro gli occhi. Commosso da quel confronto, il 9 maggio 1940, Hitler diede al comandante militare in Norvegia un ordine che cominciava così:

"Il soldato norvegese non ha adottato i metodi vili e subdoli tipici dei polacchi. Ha combattuto a viso aperto e con onore, si è preso cura dei prigionieri e dei nostri feriti in modo adeguato e al meglio delle sue possibilità. La popolazione civile si è comportata allo stesso modo: in nessun luogo si è unita alla lotta e ha fatto ciò che poteva per il benessere dei nostri feriti. Ho perciò deciso, come riconoscimento per tutto ciò, di autorizzare la liberazione di tutti i soldati norvegesi da noi catturati".

Hitler radunò i propri collaboratori per un'ultima serie di riunioni segrete concernenti i dettagli dell'*Operazione Giallo*. Il meteorologo della *Luftwaffe* avvertiva la responsabilità che gli gravava sulle spalle. Il 3 maggio, di propria iniziativa, posticipò l'operazione di ventiquattro ore, fissandola per lunedì. Il 4 la rinviò nuovamente. Il 5, essendo le previsioni del tempo ancora incerte, fissò l'attacco per il giorno 8.

Hitler, deciso a rispettare quest'ultima scadenza, dispose che fosse diramato uno speciale itinerario di viaggio per il suo quartier generale, itinerario che intendeva sviare le sue vere intenzioni. Il programma prevedeva che il suo treno partisse la sera del 7 maggio da uno scalo nei pressi di Berlino per arrivare ad Amburgo il giorno seguente, prima tappa di "una visita ufficiale a Oslo".

Ma il giorno 7 il meteorologo fu categorico nell'affermare che sussisteva un forte rischio di nebbia mattutina e perciò l'attacco fu nuovamente rinviato di un giorno. Nella stessa giornata, il *Forschungsamt* gli mostrò due telegrammi in codice che l'ambasciatore belga al Vaticano aveva appena inviato al proprio governo: un cittadino tedesco arrivato a Roma il 29 aprile aveva riferito che Hitler era in procinto di invadere Belgio e Olanda. L'*Abwehr* fu incaricato di identificare l'informatore: fu quasi una beffa, perché come le *SS* scoprirono 4 anni dopo, si trattava di un membro marginale dell'*Abwehr* di Canaris[120].

In ogni caso, il segreto era già trapelato. Il mattino del giorno 8, l'Olanda era in stato d'assedio. Le comunicazioni telefoniche con l'estero erano state interrotte, il quartiere governativo dell'Aja isolato ed era stata aumentata la sorveglianza dei ponti strategicamente più importanti. Hitler era impaziente, ma Göring mantenne i nervi saldi: il 10 maggio sarebbe stato il giorno ideale. Hitler, diviso tra i consigli degli esperti e il proprio intuito, decise di ignorare il secondo, acconsentendo a procrastinare l'operazione al 10 maggio, "ma neppure un giorno più tardi". Nelle prime ore del giorno 9, Puttkamer contattò telefonicamente uno dei corpi schierati ad Aquisgrana; il capo di Stato Maggiore in loco gli disse che il sole stava dissipando la persistente nebbia. Quando Puttkamer riferì la cosa al Führer, questi esclamò: "Bene, allora possiamo iniziare".

Tutti i comandi vennero immediatamente informati che gli ordini finali di attacco o rinvio (in codice *Danzica* e *Augusta*) sarebbero stati diramati, al più tardi, entro le 21:30.

Furono prese straordinarie misure di sicurezza, persino all'interno dello staff personale di Hitler.

A Bormann fu lasciato credere che erano diretti in visita a Oslo e persino Schaub fu tenuto all'oscuro.

---

120 Nda. Si trattava di Josef Muller, un avvocato cattolico, che nel dopoguerra divenne ministro bavarese della Giustizia. Anche il colonnello Oster ripetè, in quell'occasione, i suoi pregressi atti di tradimento, fornendo all'addetto militare olandese una dettagliata cronaca di ogni rinvio dell'Operazione Giallo e persino, alle 21:00 della vigilia dell'offensiva, l'avvertimento finale e definitivo. Le ragioni che lo spingevano ad agire in questo modo possono essere così riassunte: riconoscendo il grande appoggio popolare di cui Hitler, nel 1940, godeva, Oster desiderava infliggergli una schiacciante sconfitta militare che permettesse, a un eventuale colpo di stato contro di lui, di avere successo o, comunque, le migliori probabilità di riuscita; inoltre voleva acquistare credibilità presso gli Alleati, per rappresentare il proprio paese in un eventuale negoziato di pace. Seppure secondo l'attuale legge tedesca sia ritenuta un'offesa qualificare Oster come un traditore, lo stesso comandante militare olandese lo reputava 'un individuo "meschino".

Nel pomeriggio, Hitler e i suoi collaboratori si allontanarono da Berlino in auto, diretti a Finkenkrug, nota località turistica. Qui li attendeva il treno speciale di Hitler, che partì alle 16:38 verso Amburgo. Solo nelle prime ore della sera, allorché il convoglio ripartì dopo una breve sosta nella piccola stazione di campagna di Hagenow, coloro che ancora non erano a conoscenza della vera destinazione compresero di essere diretti a sud-ovest.

Hitler si ritirò presto nel proprio vagone letto, ma il movimento del treno e l'ansia che lo attanagliava gli impedirono di prendere sonno. Trascorse quasi l'intera nottata guardando fuori dal finestrino e rincorrendo con lo sguardo un presagio di nebbia. Un'ora prima dell'alba il treno si fermò in una sperduta stazione in cui erano stati tolti tutti i riferimenti identificativi.

Una colonna di vetture a sei ruote attendeva nella semioscurità. Per oltre mezz'ora il Führer e il suo entourage attraversarono i piccoli villaggi dell'Eifel. Hitler ruppe il silenzio una sola volta. Rivolto a Below, l'assistente della *Luftwaffe* seduto accanto a Schaub, chiese: "La *Luftwaffe* ha tenuto conto che a ovest il sole sorge in ritardo, rispetto a Berlino?" Below lo rassicurò.

Quando la vettura si arrestò, Hitler ne scese visibilmente teso. Una ex postazione antiaerea posta sul fianco di una collina era stata trasformata in quartier generale. Il villaggio più prossimo era stato evacuato e lì avrebbero alloggiato i membri meno importanti del suo staff. Ormai sopraggiungeva l'alba. Dalle due strade principali che correvano a ridosso della collina, il rombo degli automezzi diretti a occidente, violava il cinguettare mattutino degli uccelli. Un assistente indicò il quadrante dell'orologio: erano le 5:35. In lontananza, si distingueva il cannoneggiare dell'artiglieria pesante e alle loro spalle progressivamente si avvertiva il rumore dei caccia bombardieri in avvicinamento.

Parte IV
"Guerra di liberazione"

Il Signore della Guerra combatte a Occidente

Il 10 maggio 1940, il *Völkischer Beobachter*, organo principale del partito nazista, uscì con il titolo in rosso a tutta pagina: "La battaglia decisiva della Germania è iniziata".

E ancora: "Il Führer si trova anch'egli al fronte".

Dopo una vivace discussione, Keitel era riuscito a convincere Hitler sull'opportunità che il comunicato dell'*OKW* terminasse con la notizia che il Führer seguiva da vicino le operazioni dell'esercito. Hitler, in realtà, era riluttante a rubare la scena ai propri generali. Il suo prestigio non abbisognava di ulteriori incentivi. Il generale Erwin Rommel, che adesso comandava una divisione corazzata dislocata al fronte, in una lettera del 21 aprile si era espresso così: "Se non avessimo il Führer! Chissà se esiste un altro tedesco tanto capace in strategia militare e politica!"

Le qualità di Hitler come comandante militare erano un mistero persino per i suoi più stretti collaboratori. Jodl, forse il più abile tra i suoi consiglieri strategici, avrebbe scritto un giorno dalla sua cella che, probabilmente, ben poco aveva conosciuto dell'uomo al cui fianco aveva condotto un'esistenza difficile: "Incorro sempre nello stesso errore: lo biasimo per le sue umili origini. Ma poi mi avvedo di quanti siano figli di contadini a cui la Storia ha concesso l'appellativo di *Grande*".

Anche il generale Zeitzler cercava di comprendere, seppure analiticamente, le doti del Führer: "Ho osservato Hitler in ogni possibile situazione. Nei giorni fortunati e in quelli avversi, nella vittoria e nella sconfitta, nei momenti di gioia e in quelli di rabbia, durante i suoi discorsi e le riunioni, circondato da migliaia di persone, da un gruppetto di fedeli in solitudine, al telefono, nel bunker, in automobile e in aereo. Insomma, in ogni circostanza. Nonostante ciò non posso asserire di averlo realmente conosciuto o di aver compreso cosa stesse cercando".

Zeitzler lo vedeva come un attore, dalle parole, dai gesti e dalle espressioni premeditate. Studiava per ore, davanti allo specchio, l'effetto del proprio sguardo penetrante. Aveva la capacità di impressionare favorevolmente chiunque dalla prima stretta di mano, dal primo sguardo e, paradossalmente, appariva non solo come un leader forte e audace, ma anche onesto e sincero. Teneva a dare l'impressione di essere un capo che ha a cuore il benessere dei propri collaboratori ed era capace di telefonare in piena notte a un generale in procinto di partire: "La prego, non vada in aereo. C'è un tempo orribile e non voglio che lei corra dei rischi". O di fissare negli occhi un ufficiale subalterno e dirgli: "Le sto facendo una confidenza che conto terrà per sé".

La documentazione ancora reperibile ci fornisce molti esempi di quanto amabile Hitler sapesse mostrarsi.

Il 3 giugno 1940, Rommel scrisse con orgoglio: "La visita del Führer mi ha reso felice. Mi è venuto incontro con le parole Rommel, eravamo tutti in ansia per lei, durante l'offensiva". Milch, di ritorno il 21 aprile 1941 dal Nord Africa dopo un volo particolarmente pericoloso, impresse nei suoi appunti le parole con le quali Hitler lo aveva accolto: "Grazie al Cielo è di ritorno!" Gli archivi dell'ufficio di Albert Speer riportano, nel giugno 1941: "Il Führer ha mandato un messaggio telefonico dall'Obersalzberg, pregando il signor Speer di annullare il suo viaggio in Norvegia perché la zona non è sicura e al signor Speer, il Führer non può rinunciare". Nel febbraio del 1943, il feldmaresciallo Richthofen scriveva nel proprio memoriale: "Alla fine, il Führer ha chiesto con ansia notizie sul mio stato di salute". Durante la guerra, Hitler era solito interrompere momentaneamente importanti riunioni per consentire agli stenografi di mangiare. Uno di loro così scrisse nel proprio diario, in data 20 febbraio 1943: "Al consiglio pomeridiano di guerra, come promesso dal Führer, avevamo una piccola stufa in ceramica per riscaldarci. Prima di un breve colloquio con 7 ufficiali incaricati di una missione, il Führer ha chiesto, in presenza del generale Schmundt, se quella stufa ci era sufficiente. Quando rispondemmo affermativamente, ne fu felice e rise di cuore".

Giudicava gli altri in modo istantaneo e definitivo. Un membro dello staff di Jodl, il capitano Ivo-Thilo Trotha, scrisse nel 1946: "Credo che Hitler fiutasse le debolezze di chi lo circondava e se ne tenesse accuratamente alla larga".

In un'occasione, strappò dalle mani di Keitel un fascicolo e lo gettò a terra. Keitel, senza fiatare, lo raccolse. Hitler si riteneva capace di valutare le nuove conoscenze dalla prima impressione. Di un ufficiale dell'esercito un giorno disse: "Sembra un maestro di scuola!" E poiché lui indicava gli appartenenti a tale categoria quali *Steisstrommler*, ovvero 'fustiganatiche', la carriera di quell'ufficiale fu stroncata.

Halder, parlando del Führer, era solito accennare alla sua intelligenza, alla capacità di afferrare le situazioni, all'immaginazione e alla sua forza di volontà. Jodl scrisse che, durante la battaglia di Francia, gli ordini di Hitler furono sempre chiari, coerenti e competenti. Lo stesso Jodl, nell'assistere alla preparazione dei termini dell'armistizio con i francesi sconfitti, sottolineò come Hitler avesse manifestato una generosità tale, da indurre negli altri la convinzione che, se in lui albergavano due impulsi contrastanti, fosse il migliore a prevalere.

In successive battaglie, Hitler passò però all'estremità opposta. Le classiche direttive del Führer dei primi tempi, con le quali ai comandanti venivano fornite indicazioni di massima che li lasciavano liberi di usare una certa discrezione nell'applicarle, vennero progressivamente completate o sostituite da ordini, con i quali Hitler si intrometteva nelle questioni tattiche di ogni livello.

Il quartier generale di Hitler per l'*Operazione Giallo* si trovava a Münstereifel. Il locale di comando, interrato, era angusto. La stanza del Führer constava di una branda, un tavolino e una sedia e da lì udiva i rumori provenienti dai vani attigui occupati da Keitel e Jodl. Data la scomodità della postazione, preferiva tenere i Consigli di guerra all'aperto. Chiacchierando con i propri collaboratori, scherzava asserendo che, a guerra conclusa, sarebbero dovuti tornare ogni anno tutti assieme a Münstereifel, "il mio paradiso". Il luogo venne lasciato così com'era fino al 1944: in perenne ricordo della "Guerra di liberazione" intrapresa dal Führer.

Come la *Luftwaffe* aveva previsto, l'alba del 10 maggio 1940 preannunciava una splendida giornata. Presto giunse notizia che gli eserciti francese e britannico stavano avanzando in territorio belga.

Nell'ottobre 1941, quando le truppe tedesche si trovavano alle porte di Mosca, Hitler avrebbe ancora ricordato l'emozione di quel momento: "Per la gioia avrei pianto! Erano caduti dritti nella mia trappola! La nostra mossa di puntare su Liegi si era rivelata molto astuta: li portammo a credere che saremmo rimasti fedeli al vecchio piano d'attacco di Schlieffen. È piacevole rievocare quella battaglia".

In realtà, Belgio e Olanda non erano impreparati. Uno dei collaboratori di Jodl, scrisse: "Le nostre divisioni attaccavano un nemico preparato che aspettava la nostra offensiva fin dalle prime ore di quel 10 maggio".

Paradossalmente, proprio l'*Abwehr* di Canaris fu incaricato di indagare da quale fonte il nemico avesse avuto quelle informazioni. E questi, abilmente, dirottò i sospetti su un alto funzionario del ministero degli Esteri.

Al quartier generale del Führer regnava il nervosismo. Uno degli ufficiali di Jodl, accodatosi su un mezzo provvisto di radio alla prima ondata di carri armati, avrebbe aggiornato Hitler sulle condizioni dei ponti sulla Mosa e del canale Alberto. Gli olandesi, si ebbe conferma, avevano provveduto a distruggere i ponti posti a nord e sud di Maastricht e il cosiddetto *Cavallo di Troia*, il Battaglione 100 dell'*Abwehr*, aveva subito pesanti perdite. Al contrario, i ponti sul canale Alberto, collocati in territorio belga, risultavano ancora intatti grazie all'azione di un centinaio di soldati, che, tramite alianti, all'alba erano atterrati sul territorio. Solo il ponte di Canne era crollato. Alle 16:30 Hitler fu informato che la Quarta Divisione Panzer aveva già attraversato la Mosa. A Eben Emael, un drappello di audaci genieri tedeschi muniti di esplosivi, anch'essi atterrati con gli alianti, era riuscito a rendere inoffensiva la roccaforte. I militari, dislocati alle postazioni difensive di artiglieria, erano stati imprigionati nei sotterranei e i cannoni resi inutilizzabili. Alle prime ore dell'11 maggio, nelle vicinanze di Maastricht, una brigata corazzata aveva superato la Mosa facendo capitolare, entro mezzogiorno, la fortezza di Eben Emael.

Il destino del Belgio pareva ormai segnato.

Più a nord, a Rotterdam e l'Aia, la battaglia si protrasse per quattro giorni. Gli olandesi sembravano indefessi nel far fronte ai paracadutisti e alle truppe di fanteria aviotrasportate del nemico, ma il 14 maggio, allorché, per alleggerire la pressione su queste unità, alcune squadriglie di bombardieri tedeschi puntarono su Rotterdam, giunse la notizia che il governo olandese proclamava la resa. Non essendoci la possibilità di informare e far rientrare tutte le squadriglie, una parte di queste, raggiunto l'obiettivo, sganciarono quasi 100 tonnellate di bombe sulla città, provocando il decesso di un migliaio di civili. Il giorno successivo, la capitolazione dell'Olanda era ufficiale.

Si avvicinava il momento atteso da Hitler per sfoderare la propria abilità strategica. La sua principale offensiva sarebbe scattata molto più a sud, a Sedan, dove le unità corazzate del generale Kleist avevano attraversato la Mosa. Il 14 maggio, Hitler ordinò che tutte le divisioni corazzate e motorizzate disponibili si preparassero a un rapido attacco, proseguendo poi in direzione nord-ovest verso il canale della Manica:

"A questo punto, lo sviluppo delle operazioni indica che il nemico non si è avvisto della strategia da noi adottata, di sfondare la linea del fronte con il Gruppo Armate A [guidate da Rundstedt]. Il nemico, infatti, sta concentrando le proprie forze su una retta che corre da Anversa a Namur, lasciando così sguarnito il settore di pertinenza di tale gruppo di Armate".

Da quel momento, solo un comandante risoluto, sorretto da un eccellente servizio di spionaggio, avrebbe potuto salvare la Francia. Sembra che il generale Rundstedt in quelle ore dichiarasse che avrebbe trovato più interessante combattere il resto di quella campagna al posto del capo di Stato Maggiore dell'esercito francese, Maurice Gamelin. Come già accaduto durante l'invasione della Norvegia, i nervi tradirono Hitler. Quando Brauchitsch lo aggiornava via telefono sulla situazione in corso, il Führer, vinto dall'ansia, lo subissava di domande su dettagli e sottigliezze, di cui l'esercito si era già occupato in precedenza. E mentre i blindati di Kleist correvano verso la Manica, Hitler ne dispose un rallentamento per permettere alle divisioni di fanteria di raggiungerle.

Allorché i servizi informativi di Halder confermarono che il 50% delle truppe anglo-francesi, tagliate fuori dalla battaglia, erano dislocate a nord, a Berlino esplose un'incontenibile euforia: "Dal 1938 a oggi abbiamo conquistato sette nazioni europee", scrisse Goebbels il giorno 19.

Ma Hitler temeva di essersi spinto troppo oltre. Recatosi in auto al quartier generale di Rundstedt, studiò le carte della zona e, al ritorno, diffuse intorno a sé una assurda immotivata preoccupazione per un fantomatica minaccia proveniente da sud. Quando, il giorno successivo, Halder e Brauchitsch lo incontrarono, Hitler stava gridando, senza ragione, che l'esercito rischiava di andare incontro a una disfatta. Quella crisi nervosa fu superata solo il 20 maggio, quando i rapporti provenienti dal fronte indicarono che almeno 20 divisioni nemiche erano rimaste intrappolate nel nord della Somme. La sera, quando Brauchitsch lo informò che i carri armati si trovavano in prossimità della Manica, Hitler non smetteva di elogiare la *Wehrmacht* e gli ufficiali che ne avevano la responsabilità. Il suo stato di salute rispecchiava l'euforia di quei parziali successi. Il 26 maggio, il dottor Morell scriveva: "Qualche giorno fa ho domandato al Führer se avvertisse dei disturbi. Mi ha risposto che stava bene, semplicemente aveva più appetito della norma. Insomma, sta magnificamente".

Secondo Jodl, il Führer parlava frequentemente del trattato di pace che avrebbe stipulato con la Francia; in base a quello, intendeva non solo ottenere la restituzione di tutti i territori e i beni di cui il popolo tedesco era stato privato negli ultimi 400 anni, ma altresì restituire ai francesi l'onta dell'armistizio siglato nel 1918, concordando la trattativa nello stesso luogo di allora: la foresta di Compiègne. Secondo il soddisfatto Führer, tale vittoria avrebbe posto rimedio ai torti della pace di Westfalia che, alla conclusione della Guerra dei Trent'anni, aveva permesso alla Francia di divenire la prima potenza europea.

In realtà, fu proprio la frenesia di vittoria, diffusasi prematuramente intorno a Hitler, a porre le fondamenta per la futura disfatta.

Per qualche tempo l'attenzione del Führer fu rivolta a progetti a lungo termine. Più per una questione di simpatia, che di timore, non intendeva protrarre fino alle estreme conseguenze il conflitto contro l'impero britannico. Pur non esitando a definire criminali di guerra Churchill e il suo entourage, privatamente era solito esprimere, specialmente a Goebbels, questa sua illogica predisposizione. "È intenzione del Führer", annotò Goebbels il 21 aprile, "sferrare un colpo decisivo. Tuttavia, laddove la Gran Bretagna si dichiarasse pronta a disinteressarsi delle faccende europee e ci restituisse le nostre colonie, egli sarebbe disposto, oggi stesso, a firmare la pace. Non desidera schiacciare la Gran Bretagna, né distruggerne l'impero".

"Gli inglesi avrebbero potuto raggiungere una pace onorevole", sospirò Hitler pochi giorni dopo, all'indirizzo dello stesso Goebbels. "E invece protraggono la guerra, mettendo a rischio il proprio dominio mondiale. Certa gente è incapace di mostrarsi ragionevole finché non trova qualcuno che gli rompe i denti".

La seconda fase di quella campagna pose Hitler innanzi a una difficile situazione di cui, il 20 maggio, aveva già discusso con Halder e Brauchitsch. Ogni sua antica speranza, di vedere le divisioni italiane partecipare all'offensiva nell'alto Reno sembrava sfumata nel nulla. Quando scrisse a Mussolini, aggiornandolo sulle recenti vittorie, ne ebbe in risposta congratulazioni e vaghe promesse di una futura partecipazione militare. In realtà, si manifestava adesso un deciso distinguo di obiettivi: per l'Italia il nemico prioritario era la Gran Bretagna, mentre Hitler riteneva di essere in grado di portare gli inglesi a una conciliazione. Quando Jodl, pochi giorni dopo, gli suggerì di dare immediatamente inizio ai preparativi di invasione delle isole britanniche, il Führer respinse l'idea senza fornire spiegazioni. Dobbiamo pensare che ritenesse sufficienti, per piegare gli inglesi, gli attacchi dei sommergibili e dei bombardieri: infatti, ebbe a dire che, a seguito della capitolazione della Francia, avrebbe concentrato gli sforzi sulla produzione dei sottomarini e dei bombardieri *Junkers*

88. Dette a Raeder l'impressione che, a parer suo, la guerra fosse tutt'altro che conclusa.

La minaccia sovietica, benché presente, a giudicare dalla lentezza con la quale procedevano i lavori di costruzione di impianti aeroportuali nelle zone di confine, appariva ancora remota. Oltretutto, Molotov, riguardo all'invasione tedesca in Norvegia, si era detto felice e altrettanto si era espresso in merito all'*Operazione Giallo*. Era però chiaro che quella luna di miele si sarebbe protratta sino a quando il Cremlino l'avesse ritenuta utile. Non si potrebbe interpretare in altro modo l'ermetico commento di Hitler, datato 24 aprile 1940, espresso in un colloquio con Halder: "È nostro interesse che i giacimenti petroliferi [della Romania] continuino a rifornirci almeno sino alla prossima primavera. Dopo saremo più indipendenti".

La Romania esportava in Germania oltre 130.000 tonnellate al mese di greggio ed era necessario che quei pozzi non fossero in alcun modo danneggiati.

Il timore di trovarsi impantanato nei Balcani era per Hitler un vero incubo. E, alla fine di maggio, a causa del moltiplicarsi delle voci che parlavano di un progetto italiano di attacco alla Jugoslavia, quel rischio divenne più concreto poiché, in tal caso, l'Ungheria si sarebbe mossa contro la Romania e l'Unione Sovietica, a sua volta, ne avrebbe approfittato per assalire quest'ultima.

Il 20 maggio, l'addetto militare tedesco a Mosca fornì a Berlino notizia di assembramenti di milizie russe alla frontiera romena. Molotov negò la cosa, ma i fatti parlavano da soli. Il 22, Brauchitsch chiese a Hitler di prodigarsi per scoraggiare quelle mire sovietiche e il Führer rispose che confidava di contenere l'espansione russa alla sola Bessarabia.

Weizsäcker, il 23 maggio, scrisse nel proprio diario: "Supponendo che ci sia una schiacciante vittoria a Occidente, il passo successivo dovrebbe consistere nel riordinare le frontiere a Est, per favorire un ordine duraturo. Sia che la Gran Bretagna ceda subito, sia che si renda necessario bombardarla per indurla a miti consigli, permane la necessità di un intervento militare a Est".

Niente ancora preannunciava che Londra avesse deciso di ritirare le proprie truppe dalla Francia settentrionale e Hitler, anzi, si diceva sicuro che gli inglesi avrebbero combattuto fino all'ultimo uomo.

Il 21 maggio ci fu qualche impedimento perché le forze corazzate francesi e inglesi, ad Arras, avevano sferrato un'offensiva al fianco della Quarta Armata tedesca. Hitler e Rundstedt ebbero così conferma che il Gruppo di Armata A era avanzato troppo rapidamente e il secondo ordinò immediatamente a Kleist di rallentare la marcia finché l'attacco non fosse stato respinto. Brauchitsch e Halder, giudicata la strategia di Rundstedt (puntare sui porti della Manica da sud-ovest) eccessivamente prudente, senza informarne Hitler disposero che la Quarta Armata convogliasse nel gruppo di Armate B, agli ordini del generale Bock, che si dirigeva sull'obiettivo da est. In questo modo Bock avrebbe chiuso ogni via di fuga al nemico.

Hitler apprese la cosa solo il 24 maggio, quando visitò a Charleville il quartier generale di Rundstedt, dove ordinò che la Quarta Armata restasse sulle posizioni da lui precedentemente decise. Si trattava di una strategia aberrante e sconsiderata, disse Hitler, quella comunicata dall'Alto Comando dell'esercito di impiegare i blindati nelle paludose pianure delle Fiandre.

Il giorno precedente, il generale Kluge della Quarta Armata aveva convinto Rundstedt a consentire alle divisioni corazzate di Kleist di riorganizzarsi per sferrare un decisivo attacco il 25. I suggerimenti di Rundstedt a Hitler, il 24 maggio, si spinsero oltre: le sue unità corazzate, ferme sulle attuali posizioni, avrebbero dato il benservito alle forze nemiche sospinte verso ovest dal Gruppo di Armate B di Bock. Questo avrebbe concesso alle divisioni corazzate impiegate nell'avanzata un prezioso attimo di pausa.

Sussistevano anche considerazioni politiche: Hitler intendeva risparmiare alla popolazione civile fiamminga, non totalmente a lui avversa, le devastazioni che la fase conclusiva dell'*Operazione Giallo* avrebbe comportato.

In ogni caso, Hitler concordò con Rundstedt sulla decisione di fermare i carri armati. Alle 12:30 il quartier generale del Führer diramò l'ordine: i blindati dovevano attestarsi a ovest della linea del canale. Nella stessa giornata, in una direttiva che forniva indicazioni di massima per la campagna contro la Gran Bretagna, Hitler accennò al fatto che, nel settore nord, il compito della *Luftwaffe* sarebbe consistito nello stroncare ogni resistenza delle unità nemiche accerchiate e di impedire alle truppe britanniche di ritirarsi indenni al di là della Manica.

Come Hitler commentò con amarezza nel proprio diario, i carri armati tedeschi rimasero "ancorati sul posto".

Hitler, a seguito dei nuovi presupposti, non ne ordinò l'avanzata. Nella serata del 25 il Führer rese noto ai suoi aiutanti il desiderio che la brigata di *SS* comandata da Sepp Dietrich partecipasse all'offensiva finale contro Dunkerque. Voleva dimostrare al mondo che la Germania, al pari della Gran Bretagna, disponeva di truppe all'altezza di una nazione di razza superiore.

Così, il 26 maggio, il nucleo delle guardie del corpo (*Leibstandarte*) di Adolf Hitler, guidato da Dietrich si trovava in posizione. Quella mattina, poiché le intercettazioni radio avevano dimostrato che alcune precedenti valutazioni erano errate – gli inglesi sembravano adesso battere in ritirata Rundstedt mutò atteggiamento. Il servizio informazioni di Halder aveva riferito, fin dal 21 maggio, di come l'ingente numero di battelli e mezzi di trasporto marino ormeggiati nei porti di Dunkerque e Boulogne indicasse l'intenzione britannica di evacuare la zona. Le intercettazioni radiofoniche delle comunicazioni tra le forze britanniche in continente e Londra confermavano, inoltre, che il controllo delle operazioni non era più in mani francesi.

Quel 26 maggio, alle 13:30, Hitler comunicò a Brauchitsch di ordinare nuovamente l'avanzata delle unità corazzate verso est. Dovevano portarsi a tiro da Dunkerque. L'artiglieria pesante e la *Luftwaffe* avrebbero fatto il resto. Gli aviatori tedeschi vedevano chiaramente che gli inglesi, abbandonate nella fuga armi ed equipaggiamento, imbarcavano unicamente i soldati. Le spiagge abbondavano di militari britannici in attesa e le strade che conducevano al porto erano invase da colonne di camion lunghe anche 20 chilometri. Göring così si vantava della mattanza che la sua aviazione stava consumando: "Solo le imbarcazioni da pesca riescono a passare indenni. Spero che gli inglesi siano abili nuotatori!"

La realtà era diversa: i bombardieri tedeschi provenivano da basi situate in Germania e le bombe in dotazione, poco efficaci contro i piccoli battelli, spesso deflagravano sulla sabbia procurando danni esigui. Inoltre, i bombardieri tedeschi non potevano tenere testa ai caccia britannici levatisi numerosi dalle basi poste nelle vicinanze e, per la prima volta, i tedeschi si trovarono a fronteggiare una superiorità aerea nemica abbastanza evidente. Con l'aggravante che, in quei giorni, l'Ottavo Corpo Aereo della *Luftwaffe* era impedito al decollo da una persistente nebbia. Mentre a Occidente si consumavano questi eventi, nei nuovi territori tedeschi dell'Est era in corso un violento programma di assoggettamento e pacificazione.

Domenica 25 maggio, il comandante delle *SS* espose a Hitler e a Lammers le sue proposte sul modo di affrontare il problema delle varie etnie esistenti in Polonia. Himmler mostrò al Führer un progetto in sei pagine concernente la selezione degli abitanti di quelle nuove terre, che teneva conto dell'esigenza di integrare, nel popolo germanico, coloro dal sangue sufficientemente puro. Ai bambini non assimilabili nel programma di 'germanizzazione' sarebbero state insegnate solo rudimentali nozioni:

"Contare sino a 500, scrivere il loro nome, le norme di obbedienza a cui attenersi nei confronti dei tedeschi e i fondamentali precetti per farne cittadini operosi e onesti". I bambini di razza considerata recuperabile, sarebbero stati trasferiti nel *Reich*, dove avrebbero ricevuto un'adeguata educazione. Come Himmler fece notare, '...dato che noi ripudiamo (perché incompatibile con la cultura e i principi del popolo tedesco) il sistema bolscevico di sterminio razziale, questo metodo è il più indolore ed efficace'".

Dopo alcuni anni di questa scrematura etnica, nelle regioni orientali sarebbe rimasto un miscuglio razziale di basso rango:

"Queste moltitudini", continuava Himmler, "saranno utilizzate dalla Germania come forza lavoro [...] e comunque avranno una qualità di vita superiore a quella a cui sarebbero stati costretti sotto il dominio polacco. E proprio in virtù della loro ignoranza serviranno fedelmente una Germania impegnata nella sua eterna missione culturale".

A proposito degli ebrei, il documento di Himmler recitava:

"Confido di ottemperare alla totale estinzione della razza ebraica [in Europa] mediante una forzata migrazione della stessa verso il continente africano". Himmler scarabocchiò sul proprio taccuino: "Memorandum sulla Polonia. Il Führer approva con calore".

Un mese più tardi, Himmler approfittò di un viaggio in treno con Hitler per mostrargli un ulteriore prospetto di otto pagine sul rafforzamento delle province orientali mediante una forte stirpe germanica. Himmler proponeva che i soldati giovani e celibi fossero incentivati a trasferirsi nelle regioni a Est per lavorarne la terra. Dopo otto anni di permanenza, permesso loro di prendere moglie, avrebbero avuto in dono dallo stato un'azienda agricola. I lavoratori stranieri sarebbero stati tenuti in condizione di servitù e qualsiasi loro tentativo di avere rapporti sessuali con i padroni tedeschi sarebbe stato punito con la morte. In seguito, Himmler annotò sul fascicolo: "Il Führer ha confermato la giustezza delle mie proposte".

Il 2 giugno, l'evacuazione britannica da Dunkerque era stata ultimata. I servizi d'informazione tedeschi stimavano che il 50%

delle forze nemiche fossero state abbattute. Brauchitsch ne informò Hitler la sera stessa.

L'esercito tedesco, virtualmente intatto con le sue 136 divisioni, doveva ora impegnarsi per conseguire la definitiva vittoria sulla Francia, con un rapporto di forze di 2 a 1. Il piano di Hitler per il proseguo della campagna era pesantemente condizionato da fattori politici a breve termine: Verdun doveva essere conquistata quanto prima e altrettanto rapidamente andava raggiunta la frontiera spagnola. Parigi doveva essere superata da est e ovest perché Hitler temeva che, com'era accaduto nel 1871, potesse scoppiare nella capitale una rivolta di stampo comunista, tale da costringere il suo esercito a fronteggiare una guerriglia rossa sostenuta dall'Unione Sovietica. La linea Maginot sarebbe stata attaccata alle spalle e questa seconda fase della campagna sarebbe iniziata alle ore 5:00 del 5 giugno 1940.

Intanto, circondato da funzionari del partito e dalla sua guardia del corpo, Hitler visitava i campi di battaglia del Belgio e delle Fiandre. Il dottor Morell, al seguito, così riferiva: "Abbiamo viaggiato per 2 giorni. Prima Bruxelles, poi le Fiandre: Ypres, Loretto, Vimy Ridge, Bensheim, Courtray e Lille. Poiché si tratta di una delle regioni del mondo più densamente popolate, è facile immaginare la devastazione. Una grande piazza di Lille, nella quale erano accatastati alberi e veicoli carbonizzati, era disseminata di cavalli morti. Sulle strade della ritirata anglo-francese si trovavano sparsi grovigli di indumenti, armi, blindati distrutti, mentre su ambedue i lati della carreggiata si affannavano, diretti a casa, profughi e sbandati, quasi tutti muniti di bicicletta e carichi di quanto era possibile trasportare".

A Bruxelles, dove Bock aveva convocato i suoi ufficiali di grado più elevato, Hitler spiegò: "Signori, vi sarete chiesti perché abbia fermato l'avanzata delle divisioni corazzate alle porte di Dunkerque. Ebbene, non potevo sprecare risorse militari. Ero preoccupato che il nemico lanciasse un'offensiva dalla Somme e, avuta la meglio sulle deboli forze corazzate della Quarta Armata, raggiungesse Dunkerque. Una sconfitta militare", disse, "avrebbe avuto conseguenze incalcolabili nella nostra politica estera".

A Charleville, il giorno successivo, cioè il 2 giugno, Hitler parlò a Rundstedt e ai suoi generali. Espose tutte le operazioni belliche che li attendevano e anticipò loro che l'Italia sarebbe entrata in guerra a breve. Accennò anche ai danni di guerra che avrebbe preteso dalla Francia e, ancora una volta, magnificò la Gran Bretagna e la sua missione in favore della razza bianca. Non era un caso, disse, che gli inglesi possedessero l'India. Un generale riportò nel proprio memoriale: "Il Führer ha detto che senza una marina equivalente a quella britannica, non saremmo in grado di controllarne a lungo le colonie. Comunque, non dovrebbe essere difficile trovare un'intesa di pace con la Gran Bretagna. La Francia, invece, deve essere sopraffatta: è necessario che paghi per intero le conseguenze delle proprie azioni".

Quando il Führer lasciò la villa dove si era svolta la riunione, una folla di soldati entusiasti ne circondarono la vettura ed egli rispose al loro saluto: a Hitler, la guerra sembrava già vinta.

Lo affermò il 3 giugno all'ammiraglio Canaris allorché questi, quale responsabile dei servizi d'informazione, andò a rendicontarlo sugli agenti dell'*Abwehr* caduti durante la campagna. E lo disse pure, il giorno successivo, all'ammiraglio Raeder.

I progetti di Hitler in merito a Olanda e Belgio consistevano nel trasformarli in dipendenze di confine, controllate da una forte centralità tedesca. Già in novembre, Hitler aveva approvato un decreto che riguardava la gestione amministrativa dei paesi occupati durante l'*Operazione Giallo*. Nel testo definitivo, che firmò il 9 maggio, abiurò le parole "Non deve esserci alcuna forma di sfruttamento, indotta dagli interessi tedeschi, dei territori occupati".

In Olanda, come già aveva fatto in Norvegia, insediò un commissario del *Reich*, cui affidò l'incarico di colmare il vuoto legislativo lasciato dalla fuga dei sovrani. Per tale compito, su suggerimento di Himmler, scelse un austriaco: Arthur Seyss-Inquart. Nei confronti del Belgio, che reputava essersi battuto con onore, Hitler era propenso alla clemenza. Accolse la richiesta di Göring che re Leopoldo fosse trattato con rispetto. Un esperto statista, Otto Meissner, ebbe disposizioni di comunicare al sovrano che se avesse mostrato ragionevolezza, la monarchia non sarebbe stata deposta. In caso contrario, la Germania avrebbe fatto del Belgio un nuovo "distretto" tedesco, le "Fiandre". Un telegramma, presente negli archivi dell'esercito tedesco, testimonia la contrarietà di re Leopoldo in merito ai saccheggi e alle arbitrarie distruzioni di cui si erano resi responsabili i militari francesi e inglesi durante la ritirata: così, adesso, Hitler poteva raccogliere i frutti della saggia decisione di risparmiare inutili devastazioni alle città conquistate. Anche in Belgio, Hitler nominò un governatore militare, il generale Alexander Falkenhausen, una persona dai modi signorili che mantenne con il re ottimi rapporti. In conseguenza di ciò, in Belgio, la resistenza contro l'occupazione nazista costituì un aspetto praticamente irrilevante. Hitler riannesse alla Germania le zone belghe di Eupen, Malmédy e Moresnet, sottratte al *Reich* nel 1918, poi, ordinò a Brauchitsch di dividere i prigionieri belgi tra fiamminghi e valloni: i primi, 200.000 uomini di affidabile ceppo germanico, vennero liberati immediatamente; i secondi, 150.000 unità, ritenuti ostili, furono invece trattenuti come ostaggi.

Per la conduzione del proseguo della campagna francese, i collaboratori di Hitler avevano ritenuto idoneo collocare il quartier generale nell'abbandonato villaggio belga, Brûly-de-Pêche, situato nella radura di una boscaglia. L'intero complesso, il cui nome in codice era *Prato nella foresta*, fu munito di batterie antiaeree e recinzioni in tempo utile per l'arrivo del Führer, il 6 giugno 1940.

Hitler, forse a causa degli sciami di zanzare che si levavano dal denso sottobosco o per l'incontenibile desiderio di concludere quanto prima il conflitto, non vi si trovò mai a proprio agio. Brauchitsch gli faceva visita con regolarità. Il Führer, che nei suoi confronti si era rabbonito, pare gli confidasse i suoi progetti militari futuri, abbandonando, seppur temporaneamente, l'idea di destituirlo. In proposito, confidò a un proprio assistente che privarsi del comandante in capo di un esercito vittorioso, sarebbe stata una decisione illogica e avventata.

Raccontando di quelle settimane in attesa di un crollo francese, così si espresse un ufficiale in servizio al quartier generale. "Ogni sera, il Führer cena in compagnia di una decina di persone... In un'occasione abbiamo discusso quali motivazioni inducono il cuculo a deporre le proprie uova nel nido di un altro volatile".

Il 13 giugno, una delle segretarie scrisse: "Da un settimana ci troviamo in un villaggio fantasma, ubicato sulla linea del fronte... Tutti i giorni, a mezzanotte e venti, un aereo nemico sorvola minaccioso i dintorni del quartier generale... Se non accade, puntualmente, il Capo (Hitler) chiede: 'Stasera ci hanno forse destinati a un altro pilota?'. In ogni caso, passiamo notti di veglia all'aria aperta fino alle 3-4 del mattino. Il Capo e gli ufficiali studiano le manovre dei velivoli in transito sino a quando, alle prime luci dell'alba, i ricognitori non rientrano alle basi. Il paesaggio, in quell'ora del mattino, rammenta un dipinto di Caspar David Friedrich".

Il 10 giugno 1940 l'Italia ufficializzò la sua entrata in guerra contro la Gran Bretagna e la Francia. Hitler, non nascondendo il proprio disprezzo per la tardiva decisione, vietò ai collaboratori più prossimi di rivolgere la parola ai graduati italiani.

Un membro dello staff di Keitel annotò: "Il Führer ritiene che, data la loro scarsa tempestività, nei confronti degli italiani non abbiamo alcun obbligo".

Tra i funzionari del ministero degli Esteri, ridacchiando, si paragonava Mussolini a un pagliaccio da circo che, radunate le stuole dopo che gli acrobati hanno terminato il numero, raccoglie gli applausi della platea quasi fossero a sé destinati. Taluni avevano persino, irrispettosamente, soprannominato gli italiani "raccoglitori delle messi".

Durante l'ultima riunione del Consiglio supremo di guerra tenutasi in Francia, Churchill, neo Primo ministro britannico, chiese ai francesi di tenere impegnate il più a lungo possibile, nella difesa di Parigi, le forze tedesche. Ma la sua richiesta di immolarsi per la causa britannica non convinse affatto i francesi che espressero, circa l'esito del conflitto, tutta la loro rassegnazione.

Il giorno successivo, 13 giugno, una delle segretarie di Hitler, scrisse:

"Ritengo che la guerra avrà presto fine; non durerà oltre giugno. Ieri a Parigi, il generale francese Maxime Weygand, espressa al Consiglio di guerra l'impossibilità di difendere la capitale, appoggiato da Pétain, ha suggerito di giungere a una pace separata con la Germania. Reynaud e altri, alla fine, lo hanno coperto di insulti...".

Il governo francese si annunciò dimissionario e fu sostituito da un altro alla cui guida assurse Henri Philippe Pétain, anziano maresciallo pluridecorato, veterano della prima guerra mondiale. Pétain ambiva a un armistizio e, a tal fine, attendeva di conoscere le pretese tedesche.

Un membro dello staff di Jodl successivamente scrisse: "Quando Hitler ne ebbe notizia fu talmente felice che sfogò la propria gioia in un salto. Non lo avevo mai visto lasciarsi andare a tanto".

Poi il Führer decise di incontrare Mussolini per discutere con lui i termini della capitolazione francese. Nel frattempo la *Wehrmacht*, per motivi di prestigio e strategia politica, ebbe ordine di impossessarsi subito di Cherbourg, Brest, dell'Alsazia e Strasburgo.

Per parecchi giorni, Hitler studiò i termini della pace. Intendeva imporre ai francesi le stesse umiliazioni da loro impartite, nel 1918, alla Germania sconfitta. Quel giorno pioveva a Compiègne e, per mortificare maggiormente gli ufficiali tedeschi, questi erano stati lasciati ad attendere a lungo sotto l'acquazzone.

Nonostante gli iniziali propositi di vendetta, il Führer si ammorbidì. Avrebbe mostrato agli inglesi quanto, nella vittoria, egli potesse essere magnanimo. A Monaco, era riuscito a persuadere Mussolini a soprassedere sulle rivendicazioni territoriali fino al momento della stipula del trattato di pace definitivo. La Germania avrebbe occupato solo il nordovest del territorio francese e la costa atlantica fino al confine spagnolo. Il resto del paese sarebbe invece stato affidato al controllo di Pétain. Quando Raeder chiese ad Hitler se la Germania potesse pretendere la consegna della flotta francese, questi rispose che i tedeschi non avevano alcun diritto su quelle navi, giacché la marina francese era uscita imbattuta dalla guerra. Nei termini dell'armistizio si leggeva la rinuncia tedesca ad accampare diritti su tale flotta: alla Francia fu consentito di conservare l'arsenale navale necessario alla difesa delle sue colonie. Il superfluo doveva essere reso inutilizzabile.

A mezzogiorno del 21 giugno, Hitler si diresse in automobile attraverso le viuzze di campagna della Francia settentrionale, avvolte da una persistente nebbia, verso la foresta di Compiègne.

Lo storico vagone ristorante, nel quale l'11 novembre 1918 il maresciallo Foch[121] aveva imposto le condizioni francesi ai tedeschi, riesumato dal museo di Rethondes, era stato collocato esattamente nello stesso punto di allora. Quaranta minuti dopo, giunsero i delegati francesi. Mentre il generale Keitel leggeva il preambolo, Hitler sedeva silenzioso al tavolo predisposto per l'occasione.

Hitler in persona aveva aggiunto queste parole: "Nonostante l'eroica resistenza, la Francia è stata sconfitta. La Germania riconoscendo il valore del proprio avversario, non intende fare dell'accordo di pace un abuso".

Dopo l'introduzione, durata 12 minuti, Hitler si alzò e, allontanatosi, lasciò a Keitel il compito di concordare i termini. A ricordo dell'avvenimento, quel vagone ferroviario sarebbe stato in seguito trasportato a Berlino. Il monumento eretto a Compiègne, che celebrava il successo francese del 1918, fu fatto esplodere, ma, per volontà di Hitler, venne lasciata intatta la statua del maresciallo Foch.

Il Führer poteva finalmente coronare un sogno che da sempre accarezzava: visitare Parigi e ammirarne il patrimonio architettonico.

Convocati gli architetti Speer e Giesler e lo scultore Arno Breker, questi lo raggiunsero a Brûly-de-Pêche la sera del

22. Alle 4:00 del giorno seguente, Hitler, atterrato segretamente all'aeroporto parigino di *Le Bourget* in compagnia di Keitel, nelle tre ore conseguenti l'alba, visitò la Torre Eiffel, l'Arco di

---

121 Ferdinand Foch (Tarbes, 2 ottobre 1851 – Parigi, 20 marzo 1929), generale francese, allo scoppio della Prima guerra mondiale era al comando della Nona Armata che prese parte alla vittoria francese sulla Marna, determinante per evitare l'occupazione tedesca di Parigi. Il successo fece di Foch un vero e proprio eroe nazionale. Durante il dopoguerra dimostrò un'inquietante lungimiranza, nel dichiarare che quella firmata a Versailles con la Germania "Non è pace. È un armistizio di vent'anni date le condizioni poste agli sconfitti".

Trionfo e *Les Invalides*[122], dove rese omaggio al sepolcro di Napoleone. Poi, quando il chiarore mattutino dissipò ogni tenebra, prese ad aggirarsi per le strade della città, rimasta praticamente intatta, a partire dal Sacré-Coeur e Montmartre. Alle 10:00, infine, rientrò nuovamente in Belgio. Quella sera stessa, deciso ad eclissare quanto ammirato a Parigi, ordinò a Speer di approntare un decreto per un grandioso rifacimento di Berlino.

All'una del mattino del 25 giugno 1940, al quartier generale del Führer, i trombettieri della Prima Compagnia della Guardia presero posizione. Seduto a un tavolo in legno grezzo, Hitler, assieme a Speer, alle sue segretarie e agli aiutanti, attendeva. Tutti gli apparecchi radiofonici presenti in Europa erano sintonizzati su quel piccolo angolo di selva boschiva. Hitler chiese che fosse spenta la luce e aperta la finestra, mentre dalla radio echeggiava il comunicato.

Alle ore 1:35, momento in cui l'armistizio entrava in vigore, i trombettieri suonarono il cessate il fuoco. Fu quello il momento più toccante della vita di Hitler. Precedentemente, per 4 anni aveva combattuto da anonimo milite di fanteria e ora, quale comandante supremo, il destino gli aveva riservato di condurre il suo popolo a una vittoria ineguagliabile.

Trascorsi alcuni minuti, Hitler ruppe il silenzio: "Il peso delle responsabilità...", accennò, ma non riuscì a proseguire.

Allora, chiese che la luce fosse nuovamente accesa.

Un'ulteriore importante decisione

La cancelleria di Berlino era sommersa da una valanga di messaggi di congratulazioni: tra essi, si annoveravano quelli del Kai-

122 Si tratta di un grande complesso di edifici dall'architettura neoclassica, costruito nel XVII secolo a Parigi allo scopo di ospitare soldati invalidi. La cupola dorata, costruita per la cappella privata di Luigi XIV, ospita oggi al suo interno la tomba di Napoleone. Attualmente, la struttura ha mantenuto in parte la sua funzione, ospitando alcuni anziani reduci. Un edificio è stato invece trasformato nel celebre Museo dell'Esercito. Il complesso è inoltre luogo di sepoltura di alcuni eroi di guerra francesi.

ser esiliato in Olanda, del principe ereditario, della figlia di Hindenburg e persino quelli del vecchio maestro di scuola austriaco di Hitler. Nel frattempo, il Führer, soddisfatto, visitava insieme ai vecchi compagni d'armi, Amann e Schmidt, i campi di battaglia della prima guerra mondiale. All'improvviso, staccatosi dagli altri, si arrampicò su un pendio ricoperto di arbusti, alla ricerca di una lastra di cemento dietro la quale un tempo aveva trovato riparo. La memoria non lo aveva ingannato, la lastra si trovava ancora lì e, per quanto ci è dato sapere, lo è tutt'oggi. Il colonnello Schmundt gli aveva approntato un temporaneo quartier generale nella foresta nera, ribattezzato *Tannenberg*. Hitler non voleva far ritorno a Berlino fin quando non fossero giunte notizie in merito ad alcune proposte di pace fatte pervenire a Londra tramite il governo svedese. Si ripropose di rientrare nella capitale il 6 luglio e, due giorni dopo, durante un discorso al Parlamento, di pronunciare quelle proposte in via ufficiale. Se fosse stata avviata una trattativa, nel 1941 sarebbe così stato libero di intervenire contro l'Unione Sovietica.

Stalin era un capo di stato sulla cui abilità strategica Hitler non nutriva dubbi: sapeva pensare in termini secolari e si prefiggeva obiettivi a lunga scadenza, che perseguiva con un'ammirevole ostinazione priva di scrupoli.

Il 2 giugno, a Charleville, Hitler aveva fatto notare a Rundstedt: "Adesso, poiché la Gran Bretagna non disdegnerà una trattativa, potrò pareggiare definitivamente i conti con il bolscevismo".

Evidentemente, guardava con crescente cinismo il patto stretto con Stalin nell'agosto del 1939. Quell'accordo era un'assicurazione sulla vita che, seppur precedentemente avallata con convinzione, adesso riteneva inutile. Il successo sulla Francia lo rendeva invincibile e immortale.

Ci sono molti indizi che indicano quanto Hitler fosse ancora ben disposto verso l'impero britannico. Gli archivi dell'Alto Comando e della marina ce ne forniscono alcuni esempi. Fu questo il motivo per cui Keitel respinse la proposta di sabotare le riserve alimentari inglesi e per cui, il 3 giugno, il Führer proibì a Canaris l'impiego di armi batteriologiche contro la Gran Bretagna. Il 17 giugno, il principale assistente di Jodl confermò alla marina che:

"... il Führer non ha la minima intenzione di distruggere completamente l'impero britannico, la sua caduta andrebbe a danno dell'intera razza bianca. Ne consegue la possibilità di rappacificazione con gli inglesi, a seguito della disfatta della Francia, a patto che ci vengano restituite le nostre colonie e che la Gran Bretagna rinunci alla sua influenza sull'Europa. Per quanto concerne un'invasione... il Führer, rendendosi conto delle difficoltà insite in un'operazione di tale portata, non ne ha manifestato alcuna intenzione. Questa è la ragione per cui l'Alto Comando non ha finora intrapreso studi o preparativi, anche se la *Luftwaffe* ha in corso alcune iniziative, quali la creazione di una divisione di paracadutisti votata allo scopo".

Coadiuvato da Göring, Hitler elaborò un progetto per offrire alla Gran Bretagna 12 divisioni da impiegarsi nelle colonie a difesa dei suoi territori. L'ammiraglio Raeder, intanto, lo incitava a dare inizio a incursioni aeree contro le basi navali britanniche e a preparare un'invasione via mare. Hitler riteneva la questione superflua: "In un modo o nell'altro, la Gran Bretagna cederà".

Il 25 giugno, una delle sue segretarie personali, Christa Schroeder, scrisse:

"Il Capo ha in programma di tenere un breve discorso al Parlamento. Probabilmente quello sarà il suo ultimo appello alla Gran Bretagna. Se da Londra non perverrà alcun riscontro, stavolta agirà senza pietà.

Credo che sia dispiaciuto all'idea di fronteggiare gli inglesi: ovviamente sarebbe tutto più semplice se anch'essi se ne avvedessero. Se sapessero che tutto ciò che il Führer desidera è la restituzione delle vecchie colonie, forse sarebbero meno irresponsabili...".

Quello stesso giorno il generale Hans Jeschonnek, capo di Stato Maggiore della *Luftwaffe*, si rifiutò di visionare il 'progetto invasione' preparato dall'*OKW* perché, a suo parere, il Führer non aveva intenzione di compiere una mossa tanto cruenta. Quando l'assistente della *Luftwaffe* presso Jodl insistette affinché Jeschonnek apportasse il suo contributo, questi rispose seccamente: "È una cosa di pertinenza dell'*OKW*. Non ci sarà alcuna invasione e io non ho tempo da perdere".

Hitler presumeva che l'opinione pubblica britannica venisse deliberatamente ingannata circa le motivazioni per cui la Germania si trovava in guerra. "Ovviamente ciò che ha rilevanza è la motivazione per la quale gli inglesi ritengono che il Führer stia combattendo contro il loro paese", scrisse Hewel, il 30 giugno, a un amico che si trovava in Svizzera: "Sono stati attirati in questa catastrofe da rifugiati politici ed elementi della sinistra. Adesso, spetta a loro trovare il modo per disimpegnarsi da questo pasticcio. La questione è questa: gli inglesi hanno la capacità di comprendere il genio e la grandezza del Führer e il beneficio che da lui può trarre non solo la Germania, ma l'intera Europa? Sono in grado di tenere a freno l'invidia e l'orgoglio sino a scorgere in lui non il conquistatore, ma il creatore di una nuova Europa? Se vi riusciranno, arriveranno alla conclusione che egli, al contrario di quanto sostengono, mentendo, taluni rifugiati politici, non ha alcuna intenzione di annientare l'impero britannico".

Qualche giorno dopo, Weizsäcker riassunse la situazione nel proprio memoriale: "Forse siamo istintivamente riluttanti ad assumerci l'improbo compito di ereditare tanto l'Europa quanto l'Impero britannico. Perché conquistare la Gran Breatagna? Cosa accadrebbe dopo?"

A questa domanda del Führer alcuni, come Ribbentrop, replicarono accennando alla similitudine di due grandi alberi che, qualora piantati in vicinanza l'uno dell'altro, sono impossibilitati a prosperare. Secondo lo stesso Weizsäcker, infine, la Gran Bretagna avrebbe potuto arrendersi solo se ridotta allo stremo e solo dopo aver deposto Churchill.

Intanto, nella foresta nera, il Führer stabiliva le nuove frontiere del *Reich*. Ottenuta la vittoria, si apprestava ora a cogliere il bottino di guerra. Avrebbe ricacciato i francesi entro i confini del 1540. Così ordinò ai due gerarchi dei distretti collocati lungo la frontiera occidentale, Josef Bürckel e Robert Wagner, di mantenere il segreto in merito all'annessione di Alsazia e Lorena: un annuncio ufficiale avrebbe portato Mussolini ad avanzare ulteriori pretese territoriali nei confronti della Francia, o indisposto Pétain, spingendolo a offrire la propria flotta e le colonie africane agli inglesi. Hitler suggerì dunque ai propri esperti legali di "omettere quanto possibile sulla carta", anche perché la nuova Germania, a occidente, avrebbe ben presto vantato confini quali non si vedevano dal Medioevo. La frontiera, a cui si riferiva, attribuiva alla Germania, partendo dall'estuario della Somme, i porti sulla Manica di Boulogne, Calais e Dunkerque, gran parte delle Fiandre, tutta la Lorena, la Franche Comté e parte della Borgogna sino al lago di Ginevra.

Nel trattato di pace, Hitler aveva anche intenzione di obbligare i vinti, come pure gli alleati dell'Asse, ad accettare una soluzione univoca del problema ebraico. Alla Francia sarebbe stato chiesto il Madagascar per dare dimora a tutti gli ebrei europei.

Il 20 giugno, Hitler rese nota questa decisione a Raeder e, subito dopo, a Himmler e Ribbentrop, i quali lavorarono per tutta l'estate al progetto che coinvolgeva quella colonia francese. Il governatore generale Hans Frank accolse con sollievo la disposizione del Führer di porre fine al trasferimento degli ebrei nel Governatorato polacco, in favore di una deportazione oltremare, tanto più che si parlava di estendere tale deportazione ai giudei che al momento già si trovavano in Polonia. Nel corso di una conferenza tenutasi a Cracovia, il generale delle *SS*, Streckenbach ripeté in proposito le parole di Himmler. "Saranno gli accordi di pace a dirci se e quando inizierà la deportazione".

È difficile mettere in relazione gli sviluppi politici e militari dell'estate 1940 con le decisioni di carattere industriale e quindi a più lunga scadenza prese da Hitler. Nella seconda settimana di giugno, il Führer dispose che la produzione bellica si piegasse alle esigenze di una guerra contro la Gran Bretagna: era necessario volgere tutti gli sforzi alla produzione di bombardieri *Junkers 88* e di sommergibili. Benché la produzione militare avesse la priorità, si provvide a far ripartire l'industria dei beni di consumo: le forze combattenti, ridotte di 35 divisioni, avrebbero fornito la manodopera di cui le fabbriche abbisognavano.

Incombeva però la minaccia dell'Unione Sovietica.

Il 12 giugno, Mosca lanciò un ultimatum alla Lituania a cui ne seguirono altri all'Estonia e alla Lettonia. In breve, le truppe sovietiche invasero le 3 nazioni e appariva evidente, data la concentrazione di truppe ai confini con la Romania, che la Russia nutrisse ulteriori ambizioni. I servizi segreti dell'esercito tedesco intercettarono alcuni rapporti in cui si faceva riferimento a una presunta aggressione sovietica persino alla Germania. La rapidità con cui Hitler aveva sconfitto la Francia doveva aver colto Stalin di sorpresa, perché il 23, Molotov informò Berlino che, a dispetto della promessa fatta di non attaccare la Romania per la questione della Bessarabia, l'Unione Sovietica non avrebbe tollerato altri indugi ed era decisa "a usare la forza se il governo romeno non accetterà di giungere a una soluzione ragionevole".

Con palese disappunto di Hitler, i russi avanzarono pretese anche sulla Bukovina, regione precedentemente appartenuta alla corona austriaca e mai posseduta dalla Russia imperiale: gran parte della popolazione residente in quella regione era di etnia tedesca. La guerra nei Balcani doveva essere evitata ad ogni costo e il 28, sotto forti pressioni tedesche, il governo romeno accettò di pervenire a un accordo con la Russia. Non potendo farlo pubblicamente, Hitler sfogò la propria rabbia contro i suoi aiutanti, definendo gli accadimenti dei paesi Baltici e la vicenda romena, il primo attacco dell'Unione Sovietica all'Europa occidentale.

Dall'autunno del 1939, Stalin si era impossessato di oltre 740.000 chilometri quadrati di territorio e di una popolazione di circa 20 milioni di persone.

Alla fine di giugno, Hitler ebbe frequenti colloqui con Brauchitsch, ai quali partecipò talvolta anche il generale Halder. Quest'ultimo appariva preoccupato per l'incremento militare sovietico lungo la linea di demarcazione polacca istituita nel settembre 1939 e per il colossale programma russo di riarmo.

Il 23 giugno, Hitler ordinò una riduzione dell'esercito da 155 a 120 divisioni, precisando però che 20 delle 35 divisioni sciolte dovessero essere in grado, all'occorrenza, di ricostituirsi rapidamente. Dispose inoltre il raddoppio delle divisioni corazzate e meccanizzate e lo schieramento a Est di 17 divisioni insieme alla base della Diciottesima Armata del generale Georg Küchler.

Due giorni dopo, Halder informò i propri collaboratori della costituzione di una "forza d'urto tedesca schierata a Est". Il 25 giugno, in un ordine ai tre comandanti dei gruppi d'armate, Brauchitsch informò che ci sarebbero stati diversi cambiamenti organizzativi "sia nei territori occupati, sia in Germania, sia a Est".

Il 30 giugno, Halder disse a Weizsäcker che la Germania doveva guardarsi dal pericolo proveniente da Oriente: "Probabilmente la Gran Bretagna, prima di cedere e lasciarci mano libera a Est, metterà in cambio un enorme dispendio di forze". E il 3 luglio, Halder fu ancora più esplicito: "Bisogna studiare quale sia la strategia più accorta per infliggere una sconfitta militare alla Russia e obbligarla così a riconoscere alla Germania il predominio europeo".

"Oggi, sabato mattina", scrisse Morell il 29 giugno 1940, "ho trascorso una trentina di minuti solo con il Führer. L'ho trovato in eccellenti condizioni di salute. Quest'aria aromatica è prodigiosa anche per lui. Ha detto che non aveva mai riposato tanto bene e a lungo, come la notte scorsa".

Tannenberg, in realtà, non era uno dei quartier generali di Hitler meglio situati. Il vento imperversava tra gli alti pini e le piogge erano alquanto frequenti. Nella settimana in cui egli vi alloggiò, a partire dal 28 giugno, furono ben poche le giornate di sole.

Quando l'ambasciatore italiano si recò a trovarlo, Hitler, senza rivelare alcunché di specifico, gli lasciò intendere che la Germania stava per affrontare "nuovi gravosi compiti". In realtà non aveva ancora deciso cosa fare. Confidò a Schmundt, suo assistente nella *Wehrmacht*, che stava meditando un attacco all'Unione Sovietica. Più tardi, riferì la stessa cosa a Below, suo assistente presso la *Luftwaffe*, mentre passeggiavano malinconicamente nella boscaglia intrisa d'acqua.

Il ricordo di quei momenti, indelebilmente scolpito nella mente di Below, permette di stabilire quando Hitler, con poche parole, diede inizio alla sequenza di avvenimenti di quell'estate che ebbero tanta importanza storica. Pare che il Führer avesse toccato l'argomento anche con il ministro degli Esteri e che un membro dello staff di Jodl avesse perfino cominciato (non ci è dato sapere se su ordine diretto di Hitler) a elaborare un piano per un attacco alla Russia[123].

Verso la fine del giugno 1940, Hitler prese a dubitare che la Gran Bretagna avrebbe ceduto e, ai primi di luglio, ne ebbe certezza.

Eppure, il fatto che la Gran Bretagna avesse intenzione di combattere, confidando sulla solidità della *RAF* per la difesa delle proprie isole e pianificando attacchi strategici contro le retrovie tedesche, fu per Hitler e l'*OKW* un amaro risveglio. Il Führer ordinò ai propri subalterni di intraprendere i preparativi per l'invasione della Gran Bretagna, giacché "in determinate circostanze" avrebbe potuto presentarsene la necessità. Il solo pensiero di impegnare più di 30 qualificate divisioni in un'operazione che continuava ad avversare lo gettava però in una palese agitazione. Il suo cuore non lo avrebbe mai condotto su quella strada. "Il Führer non desidera accanirsi contro la Gran Bretagna", annotò Goebbels il 27 giugno. "Ma se Churchill non verrà destituito, non si potrà agire diversamente".

In effetti, Hitler continuava a procrastinare i progetti di Göring per una massiccia offensiva aerea e lo faceva nonostante i frequenti bombardamenti inglesi sulle città tedesche. "Churchill", scrisse Göring, "fa di tutto per provocarci, ma il Führer, per il momento, non intende replicare".

Ciò non significa che egli, quantomeno per disorientare l'avversario, si astenesse dal minacciare un'invasione delle isole britanniche. Difatti, una disposizione dell'*OKW* avallata il 28 giugno da Lossberg, di sicuro a conoscenza dell'inevitabilità di una prossima campagna contro la Russia, imponeva ai servizi segreti di usare tutti i canali disponibili per far credere agli inglesi che, qualora la Gran Bretagna si fosse mostrata favorevole a una guer-

123 Nda. Si trattava del colonnello Lossberg. Il suo piano, denominato Operazione Fritz, è esposto successivamente.

ra, la Germania avrebbe predisposto un attacco diretto al territorio britannico.

L'offensiva aerea tedesca sarebbe iniziata non appena la *Luftwaffe* avesse recuperato sufficienti forze. Inoltre, Germania, Italia e Unione Sovietica avrebbero presto aperto le ostilità contro le posizioni britanniche in Medio Oriente: questo era, così si voleva far credere, il "vero" motivo del rientro dalla Francia di 5 divisioni corazzate e altre di fanteria. In realtà, queste forze servivano a rinforzare il fronte che si sarebbe aperto in Unione Sovietica.

Hitler, come espresse con chiarezza a Goebbels il 2 luglio, continuava a non nutrire l'intenzione di attaccare la Gran Bretagna: intendeva al contrario rivolgere agli inglesi un ultimo, pubblico, appello. Solo se questo non avesse sortito alcun esito, li avrebbe attaccati e sconfitti nel giro di 4 settimane.

Il giorno successivo, l'intransigenza di Churchill apparve chiara: a Mers-el-Kébir (Nord Africa), con una vera e propria azione di pirateria, le navi inglesi aprirono il fuoco su quanto restava della flotta francese, uccidendo 1.297 marinai francesi che, solo pochi giorni prima, erano loro alleati e ferendone altri 351. Così, gli inglesi intendevano rispondere a Hitler: il messaggio, espresso nella sua stessa lingua, appariva chiaro e impossibile da fraintendere. Inoltre, documenti sottratti in Francia testimoniavano il genere di guerra che gli inglesi stavano approntando: tra le registrazioni del Consiglio superiore di guerra, ve n'era una relativo alla riunione tenutasi nel novembre 1939 – contenente le rivelazioni di Chamberlain su un nuovo progetto della *Royal Air Force* (*RAF*), che prevedeva l'impiego dei nuovi bombardieri a lunga gittata nella Ruhr, dove si stimava fossero dislocate il 60% delle industrie tedesche. Lo spionaggio tedesco aveva rinvenuto anche degli appunti presi da Daladier il 16 maggio, in occasione della visita parigina di Churchill e di altri alti ufficiali, tra cui alcuni appartenenti alla *RAF*. Il Primo ministro francese accennava, in quegli appunti, a "una lunga discussione tecnica con i generali, che sostengono possibile rallentare l'avanzata tedesca bombardando la *Ruhr*. Io ribadisco l'assurdità di tali asserzioni." Scioccato da Mers-el-Kébir, Hitler stracciò il discorso conciliatorio che intendeva presentare in Parlamento il 6 luglio e rimandò la seduta stessa.

Il 6 luglio 1940, a distanza di due mesi dal giorno in cui era partito per seguire le vicende sul fronte francese, Hitler fece ritorno a Berlino. Per l'occasione, la capitale fu animata da gioiosi festeggiamenti: un milione di bandierine con la svastica era stato distribuito alle persone in attesa lungo il percorso che conduceva alla cancelleria e la strada, che il Führer avrebbe dovuto percorrere in auto, appariva disseminata di petali di rose. Quando, alle 15:00, il treno di Hitler entrò nella stazione di Anhalt, Goebbels in persona condusse la radiocronaca dell'avvenimento.

La scelta tra un attacco alla Gran Bretagna o all'Unione Sovietica occupò la mente di Hitler sino alla fine di luglio. Inaspettatamente, il Führer si trovava a dover fronteggiare 2 nemici, ma, come egli stesso avrebbe pittorescamente commentato tempo dopo, in canna disponeva di un solo proiettile. Che la *RAF* potesse bombardare le industrie tedesche lo preoccupava meno dei fastidi che gli inglesi rischiavano di procurargli nei Balcani, da cui provenivano i rifornimenti di petrolio. Alcuni documenti recuperati in Francia, in cui si evidenziava una certa simpatia da parte di Grecia, Turchia e Jugoslavia verso gli Alleati, gli avevano aperto gli occhi. In poche parole, i Balcani potevano significare la sua rovina e, il giorno successivo al ritorno a Berlino, espresse chiaramente al ministro degli Esteri italiano questa preoccupazione.

Gli italiani volevano invadere subito la Jugoslavia, ma Hitler li esortò a non farlo, perché in quel caso l'Ungheria avrebbe potuto fare altrettanto con la Romania e la situazione nei Balcani sarebbe divenuta incontrollabile.

"I sovietici approfitterebbero dell'occasione per perseguire il loro antico obiettivo bizantino, i Dardanelli e Costantinopoli", disse Hitler. "E pressati dagli eventi, si correrebbe il rischio di una comunanza di interessi tra Unione Sovietica e Gran Bretagna".

Il primo luglio 1940, sia il generale Brauchitsch che il colonnello Lossberg avevano ormai compreso che Hitler intendeva proporre una campagna russa. Brauchitsch stesso chiese all'*OKH* di "predisporre un programma operativo" e Halder si rivolse al generale Hans Greiffenberg, affinché elaborasse una strategia, in accordo con il settore operativo dello Stato Maggiore generale.

Il piano dell'*OKW* vagliato da Lossberg (che chiamò in codice *Fritz* riprendendo il nome del figlio) era lungo una trentina di pagine. Nei primi giorni di luglio, durante la sosta del convoglio di comando dell'*OKW* (*Atlas*) su un binario morto della stazione Grunewald di Berlino, Lossberg ordinò al capitano Trotha di procurarsi delle mappe geografiche dell'Unione Sovietica. Aveva sicuramente ragione quando, successivamente, avanzò l'ipotesi che nella decisione di Hitler di volgersi in primo luogo contro la Russia influissero fattori di origine psicologica. Il Führer ben sapeva che il successo sulla Francia aveva suscitato negli ufficiali e nel popolo una sorta di compiacimento, una soddisfazione unita a un desiderio di pace, che potevano inficiare la sua speranza di dare inizio a una sovraumana crociata contro i bolscevichi. Nell'aprile del 1941, avrebbe detto: "Per essere condotto verso il paradiso, il popolo necessita di essere tratto in inganno. Oggi siamo più forti che mai. Perciò, dobbiamo impiegare le armi in nostro possesso per la vera battaglia, quella che veramente ha rilevanza, perché un giorno i sovietici, innumerevoli milioni di slavi, si faranno avanti".

Nonostante ciò, Hitler accettò che i preparativi per l'invasione britannica proseguissero, confidando che la sola minaccia fosse sufficiente a indurre gli inglesi alla ragionevolezza. L'ammiraglio Raeder, convinto che la Gran Bretagna non si sarebbe piegata se prima non avesse assaggiato la frusta, suggerì massicce incursioni aeree su grandi centri urbani come Liverpool.

L'invasione sarebbe valsa quale estrema risorsa. Ma Hitler, poiché da Londra giungevano messaggi contraddittori, si oppose al progetto di scatenare la *Luftwaffe* contro la Gran Bretagna. Il duca di Windsor – rifugiatosi in esilio in Portogallo aveva aspramente criticato l'inutile protrarsi della guerra voluto da Churchill e lasciato capire che "massicci e prolungati bombardamenti avrebbero costretto il governo inglese a un armistizio".

Sussistevano inoltre alcune perplessità in merito alla caparbietà inglese di perdurare le ostilità. In un colloquio con Goebbels, Hitler affermò di essere convinto che Churchill avesse manipolato l'opinione pubblica inglese diffondendo menzogne sulle condizioni del recente armistizio effettuato tra Germania e Francia, perché a Mosca l'ambasciatore britannico Stafford Cripps fu udito spiegare che la Gran Bretagna era impossibilitata a perseguire la pace "poiché la Germania avrebbe preteso la consegna dell'intera flotta inglese".

Reiterando gli ormai familiari argomenti che aveva ascoltato, Halder scrisse: "Il Führer ...accetta il fatto di dover, in qualche modo, forzare la decisione britannica verso la pace. Resta comunque riluttante, giacché, se sconfiggeremo la Gran Bretagna, l'Impero inglese crollerà, eventualità da cui la Germania non trarrà alcun profitto. Pagheremo con il nostro sangue per qualcosa di cui solo Giappone e America beneficeranno!"

Hitler, rinviata la seduta al Parlamento, l'8 luglio lasciò Berlino e, nei 10 giorni che seguirono, vagò senza meta tra la Baviera e l'Austria prima di trovare rifugio nell'Obersalzberg.

Il 10 luglio, il Premier ungherese Paul Teleki, gli fece pervenire una missiva del suo reggente, l'ammiraglio Nicholas Horthy: il messaggio, scritto a mano, asseriva che la Germania era l'unica potenza in grado di impedire a Stalin e all'Armata Rossa di "divorare il mondo intero, foglia dopo foglia, come un carciofo".

Col tacito consenso di Hitler, Ribbentrop intraprese una lunga manovra per procurarsi il sostegno del duca di Windsor che, in attesa di un incarico alle Bahamas, si era stabilito a Lisbona, nel palazzo di uno dei più importanti banchieri del paese. Il rispetto del Führer per il duca (conosciuto nel 1937) era accresciuto dalle notizie pervenute circa il disgusto che quegli provava per Churchill e la sua disponibilità a ricoprire un ruolo rilevante in una Gran Bretagna propensa all'armistizio. Per il momento, la manovra tedesca si limitava a fare in modo che il duca, in caso di necessità, potesse raggiungere senza problemi una zona di influenza tedesca, come per esempio la Spagna meridionale. Ribbentrop, temendo che i servizi segreti britannici intendessero ordire fosche trame a suo danno, incaricò Walter Schellenberg di recarsi a Lisbona per fornirgli protezione e aiutare lui e la sua famiglia ad attraversare, qualora ne avessero espresso desiderio, il confine spagnolo.

L'11 luglio, Ribbentrop inviò un messaggio in codice al suo ambasciatore a Madrid, dichiarando che, se solo il duca fosse stato disponibile, la Germania avrebbe tracciato il sentiero per condurlo al trono britannico. Intorno alla fine del mese, sembrava che il piano di Ribbentrop potesse avere successo: il duca si dichiarò disposto a trasferirsi in Spagna, rompendo ogni rapporto con il Re d'Inghilterra, suo fratello e i politici inglesi, ma affermò che l'ambasciata di Lisbona deteneva il suo passaporto. In merito alla sua ascesa al trono, la costituzione inglese prevedeva che coloro i quali avevano abdicato non potessero reclamare tale posizione. L'ambasciatore di Ribbentrop riportò: "Di fronte alla replica, secondo cui la guerra avrebbe potuto apportare cambiamenti in proposito, il duca apparve alquanto pensieroso."

Non stupisce che il governo di Churchill, al termine della guerra, abbia cercato in ogni modo di distruggere questi compromettenti telegrammi.

I sospetti di Hitler su una possibile collusione tra russi e inglesi furono rafforzati da alcuni rapporti, intercettati dai servizi segreti tedeschi, su conversazioni avvenute nell'ambiente diplomatico moscovita. Così il 5 luglio, l'ambasciatore turco riferì ad Ankara di un suo colloquio con sir Stafford Cripps: Michail Ivanovich Kalinin, Presidente del presidio del Soviet supremo[124], aveva assicurato agli inglesi che la comunanza di interessi che in-

---

124 Ndt. In Unione Sovietica nel suo sistema basato sui soviet, il Soviet Supremo dell'URSS era il nome dato all'organo legislativo federale, articolato in due assemblee elettive a durata quadriennale: il Soviet dell'Unione e il Soviet delle Nazionalità. I conflitti tra i rami del Soviet Supremo erano risolti attraverso una Commissione Mista e, in caso di mancato accordo, era potere del Praesidium sciogliere il Soviet e convocare nuove elezioni. Quando il Soviet Supremo non era in sessione le sue attribuzioni passavano al Praesidium, che lo rappresentava e aveva il compito di informarlo sugli atti di governo. Presidente del Praesidium del Soviet Supremo dell'URSS era il titolo ufficiale utilizzato per designare il presidente dell'URSS.

tercorreva tra i loro paesi doveva necessariamente portare a un accordo. La decodificazione di un telegramma inviato ad Atene dall'ambasciatore greco a Mosca rese inoltre noti i dettagli di un colloquio di due ore avuto il 6 luglio con Cripps. Nell'occasione, quest'ultimo aveva sottolineato i febbrili preparativi sovietici per la guerra ("La cosa è inconfutabile, riportava il telegramma) e il diplomatico ellenico aveva ribattuto: "Non c'è dubbio che, se la Germania avesse sentore di un imminente attacco sovietico, non esiterebbe a mettersi immediatamente in azione". In risposta Cripps aveva dichiarato: "La macchina bellica tedesca non è nelle condizioni di attaccare l'Urss prima dell'autunno e non essendo predisposta per affrontare il rigido clima invernale russo, si muoverà solo in primavera. Per allora, l'esercito sovietico sarà pronto a contrastarla efficacemente". Fino a quel momento, entrambe le parti avrebbero accuratamente evitato attriti tra i governi. Il 16 luglio, parlando con l'ambasciatore turco, Cripps ammise: "Comprendo perfettamente quanto la faccenda sia delicata, ma davanti alla minaccia di un probabile attacco tedesco siamo costretti, nostro malgrado, a cercare un'intesa con l'Unione Sovietica". Quelle intercettazioni vennero consegnate a Hitler non appena fece ritorno a Berlino.

Se sconfiggere l'Unione Sovietica si presentava ormai di vitale importanza, non altrettanto poteva dirsi per la Gran Bretagna.

Il 16 luglio 1940, il Führer approvò, senza eccessivo entusiasmo, un ordine per la *Wehrmacht*, preparato in bozza da Jodl, affinché l'invasione delle isole britanniche fosse "progettata e, in caso di necessità, attuata". La marina si mostrava circospetta: distogliere un migliaio di chiatte pesanti dalle vie d'acqua interne alla Germania, avrebbe paralizzato interi settori dell'industria; inoltre, un'adeguata superiorità aerea era condizione essenziale per predisporre un'invasione.

Il giorno 15, l'*OKW* aveva domandato verbalmente ai comandanti in capo se fosse teoricamente possibile essere pronti all'azione per ferragosto: arrivando a Berlino, Hitler apprese da Raeder che la cosa era alquanto improbabile. Ciononostante il Führer ordinò di predisporre la scena: le navi da trasporto e i relativi equipaggi dovevano essere ben visibili lungo la Manica. Il suo intento propagandistico era chiaro, visto che nel frattempo la *Luftwaffe* si comportava con una correttezza e un senso della misura incompatibili con l'obiettivo strategico di procurarsi una supremazia nei cieli.

Il 19 luglio 1940, a colazione, Hitler preannunciò a Gobbels e ai conviviali il discorso di pace che avrebbe pronunciato, dopo averla più volte rinviata, all'assemblea del Parlamento. Si sarebbe trattato di una breve e secca offerta rivolta al popolo britannico, seguita dalla precisazione che quella era la sua ultima parola in merito.

Luogo prescelto per il discorso fu il teatro Kroll, per l'occasione addobbato con ingenti quantità di fiori e affollato a dismisura. Il discorso fu efficace, il Führer passava dalla semplice enunciazione dei fatti alla battuta ilare, dal ruggito al sorriso accattivante. Si trattò di un "appello al buon senso del popolo britannico".

La sola cosa insolita, in quella giornata, fu l'annuncio di una raffica di promozioni per tutti i più importanti ufficiali del fronte occidentale. Göring doveva avere precedentemente saputo che sarebbe stato nominato maresciallo del *Reich*, un gradino sopra il feldmaresciallo, perché aveva già ordinato una nuova ed elegantissima uniforme.

La proposta di pace del Führer rimase inascoltata. Quella stessa sera, il giornalista inglese Sefton Delmer, dai microfoni della *BBC*, la respinse sdegnosamente. E poche ore dopo, nella notte, Churchill ordinò nuovi bombardamenti sul territorio germanico.

Eppure, Hitler sperava ancora che la ragione potesse prevalere.

"Al momento", annotò Goebbels nel proprio diario, "il Führer non vuole considerare definitiva la risposta inglese. Dice che desidera attendere ancora. In fondo, si è rivolto al popolo britannico, non a Churchill".

Prima che quella giornata fosse conclusa, Hitler assicurò privatamente al feldmaresciallo Rundstedt che non aveva alcuna intenzione di procedere all'invasione della Gran Bretagna. Risulta anche che ordinò nuovamente a Brauchitsch di predisporre una campagna contro l'Unione Sovietica.

L'obiettivo strategico che Hitler delineò non si distaccava molto dall'*Operazione Fritz* proposta da Lossberg: "Sconfiggere l'Armata Rossa, o quantomeno impossessarsi di una porzione di territorio russo sufficiente a proteggere Berlino e le industrie della Slesia dalle incursioni aeree nemiche. Sarebbe auspicabile avanzare tanto in profondità nell'Unione Sovietica da poterne distruggere, con l'ausilio della *Luftwaffe*, le zone maggiormente industrializzate".

Il 21 luglio, prima di lasciare Berlino, Hitler convocò, presso la cancelleria, Raeder, Brauchitsch, Göring e Jeschonnek, ai quali parlò dell'urgenza di intraprendere i necessari passi politici e militari per salvaguardare le vitali importazioni di petrolio nell'eventualità "altamente improbabile" che i rifornimenti provenienti dall'Urss e dalla Romania venissero a trovarsi a rischio.

In merito alla paventata invasione delle isole britanniche, concluse: "Se i preparativi non verranno ultimati entro i primi di settembre, sarà indispensabile considerare altre soluzioni". Con ciò intendeva che, in autunno, avrebbe attaccato l'Unione Sovietica e rimandato la decisione sull'invasione dell'Inghilterra alla primavera successiva. Mentre attendeva il rapporto di Raeder sulle prospettive di un'occupazione del territorio inglese, Hitler visitò Weimar e Bayreuth. Adesso, i teatri abbondavano di batterie antiaeree e i programmi degli spettacoli includevano un lungo elenco di norme comportamentali, a cui attenersi in caso di allarme aereo.

Il 25, Hitler si trovava a Berlino e Raeder cercò nuovamente di dissuaderlo dal proposito di invadere la Gran Bretagna. Hitler gli chiese di presentargli in pochi giorni un rapporto sulla situazione. Ma la decisione che successivamente prese potrebbe essere stata determinata dall'intercettazione di un telegramma che gli fu mostrato quella sera stessa, prima della sua partenza per la Berghof.

Nel telegramma, l'ambasciatore jugoslavo a Mosca, Gavrilovic, riportava il punto di vista di Cripps, secondo il quale il crollo della Francia aveva indotto nel governo sovietico un vero terrore della Germania.

"Il governo sovietico teme che la Germania possa sferrare un attacco improvviso e inatteso. Stanno cercando di guadagnare tempo". Gavrilovic aveva discusso della crescente potenza militare russa anche con il corrispondente turco, il quale considerava inevitabile un conflitto tra Germania e Urss.

Il 26 luglio, Hitler giunse alla Berghof all'ora di pranzo.

Nei giorni che seguirono ebbe una serie di colloqui con personaggi provenienti dai Balcani.

Una mattina, dopo il consueto Consiglio di guerra, Hitler, trattenuto Jodl alla Berghof, lo interrogò sulla possibilità di scatenare un attacco lampo contro l'Unione Sovietica prima dell'inverno. Quella domanda era senza dubbio conseguente all'ironia palesata da alcuni leader sovietici nelle conversazioni (intercettate) tenute con diplomatici balcanici. Infatti, il 31 luglio, Hitler accennò a quelle stesse intercettazioni e spiegò di essere consapevole che il trattato firmato da Stalin nel 1939 era valso ai russi per originare un conflitto militare in ambito europeo.

Ciò che Stalin non aveva immaginato era la rapidità con cui i tedeschi si sarebbero sbarazzati della Francia e questo spiegava la precipitosa occupazione sovietica, avvenuta alla fine di giugno, degli stati baltici e di alcune regioni romene.

La crescente potenza militare sovietica lungo i confini orientali (dove la Germania deteneva solo 5 divisioni) dimostrava inoltre che l'Urss progettava ben altre conquiste territoriali. Hitler temeva che Stalin, già in autunno, avesse intenzione di bombardare i giacimenti petroliferi romeni. Le mire di Mosca, disse, non erano cambiate dai tempi di Pietro *il Grande*: l'Unione Sovietica voleva l'intera Polonia e l'assoggettamento politico della Bulgaria, della Finlandia e, per concludere, dei Dardanelli. La guerra con i russi è inevitabile, dichiarò il Führer e, stando così le cose, meglio intraprenderla già in autunno. Nel frattempo, prima di prendere una decisione finale, egli avrebbe intrapreso un estremo tentativo per sondare le intenzioni di Stalin.

Quando, il 31 luglio 1940, il Führer convocò alla Berghof i responsabili dell'*OKW*, dell'esercito e della marina, la sua riluttanza a decidere per l'invasione della Gran Bretagna contrastava con le efficaci argomentazioni in sostegno di un attacco contro l'Unione Sovietica.

Raeder volle chiarire che la marina sarebbe stata pronta a un'invasione delle isole britanniche per metà settembre, ma che meglio sarebbe stato posticipare l'operazione alla primavera del 1941. Nei mesi immediatamente successivi solo due periodi per quanto riguardava le maree sarebbero stati favorevoli: dal 20 al 26 agosto e dal 19 al 26 settembre. Intraprendere l'operazione nel primo sarebbe stato prematuro, nel secondo, giacché cadeva in una stagione dominata dal brutto tempo, tardivo. Inoltre, se Hitler avesse atteso fino al maggio del 1941, la flotta avrebbe potuto fare affidamento, grazie alle nuove *Tirptiz* e *Bismarck*, su ben quattro navi da battaglia.

Allontanatosi Raeder, Hitler confidò a Brauchitsch e Halder che dubitava fosse tecnicamente possibile intraprendere in tempi brevi una simile strategia contro gli inglesi. La supremazia navale della Gran Bretagna dissuadeva dal correre inutili rischi specialmente adesso che la guerra era quasi vinta. Con evidente entusiasmo il Führer prese a considerare altri modi per scoraggiare gli inglesi. Per sconfiggere la Gran Bretagna confidando sulla guerra aerea e sottomarina, sarebbero occorsi 2 anni. Gli inglesi riponevano molte delle loro speranze su un intervento statunitense e si aggrappavano all'Unione Sovietica come un naufrago in procinto di annegare: se l'Urss fosse uscita di scena, gli Stati Uniti sarebbero stati bene accorti a invischiarsi in un conflitto europeo perché il Giappone, assunto il predominio sull'Estremo Oriente, sarebbe divenuto per loro una minaccia. Proprio quella era la giustificazione di un attacco alla Russia: "Se l'Urss viene sconfitta, muore l'ultima speranza inglese e la Germania avrà un dominio incontrastato sull'Europa e sui Balcani".

Purtroppo non c'era tempo per intraprendere quell'autunno stesso una campagna contro i sovietici perché l'inverno sarebbe sopraggiunto prima che l'azione si fosse conclusa. Ma se l'attacco fosse scattato in primavera, l'esercito avrebbe avuto cinque mesi buoni per distruggere l'Armata Rossa.

Pertanto l'esercito, recentemente ridotto a 120 divisioni, avrebbe dovuto essere nuovamente ampliato fino a 180. E mentre il 23 giugno egli aveva deciso di destinare a Est 17 divisioni di fanteria, adesso dispose che, entro la primavera, le forze a Oriente fossero sensibilmente aumentate.

Né Brauchitsch né Halder sollevarono obiezioni.

Il dilemma

Per vent'anni Hitler aveva sognato un'alleanza con la Gran Bretagna e finché la guerra non fu a uno stadio avanzato continuò ad aggrapparsi a quel sogno con l'assurda e ridicola ostinazione dell'innamorato che non vuole considerare i suoi sentimenti non corrisposti.

"Dopo aver fatto alla Gran Bretagna innumerevoli proposte per una riorganizzazione politica europea", disse, il 18 agosto 1940, al maggiore Quisling, "mi vedo costretto a combattere contro quel paese una guerra che non desidero. Mi trovo nella stessa posizione di Lutero allorché questi, non avendo alternative, fu costretto suo malgrado a combattere Roma".

Era, quello, il dilemma che quell'estate Hitler si trovò ad affrontare. Esitava a schiacciare la Gran Bretagna e, di conseguenza, non riusciva ad applicarsi con entusiasmo all'elaborazione di un piano d'invasione. E, cosa ancora più determinante, proibì alla *Luftwaffe*, pena la corte marziale, qualsiasi attacco su Londra. Il bombardamento a tappeto della capitale inglese, sul quale insistevano Raeder, Jodl e Jeschonnek, venne da lui vietato adducendo ogni volta una scusa meno plausibile dell'altra. Benché i suoi collaboratori avessero avuto disposizione di valutare la vulnerabilità di ogni base periferica britannica, come Gibilterra, l'Egitto e il canale di Suez, il cuore dell'impero britannico continuò a pulsare indisturbato. Durante quei mesi un aiutante udì Hitler gridare dalla cancelleria: "Non è nostro compito distruggere la Gran Bretagna. Saremmo incapaci di coglierne l'eredità".

Le considerazioni del duca di Windsor possono aver influenzato l'opinione di Hitler circa la mentalità inglese. Da Lisbona, giunse voce che il duca, definita quella guerra un crimine e giudicato traumatizzante il discorso con cui Lord Halifax aveva respinto "l'offerta di pace" di Hitler, aveva valutato infantile la speranza britannica che in Germania scoppiasse un'insurrezione.

Il duca ritardò quanto possibile la propria partenza per le Bahamas. "Benché il suo sostegno all'azione politica del Führer non sia diminuito", riferì l'ambasciatore a Lisbona, "al momento [il duca] ritiene prematuro uscire allo scoperto".

Ribbentrop telegrafò al proprio diplomatico a Madrid di informare in via riservata il banchiere portoghese che ospitava il duca che la Germania era decisa a far uso di tutta la forza necessaria per costringere la Gran Bretagna a trattare. "Sarebbe opportuno che il duca restasse ospite da lei, in attesa di ulteriori sviluppi". Ma il duca partì per le Bahamas il 1° agosto. Nella sua ultima conversazione con l'amico portoghese rispose al messaggio di Ribbentrop: lodò Hitler per il suo desiderio di pace e ripeté che, se lui fosse stato ancora il sovrano, non ci sarebbe stata alcuna guerra. Ma spiegò pure che, avendo avuto un ordine ufficiale dal suo governo, non gli restava altra scelta che obbedire. Altrimenti avrebbe svelato troppo presto le sue intenzioni. Col banchiere, poi, fu concordata una parola d'ordine per il suo immediato ritorno a Lisbona.

Da un agente del dipartimento di stato di Washington, Hitler aveva ottenuto copia dei rapporti dell'ambasciatore americano a Londra, J. P. Kennedy, secondo il quale tutto ciò che i tedeschi dovevano fare era persistere nel blocco navale: i porti della costa orientale erano già paralizzati e gli altri gravemente danneggiati. Hitler era dello stesso parere. Per Göring quella era una ragione di più per non sacrificare la *Luftwaffe* nei preparativi di un'invasione che, era certo, non sarebbe mai avvenuta.

"Se le perdite che sosteniamo rientrano nella norma", annotò Goebbels il 6 agosto, dopo un colloquio con Hitler, "i bombardamenti devono continuare. Altrimenti bisognerà escogitare valide alternative. Non abbiamo alcuna intenzione di concretizzare uno sbarco, ma dobbiamo farlo credere imminente per disorientare il nemico".

L'illogica simpatia per gli inglesi confondeva le idee del

Führer. Il giorno 6, il capo di Stato Maggiore dell'esercito scrisse nel proprio diario: "Ci troviamo in una situazione strana, dove la marina è costretta a restare inoperosa, la *Luftwaffe* è riluttante ad affrontare un compito che per prima dovrebbe assolvere e l'*OKW*, che in questo caso dovrebbe esercitare la propria autorità sulla *Wehrmacht*, rimane inerte. Noi siamo rimasti gli unici a muoversi".

Il giorno 8, durante il pranzo, Hitler spiegò distrattamente ai propri ospiti che le condizioni atmosferiche non permettevano di bombardare Londra. Poi, in giornata, tornò alla Berghof, dove premiò la signora Bormann con l'aurea *Croce delle Madri*, a riconoscimento del considerevole numero di figli da lei messi al mondo, e ispezionò le nuove arnie che Bormann aveva fatto costruire, come se non ci fossero stati altri e più incombenti problemi da risolvere.

Alla Berghof, i tendaggi di un'estremità della Sala Grande, tirati a lato, lasciavano spazio a uno schermo cinematografico. Lì vennero innumerevoli volte proiettati i filmati sulla guerra russo-finlandese rinvenuti, affinché Hitler e il suo staff potessero studiare le armi e le strategie belliche sovietiche. I rapporti che il Führer riceveva dai servizi segreti potevano considerarsi inequivocabili e sconcertanti: in Unione Sovietica era iniziato un gigantesco programma di riarmo e, come se ciò non bastasse, l'organizzazione di Heydrich riferiva che le missioni commerciali russe stavano intraprendendo una massiccia propaganda comunista nelle fabbriche tedesche, dove già si riscontravano i primi focolai. Un giorno, alla *Casa Bruna*, quartier generale a Monaco del partito nazista (così chiamata per il colore delle uniformi dei membri del partito) Hitler disse a Ribbentrop che non aveva intenzione di restare inerte mentre l'Unione Sovietica distruggeva la Germania. Ribbentrop lo supplicò di non pensare a una guerra contro la Russia e citò una frase di Bismarck sulla riluttanza degli dèi di consentire ai mortali di leggere le carte del destino.

Quando Keitel gli consegnò un memorandum scritto a mano nel quale suggeriva di evitare, se possibile, una guerra contro l'URSS, Hitler lo trattenne per un colloquio privato nel quale demolì sarcasticamente una a una le sue argomentazioni: Stalin, non più propenso a rispettare il trattato, era allarmato dai successi militari conseguiti dalla Germania. Keitel, sentitosi offeso, senza una parola girò sui tacchi e abbandonò la stanza. Il Führer trattenne il memorandum che con ogni probabilità scomparve nella sua cassaforte in mezzo ad altri documenti giudicati sconvenienti.

Già dal 2 agosto Keitel aveva informato i propri assistenti che Hitler era persuaso che la Gran Bretagna, nell'anno in corso, non sarebbe capitolata: ma nel 1941 gli Stati Uniti forse sarebbero intervenuti e "i nostri rapporti con i russi potrebbero subire variazioni".

In agosto, anche l'ammiraglio Canaris venne informato dell'intenzione di attaccare l'Unione Sovietica in primavera. L'*OKW* aveva già emanato un ordine che mascherava l'incremento di forze tedesche a Est, a cui aveva dato nome *Incremento Orientale*. Tuttavia, nello stesso mese, Hitler disse a Raeder che quel progressivo movimento di truppe verso est serviva a nascondere l'imminente invasione della Gran Bretagna.

In realtà era vero il contrario. Il giorno 8, infatti, nel giornale di guerra dell'*OKW*, venne esplicitamente scritto: "l'*Operazione Incremento Orientale* è la strategia volta a nascondere i preparativi bellici contro l'Unione Sovietica".

Hitler fantasticava già sull'organizzazione del futuro grande *Reich* tedesco e soprattutto sul controllo di alcune popolazioni turbolente e rivoltose che si sarebbero trovate nei suoi confini. Quello, disse Hitler al colonnello Schmundt, il 6 agosto, sarebbe stato, in tempo di pace, il compito delle sue *Waffen SS*. Non sarebbe stato necessario, così, servirsi dell'esercito regolare per mantenere l'ordine. Quelle forze di polizia, annotò Schmundt, dovevano essere costituite da individui di conclamata ideologia nazista, lontani da simpatie proletarie. Per accrescere la loro autorità agli occhi della gente, le *Waffen SS* dovevano mostrare il loro valore nell'imminente conflitto, al fine di divenire una vera e propria élite.

La *Wehrmacht*, per questo ulteriore rafforzamento dell'esercito privato di Himmler, protestò amaramente, ma Keitel, concordato con le disposizioni di Hitler, ordinò che fosse dato loro, all'interno dell'esercito, ampio risalto.

Göring spiegò a Hitler che il primo attacco aereo contro le difese britanniche necessitava di tre giorni di buone condizioni climatiche. Il 12 agosto annunciò l'attacco per il giorno seguente. Il Führer partì per Berlino. Quando, il 13, Raeder lo avvertì che l'invasione dell'Inghilterra non era cosa da prendersi alla leggera, Hitler rispose che attendeva di valutare i risultati che la *Luftwaffe* sarebbe riuscita ad ottenere. Ma coloro intimi ben sapevano che l'invasione dell'Inghilterra non rientrava nei suoi piani. "Quale che sia la sua decisione, il Führer vuole che la minaccia di un'invasione rimanga palpabile", scrisse il capo di Stato Maggiore della marina nel suo diario il 14 agosto, "per questo i preparativi non devono essere interrotti".

Il giorno 14, i feldmarescialli di nuova nomina si radunarono alla cancelleria per ricevere da Hitler i loro bastoni ornati di gemme. Sono tutt'oggi conservati i racconti di due di loro. Hitler asserì che la forza della Germania consisteva nella sua unità nazionale. Poiché la Gran Bretagna aveva respinto le sue proposte di pace, un conflitto era inevitabile. Questi, però, sarebbe stato inizialmente limitato alle incursioni dell'aviazione. "Oggi, non è possibile prevedere se dovrà essere impiegato l'esercito. In ogni caso vi faremo ricorso solo se non ci sarà altra soluzione".

Il resoconto di Leeb è tanto importante da meritare una citazione integrale:

"Probabilmente sono due le ragioni per cui la Gran Bretagna non perverrà a una rappacificazione. In primo luogo essa spera in un aiuto statunitense; ma gli Stati Uniti non possono procurarle ingenti armamenti sino al 1941. In secondo luogo, confida di mettere l'Urss contro la Germania. Ma la Germania è militarmente molto più forte. I filmati del conflitto russo-finlandese contengono alcune scene che ridicolizzano l'esercito sovietico. E i tedeschi possono compensare la perdita del petrolio [di provenienza sovietica] aumentando l'importazione romena. Ci sono due fattori che possono portare a un conflitto con i russi. Il primo è se l'Unione Sovietica si impossessa della Finlandia:

questo costerebbe alla Germania il predominio sul mare Baltico, ponendola oltretutto in uno svantaggio territoriale in caso di un conflitto con i bolscevichi. Il secondo riguarda un'azione sovietica contro la Romania, di vitale importanza per i nostri rifornimenti di greggio. Quindi è necessario che la Germania resti in mobilitazione. Entro la primavera disporremo di 180 divisioni. Per ciò che concerne l'Europa, non c'è giustificazione all'esistenza di piccole nazioni e viepiù a una rivendicazione da parte loro di possedimenti coloniali. In un'epoca di guerra aerea e divisioni corazzate, le piccole nazioni sono indifese. Occorre giungere a un'unità europea che contrasti l'America. Il Giappone dovrà cercare l'amicizia della Germania, perché un'eventuale vittoria tedesca rovescerà la situazione in Estremo Oriente a favore dei nipponici. Ma la Germania non vuole schiacciare la Gran Bretagna perché questo significherebbe concedere al Giappone l'intero Oriente, all'Unione Sovietica l'India, all'Italia il Mediterraneo e agli Stati Uniti il commercio globale. Questo è il motivo per cui è possibile trovare un accordo con gli inglesi, allorché Churchill verrà destituito dalla carica di Primo ministro. Così, dobbiamo vedere cosa riuscirà a fare la *Luftwaffe* e attendere le prossime elezioni britanniche."

I primi due giorni di operazioni della *Luftwaffe* furono una delusione. L'imprevedibile estate inglese rese vano ogni sforzo per coordinare le iniziative delle tre formazioni aeree a disposizione di Göring. Fu dichiarato il "blocco totale" delle isole britanniche, ma anche questa fu una mezza misura, perché una settimana più tardi fu seguita una lista, stilata dall'*OKW*, di ciò che era proibito fare all'aviazione tedesca: in particolar modo, Hitler richiamò l'attenzione sul divieto di procedere a incursioni sopra Londra e a qualsivoglia attacco considerato terroristico contro la popolazione civile, salvo diverse disposizioni.

La sera del giorno 16, Hitler lasciò nuovamente Berlino per recarsi all'Obersalzberg: le speranze riposte nell'offensiva aerea erano state temporaneamente deluse. Alla Berghof, si dedicò più a cercare ulteriori modi per fiaccare la resistenza inglese che non a predisporre una strategia d'invasione. Esaminata la proposta, precedentemente presentatagli da Brauchitsch, di inviare un corpo di spedizione in Libia a sostegno di un'offensiva italiana contro le basi inglesi presenti in Egitto, chiese a Ribbentrop quali fossero le possibilità di trascinare nel conflitto anche la Spagna. In realtà, Franco, poiché l'economia spagnola pagava ancora le conseguenze di tre anni di guerra civile, era riluttante ad avventurarsi in un conflitto di tali proporzioni.

Hitler non poteva esimersi dal preoccuparsi per la situazione nei Balcani. Dopo una settimana di colloqui tra Ungheria e Romania, a causa della contesa Transilvania, il 23 agosto, la guerra tra i due paesi sembrava imminente. La Romania chiese alla Germania di erigersi ad arbitro della disputa e Hitler, senza consultare Mosca (obbligo da assolvere in merito al trattato stipulato con Stalin), accettò. Nel frattempo ordinò all'esercito tedesco di tenersi pronto ad occupare i giacimenti petroliferi romeni per impedire che altri (l'Urss), in caso di situazione irreparabile, facessero altrettanto. Canaris aveva in zona già centinaia di agenti anti-sabotaggio. Quando, il 26 agosto, Brauchitsch si recò alla Berghof, Hitler gli spiegò la necessità di salvaguardare la Romania senza provocare ulteriormente i sovietici: voleva inoltre che dieci delle migliori divisioni dell'esercito fossero spostate nella Prussia Orientale.

Il giorno successivo, il colonnello Schmundt si recò in aereo proprio nella Prussia orientale per individuare un luogo dove stabilire il quartier generale del Führer in vista di una campagna contro la Russia.

Una sera, verso la fine dell'agosto 1940, nei cieli sopra Berlino, per la prima volta, comparvero alcuni aerei britannici che gettarono bombe incendiarie sulla città. Nelle prime ore del 29, alla Berghof giunse notizia che un'ulteriore incursione dell'aviazione britannica aveva causato la morte di 10 civili. Di fronte a tali, indesiderati sviluppi, Hitler tornò immediatamente nella capitale.

Sospettando che le sue proposte di pace non giungessero al popolo inglese, Hitler chiese a Rudolf Hess di riprendere segretamente contatto con i suoi amici britannici. Il 31, Hess discusse la missione affidatagli con il suo vecchio professore Karl Haushofer e, tre giorni più tardi, questi scrisse al figlio: "Come ben sai, tutto è pronto per un attacco alle isole britanniche, il Capo deve solo premere un pulsante...".

Hess chiese a Haushofer se vi fosse il modo di contattare il duca di Hamilton, nobiluomo scozzese con il quale si era incontrato in occasione dei giochi olimpici di Berlino, nel 1936.

Incubi notturni concernenti una morìa di innocenti bambini portarono Hess a escogitare soluzioni che lo indussero successivamente a recarsi da solo, alla guida di un aereo, fino in Gran Bretagna per negoziare una trattativa. Organizzò la cosa con molta cura e l'8 novembre, recatosi a Augsburg, presso la fabbrica *Messerschmitt*, ispezionò il nuovo caccia a lunga gittata, *Me-110*. Imparò a pilotarlo e, procuratasi una mappa della Gran Bretagna, predispose la rotta. Poi chiese alla casa madre di installare sul suo *Me* due supplementari serbatoi eludendo le domande dei curiosi con l'esigenza di intraprendere studi strategici sulle postazioni difensive inglesi. In un'altra occasione, il 20 aprile, Hess raccontò a Pintsch le proprie preoccupazioni di una guerra estesa a sovietici e americani, confidandogli la sua intenzione di contattare gli ambienti pacifisti inglesi. Stava inoltre, gli disse, preparando una lettera da consegnare al Führer dopo la propria partenza.

Sempre in aprile, Hess acquistò alcuni libri sulla costituzione britannica e, presso la sartoria Schwarz, in via Prielmayer a Monaco, un'uniforme grigio azzurra da capitano della *Luftwaffe*[125].

Hitler, non volendo contare solo sull'intervento di Hess, inviò a Stoccolma l'avvocato berlinese Ludwig Weissauer con l'incarico di riassumere a voce all'ambasciatore britannico le proposte della Germania. Queste comprendevano l'indipendenza politica di tutti gli stati europei occupati dai tedeschi, incluso lo stato polacco, ad eccezione della Cecoslovacchia. Inoltre si chiedeva un'unione economica europea comprendente la Gran Bretagna, assicurando la non ingerenza tedesca sull'impero coloniale ingle-

125 Nda. Quella uniforme della Luftwaffe gli costò circa 150 marchi. Per il superstizioso Hess essa aveva un significato quasi mistico. Partendo da quel negozio di Monaco, quella uniforme intraprese uno straordinario viaggio che terminò, 50 anni dopo, quando la polizia di Berlino la restituì al figlio ormai adulto. Alcuni militari inglesi l'avevano sottratta, pochi giorni prima della sua misteriosa morte, avvenuta nel 1987, dalla cella di Spandau in cui l'ufficiale novantatreenne si trovava recluso.

se. Il legale avrebbe dovuto mettere bene in evidenza che si trattava di un ultimo tentativo per evitare l'intensificarsi delle ostilità.

Per ordine di Churchill, Weissauer neppure venne ricevuto. La lettera privata che Hess fece inviare al duca di Hamilton, intercettata dai servizi segreti inglesi, convinse Churchill ad aumentare i raid aerei su Berlino. Il giorno successivo, Hitler annullò il divieto di bombardare Londra. La morìa di bambini presente negli incubi di Hess presto sarebbe divenuta realtà.

Il 4 settembre, Hitler tenne uno dei suoi più energici discorsi pubblici, nel quale irrise le profezie delle autorità britanniche circa una sua imminente destituzione. Riferì, ridendo, quanto le chiacchiere della propaganda londinese fossero piene di: "Abbiamo appreso che... È giunta voce da ambienti bene informati... Secondo il parere degli esperti... Si pensa che ci sia motivo di pensare che...".

Hitler continuò ricordando ironicamente come, quando la Germania aveva cacciato gli inglesi dalla Norvegia, la musica dei tabloid fosse mutata: "Volevamo solo attirare lassù i tedeschi. Bell'affare, abbiamo fatto!"

Hitler aggiunse che persino dopo la disfatta della Francia, la Gran Bretagna si era detta soddisfatta di dover finalmente difendere unicamente se stessa.

"E se adesso", concluse, "la Gran Bretagna è in preda alla curiosità e si chiede perché Hitler non la invada, la mia risposta è: calma, signori, sto arrivando!"

Quanto al bombardamento notturno delle città tedesche iniziato 3 mesi prima, Hitler annunciò che avrebbe presentato il conto: "Laddove loro attaccano le nostre città, noi raderemo al suolo le loro!"

Il 5, tuttavia, l'aviazione inglese attaccò nuovamente Berlino causando altre 15 vittime. A pranzo, il 6 settembre, apparve evidente che la pazienza di Hitler era al limite: "Il Führer", scrisse Goebbels nel proprio diario, "è stufo. Ha autorizzato i bombardamenti su Londra. Cominceremo stanotte".

Non ci è dato sapere con certezza se Göring fosse stato ufficialmente informato della decisione del Führer di attaccare l'Unione Sovietica, ma sicuramente, il 5 settembre, i collaboratori di Jodl notarono come il maresciallo del *Reich* non mostrasse alcun interesse per i preparativi di un' invasione delle isole britanniche "perché non ritiene che verrà concretizzata". Göring stabilì il proprio quartier generale sulla costa della Manica e diresse personalmente la nuova offensiva, che prese il via quella notte con il bombardamento dei moli e delle raffinerie di petrolio site a est di Londra.

L'aiutante navale di Hitler aveva privatamente informato Raeder che, in previsione di una campagna russa, si stava provvedendo a costruire un quartier generale del Führer.

Il 6 settembre Raeder giunse alla cancelleria con una serie di efficaci argomentazioni per un attacco tedesco alle posizioni britanniche nel Mediterraneo e un blocco navale e aereo dell'intera Inghilterra. Raeder avvertì inoltre Hitler dell'impossibilità di intraprendere simultaneamente un'offensiva contro la Gran Bretagna e l'Unione Sovietica. La marina preferiva che l'attacco venisse intrapreso allo sciogliersi dei ghiacci nel mar Baltico, perché questo avrebbe messo la marina sovietica in svantaggio di forze. Hitler assicurò all'ammiraglio Raeder che, pur senza invaderla, avrebbe cacciato la Gran Bretagna dal Mediterraneo già nel corso dell'inverno. E, per la prima volta, accennò al fatto che Germania e Italia dovessero assicurarsi punti di appoggio nelle Azzorre, nelle Canarie e nelle isole di Capo Verde. "La decisione del Führer circa un'invasione della Gran Bretagna non è definitiva..." riferì Raeder ai propri sottoposti. Hitler posticipò di altri tre giorni quell'importante risoluzione e la marina, con tatto, parlò di "condizioni atmosferiche anormali".

Quando, il giorno 14, riunì i suoi comandanti (con il feldmaresciallo Milch in rappresentanza di Göring, che si trovava sulla costa della Manica), Hitler fece in primo luogo un'analisi politica: "Mosca è insoddisfatta dell'andamento delle cose poiché sperava fossimo sconfitti". Quanto a lui, disse, stava concedendo aiuto militare alla Romania perché la Germania necessitava di greggio e alla Finlandia perché nel Baltico perdurasse un equilibrio di forze. Difficile prevedere il futuro: "Sono possibili anche nuovi conflitti". Non riteneva possibile che il lento riarmo degli Stati Uniti sortisse effetti prima del 1944, e sicuramente non intendeva prolungare la guerra fino ad allora. "Raggiunti i nostri obiettivi non c'è motivo di proseguire i combattimenti".

Da quel momento in poi, sarebbe stata una guerra di nervi, durante la quale la minaccia dell'invasione avrebbe a poco a poco logorato il popolo britannico. "Se 8 milioni di persone [Londra] perdono la testa, ciò può condurli alla catastrofe. Se le condizioni climatiche ci assisteranno e riusciremo a neutralizzare l'aviazione nemica, allora anche un'invasione su piccola scala potrà essere risolutiva".

Perciò Hitler propose di attendere ancora qualche giorno prima di cancellare definitivamente l'operazione. Se i piani d'invasione fossero stati annullati, precisò, la notizia, laddove avesse raggiunto le orecchie del nemico, ne avrebbe favorita la resistenza. Egli, tuttavia, non avrebbe consentito bombardamenti a tappeto sulle zone residenziali di Londra, come Jeschonnek aveva suggerito: "Vi arriveremo solo come ultima e inevitabile rappresaglia".

Tre giorni dopo, Hitler procrastinò l'invasione fino a nuovo ordine. I suoi comandanti erano ormai coscienti del vero significato dei continui rinvii: da quel momento in poi l'invasione dell'Inghilterra doveva essere solo una minaccia. In realtà la mente di Hitler era altrove.

Nel settembre 1940 i diplomatici esteri a Mosca riferirono di un crescente malumore russo nei confronti del Führer, a causa del controverso arbitrato di Vienna[126] e delle garanzie politico-militari offerte alla Romania, reputate anti-sovietiche dal governo russo. Nelle caserme dell'Armata Rossa predominavano caricature dell'idra nazista (Hitler e Göring) e del vorace squalo fascista (Mussolini). I servizi segreti tedeschi erano venuti a conoscenza di una riunione del Soviet Supremo, avvenuta il 2 agosto, durante la quale era stato raccomandato di diffidare dei tedeschi, perché alcune informazioni "danno certo un loro attacco contro l'Urss".

126 Ndt. Con il nome di primo arbitrato di Vienna è noto il lodo arbitrale del 2 novembre 1938 con cui l'Italia fascista e la Germania nazista obbligarono la Cecoslovacchia a cedere vaste porzioni della Slovacchia meridionale e della Rutenia all'Ungheria. Col nome di secondo arbitrato di Vienna è noto il lodo arbitrale del 30 agosto 1940 con cui i paesi di cui sopra obbligarono la Romania a cedere una parte della Transilvania all'Ungheria.

"In effetti", era stato detto ancora in seno al Soviet Supremo, "dobbiamo anticiparli nell'offensiva prima di subire la loro".

Il 6 settembre, Brauchitsch in persona firmò un ordine relativo al programma di ridimensionamento e ridistribuzione delle forze dislocate a ovest, che prevedeva lo spostamento ai confini orientali della Quarta e della Seconda armata, convogliate nella Diciottesima. In questo modo, il numero delle divisioni presenti alla frontiera est sarebbe salito a 35. Quello stesso giorno, Jodl ordinò all'*Abwehr* di far pervenire agli agenti sovietici false informazioni che indicassero il grosso delle truppe all'estremità meridionale del fronte: "i russi dovranno trarre la conclusione che stiamo predisponendo un'azione difensiva, atta a preservare i Balcani da una loro eventuale offensiva".

In effetti, i collaboratori di Jodl raccomandavano che, per motivi strategici, l'azione contro l'Urss fosse inizialmente concentrata a nord. Lì, spiegò il colonnello Lossberg nel piano operativo da lui proposto (la già citata *Operazione Fritz*) e sottoposto a Jodl in quello stesso mese di settembre, c'erano strade migliori, una rete ferroviaria maggiormente sviluppata e l'influenza sovietica poteva essere rapidamente cancellata. Soprattutto, l'attacco a nord avrebbe rapidamente portato Mosca e Leningrado a tiro delle armi tedesche. Si sarebbe dovuto però impedire ai sovietici di ritirarsi nell'entroterra, come avevano fatto nel 1812 davanti all'avanzata napoleonica.

L'*Operazione Fritz*, senza dubbio, costituì la base della successiva strategia di Hitler contro l'Urss. Il principale attacco a nord delle paludi del Pripet venne proposto dal colonnello in questi termini: "Un'offensiva condotta da due gruppi di armate sulla linea del fronte che va da est di Varsavia a Königsberg, con la maggiore concentrazione nella zona sud (intorno a Varsavia e alla Prussia Orientale) dove sarebbe disponibile anche il grosso delle unità corazzate e meccanizzate". Lossberg prevedeva che la resistenza a sud delle suddette paludi sarebbe stata più debole a causa dell'irrequietezza delle popolazioni fomentate dalla propaganda nazista. La successiva strategia della campagna doveva dipendere dal se e quando l'Urss avesse ceduto alla forza d'urto tedesca.

A Mosca, rimaneva la sola possibilità di anticipare l'offensiva in modo da sconvolgere i preparativi tedeschi d'invasione prima che venissero ultimati, oppure di occupare i giacimenti petroliferi romeni servendosi di truppe aviotrasportate. Compito di una futura missione militare tedesca in Romania sarebbe stato proprio di prevedere e scoraggiare questa possibile mossa sovietica. Secondo Lossberg, tuttavia, per motivi politici i russi sarebbero stati costretti a contrastare l'esercito tedesco sul confine: in caso contrario, avrebbero dovuto abbandonare le posizioni, da poco conquistate, ai fianchi del Baltico e del Mar Nero.

In Romania, durante la crisi provocata dall'arbitrato di Vienna, il sovrano aveva abdicato e il rigido generale Ion Antonescu, salito al potere, aveva chiesto riservatamente al Führer di modernizzare l'esercito romeno con carri armati e artiglieria tedesca, fornendogli ufficiali di Stato Maggiore. In cambio, egli avrebbe schierato le proprie forze armate sulla frontiera russa e non su quella ungherese. Il 19 settembre, l'*OKW* precisò in un documento che gli "incarichi effettivi" (da non rivelarsi ai membri della delegazione romena, né a quelli della missione tedesca) erano:

Proteggere i pozzi petroliferi. 2. Permettere alle forze romene di portare a compimento incarichi specifici in linea con gli interessi della Germania. 3. Preparare le operazioni degli eserciti tedesco e romeno, partendo da basi in territorio romeno, nell'eventualità che si fosse costretti a un conflitto con i sovietici.

In ogni caso, non va dimenticato che, fino a quel momento, nessun ordine di aggressione all'Urss era stato emanato. Hitler stava solo oliando la propria macchina bellica.

Molotov

È quasi impossibile decifrare la politica estera di Hitler nelle sei settimane che precedettero la visita a Berlino di Molotov, avvenuta nel novembre del 1940. Il Führer si consigliò con gli italiani e gli spagnoli sul modo migliore per colpire l'impero britannico nelle province, fece confluire il Giappone nell'Asse con un patto Tripartito[127] e prese in considerazione persino un'alleanza con la Francia di Pétain. Ma come inquadrare i suoi tentativi di attirare nel Patto Tripartito anche l'Unione Sovietica?

La spinta a favore di quella soluzione alternativa provenne dall'ammiraglio Raeder. Verso i primi di settembre, questi aveva esaminato con Hitler le opzioni strategiche che si presentavano alla Germania. Il 26 settembre, quando incontrò il Führer per un colloquio privato sull'argomento, si disse convinto che vi fossero altri modi, al di là dell'uso della forza, per sedare l'Unione Sovietica. La Germania avrebbe dovuto estromettere la Gran Bretagna dal Mediterraneo e quindi fornire assistenza all'Italia per la conquista del Canale di Suez e per una successiva campagna in Palestina e Siria. In quel modo, anche la Turchia sarebbe stata alla mercé della Germania. "Allora la questione sovietica assumerebbe connotati diversi. Fondamentalmente, la Russia teme la Germania", dichiarò Raeder, trovando concorde il Führer. "In questo futuro scenario non sarebbe necessario un conflitto con loro".

Hitler parve apprezzare l'ipotesi proposta: una volta messo in atto quel piano, si sarebbe potuto spingere Stalin a volgersi contro Persia e India, possedimenti inglesi, per i sovietici più importanti del Baltico.

Quando l'ammiraglio se ne fu andato, Hitler disse al proprio aiutante navale, Puttkamer, che quel colloquio, oltre a essere stato illuminante, aveva rafforzato alcune sue convinzioni. Quanto alla cooperazione franco-tedesca, il maggior ostacolo veniva dall'interesse che Spagna e Italia palesavano su alcuni possedimenti francesi in Africa. Hitler rimandò la decisione definitiva su quel punto fino al momento in cui avrebbe potuto confrontarsi con Mussolini e gli esponenti delle nazioni interessate.

Non meraviglia che l'esasperato redattore del diario di guerra dell'Alto Comando, si sia lagnato: "Ultimamente la politica del nostro comando sembra essere dettata solo dal riguardo per i

127 Ndt. Il Patto Tripartito, 27 settembre 1940 fu sottoscritto a Berlino dal governo del III Reich tedesco, dal Regno d'Italia e dall'Impero del Giappone al fine di riconoscere le aree di influenza in Europa ed Asia.

sentimenti del maresciallo del *Reich* e degli italiani".

Alla fine del settembre 1940, Hitler era ormai sicuro di una cosa: qualora la Spagna, entrata in guerra, si fosse impadronita di Gibilterra e la Francia fosse stata convinta a entrare nella coalizione, egli avrebbe portato a compimento "un imbroglio in grande stile", come ebbe a dire a Ribbentrop. Ogni partecipante sarebbe stato lasciato nella beata convinzione che i suoi desideri fossero stati ampiamente soddisfatti.

Il primo a essere tratto in inganno fu Mussolini, che il Führer incontrò il 4 ottobre al Brennero. Hitler, astutamente, gli chiese di attirare la Spagna nel conflitto con l'impegno di esaudire, nel trattato di pace definitivo con la Francia, le rivendicazioni coloniali italiane: a Mussolini furono promesse Nizza, la Corsica e Tunisi. Ci sarebbe stato, insomma, di che spartire per ogni membro della coalizione.

Rifugiatosi alla Berghof, Hitler oziò per 3 giorni riflettendo sulla nuova strategia politica. La sua tabella di marcia era definita: in primo luogo gli sarebbe piaciuto incontrare a Berlino l'ex ambasciatore francese Poncet, per il quale nutriva una certa simpatia; poi avrebbe iniziato un lungo giro che lo avrebbe condotto in Francia da Pétain, in Spagna da Franco e nuovamente in Francia per definire i termini della loro futura collaborazione.

Per prima cosa, però, avrebbe scritto a Stalin per tentarlo con l'offerta di una parte dell'eredità britannica, in cambio della partecipazione sovietica alla coalizione.

"Se questa mossa va a buon fine", disse a Brauchitsch, "potremo muoverci tutti contro la Gran Bretagna".

Hitler diede incarico a Göring di accertare che i contratti russi con le industrie tedesche fossero rispettati, in modo che Stalin non avesse motivo di lagnanza. Nel contempo, autorizzò la *Luftwaffe* a intraprendere delle estese missioni di ricognizione fotografica sul territorio sovietico. Il 9 ottobre Hitler si trovava a Berlino, presso la cancelleria. Ribbentrop gli suggerì un incontro al vertice tra lui e Stalin, ma fece anche notare che quest'ultimo sarebbe stato restìo a spostarsi. Il 13, Hitler dettò una lettera a Stalin nella quale invitava Molotov a recarsi a Berlino quanto prima, così da discutere gli obiettivi comuni che potevano essere perseguiti.

Il 12 ottobre, Hitler inviò alle Forze Armate un messaggio riservato che annullava i progetti d'invasione della Gran Bretagna. "Lasciamo che gli inglesi dicano ciò che vogliono: la situazione a Londra non sarà certo delle migliori...", affermò il 14, con gioia maligna, a un ministro italiano in visita a Berlino. "Attendiamo e vediamo a cosa sarà paragonabile Londra nell'arco di due tre mesi. Se non posso invaderli, quantomeno ne distruggerò le industrie!" Le fotografie aeree che i bombardieri tedeschi portavano indietro, testimoniavano l'estensione dei danni subiti, notte dopo notte, dalla Gran Bretagna.

Ciò che lasciava Hitler perplesso era la totale mancanza di un piano o di uno scopo dietro l'offensiva aerea britannica. Lui aveva temuto poderosi attacchi contro le sue raffinerie di petrolio; invece, Churchill attaccava la popolazione civile infliggendo danni trascurabili allo sforzo bellico della Germania. La spiacevole consapevolezza che, fino a quel momento, non sussistesse rimedio alle incursioni notturne del nemico, presentò a Hitler una serie di nuovi problemi. Se a Berlino si avvicinava un solo aereo, le sirene dovevano mandare di corsa l'intera città ai rifugi? Nella notte del 14 accadde un episodio che fece infuriare Hitler: un cessato allarme, seguito da un nuovo allarme perché altri bombardieri nemici si avvicinavano da Magdeburgo. I degenti degli ospedali della capitale furono costretti due volte a scendere nei rifugi, un disagio che non aveva preventivato di dover infliggere al popolo tedesco. Il giorno seguente convocò Milch ordinandogli di far qualcosa in proposito. Hitler, quella sera, era ben contento di lasciare Berlino e immergersi nella tranquillità della Berghof.

A Berchtesgaden, il suo unico impegno di una certa rilevanza fu una visita privata della principessa italiana Maria Josè, l'elegante consorte del principe ereditario Umberto e sorella di re Leopoldo del Belgio.

Il pomeriggio del 17, Hitler la invitò per un tè al *Nido dell'aquila* e, durante l'incontro, la principessa lo pregò di rilasciare i prigionieri belgi. Di fronte al rifiuto del Führer, ella insistette al punto che Hitler, colpito dalla sua risolutezza, non appena la donna si fu allontanata, esclamò: "Ella è l'unico vero uomo di casa Savoia!"

Verso la mezzanotte del 20 ottobre 1940, Hitler lasciò la Baviera sul suo treno speciale *Amerika*, iniziando un viaggio che, nella settimana successiva, gli avrebbe fatto percorrere circa 6.000 chilometri. Gli esponenti governativi francesi ancora non sapevano che il Führer intendesse incontrarli. Il treno si fermò nella stazione di Montoire alle

18.30 del 22 ottobre. Alle 19.00 arrivò, in auto, il piccolo e tarchiato Pierre Laval[128]. Nel vagone ristorante, Hitler gli manifestò il desiderio di conferire direttamente con Pétain per discutere sulla futura collaborazione tra i due paesi e Laval gli confermò che anche egli voleva una disfatta inglese. La Gran Bretagna, disse Laval, trascinata la Francia in una guerra indesiderata, dopo averla abbandonata al suo destino, ne aveva infangato l'onore a Mers el Kébir e, più recentemente, a Dakar[129]. Laval promise che entro 48 ore si sarebbe presentato con Pétain.

Il tenore del colloquio con Pétain sarebbe dipeso dalla disponibilità del generale Franco a entrare in guerra. Alle 16:00 del 23, l'*Amerika* era già giunto nella città di confine di Hendaye. Il convoglio in cui viaggiava Franco andò a fermarsi su una corsia adiacente, laddove terminavano i binari a scartamento ridotto delle ferrovie iberiche. La discussione che seguì avrebbe ossessionato

128 Ndt. Pierre Laval (Châteldon, 28 giugno 1883 – Fresnes, 15 ottobre 1945) è stato un politico francese. Fu il Primo ministro della Francia per quattro volte: la prima volta dal 27 gennaio 1931 al 14 gennaio 1932, la seconda volta dal 14 gennaio al 20 febbraio 1932, la terza volta dal 7 giugno 1935 al 24 gennaio 1936 e la quarta volta dal 18 aprile 1942 al 20 agosto 1944. Dopo la fine della seconda guerra mondiale fu processato e condannato a morte per il suo ruolo di primo piano nella Repubblica di Vichy e per essere stato il principale responsabile della politica di collaborazione con la Germania nazista. La sentenza venne eseguita tramite fucilazione il 15 ottobre del 1945.

129 N.dt. Il bombardamento di Dakar avvenne il 22 settembre 1940 ad opera di una squadra navale inglese comprendente anche soldati agli ordini del generale Charles De Gaulle. Egli era convinto che, alla sola vista delle bandiere con la Croce di Lorena, gli abitanti e i militari francesi si sarebbero arresi e uniti entusiasticamente alla sua causa. Invece la flotta fu respinta a cannonate per due giorni consecutivi nonostante i reiterati tentativi di sbarco. Alla fine la flotta abbandonò i tentativi e ripiegò su Freetown.

Hitler fino al suo ultimo giorno di vita. In seguito egli disse a Mussolini: "Preferirei farmi cavare tre o quattro denti piuttosto che affrontare nuovamente un'esperienza del genere".

Invano aveva cercato di persuadere il dittatore spagnolo a stringere un'alleanza seduta stante e a permettere alle truppe tedesche di prendere Gibilterra. Franco, che nutriva dubbi sulla vittoria dell'Asse, riuscì a non farsi prendere all'amo. Hitler controllò a stento la propria rabbia quando il ministro degli Esteri spagnolo, dimostrando una totale mancanza di tatto, lo interruppe diverse volte, proprio mentre Franco sembrava sul punto di cedere e accettare le sue proposte.

D'un tratto, Hitler, alzatosi bruscamente, aveva detto che era inutile seguitare a parlare, ma il colloquio si protrasse comunque fino all'ora di cena. Dialogò con Franco fino a notte fonda delle necessità del suo paese di armi, carburante e viveri. Quando, alle 2:15 del mattino, il treno di Franco lasciò la stazione accompagnato dalle note dell'inno nazionale spagnolo, il *Caudillo* non era più propenso a entrare nell'Asse di quanto lo fosse appena arrivato. Come apparve evidente a quanti lo avvicinarono durante il viaggio di ritorno, il Führer era furioso. Continuava a borbottare qualcosa su un "porco gesuita" e sul "malriposto orgoglio" degli iberici. Nelle settimane che seguirono, la sua rabbia mutò in disprezzo. "Alle mie dipendenze, Franco non sarebbe diventato neppure un piccolo funzionario di partito", disse sarcasticamente ai collaboratori di Jodl.

Alle 15:30 del seguente 24 ottobre, Hitler si trovava nuovamente a Montoire. Dopo pranzo scese nervosamente dal treno per accertare che un'adeguata guardia d'onore stesse aspettando "il vincitore di Verdun[130]".

Pétain scese dalla propria auto indossando un lungo pastrano militare e un berretto rosso da generale, dal quale si intravedeva la capigliatura grigia. Laval lo seguiva. Pétain era compiaciuto per

130 Ndt. La battaglia franco-tedesca di Verdun (21 febbraio – 19 dicembre 1916) fu una delle più grandi di tutti i tempi e sicuramente la più lunga. Inizialmente ebbero la meglio i tedeschi, ma grazie al generale Pétain, nominato comandante della piazza di Verdun, le sorti degli scontri furono rovesciate. Il 19 dicembre si sancì la vittoria dei francesi e Pétain fu accolto in patria come un eroe.

l'accoglienza tedesca, ma l'unica cosa che fu possibile strappargli fu la conferma, in linea di principio, della disponibilità del suo paese a collaborare con la Germania. Il portamento militare di Pétain aveva accresciuto l'ammirazione che Hitler aveva per lui. In seguito, dichiarò: "La Francia dovrebbe andare fiera di un simile leader, un uomo che desidera il meglio per la propria nazione".

Riteneva che i colloqui di Montoire avessero realizzato quanto si era ripromesso di ottenere da quel viaggio, convinzione che, tra l'altro, traspare dal primo paragrafo dell'ordine da lui successivamente indirizzato alle forze armate:

L'obiettivo della mia politica nei confronti della Francia è riuscire a creare un'efficace collaborazione futura contro la Gran Bretagna. Per il momento la Francia ricoprirà il ruolo di paese non belligerante obbligato a tollerare le azioni militari intraprese dai comandi tedeschi presenti nel suo territorio, in particolare nelle colonie africane, e ad appoggiare queste iniziative, laddove necessario, supportandoci con operazioni di difesa del suo esercito.

Quella notte l'*Amerika* rimase nella stazione di Montoire. Hitler aveva stabilito di tornare a Berlino, ma si verificò un evento inaspettato: Hewel gli portò una lunga lettera di Mussolini appena trasmessa, in codice, dal servizio telescrivente dell'*OKW*. La missiva, che trasudava gelosia, recava la data di 5 giorni addietro e conteneva un appassionato appello del Duce, che esortava il Führer a recedere dal suo pericoloso interesse per la Francia. Quanto ai piani italiani, Mussolini sosteneva che la minaccia inglese incombente sulla Grecia fosse paragonabile a quella che Hitler aveva sventato in Norvegia. "Per quanto riguarda la Grecia", diceva Mussolini, "sono deciso ad agire senza esitazione. Con estrema rapidità e risolutezza".

Hitler ne fu turbato e ordinò a Ribbentrop di organizzargli, entro pochi giorni, un incontro in Italia con il Duce. Gli italiani non dovevano assolutamente attaccare la Grecia in quel momento, alla vigilia delle piogge autunnali e della neve! Sarebbe stata "pura follia", un invito alla Gran Bretagna a occupare Creta e le altre isole greche, da dove l'aviazione britannica avrebbe potuto facilmente raggiungere i pozzi petroliferi romeni.

Il 4 ottobre, durante il suo incontro al Brennero con Mussolini, in un certo senso Hitler aveva appoggiato l'occupazione italiana della Grecia, ma solo se si fosse resa necessaria per prevenire un'invasione britannica.

Qualche giorno prima, l'*Abwehr* aveva riferito di un probabile attacco italiano alla penisola ellenica e venerdì 25 ottobre, l'addetto militare tedesco a Roma telegrafò che il maresciallo Badoglio in persona lo aveva informato del fatto che, pervenuta loro la notizia di un'imminente invasione inglese in Grecia, l'Italia stava prendendo tutte le misure necessarie per intervenire, non appena il primo soldato britannico avesse calpestato il suolo greco.

Badoglio lo aveva comunque rassicurato: "Nel caso di una simile evenienza vi informeremo preventivamente".

Il treno di Hitler arrivò a Monaco nella tarda serata di sabato. I due importantissimi dispacci giunti a Berlino da Roma la domenica sera (la notizia, fornita dall'addetto militare, che l'Italia avrebbe attaccato la Grecia il mattino seguente e il rapporto dell'ambasciatore sulla comunicazione, al riguardo, fatta da Ciano, alle ore 21:00) furono decodificati il lunedì mattina, e non vennero consegnati al Führer che, alle 6:00, era già partito in treno alla volta di Firenze. Alle 5:30, l'esercito di Mussolini aveva già invaso la Grecia.

La sorprendente notizia raggiunse Hitler a Bologna. Fino a quel momento, il Führer si era proposto di convincere il Duce a non muovere alcun attacco, ma voleva, se necessario, poter dare all'alleato il suo parere sulla conduzione di un'eventuale offensiva e, all'occorrenza, predisporre un'azione delle truppe aviotrasportate tedesche contro Creta con l'ausilio di guarnigioni già dislocate in Nord Africa. Dopotutto, Creta era la chiave del dominio sul Mediterraneo orientale. Tuttavia, quando alle 11:00 Hitler giunse a Firenze, aveva superato il profondo disappunto per la sconsiderata mossa dell'alleato, anche se gli fu difficile controllare la rabbia, allorché Mussolini, avvicinatosi con passo marziale gli disse in tedesco: "*Führer, wir marschieren*!" (siamo in marcia).

I timori di Hitler si dimostrarono fondati. L'Italia aveva impiegato poche forze in quella campagna. Così le truppe britanniche sbarcarono a Creta e, il 3 novembre, i primi reparti inglesi si insidiarono sul territorio. Una settimana più tardi, Hitler fu costretto a chiedere alla *Wehrmacht* di predisporre un'offensiva contro la Grecia per togliere dai guai il Duce. Il programma tedesco per la primavera del 1941, pieno di importanti operazioni belliche da attuarsi a Est e Ovest, era così finito in frantumi.

Per quanto vi fossero state avvisaglie su quanto sarebbe accaduto, Hitler, condizionato da una cieca fiducia in Mussolini, non vi aveva dato credito. Anche Ribbentrop non era esente da colpe. Puttkamer, aiutante navale di Hitler, riferì in seguito che il suo capo si era rifiutato di dare ascolto a molti segnali premonitori. Già il 18 ottobre i collaboratori di Jodl ne avevano ricevuto notizia, poiché, il giorno precedente, a Roma, un colonnello dello Stato Maggiore generale aveva confidato a un ufficiale di collegamento tedesco che l'offensiva italiana avrebbe avuto inizio otto dieci giorni dopo. Un importante funzionario del ministero degli Esteri aveva quindi preparato un dispaccio per l'ambasciatore tedesco a Roma, ordinandogli di inoltrare un'energica protesta al governo italiano, ma Ribbentrop aveva bloccato l'iniziativa asserendo che l'ambasciatore avrebbe dovuto inviare a Ciano "un'amichevole richiesta di spiegazioni". Hitler aveva visto il rapporto integrale redatto dall'ambasciatore sul colloquio intercorso con Ciano, nel corso del quale quest'ultimo aveva detto: "L'Italia ha la più completa libertà d'azione nei confronti della Grecia: il Führer stesso l'ha concessa al Duce".

Quelle parole avevano spinto Ribbentrop a telefonare al proprio rappresentante per annullare persino il telegramma inerente "all'amichevole richiesta di spiegazioni". La decisione finale di Hitler era incentrata su una piena fiducia nel governo italiano, tant'è che a Roma non venne inviata alcuna richiesta di giustificazioni.

Grazie a Mussolini, dunque, nelle due settimane che seguirono e che culminarono con l'arrivo di Molotov a Berlino, Hitler perse l'iniziativa. Esaminati con scarso entusiasmo diversi piani di iniziative periferiche, si pentì di non aver invaso la

Gran Bretagna. Durante questo periodo di indecisione, furono mantenuti semplicemente il blocco navale e le incursioni della *Luftwaffe*, che già erano costate alla Gran Bretagna 14.000 vittime. Qualche tempo prima, mentre di ritorno dall'incontro con Franco stava attraversando la Francia, Hitler aveva telegrafato all'ammiraglio Dönitz, comandante della flotta di *U-Boot* tedesca, chiedendogli di raggiungerlo sul treno. Nell'occasione, gli aveva ordinato di far costruire due enormi protezioni in cemento per proteggere dagli attacchi aerei nemici le basi sottomarine site nella Francia occidentale.

L'alleanza dell'Asse aveva vissuto giorni migliori. Per tutta l'estate, l'esercito aveva incoraggiato Hitler a concedere all'Italia alcune unità corazzate per assicurarle la vittoria in Egitto: all'incontro avvenuto al Brennero, il Duce aveva lasciato intendere che i blindati tedeschi gli sarebbero stati utili e Hitler aveva così predisposto l'invio della Terza Divisione Corazzata per facilitare l'occupazione italiana di Marsa-Matrûk. Inoltre, l'esercito aveva inviato in Nord Africa un generale dei corpi corazzati con l'incarico di effettuare indagini in loco. Quando, ai primi di novembre, quegli presentò rapporto al Führer, quest'ultimo aveva già deciso di lasciar cuocere gli italiani nel loro brodo per tutto l'inverno. Quel rapporto fu la goccia che fece traboccare il vaso. Hitler cancellò qualsiasi sostegno agli italiani in Nord Africa e ordinò che le operazioni proseguissero esclusivamente sul piano teorico.

Per ironia della sorte, fu proprio al generale Rommel che il Führer dichiarò seccamente: "Non impiegherò in Nord Africa un uomo, né un pfenning".

Alcuni giorni dopo, la disfatta degli italiani fu completa. La marina italiana, piuttosto che rischiare la propria flotta in un attacco contro Creta, aveva preferito trattenerla in porto, ma un drappello di aerosiluranti britannici, attaccato il porto di Taranto, danneggiò seriamente 3 navi da battaglia, tra cui la più moderna corazzata *Mussolini*.

La mancanza di fermezza strategica di Hitler si manifestò chiaramente il 4 novembre, nelle incoerenti discussioni con i comandanti supremi e nel conseguente ordine che la *Wehrmacht* emise una settimana dopo. Hitler disse ai comandanti che voleva ottenere l'entrata in guerra della Spagna e prendere Gibilterra non appena portati a termine i necessari negoziati. Per quanto concerneva i Balcani, bisognava approntare una strategia di occupazione della Grecia settentrionale (Macedonia e Tracia), nel caso se ne presentasse la necessità. Nonostante fosse palese che il Führer desiderasse conquistare i Dardanelli, il 4 novembre dichiarò ad Halder: "Non scenderemo ai Dardanelli finché la Russia non sarà sconfitta".

L'Unione Sovietica restava l'unica frontiera in cui Hitler potesse apertamente prendere l'iniziativa e nella sua lista delle priorità essa si collocava prima dell'invasione delle isole britanniche. A fine ottobre, un collaboratore di Jodl aveva scritto: "Non è stato diramato alcun ordine per muoversi a est, né per il momento se ne prevede alcuno". L'Alto Comando della marina riteneva ottimisticamente che "l'invasione dell'Est, data la situazione attuale, non è più da considerarsi probabile". Eppure, il 4 novembre Hitler disse ad Halder che l'Urss rimaneva il nodo dei problemi europei: "Tutto deve essere fatto, in modo da essere pronti per l'azione decisiva".

Cosa aveva provocato quel commento del Führer? Pare che il partito gli avesse rammentato i presupposti della vera missione. L'ultimo giorno di ottobre, il gerarca nazista Arthur Greiser si era lamentato del fatto che gli sguardi del popolo tedesco erano adesso rivolti a Occidente, ma lo "spazio vitale" poteva scaturire solo da conquiste territoriali a Oriente.

"Il Führer ha concordato sull'esattezza di quell'opinione", annotò Bormann, "e ha messo in evidenza che, quando la pace sarà ripristinata, ogni giovane capace dipendente statale che nutra ambizioni, dovrà lavorare per alcuni anni nei territori orientali".

Alla vigilia dell'arrivo a Berlino di Molotov, Hitler fece visita al feldmaresciallo Fedor Bock, neo-comandante in capo a Est. Questi, dall'ospedale in cui trascorse la convalescenza, scrisse:

"Il Führer è venuto a farmi visita ed è stato seduto per mezz'ora accanto al mio letto, molto amichevole e preoccupato. Abbiamo esaminato nei dettagli la situazione generale. È adirato per la scappatella italiana in Grecia... La conseguenza ultima, e del tutto indesiderata, è che i pozzi petroliferi romeni saranno minacciati dall'aviazione inglese dislocata a Salonicco. Il pericolo è tale, che potremmo essere obbligati a prendere adeguate contromisure... Cosa accadrà a Est permane un quesito senza risposta; le circostanze potrebbero spingerci a un intervento per prevenire sviluppi ancora più tragici".

La visita di Molotov fu decisiva su molte cose. Nella direttiva riservata che il 12 novembre Hitler inviò ai propri comandanti, avallò queste parole: "Unione Sovietica. Sono in corso colloqui al fine di valutare quale possa essere l'atteggiamento dell'Urss nei prossimi mesi. Tutti i preparativi concordati a Est devono proseguire, indipendentemente dal risultato di questa valutazione".

Il ministro degli Esteri sovietico arrivò alla stazione Anhalt con una nutrita guardia del corpo. Weizsäcker descrisse gli uomini che la componevano come "facce da manigoldi, ideali per un film": gli pareva sconsolante che 130 milioni di sovietici fossero rappresentati da quella teppaglia. Molotov si accompagnava a un giovane graduato che, pur fungendo in apparenza da interprete, non rivolse parola ai tedeschi. Weizsäcker scrisse nel suo diario: "È palese quanto ci temano. Molti di loro citano Bismarck e le sue idee in merito a una collaborazione russotedesca". E ancora, qualche giorno a seguire: "Finché è guidato da funzionari come quelli che abbiamo incontrato, quel paese è meno temibile di quando erano al potere gli zar".

Dai colloqui con la Gran Bretagna del 1938, antecedenti Monaco, Hitler non aveva più udito un linguaggio duro come quello usato da Molotov il 12 e 13 novembre. Come Ribbentrop prima di lui, Hitler arringò il ministro sovietico quasi si trovasse a un raduno del partito: se l'Urss desiderava una parte del bottino derivante dalla futura disfatta inglese, quello era il momento di dichiarare la propria solidarietà alle potenze del Patto Tripartito. Il Führer asserì pure di comprendere il desiderio sovietico di avere uno sbocco verso il mare e suggerì che, per conseguire un tale fine, la Russia dovesse espandersi a sud, da Batum e Baku, verso il Golfo Persico e l'India; la Germania avrebbe invece controllato i Dardanelli e parte del continente africano. Quanto all'interesse russo per i Dardanelli, Hitler dichiarò nuovamente la propria disponibilità a chiedere una revisione della Convenzione di Montreux[131] del 1936 che regolava il transito nello stretto, per allinearla alle esigenze sovietiche.

Molotov avanzò per contro ulteriori e sorprendenti richieste. L'Urss voleva annettere l'intera Finlandia, paese che, in fin dei conti, gli era stato assegnato nell'accordo firmato con Ribbentrop nel 1939. Ma Hitler abbisognava delle forniture finlandesi di nichel e legname. Quando Molotov annunciò l'intenzione russa di proporre alla Bulgaria un patto di non aggressione che avrebbe permesso la costruzione di una base sovietica in prossimità dei Dardanelli, Hitler chiese ironicamente quando mai la Bulgaria avesse chiesto loro un aiuto del genere. Più tardi, sollecitato a dare risposta alle rivendicazioni sovietiche, il Führer si riservò di consultare prima Mussolini. Tutti i colloqui tra Hitler e Molotov vennero interrotti innanzi tempo dalle sirene degli allarmi antiaerei e il giorno 13, persino la cena all'ambasciata sovietica subì l'identico epilogo. Ribbentrop invitò Molotov nel rifugio in cemento armato posto sotto la propria abitazione, e lì il ministro sovietico gli rivelò che Mosca non avrebbe mai integralmente rinunciato alle ambizioni sugli accessi marini del Baltico: il Kattegat e lo Skagerrak.

---

131 Ndt. La convenzione di Montreux venne firmata nell'omonima cittadina svizzera il 20 luglio 1936 da Turchia, Francia, Grecia, Bulgaria, Giappone e Unione Sovietica. L'Italia vi aderì il 2 maggio 1938. Scopo della convenzione era di regolamentare la navigazione e il passaggio attraverso lo Stretto dei Dardanelli, il Mar di Marmora e il Bosforo.

Quando Ribbentrop riferì la cosa al Führer, questi ne rimase sbalordito. "Molotov ci chiese basi militari in territorio danese per affacciarsi sul Mare del Nord", avrebbe rievocato Hitler nella sua ultima settimana di vita. "Aveva pretese precise. Voleva Costantinopoli, la Romania e la Finlandia; meno male che sosteneva che noi saremmo stati i vincitori della guerra!"

Mentre all'opinione pubblica veniva fatto intendere che i colloqui avessero condotto a qualcosa di proficuo, negli uffici della cancelleria non c'era dubbio che, da quel momento, le strade dei 2 paesi si sarebbero divise.

Benché irrevocabile e sciagurata nelle conseguenze, la decisione che Hitler prese in quei giorni non fu da lui mai rimpianta. Neppure nei momenti della disfatta finale.

Operazione Barbarossa

Tra i principali consiglieri di Hitler, si manifestavano opinioni discordanti sulla campagna di Russia. Ribbentrop non vedeva alternative, Brauchitsch, ovviamente, non vi si opponeva e Jodl la riteneva inevitabile. Al contrario, Keitel si mostrava restio, ma solo Göring e Raeder avanzarono obiezioni logiche. Fu probabilmente Himmler, in un discorso tenuto a novembre ai funzionari del popolo, ad avvicinarsi maggiormente al punto di vista del Führer:

"Fino ad ora, profittando del patto [di amicizia russo-tedesca], l'Urss ha soggiogato paesi e nazioni, Finlandia esclusa, senza colpo ferire, ampliando notevolmente i propri confini occidentali e meridionali. La sua voracità minacciava di crescere in modo sconsiderato, perciò abbiamo avvertito l'esigenza di meglio definire, entrambi, i reciproci interessi. Nella sua ritardata visita a Berlino, Molotov ha ricevuto le necessarie indicazioni. Se ciò che ho udito corrisponde a verità, Stalin per il momento è impreparato a muovere guerra perché il nostro esercito, più attrezzato, gli infliggerebbe un severo castigo. Il nostro atteggiamento sarà efficace sia per i suoi aggressivi intendimenti nei confronti della Finlandia, sia per una qualsiasi ulteriore espansione sovietica a sud o a sud-est. Alla Russia sarà possibile iniziare azioni militari solo con il consenso del Führer. Per dare forza alla nostra volontà abbiamo schierato molte divisioni dell'esercito lungo i confini orientali, affinché Mosca comprenda che non stiamo scherzando... Militarmente, l'Unione Sovietica è innocua. Il suo corpo ufficiali è tanto scadente da non pareggiare in addestramento neppure i nostri sottufficiali e il suo esercito è male equipaggiato. Essi non possono rappresentare un pericolo per noi".

Trascorsero meno di dieci giorni e parve chiaro che gli obiettivi sovietici erano inconciliabili con quelli della Germania. Ribbentrop aveva sottoposto a Mosca una conciliazione che non si discostava da quanto Hitler aveva verbalmente comunicato a Molotov: l'espansione territoriale tedesca sarebbe avvenuta in Africa, quella dell'Italia nell'Africa del Nord e Nord-Est, quella giapponese in

Estremo Oriente e quella russa verso l'oceano indiano.

Il 25 novembre, Molotov rispose con quattro condizioni che, qualora accettate dalla Germania, avrebbero consentito un nuovo accordo. Le prime due, vale a dire che Hitler evacuasse la Finlandia e che la Bulgaria ospitasse basi militari sovietiche in prossimità del Bosforo, furono considerate inaccettabili dal Führer, tanto che neppure si degnò di replicare.

Il 16 novembre il Führer si era allontanato dalla stressante atmosfera della capitale, per trascorrere alcuni giorni alla Berghof. Privatamente informò re Boris di Bulgaria sulle richieste di Molotov che coinvolgevano il suo paese. Il regnante, che parlava tedesco perfettamente e condivideva con Hitler la passione per l'arte, era anche un astuto uomo d'affari e, purché il Führer non lo compromettesse anzitempo, era disposto a consentire alle truppe tedesche, quando fosse giunto il momento di attaccare la Grecia, di attraversare il suo territorio. Hitler gli offrì, qualora la Bulgaria avesse partecipato al conflitto, la Tracia occidentale, che valeva uno sbocco sul mar Egeo. Ma secondo Boris entrare in guerra significava spingersi troppo oltre. Perfino l'adesione al Patto Tripartito fu rimandata fino al 1° marzo 1941, in contemporanea con l'ingresso dell'esercito tedesco nel suo territorio. Alla fine della settimana successiva, anche Ungheria, Romania e Slovacchia entrarono nel Patto Tripartito. A Vienna, il Primo ministro ungherese autorizzò l'esercito della Germania ad attraversare il suo paese per recarsi in Romania. La Jugoslavia, invece, ostacolava i movimenti tedeschi verso i confini greci: Hitler, allora, tentò di attirarla nell'Asse, offrendole parte della Grecia settentrionale e Salonicco.

Le disavventure dell'Italia nei Balcani resero più semplice ridimensionare le loro pretese e quelle spagnole in Africa, cosa di rilevante importanza adesso che l'operazione contro Gibilterra si rendeva indispensabile a causa dell'intervento britannico in Grecia.

Il 18, allorché il Primo ministro spagnolo, Serrano Súñer, si recò alla Berghof, Hitler lo sollecitò amichevolmente a dichiarare quanto prima guerra agli inglesi. Gli promise di fornire alla

Spagna tutto il grano e il petrolio di cui abbisognasse, ma si trovò impreparato quando questi disse che il popolo iberico non era pronto per affrontare un altro conflitto. Il ministro non poteva offrire che vaghe promesse già sancite nell'accordo segreto che la Spagna aveva stipulato con Germania e Italia per la spartizione dei territori africani. D'altra parte, Hitler era ben conscio che, se questi avesse reso pubblici tutti gli intrighi sul Marocco, i francesi là residenti si sarebbero immediatamente schierati con De Gaulle. Vi era infatti sentore che Pétain stesse trattando con il nemico. Il ministro degli Esteri spagnolo aveva informato Hitler che Laval appariva come uno degli uomini più odiati in Francia per il suo collaborazionismo con la Germania, atteggiamento sintomatico dei sentimenti che animavano il popolo francese. Quando Washington annunciò la nomina di un ammiraglio, quale delegato a Vichy in sostituzione dell'innocuo incaricato d'affari designato fino a quel momento, i sospetti del Führer "sul vecchio rudere", vale a dire Pétain, si fecero insistenti. Già l'11 novembre il *FA* aveva riferito che, a New York, erano in corso colloqui segreti tra emissari di Pétain e Churchill.

Restavano da risolvere ancora parecchi problemi. Il 19 novembre, re Leopoldo del Belgio, accompagnato alla Berghof, fece capire che, qualora Hitler avesse diffuso via radio un'esplicita garanzia sulla futura indipendenza del suo paese, come aveva fatto la Gran Bretagna, i belgi, forse, sarebbero stati disposti a stringere con lui accordi politici e militari. Ma Hitler, giacché non vedeva alcuna necessità di un tale accordo, non cadde nel tranello.

La seconda zona di interesse per il Führer era l'Irlanda che, pur essendo rimasta neutrale, nutriva simpatie per la Germania. A metà novembre, l'*OKW* esaminò l'eventualità di una richiesta di aiuto irlandese ai tedeschi, ma fu solo il 22 novembre che i servizi segreti tedeschi intercettarono un messaggio radio britannico da cui dedussero imminente un'invasione inglese dell'Irlanda meridionale. Il 27, Hitler chiese all'Alto Comando di valutare gli aspetti positivi e negativi di un'occupazione dell'Irlanda, la cui caduta in mano tedesca avrebbe segnato il destino della Gran Bretagna. Forse nessun altro episodio illustra con tanta chiarezza gli impulsi illogici che ispiravano, di volta in volta, la strategia bellica di Hitler: difatti, a fronte della superiorità navale inglese, era fuori da ogni logica pensare a una prolungata occupazione tedesca dell'isola irlandese.

Nonostante la straordinaria capacità di recupero del popolo britannico, sottoposto a massicce incursioni aeree, tutti gli esperti militari del Führer vedevano nel protrarsi di quei bombardamenti sulle industrie e i porti, unitamente alla costante azione sottomarina, il modo più idoneo a piegare la resistenza inglese. Coventry e Birmingham vennero devastate da attacchi notturni, prima che un nuovo peggioramento delle condizioni atmosferiche costringesse i tedeschi a sospendere le incursioni. Ma a Hitler mancava la spietatezza necessaria per avvalersi appieno della potenza dei bombardamenti strategici. Il mattino successivo alla prima incursione su Birmingham disse a un ospite ungherese che era rammaricato per le splendide cittadine colpite e i loro abitanti e che la colpa di tutto ciò era da ricercare nell'incompetenza della classe politica londinese. Himmler spiegò ad alcuni funzionari del partito: "Il Führer non desidera annientare il popolo britannico, né il suo impero. Il popolo britannico appartiene a una razza molto simile alla nostra per cui non si lascia facilmente intimidire: lo testimonia l'incredibile fermezza con cui subisce, mese dopo mese, i bombardamenti della *Luftwaffe*".

Il 25 novembre Hitler vagliò con Milch e Jeschonnek un attacco contro le posizioni britanniche nel Mediterraneo orientale. Obiettivo principale doveva essere la flotta britannica ad Alessandria, che però non avrebbe potuto essere colpita fino a quando gli italiani non avessero conquistato Marsa-Matrûk. Nel frattempo, la *Luftwaffe*, attaccando obiettivi militari in Grecia, avrebbe fornito un valido appoggio agli italiani. I velivoli italiani, che per breve tempo avevano partecipato alle incursioni sull'Inghilterra, dovevano essere trasferiti in Albania. Hitler si lamentò con i due generali dell'aviazione del fatto che gli italiani "sprecassero" le loro forze e che in Grecia, con la loro avventatezza, avevano permesso all'aviazione inglese di avvalersi di una solida base di volo per bombardare i giacimenti petroliferi in Romania. Questi dovevano ora essere protetti da batterie antiaeree tedesche, che sarebbero altrimenti servite a difendere le città tedesche.

Il 4 dicembre, Milch portò al Führer i dettagli delle proposte di Göring: dislocando nell'Italia meridionale il Decimo Corpo Aereo, la Germania poteva bloccare le rotte tra la Sicilia e il Nord Africa. A seguito di questa riunione, il vice di Jeschonnek scrisse: "Discussione tra il Führer e Milch sulle possibilità di colpire le postazioni inglesi nel Mediterraneo. Ciò è necessario in quanto la disfatta greca patita dagli italiani ha avuto effetti psicologi negativi, che si sommano alle ripercussioni militari: l'Africa e la Spagna iniziano a nutrire verso di noi una parvenza di sfiducia". Hitler consegnò a Milch una missiva da consegnare immediatamente a Mussolini, nella quale lo si avvertiva che quelle squadriglie aeree sarebbero state riportate indietro i primi di febbraio perché necessarie altrove.

Il giorno 7, Milch e il vice capo di Stato Maggiore della *Luftwaffe*, di ritorno da Roma, riferirono al Führer che Mussolini, riguardo alla Grecia, manifestava ottimismo. "Mezzogiorno, tornati a Berlino", scrisse il vice di Jeschonnek, "riunione con il Führer. Egli è preoccupato per la spiacevole situazione nel Mediterraneo. Teme che possa influire sull'atteggiamento della Spagna".

Qualche giorno più tardi, si ebbe la dimostrazione che quei timori non fossero infondati. Il 28 novembre, l'ambasciatore tedesco a Madrid aveva riferito che Franco era disposto a predisporre un'entrata in guerra della Spagna. Hitler attribuito a questo messaggio il significato di un immediato intervento bellico, il 4 dicembre inviò da Franco l'ammiraglio Canaris con una sua personale lettera in cui proponeva che, il 10 gennaio, l'esercito tedesco entrasse ufficialmente in territorio spagnolo, il che avrebbe presupposto un attacco contro Gibilterra, da concretizzare nella prima settimana di febbraio. La sera del 7 dicembre, invece, nel corso di un lungo colloquio, Franco dichiarò a Canaris che, a causa delle difficoltà economiche del paese, il 10 gennaio appariva come una data troppo prossima: anzi, la Spagna sarebbe entrata nel conflitto solo se la Gran Bretagna avesse vacillato. La rapidità con cui Hitler abbandonò l'*Operazione Felix* (ovvero, la conquista di Gibilterra) suggerisce come lui stesso non fosse totalmente convinto di avere obblighi verso un altro paese latino.

La risposta negativa di Molotov alle proposte del Führer, giunta alla fine del novembre 1940, dissipò ogni remora circa un'aggressione tedesca all'Unione Sovietica. In occasione di un'altra breve visita al generale Bock, ancora malato, il 3 dicembre (sessantesimo compleanno di quest'ultimo), Hitler dichiarò che il "problema orientale" volgeva a un punto critico e si rendeva perfino ipotizzabile un'alleanza anglo-sovietica: "Se i russi saranno eliminati, la Gran Bretagna non avrà più alcuna speranza di sconfiggerci". Due giorni dopo, disse a Brauchitsch: "L'egemonia in Europa sarà determinata dal confronto con l'Unione Sovietica".

La tabella di marcia di Hitler andava delineandosi. Ai primi di marzo, la Germania avrebbe dato avvio alla campagna contro la Grecia (*Operazione Marita*, dal nome di una delle figlie di Jodl) ma, ovviamente, qualora i greci, ravvedendosi, avessero messo alla porta gli inglesi, questa sarebbe stata cancellata. Poi, in maggio, la Germania avrebbe attaccato l'Urss.

"In tre settimane saremo a Leningrado!" lo udì affermare Schmundt.

Della reale forza dell'Armata Rossa non si conosceva alcunché. Un'accurata indagine negli archivi francesi, paese alleato dell'Unione Sovietica, non aveva fornito indicazioni utili. Hitler era certo che il carro armato tedesco *Tipo III*, grazie al cannone da 50 millimetri, garantisse una netta superiorità sull'obsoleto equipaggiamento dell'esercito russo. Contava di disporre, in primavera, di 1.500 blindati di quella tipologia. "Il sovietico di per sé ci è inferiore a priori e il suo esercito non dispone di ufficiali sufficientemente preparati", assicurò ai propri generali. "Una volta che l'esercito sarà sconfitto, l'intera Unione Sovietica subirà un tracollo".

Alle 15:00 del 5 dicembre, i consiglieri militari di Hitler giunsero alla cancelleria per concordare le varie fasi dell'operazione. Per la prima volta, due diverse concezioni della campagna di Russia vennero espresse in modo chiaro. La proposta di Halder era caratterizzata da un'offensiva principale, particolarmente intensa, verso Mosca. L'*Operazione Fritz* perorata da Lossberg, invece, dava maggiore rilevanza al Gruppo Armate Nord e all'occupazione delle coste baltiche. Nella sua risposta a Halder, il Führer fece proprie molte delle considerazioni di Lossberg.

Entrambi i piani presupponevano che l'Armata Rossa dovesse necessariamente difendere le zone occidentali di Russia e Ucraina e stabilivano che bisognasse impedire al nemico di ritirarsi, com'era accaduto nel 1812. Anche l'esercito e l'*OKW* erano concordi sulla necessità di occupare la maggior parte possibile di territorio sovietico, perché questo avrebbe impedito all'aviazione nemica di raggiungere il territorio del *Reich*. Halder propose di arrestare l'offensiva lungo una linea che andava dal Volga ad Arcangelo.

Hitler trovò da ridire solo sull'idea di Halder di reputare prioritaria l'avanzata su Mosca. Egli desiderava infatti che, in primo luogo, le Forze Armate russe presenti nel Baltico venissero accerchiate. Un'analoga, gigantesca operazione di accerchiamento effettuata dal Gruppo Armate Sud a meridione delle paludi del Pripet avrebbe liquidato le forze nemiche in Ucraina. Solo a questo punto si sarebbe deciso se avanzare su Mosca o aggirare la capitale sovietica. "Mosca non è rilevante", spiegò il Führer.

Eppure, la prima direttiva per la campagna di Russia che Jodl sottopose a Hitler, si atteneva ancora alla raccomandazione di Halder di effettuare un violento attacco contro Mosca. A quel punto, Hitler ordinò di rifare il documento in conformità con il suo volere: il compito principale dei gruppi che operavano a nord delle paludi di Pripet sarebbe stato di scacciare i russi dagli stati baltici. I motivi di Hitler erano chiari: il Baltico era il campo di manovra della marina e la via da cui giungevano in Germania, dalla Scandinavia, le forniture di minerali. Solo quando i sovietici fossero scomparsi dal Baltico, un notevole spiegamento di forze si sarebbe reso disponibile per gli altri fronti. La campagna di Russia doveva concludersi entro la fine del 1941, perché, a partire dal 1942, gli Stati Uniti sarebbero stati in grado di entrare in guerra.

"Nonostante le continue provocazioni, Hitler, nei confronti degli Stati Uniti, mostrò un'insolita pazienza. Cittadini americani combattevano nella *Royal Air Force* e navi da guerra statunitensi seguivano, spiandoli, i mercantili dell'Asse sulle rotte transatlantiche. Dalle intercettazioni radio, la marina tedesca sapeva che gli Stati Uniti passavano agli inglesi le informazioni sulle navi che forzavano il blocco. Invano l'ammiraglio Raeder protestò con il Führer per quelle "prove lampanti della non-neutralità americana, chiedendo se ignorarle fosse compatibile col prestigio del *Reich*". Ma niente riuscì a influire sul deciso rifiuto di Hitler di raccogliere la sfida lanciatagli dagli americani. Durante un discorso segreto tenuto l'11 dicembre ai gerarchi nazisti, Hitler confermò che l'invasione delle isole britanniche non rientrava nelle sue priorità. "Bisogna prima conquistare la supremazia dei cieli", commentò Goebbels nel suo diario e aggiunse: "Idrofobia". In effetti, Hitler nutriva una personale avversione per le operazioni belliche oltremare. "Ha paura dell'acqua", insistette Goebbels, dopo aver discusso col Führer, il 22, un eventuale sbarco sulle coste inglesi. "Dice che percorrerebbe la strada di un'invasione solo se fosse inevitabile".

Gli occhi di Hitler erano puntati sull'Unione Sovietica. Il 18 dicembre Jodl gli consegnò la stesura definitiva della direttiva per la campagna di Russia (ribattezzata *Operazione Barbarossa*), ribattuta con la macchina da scrivere del Führer. Le undici pagine del documento ordinavano alla *Wehrmacht* di tenersi pronta a "schiacciare l'Unione Sovietica in una rapida campagna intrapresa prima della conclusione del conflitto con gli inglesi". Tutti i preparativi andavano ultimati per il maggio 1941. A partire da quel momento, l'intenzione di liberarsi della minaccia sovietica fu predominante nell'intera strategia hitleriana.

Gli obiettivi in Africa e la politica tedesca nei confronti di Francia e Spagna erano stati vanificati dall'inefficienza militare italiana. Gli esperti di Mussolini avevano garantito che invadere la Grecia sarebbe equivalso a una "passeggiata", ma l'esercito greco era avanzato in Albania dove adesso disponeva di un numero di uomini doppio rispetto a quello degli italiani.

Il 9 dicembre, ebbe inizio per l'Italia una nuova disfatta perché l'esercito britannico, sferrata una controffensiva, in breve ricacciò gli italiani in Libia e catturò 300.000 uomini e quattro generali. Le perdite britanniche erano quantificate in poco più di un centinaio di uomini.

Non che i guai dell'Italia costituissero un vero svantaggio: data la situazione, come spiegò al generale Halder, Hitler poteva promettere alla Francia, in cambio di un sostanziale aiuto, qualsiasi cosa. Tuttavia, quel presupposto ebbe vita breve. Nelle prime ore del 14 dicembre Hitler ricevette una lettera del maresciallo Pétain in cui lo ringraziava per la sua onorevole intenzione di trasferire a *Les Invalides* a Parigi, le spoglie del duca di Reichstadt, figlio di Napoleone, che, dal 1832, riposavano a Vienna. Nella stessa lettera Pétain lo informava di aver destituito Pierre Laval sostituendolo con l'ammiraglio Jean Francois Darlan, nel quale il governo di Vichy riponeva maggior fiducia. Invano Ribbentrop cercò di ottenere il reintegro del ministro: quegli era tenuto segregato proprio su ordine di Pétain stesso. Un ulteriore torto al Führer, ancora più grave, fu il rifiuto di Pétain di presenziare alla cerimonia a *Les Invalides*. Egli, addirittura, mise in giro la voce che quella cerimonia era un tranello tesogli dai tedeschi per attirarlo a Parigi e rapirlo: una panzana, questa, che mandò Hitler su tutte le furie. Adesso un nuovo sogno affiorava nella sua mente: firmare un trattato di pace con gli inglesi a spese della Francia.

Qualcosa che somigliava vagamente allo spirito natalizio si fece preponderante in Hitler, giacché ordinò la sospensione delle incursioni aeree per tutto il periodo delle festività. Quindi, il Führer, con alcuni stretti collaboratori, partì alla volta del fronte occidentale. Voleva ispezionare le imponenti batterie di artiglieria e festeggiare il Natale con gli equipaggi dell'aeronautica di Göring. Nel frattempo, però, quest'ultimo stava beatamente trascorrendo le feste nella sua tenuta di Rominten, a una trentina di chilometri dal confine russo. Sul treno speciale di Hitler ci fu un momento d'imbarazzo durante un glaciale colloquio intercorso con l'ammiraglio Darlan, delfino di Pétain.

Darlan raccontò come la sua famiglia avesse da sempre avversato e combattuto la Gran Bretagna: una confidenza inopportuna, dato lo stato d'animo favorevole agli inglesi manifestato da Hitler poco prima.

Una delle segretarie del Führer scrisse a un'amica:

"Dal 21 dicembre non abbiamo mai smesso di muoverci. Natale sulla costa francese: Calais e Dunkerque. Il 23 a Boulogne, mentre cenavamo nel vagone ristorante, siamo stati attaccati da alcuni velivoli britannici, respinti dalla nostra contraerea. Anche se il nostro convoglio era stato posto al riparo in un tunnel, non ho potuto evitare di sentirmi un po' a disagio. La sera dell'ultimo dell'anno l'umore era pessimo...".

Hitler tornò alla Berghof il 31 dicembre. Goebbels avrebbe fatto il tradizionale discorso, di cui Hitler aveva già approvato il testo apportandovi alcune correzioni a penna, tutte di irrilevante importanza, tranne una. Dove Goebbels aveva scritto. "Non ci arrenderemo mai, non ci stancheremo, né ci scoraggeremo mai", il Führer aveva cancellate le prime quattro parole.

Che l'Europa trattenga il fiato

Hitler cominciò il 1941 con due ambizioni in qualche modo collegate tra loro: sconfiggere l'Unione Sovietica, costringendo così la Gran Bretagna a sottomettersi pacificamente e al tempo stesso, in Italia, salvare il fascismo da un possibile tramonto. Tramite Canaris e attraverso oscuri canali diplomatici, Hitler si era invano proposto quale mediatore tra Grecia e Italia. "La Germania è legata al Duce nel bene e nel male," spiegò Hitler il 4 gennaio. "Alla lunga, soltanto se si è leali, si può fare la storia".

Nei Balcani, da quando, in ottobre, gli italiani avevano sferrato il loro inopportuno attacco contro la Grecia, la situazione si era fatta pericolosa: alla Berghof giungevano valanghe di dispacci dei collaboratori di Ribbentrop e le visite di capi di stato e di più o meno noti diplomatici balcanici si susseguivano senza sosta. In gennaio venne il Primo ministro bulgaro, seguito, una settimana più tardi, da re Boris, che rinnovò la promessa di ingresso nel Patto Tripartito, pur temendo che, nel momento in cui i tedeschi avessero manifestato l'intenzione di entrare in Bulgaria, i sovietici li avrebbero anticipati occupandone il territorio. Alla Berghof si recò anche Antonescu, che riaffermò la disponibilità della Romania a schierarsi con la Germania chiedendo mine e artiglieria pesante per difendere il porto di Costanza sul Mar Nero (dove erano ammassate centinaia di tonnellate di petrolio tedesco) da un possibile attacco russo.

Per l'uso delle nuove tecnologie belliche, nessun terreno poteva essere meno adatto dei Balcani. Prima ancora di entrare in Bulgaria le truppe di Hitler avrebbero dovuto far avanzare ponti galleggianti attraverso le vorticose acque del Danubio, largo quasi un chilometro e mezzo. Durante l'inverno, le strade divenivano impraticabili, trasformandosi in acquitrini non appena la neve si scioglieva. Inoltre, i ponti fatiscenti sugli innumerevoli canali non avrebbero mai potuto sopportare il peso di un esercito motorizzato. Tuttavia, la *Wehrmacht* superò ogni ostacolo: nelle settimane antecedenti all'*Operazione Marita* ufficiali dello Stato Maggiore tedesco, in abiti civili e a bordo di auto *Volkswagen*, vennero mandati in Bulgaria per sovrintendere ai lavori di rafforzamento dei ponti e rifacimento delle massicciate stradali.

Ai primi del 1941, per Hitler i Balcani significavano due cose: i pozzi petroliferi di Ploesti in Romania (adesso alla portata dei bombardieri della *RAF*, pur se il governo di Atene si rifiutava ancora di concedere agli inglesi il permesso di sorvolo) e Salonicco, da dove durante la prima guerra mondiale gli Alleati avevano sferrato l'attacco decisivo contro Austria e Ungheria. Hitler convocò alla Berghof Ribbentrop e i suoi più importanti consiglieri militari per un Consiglio di guerra che cominciò il 7 gennaio e si concluse il 9, allorché il Führer, in un importante discorso segreto, delineò le motivazioni alla base della sua strategia. Si espresse con una completezza e una sincerità sconosciute dal 1939.

"Tutti avevano ottimisticamente previsto," osservò, "che la Gran Bretagna, sotto la pressione dei bombardamenti, avrebbe ceduto." Adesso, neppure lui lo credeva più. Ammise che la "durezza" del popolo britannico era un fattore del tutto inaspettato: "Le incursioni della *Luftwaffe* hanno poche probabilità di successo", spiegò. L'aviazione doveva piuttosto concentrarsi sul rafforzamento del blocco navale e sull'attacco ai cardini vitali dell'industria bellica. La Gran Bretagna, nella costruzione delle armi, accusava già una perdita del 10%. Le voci di una crescente forza militare britannica potevano facilmente essere ridimensionate facendo un'analisi della situazione delle materie prime: al momento, la Germania produceva 24 milioni di tonnellate di ferro annue, contro gli 8 milioni scarsi degli inglesi e inoltre, la Germania disponeva di una maggiore manodopera.

In Gran Bretagna la disoccupazione era in aumento, indizio di gravi problemi industriali. Eppure il blocco navale tedesco era solo agli inizi: "Il collasso delle isole britanniche nel tempo è inevitabile", concluse il Führer. "La Gran Bretagna è sorretta solo dalla speranza di un intervento russo o americano". Molti erano gli indizi che testimoniavano un interessamento britannico a Stalin: grazie alle intercettazioni, Hitler era a conoscenza delle aperture diplomatiche che gli inglesi stavano offrendo a Mosca. Da una parte, Londra negava di essere interessata ai Dardanelli e, dall'altra, l'incalzante avvicendarsi, a partire dall'estate del 1940, di insaziabili rivendicazioni sovietiche, non poteva considerarsi una pura coincidenza. Stalin, infinitamente astuto, doveva essere reputato alla stregua di un cinico ricattatore, che non avrebbe esitato a stracciare gli accordi sottoscritti se la cosa gli fosse tornata utile.

Indipendentemente dall'Unione Sovietica, la fortezza tedesca, almeno per l'anno in corso, era inespugnabile. Ciò fece notare Hitler, aggiungendo che la Norvegia era al sicuro da ogni aggressione e che la Francia occupata intendeva porre fine alla guerra. Seppure il resto del paese confidasse tuttora in un capovolgimento della situazione, lui aveva già predisposto l'*Operazione Attila*, un progetto volto a occupare anche quel territorio, qualora il generale Weygand spinto dalla sua avversione verso i tedeschi avesse deciso di cedere il Nord Africa agli Alleati. Circa la Spagna, Hitler ancora titubava: a proposito di Gibilterra, Franco si era più volte rimangiato le promesse e non aveva palesato che una remota possibilità di entrare nel conflitto in corso e a condizione di una precedente capitolazione inglese. Nei Balcani, solo la Romania era da considerarsi fedele alleata: Antonescu aveva fatto su Hitler "la miglior impressione che si possa immaginare". La Bulgaria professava lealtà unicamente per timore di rappresaglie russe, ma presto sarebbe entrata nel Patto Tripartito. L'Ungheria poteva al momento essere considerata semplicemente "utilizzabile", mentre la Jugoslavia si manteneva indisponente.

Dunque, l'Unione Sovietica rappresentava l'estrema speranza della Gran Bretagna: "Quando avremo reso vana questa speranza, si arrenderà. Il popolo britannico non è certo folle", disse Hitler, "è consapevole che, in caso di sconfitta, perderà anche il prestigio necessario a tenere insieme il suo impero. D'altra parte se riescono a resistere e mettere insieme 40 50 divisioni, qualora ricevano sostegno da Stati Uniti e Unione Sovietica, la Germania verrebbe a trovarsi in difficoltà".

Hitler aveva sempre ritenuto necessario distruggere in primo luogo le più solide roccaforti del nemico. "È per questo motivo che la Russia deve essere immediatamente annientata. Oggi, le Forze Armate sovietiche sono un colosso d'argilla senza testa, ma chi può sapere cosa accadrà in futuro?" La sconfitta sovietica doveva quindi essere rapida e definitiva: per nessuna ragione avrebbero dovuto, dopo il primo attacco, avere possibilità di replica. Nuovamente, il Führer chiese che, per prima cosa, venisse effettuata una rapida invasione del Baltico. Altri obiettivi strategici della guerra a Oriente dovevano essere l'annientamento dell'esercito bolscevico e la presa dei campi petroliferi di Baku, sul mar Caspio.

Tuttavia quest'ultima esigenza, benché estremamente impegnativa, non doveva destare eccessive preoccupazioni: le armate tedesche, rammentò Hitler al popolo, durante la campagna francese, avevano coperto, in poche settimane, distanze incommensurabili. Concluse: "Quando combatteremo su quel fronte, lasceremo l'Europa con il fiato sospeso!"

Da quel momento, fino al giugno 1941, Hitler non fece più

alcun accenno alla Russia nei suoi discorsi.

Il 5 gennaio esigue forze britanniche avevano conquistato la fortezza italiana di Bardia, in terra libica, prendendo prigionieri 45.000 militari del Duce. Adesso, rimanevano solo 5 divisioni italiche nella Cirenaica e altrettante nella Tripolitania. Il 6 gennaio, i velivoli della *Luftwaffe* che Hitler aveva trasferito nel Mediterraneo, avevano sferrato il loro primo attacco contro un incrociatore e una portaerei inglese, affondando il primo e danneggiando la seconda. Il Führer cercò in ogni modo di tirare fuori gli italiani dal pantano che loro stessi avevano creato e, a tale scopo, inviò in Albania una divisione di truppe da montagna e una piccola forza di contenimento composta da mezzi corazzati e genieri per coadiuvare gli italiani nella difesa di Tripoli. Il 9, l'ambasciatore tedesco a Roma, accompagnato Ribbentrop alla Berghof, raccomandò che la Germania esercitasse una maggiore influenza sulla strategia bellica dell'Italia, ma, come sua consuetudine, Hitler si rifiutò di fare qualsiasi cosa che potesse dispiacere al Duce. Tuttavia, 10 giorni dopo, firmò la direttiva che ordinava all'esercito tedesco e alla *Luftwaffe* di tenersi pronti a sostenere l'esercito italiano nella difesa dell'Albania e della Tripolitania.

Finalmente, Mussolini accettò di recarsi in Germania per un summit, a patto che non vi fossero cerimoniali, né fotografi. Alle 10:00 del 19 gennaio, Hitler e il Duce si incontrarono in una periferica stazione ferroviaria nei pressi di Salisburgo. Insieme, trascorsero due giorni tra colloqui e camminate sull'Obersalzberg innevato. Il colloquio privato tra Hitler e Mussolini durò 90 minuti; ma dai rapporti non risulta alcunché di diverso da quanto il Fuhrer aveva dichiarato il giorno 9 ai propri generali. Si guardò bene dal mettere al corrente Mussolini dei piani di attacco all'Unione Sovietica e addirittura affermò che, finché Stalin fosse stato al potere, il trattato tra le due potenze sarebbe rimasto in vigore.

Quell'incontro mise fine al sogno del Duce di combattere nel Mediterraneo una guerra indipendente e parallela a quella della Germania perché si trovò costretto ad accettare l'aiuto militare tedesco per difendere i territori coloniali minacciati.

Le umiliazioni per Mussolini non erano finite qui. Il 22 gennaio, Tobruk e 25.000 italiani caddero in mano britannica e anche la Tripolitania venne a trovarsi in serio pericolo. Il generale Hans Funk, esperto di armi corazzate, mandato in Nord Africa a metà gennaio, il primo febbraio fece rapporto a Hitler nei termini più pessimistici, asserendo che gli italiani, nell'eventualità di un'offensiva inglese in Nord Africa, manifestavano scarsa volontà di resistenza. "La cosa pazzesca", disse in seguito Hitler ai suoi collaboratori, "è che da un lato gli italiani implorano aiuto, dall'altra sono così invidiosi e infantili da non volere essere aiutati dai tedeschi. Probabilmente, Mussolini sarebbe molto più contento se in Africa le nostre truppe combattessero indossando l'uniforme italiana".

Due giorni dopo, nel corso di una riunione con i capi dell'esercito e della *Luftwaffe*, Hitler dichiarò nuovamente che dal punto di vista militare la perdita dell'Africa settentrionale italiana non avrebbe significato molto, ma che gli effetti politici e psicologici potevano essere devastanti. Hitler, perciò, decise di mandare in Nord Africa qualcosa di più di una forza di contenimento: avrebbe inviato in Libia una divisione di fanteria leggera e una corazzata, insieme con il personale di un corpo d'armata.

A capo di questo *Africa Korps* destinò Erwin Rommel. Nell'agosto del 1942, così avrebbe spiegato questa scelta all'ambasciatore italiano Alfieri: "Ho scelto Rommel perché, come Dietl, sa motivare le proprie truppe. E questo è di vitale importanza per il comandante di un esercito che si trovi a combattere in condizioni climatiche estreme, come in Nord Africa o al Polo".

Il 6 febbraio, Rommel e il generale Enno Rintelen, addetto militare a Roma, ricevettero dal Führer precise istruzioni. Rintelen ebbe disposizione di chiedere al Duce di affidare al comando di Rommel tutte le unità meccanizzate italiane presenti in Libia.

A Rommel fu ordinato di assicurare all'Asse il controllo della Tripolitania, bloccando le armate britanniche e impedendo loro di congiungersi con i contingenti francesi presenti in Tunisia.

"In primo luogo ho incontrato il comandante in capo dell'esercito [Brauchitsch]", scrisse Rommel alla moglie, "poi il

Führer. Non c'è tempo da perdere. Il mio bagaglio verrà spedito in seguito... Mi gira la testa al pensiero di tutto ciò che può andare storto. Ci vorranno mesi prima di conseguire un qualche risultato soddisfacente!".

I primi soldati posti sotto la guida di Rommel sbarcarono a Tripoli il 12 febbraio 1941.

Spronato dall'ambiguo atteggiamento tenuto dal governo di Vichy nel gennaio 1941, Hitler rinnovò le pressioni sul generale Franco, per convincerlo a mutare atteggiamento in merito a Gibilterra. La Gran Bretagna, sostenne, alla fin fine avrebbe sicuramente lasciato la Spagna nei pasticci. Ovviamente, Franco non era al corrente degli strettissimi tempi previsti dalla strategia di Hitler, e questo spiega il tono sempre più irritato dei telegrammi che Ribbentrop inviò a Madrid nelle 2 settimane successive. Il 20, il diplomatico tedesco telegrafò dalla capitale iberica che il *Caudillo* aveva astutamente eluso la questione principale: "Seppure non sia in questione l'entrata in guerra della Spagna... il 'quando' essa avverrà resta imperscrutabile".

L'ambasciatore ebbe l'incarico di informare Franco in merito a 6 punti, il primo dei quali recitava: "Senza l'aiuto del Führer e del Duce oggi non ci sarebbe una Spagna nazionalista e, di conseguenza, un *Caudillo*.". Se Franco non avesse abbandonato le proprie "titubanze", il crollo della Spagna nazionalista sarebbe stato solo questione di tempo. Franco protestò con rabbia che quella era un'insinuazione menzognera: il suo potere non era mai stato in discussione. Ma poiché Franco, invece di mutare idea, palesava una crescente incertezza, Ribbentrop fu invitato a riferirgli il seguente messaggio: "Solo l'immediata entrata in guerra della Spagna può avere per l'Asse un qualche valore strategico". Era questa la verità. La Germania, in caso di esito positivo, avrebbe mandato a Lisbona 100.000 tonnellate di grano.

Il 28 gennaio, Jodl fece notare a Hitler che sarebbe stato impossibile sferrare l'attacco contro Gibilterra prima della metà di aprile, la qual cosa significava che le divisioni impiegate in quell'impresa sarebbero state sottratte all'*Operazione Barbaros-*

sa. Evidentemente Hitler poneva ancora qualche speranza nei colloqui che Mussolini avrebbe avuto con Franco il 12 febbraio. Pochi giorni prima scrisse al *Caudillo* una lettera personale, dicendogli che, in tempo di crisi, le nazioni potevano essere salvate "più da un cuore audace che da una cauta presenza".

Il 14, Ribbentrop comunicò alla Berghof un messaggio giunto dal Duce: Franco aveva messo in chiaro che la Spagna non sarebbe entrata nel conflitto. La Spagna pretendeva l'intero Marocco francese e sosteneva che l'attacco contro Gibilterra dovesse essere effettuato da forze spagnole, magari con appoggio tedesco. Quel giorno Walther Hewel riportò nel proprio memoriale:

"Il Führer abbandona la Spagna e questa affonderà. A sera, siamo rimasti a lungo seduti intorno al fuoco in compagnia del Führer. Egli ha parlato del suo pensionamento, che, come riconoscimento economico, è pari a quello di un impiegato statale di medio livello! Ha intenzione di scrivere altri libri, di certo un terzo volume del *Mein Kampf*".

Quello stesso pomeriggio, Hitler aveva trascorso 2 ore e mezzo a cercare di persuadere il Primo ministro jugoslavo dell'opportunità di un'entrata del suo paese nel Patto Tripartito. Hitler asserì che era illusorio pensare che la Gran Bretagna abbandonasse le posizioni conquistate in Grecia. "Solo a seguito della comparsa delle nostre forze terrestri e aeree, [la Gran Bretagna] se ne andrà dalla penisola ellenica con la fretta palesata ogniqualvolta abbiamo adoperato durezza. La Germania non nutre in Grecia alcuna pretesa territoriale. Lì, come ovunque, gli inglesi sono la causa di tutte le nostre vicissitudini[132]".

Quando lasciarono la Berghof gli jugoslavi dissero che, informato a Belgrado il principe reggente, avrebbero a breve fornito una risposta. Dall'esito di questa dipendeva l'*Operazione Marita*.

Una prima ondata di divisioni si stava ora movendo, in len-

132 Nda. In realtà, se l'Italia non avesse attaccato la Grecia, non sarebbe sorto alcun problema. Hewel faceva però eco al punto di vista del suo capo quando, il 23 gennaio 1941, scrisse a un amico: "È veramente penoso essere costretti a distruggere e abbattere ciò che mai avremmo desiderato annientare e che mai, per il bene della cultura europea e per il predominio della razza tedesca, avremo cancellato".

ta processione, verso i confini con l'Urss: un secondo gruppo si sarebbe mosso non prima della metà di marzo. Come Lossberg aveva fatto notare, il sistema ferroviario tedesco era talmente superiore a quello sovietico che, quando cominciò la vera corsa ad ammassare truppe ai confini, la Germania vi radunava 7 divisioni al giorno contro le 5 dell'Unione Sovietica. La concentrazione delle forze destinate all'*Operazione Barbarossa* doveva avvenire più a ovest possibile per sorprendere maggiormente l'Armata Rossa.

Quando il 1° febbraio, il feldmaresciallo Bock si recò a rapporto da Hitler, la loro conversazione verté sull'attacco contro la Russia: Bock si disse convinto, al pari del Führer, che, qualora i sovietici invece di ritirarsi avessero combattuto, sarebbero stati sconfitti e si domandava se fosse possibile costringerli a un armistizio.

Hitler rispose che ciò poteva avvenire conseguentemente alla conquista tedesca dell'Ucraina, di Mosca e Leningrado, in caso contrario ci si sarebbe dovuti spingere fino a Ekaterinburg. "Sono comunque contento che abbiamo portato avanti la produzione di armi", concluse, "rappresentiamo un degno avversario per chiunque. Abbiamo materiali in abbondanza e dobbiamo cominciare a pensare a convertire parte della nostra industria. La disponibilità di uomini da parte della *Wehrmacht*, rispetto all'inizio del conflitto, è aumentata. La nostra economia è solida".

Il Führer respinse qualsiasi ipotesi maggiormente condiscendente, ipotesi che lo stesso Bock si guardò bene dal formulare. "Combatteremo", disse. "Sono certo che il nostro attacco sortirà un effetto devastante: ricadremo su di loro come una grandinata!"

Due giorni dopo il feldmaresciallo Brauchitsch portò alla cancelleria il capo di Stato Maggiore generale Franz Halder per delineare i passi dell'*Operazione Barbarossa*. Il servizio segreto dell'esercito riteneva che i sovietici disponessero di ben 10.000 carri armati contro i 3.500 tedeschi, ma i veicoli corazzati dei primi erano per lo più modelli obsoleti. "Anche così non si possono escludere delle sorprese", avvertì Halder e, in riferimento ai soldati, sottolineò il predominio di quelli tedeschi per esperienza, addestramento, equipaggiamento, organizzazione, comando, omogeneità nazionale e ideologia. Ovviamente, Hitler era d'accordo con lui. Quanto all'armamento bellico, Hitler, che si riteneva un esperto del settore, per 10 minuti recitò a memoria una serie di dati statistici sulla produzione sovietica di carri armati a partire dal 1928.

Hitler approvò la direttiva dell'esercito, ma ancora una volta sottolineò l'importanza della conquista della costa del Baltico e di Leningrado. Quest'ultima sarebbe stata particolarmente rilevante, poiché una tale piazza avrebbe fornito un'ottima base di approvvigionamento per la seconda fase della campagna. Hitler sapeva che Halder aveva appena avuto, a Berlino, una prima serie di colloqui col suo omologo finlandese, il generale Erik Heinrichs ed era convinto che quel popolo, nonostante la problematicità della strategia politica del suo paese – la Finlandia voleva evitare una rottura con Stati Uniti e Gran Bretagna sarebbe stato un alleato ideale. Così, Hitler aveva detto ai propri collaboratori: "Quello è un popolo coraggioso e, almeno laggiù avrò un fianco protetto. Inoltre è sempre utile avere dei commilitoni assetati di vendetta".

A metà aprile, con una terza ondata di truppe, proseguì Halder, avrebbe avuto inizio la fase di trasferimento di massima intensità e, a quel punto, la concentrazione bellica non avrebbe più potuto essere celata, se non facendola passare per una vasta operazione di camuffamento "volta a distogliere l'attenzione da un'imminente invasione della Gran Bretagna".

Ma quando, a partire dal 25 aprile, le ultime divisioni corazzate, rimaste fino a quel momento nella Germania centrale, avessero preso a dislocarsi a Est, ogni scusa sarebbe stata inverosimile. Hitler, ammirato, concordò con Halder su ogni punto. "Quando l'*Operazione Barbarossa* avrà inizio, tutto il mondo tratterà il fiato: nessuno muoverà un solo muscolo!"

Probabilmente nessuna importante campagna militare è mai stata effettuata con minor coinvolgimento di servizi segreti. Le informazioni sui russi raccolte dall'Intelligence tedesca erano infatti assolutamente inadeguate. Neppure esistevano particolareggiate mappe geografiche. L'industria aerea russa era qualcosa di sconosciuto, seppure alcune indicazioni recenti ne testimoniassero la rapidissima espansione. Per questo, Göring appariva particolarmente apprensivo sul fatto che l'aviazione sovietica potesse mostrarsi molto più potente di quanto preventivato. Mentre il 3 febbraio Halder aveva ottimisticamente informato il Führer che la superiorità numerica dell'Armata Rossa risultava esigua (disponeva di un totale di 155 divisioni), verso i primi di aprile tale cifra era salita a 247 divisioni e, quattro mesi dopo, quando era ormai troppo tardi per recedere dall'attacco, l'esercito ammise che le divisioni sovietiche impegnate nel confronto con la Germania ammontavano a 360.

L'intera strategia di Hitler si fondava sul presupposto che l'Urss sarebbe stata annientata con una guerra lampo, dalla durata di pochi mesi. Ma l'8 febbraio Keitel apprese dai suoi collaboratori che, mentre la *Luftwaffe* e la marina avrebbero avuto scorte di carburante sufficienti fino all'autunno, la scorta di benzina e nafta per i carri armati e i veicoli di trasporto dell'esercito, se non si fosse riusciti a raggiungere in tempo gli impianti petroliferi del Caucaso, non sarebbe durata oltre la metà di agosto. La situazione della gomma lasciava ancora meno margine. Molte forniture giungevano in Germania dall'Estremo Oriente attraverso la ferrovia Transiberiana e la guerra con l'Unione Sovietica avrebbe tagliato quel collegamento, lasciando disponibili solo le limitate quantità trasportate dalle imbarcazioni che fossero riuscite a forzare il blocco inglese.

Verso la fine di febbraio, l'*OKW* sottopose a Hitler e a Göring un'analisi approfondita degli effetti collaterali conseguenti all'*Operazione Barbarossa*. Il 26 dello stesso mese, l'esperto economico di Keitel, il generale Thomas, dopo un incontro con Göring, prese i seguenti appunti: "[Göring] condivide l'opinione del Führer che, quando le truppe tedesche entreranno in Unione Sovietica, l'impero bolscevico crollerà e che, per questo motivo, non dovremo preoccuparci della distruzione su larga scala di magazzini e linee ferroviarie, cosa che invece io temo. Ciò che in primo luogo ha rilevanza è liberarsi, rapidamente, degli ufficiali bolscevichi".

La principale preoccupazione di Göring era rappresentata dalle linee tedesche di approvvigionamento: "Ha fatto presente che fu proprio la mancanza di rifornimenti a favorire la disfatta di Napoleone. Per questo ha insistito affinché il Führer ponesse la massima attenzione su tale questione, distogliendo l'attenzione dall'attivazione di ulteriori divisioni, alcune delle quali non andranno mai al fronte".

Ma il pensiero di Hitler andava già oltre l'*Operazione Barbarossa*. Il 17, Jodl disse ai suoi collaboratori che il Führer desiderava fosse messo allo studio un piano sulle modalità di trasferimento di truppe in Afghanistan nell'eventualità di un attacco contro l'India.

Domenica 16 febbraio, l'aiutante della *Wehrmacht* presso Hitler, Rudolf Schmundt, che la settimana precedente si era recato in aereo nel Nord Africa con Rommel, tornò alla Berghof con documentazioni fotografiche sull'arrivo di Rommel e una prima analisi della situazione. Naturalmente, come Schmundt annotò alcuni giorni dopo, Hitler attendeva ansiosamente notizie sull'attività dell'*Afrika Korps*. Schmundt descrisse l'entusiasmo col quale Rommel si era gettato nell' incarico e Hitler, visto che quest'ultimo chiedeva armi anticarro, mine e copertura aerea, ne approvò le richieste.

Le prime truppe di Rommel avevano percorso i quasi 600 chilometri sino al fronte italiano di El Agheila in 26 ore. Prima che Rommel lasciasse Tripoli, Hitler ordinò la rapida fornitura di un'ingente quantità di finti carri armati montati su telai *Volkswagen*, per far credere agli inglesi di avere di fronte una potente forza corazzata.

Intanto, le lettere che Rommel mandava a Schmundt trasudavano di ottimismo e Hitler decise di inviare in Libia, non appena possibile, la Quindicesima Divisione Corazzata. A metà marzo Rommel si recò a rapporto dal Führer e subito tornò in Africa. Senza attendere l'arrivo della nuova divisione corazzata e contro le disposizioni del comandante supremo dell'esercito italiano Italo Gariboldi, ai primi di aprile sferrò un'audace offensiva che proseguì fino al confine con l'Egitto e conseguì, come bottino di guerra, circa 3.000 prigionieri britannici, inclusi 5 generali. Alla fine del febbraio 1941, l'ultimo grave impedimento all'*Ope-*

razione Barbarossa era stato rimosso, o così Hitler credeva.

Alle 7 del mattino del 28 febbraio, poiché la Grecia continuava caparbiamente a rifiutarsi di chiedere all'Italia le condizioni di pace, la *Wehrmacht* dispose 3 massicci ponti attraverso il Danubio, dalla Romania alla Bulgaria. Dopo molte false partenze e ripensamenti, Hitler dettò a Fräulein Wolf un'importante lettera con la quale assicurava al Presidente turco Ismet Inönü che non vedeva "alcun motivo, né adesso, né in futuro per cui Germania e Turchia dovessero essere nemiche[133]".

Ne seguì, dal parte di Inönü, una risposta in tono conciliatorio, di cui Hitler rimase ampiamente soddisfatto.

Il 1° marzo, il Führer si recò a Vienna, dove re Boris firmò l'ingresso ufficiale della Bulgaria nel Patto Tripartito. Nel volgere di una settimana, i primi soldati tedeschi si stanziarono sulla frontiera greca per fronteggiare inglesi e greci, così come era accaduto nel 1918. Ma stavolta le cose sarebbero andate in modo diverso, giacché né Turchia né Unione Sovietica avrebbero contrastato la Germania.

Dietro la porta

Nel 1941, pochi giorni dopo l'invasione sovietica da parte delle armate di Hitler, la Svezia, in quanto potenza protettrice[134],

133 Nda. Il taccuino di Fräulein Wolf con gli appunti stenografati della lettera a Inönü venne rinvenuto nel 1945 dai soldati americani che frugavano tra le rovine della Berghof.

134 Ndt. Nella prima fase del conflitto, la Svezia acconsentì a garantire alla Germania il necessario rifornimento di ferro, che tanto risultava fondamentale per l'industria bellica tedesca. Inoltre, allorché i tedeschi occuparono la Norvegia, il governo di Stoccolma permise il transito di treni militari germanici. Nel 1941, infine, la Svezia mise l'intera rete ferroviaria a disposizione dell'esercito alemanno, consentendo l'afflusso di forze germaniche dalla Norvegia alla Finlandia e contribuendo indirettamente all'invasione dell'URSS. Tuttavia, quando la guerra prese una piega sfavorevole alla Germania, questa politica filogermanica, dettata non tanto da simpatie ideologiche, quanto dalla consapevolezza del pericolo sovietico, fu sostituita da un più cauto atteggiamento. Fu in quel momento che il governo svedese, nella speranza di un rapido armistizio tra le parti, tentò di favorire i contatti tra le diverse potenze, consentendo altresì ai movimenti di resistenza danese e norvegese di costituire, all'interno del suo paese, unità militari. L'ambiguità svedese perdurò anche al termine del conflitto: se,

diede alla Germania il permesso di perquisire gli uffici dell'ambasciata sovietica a Parigi. Un generale maggiore della polizia tedesca e una squadra di esperti legali appartenenti al servizio di sicurezza di Heydrich fecero irruzione nell'edificio.

Il successivo rapporto di Heydrich a Ribbentrop, recitava: "Nell'edificio erano presenti 26 sovietici. Cinque di loro (4 uomini e 1 donna) si erano chiusi in camere blindate difese da pesanti portelloni in acciaio e lì si prodigavano a distruggere documenti e altro materiale in 4 fornaci adibite alla bisogna. Non c'è stato modo di intervenire perché, anche ricorrendo ad attrezzature adeguate, per forzare i portelloni sarebbero occorse ore".

I funzionari di Heydrich rimasero impressionati dalle quantità di attrezzature radio, spolette a tempo, detonatori ed esplosivi rinvenuti nell'ambasciata, ma maggiormente lo furono dalla vista di alcuni forni trovati nell'ala dell'edificio riservata alla *GPU*[135], la polizia segreta sovietica. Le indagini indicarono che erano stati usati per cremare dei corpi.

Ribbentrop consegnò il rapporto a Hitler, ma questi aveva già ricevuto un dettagliato resoconto da Canaris, informato a sua volta da un diretto collaboratore che aveva ispezionato personalmente l'edificio di Parigi. Ecco quanto risultò:

"L'ala dell'ambasciata, dove erano collocati gli uffici della *GPU* e le celle per le esecuzioni, può essere definita un laboratorio criminale dotato delle più sofisticate attrezzature tecniche. Pareti a prova di rumore, porte in acciaio a comando elettrico, feritoie nascoste che permettevano di sparare da una stanza all'altra, una fornace elettrica e una vasca da bagno nella quale venivano sezionati i cadaveri, attrezzi da scasso, capsule di veleno e altro. Perciò è estremamente probabile che [...] molti russi bianchi emigrati in Francia o oppositori del regime sovietico siano stati uccisi in questa sede".

---

nel novembre 1945, i volontari estoni e lettoni delle Waffen SS che si erano rifugiati in Svezia vennero consegnati ai sovietici; un notevole numero di fascisti croati, trovò asilo entro le frontiere del paese scandinavo e i nazionalsocialisti svedesi non subirono alcuna repressione.

135 Ndt. La Direzione Politica di Stato, più nota con l'acronimo GPU (Ghepeù), fu la polizia segreta del regime sovietico fino al 1934. Nata come evoluzione della Ceka il 6 febbraio 1922, ebbe come sede il palazzo della Lubjanka.

Hitler dispose la perquisizione dell'ambasciata sovietica a Berlino, dove furono rinvenute le identiche attrezzature e fornaci di Parigi. Goebbels riportò nel proprio diario: "Queste ambasciate sovietiche sono in realtà rifugi di delinquenti. Se una congrega criminale sale al potere, userà, per condurre la propria politica, mezzi delinquenziali. È un bene che la nostra offensiva orientale ci sbarazzi per sempre dal bolscevismo. Del resto, a lungo andare, in Europa non ci sarebbe stato abbastanza spazio per entrambi[136]".

Hitler prevedeva che la guerra con l'Unione Sovietica sarebbe stata spietata. La brutalità dimostrata dai bolscevichi durante la guerra civile spagnola nella parte di Polonia toccata a Stalin e, più recentemente, negli sfortunati stati baltici, indicava come questa fosse una loro caratteristica. Nel Baltico, Stalin aveva designato dei commissari (per lo più di origini ebraiche) che, in poche settimane, avevano provveduto alla deportazione e soppressione dell'intera *intellighenzia*. Quei commissari erano poi stati sostituiti da altri di nazionalità russa che avevano, a loro volta, provveduto all'eliminazione fisica dei predecessori. Nelle battaglie a occidente Hitler aveva dato ordine alla *Wehrmacht* di mantenere una rigorosa disciplina nei combattimenti. Anche nel successivo armistizio, aveva disposto che tutti i militari impegnati nei territori occupati eseguissero i loro compiti "in maniera ineccepibile" e con discrezione: qualsiasi episodio di violenza gratuita sarebbe stato punito, se necessario, "con la morte". Nella guerra a oriente, al contrario, tutti i mezzi furono dichiarati leciti per entrambe le parti.

Un collaboratore di Jodl, scrisse: "Per il Führer, il bolscevismo non è un nemico con il quale sia possibile incrociare cavallerescamente la spada. Secondo lui, dovremo aspettarci inganno e crudeltà. Perciò egli propone di affrontarlo utilizzando gli stessi metodi di combattimento".

Heydrich ordinò che tutti i pogrom contro gli oppressori

136 Nda. Nella prima edizione tedesca del presente libro, Hitler und seine Feldherren (Ullstein Verlag, Berlino Ovest, 1975), questi paragrafi vennero cancellati dall'editore senza che l'autore ne fosse stato messo al corrente "per timore di un'ingiunzione da parte dell'ambasciata sovietica a Bonn". L'autore bloccò le vendite di quella edizione.

ebraici concepiti dalle popolazioni baltiche, fossero incoraggiati. In fondo, i dirigenti bolscevichi, col rifiuto a firmare la Convenzione di Ginevra del 1929 sul trattamento dei prigionieri di guerra, gli avevano spianato la strada. Se i russi pensavano di poter fare ciò che volevano dei prigionieri di guerra, non potevano certo aspettarsi un diverso trattamento da Hitler.

In merito all'*Operazione Barbarossa*, nel marzo del 1941, Hitler dettò a Jodl la linea di condotta a cui la *Wehrmacht* doveva attenersi:

"L'imminente campagna è qualcosa di più di uno scontro armato: sarà un conflitto tra 2 visioni del mondo. Data la vastità del territorio nemico, non basterà sconfiggere le Forze Armate avversarie [...]. I soli buoni propositi non libereranno l'Unione Sovietica dall'ideologia socialista, ma dovranno servire da base politica per la creazione di nuovi stati e governi. Innanzitutto, la classe intellettuale giudaico bolscevica, in quanto attuale "soggiogatrice" del popolo, deve essere soppressa. La vecchia aristocrazia borghese, nella misura in cui sopravvive all'estero, è anch'essa superflua, ripudiata dal popolo sovietico e avversa al potere germanico. Inoltre, dobbiamo impiegarci per impedire che una Russia nazionalista rimpiazzi quella bolscevica, perché la Storia mostra che anch'essa sarebbe anti-tedesca. Il nostro compito è istituire al più presto, e col minimo sforzo bellico, mini-stati socialisti che dipendano da noi. Questo compito così complesso non potrà essere affidato all'esercito".

L'effettiva zona di competenza dell'esercito avrebbe riguardato un ambito quanto più esiguo possibile. Il compito di provvedere alla costituzione dei governi dei nuovi stati doveva essere affidato alle *SS* di Himmler e ai vari "commissari del *Reich*". I documenti dell'*OKW* parlano, in termini alquanto vaghi, della necessità di liberarsi di tutti i "capi e commissari bolscevichi": Himmler aveva ricevuto incarico da Hitler di portare a termine, sotto la propria facilmente immaginabile dato che si trattava di uno scontro tra due sistemi politici diametralmente opposti.

Gli archivi dell'esercito dipingono con maggiore schiettezza i propositi del Führer. Halder annotò che Hitler gli disse: "Dobbiamo creare delle 'repubbliche destalinizzate'. L'*intellighenzia* predisposta da Stalin deve essere sradicata... In tutta l'Urss sarà necessario impiegare la più spietata forza bruta. I legami ideologici non sono ancora così marcati da tenere unito l'intero popolo sovietico. Una volta eliminati i funzionari, la nazione si sfalderà".

Il quartiermastro generale di Halder (tradizionalmente responsabile della politica di occupazione dell'esercito) partecipò a quella riunione e, dopo aver discusso con Heydrich alcune questioni di polizia, qualche giorno dopo emise un ordine che dava mano libera ai gruppi speciali delle *SS* di eseguire i loro turpi incarichi alle spalle delle zone operative dell'esercito.

Alla fine del marzo 1941, in un discorso ad alcuni generali dell'esercito e della *Luftwaffe*, Hitler illustrò la diversa natura dell'imminente scontro con la Russia e sottolineò che l'ideologia comunista era equiparabile alla criminalità legalizzata: "Dobbiamo dimenticare il cameratismo militaresco", disse a quei generali. "Il comunista non è un camerata e non lo sarà mai". Dichiarò, inoltre: "I commissari e funzionari della *GPU* sono assassini e come tali devono essere trattati". E a conclusione: "Non mi aspetto che i miei generali condividano questo pensiero, ma chiedo loro obbedienza e rispetto dei miei ordini".

Ai primi di marzo del 1941, la marina britannica effettuò una fulminea incursione contro le isole norvegesi Lofoten. Hitler, consideratolo un affronto al prestigio tedesco, ordinò l'esecuzione di tutti i norvegesi che avevano aiutato il nemico. L'ammiraglio Hermann Boehm, che comandava le forze tedesche presenti in Norvegia, venne convocato alla Berghof e, durante quell'incontro, Hitler rinunciò al proposito di trasferire dalla Norvegia il 40% delle truppe tedesche per destinarle al conflitto orientale. Nei tre anni che seguirono, il timore che la Gran Bretagna organizzasse un'invasione in Scandinavia non lo abbandonò mai. Mentre i ghiacci dell'Europa centrale si scioglievano, la tabella di marcia della *Wehrmacht* iniziava a concretizzarsi. La segretaria di Hitler, Christa Schroeder così scrisse, dalla Berghof, il 7 marzo:

"Presto sarà tempo di tornare a Berlino. Probabilmente verso la metà del mese. Siamo stati nuovamente vaccinati contro il colera e il tifo, come accade prima di ogni nostro lungo trasferimento!"

Göring, di ritorno dalla sua prolungata vacanza, il 6 marzo ebbe un lungo colloquio con Hitler nel corso del quale ricucì i guasti prodottisi in sua assenza. In quel periodo, il prestigio di Göring, a causa del fallimento conseguito nella battaglia d'Inghilterra, era piuttosto basso. Perfino le eclatanti vittorie, rivendicate da molti dei suoi piloti e successivamente smentite quando velivoli e imbarcazioni nemiche dichiarate distrutte erano invece risultate intatte – lo avevano messo in una situazione imbarazzante. È significativo il fatto che, benché Göring nel febbraio 1941 avesse definito se stesso "il secondo uomo della nazione", Hitler avesse spiegato privatamente a Keitel e Jodl che una delle ragioni, per cui in futuro sarebbe stato necessario disporre di un *OKW* forte, era che il suo successore, pur mancando della stessa esperienza in campo militare, doveva possedere doti di statista. Difficile che in quelle parole qualificasse Göring come suo erede.

L'ammiraglio Raeder fattosi, in sua assenza, sempre più critico nei confronti di Göring, aveva mostrato riprese aeree di Portsmouth, Plymouth e Cardiff che testimoniavano l'inefficienza delle operazioni condotte dalla *Luftwaffe*. Inoltre, aveva fatto notare che i crescenti raid della *RAF* contro la Germania dimostravano che l'aviazione nemica fosse tutt'altro che sconfitta. L'aviazione tedesca poteva essere impiegata con maggiore profitto per coprire le rotte marine.

Queste argomentazioni convinsero Hitler che, il 6 febbraio, emanò una direttiva per la guerra economica contro la Gran Bretagna in cui identificò nella distruzione della marina mercantile il più efficace intervento per favorire il crollo dell'economia di guerra inglese. "Non ci si può aspettare alcun effetto decisivo dalle sistematiche incursioni terroristiche", rimarcò.

I fatti gli diedero ragione. Un diplomatico francese, che aveva lasciato l'Inghilterra in dicembre, riferì alle autorità tedesche che, benché i bombardamenti notturni di Londra e Coventry avessero conseguito un discreto risultato sul morale della popolazione, la città di Newcastle, dov'egli aveva risieduto, non aveva subìto danni. Hitler sottolineò con una matita blu le asserzioni del diplomatico secondo il quale "sino alla sua partenza non si registravano attacchi aerei su Newcastle".

La cosa destava meraviglia perché, al momento, i cantieri *Vickers Armstrong* di Newcastle annoveravano la commessa di una portaerei, due incrociatori da battaglia e uno leggero, sei o sette cacciatorpediniere e tre o quattro sommergibili. Il Führer non mancò di segnalare la cosa alla *Luftwaffe*, ma si rifiutò, per non ferire l'orgoglio di Göring, di affidare alla marina il controllo diretto dei reparti dell'aviazione di cui abbisognava.

In Albania, la debole offensiva italiana sferrata il 14 marzo si era rivelata un fiasco e Hitler ne aveva tratto una sorta di intimo compiacimento. Il generale greco al comando dell'Armata Nord fece sapere ai tedeschi che avrebbe accettato un armistizio, qualora le truppe italiane presenti sul territorio fossero state avvicendate da quelle tedesche. Si sarebbe anche potuto discutere di pretese territoriali, purché al tavolo della trattativa fossero esclusi gli italiani. Hitler, tuttavia, disse a Brauchitsch e a Raeder che, se anche la Grecia adesso era disposta a espellere la Gran Bretagna, la Germania avrebbe ugualmente dovuto occupare l'intero paese, in modo che la *Luftwaffe* potesse assumere il dominio del Mediterraneo orientale.

Il 24 marzo, quando Hitler partì per Vienna per assistere alla firma con la quale gli jugoslavi sarebbero entrati nel Patto Tripartito, si riteneva che in Grecia fossero sbarcati quarantamila soldati britannici. Così l'*OKW* dette incarico all'addetto militare tedesco a Washington di dare massimo risalto all'entità delle forze inglesi presenti nella penisola ellenica: "Più la Gran Bretagna apparirà impegnata, maggiore sarà l'effetto propagandistico della sua sconfitta".

Quando il suo convoglio giunse a Vienna, Hitler appariva di ottimo umore. Insieme al suo entourage, alloggiò all'hotel *Imperial*, carico di ricordi del marzo 1938. Qui, in un'occasione, fu permesso a Paula Wolf, sua sorella, di fargli visita. La donna lavorava in incognito, come segretaria, in un ospedale militare. Per un po' i due chiacchierarono di faccende di famiglia. Poi, Paula disse: "A volte, quando mi trovo in montagna e scorgo una cappella, entro a pregare per te". Hitler, profondamente commosso, rispose: "Sai, sono assolutamente certo che il Signore tenga su di me la sua mano protettrice".

Quando la loro madre era deceduta, Paula aveva 11 anni, Adolf 18. Da allora, Hitler non l'aveva incontrata per 13 anni. Paula, infine, espresse profondo rammarico per la mancata carriera di architetto che il fratello un tempo desiderava seguire.

Era occorso tutto il mese di marzo per convincere gli ambigui jugoslavi a entrare nel Patto Tripartito, ma il colpo psicologico inferto alla Gran Bretagna valeva il tempo che vi era stato dedicato. Adesso le forze tedesche impiegate in Grecia sarebbero dipese da una linea di rifornimenti lunga circa 400 chilometri e distante meno di 20 dalla frontiera jugoslava. Il reggente principe Paolo aveva visitato Hitler alla Berghof in forma privata per informarlo che il consiglio jugoslavo aveva acconsentito all'accordo a condizione che il territorio nazionale non venisse attraversato dalle truppe dell'Asse e che, malgrado la mancanza di un sostegno militare, la Jugoslavia potesse annettersi la città di Salonicco. Tuttavia, a Belgrado l'antipatia verso gli italiani era talmente radicata che, per protesta, molti ministri rassegnarono le dimissioni. Dopo la firma del patto, Hitler, convocato Keitel, si disse lieto di sapere che nei Balcani (*la palude*) non sarebbero avvenute altre spiacevoli sorprese.

Raramente un accordo ebbe vita breve come quello stipulato dalla Germania con la Jugoslavia. Nelle prime ore del 27 marzo, Hewel portò a Hitler la sorprendente notizia che, avvenuto a Belgrado un colpo di stato, il principe Paolo era stato deposto. Una moltitudine stava dimostrando davanti all'ambasciata tedesca, l'ufficio turistico era andato distrutto, l'inviato svedese confuso per un tedesco malmenato duramente e dovunque venivano sventolate bandiere inglesi fornite alla folla dall'ambasciata britannica. In strada la gente intonava *Bandiera rossa*.

Il colpo di stato era sortito dal comandante dell'aviazione jugoslava, il generale Dudan Simovic, un serbo la cui ostilità verso la Germania era già nota. Il Gabinetto rivoluzionario, pur proclamando la propria amicizia verso la Germania, non ratificò l'ingresso nel Patto Tripartito.

Hitler non tenne in gran conto quest'ultima promessa perché lui stesso ne aveva già disattese molte in passato. Gridando infuriato che quella rivoluzione era per lui un affronto, mandò a chiamare Keitel e Jodl. A causa della sua estrazione austriaca, il Führer non aveva mai amato gli sciovinisti serbi di Belgrado, ma tutto sommato considerava favorevolmente che ciò si fosse verificato in quel momento: l'*Operazione Barbarossa* era programmata per la metà di maggio e, se il rovesciamento del principe Paolo fosse avvenuto allora, la cosa avrebbe complicato ulteriormente i suoi piani.

"Per fortuna il nemico ha gettato la maschera adesso", esclamò, "che ancora abbiamo possibilità di prendere adeguate contromisure".

Hewel scrisse nel proprio diario: "Sono stati immediatamente convocati Göring, Brauchitsch e Ribbentrop. Le decisioni vengono prese rapidamente. L'atmosfera è positiva. Sono chiamati con urgenza gli ambasciatori ungherese e bulgaro". Presto il *FA* intercettò una rivelatoria telefonata tra Simovic e il proprio ambasciatore a Washington, Foltic: il primo parlava dei suoi veri piani, il secondo di un colloquio avuto con il Presidente Roosevelt.

Hitler consegnò all'ambasciatore ungherese Döme Sztójay un messaggio per il reggente d'Ungheria, Horthy: era giunta per l'Ungheria l'ora della vendetta e il Führer avrebbe avallato tutte le pretese territoriali magiare nei confronti della Jugoslavia.

"Riprendetevi il Banato!" raccomandò, e offrì agli ungheresi il porto di Fiume quale sbocco sull'Adriatico, cosa che sapeva ambita dall'ammiraglio Horthy. Poco dopo, Hitler incontrò l'ambasciatore bulgaro Draganoff e gli offrì la Macedonia, vale a dire il territorio greco rivendicato dalla Jugoslavia. "L'eterna incertezza di quei luoghi", si rallegrò, "volge al termine. La Jugoslavia verrà travolta da un'improvvisa e violenta bufera".

Nel corso di una breve riunione di guerra con Halder, Brauchitsch e Ribbentrop, Hitler definì l'ampio attacco nei Balcani. "Dal punto di vista politico è di cruciale importanza che la Jugoslavia sia colpita senza pietà".

Göring avrebbe aperto le danze con ripetuti bombardamenti che avrebbero raso al suolo Belgrado. Il giorno successivo a quella riunione, prima dell'alba, a Hitler venne consegnato il testo della direttiva ufficiale. "Indipendentemente dalle dichiarazioni di amicizia che potrà occasionalmente fare, la Jugoslavia deve essere considerata una nazione nemica e come tale andrà distrutta il prima possibile".

In seguito a tali avvenimenti, l'offensiva contro l'Unione Sovietica fu posticipata di 4 settimane, una decisione che parve dettata dal fato: giacché nell'Europa centrale la primavera del 1941, insolitamente piovosa, avrebbe reso il terreno troppo paludoso per l'impiego delle divisioni corazzate. In tutta la Russia occidentale, i corsi d'acqua erano straripati e pertanto quelle forze, che il Führer intendeva utilizzare nei Balcani, sarebbero comunque rimaste ferme fino a giugno.

Hitler, apparentemente non toccato dai gravi eventi delle ultime ore, come da programma, ricevette alla cancelleria, alle ore 16:00 del 27 marzo, il ministro degli Esteri giapponese Yosuke Matsuoka. Il Führer vedeva, nelle ambizioni territoriali del Giappone in estremo oriente, un ulteriore potente mezzo per piegare gli inglesi. Era stato l'ammiraglio Raeder ad attirare la sua attenzione su Singapore, chiave della supremazia britannica in quell'importante parte del mondo. Verso la fine di dicembre, gli aveva mostrato una lettera del proprio addetto navale a Tokio che gli riferiva dell'interesse di taluni ambienti della marina nipponica ad impossessarsene quanto prima. Poi Raeder aveva suggerito a Hitler che sarebbe stata utile alla Germania una contrapposizione tra Giappone e Gran Bretagna, sia pure in una guerra lenta e inutile.

Ai primi di febbraio, Hitler aveva enigmaticamente accennato all'ambasciatore giapponese Saburo Kuruso che "due amici potrebbero un giorno diventare nemici", alludendo a Germania e Urss. Non avendo quel messaggio indiretto suscitato repliche, Hitler aveva dato disposizioni all'*OKW* di preparare una serie di consultazioni a largo raggio tra Germania e Giappone. La *Wehrmacht* e l'industria tedesca dovevano mostrare ai nipponici il potenziale bellico tedesco, nella tacita speranza che il Giappone "intraprendesse, nel continente di sua competenza, le opportune azioni".

Successivamente, nello stesso mese, Hitler e Ribbentrop avevano incitato il nuovo ambasciatore generale giapponese, Hiroshi Oshima ad appoggiare un'offensiva del suo paese contro Singapore. Oshima aveva replicato che il Giappone aveva il presentimento di doversi predisporre a un conflitto in larga scala non solo contro gli inglesi, ma anche contro gli americani e che questo avrebbe richiesto tempo: i preparativi per un'offensiva contro Singapore si sarebbero conclusi entro fine maggio.

Tuttavia, il 27 febbraio, Ribbentrop contattò l'ambasciatore tedesco a Tokio: "La prego di usare ogni mezzo a sua disposizione per spingere quanto prima il Giappone contro Singapore".

Hitler non aveva ancora scoperto la sua carta migliore: non aveva infatti rivelato ai giapponesi le sue intenzioni nei confronti dell'Unione Sovietica. In una direttiva emessa ai primi di marzo, l'*OKW* fece presente che l'attacco contro l'Urss avrebbe fornito ai nipponici l'opportunità ideale per dare inizio a un'azione bellica, ma avvertì che, in nessun caso, "dovevano essere messi al corrente dell'*Operazione Barbarossa*".

Il 17 marzo, in seguito alle insistenze del generale Halder, Hitler acconsentì a fare qualche accenno sulla cosa durante il successivo incontro con Matsuoka. Il Führer osservò quanto quest'ultimo, a proposito di Singapore, si mostrasse prudente (il giapponese sottolineò più di una volta che la sua opinione a Tokyo aveva scarsa rilevanza) e fece un vago riferimento all'*Operazione Barbarossa* il giorno 28, in un colloquio privato con il generale Oshima, durante un pranzo in onore di Matsuoka: "Se l'Unione Sovietica attaccasse il Giappone, la Germania non esiterebbe un solo istante a scagliarsi contro l'Urss".

Quando, pochi giorni a seguire, Matsuoka si recò a Berlino, Hitler estese la sua garanzia a una eventuale guerra contro gli americani. Il 10 aprile, Ribbentrop, esplicitamente dichiarò: "La Germania potrebbe intraprendere una guerra contro l'Unione

Sovietica già prima di fine anno: ciò dipenderà dal comportamento dei russi".

La risposta giapponese fu deludente perché Matsuoka, sulla via del ritorno, passando da Mosca, firmò un patto di neutralità con l'Unione Sovietica.

Hitler aveva tenuto molti dei suoi ministri all'oscuro dell'*Operazione Barbarossa*. Sino alla prima visita di Matsuoka, persino Goebbels non ne sapeva niente. E infatti, solo allora questi, che aveva partecipato al banchetto del 28 marzo in onore del ministro giapponese, inserì nel suo diario le seguenti annotazioni: "Dopo la Jugoslavia la più grande operazione sarà volta contro la R[ussia]. La cosa viene tenuta segreta e solo poche persone ne sono a conoscenza. Per nascondere le nostre reali intenzioni, si effettueranno massicci trasferimenti di truppe verso occidente o altre destinazioni non a Est. Si predisporrà un attacco all'Inghilterra, poi, improvvisamente ci scaglieremo nella direzione opposta. Bisognerà ricorrere a una eccellente campagna propagandistica, ma ci attendono grandi vittorie".

Ancora una volta, il 30 marzo 1941, i generali e gli ammiragli di Hitler vennero convocati a Berlino da ogni zona dell'Europa occupata per ascoltare un discorso loro riservato.

Il Führer spiegò con dovizia di particolari la sua decisione di attaccare l'Urss, partendo dal rifiuto britannico del 1940 a discutere la pace. Parlò con sarcasmo delle disgrazie italiche, facendo un distinguo tra i coraggiosi, ma mal guidati soldati italiani e i loro boriosi e incompetenti responsabili militari e politici. "Perché la Gran Bretagna continua a combattere?" domandò. Le ragioni primarie, a suo dire, potevano essere due: l'influenza ebraica nella politica interna del paese e nelle operazioni finanziarie internazionali britanniche e le pressioni esercitate dalla cricca di Churchill. I bombardamenti notturni effettuati dalla *RAF* sulle città tedesche, più che a mettere in crisi l'industria germanica, servivano ad alzare il morale del popolo inglese. Adesso, la Gran Bretagna stava legando le proprie fortune agli Stati Uniti e all'Unione Sovietica, dichiarò il Führer. Degli Stati Uniti lui non aveva alcun timore, ma i russi dovevano essere sconfitti subito.

"Abbiamo la possibilità di affrontare la Russia senza doverci guardare alle spalle. Questa possibilità non si ripresenterà molto presto e metterei a repentaglio il futuro della Germania se non ne approfittassi adesso!"

Disse ai generali che non era il caso di farsi scrupoli per la violazione del trattato stipulato con l'Unione Sovietica: il motivo per cui Stalin lo aveva firmato era evidente a chiunque. Ma li esortò anche a non sottovalutare i carri armati e l'aviazione sovietica e a fare poco affidamento sull'apporto degli alleati. Quella sarebbe stata una guerra tra due ideologie e quindi ben diversa dal conflitto a Occidente. "A Oriente, ogni atto di barbarie significherà clemenza per il futuro". I commissari sovietici e i funzionari della *GPU* erano criminali e meritavano di essere trattati come tali. "Non è compito nostro, favorirne la sopravvivenza".

Con celerità, lo Stato Maggiore generale smontò e ricostituì l'intero piano della campagna dei Balcani in nove giorni, includendovi l'invasione jugoslava. La ricca e fertile regione del Banato sarebbe tornata all'Ungheria, la costa dalmata e il Montenegro all'Italia e la Serbia posta sotto il controllo militare tedesco. La Croazia sarebbe divenuta uno stato indipendente. Una conclusione soddisfacente per l'ingarbugliata matassa balcanica.

La posizione russa nella regione, invece, rimaneva incerta. Le voci si moltiplicavano. Stalin stava forse offrendo al regime jugoslavo un patto di non aggressione? Aveva forse promesso loro armi e viveri? Il 5 aprile, lo Stato Maggiore generale romeno riferì che i sovietici stavano incentivando le ricognizioni fotografiche aeree sopra il loro territorio e che a Kiev era stata inaugurata una nuova caserma d'addestramento per paracadutisti.

Il dado era tratto. Hitler ordinò a Ribbentrop di ignorare ogni nuova dichiarazione amichevole di Belgrado. Quando, la sera del 31 marzo, Ciano telefonò per informare che il vice premier jugoslavo chiedeva un colloquio con il Duce, Hitler rispose: "Va bene, ma per i prossimi giorni evitatelo".

Il 5 aprile la nebbia politica cominciò a diradarsi: Hewel portò a Hitler una preoccupante intercettazione del *Forschungsamt* che provava come Stalin fosse sul punto di firmare un patto col regime anti-tedesco di Belgrado. Il momento era giunto. Il 6 aprile 1941, un'ora dopo la mezzanotte, Hitler fece chiamare Goebbels. Aveva bisogno di compagnia e gli disse che avrebbe condotto la guerra contro i serbi senza pietà. Sorseggiò del tè fino alle 5:20 del mattino (ora stabilita per l'attacco) e andò a coricarsi mentre le sue divisioni varcavano la frontiera jugoslava e greca e 300 aerei da bombardamento procedevano verso Belgrado.

Un'amara vittoria

Hitler doveva sempre tener conto della suscettibilità dei suoi alleati. In una direttiva emessa all'inizio di aprile del 1941, dichiarò che avrebbe assegnato egli stesso alle forze italiane e ungheresi gli obiettivi primari della campagna militare: con Horty non ci furono problemi, ma Mussolini, la cui autostima era stata intaccata da una serie di disfatte, per salvare la faccia dell'Italia costrinse il Führer ad adottare tali pubblici equilibrismi che, per una volta, l'*OKW*, il ministero degli Esteri, l'esercito e la marina si trovarono uniti tra loro in una rabbia irrefrenabile. Ciò che faticavano a comprendere era il motivo dell'indulgenza del Führer verso un alleato che ritenevano inetto.

Per sconfiggere la Jugoslavia, furono sufficienti 15 giorni. La forza di spedizione britannica si trovò a combattere, in vane azioni di retroguardia, contro le forze corazzate e i reparti alpini tedeschi che, senza alcuna difficoltà, aggirata la poderosa *linea Metaxas*[137], erano entrati in territorio jugoslavo e greco. La Gran Bretagna aveva commesso un grossolano errore appoggiando il colpo di stato avvenuto nella capitale. Hitler aveva programmato che l'assalto avesse come preludio un bombardamento a tappeto di Belgrado, pensando anche all'effetto deterrente che questo avrebbe avuto

137 Ndt. La linea Metaxas consta di una catena di fortificazioni costruita lungo il confine greco-bulgaro, per proteggere la Grecia da una eventuale invasione delle truppe bulgare prima dello scoppio della seconda guerra mondiale. Prende il nome dal dittatore Ioannis Metaxas, che governò la Grecia dal 1936 al 1941.

principalmente sulla Turchia e sull'Unione Sovietica. In quell'incursione aerea, trovarono la morte ben 17.000 civili.

Colpita la cabina di regia, le forze jugoslave cedettero: oltre 340.000 militari furono fatti prigionieri, mentre i tedeschi, nonostante avessero dovuto sostenere tutto il peso della battaglia, persero solo 151 uomini. Durante tutta la campagna, infatti, le truppe italiane e ungheresi si mostrarono riluttanti a ogni attacco, finché il nemico non fosse stato reso inoffensivo dall'esercito tedesco. Horthy, addirittura, espresse il desiderio che le Forze Armate magiare non avessero ad allontanarsi troppo dal proprio territorio nazionale: di certo, era all'oscuro del progetto di Hitler di sferrare, entro tre mesi una guerra di coalizione contro l'Unione Sovietica.

Nel pomeriggio del 9 aprile la radio tedesca diffuse la prima serie di sei bollettini straordinari sulle vittorie riportate nel sud-est.

Hewel annotò "l'eccellente umore" che regnava presso la cancelleria. Un'atmosfera che fu brevemente offuscata dal sopraggiungere di una cinquantina di bombardieri britannici nei cieli di Berlino: Hitler rifugiatosi nel bunker antiaereo, cessato l'allarme, mandò Hewel a ispezionare i quartieri colpiti. Il castello di Bellevue, il palazzo del principe ereditario, la libreria di stato e l'università erano stati gravemente danneggiati e un incontrollabile incendio si era sviluppato nel teatro dell'opera *Unter der Linden*.

Quale rappresaglia, una settimana dopo, Hitler mosse la *Luftwaffe* su Londra: il bombardamento, durante il quale furono sganciate 1.000 tonnellate di ordigni esplosivi, durò dieci ore consecutive.

La sera del 10 aprile, il treno del Führer, lasciata Berlino, si diresse verso Monaco e il giorno 11, attraversata Vienna e Ganz, proseguì sino all'imbocco del tunnel di 300 metri che, da sotto le Alpi, conduce in Jugoslavia.

L'*Atlas*, il treno di comando dell'*OKW*, si fermò all'estremità sud del gelido tunnel, mentre l'*Amerika*, il convoglio del Führer, sostò all'estremità nord, nella piccola stazione di Mönichkirchen. Quella località, rigidamente sorvegliata, nelle due settimane a seguire sarebbe stata il quartier generale di Hitler. I soli contatti del Führer con il mondo esterno erano il sistema di comunicazioni dell'*OKW*, la proiezione dei cinegiornali nel vicino *Mönichkirchener Hof Hotel* e le visite dei propri generali e ministri.

Il 12 aprile, la svastica sventolava già sulle rovine di Belgrado. Il 14, i greci cominciarono a evacuare l'Albania. Il 15 si seppe che il contingente britannico era in fuga verso i porti d'imbarco. Churchill, in un intervento radiofonico, si illuse di consolare gli jugoslavi asserendo che la Gran Bretagna si trovava sempre alle loro spalle, parole che si prestavano a interpretazioni ambigue e che la stampa tedesca, su ordine di Goebbels, sfruttò in chiave ironica.

Le istruzioni del Führer all'*OKW* recitavano che, qualora la Grecia si fosse arresa, tutti i prigionieri greci, in segno di ammirazione per il valore mostrato nella difesa dei loro confini, avrebbero dovuto essere rilasciati. Hitler stabilì il principio che le offerte di resa dovessero essere sempre accettate, indipendentemente dalla grandezza dell'unità nemica coinvolta.

Il 21, il feldmaresciallo List, nonostante il generale Tsolakoglu avesse messo in evidenza che non si arrendeva agli italiani, le cui forze aveva sonoramente sconfitto, diede ufficialità alla capitolazione dell'esercito greco.

Mussolini era fuori di sé. L'Italia, dichiarò furibondo il Duce, nei 6 mesi di guerra con la Grecia aveva combattuto con 500.000 uomini annoverando 63.000 caduti. Poi, improvvisamente, le formazioni delle *SS* erano avanzate così in profondità da conquistare un ponte che aveva interdetto l'inseguimento dei greci da parte degli italiani!

Con riluttanza, Hitler fece marcia indietro e, dettato a Jodl che List era stato avventato ad accettare la capitolazione, insistette per il proseguo del conflitto, finché i greci non si fossero piegati anche agli italiani. Quello stesso 21 aprile, nel pomeriggio Ribbentrop si recò dal Führer. Hewel annotò: "Proseguono con le forze armate greche le trattative per la resa. Un impedimento: gli italiani. Siamo tutti furiosi, persino il Führer. In lui vive un perenne conflitto tra il soldato e il politico".

L'esercito greco non solo si era arreso alla Germania e aveva deposto le armi, ma per la maggior parte era già stato fatto prigioniero: come potevano continuare a combattere per i capricci degli italiani? Hitler inviò un dispaccio al quartier generale del Duce dicendogli che forse avrebbe avuto piacere a inviare un suo rappresentante il mattino seguente, 22 aprile, per aiutare Jodl a stabilire gli accordi di capitolazione della Grecia. Ma non appena venuti a conoscenza della resa dei greci a List, gli italiani avevano sferrato una sconclusionata offensiva nell'Epiro. E laggiù i greci non solo stavano ancora combattendo, ma anche infliggendo all'esercito italiano pesanti perdite.

L'*OKW* spedì in tutta fretta a Roma una bozza dei termini di resa. Quando lesse che il Führer voleva permettere agli ufficiali greci di tenere spada e pugnale, Mussolini protestò. Ma su questo punto i tedeschi si mostrarono inflessibili: il mondo intero aveva ammirato la strenua resistenza dei greci e Hitler riteneva giusto riconoscerne il coraggio.

A parte questa, Hitler avallò ogni altra richiesta degli italiani. Con grande disappunto, l'ammiraglio Raeder annunciò che la marina greca e quella jugoslava dovevano essere consegnate agli italiani, non appena questi si fossero presentati e, con rabbia sia dell'*OKW* che dell'esercito, Hitler chinò il capo anche davanti alla richiesta di Mussolini che le truppe dell'Asse disponessero un ingresso trionfale in Atene, con italiani e tedeschi fianco a fianco.

I soldati italiani più prossimi si trovavano ancora a una settimana di marcia da Atene e questo particolare aggiungeva imbarazzo alla vicenda.

Il documento di capitolazione venne firmato a Salonicco nel pomeriggio del 23 aprile da tutte e 3 le parti, dopo che Mussolini ebbe giocato l'ennesimo scherzo a Hitler. Il Führer aveva infatti espressamente vietato di divulgare anticipatamente la resa, ma alle 10:00 gli italiani via radio l'avevano già gridato ai quattro venti.

"Le armate nemiche dell'Epiro e della Macedonia hanno deposto le armi. La richiesta di armistizio è stata consegnata ieri alle 21:04 da una delegazione militare greca al comandante dell'Undicesima Armata Italiana sul fronte dell'Epiro".

Hewel così riassunse la situazione nel suo memoriale: "Gli italiani si comportano come pazzi e idioti".

In Croazia era nel frattempo sorto un movimento separatista fomentato dalle forze clandestine di Canaris. A Zagabria, con l'aiuto dell'organizzazione *Jupiter* dell'*Abwehr*, il generale Sladko Kvaternik, un ufficiale del vecchio esercito austro-ungarico, si era impadronito del potere e con la benedizione di Hitler aveva costituito uno stato indipendente con il nazionalista Ante Pavelic, per anni esiliato in Italia, come *Poglavnik*, ovvero capo.

La decisione di concedere all'Italia la regione della costa dalmata causò un profondo risentimento a Zagabria, che il Führer preferì ignorare. Il 24 aprile il luogotenente di Canaris, colonnello Lahousen, in un colloquio avuto a Zagabria con il generale Kvaternik, neo ministro croato della Guerra, scoprì che l'ammirazione di questi per la Germania e il Führer era sconfinata, quanto l'odio che covava per gli italiani. Anche perché questi ultimi, in Dalmazia, stavano adesso mettendo in atto la loro vendetta. "I Croati sono un popolo d'onore e con una lunga tradizione militare", sottolineò Kvaternik, "e le parole non bastano per descrivere quanto sia doloroso essere calpestati e umiliati da un esercito che non è stato capace di annoverare alcuna vittoria". Kvaternik temeva che "l'atteggiamento politico irrazionale degli italiani", potesse creare problemi nell'immediato futuro.

Sempre il 24 aprile, il reggente ungherese Horthy si recò al quartier generale di Hitler. Il Führer aveva ricevuto da questi molte lettere, tutte scritte in un inusuale tedesco arcaico. L'ultima risaliva a alla metà del mese: in essa Horthy aveva nuovamente suggerito di portare un attacco all'URSS, lasciando intendere che l'Ungheria, in cambio della Transilvania (appartenente in parte alla Romania), vi avrebbe partecipato attivamente. "Nessuno è ha conoscenza del contenuto di questa mia lettera e io non ne parlerò mai, neppure se un giorno dovessi scrivere le mie memorie", aveva aggiunto Horthy.

Il 19 aprile Hitler aveva risposto all'inviato ungherese Sztójay che, pur comprendendo le preoccupazioni di Horthy in merito ai sovietici, la Germania non poteva prendere impegni che implicavano un tributo dalla Romania.

Secondo il diario di Hewel, durante il pranzo Horthy "parlò e parlò" e citò anche una delle frasi preferite del Führer asserendo che la Grecia era stata sconfitta perché era una democrazia dove "i voti di due idioti contano di più del parere di un saggio".

Keitel spinse Horthy a importunare Hitler con aneddoti sulla caccia, ben sapendo che Hitler aborriva i cacciatori. Coloro che lo conoscevano, erano al corrente anche della sua antipatia per i cavalli: quando, tre anni dopo, il generale delle *SS* Hermann Fegelein, nuovo ufficiale di collegamento di Himmler, si presentò con gli stivali guarniti da un paio di speroni, il Führer con sarcasmo lo invitò a "galoppare nelle stanza accanto" per prendergli un certo incartamento. Ma al momento, niente poteva ottenebrare il buon umore di Hitler: in Grecia gli inglesi erano in fuga e i tedeschi avevano catturato o ucciso altri 22.000 uomini dei loro corpi speciali. Dietro suggerimento di Jeschonnek, il Führer ordinò che fosse predisposto un attacco di truppe aviotrasportate contro Creta.

Hitler in merito alla campagna di Russia aveva maturato la propria decisione, ma voleva ancora convincere Ribbentrop. Quest'ultimo, incapace di prevedere il colpo di stato di Belgrado, aveva perso buona parte dei favori del Führer. Di conseguenza, Hitler aveva incaricato il già citato ideologo del partito, Alfred Rosenberg, originario di un paese baltico, di occuparsi delle nuove terre conquistate a Est. Il Führer era rimasto ben impressionato da ciò che questi tempo addietro aveva scritto in merito alla minaccia sovietica. Non desta meraviglia che il memoriale di Hewel riveli che Ribbentrop "fu assente per malattia" per quasi tutto l'aprile del 1941, evidentemente una scusa per sbollire la rabbia dovuta a un suo ridimensionamento.

Verso il 25 aprile, Hitler, chiamato Ribbentrop a Vienna, lo convocò al proprio quartier generale sul convoglio ferroviario, dove lo mise al corrente della decisione di attaccare l'Unione Sovietica.

Successivamente, Ribbentrop annotò:

"Ha detto che tutti i rapporti dei servizi di informazioni militari che gli giungevano confermavano che la Russia era impegnata in massicci preparativi bellici lungo la linea del fronte dal Baltico al Mar Nero: evidente il pericolo che tutto ciò rappresentava, lui non voleva essere colto di sorpresa. Il patto sovietico con il governo rivoluzionario serbo rappresentava una vera e propria provocazione e un chiaro segnale di allontanamento dal trattato di amicizia tedesco-sovietico. Durante quella conversazione, gli ho raccomandato di parlarne anche col nostro ambasciatore [a Mosca], il conte Schulenburg. Per prima cosa intendevo tentare di trovare una soluzione diplomatica, ma Hitler ha rifiutato ogni tentativo in tal senso, proibendomi addirittura di discutere la questione con chicchessia. Nessun passo diplomatico poteva modificare l'atteggiamento dei sovietici, anzi, questi ci avrebbe danneggiato privandoci dell'importante elemento tattico della sorpresa.

Il 26 aprile, il treno del Führer lasciò Mönichkirchen diretto verso la vecchia frontiera jugoslava. Hitler, recatosi in auto a Maribor adesso ribattezzata Marburg fece un giro nelle province di lingua tedesca che la Seconda Armata aveva riconquistato. Ovunque, ricevette un caloroso benvenuto, specialmente al municipio di Marburg.

"Poi in treno ritornò a Graz", scrisse Hewel. "Anche qui accoglienza fantastica... Il Führer è molto felice: uno splendido benvenuto. Splendide canzoni. Il museo. Pranzo all'hotel *Wiesler*, poi a sera, partenza per Klagenfurt... Caffè al castello, con molte zitelle incredibilmente brutte fornite dalla scuola d'insegnamento del distretto. Ma erano molto ben intonate".

Il giorno seguente, sempre a Klagenfurt, Hitler incontrò il suo vecchio insegnante di storia, Leopold Poetsch: nel *Mein Kampf* aveva scritto che, assegnandogli un professore di storia così capace, il fato aveva influito sull'intero proseguo della sua esistenza. Il 28 aprile, il Führer si trovava nuovamente alla cancelleria di Berlino.

Quella sera, ricevette l'ambasciatore tedesco a Mosca, Schulenburg, dedicandogli non più di 30 minuti. Schulenburg, seppure non al corrente dell'*Operazione Barbarossa*, ne aveva supposta l'imminenza dalle informazioni reperite qua e là per il mondo. All'ambasciatore sembrava che il Führer avesse tratto tutte le sue idee preconcette da Vidkun Quisling, secondo il quale dopo le prime sconfitte militari il regime bolscevico sarebbe crollato.

Hitler gli chiese cosa avesse spinto i sovietici a firmare un patto con il regime rivoluzionario di Belgrado, era forse quello un tentativo di intimorire la Germania? L'opinione dell'ambasciatore al riguardo era che i russi avessero voluto semplicemente sottolineare quali fossero le loro pretese sui Balcani e che anche loro fossero allarmati dalle voci di un imminente attacco tedesco. Il Führer gli fece notare che erano stati i russi a cominciare la mobilitazione, ma Schulenburg ribatté che quella era una reazione eccessiva di Mosca alle mosse della Germania. Se Stalin non si era alleato con la Francia e la Gran Bretagna quando ancora erano forti e integre, era improbabile che lo avrebbe fatto adesso.

Per Hitler non fu affatto difficile confutare quest'ultima argomentazione: nel 1939, Stalin aveva incoraggiato il conflitto tra Germania e Occidente non prevedendo una vittoria tedesca così fulminea. Hitler fissò l'avvio dell'*Operazione Barbarossa* per il 22 giugno e dispose che, un mese prima, sarebbe iniziata l'ultima fase del trasferimento di truppe a est.

Nella parte meridionale del fronte russo, le forze tedesche sarebbero state numericamente inferiori al nemico, ragione per cui il Gruppo Armate Sud non poteva procedere al movimento a tenaglia previsto per annientare le divisioni sovietiche a sud delle paludi del Pripet. Doveva invece tentare un improbabile accerchiamento servendosi dell'ala settentrionale. Ciò nonostante, Brauchitsch era ancora sicuro che, in quattro settimane, l'iniziale resistenza sovietica sarebbe stata vinta.

Frattanto, a Mosca le voci sull'imminente attacco si moltiplicavano. La prova più schiacciante venne dalla Romania e, indirettamente, da Belgrado. Hitler e Göring si erano mostrati estremamente franchi negli approcci con il generale Antonescu: il 5 marzo, Göring, incontrato Antonescu a Vienna, gli aveva confidato, "a breve l'altro nostro fornitore di greggio potrebbe sparire".

Risulta che il 4 marzo, alla Berghof, Hitler avesse accennato dell'*Operazione Barbarossa* anche al principe reggente jugoslavo. Il ministro degli Esteri britannico, Eden, riferì la cosa a sir Stafford Cripps, citando quale fonte dell'informazione re Giorgio di Grecia, fratello del reggente jugoslavo. I servizi segreti ungheresi appresero tutto ciò a Mosca e l'11 aprile ne venne data notizia all'ammiraglio Canaris. Pochi giorni dopo, l'addetto navale tedesco a Mosca telegrafò che Cripps spargeva voce di un attacco tedesco all'Urss previsto per il 22 giugno, "una panzana di tali proporzioni" che lui avrebbe facilmente smentito.

Quando, dietro suggerimento di Cripps, all'inizio di aprile l'inviato jugoslavo a Mosca avvertì Stalin dell'operazione in atto, questi rispose, con arroganza: "Lasci che vengano avanti, avranno l'accoglienza che meritano!"

Ma la rapida vittoria di Hitler nei Balcani smorzò la boria di Stalin. Ne seguì un periodo straordinario durante il quale il governo sovietico cercò di ammansire i tedeschi e grano, petrolio e materie prime affluirono in Germania in ingenti quantità.

Un giorno, poi, in occasione della partenza per Tokyo del ministro degli Esteri giapponese, Stalin sorprese i presenti recandosi personalmente alla stazione, dove abbracciò i delegati nipponici. E, scorto l'ambasciatore Schulenberg, esclamò ad alta voce davanti all'intero corpo diplomatico: "Dobbiamo rimanere amici, faccia tutto il possibile per migliorare i rapporti tra i nostri due paesi!"

Hitler, in merito a quella imbarazzante scenetta, studiò tutti i rapporti pervenutigli.

Altrettanto inusuale fu la moderata protesta sovietica per le 80 violazioni tedesche dello spazio aereo russo verificatesi nella prima metà di aprile. A seguito di un colloquio avuto con Keitel per discutere delle operazioni assegnate all'*Abwehr* all'interno del territorio sovietico, Canais trascrisse: "Il generale Jodl mi ha rivelato che c'è preoccupazione per l'atteggiamento indolente e compiaciuto assunto dai russi nei nostri confronti e, facendo riferimento agli incarichi speciali del nostro Reggimento di Addestramento *Brandenburgo n.800*, ha aggiunto, in parte scherzando: 'Se quegli individui (intendendo i russi) continueranno a mostrarsi tanto accomodanti, spetterà a lei inscenare un incidente che dia inizio alle ostilità[138]"".

Eppure, per tutto il mese di marzo, i movimenti dei soldati sovietici in prossimità del confine furono così intensi e si ebbe un tale flusso di rifornimenti da Mosca verso Smolensk e Minsk, che il generale Halder ebbe timore che il nemico potesse anticiparli prendendo egli stesso l'iniziativa. "Lo schieramento delle armate sovietiche desta qualche preoccupazione", scrisse il 7 aprile. "Pur dando credito allo slogan secondo il quale i russi vogliono la pace e non saranno mai i primi a violarla, dobbiamo ammettere che il loro spiegamento di forze è tale da poter passare rapidamente dalla difesa all'attacco, creandoci notevoli difficoltà".

Il Führer non nutriva dubbi sulle intenzioni di Stalin.

Un giorno, ormai vicino alla fine, avrebbe detto: "Non ho preso alla leggera la decisione di muovere guerra alla Russia, l'ho fatto perché la sapevo, da fonti sicure, prepararsi a un'alleanza con la Gran Bretagna. La questione era: colpire per primi o attendere di essere annientati?"

L'addetto navale riferì da Mosca che il programma sovietico di costruzioni navali includeva tre navi da battaglia, 11 incrociatori, 61 cacciatorpedinieri e quasi 300 sottomarini, e la maggior parte di quella flotta sarebbe stata concentrata nel Baltico.

Il 7 aprile, l'ambasciata tedesca moscovita mise il proprio personale in stato di allerta. Il giorno 8, le famiglie dei funzionari della missione commerciale sovietica cominciarono a evacuare Berlino. Il 23, giunsero da Bucarest nuovi rapporti su concentrazioni di milizie russe in Bukovina e Bessarabia. Il giorno successivo, l'addetto militare tedesco a Bucarest riferì che soldati sovietici stavano arrivando a Odessa e da lì venivano trasferiti verso il Bug e il Dniester. Il 25, i decodificatori della marina intercettarono un messaggio inviato da Mosca a Londra dall'addetto militare britannico: "Il nostro addetto militare a Budapest, che alcuni giorni or sono si trovava in viaggio verso Mosca, ha visto a Lemberg [oggi L'viv] almeno una brigata di mezzi corazzati diretti verso ovest, sulla tratta ferroviaria tra Lemberg e Kiev. Ha incrociato sette convogli militari, quattro dei quali portavano carri armati e mezzi

138 Nda. Il Brandenburgo era il nome del reggimento tedesco di truppe d'assalto.

motorizzati, mentre gli altri tre erano stipati di truppe".

Anche gli addetti militari tedeschi notarono molti convogli bellici diretti a ovest tra Minsk e Baranovichi. Il 5 maggio, Antonescu informava i tedeschi che armate sovietiche si concentravano tra Kiev e Odessa e che, dalla Siberia continuavano ad affluire rinforzi. "Altra cosa degna di nota: le fabbriche in prossimità di Mosca, hanno avuto ordine di trasferirsi all'interno del paese".

Una squadra di tecnici di Göring aveva avuto il permesso di visitare 8 dei 9 più importanti stabilimenti russi adibiti alla costruzione di cuscinetti a sfera, leghe metalliche, velivoli e motori per aerei, e di valutare i progressi compiuti dalla ricerca sovietica. Da quell'analisi, era apparso evidente che l'aviazione russa rappresentasse una minaccia maggiore di quanto supposto da Hitler. Le fabbriche aeronautiche erano le più grandi e moderne d'Europa. Durante la cena con gli esperti tedeschi, il più rinomato progettista sovietico di aerei, Mikoyan, dichiarò, senza mezzi termini: "Siamo in grado di respingere ogni attacco, da qualsiasi parte provenga".

Su disposizione dell'Armata Rossa, ai diplomatici stranieri fu proibito di muoversi liberamente all'interno del paese. Il 13 maggio, un console tedesco riferì, dal cuore della Cina, che 6 giorni prima il Cremlino aveva dato ordine a tutte le sue missioni diplomatiche di valutare il possibile atteggiamento degli altri paesi nell'eventualità di un conflitto tedesco-sovietico. Il 16 fu riferito che l'inviato russo a Stoccolma aveva dichiarato che, in nessun altro momento della sua storia, l'Urss aveva schierato ad ovest un altrettanto poderoso contingente di truppe. Ciò confermava una stima fatta dall'addetto aeronautico svedese a Mosca, secondo il quale a metà marzo era già stato ammassato nella Russia occidentale, e in particolare verso il confine romeno, il 60% del potenziale bellico dell'Armata Rossa.

I treni russi carichi di gomma, minerali, greggio e granaglie continuarono a viaggiare verso la Germania anche se il 22 giugno, data prevista per l'inizio delle ostilità, era prossimo. Si avvicinava anche il momento in cui Stalin stabilì segretamente di riprendere il programma espansionistico sovietico, temporaneamente bloccato da Hitler.

Il 5 maggio, durante due banchetti al Cremlino, Stalin tenne altrettanti discorsi rivolti a un migliaio di ufficiali diplomatisi nelle accademie militari di Mosca. Tra gli invitati, figuravano Molotov, Mikoyan, Voroscilov, Kalinin e Lavrenti Beria. Due generali e un maggiore, presenti ai banchetti, in seguito furono catturati dai tedeschi. Interrogati separatamente, essi svelarono il contenuto dei due interventi[139].

Se Schulenberg, il quale ebbe semplicemente notizia del discorso di Stalin, fosse stato presente, tutto il suo ostinato ottimismo sulle intenzioni sovietiche sarebbe svanito. Stalin si era infatti lanciato in una lucida esposizione sulla necessità di prepararsi alla guerra con la Germania: "Stiamo producendo nuovi modelli di carri armati (*Tipo 1* e *Tipo 3*): sono mezzi eccellenti, la cui corazza è in grado di resistere ai proiettili da 76 millimetri. Nel prossimo futuro, ci saranno ulteriori innovativi modelli che porteranno il mio nome. Il nostro piano di guerra è pronto, abbiamo costruito gli aeroporti e le piste di atterraggio. Tutto è stato predisposto per guardarci anche le spalle e gli elementi stranieri sono stati espulsi dal paese. Ne consegue che, entro 2 mesi, saremo pronti a intraprendere una guerra contro la Germania. Dobbiamo prenderci la rivincita per la Bulgaria e la Finlandia."

Secondo Stalin, il movimento partigiano faticosamente costituito in tutta Europa, assunte imponenti dimensioni, avrebbe paralizzato l'industria bellica tedesca. Entro la fine del primo anno, la Germania avrebbe esaurito le sue limitate riserve di materie prime.

"La Germania potrà costruire aerei e carri armati, ma mancherà di uomini". Infine Stalin, sottolineò: "Non c'è niente di più bello di un esercito invincibile, quale che sia la nazione cui esso appartenga".

139 Nda. Questi colloqui di Stalin sono menzionati nelle memorie, in lingua russa, del maresciallo Zukov, mentre non figurano nelle relative edizioni in lingua inglese e tedesca. Ullstein, editore dell'edizione tedesca de La Guerra di Hitler, cancellò qualsiasi riferimento ai discorsi, la cui esistenza è stata confermata dagli storici che lavoravano negli ex archivi sovietici.

Seguì un sontuoso banchetto che si protrasse fino a notte fonda. Uno dei generali, direttore della famosa accademia militare di Frunze, stava brindando all'abilità di Stalin nel preservare la pace in Europa, quando quegli lo zittì con un gesto rabbioso e, alzatosi in piedi, improvvisò un ulteriore discorso:

"Durante gli anni in cui il capitalismo ha accerchiato l'Urss, noi siamo stati capaci, mentre allargavamo a nord e a ovest i nostri confini, di fare buon uso di questo slogan. Ma adesso dobbiamo dimenticarlo, perché è uno motto reazionario e limitante che non fornirà, al nostro paese, un metro quadro in più di terra. Compagno Chosin, è giunto il momento di smettere di ruminare sempre gli stessi concetti: smettila di essere un sempliciotto! È iniziata l'era dell'espansionismo sovietico violento".

A quel punto, Stalin alzato il bicchiere, pronunciò un nuovo brindisi: "Lunga vita al programma espansionistico sovietico!"

Hess e Bormann

"Come tedesco e come soldato considero indegno di me sminuire un nemico audace", esclamò il Führer davanti ai deputati del Parlamento, il 4 maggio 1941, "ma mi sembra necessario fare qualcosa per rivendicare la verità contro le millanterie di un uomo, che si è rivelato inetto e incapace sia come soldato che come politico".

Hitler faceva riferimento all'ultimo trionfo della *Wehrmacht* nel Balcani. "Proprio come ha fatto dopo la Norvegia e successivamente a Dunqerque, Churchill (responsabile anche di questa campagna militare) sta cercando di distorcere la verità per far apparire ogni accadimento a loro sfavorevole, una vittoria britannica... Il Signor Churchill potrà forse creare una cortina di fumo davanti agli occhi dei suoi connazionali, ma non riuscirà a celare a lungo le conseguenze dei suoi errori". Il coraggioso popolo greco aveva pagato il prezzo della politica filo-britannica del proprio governo. "Avversarlo mi è rincresciuto fin dal principio. In quanto tedesco, nato e cresciuto nell'ammirazione e nel rispetto dell'arte e della cultura di questo paese, da cui si è elevata la dignità umana, è stata un'esperienza amara non poter fare alcunché per impedire il peggio. Dai documenti francesi e inglesi rinvenuti in Francia", proseguì, "era evidente l'abbraccio del governo greco alla politica britannica".

Durante tutto il discorso, Rudolf Hess rimase seduto tra Hitler e Ribbentrop. Più tardi quest'ultimo asserì che lo sguardo di Hess pareva perso nel vuoto.

Hess, costituzionalmente vice del Führer nel partito sin dall'aprile 1933 e secondo nella linea di successione dopo Göring, era indubbiamente un eccentrico. In che misura lo fosse, risulta chiaramente dai verbali, recentemente scoperti, degli interrogatori ai quali la Gestapo sottopose i suoi diretti collaboratori.

Franz Lunz, suo detective privato, descrisse dettagliatamente la pletora di medici, terapisti, esperti di ipnosi e rabdomanti che circondavano Hess e verso i quali egli stesso non nutriva eccessiva fiducia, visto che costringeva i propri subalterni a fungere da cavie.

Nato nell'Egitto britannico, Hess era un dichiarato anglofilo pacifista e idealista.

Il suo segretario riferì che, a seguito del citato discorso del Führer, Hess chiese allo stesso Hitler se fosse ancora intenzionato a seguire la linea politica menzionata nel *Mein Kampf* e marciare fianco a fianco con gli inglesi. Hitler annuì, ma parve considerare la questione irrilevante. Poco dopo, alle 20:15 della stessa sera del 4 maggio 1941, lasciò Berlino in treno per dirigersi a Gotenhafen, sul Baltico, per ispezionare le nuovi navi, la *Bismark* e la *Tirpitz*.

Le indagini condotte dalla Gestapo stabilirono che il colloquio tra Hitler e Hess era avvenuto il 3 maggio, giorno antecedente il discorso tenuto dal Führer in Parlamento, cosa che pone l'evento sotto una diversa prospettiva.

Günther Sorof, uno dei collaboratori di Hess, confermò che il 3 maggio questi si era recato all'aeroporto di Reim (Monaco), per raggiungere Berlino a bordo di un aereo di servizio: una decina di minuti prima del decollo, aveva avuto un breve colloquio con il professor Karl Haushofer. Quest'ultimo aveva in seguito pregato lo stesso Sorof di restare in attesa di un messaggio telefonico criptico che avrebbe dovuto trasmettere a Hess una volta giunto a Berlino.

Il messaggio, pervenuto nella serata di quello stesso giorno, recitava: "Su una scala da 1 a 6, le cose potrebbero dirsi in posizione 3 o 4, ma altro rimane da fare".

Haushofer aggiunse che suo figlio Albrecht si sarebbe personalmente fatto vivo non appena di ritorno dal Portogallo. Sorof, pur dubitando di Albrecht che definiva un "un mezzo avido ebreo", trasmise il messaggio a Hess, atterrato a Berlino alle 15:20 del 3 maggio.

Hess aveva chiesto ai propri assistenti di mettere nei bagagli al seguito la sua nuova uniforme di capitano della *Luftwaffe*. Evidentemente, stava architettando qualcosa. Sapeva bene che il figlio di Haushofer si trovava all'estero per prendere contatti con gli oppositori interni di Churchill.

"Quella sera", fu appurato durante l'interrogatorio condotto dalla Gestapo, "il camerata Hess incontrò Hitler".

L'assistente di Hess confermò che, non appena ricevuto quel dispaccio, che gli parve provenire dal Portogallo, Hess ne informò immediatamente il Führer.

Dopo il colloquio con Hess, Hitler apportò sostanziali modifiche al discorso che avrebbe tenuto la sera successiva al Parlamento, ma nessuno è mai venuto a conoscenza della natura esatta di quelle rettifiche. Già da alcune settimane, i collaboratori di Hess avevano ipotizzato che il loro superiore avesse in mente una trasferta in Scozia. Il detective Lutz, tormentato dall'opportunità o meno di informarne Himmler, il 4 chiese al collega Pintsch se Hess ne avesse data notizia al Führer. Pintsch rispose: "Ovviamente. E il Führer non lo avversa in quel progetto".

L'ultima volta che Hitler aveva visto la *Tirpitz* era stato due anni prima a Wilhelmshaven in occasione del varo. Gli erano rimasti impressi i volti onesti e indaffarati degli operai del cantiere navale: "L'aristocrazia della classe lavoratrice", era solito ricordare. Le due nuove navi da guerra sostavano imponenti nei cantieri. La *Bismark*, con le sue 28.000 miglia di circuiti elettrici e i cannoni guidati dai radar, era l'imbarcazione più tecnologica esistente sul pianeta. La marina la considerava inaffondabile e l'ammiraglio Günther Lütjens la descrisse a Hitler in termini entusiastici. Lütjens raccontò al Führer gli attacchi ch'egli, al comando della *Gneisenau* e della *Scharnhost*, aveva condotto contro i convogli che dagli Stati Uniti rifornivano l'Inghilterra. E quando Hitler espresse preoccupazione all'idea di impiegare navi tanto importanti in quel tipo di caccia, Lütjens lo rassicurò: "Nulla può andare storto con imbarcazioni come queste. Si può avere timore solo di attacchi da parte di aerosiluranti".

Poi Hitler tornò a Berlino. Lì, parlando con Goebbels, commentò nuovamente i danni prodotti da Churchill all'impero britannico e le recenti sconfitte militari subìte dagli italiani.

"Se non ci fossero stati gli italiani", osservò, "Pétain e Franco si sarebbero schierati dalla nostra parte e Gibilterra sarebbe nostra. Inoltre, a seguito di ciò, la Turchia avrebbe di certo accettato le nostre proposte".

Inutile pensare a queste cose, commentò Goebbels sul proprio diario, mentre Hitler intraprendeva il viaggio fino a Berchtesgaden, dove l'11 maggio avrebbe incontrato il francese Darlan.

Adesso, l'attenzione di Hitler era rivolta all'Irak dove, il 2 aprile, un colpo di stato aveva portato al potere l'antibritannico Raschid Alì al Gailani. In risposta, le forze inglesi erano sbarcate a Bassora e l'esercito di Raschid Alì aveva assediato la base navale britannica di Habbanja, a una quarantina di chilometri da Bagdad, dando inizio a una guerra. Gli iracheni si erano allora rivolti alla Germania, invocando aiuto, e questa aveva risposto inviando esperti militari, tecnici e velivoli *Messerschmitt* e *Heinkel* cui Darlan aveva concesso di fare scalo negli aeroporti siriani.

Quella sera del 10 maggio, alla Berghof venne consegnato a Hitler un voluminoso plico spedito da Hess. Il giorno successivo, sabato 11 maggio, verso mezzogiorno, il Führer si trovava nella Sala Grande quando ci fu una certa confusione e uno degli aiutanti di Hess, eludendo l'intervento della sorveglianza, si introdusse nella stanza. L'uomo porse a Hitler una busta nella quale erano contenuti due fogli. Hitler, inforcati gli occhiali cominciò a leggerli distrattamente, poi, accasciatosi su una poltrona, gridò: "Oh, mio Dio, mio Dio! È andato in Gran Bretagna!"

L'aiutante di Hess dichiarò che il suo capo era partito dall'aeroporto di Augusta alle 17:40 del giorno precedente. Hitler si scagliò contro Bodenschatz: "Come mai, *Herr General*, la *Luftwaffe*, nonostante il mio divieto, ha permesso a Hess di decollare? Mi mandi Göring!"

Poi, aprì il plico arrivato il giorno precedente che si avvide contenere un dettagliato resoconto di Hess sulle motivazioni del suo viaggio e sul piano di pace da lui stesso preparato dall'ottobre 1940. Hess assicurava, inoltre, che non avrebbe fatto parola ad alcuno dell'*Operazione Barbarossa*. Bodenschatz adesso si trovava in comunicazione telefonica con Göring. Questi, con arroganza, gli stava chiedendo spiegazioni su quella immediata convocazione alla Berghof quando Hitler, afferrata la cornetta gridò: "Göring, si precipiti da me!" e interruppe la comunicazione.

Il collaboratore di Hess, latore della brutta notizia, venne tratto in arresto. La Berghof fu investita da un'ondata di isteriche illazioni. "[Fu data] ogni possibile interpretazione", scrisse nel proprio diario la moglie di Schmundt.

Hitler confidò i propri timori a Julius Schaub: "Immagini che Hess giunga veramente a destinazione: Churchill lo avrebbe in suo potere! Che follia ha commesso. Gli daranno delle droghe per indurlo a testimoniare in qualche trasmissione radiofonica ciò che Churchill vorrà".

Bodenschatz predispose immediatamente qualche indagine tecnica: forse Hess aveva avuto un incidente durante il tragitto o era dovuto tornare indietro a causa del maltempo.

L'ammiraglio francese Darlan, che ricopriva le cariche di vice capo di stato di Pétain, ministro degli Esteri, ministro della Marina e dell'Interno, giunse appena dopo pranzo in compagnia di

Ribbentrop. Ma adesso che si era deciso per l'*Operazione Barbarossa*, Hitler avendo perso interesse per il Mediterraneo, trovava più difficile superare la sua istintiva sfiducia nella Francia e le preoccupazioni che gli venivano da De Gaulle. Negli archivi jugoslavi sequestrati a Belgrado, era stato rinvenuto un documento che indicava il generale Weygand intento a favorire un'alleanza con quest'ultimo. Canaris avrebbe poi scritto:

"Quando sono passato a parlare delle attività sovversive svolte dall'*Abwehr* in Siria e in Irak, il feldmaresciallo [Keitel] ha spiegato che il Führer è piuttosto scettico nei confronti dell'operato francese a questo riguardo e lo è maggiormente per quanto concerne una loro totale collaborazione con la Germania. Il capo dell'*OKW* ha incidentalmente accennato a una discussione su De Gaulle, durante la quale Hitler ha così zittito Ribbentrop, autore di un commento sprezzante su quegli: "Avanti, mio caro Ribbentrop, trovandosi nella stessa situazione, lei sarebbe il primo a diventare gaullista!"

Da febbraio, Ribbentrop accarezzava l'idea di ottenere la collaborazione della Francia, che avrebbe dovuto impegnare la propria flotta contro la Gran Bretagna e concedere alla Germania basi d'appoggio nell'Africa francese. Hitler restava comunque fortemente scettico su quella ottimistica previsione.

Göring arrivò intorno alle 21:00 e, quella stessa sera, Hewel annotò: "Lunga discussione tra il Führer (molto irritato), il ministro degli Esteri, Göring e Bormann. Si sono fatte molte ipotesi".

Per tutta la giornata e la successiva si continuò a discutere se Hess fosse arrivato o meno in Gran Bretagna. "Un giorno di gran confusione", scrisse Hewel il 12. "Göring e Udet sostengono che egli non sia riuscito a portare a termine il difficile volo fino a Glasgow. Il Führer è invece di diverso avviso".

Ribbentrop fece notare che non era possibile far altro che attendere: la Gran Bretagna avrebbe potuto dare la notizia da un momento all'altro e magari sostenere che Hess le aveva portato un'offerta ufficiale per giungere a una pace separata. Quella prospettiva atterrì Hitler che ordinò a Ribbentrop di telefonare a Ciano per rassicurarlo. Nel frattempo, alcune indagini rivelarono che Hess, da tempo, si affidava a guaritori e indovini. Questo rese verosimile dichiarare che, sebbene Hess avesse sicuramente agito per patriottismo, era completamente matto.

"Il Führer decide di proseguire su questa linea", scrisse Hewel, "e insiste per sottolineare che l'iniziativa è frutto di una mente compromessa".

Nel tardo pomeriggio, venne ultimata la decima bozza del comunicato, sottoposto prima all'approvazione del Führer e infine diffuso via radio alle 20:00. Il partito dava notizia ufficiale che Hess, decollato da Augusta "in evidente stato di alterazione mentale", era dato per disperso. "Si teme che il membro del partito sia precipitato a causa di un incidente".

"Hitler," annotò Hewel, "appare adesso meno teso e più partecipe". Trascorsa qualche ora, finalmente, la *BBC* si fece sentire: due sere prima Hess si era paracadutato in Scozia. Alla Berghof la tensione fu sostituita da un'atmosfera di ilarità. "Il Führer vuole attendere fino al mattino", scrisse ancora Hewel a chiusura della cronaca di quell'importante giornata.

Il partito, condotte delle indagini, il 13 maggio emanò un secondo comunicato: le carte lasciate da Hess, che conosceva le vere intenzioni di pace del Führer meglio di chiunque altro, facevano supporre che egli fosse assurdamente convinto che un suo intervento, verso alcune personalità inglesi conosciute anni addietro, avrebbe reso possibile un'intesa tra Gran Bretagna e Germania.

A quel punto, la rabbia di Hitler esplose. Hans Frank, avvocato personale del Führer, convocato d'urgenza alla Berghof assieme a tutta la dirigenza del partito e ai gerarchi dei vari distretti, lo trovò turbato come non capitava "dall'epoca della morte della nipote Geli Raubal". Poi, col tempo, la rabbia di Hitler si attenuò. Schaub scrisse: "Negli ultimi anni il Führer parlava raramente di Hess, ma quando lo nominava era sempre per sottolinearne la stima riposta in lui. Finché non si è lasciato sviare, è stato senza ombra di dubbio un uomo retto e affidabile".

La Gestapo, tratti in arresto i collaboratori di Hess, li sottopose a un interrogatorio. I relativi verbali, irreperibili per oltre cinquant'anni, sono riapparsi in California nel 1998.

Nel gennaio del 1941, testimoniò Günther Sorof, Hess gli aveva chiesto di accertarsi se il "generale Hamilton" fosse ancora in vita. Hess alle ore 15:00 del 10 gennaio, aveva già intrapreso un tentativo di raggiungere l'Inghilterra da Augsburg, a bordo di un *Me-110*. Prima di lasciare gli uffici aeroportuali, procuratosi della carta da lettere, aveva fatto recapitare a Pintsch una voluminosa busta. Leggendone il contenuto, Pintsch, aveva annunciato che il loro capo era partito per la Gran Bretagna. Se non che, poco dopo, il personale della torre di controllo annunciava il rientro dell'*Me-110* precedentemente decollato.

Hess, per un atterraggio sicuro, dovette volteggiare sull'aeroporto per un'ora e mezza, necessaria a svuotare i serbatoi. Ai tecnici disse che il velivolo aveva problemi al timone. Pintsch chiese ai presenti di mantenere sulla faccenda un assoluto riserbo, ma la sua coscienza era in subbuglio. Lutz, poiché era in dovere di informare Himmler, chiese se il Führer fosse o meno a conoscenza della cosa. Un paio di giorni dopo, Pintsch riferì a Lutz che Hess aveva rinunciato all'idea di compiere quel volo. In effetti, fino a marzo, non si recò più ad Augsburg.

I collaboratori di Hess si trovavano in imbarazzo. Verso metà gennaio, Pintsch confidò l'intera vicenda ad Alfred Leitgeb e qualcuno suggerì fosse meglio informarne Bormann. Non sapendo se Hess stesse o meno eseguendo gli ordini del Führer, nessuno ebbe però il coraggio di adempiere a quel compito. Al riguardo, più volte Lutz fece pressioni su Pintsch.

"Pintsch mi disse", riferì Lutz il 18 maggio nel corso di un interrogatorio della Gestapo, "che il camerata Hess, a Berlino, aveva concordato quel progetto con il Führer. Era dunque superfluo parlarne con il comandante delle *SS* del *Reich*". Così, Lutz reputò più comodo ritenere che Hess "ne avesse personalmente" informato il Führer.

Tutto verteva dunque intorno a quel furtivo incontro avvenuto tra Hess e Hitler il 3 maggio 1941, poco prima del discorso al Parlamento che il Führer modificò a seguito del messaggio pervenuto dal giovane Haushofer in Portogallo.

Poi Hess chiese a Pintsch di far tradurre in inglese il testo del discorso di Hitler e ne pose molte copie nella propria borsa. L'autista Lippert testimoniò che, poche ore dopo la riunione del Parlamento, avvenuta il 4 maggio, Hess ordinò ai suoi sbigottiti collaboratori di prepararsi per un viaggio in treno fino ad Augsburg. Uno speciale vagone letto fu agganciato al convoglio ferroviario diretto a Monaco e alle 17:00 Hess lasciò Berlino. Il giorno successivo, a pranzo, presso l'hotel *Drei Mohren*, Hess incontrò il giovane Haushofer certamente per discutere il contenuto del messaggio da quegli inviato dal Portogallo. Dopo quel colloquio privato, Hess decise di dirigersi in Scozia quella sera stessa.

Rifornito l'*Me-110*, Hess alle 16:00 raggiunse in auto l'aeroporto di Augsburg. Per la prima volta, sotto la tuta di volo in pelle, indossava la nuova uniforme di capitano della *Luftwaffe*. In un locale dell'edificio *Messerschmitt* permise al detective Lutz di fotografarlo nell'inusuale abbigliamento. Quando l'autista gli domandò dell'uniforme, Hess rispose che si trattava di una sorpresa e gli chiese di non farne parola ad alcuno. Per non sovraccaricare l'aereo, lasciò a terra il bagaglio, portando con sé solo le copie del discorso del Führer e una foto del figlio.

Alle 17:15, decollò diretto a nord.

A causa di un guasto all'impianto radio, anche quel volo fu un insuccesso e un'ora dopo il velivolo volteggiava intorno alla pista di atterraggio per smaltire il carburante residuo prima di toccare terra. Nel ritorno verso Monaco, Hess appariva di pessimo umore.

La mattina del 10 maggio Hess chiese a Pintsch di informarsi presso un esperto sulle condizioni meteorologiche sopra la Scozia. Questa richiesta fu inoltrata al ministero dell'Aeronautica che trasse informazioni dettagliate sintonizzandosi su una lunghezza d'onda chiamata *Elektra*. Al tempo stesso, Hess chiese ai propri assistenti di aggiornarlo su una lettera che doveva giungergli da Zurigo. La missiva gli fu recapitata la mattina stessa. In quella, inviatagli da una zia, la donna faceva riferimento a una telefonata di Hess con la quale lui l'aveva pregata di custodire un plico proveniente dalla Croce Rossa Internazionale, che ancora non le era stato consegnato.

Questo non dissuase Hess da procedere a un ulteriore tentativo e, vietato a Lutz di scattare nuove foto, adducendo a motivazione arcaiche superstizioni, alle 17:42, tenendosi strette le copie del discorso del Führer, decollò nuovamente in direzione nord.

Stavolta non ricomparve e, alle 21:45, Pintsch disse ai colleghi: "Non avendo notizie è doveroso credere che il viaggio del camerata Hess sia giunto a buon fine".

Tratti dalla borsa un piano di volo che terminava in Scozia, dove Hess aveva inteso paracadutarsi nella tenuta della famiglia Hamilton, e alcune lettere scritte dallo stesso e destinate ai familiari, a Hitler, a Himmler e a un dirigente della *Messerschmitt*, ritenendo inopportuno disturbare il Führer in piena notte, attese il mattino, quando partì da Monaco alle 7:35 verso Berchtesgaden. Nel salutare i colleghi, si augurò che Hitler non si mostrasse adirato. Quello fu il solo indizio che poteva far credere che il Führer non fosse a conoscenza del progetto di Hess.

Tutto il resto è storia.

Molti in seguito si dissero certi che Bormann fosse moralmente responsabile di quella fuga, per aver a tal punto insidiato la posizione di Hess, che questi si era sentito costretto a fare qualcosa di esagerato per riscattare la propria immagine, che appariva ormai appannata agli occhi di Hitler.

Quando Göring chiese al Führer se avesse intenzione di destinare a Bormann il posto di Hess, quegli scosse la testa e rispose che Bormann avrebbe preso il posto di Franz Xaver Schwarz alla tesoreria del partito. Il maresciallo del *Reich* commentò che si sbagliava "di molto" se pensava che questo avrebbe saziato le ambizioni di Bormann. "Non mi interessa quale siano le sue aspettative", ribatté Hitler.

Bormann sarebbe rimasto a capo della cancelleria del partito e Göring avrebbe dovuto cercare un candidato idoneo a ricoprire la carica di "ministro del partito".

Il 13 maggio 1941 la Berghof era affollata di leader del partito e gerarchi. Dalle 16:00 alle 18:30 Bormann e Hitler parlarono della faccenda Hess: adesso si sapeva, spiegarono ai presenti, che Hess era stato "manipolato" da diversi aruspici, indovini e sedicenti guaritori. In seguito, Hewel riportò nel suo memoriale: "Bormann legge le lettere lasciate da Hess. Una riunione drammatica, vibrante di emozione. Arriva il Führer, parla con grande umanità, analizza l'azione di Hess per ciò che essa è, dice che la sua follia è comprovata dalla mancanza di senso logico: ad esempio, l'idea di atterrare vicino a un castello che non conosceva, dove il proprietario, Hamilton, che lui voleva incontrare, neppure era presente. Inoltre Hoare si trovava a Madrid[140]. Poi, [si è discussa la faccenda] dal punto di vista degli affari esteri e delle ripercussioni interne. Una manifestazione profondamente commovente. Attestati di simpatia [da parte dei gerarchi dei vari distretti]. Al Führer non viene risparmiato niente, si dice. Dopo, lunghissime discussioni". Hewel concludeva, nel suo diario, che il Führer si sentiva sollevato all'idea di non avere più un ufficiale "vice".

Quando finì di parlare, Hitler si appoggiò al grande tavolo di marmo e coloro presenti, in silenzio, gli si strinsero intorno. Tra questi, il Führer, scorto Ernst Bohle che, nato a Bradford, rappresentava i tedeschi residenti all'estero, gli chiese senza mezze misure: "Mi dica cosa sapeva di questa faccenda". Bohle, con aria colpevole, rispose che in ottobre Hess, fattogli giurare di mantenere il segreto, lo aveva incaricato di tradurre in inglese una lettera destinata a Hamilton sottolineando che la cosa non doveva in alcun modo giungere alla orecchie di Ribbentrop. A quel punto Hitler, preso da parte Bohle, gli mostrò le lettere che Hess aveva lasciato, pregandolo di indicargli quali fossero i passaggi contenuti nella documentazione che questi aveva portato a Hamilton.

Visionando quegli scritti colmi di vaneggiamenti esoterici, Goebbels esplose di rabbia: "Questi sono gli uomini che dovrebbero governare la Germania?" scrisse nel proprio memoriale. "Tutto si può ricondurre alla sua passione per la medicina alternativa". Victor Lutze concordò, confidando a Goebbels che

140 Nda. Sir Samuel Hoare era l'ambasciatore britannico a Madrid. Hitler non poteva sapere che in realtà Hess era riuscito a volare nel buio più completo fino a una ventina di chilometri dal suo obiettivo, che poi si era paracadutato arrivando indenne (un'impresa degna di nota per un uomo di 47 anni al suo primo lancio) e che, poche ore dopo, stava effettivamente parlando con il duca di Hamilton. Hess dichiarò di essere arrivato fin lì disarmato e di sua spontanea iniziativa. Churchill dispose che fosse incarcerato fino alla fine del conflitto.

la gente cominciava a chiedersi come uomini non mentalmente integri potessero essere giunti ai vertici delle cariche di stato.

Intanto Albrecht Haushofer, il giovane complice di Hess, arrestato, veniva condotto in un campo di prigionia insieme agli assistenti del gerarca nazista. Hitler intervenne in favore della signora Ilse Hess, ma Bormann, adesso onnipotente, ribattezzò i due figli di Hess, Rudolf e Ilse, disponendo che ogni riferimento al suo ex-superiore fosse cancellato dai libri di storia.

Da allora, male incolse a quanti si trovarono in contrasto col dinamico successore di Hess. Esattamente un anno più tardi, il 13 maggio 1942, il quartier generale del partito a Monaco informò Bormann che il turbolento gerarca di Oldenburg, Carl Röver, stava ripercorrendo le orme di Hess. Dopo incontri con guaritori e allucinazioni, Röver aveva annunciato l'intenzione di recarsi da Churchill, ma non prima di aver fatto visita al Führer, "perché il mondo intero è impazzito". Quello stesso pomeriggio, "incaricati dall'alto", agenti speciali fecero irruzione nell'abitazione di Röver. Due giorni dopo, questi 'opportunamente' moriva. Hitler poteva così indire per lui un funerale di stato e Goebbels, sconsolato, annotava tra i suoi appunti: "Così se ne va un altro della vecchia guardia".

L'eutanasia poteva talvolta rivelarsi utile.

Il 12 maggio 1941, Hitler sostituì ufficialmente il vecchio "ufficio del vice del Führer" di Hess con una "cancelleria del partito" a capo della quale poneva Bormann.

Questi, adesso, aveva in mano più poteri di quanti Hess avesse mai potuto accampare. Hitler però non palesò mai alcun moto di gelosia verso quel dirigente, discreto e spietato, cui andava il merito di aver dato il via, nel 1930, alle fortune economiche del partito, grazie a uno schema assicurativo, in forza del quale milioni di membri delle *SA* pagavano 30 pfenning al mese. Tali bollini, da apporre su una tessera gialla, in caso di ferite riportate durante i tafferugli avvenuti in strada, dimostravano che, in regola con i pagamenti, avevano diritto a un risarcimento.

Con il supporto del costituzionalista Lammers, Bormann

stabilì dei percorsi obbligati attraverso i quali dovevano passare tutti gli affari di stato prima di arrivare al Führer. Ogni capriccio di questi, fattosi manifesto, diveniva un "ordine del Führer", prontamente annotato da Bormann, elaborato dai legali del suo ufficio e quasi simultaneamente diffuso attraverso i canali del partito e le telescriventi. Da quel momento, fu Bormann a mandare avanti il *Reich* mentre Hitler dirigeva la sua guerra, conquistandosi la più pericolosa delle qualità, ovvero, quella di essere reputato indispensabile. Hitler ne ignorava la rozzezza. Il primo e ultimo discorso pubblico di Bormann, tenuto durante una riunione di gerarchi, fu un fiasco. Al volante era spericolato oltre ogni limite. Personalmente il Führer non riuscì mai a perdonargli ciò che lui e il partito avevano fatto al suo Obersalzberg: la Berghof era circondata da un numero sempre maggiore di edifici e bunker, tanto che Hitler aveva confidato a Schaub il desiderio di trasferire la propria residenza a Linz o a Bayreuth. Hitler disapprovava anche il modo brutale con cui Bormann si occupava della Chiesa e degli ebrei. Eppure, egli sopravvisse fino alla fine, sognando il giorno in cui avrebbe potuto prendere il posto del Führer.

"Bormann", avrebbe detto un giorno Robert Ley "si aggrappa a lui come l'edera al tronco di una quercia e se ne avvale per raggiungere la luce e arrivare al vertice".

Allorché fu possibile considerare chiuso il caso Hess, gli occhi del Führer tornarono a volgersi a Est. La Seconda Armata Aerea aveva già cominciato a smantellare la propria base a Occidente, dove, entro la fine di maggio, sarebbe rimasta solo un'estesa organizzazione radio, volta a ingannare il nemico. L'*Operazione Barbarossa* sarebbe infatti stata camuffata come un grandioso raggiro: "Più si avvicinerà la data dell'offensiva", ordinò l'*OKW*, "più subdoli saranno gli artifici di cui dovremo avvalerci, anche ricorrendo ai servizi segreti".

L'invasione aerea di Creta doveva essere promossa come "una prova d'invasione dell'Inghilterra" e alcuni alti ufficiali ebbero disposizione di predisporre un piano di occupazione militare della Gran Bretagna.

Era anche tempo di fare cauti sondaggi verso alcuni esasperati vicini dell'Unione Sovietica. Per esempio, motivi di strategia bellica spingevano ad avvicinare la Finlandia. In considerazione dei danni riportati nel recente conflitto con i russi, ai finnici non sarebbe stato imposto un onere troppo pesante: avrebbero deciso autonomamente come andare incontro alle esigenze tedesche.

"Il corso di questa guerra", si sarebbe dovuto dire ai finlandesi, "sarà il seguente: dopo che avrà perso parte del suo territorio grazie alla superiorità della *Wehrmacht*, l'Urss non sarà più in condizioni di continuare a combattere". Il 15 maggio, Hewel annotò nel suo diario:

"Dopo pranzo, il Capo [Ribbentrop] viene sulla montagna con [il dottor Julius] Schnurre (capo del dipartimento di Politica Economica del ministero degli Esteri). Quest'ultimo riceve istruzioni di discutere in Finlandia il problema sovietico e di negoziare con [Rysto] Ryti [il Presidente finlandese]. Vuole tornare passando per Stoccolma, ma il Führer mostra ostilità verso la Svezia. Asserisce che la classe dirigente di quel paese è fondamentalmente pro-Gran Bretagna e, se palesa qualche interesse [nell'*Operazione Barbarossa*], è solo per dare notizie fresche agli inglesi. Persino il maresciallo del *Reich* [Göring] ha dovuto rigettare la sua infatuazione per la Svezia. Tale paese sacrificherebbe volentieri la Finlandia se la Germania perdesse la guerra. Ha paura di perdere il predominio sulla Scandinavia".

Il 19 maggio, Hitler, allegro e rilassato, trovò persino delle parole di plauso per l'Italia. "È evidente che il Duce sia una delle più grandi personalità della storia contemporanea. Ciò che ha saputo tirare fuori dal popolo italiano è a dir poco stupefacente, perché lo ha portato al limite se non oltre le proprie capacità. Dopo di lui, per molto tempo non ci sarà altro uomo dotato di tanta energia e talento".

Il 20 maggio, mentre i paracadutisti di Göring subivano gravi perdite nell'attacco a Creta, Hitler, in auto, si recava a Monaco dove sarebbe rimasto per un paio di giorni nella tranquilla solitudine del suo appartamento. Ma anche lì, mentre studiava le carte dell'Europa, era divorato dall'ansia. Ai primi di maggio, aveva temuto che la Gran Bretagna potesse invadere la Spagna o il Portogallo e si era affrettato a ricevere l'ambasciatore spagnolo, al quale aveva riferito delle attività britanniche in Marocco e dei piani inglesi, intercettati dall'*Abwehr*, per una invasione della penisola iberica.

In seguito, la sua preoccupazione si era spostata sull'*Operazione Barbarossa*: non era sospettosamente tranquillo il fronte orientale? L'*OKW* inviò agli uffici operativi un succinto avvertimento: "Il Führer vi ricorda ancora che, nelle prossime settimane, saranno possibili iniziative dell'Unione Sovietica".

Il 22 maggio, Raeder annunciò casualmente che la *Bismarck* e la *Prinz Eugen* erano appena salpate per la loro prima missione nell'Atlantico settentrionale. Hitler gli ricordò le preoccupazioni che aveva espresso nel corso del suo colloquio privato con l'ammiraglio Lütjens a Gotenhafen. Secondo l'aiutante navale del Führer, le ansie di quest'ultimo nascevano anche dal suo desiderio di non dare per il momento a Roosevelt una giustificazione per l'entrata in guerra. Hitler parlò a Raeder dei timori di Lütjens a proposito degli aerosiluranti nemici e gli chiese apertamente: "Non possiamo richiamare indietro le navi?" Raeder spiegò allora che, per quella sortita, erano stati fatti enormi preparativi e annullarla avrebbe sortito un effetto deleterio sul morale della marina.

Nel frattempo, la politica di non provocare gli Stati Uniti dava buoni frutti. La marina tedesca a malincuore ammise che, fino a quel momento, la linea politica voluta da Hitler era giustificata, anche se le restrizioni imposte agli equipaggi dei sommergibili nell'Atlantico suscitavano malumori. I sommergibili non dovevano attaccare navi da guerra o mercantili statunitensi, né abbordare imbarcazioni americane sospettate di portare al nemico materiale bellico, né ricorrere all'uso delle armi, laddove gli americani erano colti in flagrante violazione della loro neutralità, a meno che non fossero questi ultimi a sparare il primo colpo.

Il diario di Hewel del 22 maggio illustra il dilemma di Hitler nei confronti degli USA:

"Il Führer tentenna ancora nel suo atteggiamento verso l'America, perché "non si può guardare nella mente di Roosevelt".

Se Roosevelt vuole la guerra, troverà il modo di farla, anche se legalmente noi siamo dalla parte del giusto. Il Giappone è la chiave di ogni cosa. Pur se non ha ancora preso una decisione, è meglio tenere gli USA fuori dal conflitto piuttosto che affondare poche centinaia di migliaia di tonnellate in più di naviglio. Senza gli americani, la guerra finirà entro l'anno, con loro in campo durerebbe molto più a lungo. Ci si è accordati su un "avvertimento"... Ora del tè: preso un appuntamento per Cudahy".

John Cudahy, ex ambasciatore americano a Bruxelles, il pomeriggio successivo, venne condotto alla Berghof per un'intervista al Führer per conto della stampa statunitense. Le risposte di Hitler furono irritate e indisponenti. Fin dall'inizio, il Führer cercò di cancellare la "ridicola" opinione che i nazisti potessero un giorno invadere le americhe. Era quella una meschina invenzione per influenzare l'opinione pubblica statunitense, disse. Poi, scoppiando a ridere, esclamò: "Sarebbe come sostenere che l'America ha in progetto di conquistare la luna!"

Memore della propaganda messa in atto per distogliere l'attenzione dall'*Operazione Barbarossa*, Hitler aggiunse che il suo *OKW* non stava progettando spedizioni sulla luna ma era occupato in progetti a più breve distanza come Creta o la Gran Bretagna. In seguito Hewel scrisse: "Domande di un altro mondo, infantili. Ma l'incontro è stato, tutto sommato, positivo. Cudahy mi è sembrato profondamente colpito".

Dopo la visita di Raeder, un incidente domestico fece sì che il Führer non si interessasse più, per il momento, al viaggio della *Bismarck* verso il continente americano. Un'osservazione fatta a metà maggio, da uno dei più importanti addetti stampa del *Reich*, Karl Bömer, in stato di alterazione alcolica nel corso di un ricevimento in onore della delegazione bulgara, aveva quasi tradito l'esistenza del progetto di attacco all'Urss. "Tra 4 settimane i sovietici saranno annientati", aveva detto Bömer, "e Rosenberg sarà nominato governatore supremo della Russia".

Hitler, informato dell'incidente, ordinò delle indagini e dispose che Bömer fosse giudicato dallo spietato Tribunale del Popolo.

"D'ora in avanti prenderò provvedimenti durissimi contro chiunque non sia capace di tenere la bocca chiusa".

La sera del 24 maggio, Raeder informò telefonicamente Berlino che la *Bismarck* era incappata in due navi da guerra britanniche, inviate ad intercettarla. Aveva liquidato la Hood, la più potente nave da guerra inglese in meno di cinque minuti e danneggiato gravemente la *Prince of Wales*. La *Bismarck*, però, a sua volta colpita, stava perdendo nafta e procedeva a velocità ridotta. L'ammiraglio Lütjens aveva difficoltà a liberarsi delle imbarcazioni nemiche che lo inseguivano e suggeriva che Dönitz schierasse tutti i sommergibili disponibili in una zona verso la quale egli avrebbe cercato di attirare il nemico. Il giorno successivo, tuttavia, annunciò che il livello del combustibile era ormai così basso da costringerlo a fare rotta verso Saint-Nazaire. Quella sera, Lütjens segnalò i primi attacchi aerei, a indicare la presenza, nelle immediate vicinanze, della portaerei britannica *Ark Royal*.

Alla Berghof, Hewel scrisse: "Ore di preoccupazione a causa della *Bismarck*".

A mezzogiorno del 25, Lütjens sembrava provvisoriamente riuscito a seminare gli inseguitori. Göring ordinò all'aviazione di spingersi più in là possibile per dare copertura aerea alla corazzata in difficoltà. Hitler, accigliato, mandò gli auguri di compleanno a Lütjens, mentre Heydrich e Goebbels continuavano a litigare per l'affare Bömer. Il 26, appena sveglio, Hitler fu informato che la *Bismarck*, nuovamente incalzata dal nemico, distava ancora 600 miglia da Brest. Poco dopo le 21:00, Lütjens riferì via radio che un aereo li aveva silurati e alle 21:50 giunse notizia che il timone era fuori uso: l'inaffondabile *Bismarck* galleggiava muovendosi lentamente in circolo, assediata dalle navi britanniche.

Poco dopo la mezzanotte, Lütjens telegrafò: "Impossibile governare la nave. Combatteremo fino all'ultimo proiettile. Lunga vita al Führer!"

Poi, in un messaggio personale indirizzato a Hitler, aggiunse: "Combatteremo fino alla fine confidando in lei, *mein Führer*, con immutabile fede nella vittoria tedesca".

Hitler diede ordine al Comando Supremo della marina di rispondere così: "Tutta la Germania è con voi. Ciò che non può essere fatto, sarà reso possibile. Il modo in cui compiete il vostro dovere rafforzerà la nostra nazione nella sua lotta per la sopravvivenza. Adolf Hitler".

Nelle prime ore del 27 maggio, la *Luftwaffe* perlustrò la zona, dove furono inviati rimorchiatori. Inoltre, fu chiesto al governo spagnolo di mandare alcune navi di salvataggio. L'ultimo messaggio radio di Lütjens era arrivato alle 6:25. "Posizione immutata. Forza del vento da 8 a 9".

Da quel momento, il silenzio, e sulla Berghof calò un'atmosfera funerea.

A mezzogiorno, il Führer apprese che il governo britannico aveva annunciato l'affondamento della *Bismarck*. Impotente e senza più munizioni, la nave si era inabissata con onore, bandiere al vento, trascinando con sé i 2.300 uomini dell'equipaggio. Hitler diede ordine che nessuna nave da guerra o incrociatore prendesse più il mare senza suo specifico consenso.

Il 27 maggio Hewel scrisse:

"Indescrivibile tristezza del Führer. Rabbia incontrollabile verso la marina: 1. La nave non doveva essere assegnata a missioni corsare. 2. Dopo aver affondato la *Hood*, invece di tentare la fuga avrebbe dovuto finire la *Prince of Wales*. 3. Avrebbe dovuto dirigersi in Norvegia e non correre in braccio al nemico. Nella marina solo burocrati e teste di legno. Non tollerano uomini che ragionino con la propria testa. Nel pomeriggio, visita del ministro degli Esteri del *Reich*. Il Führer esprime chiaramente il suo punto di vista, maledice e impreca. Ritrova la calma passeggiando fino alla casa da tè. Parla di nuovi armamenti quali navi e siluri aviotrasportati".

Quando si recò alla Berghof, Raeder rispose alle critiche di Hitler con pacatezza, sottolineando che tornare in Norvegia percorrendo una rotta settentrionale per la *Bismarck* sarebbe stato molto più rischioso. Il Führer chiese alla marina di adottare una politica di conservazione delle forze, finché non si fosse conosciuto l'effetto prodotto sulla Gran Bretagna dall'*Operazione Barbarossa*. "Se il crollo degli inglesi dovesse un giorno presentarsi come imminente, le nostri navi di superficie potrebbero giocare un ruolo primario".

Sicuramente la perdita della *Bismarck* non era stata inutile. La corazzata aveva tenuto impegnate 8 imbarcazioni nemiche da battaglia, 2 portaerei, 11 incrociatori e 21 cacciatorpedinieri, creando una divisione che aveva facilitato il successo dell'invasione di Creta. E a sua volta, il possesso di Creta aveva ridotto l'influenza navale britannica nel Mediterraneo e spianato la strada ai trionfi di Rommel in Africa.

Nel frattempo, Hitler aveva approvato una tardiva direttiva dell'*OKW*, con la quale si disponeva di dare sostegno al "movimento di liberazione" arabo contro la Gran Bretagna. L'assistente in capo di Jodl, il generale Warlimont, era stato mandato a Parigi per riprendere i negoziati interrotti a dicembre. Al termine di quegli incontri, era stato firmato un protocollo che dava alcune concessioni ai francesi in cambio di aiuti in Siria e Irak e dell'uso del porto tunisino di Biserta per rifornire i contingenti di Rommel in Nord Africa. Sia pure con riluttanza, i francesi avevano accettato che i tedeschi si servissero del loro porto di Dakar come base per i sommergibili e per la *Luftwaffe*. Segretamente, avevano anche accettato a rimuovere dall'incarico il generale Weygand, benché questo non fosse specificato nel protocollo.

Il documento fu firmato a Parigi il 28 e, il giorno successivo, Warlimont si recò alla Berghof per informarne il Führer. In Irak, gli accadimenti precedettero l'azione di Hitler. Le truppe britanniche, in marcia su Bagdad, sembravano ormai vittoriose.

Hitler disse: "Il Medio Oriente non rappresenterebbe un problema, se non dovessimo occuparci di altro". Alludeva, ovviamente, all'imminente attacco all'Unione Sovietica. "Quando avremo adempiuto con successo ai nostri improrogabili impegni, ci dedicheremo con maggiore attenzione a quel territorio".

Mussolini, contrario ad abbandonare i ribelli iracheni, mandò a Hitler il seguente messaggio: "Io sono favorevole a un appoggio attivo, perché questa è un'opportunità per far insorgere, contro gli inglesi, tutti i popoli della regione. Se l'Irak cadrà in mano britannica, tutti perderanno coraggio. Se l'Alto Comando tedesco dovesse esprimersi per un sostegno attivo, allora sarebbe necessario occupare, dopo Creta e Rodi, anche Cipro perché quest'isola, situata al largo della costa siriana, tiene le chiavi dell'intero Medio Oriente".

La prima reazione di Hitler fu un moto d'ira: "Adesso il Duce pensa che debba essere presa anche Cipro!"

Hewel annotò: "Il Führer propone di rispondergli che siamo in accordo con il suo pensiero, ma se ne occupi lui in prima persona". Tuttavia, il Führer chiese a Göring e Jeschonnek se ritenevano possibile l'occupazione di Cipro. Il maresciallo del *Reich*, nel ricordare le perdite che la *Luftwaffe* aveva subito a Creta (150 *Junkers* e 52 aerei da trasporto), consigliò di dimenticare Cipro. "Dall'inizio del conflitto, la *Luftwaffe* non ha avuto un solo momento di riposo. A Creta dovremmo batterci contro la flotta britannica e contro Trobuk[141]".

Hewel fece un lungo resoconto della preoccupata riunione che, il 29 maggio, Hitler tenne con Ribbentrop e i generali dell'*OKW*:

"La questione è quanto coinvolgere la Francia in una guerra contro la Gran Bretagna. Il Führer maledice gli italiani. Odia gli spagnoli. Dell'Italia dice che non è possibile fare concessioni a qualcuno che ha la schiena eternamente piena di lividi e percosse, perché il popolo tedesco non lo tollera... L'opinione del Führer è che, a *Operazione Barbarossa* conclusa, non ci sarà più bisogno di dare retta all'Italia. Allora, potremo autonomamente allearci con i francesi, che, dopo la guerra hanno intenzione di cacciare gli italiani dalla Tunisia. [Il Führer] vuole a breve un colloquio con Mussolini".

Quello stesso giorno, Schnurre, del ministero degli Esteri, parlò a lungo con Hitler della Finlandia e della Svezia.

I finlandesi avevano inviato dei generali in Germania per trat-

141 Ndt. Tobruk o Tobruch è una città portuale del Mediterraneo situata nella parte orientale della Libia. All'inizio della seconda guerra mondiale, la Libia era una colonia italiana e Tobruk fu sede di importanti battaglie. Fu conquistata il 21 gennaio 1941 dalle truppe britanniche e successivamente posta sotto assedio dalle truppe italiane e tedesche, comandate dal generale Rommel. Le forze dell'Asse conquistarono Tobruk il 21 giugno del 1942, ma cadde nuovamente nelle mani degli Alleati l'11 novembre 1942.

tare con l'*OKW* e lo Stato Maggiore generale ed era stato chiesto loro di predisporre due divisioni per appoggiare le operazioni tedesche in Norvegia contro la Russia settentrionale.

"L'*Operazione Barbarossa* è un azzardo al pari di ogni altra cosa", disse Hitler a Jewel quando Schnurre se ne fu andato. "Se andrà male, sarà la fine di tutto. Se avrà buon esito, probabilmente costringerà gli inglesi a cercare la pace. Quando spareremo il primo colpo, il mondo intero tratterrà il fiato".

Lo spillo nella bolla di sapone

Ai primi di giugno del 1941, mentre sulla Berghof calava l'opprimente calura estiva, gli ultimi contingenti d'assalto avevano lasciato la Germania diretti ai confini orientali. In meno di 3 settimane, sarebbe cominciata l'*Operazione Barbarossa* ed era giunto il momento di parlarne ai possibili alleati.

Hitler chiese al Duce di raggiungerlo il 2 giugno al Brennero, dove, in attesa dell'arrivo dei rispettivi ministri degli Esteri, parlarono da soli per un paio di ore. Quando, alle 16:00, il treno del Führer ripartì per Berchtesgaden, Hewel si sedette accanto a Hitler. In seguito, scrisse: "È soddisfatto. Dice che Mussolini è molto fiducioso e sicuro della vittoria. Ha accennato a una campagna contro l'Unione Sovietica, nel caso in cui le perdite della marina non fossero sufficienti (intendendo con ciò sufficienti a costringere la Gran Bretagna alla resa)".

Hitler aveva parlato a Mussolini anche della probabilità che David Lloyd George potesse succedere a uno sconfitto Churchill: "Allora dovremo appurare quali possibilità ci siano di ricomporre le divergenze tra i due paesi".

Con l'ambasciatore giapponese, il generale Oshima, che il giorno dopo fu convocato con urgenza alla Berghof, Hitler inscenò l'opportuna farsa "anti-britannica". Dopo aver digerito anche un interminabile discorso di Ribbentrop, Oshima inviò a Matsuoka un telegramma strettamente riservato. "Entrambi mi hanno fatto capire che un conflitto tedesco-sovietico non potrà essere evitato".

Il Führer dichiarò che, in caso di paventata ostilità, avrebbe lui per primo sguainato la spada. E, benché non lo dicessero apertamente, le dichiarazioni fatte a Oshima implicavano che il Patto Tripartito, pur non essendo espressamente uno strumento contro i russi, comportava tuttavia dei precisi obblighi per il Giappone, che Hitler si aspettava venissero onorati. Ribbentrop assicurò a Oshima che la campagna di Russia si sarebbe conclusa nell'arco di tre mesi: non poteva ufficializzarne l'inizio ma "se il Giappone dovesse reputare necessario prepararsi a questa eventualità, lui consiglierebbe di farlo nel più breve tempo possibile".

Il 4 giugno, Hitler ricevette per due ore re Boris di Bulgaria. Gli appunti di Hewel in merito a quell'incontro, andarono perduti.

I finlandesi confermarono ai funzionari tedeschi di essere "consapevoli dell'ora storica" che stava per scoccare. Antonescu, recatosi a Monaco, si dichiarò disposto a sostenere l'attacco con tutte le risorse militari di cui la Romania disponeva.

Insomma, la coalizione andava delineandosi.

Nel frattempo, Hitler autorizzò degli ordini per la *Wehrmacht* così sconvolgenti che, in seguito, Keitel ne fece distruggere le copie. Tutti i commissari politici aggregati ai reparti dell'Armata Rossa facilmente identificabili per via della stella rossa con falce e martello dovevano essere giustiziati nel momento stesso della cattura. Sotto dettatura di Hitler, Jodl stese una spiegazione scritta per giustificare quella decisione. Costoro, in modo particolare, disse, avrebbero riservato ai prigionieri tedeschi le più atroci crudeltà, in quanto "ideatori delle più barbare metodologie di lotta". Hitler decretò: "Se sono catturati in combattimento o fanno resistenza, devono essere immediatamente giustiziati in loco".

Il ruolo avuto, nella stesura di quelle direttive, dallo Stato Maggiore generale dell'esercito e dagli avvocati militari non fu affatto onorevole. Dopo settimane di lavoro burocratico, i collaboratori di Brauchitsch stilarono due ordini distinti. Il primo era il già citato "decreto dei commissari", il secondo un decreto che limitava i poteri delle corti marziali in territorio sovietico.

Hitler, convinto com'era che solo una celere condanna e un'altrettanta rapida esecuzione rappresentassero un valido deterrente, era sempre stato contrario alle interminabili procedure dei tribunali militari.

Tuttavia, Halder propose una clausola che recitava: "Se le circostanze non permetteranno l'immediato arresto dei singoli colpevoli, verranno inflitte punizioni collettive in loco, agli ordini di un ufficiale di grado non inferiore a quello di comandante di battaglione, contro le città e i villaggi da cui partiranno agguati contro la *Wehrmacht*".

Nell'ordine ufficiale emesso da Keitel, in maggio, a nome del Führer, alla *Wehrmacht* veniva anche comunicato che i reati commessi contro i civili russi non erano passibili di punizione e che i franchi tiratori dovevano essere eliminati in battaglia o "mentre tentavano la fuga".

Per Hitler, l'Armata Rossa non era un nemico da trattare con guanti di velluto. Durante una riunione tenutasi il 5 giugno, egli ricordò ai suoi assistenti il vasto impiego che i sovietici avrebbero fatto di metodi non ammessi dalle convenzioni internazionali. E anticipò che i russi avrebbero potuto, ad esempio, contaminare con gas letali le loro vie di fuga o usare additivi velenosi per rendere inutilizzabili le riserve di cibo e di acqua presenti nelle zone occupate dall'esercito tedesco.

In quel periodo, Hitler prese l'abitudine di raccogliere ogni sera attorno a sé gli amici, gli assistenti e le rispettive consorti, dilungandosi in discorsi sul cristianesimo e sull'impero romano. L'8 giugno Hewel annotò sul diario che teneva alla Berghof:

"Piove. Le truppe britanniche stanno entrando in Siria. Una lunga conversazione in solitaria con il Führer sull'Unione Sovietica. Dice che sarà una faccenda difficile, ma ripone piena fiducia nella *Wehrmacht*. Aviazione: superiorità numerica di caccia e bombardieri. È preoccupato per possibili incursioni aeree nemiche su Berlino e Vienna. 'Il territorio che dovremo occupare non sarà molto più grande di quello che va dalla Danimarca a Bordeaux. I sovietici hanno concentrato tutte le loro forze sui confini occidentali, il più massiccio ammassamento militare della storia. Se l'*Operazione Barbarossa* dovesse andare male, saremmo perduti. Quando tutto sarà concluso, Irak e Siria saranno in grado di difendersi da sole. Allora, avendo mano libera, potremo occuparci della Turchia. Se la Francia perderà la Siria (io sono convinto l'abbia già persa) rimarrà solo il pericolo che essa perda anche l'Algeria. Se questo accadrà, mi spingerò subito in Spagna e barricherò il Mediterraneo contro la Gran Bretagna. È questa maledetta attesa che rende così nervosi!'".

Pochi giorni dopo, l'*OKW* chiese agli alti livelli delle Forze Armate di esprimere la loro opinione su una proposta di direttiva per il periodo all'*Operazione Barbarossa*. Significativamente, in quel documento non era contemplata la contestata invasione dell'Inghilterra.

Il giorno 11, Hitler inviò Schmundt a controllare se il quartier generale che si stava costruendo per lui in prossimità di Rastenburg, nella Prussia orientale, fosse pronto.

Ormai consapevole che Hitler aveva mobilitato il suo esercito, Mosca venne presa da una sorta di isterismo. Il 9 giugno, l'ambasciata tedesca a Mosca infiltrò un ufficiale di marina in una riunione di indottrinamento del partito comunista, durante la quale un funzionario, tenuto un violento discorso anti-tedesco, consigliò all'auditorio di restare in guardia nelle settimane successive. L'oratore disse che a Mosca nessuno aveva previsto la rapida vittoria tedesca nei Balcani. Per il bolscevismo, il vantaggio era nella certezza che qualsiasi guerra di logoramento porta inevitabilmente all'annientamento della classe borghese: perciò gli interessi dell'Urss sarebbero stati meglio asserviti rimanendo fuori dal conflitto, lasciando l'Europa dissanguarsi.

Nelle prime ore del 13 giugno, Hitler, ossessionato dall'imminente campagna, tornò a Berlino.

Quel mattino, la polizia fece irruzione in ogni rivendita di giornali sequestrando l'ultima edizione del *Völkischer Beobachter*. Scampò tuttavia al sequestro un numero di copie sufficiente a diffondere l'impressione che, nell'articolo di fondo di Goebbels, il cui titolo era *Creta come esempio*, l'autore avesse involontariamente svelato che nei successivi due mesi la Gran Bretagna sarebbe stata invasa.

Il giorno successivo Goebbels fu visto, nella residenza del Führer, ridere beffardo per il successo del suo inganno.

Il 15 giugno, la cancelleria del *Reich* era stipata di ufficiali della *Wehrmacht* fatti entrare da diversi ingressi per non dare nell'occhio convocati per una riunione segreta. Dopo pranzo, Hitler parlò loro delle ragioni militari che rendevano necessario un attacco alla Russia. Di questo discorso resta un'annotazione, fino a oggi inedita, presa da un generale della *Luftwaffe*:

"Discorso tenuto dal Führer dopo pranzo. Il principale nemico rimane sempre la Gran Bretagna. Essa continuerà a combattere finché la lotta avrà per lei uno scopo: questo è tipico degli inglesi, come già abbiamo appurato dal comportamento tenuto nelle Fiandre e a Dunqerque, in Grecia e a Creta, dal suo esercito. Ma la lotta della Gran Bretagna avrà senso finché Londra potrà sperare in un intervento americano e in un sostegno in continente. Questo spiega perché gli inglesi sperano in un intervento russo che, oltre a occuparci su un altro fronte, mini la nostra economia di guerra mantenendo la loro, grazie al sostegno statunitense, intatta. Al momento l'aiuto che ottengono dagli States è inadeguato e lo sarà fin quasi all'estate del 1942. Dopo dipenderà dalle navi da trasporto che gli americani vorranno impegnare. Prova degli approcci [britannici] verso l'Urss è l'assoluta uniformità con cui le loro testate giornalistiche parlano del viaggio di Cripps[142].

L'atteggiamento dell'Urss resta impenetrabile. La Russia ha approfittato di ogni momento di instabilità per avanzare richieste politiche. Lo abbiamo visto nell'intervento da loro apportato durante la campagna di Polonia, negli stati baltici e in Finlandia e, adesso, nei Balcani. Il nostro tentativo di "chiarire la situazione" si è scontrato con le seguenti obiezioni di Molotov. Prima domanda: cosa significa la garanzia tedesca alla Romania e avremmo noi obiezioni sulla presenza [in Romania] di una missione militare sovietica? La sua seconda domanda riguardava i

142 Nda. L'ambasciatore britannico Stafford Cripps aveva lasciato Mosca una settimana prima per consultarsi, a Londra, con il suo ministero degli Esteri.

Dardanelli e la terza la Finlandia. In altre parole, continui tentativi di intrufolarsi in qualche posto. Poiché questi sforzi hanno coinciso cronologicamente con diversi e temporanei momenti di debolezza tedesca, dobbiamo aspettarci che i sovietici colgano, in futuro, ogni occasione per agire contro gli interessi della Germania. Le forze armate sovietiche sono abbastanza forti da impedirci una smobilitazione o un trasferimento delle nostre truppe, in virtù proprio della minaccia che costituiscono per le nostre industrie belliche e di beni di consumo. Anche se giungessimo a una pace con gli inglesi tale situazione non muterebbe. Per questo noi vogliamo che il conflitto [con i Russi] avvenga quanto prima: ciò è d'importanza vitale, dato il momento a noi favorevole. Essendo il grosso delle forze sovietiche concentrato sui confini, abbiamo l'occasione propizia di annientarlo proprio lì".

Hitler concluse il discorso, esortando a non sottovalutare l'Armata Rossa. Dopo prese Göring sotto braccio e gli disse: "Göring, questa sarà la nostra impresa più ardua, e lo sarà di gran lunga!" Göring ne domandò il motivo e il Führer rispose: "Perché, per la prima volta, ci scontreremo con un nemico ideologico, ostinato e fanatico".

Hitler ricominciò a essere perseguitato dall'insonnia. Di notte, restava alzato chiedendosi quali lacune del suo grandioso progetto la Gran Bretagna avrebbe potuto sfruttare.

Mandò Milch a fare un lungo giro d'ispezione delle postazioni antiaeree tedesche. Inoltre, sospettando che il successo dell'operazione dei paracadutisti su Creta potesse stimolare la Gran Bretagna a fare qualcosa di simile contro le due isole della Manica (Guernesey e Jersey, unica parte di territorio britannico occupata dalla *Wehrmacht*), non appena i tedeschi fossero stati impegnati a Est, ordinò di rafforzare i contingenti nelle due isole: era, infatti, sua precisa intenzione tenersele, anche in seguito a una eventuale pace con gli inglesi.

Il 18 giugno, mentre i giornali di tutto il pianeta si domandavano quando sarebbe partito l'attacco tedesco all'Urss, l'ambasciatore sovietico a Berlino chiese un colloquio.

Hewel scrisse: "Grosso problema. [Vladimir] Dekanozov ha

chiesto di vedere il segretario di stato (Weizsäcker). Quale sarà il motivo? Stalin sta per mettere a segno un colpo di teatro proprio adesso? Forse, un'importante proposta? Che altro? [Il Führer ha avuto] una lunga discussione con il ministro degli Esteri. Engel [aiutante del Führer per l'esercito] e io abbiamo esaminato ogni possibile angolazione. Hitler e il ministro degli Esteri dovrebbero rendersi irreperibili, per non essere raggiunti. Si confabula molto su quale possa essere il luogo migliore: Sonnenburg, Carinhall o la Berghof? O forse il treno? O Wildpark?[143] E poi, in incognito, alla cancelleria".

Così, Hewel concluse quelle annotazioni: "I giorni precedenti una campagna militare sono i più snervanti".

La sera successiva, mentre Hitler stava dettando il suo proclama per l'*Operazione Barbarossa*, rivolto "ai contingenti del fronte orientale", Ribbentrop telefonò per riferire che Dekanozov aveva discusso esclusivamente di questioni di routine e, raccontata qualche barzelletta, se n'era andato. Il proclama di Hitler descriveva la politica estera seguita dalla Germania, dall'inizio della guerra, ma nelle sue quattro pagine dattiloscritte, c'erano alcuni punti degni di nota.

Hitler sosteneva che il popolo tedesco, anche se da due decenni i leader giudaico-bolscevichi di Mosca cercavano di incenerire la Germania e tutta l'Europa, non aveva mai nutrito rancore per i civili di nazionalità russa". Hitler sottolineò inoltre che, se lui non aveva mai tentato di esportare l'ideologia nazista, il Cremlino si ostinava a convertire al comunismo tutte le nazioni europee. In una cinica ed eccessiva semplificazione, Hitler rammentò: "Miei soldati, sapete bene che, fino a pochissime settimane fa, non c'era, sul confine orientale, una sola divisione tedesca corazzata o meccanizzata". Infine, concludeva così:

"In questo momento, soldati dislocati a Est, noi disponiamo di una forza quale il mondo non ha mai visto per dimensioni e armamento. A nord, in alleanza con l'esercito finlandese, i nostri

143 Nda. Sonnenburg era la residenza di campagna di Ribbentrop, Carinhall quella di Göring e Wildpark, il luogo in cui sorgeva il quartier generale della Luftwaffe, appena fuori Potsdam.

camerati sono schierati agli ordini del vincitore di Narvik [Dietl] sulle sponde dell'Artico. I soldati tedeschi agli ordini del conquistatore della Norvegia [Falkenhorst] e gli eroi finlandesi della libertà guidati dal maresciallo Mannerheim stanno proteggendo il loro paese. Sul fronte orientale ci siete voi. In Romania, sulle sponde del Prutt, e lungo il Danubio giù sino alle spiagge del Mar Nero le truppe tedesche e romene sono unite sotto Antonescu. Quando questa linea di fronte, che è la più estesa della storia, avanzerà, lo farà non solo per conquistare le risorse necessarie per porre fine a questo conflitto, o per difendere i paesi che attualmente vi sono coinvolti, ma anche per l'integrità della nostra cultura europea e della nostra civiltà. Soldati tedeschi! Vi state apprestando a un conflitto duro e impegnativo. Il destino dell'Europa, il futuro del *Reich* tedesco e l'esistenza stessa della nostra nazione sono nelle vostre mani. Che il Signore voglia aiutare noi tutti in questa battaglia".

Hewel scrisse: "Lunga conversazione con il Führer... Vorrebbe fossero già trascorse dieci settimane. Dopo tutto, è presente un grosso fattore di rischio. Siamo davanti a una porta chiusa. Andiamo forse incontro a pericolose armi segrete? Ci imbatteremo nella tenacia del fanatico? Adesso, per addormentarsi deve prendere dei sonniferi. Sta ancora dettando. Mi ha confermato che stamattina [20 giugno] ha di nuovo esaminato ogni più piccolo dettaglio, nella vana ricerca di qualcosa che possa permettere al nemico di avere la meglio sulla Germania. Crede che la Gran Bretagna dovrà arrendersi e spera lo faccia entro fine anno."

Nel settembre 1940, il ministero della Propaganda aveva appreso che Hitler, in merito al *Piano Madagascar* (in base al quale circa 3,5 dei 4 milioni di ebrei che in quel momento vivevano sotto il controllo tedesco sarebbero stati trasferiti in quell'isola dell'oceano Indiano, un anno o due dopo la fine della guerra), si era espresso favorevolmente. Già da qualche mese, i suoi esperti vagliavano la possibilità di trasferirvi addirittura tutti i 10 milioni di ebrei presenti in Europa.

Hitler non voleva che gli ebrei restassero nella zona di Lublino dove erano ammassati, in quanto si sarebbero potute sviluppare delle epidemie. Così, il 2 ottobre 1940, discusse la questione con Hans Frank e Baldur Schirach, il gerarca nazista di Vienna. In precedenza, Schirach aveva fatto presente che i 50.000 ebrei viennesi erano da deportarsi in Polonia, ma Frank aveva ribattuto che nella Polonia (da lui controllata) non vi era possibilità di ospitarne altri. Respinte inizialmente le obiezioni di Frank, Hitler aveva in seguito approvato la *Soluzione Madagascar*. In merito a tale progetto così, il 2 giugno, Hitler si espresse di fronte a Mussolini: "Quell'isola può ospitare anche 15 milioni di persone". Per l'attuazione di quel piano, Hitler disse a Bormann che la principale difficoltà consisteva nel trasportare in un luogo così distante tutte quelle persone in tempo di guerra. "Sarei felice di dedicare a questo scopo l'intera flotta di transatlantici", aggiunse, "ma non voglio che gli equipaggi tedeschi vengano sterminati dai siluri nemici[144]".

A Keitel, Bormann e Speer, durante conversazioni private, il Führer confidò che la sua grande ambizione era eliminare ogni influenza giudaica da tutti i territori controllati dall'Asse.

La presenza ebraica, continuò, causava innumerevoli fastidi burocratici. Il 7 giugno 1941, Lammers scrisse a Bormann: "Il motivo per cui il Führer non ha approvato l'ordinanza proposta dal ministro dell'Interno è che, secondo lui, dopo la guerra in Germania non ci sarà più alcun ebreo".

Mentre l'*Operazione Barbarossa* si avvicinava, a Hitler venne in mente che il nuovo impero orientale gli avrebbe consentito di dare soddisfazione alle vivaci obiezioni di Frank contro il trasferimento di ebrei nei territori di sua competenza e contro la crescente influenza che Himmler andava conquistando laggiù. Tre giorni prima che la *Wehrmacht* attaccasse l'Urss, Hitler ne parlò con Frank e, di conseguenza, quest'ultimo disse ai suoi collaboratori che non era necessario costruire nuovi ghetti "perché il Führer, il 19 giugno, mi ha detto esplicitamente che, a tempo debito, gli ebrei verranno trasferiti e che il Governatorato generale rappresenta unicamente un luogo di transito".

---

144 Nda. Si trattava di navi da crociera costruite per il sindacato tedesco, il DAF.

Secondo Goebbels, che il 19 giugno assistette a quelle conversazioni, la deportazione a Est sarebbe valsa, per quei sobillatori, "una giusta punizione", la stessa che, in passato, il Führer aveva preventivamente minacciato.

Sette mesi dopo, comunque, il *Piano Madagascar* morì di cause naturali.

Un funzionario del ministero degli Esteri successivamente scrisse: "La guerra contro l'Unione Sovietica ha nel frattempo reso disponibili nuovi territori per la soluzione finale. Di conseguenza, il Führer ha deciso che gli ebrei non dovranno essere trasferiti in Madagascar, bensì in Oriente".

Mancavano 48 ore e l'Unione Sovietica rimaneva un'entità misteriosa. Durante una pausa caffè trascorsa insieme alle sue segretarie nella loro "dispensa sotto le scale" alla cancelleria, Hitler osservò che c'era qualcosa di sinistro nell'Urss che gli ricordava il vascello fantasma dell'Olandese volante. "Non sappiamo assolutamente nulla dell'Unione Sovietica", disse. "Potrebbe essere un'enorme bolla di sapone, ma anche qualcosa di estremamente diverso".

Alle 21:00 di venerdi 20 giugno, il colonnello Schmundt, aiutante di Hitler per la *Wehrmacht*, portò notizie fresche dal comando supremo della marina. Un sommergibile tedesco aveva orgogliosamente riferito di aver tentato un attacco alla nave da guerra americana *Texas*, dal momento che essa navigava 10 miglia all'interno della zona di blocco che la Germania aveva proclamato nell'Atlantico settentrionale.

Non più tardi del 6 giugno, Hitler aveva pazientemente spiegato all'ammiraglio Raeder i motivi per cui voleva evitare incidenti con gli Stati Uniti. Raeder dichiarò che il sommergibile aveva agito correttamente, tuttavia, propose di proibire ogni aggressione a navi da guerra americane fino a 20 miglia all'interno della zona di blocco. Sulle prime, Hitler si mise d'accordo, ma durante la notte ebbe un ripensamento e telefonò al comando supremo dalla marina per ribadire che non dovevano avvenire incidenti con gli Stati Uniti finché l'esito dell'*Operazione Barbarossa* non fosse stato chiaro. Lo stesso ordine venne dato alla *Luftwaffe*.

Mancavano meno di 12 ore alla conclusione dell'ultima giornata che precedeva l'offensiva. Hitler convocò Goebbels e per tre ore passeggiò con lui nel lungo corridoio della cancelleria, esaminando ogni aspetto e rischio dell'*Operazione Barbarossa* e facendo previsioni sul possibile comportamento britannico: perché, ad esempio, Churchill continuava a tacere sulla missione di pace di Hess?

Il ministero degli Esteri telefonò che l'ambasciatore sovietico stava reclamando Ribbentrop con urgenza. Dekanozov venne tenuto tranquillo con la scusa che Ribbentrop sarebbe stato assente fino a quella sera e che, al suo ritorno, sarebbe stato fissato un appuntamento. In verità, Ribbentrop si trovava alla cancelleria dove partecipava a frequenti incontri con il Führer. In quelle ore, inoltre, lo stesso telefonò a Mosca all'ambasciatore Schulenberg invitandolo a distruggere ogni documentazione presente nell'ambasciata e a combinare un immediato incontro con Molotov, durante il quale avrebbe dovuto leggergli un lungo discorso, che terminava così: "...quindi il Führer ha ordinato alla *Wehrmacht* tedesca di affrontare questa minaccia con tutti i mezzi a sua disposizione".

Alle 21:30, Dekanozov chiese di incontrare il segretario di Ribbentrop: con grande sollievo generale si scoprì che egli intendeva semplicemente consegnare una formale protesta dell'Urss per le ripetute violazioni del suo spazio aereo.

Nelle prime ore del mattino, giunse da Mosca la notizia che Molotov aveva consegnato un'analoga protesta a Schulenberg. La cosa, alla cancelleria, suscitò ilarità: "Una serie di sintomi ci danno l'impressione che il governo tedesco sia scontento del comportamento sovietico...", aveva borbottato Molotov.

Hitler vide Goebbels nella notte del 22 giugno 1941 alle 2:30. Era, quello, l'anniversario dell'attacco di Napoleone alla Russia. "Il Führer lavora a questo progetto da molto", scrisse Goebbels, "adesso, il momento è arrivato".

Un'ora dopo, lungo il confine che correva dall'Artico al Mar Nero, 3 milioni di soldati tedeschi e delle nazioni alleate, attaccavano la Russia di Stalin.

La sorpresa fu completa.

Hitler, dopo aver commentato con i suoi assistenti: "Prima che siano trascorsi 3 mesi, in Unione Sovietica, saremo testimoni di un crollo quale la storia non ha mai visto!" si ritirò alcune ore nella propria stanza.

Durante la mattinata che fu spettatrice di quei tumultuosi eventi, sulla cancelleria scese quella che Hewel definì "un'atmosfera di pacata fiducia". Sembrava un sabato come tanti , con l'eccezione che, dopo pranzo, Hitler e Ribbentrop si addormentarono. Molti degli assistenti del Führer, accaldati, andarono a nuotare. L'Italia aveva onorato i propri impegni con sorprendente rapidità: alle 15:00, Roma aveva telegrafato che il popolo italico si considerava in guerra contro i russi. Le truppe romene, varcato il Prut, stavano combattendo nei territori che il nemico aveva occupato l'anno precedente. Madrid chiamò per informare che stavano reclutando un contingente di volontari spagnoli.

L'ammiraglio Horthy esultò per la "splendida notizia" e disse all'ambasciatore tedesco che quello era il giorno che aveva atteso per 22 anni: per secoli, l'umanità sarebbe stata grata a Hitler per quell'impresa. Eppure l'Ungheria si limitò a rompere le relazioni diplomatiche con Mosca, non avventurandosi oltre.

Alle 18:00, un deluso generale Jodl telefonò al proprio ufficiale di collegamento a Budapest, ma Horthy era a giocare a polo e il capo di Stato Maggiore dell'esercito, "irreperibile". Proprio come Hitler si aspettava, gli ungheresi, astuti di natura, volevano prima valutare i progressi dell'offensiva.

Il grosso dell'aviazione sovietica di frontiera era stato annientato sin dal primo giorno: più di 1.000 velivoli russi erano stati distrutti prima ancora che si levassero dal suolo.

Il 23 giugno, Hewel scrisse: "11:30, il Führer è di ottimo umore grazie ai successi ottenuti dalla *Luftwaffe* in Unione Sovietica".

Come già altre volte, Hitler e i suoi assistenti percorsero in auto le assolate strade di Berlino, per raggiungere il treno speciale *Amerika*.

Alle 12:30, il convoglio, trainato da due locomotive gemelle, partì per la Prussia orientale attraversando campagne e cittadine da poco sottratte al dominio polacco. Nel vagone, sorseggiando il tè con Hewel e altri, Hitler si lasciò andare ai ricordi: "L'Urss", disse ad un certo punto, "è sempre stata un'incognita".

A notte fonda, il treno transitò davanti a gruppi di sentinelle che pattugliavano il limitare di un bosco, sito ad una quindicina di chilometri da Rastenburg. Nel cuore di quella selva sorgeva il nuovo quartier generale, che Hitler aveva deciso di denominare *Tana del Lupo* (*Wolfschanze*).

Quando la signorina Schroeder gli domandò: "Perché ancora *Wolf*, come l'altro quartier generale?" Hitler rispose: "Perché questo era il mio nome in codice negli anni della lotta".

Era l'1:30 quando il Führer mise per la prima volta piede in quel cupo alloggiamento, luogo dal quale intendeva far crollare l'Unione Sovietica.

Sotto lo sguardo di Himmler, Hitler è assalito da giovani ammiratrici alla cerimonia religiosa per il raccolto di Bückeberg, nel 1936. (*Hoover Archives*)

Indice

Usa il QR code

e scopri gli altri titoli della stessa collana

www.ingramcontent.com/pod-product-compliance
Lightning Source LLC
LaVergne TN
LVHW092032051026
849518LV00012B/12
* 9 7 8 8 8 9 5 7 2 0 5 0 0 *